Paulo Cesar Pfaltzgraff Ferreira

Cálculo e Análise Vetoriais com Aplicações Práticas

VOLUME 2

Cálculo e Análise Vetoriais com Aplicações Práticas - Volume 2

Copyright© Editora Ciência Moderna Ltda., 2012

Todos os direitos para a língua portuguesa reservados pela EDITORA CIÊNCIA MODERNA LTDA.
De acordo com a Lei 9.610, de 19/2/1998, nenhuma parte deste livro poderá ser reproduzida, transmitida e gravada, por qualquer meio eletrônico, mecânico, por fotocópia e outros, sem a prévia autorização, por escrito, da Editora.

Editor: Paulo André P. Marques
Produção Editorial: Aline Vieira Marques
Assistente Editorial: Laura Santos Souza
Diagramação: Daniel Jara

Várias **Marcas Registradas** aparecem no decorrer deste livro. Mais do que simplesmente listar esses nomes e informar quem possui seus direitos de exploração, ou ainda imprimir os logotipos das mesmas, o editor declara estar utilizando tais nomes apenas para fins editoriais, em benefício exclusivo do dono da Marca Registrada, sem intenção de infringir as regras de sua utilização. Qualquer semelhança em nomes próprios e acontecimentos será mera coincidência.

FICHA CATALOGRÁFICA

***FERREIRA,** Paulo Cesar Pfaltzgraff.*

Cálculo e Análise Vetoriais com Aplicações Práticas - Volume 2

Rio de Janeiro: Editora Ciência Moderna Ltda., 2012.

1. Análise - Cálculo - Matemática
I — Título

ISBN: 978-85-399-0292-7

CDD 515

Editora Ciência Moderna Ltda.
R. Alice Figueiredo, 46 – Riachuelo
Rio de Janeiro, RJ – Brasil   CEP: 20.950-150
Tel: (21) 2201-6662/ Fax: (21) 2201-6896
E-MAIL: LCM@LCM.COM.BR
WWW.LCM.COM.BR

07/12

Paulo Cesar Pfaltzgraff Ferreira

Sobre o Autor

Engenheiro Eletricista Modalidade Eletrotécnica (CREA - RJ 52959/D), formado pela Universidade Gama Filho (UGF) em julho de 1976; pós-graduado em Sistemas de Energia Elétrica pela COPPE – UFRJ em 1984 e em Docência Universitária pela Universidade Gama Filho em 1996. Lecionou na Universidade Católica de Petrópolis (UCP), na Universidade Gama Filho (UGF), no Centro de Instrução Almirante Wandenkolk (CIAW) e no Centro de Instrução Almirante Graça Aranha (CIAGA-Escola de Marinha Mercante). Atualmente, integra o corpo docente da Universidade Estácio de Sá (UNESA). Foi tradutor da 4ª edição americana do livro "Engineering Electromagnetics", de William Hart Hayt Jr., publicado, em 1983, pela Livros Técnicos e Científicos Editora S.A. (LTC), com o título "Eletromagnetismo", 3ª edição. Foi revisor técnico da 3ª edição brasileira do livro "Física" de David Halliday e Robert Resnick, publicado, em 1983, pela LTC. Foi revisor técnico da 1ª edição brasileira do livro "Eletromagnetismo para Engenheiros" de Clayton R. Paul, publicado, em 2006, pela LTC.

Capa: O Homem, a Mercabá e o fluxo de conhecimentos provenientes da **Fonte Primordial Infinita**, que é **A Energia Procriadora Pai-Mãe do Cosmos** ou **Divindade Suprema**.

Execução do projeto da capa: Adriano Pinheiro, da **ATP ProgramaçãoVisual Ltda** [Av. Vinte e Dois de Novembro nº 283, Fonseca, Niterói, RJ, CEP 24120-049, tel.: (21) 3603-6903, www.atp-pv.com.br, e-mail: adriano@atp-pv.com.br] em parceria com **José Paulo Archanjo Cosme Filho**, professor do **Curso de Propaganda e Marketing da Universidade Estácio de Sá.**

CITAÇÕES E PENSAMENTOS

"Se enxerguei mais longe foi porque estava sobre o ombro de gigantes."

(Isaac Newton, referindo-se a Kepler e Galileu)

"A mente que se abre a uma nova ideia nunca voltará ao seu tamanho original."

(Albert Einstein)

"Somente duas coisas são infinitas: o universo e a estupidez humana, e não estou seguro quanto à primeira."

(Albert Einstein)

"O homem está constantemente povoando o seu campo energético com um mundo que lhe é próprio, repleto dos filhos de suas fantasias, desejos, impulsos e paixões. Essas formas-pensamentos permanecem em sua aura, aumentando em número e intensidade, até que certas espécies entre elas dominem sua vida mental e emocional e o homem antes responda aos seus impulsos do que se decida por outros parâmetros mais equilibrados: assim são criados maus hábitos pela expressão externa de sua energia baixamente qualificada, e pode ser estabelecido um modus vivendi nocivo para si próprio e para outrem. Devemos então ser cautelosos com aquilo que sutilizamos!"

(Arthur Edward Powell - adaptado pelo autor deste livro)

"Conhecer o homem é conhecer Deus. Conhecer Deus é conhecer o homem. Estudar o Universo é instruir-se sobre Deus e sobre o homem, porque o Universo é a expressão do Pensamento Divino, e o Universo está refletido no homem. O conhecimento é necessário para que o Eu se torne livre e se conheça unicamente como Si mesmo."

(Annie Besant)

"Que a consciência e a sensibilidade espiritual estejam sempre presentes e vibrando com a frequência mais elevada de harmonia, cooperação e amor universal."

(Hermes Trismegistus)

"Somos realmente LUZ. Somos espíritos dotados de consciência divina e feitos da mesma energia espiritual de DEUS. Nosso destino é a eternidade. Nossa passagem pela Terra é um ato voluntário nosso, decidido por amor à CAUSA DIVINA DE APERFEIÇOAMENTO DA CRIAÇÃO, de estender o amor a todo o reino de Deus ."

(Wagner Borges)

"Existem apenas duas maneiras de ver a vida: uma é pensar que não existem milagres, e a outra é que tudo é um milagre."

(Albert Einstein)

"Os milagres não ocorrem contrariando as Leis da Natureza, mas sim o pouco que Dela conhecemos."

(Santo Agostinho)

VI   Cálculo e Análise Vetoriais com Aplicações Práticas

Dentro de tal máxima cabe uma variante: ao invés "do 'pouco' que Dela conhecemos", podemos pensar em termos "do que Dela 'julgamos' conhecer." Aliás, o ser humano tem dentro de si as respostas para todas as indagações mas, por desconhecer sua natureza interior, ele não as enxerga. A história a seguir ilustra bem tal fato:

— "Um rabino de Varsóvia, tinha um sonho claro e repetido, onde ele via um grande tesouro embaixo de uma ponte em Berlim. De tanto o sonho se repetir, ele viajou até lá, encontrou a ponte, mas..., ela era guardada por militares. Ansioso, o nosso rabino ficou dias rondando a ponte, tentando descobrir um meio de procurar o tesouro. O sargento da guarda, intrigado com a presença constante daquele homem, foi ter com ele para tomar satisfações e expulsá-lo. Foi quando então, o rabino constrangido lhe contou sobre o sonho. O sargento riu muito e disse:

— O senhor deve estar louco para acreditar em sonhos. Eu, por exemplo, tenho um sonho constante que existe um enorme tesouro escondido em baixo da cama de um rabino em Varsóvia, mas imagine se eu vou viajar até lá por causa de um sonho! O rabino agradecido, desculpou-se e, retornado à sua casa, cavou o solo embaixo de sua cama, descobrindo um grande tesouro escondido.

Moral da história: quase sempre procuramos fora, longe, os tesouros que estão dentro e perto."

(Curso de Cabalá da Prosperidade - Ricardo Castrioto)

"Deus não escolhe apenas os capacitados; Ele capacita os escolhidos. Fazer ou não fazer algo só depende de nossa vontade e perseverança."

(Albert Einstein)

Também não é demais transcrever a lição memorável inserida na história conhecida como "O Enterro do 'não consigo", que foi contada por Chick Moorman, e aconteceu numa escola do ensino fundamental no Estado de Michigan, Estados Unidos da América. Ele era coordenador e incentivador dos treinamentos que ali eram realizados e um dia viveu uma experiência muito instrutiva, conforme ele mesmo narrou:

Tomei um lugar vazio no fundo da sala e fiquei assistindo. Todos os alunos estavam trabalhando numa tarefa, preenchendo uma folha de caderno com ideias e pensamentos. Um aluno de dez anos que estava mais próximo de mim, estava enchendo a folha de "não consigos":

– "Não consigo chutar a bola de futebol para além da intermediária".

– "Não consigo fazer divisões longas, com mais de três números".

– "Não consigo fazer com que a Debbie goste de mim".

Caminhei pela sala e notei que todos estavam escrevendo o que não conseguiam fazer: "Não consigo fazer dez flexões"; "não consigo comer um biscoito só", etc.

A esta altura, a atividade despertara minha curiosidade, e decidi verificar com a professora o que estava acontecendo e percebi que ela também estava ocupada escrevendo uma lista de "não consigos".

Frustrado em meus esforços em determinar porque os alunos estavam trabalhando com negativas, em vez de escrever frases positivas, voltei para o meu lugar e continuei minhas observações. Os estudantes escreveram por mais dez minutos. A maioria encheu sua página. Alguns começaram outra. Depois de algum tempo os alunos foram instruídos a dobrar as folhas ao meio e colocá-las numa caixa de sapatos, vazia, que estava sobre a mesa da professora. Quando todos os alunos haviam colocado as folhas na caixa, a professora, chamada Donna, acrescentou as suas, tampou a caixa, colocou-a embaixo do braço e saiu pela porta do corredor. Os alunos a seguiram e eu segui os alunos. Logo à frente a professora entrou na sala do zelador e saiu com uma pá. Depois seguiu para o pátio da escola, conduzindo os alunos até o canto mais distante do playground. Ali começaram a cavar. Iam enterrar seus "não consigos"!

Quando a escavação terminou, a caixa de "não consigo" foi depositada no fundo e rapidamente coberta com terra. Trinta e uma crianças de dez e onze anos permaneceram de pé, em torno da sepultura recém cavada. Donna então proferiu louvores:

– "Amigos, estamos hoje aqui reunidos para honrar a memória do 'não consigo'. Enquanto esteve conosco aqui na Terra, ele tocou as vidas de todos nós, a de alguns mais do que de outros. Seu nome, infelizmente, foi mencionado em cada instituição pública: escolas, prefeituras, assembléias legislativas e até mesmo na Casa Branca. Providenciamos um local para o seu descanso final e uma lápide que contém seu epitáfio. Ele vive na memória de seus irmãos e irmãs 'eu consigo', 'eu posso' e 'eu sei' e 'eu tenho'. Que o 'não consigo' possa descansar em paz e que todos os presentes possam retomar suas vidas e ir em frente na sua ausência. Amém."

Ao escutar as orações entendi que aqueles alunos jamais esqueceriam a lição. A atividade era simbólica, mas era também uma metáfora da vida. O "não consigo" estava enterrado para sempre. Logo após, a sábia professora encaminhou os alunos de volta à classe e promoveu uma festa. Como parte da celebração, Donna recortou uma grande lápide de papelão e escreveu as palavras "não consigo" no topo, "descanse em paz" no centro, e a data embaixo. A lápide de papel ficou pendurada na sala de aula de Donna durante o resto do ano. Nas raras ocasiões em que um aluno se esquecia e dizia "não consigo", Donna simplesmente apontava o cartaz "descanse em paz". O aluno então se lembrava que "não consigo" estava morto e reformulava a frase.

Eu não era aluno de Donna; eu era o seu coordenador. Ainda assim, naquele dia aprendi com ela uma lição duradoura. Agora, anos depois, sempre que ouço a frase "não consigo", vejo imagens daquele funeral da quarta série. Da mesma forma que os alunos, eu também me lembro de que o "não consigo" está morto!

(Adaptado do livro "Canja de Galinha para a Alma", de Jack Canfield e Mark Victor Hansen, Editora Ediouro)

Ter suficiente domínio sobre si mesmo para julgar os outros em comparação consigo mesmo e agir em relação a eles como nós gostaríamos que eles agissem para conosco é o que se pode chamar de doutrina da humanidade; não há nada além disso.

Se não temos um coração misericordioso e compassivo, não somos homens; se não temos os sentimentos da vergonha e da aversão, não somos homens; se não temos os sentimentos da abnegação e da cortesia, não somos homens; se não temos o sentimento da verdade e do falso ou do justo e do injusto, não somos homens.

Um coração misericordioso e compassivo é o princípio da humanidade; o sentimento da vergonha e da aversão é o princípio da equidade e da justiça; o sentimento da abnegação e da cortesia é o princípio do convívio social; o sentimento do verdadeiro e do falso ou do justo e injusto é o princípio da sabedoria. Os homens têm estes quatro princípios, do mesmo modo que têm quatro membros.

(Confúcio)

O preconceito é algo condenável, mais ainda quando é contra o sentimento religioso, pois quem o tem acha que está agindo com o aval de Deus.

(Paulo da Silva Neto Sobrinho)

PREFÁCIO DA TESE

Prefaciar um trabalho é comparável à tarefa de um obstetra que assiste a um parto: apesar da não participação na elaboração da criança, o evento dá origem a uma sensação de quase paternidade.

A sensação é ainda maior quando a obra foi realizada por um ex-aluno extremamente brilhante e, atualmente, ainda mais brilhante professor do **Departamento de Engenharia Elétrica da Universidade Gama Filho**. Sua didática e exemplo profissional são pontos de referência para todos aqueles que se dedicam ao ensino.

O **Cálculo** e a **Análise Vetoriais** formam os alicerces para o estudo dos assuntos relacionados aos fenômenos de transporte. Particularmente, uma perfeita compreensão da estrutura matemática das **Equações de Maxwell** só é possível através do conhecimento das propriedades dos operadores diferenciais e dos grandes teoremas da **Análise Vetorial**.

O grande trabalho realizado pelo professor **Paulo Cesar Pfaltzgraff Ferreira** é fruto de muitos anos dedicados ao ensino nas áreas do **Cálculo** e **Análise Vetoriais** e do **Eletromagnetismo**, e de sua sensibilidade em propiciar aos estudantes os meios mais adequados a uma perfeita compreensão do assunto. A sequência em que a obra é apresentada, bem como a clareza e objetividade da exposição, permitem que os leitores acompanhem, sem dificuldades, o desenvolvimento da matéria. Paralelamente, é apresentada uma grande quantidade de aplicações práticas, todas com ampla utilização em disciplinas da **Engenharia,** da **Matemática** e da **Física**, consolidando, assim, o conhecimento teórico.

Espera-se que a presente monografia[1] seja ampliada e transformada em livro, de forma a propiciar aos alunos, inclusive os de outras universidades, a chance de acesso a uma inestimável fonte de consulta, necessária a praticamente todas as áreas das ciências exatas.

Rio de Janeiro, 05 de maio de 1995

Prof. Dr. Fernando Flammarion Curvo Vasconcellos-Oficial do Exército pela Academia Militar das Agulhas Negras (1963), Físico pela antiga Universidade do Estado da Guanabara e atual Universidade do Estado do Rio de Janeiro (1968), Engenheiro Eletrônico pelo Instituto Militar de Engenharia (1973), Livre-docente pela Universidade Gama Filho (1992), professor da Academia Militar das Agulhas Negras, da Universidade Veiga de Almeida e da Universidade Gama Filho.

---

[1] **N.E.:** Esta obra foi apresentada, inicialmente, em cumprimento às exigências da disciplina Metodologia da Pesquisa, do Curso de Especialização em Docência Universitária, pós-graduação Lato Sensu da Universidade Gama Filho. O prefácio foi escrito pelo eminenente e saudoso **Prof. Dr. Fernando Flammarion Curvo Vasconcellos**, um dos orientadores da tese e, na época, diretor do Departamento de Engenharia Elétrica da referida universidade. Finalmente, a esperança do grande mestre, falecido em 1996, tornou-se realidade: a monografia foi transformada em livro, após servir como referência principal para disciplinas afins durante onze anos. O projeto original obteve três notas máximas da banca examinadora e é com satisfação que o apresentamos, revisto e ampliado, ao público em geral.

PREFÁCIO DO LIVRO

Ao ingressar no ensino superior os estudantes da área técnico-cientifica se deparam com disciplinas do ciclo básico que causam grande impacto, devido ao seu tratamento rigoroso e formal. Neste ciclo, são apresentados conceitos fundamentais para dar sustentação ao desenvolvimento dos conteúdos que lhes seguirão ao longo do curso. O pleno entendimento destes conceitos irá permitir seu desenvolvimento e a necessária versatilidade para circular entre as diferentes aplicações com visão sistêmica. Os conteúdos do Cálculo e da Análise Vetoriais são importantes partes integrantes do conjunto de conhecimentos necessários à pavimentação adequada do caminho dos alunos de Engenharia, Física, Matemática, Astronomia, etc. A devida preparação nesta fase é fundamental para a formação do estudante.

O cuidadoso trabalho do professor **Paulo Cesar Pfaltzgraff Ferreira** sobre este assunto, é fruto de seu conhecimento na área e da extensa vivência em sala de aula. A obra se caracteriza por apresentar os conceitos fundamentais com cuidadoso rigor, em sintonia com aplicações afins e devidamente ilustradas. Trata-se de uma tarefa que exige múltiplas habilidades e sensibilidade para apresentar aplicações em diferentes áreas. A metodologia adotada nos diferentes capítulos consiste em apresentar os conteúdos e, em seguida, formular questões conceituais acompanhadas das respectivas respostas. Este procedimento consolida os conceitos fundamentais. Em adição, são apresentadas situações concretas que envolvem intimamente os conceitos básicos, também com as respectivas respostas. Esta combinação permite, efetivamente, associar a teoria à sua respectiva aplicação. A multiplicidade de exemplos, inteiramente resolvidos, enriquece a obra e estimula o aprendizado. Trata-se de uma apresentação didática com atraente leveza e simultâneo compromisso conceitual.

Rio de Janeiro, 21 de marco de 2009

Prof. Dr. Luciano Vicente de Medeiros - Engenheiro Civil pela Pontifícia Universidade Católica do Rio de Janeiro (1970), Mestre em Engenharia Civil pela Pontifícia Universidade Católica do Rio de Janeiro (1973), Doutor em Geotecnia pela University of Alberta do Canadá (1979) e Pós-Doutor pela University of Ottawa do Canadá (1992). É professor tanto nas áreas de graduação quanto de pós-graduação em Engenharia Civil, estando, atualmente, licenciado da Pontifícia Universidade Católica do Rio de Janeiro e lecionando na graduação da Universidade Estácio de Sá, onde já foi também reitor. Já foi diretor do Departamento de Engenharia Civil e coordenador geral de projetos patrocinados na Pontifícia Universidade Católica do Rio de Janeiro. Foi também vice-reitor acadêmico na Universidade Gama Filho, presidente da Comissão de Especialistas em Ensino de Engenharia (SESU-MEC) e membro da Comissão do Exame Nacional de Engenharia Civil (INEP).

UM AGRADECIMENTO ESPECIAL

Em janeiro de 1996 eu havia assumido o cargo de Superintendente de Ensino do aprazível **Centro de Instrução Almirante Wandenkolk**, na ilha das Enxadas, de pequenas edificações brancas, muito conhecido por todos que atravessam a baía de Guanabara, por barca ou através da **Ponte Presidente Costa e Silva**, a nossa Rio-Niterói. Nesse cenário agradável, esperava-me um imenso desafio no último posto como Oficial Superior. O **CIAW**, como é conhecida a citada organização militar-naval, recebera a determinação do novo **Comandante da Marinha do Brasil** de reformular toda a sistemática de ensino e formação dos oficiais egressos da **Escola Naval** e da adaptação de homens e mulheres, a maioria jovens ex-universitários, que ingressariam na carreira militar como oficiais médicos, dentistas, farmacêuticos, fisioterapeutas, engenheiros e outras formações, tarefas que estavam dentre os seus encargos. Passaríamos de 4.000 alunos/ano para 12.000. A esta veio se juntar outra difícil missão: o suporte de ensino a militares da Namíbia, jovem nação africana, que por meio de acordo militar, buscava implementar a sua força naval de guerra. A **Marinha do Brasil**, sempre pioneira e atenta a novas oportunidades, determinou ao **CIAW** que formasse os futuros tripulantes dos navios que seriam exportados pela nossa indústria. Os namibianos encontravam muita dificuldade em aprender o nosso idioma e estavam acostumados com outra metodologia de ensino. Tínhamos um cronograma a cumprir e os fatos conspiravam contra nós. Eu tinha muito pouco tempo para dar conta das novas tarefas. Eis que, casualmente, encontramos o **Pfaltzgraff**, nosso ex-companheiro do **Colégio Naval** e da **Escola Naval**, quando expusemos as nossas dificuldades com os militares namibianos. Do papo amigo, surgiu um convite para visitar o **CIAW**, ocasião em que nos foi sugerido adaptar o método e ministrar as aulas inicialmente em inglês. Das ideias iniciais à regência das turmas não demorou mais que uma semana. Rapidamente, integrou-se à estrutura organizacional do Centro e passou a dialogar com o Apoio ao Ensino novas ferramentas na busca pelo adequado processo ensino-aprendizagem para os namibianos. Seu entusiasmo transcendeu a sala de aula, ao acompanhar os seus novos alunos ao estádio do Maracanã, em dias de jogos, ou na promoção de almoços em sua residência nos fins-de-semana. Foi uma experiência gratificante por dois anos e uma profícua convivência. Seu sucesso o conduziu a novos desafios no **CIAGA – Centro de Instrução Almirante Graça Aranha –** organização da **Marinha do Brasil** dedicada à formação do pessoal que tripula os navios da nossa **Marinha Mercante**.

Professor **Paulo Cesar Pfaltzgraff Ferreira**: que o livro de sua autoria tenha idêntica trajetória de sucesso à sua docência nas escolas da **Marinha do Brasil**. Que os alunos de outras escolas possam dispor de sua mesma habilidade de ensinar oferecida aos militares namibianos, que hoje tripulam os navios e bases daquele país amigo. Missão cumprida, estimado professor e velho companheiro!

Vicente Roberto De Luca -
Capitão-de-Mar-e-Guerra (R-1) da Marinha do Brasil, Engenheiro, Advogado, Perito Judicial e Professor.

APRESENTAÇÃO E AGRADECIMENTOS

Este projeto teve origem em uma revisão de Matemática para apoiar as disciplinas de Eletromagnetismo1 e Eletromagnetismo 2, por mim lecionadas na **Universidade Católica de Petrópolis (UCP)**, de agosto de 1980 a janeiro de 1991. No início de 1989, fui convidado pelo professor **Carlos Alberto Martins Pinto**, diretor do **Instituto de Ciências Exatas e Naturais (ICEN)** da referida universidade, para lecionar mais uma disciplina: **Cálculo e Análise Vetoriais**. Fazendo uma revisão em antigas anotações de aulas e inserindo novos pontos sobre o assunto, cheguei às conclusões apresentadas no presente trabalho.

A fim de que o mesmo não se tornasse apenas mais uma obra de **Matemática Pura**, foram consultados diversos docentes de outras disciplinas tais como **Mecânica dos Sólidos**, **Mecânica dos Fluidos**, **Eletromagnetismo**, etc., que dependem de conceitos de Cálculo e Análise Vetoriais. Estas consultas permitiram uma ênfase maior em determinados assuntos e a inclusão de exemplos de suas aplicações. Recebi, também, uma grande colaboração do professor **Otto Schwarz**, um antigo mestre e depois colega de trabalho na **Escola de Engenharia da Universidade Gama Filho (UGF)**, na qual integrei o quadro docente de agosto de 1990 a dezembro de 1997, lecionando as disciplinas já citadas e mais a de **Princípios de Propagação**. Tive, pois, a oportunidade de compartilhar outras ideias, de modo que, mesmo me desligando da **Universidade Católica de Petrópolis**, em janeiro de 1991, não houve perda de solução de continuidade no trabalho. Na **UGF** foi também marcante o convívio com o professor **Antônio Gomes Lacerda**, que, além dos grandes conselhos profissionais e didáticos, sempre me apoiou em todos os sentidos. Foram muitas as horas que gastamos juntos pesquisando e otimizando soluções para muitos problemas, não só de **Matemática** como também de **Física** e este é um amigo cuja ajuda jamais será esquecida.

Agradeço também ao saudoso professor **Luiz Eduardo Gouveia Alves** por haver me indicado para lecionar na **Universidade Estácio de Sá (UNESA),** na qual estou trabalhando desde novembro de 1998, e ao professor **Ricardo Portella de Aguiar**, responsável pela minha contratação para lecionar no antigo **Instituto Politécnico** e atual **Universidade Politécnica da UNESA.** Isto sem esquecer o gentil e oportuno convite feito pelos professores **Jorge Luiz Bitencourt da Rocha** e **Mathusalécio Padilha** para que eu viesse a ministrar aulas nos cursos de graduação em engenharia da referida universidade, mormente a disciplina **Cálculo Vetorial e Geometria Analítica (CVGA),** na qual o presente material foi mais uma vez testado.

Tem sido bastante proveitosa a influência recebida de alguns amigos, professores e ex-professores da **UNESA**, e é mister citá-los: **Manoel Gibson Maria Diniz Navas, Leila Mendes Assumpção, Maria Cristina Figueira Louro, Suzana Bottega Peripolli, José Alexandre da Costa Alves, José Carlos Millan, Patrícia Marins Corrêa, Rogério Ferreira Emygdio, Regilda Furtado, Robson Batista do Carmo, Márcia Glycerio do Espírito Santo, Fernando Batalha Monteiro, Fabiane Torres, Antônio Carlos Castanõn Vieira, Antônio Augusto Canuto Cezar, André Luiz Ribeiro Valladão, Elca Barcelos Alves, Henrique de Carvalho Pereira, Valéria Silva Coelho, Paschoal Vilardo Silva, José Carlos Ormonde, Manoel Esteves, George Claver Sampaio Bretas, Antônio Carlos Kern, Julio Cesar de Oliveira Medeiros, Gerson dos Santos Seabra, Silvana Rebelo de Azambuja, Bruno Alves Dassie, Alexander Mazolli Lisboa, Márcio Pacheco de Azevedo, João Luís Marins, Vinicius Ribeiro Pereira, Mário Luiz Alves de Lima, Enrico Carlo Luigi Martignoni, Sérgio Roberto Boanova, Glória Maria Dias de Oliveira, Nelson Correia de Souza, Kléber Albanêz Rangel, Denis Gonçalves Cople, David Fernandes Cruz Moura, José Jorge da Silva Araujo, Luiz Antônio de Oliveira Chaves, Marcelo Montenegro Cabral, Alexandre Benitez Logelo, Cláudia Benitez Logelo, Roberto Lúcio Jannuzzi Fernandes, Carlos Alberto Alves Lemos, Antônio Marcos Barbosa da Silva, José Geraldo Silva, Célio Moreira Placer, Olavo Damasceno Ribeiro Filho, Júlio Cesar**

Albuquerque Bastos, Francisco Carlos Távora Heitmann, João Henrique Távora Stross, Rogério Leitão Nogueira, Vanderlei Vicente de Souza, Marcelo Vianna e Silva, Alessandra Camacho, Márcio de Brito Serafim, Mônica Raggi, Pedro Alberto Passos Rey, Luiz Antônio Rodrigues Dias, Jardiel Ferroz da Silva Filho, José Paulo Archanjo Cosme Filho, Fabíola Rosa Abreu, Julio Cesar Barbosa da Rocha e Ana Lúcia Moraes.

Aproveito a chance para reconhecer o apoio de vários de meus coordenadores e ex-coordenadores, os professores Carlos Alberto Santos Ribeiro Cosenza, Márcia Maria Machado Pereira, Márcio Egydio da Silva Rondon, Júlio Jorge Gonçalves da Costa, Rulf Blanco Lima Netto, Luis Gustavo Zelaya Cruz, Larissa de Carvalho Alves, José Weberszpil, Fernando Periard Gurgel do Amaral, Aureo Pinheiro Ruffier dos Santos, Josina do Nascimento Oliveira, Luis di Marcello Senra Santiago, José Mauro Bianchi, Luiz Roberto Martins Bastos, Consuelo Meira de Aguiar, Horácio Sousa Ribeiro, Humberto Antônio Ramos Rocha e José Barbosa da Silva Filho, sendo que a perícia e dedicação deste último foram fundamentais para a recuperação dos arquivos originais, que estavam gravados em disquetes com mais de onze anos de idade. Isto poupou o imenso trabalho de redigitação do texto e o retraçado das muitas figuras do mesmo.

Não posso também deixar de mencionar e agradecer a ajuda irrestrita recebida não só do diretor do Núcleo Niterói, professor Fernando Malheiros dos Santos Júnior, como da gestora acadêmica, professora Neyde Maria Zambelli Martins, bem como do seu dedicado grupo de apoio: Kesi Sodré da Motta Gomes, Antônio Carlos dos Santos Gomes, Otávio Fernandes Torrão, Maurício Afonso Weichert, Ana Cláudia Rebello, Edy Barreto Silva, Lenilson Carlos Pereira de Melo e Marcelo Alves Tavares. Tudo isso sem esquecer do meu grande amigo e colaborador direto na Unidade Niterói, professor José Carlos da Silva, cuja dedicação profissional constitui um exemplo edificante para toda a UNESA.

Por oportuno, reconheço minha dívida de gratidão para com o professor Carlos Alberto Martins Pinto, da Universidade Católica de Petrópolis, pelo incentivo para que a presente obra fosse iniciada, para com o professor Fernando Flammarion Curvo Vasconcellos, da Universidade Gama Filho, pela consultoria para que a mesma pudesse ser continuada, para com a professora Maria Luiza de Sant'Anna, também da UGF, pela formatação da tese e para com os professores Ricardo Edson Lima e Paulo Roberto dos Santos Poydo, da UNESA, pela ajuda para que a publicação viesse a ser efetivada, sendo que este último foi quem alavancou o processo de publicação da obra, tendo feito os primeiros contatos com a Editora Ciência Moderna Ltda.

Ressalte-se que o presente livro não pretende esgotar o assunto, que poderá, até mesmo, ser encontrado de forma mais aprofundada em alguns tratados antigos e clássicos sobre a matéria. Seu objetivo principal é o de oferecer, aos estudantes de ciências exatas em geral, uma opção de estudo na qual é enfatizada, sempre que possível, a interpretação física dos conceitos sem, no entanto, abrir mão do rigorismo matemático desejável num assunto desta natureza.

Talvez a grande diferença entre o enfoque deste trabalho e de outros que existem no mercado, tanto nacional quanto estrangeiro, resida no fato de que a esmagadora maioria dos mesmos desenvolve os conceitos tão somente para o sistema de coordenadas cartesianas retangulares e alguns poucos apresentem uma extensão dos conceitos aos outros sistemas somente no final. Sabedor da grande importância também das coordenadas cilíndricas circulares e das coordenadas esféricas para diversas disciplinas afins, os três sistemas de coordenadas mencionados foram introduzidos logo no início da obra (capítulo 3) e, a partir daí, todos os conceitos são desenvolvidos nos três sistemas citados; isto sem deixar de incluir, no final do livro, as coordenadas curvilíneas generalizadas. Ainda dentro dos temas coordenadas cilíndricas circulares e coordenadas esféricas, é também importante ressaltar que alguns autores na área da Matemática, mormente nos livros de Cálculo Diferencial e Integral, utilizam quase as mesmas variáveis que foram empregadas na presente publicação, só que há uma opção de emprego da variável θ para a coordenada angular cilíndrica circular (coordenada azimutal), enquanto eu utilizei a variável ϕ. Semelhantemente, há também uma inversão entre as coordenadas angulares esféricas θ e ϕ e entre as coordenadas radiais ρ e r. Eu prefiro usar a letra ρ para notar a coordenada radial cilíndrica circular, enquanto eles utilizam a letra r. Como relação à coordenada radial esférica, eu optei pela letra r, enquanto eles deram preferência à letra ρ. Tal corrente de pensamento utiliza os seguintes conjuntos de coordenadas:

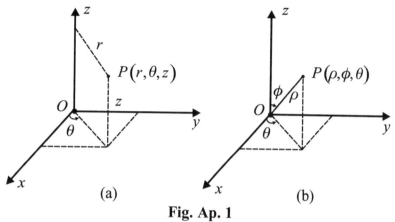

Fig. Ap. 1

Minhas opções ficam ilustradas nas duas partes da figura seguinte e fundamentam-se no fato de serem aquelas empregadas nas minhas principais referências bibliográficas de exercícios, que são os livros "Análise Vetorial" de **Murray R. Spiegel** e "Análise Vetorial" de **Hwei P. Hsu**. Além do mais, elas são também as utilizadas na maioria dos livros de disciplinas específicas que se apoiam no Cálculo e Análise Vetoriais, que são o Eletromagnetismo, Mecânica dos Fluidos, etc. O que adiantaria acostumar o estudante à notações diferentes daquelas utilizadas nos livros das matérias afins? A meu ver isto fugiria do propósito real das disciplinas básicas.

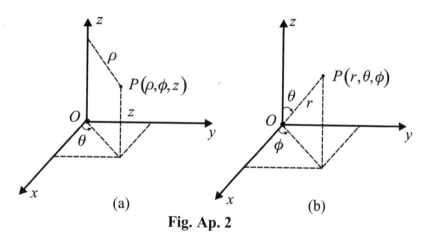

Fig. Ap. 2

Existem também alguns autores que utilizam as mesmas variáveis angulares constantes neste livro, porém, empregam a letra r para representar tanto a coordenadas radial cilíndrica circular quanto a coordenada radial esférica, sendo que se tratam de coordenadas diferentes, conforme se depreende não só dos esquemas seguintes como também dos anteriores. Também não endosso tais notações, visto que elas provocam confusões ao se efetuarem transformações de coordenadas entre os dois sistemas de coordenadas mencionados. Eu prefiro utilizar, conforme já anteriormente ilustrado, a letra ρ para representar a coordenada radial cilíndrica circular e a letra r para notar a coordenada radial esférica.

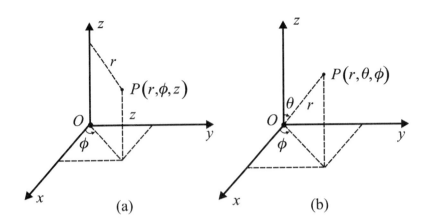

Fig. Ap. 3

Ainda quanto aos dois livros citados, infelizmente, para estudantes e professores, ambos se encontram fora de impressão há mais de 25 anos, pelo que me permiti "aproveitar" alguns exercícios, com as devidas adaptações.

É também importante ressaltar que alguns tratados sobre o tema em questão utilizam uma "notação matricial" para os vetores, o que não ocorre nos livros de disciplinas afins e dependentes do Cálculo e Análise Vetoriais. Não concordo, mais uma vez, com tal abordagem, pois ela só é usada nos textos de Matemática e assemelhados.

A tentativa de ilustrar a teoria e as aplicações fica, em parte, por conta das 590 ilustrações (565 figuras e 25 tabelas) e dos 221 exemplos inteiramente resolvidos. Digo "em parte", porque temos, inclusive, as exemplificações sob outras formas.

Incluí também uma lista com as aplicações da presente publicação com relação às disciplinas correlacionadas, que consta no **Anexo 16 – Aplicações**, do volume 3. Nele estão listadas, pela ordem, as aplicações gerais, as aplicações à **Geometria**, as aplicações à **Geometria Analítica**, as aplicações à **Geometria Diferencial**, as aplicações à **Trigonometria**, as aplicações à **Física,** as aplicações ao **Eletromagnetismo**, as aplicações à **Mecânica dos Sólidos** e as aplicações à **Mecânica dos Fluidos**.

Devido a grande extensão dos tópicos abordados, foi feita a opção de dividir a obra em três volumes: o primeiro contendo os capítulos de 1 a 8, o segundo os capítulos de 9 a 11 e o terceiro constituído apenas dos anexos. Aliás, eles foram incluídos no volume 3 a fim de evitar que os volumes 1 e 2, na antiga formatação de nossa obra, tivessem, ambos, mais 142 páginas do que no atual modelo em três volumes, uma vez que, inicialmente, os anexos estavam, obrigatoriamente, incluídos nos citados volumes iniciais. Assim sendo, um material comum aos mesmos ficou concentrado em apenas um compêndio, que é o volume 3. Ainda sobre os anexos, é bom dizer que neles temos muitos assuntos e formulários interessantes, que, certamente, serão de grande valia no estudos de outras disciplinas correlatas. Uma fórmula ou uma equação indicada, por exemplo, como sendo (An. 9.26), significa que ela é a nº 26 do anexo 9.

A fim de motivar o pensamento e a discussão dos temas, foram incluídas, após cada um dos 11 capítulos, questões teóricas e suas respectivas respostas, perfazendo um total de 72.

Um grande mestre do passado afirmava que um estudante só podia avaliar seus conhecimentos sobre um determinado assunto, após resolver os exercícios referentes ao mesmo. Tendo isto em conta, listei um total de 295 problemas propostos e suas respostas correspondentes. Os mais difíceis, da mesma forma que os exemplos e questões mais elaborados, estão indicados por um asterisco e servem como desafio motivacional àqueles que estão sempre buscando algo mais!

Apresentação e Agradecimentos   XIX

É impossível conceber cursos na área de ciências exatas, quer dizer **Engenharia, Automação Industrial, Física, Matemática**, etc., sem os recursos propiciados pelo **Cálculo** e **Análise Vetoriais**, que são fundamentais para as disciplinas correlatas: **Mecânica dos Sólidos, Mecânica dos Fluidos, Física, Resistência dos Materiais, Eletromagnetismo**, etc. Apenas para que se possa melhor avaliar a importância desta **"poderosa ferramenta matemática"**, vale dizer que o trabalho de **Maxwell**[1], publicado, inicialmente, em 1873, já predizia, teoricamente, a possibilidade de se produzir ondas eletromagnéticas, o que só foi, entretanto, concretizado em laboratório, em 1888, por **Hertz**[2]. Provavelmente, o trabalho de **Maxwell** tivesse sido melhor compreendido se os conceitos vetoriais houvessem estado presentes no mesmo. No entanto, o que havia naquela época eram duas teorias muito complicadas: **"Quaternions Theory" (Teoria dos Quaternions),** devida a **Hamilton**[3], e **"Die Lineale Ausdehnungslehre" (Teoria das Extensões Lineares),** de **Grassmann**[4]. Tais ideias embrionárias originaram os modernos **Cálculo** e **Análise Vetoriais**, mas o primeiro trabalho a respeito só apareceu, de forma restrita, em 1881. Somente em 1901 é que uma obra desta natureza foi publicada (vide Introdução Histórica). Conta-se até que, face à rejeição de seu trabalho por parte da comunidade científica da época, **Maxwell** montou um inventivo sistemas de roldanas para explicar o que, hoje em dia, é facilmente entendido através do conceito de rotacional.

Vale também mencionar que todo estudante quer vislumbrar, a curto prazo, os resultados práticos de uma determinada teoria. Embora, como já citado que, à medida do possível, tenham sido incluídos exemplos de aplicações práticas, os estudantes devem dar um pouco de crédito e ter paciência com o presente assunto, tendo em vista que ele vai, com toda certeza, servir de alicerce para muitos outros que se seguirão. É oportuno, também, ressaltar que quando **Faraday**[5] descobriu,

---

[1] **Maxwell [James Clerk Maxwell (1831-1879)]** - físico escocês que deu grandes contribuições ao Eletromagnetismo e à Termodinâmica. Ele é mais conhecido por ter dado uma forma compacta à teoria moderna do Eletromagnetismo, que une a Eletricidade, o Magnetismo e a Óptica. Esta é a teoria que surge das equações de **Maxwell**, assim chamadas em sua honra e porque ele foi o primeiro a escrevê-las, juntando a lei de **Ampère**, por ele próprio modificada, as duas leis de **Gauss** (para o campo elétrico e para o campo magnético), e a lei da indução de **Faraday**. **Maxwell** demonstrou que os campos elétricos e magnéticos se propagam com a velocidade da luz. Ele apresentou uma teoria detalhada da luz como um efeito eletromagnético, isto é, que a luz corresponde à propagação de ondas elétricas e magnéticas, hipótese que tinha sido proposta por **Faraday**. Demonstrou em 1864 que as forças elétricas e magnéticas têm a mesma natureza: uma força elétrica em determinado referencial pode tornar-se magnética se analisada noutro, e vice-versa. Ele também desenvolveu um trabalho importante em Mecânica Estatística, tendo estudado a Teoria Cinética dos Gases e descoberto o que hoje conhecemos como distribuição de **Maxwell-Boltzmann**. **Maxwell** é considerado por muitos o mais importante físico do século XIX, e o seu trabalho em Eletromagnetismo foi a base da Teoria da Relatividade Restrita de **Einstein** e a sua publicação sobre a Teoria Cinética dos Gases foi fundamental ao desenvolvimento, posteriormente, da Mecânica Quântica.

[2] **Hertz [Heinrich Rudolf Hertz (1857-1894)]** - físico alemão que demonstrou a existência da radiação eletromagnética, criando aparelhos emissores e detectores de ondas de rádio. Ele apresentou seus resultados à comunidade científica em 1888, comprovando, na prática, a possibilidade de emissão e recepção de ondas eletromagnéticas, conforme havia sido previsto por **Maxwell** em 1873.

[3] **Hamilton [William Rowan Hamilton (1805-1865)]** - matemático irlandês cuja citada teoria foi uma das precursoras da Análise Vetorial.

[4] **Grassmann [Hermann Gunther Grassmann (1809-1877)]** - matemático alemão cujo mencionado trabalho lançou as bases de um Cálculo Geométrico muito geral onde se encontra a noção de produto externo (produto vetorial). Foi, portanto, um dos precursores da Análise Vetorial.

[5] **Faraday [Michael Faraday (1791-1897)]** - físico e químico inglês cujas experiências vieram a comprovar as propriedades magnéticas da matéria e a descoberta da lei de indução eletromagnética que leva o seu nome. **Faraday** foi, principalmente, um experimentalista, de fato, ele foi descrito como o "melhor experimentalista na história da ciência",

XX   **Cálculo e Análise Vetoriais com Aplicações Práticas**

em 1831, como produzir corrente elétrica pela variação do fluxo do magnético através de uma bobina, **Gladstone**[6] fez-lhe uma pergunta que se houve muito nos dias atuais:

—"**Sr. Faraday**", disse, "isto é interessante, mas para que serve?" **Faraday** respondeu secamente:

—"Talvez, senhor, isto dê origem a uma grande indústria sobre a qual lhe seja possível aplicar os seus impostos". Esta profecia foi cumprida pouco mais de meio século depois, com o advento das máquinas elétricas em geral. Em nosso caso, esperamos que os frutos sejam colhidos já nos próximos semestres letivos.

É fato que o ser humano, embora dotado de livre-arbítrio, recebe uma enorme influência de seus instrutores ao longo de sua formação, e que esta formação inclui, logicamente, a formação cultural. Dentro desse aspecto, não posso deixar sem menção a importância de alguns **Mestres** que tive a grata felicidade de ter, desde o grupo escolar até a pós-graduação universitária e que com suas didáticas excepcionais me apresentaram a difícil arte de lecionar: **Maria do Carmo de Sá Araujo Nogueira, Naize Abreu Brandão, Manoelina de Sousa Abreu, Milton Brown do Couto, Luiz Jucá de Mello, Marcus Vinicius de Carvalho Rocha, Maurício José de Almeida, Bernardo Thewes, Henrique Rodrigues de Figueiredo, Beverley Gerard Maxwell Galloway, Rubens Cardoso Uruhray, Moacyr Pacheco, Júlio Cesar de Sá Roriz, Leon Lifchitz, Carlos José Correa, Rubens Americano Alves de Brito, Alexandre Passos, Paulo Henrique Nunes Martins, Otto Schwarz, Roberto Aiex, Bernardo Severo da Silva Filho, Osni Ortiga Filho, Luiz Costa da Silva, Fernando Flammarion Curvo Vasconcellos, Roberto Perret de Magalhães, Fernando Vieira Braga, Rodolfo Ângelo da Cantuária Mund, Roosevelt José Dias** e **Nelson Henrique Costa Santiago**.

A minudência com que a obra foi apresentada é uma característica que absorvi do professor **Aílton Ribeiro Pinto,** quando fui seu aluno na **COPPE-UFRJ**, em 1984. Foi com este dedicadíssimo pesquisador e orientador que aprendi a esmiuçar os conceitos até os mínimos detalhes.

---

embora não conhecesse Matemática Superior, como Cálculo Infinitesimal. Tanto suas contribuições para a ciência, e o impacto delas no mundo são, certamente grandes, que suas descobertas científicas cobrem áreas significativas das modernas Física e Química, e a tecnologia desenvolvida baseada em seu trabalho está ainda mais presente. Suas descobertas em Eletromagnetismo deixaram a base para os trabalhos de engenharia no fim do século XIX de pessoas como **Edison, Siemens, Tesla** e **Westinghouse**, que tornaram possível a eletrificação das sociedades industrializadas, e seus trabalhos em eletroquímica são agora amplamente usados em química industrial.

Na Física, foi um dos primeiros a estudar as conexões entre eletricidade e magnetismo. Em 1821, logo após **Oersted** ser o primeiro a descobrir que a eletricidade e o magnetismo eram associados entre si, **Faraday** publicou seu trabalho que chamou de "rotação eletromagnética" (princípio básico de funcionamento do motor elétrico). Em 1831, ele descobriu a indução eletromagnética, o princípio fundamental do gerador e do transformador elétricos. Suas ideias sobre os campos elétricos e os magnéticos, e a natureza dos campos em geral, inspiraram trabalhos posteriores nessa área (como as equações de **Maxwell**), e campos do tipo que ele fitou são conceitos-chave da Física atual.

Na Química, descobriu o benzeno, produziu os primeiros cloretos de carbono conhecidos (C_2Cl_6 e C_2Cl_4), ajudou a estender as fundações da metalurgia e metalografia, além de ter tido sucesso em liquefazer gases nunca antes liquefeitos (dióxido de carbono, cloro, entre outros), tornando possíveis os métodos de refrigeração que foram muito usados. Talvez sua maior contribuição tenha sido, virtualmente, fundar a eletroquímica, e introduzir termos como eletrólito, anodo, catodo, eletrodo, e íon.

[6] **Gladstone [William Ewart Gladstone (1809-1898)]** - Primeiro Ministro da Grã-Bretanha em quatro oportunidades (1868-1874, 1880-1885, 1886 e 1892-1894). Foi um notável reformador político, conhecido por seus discursos de cunho populista.

Reconheço que muitas partes deste trabalho advêm das muitas conversas mantidas com os professores **Alaor Simch de Campos e Guido José Winters, da Universidade Católica de Petrópolis e Iucinara da Conceição Braga de Queiroz, da Universidade Federal do Rio de Janeiro e da Universidade Federal Fluminense.** O primeiro nunca hesitou em chamar a minha atenção para pontos importantes, mesmo quando isso contrariava opiniões reconhecidamente de peso, e não só foi o responsável pelo início de minha carreira no magistério universitário como também orientou todas as exemplificações de grandezas tensoriais constantes no capítulo 1. O segundo me ajudou bastante no início de minha atividade docente e a terceira, além de muitas sugestões úteis ao presente estudo, forneceu as listas de exercícios — excelentes e difíceis! — por ela utilizadas nos cursos de **Cálculo 3** na **UFRJ** e na **UFF.**

Agradeço também à professora **Sarah Castro Barbosa de Andrade**, da **Pontifícia Universidade Católica do Rio de Janeiro**, pelos ótimos exercícios e as elegantes soluções que ela apre--sentadas para os mesmos, bem como ao engenheiro e professor **Tore Nils Olof Folmer-Johnson**, da **Universidade de São Paulo, da Faculdade de Engenharia Industrial de São Paulo,** da **Faculdade de Tecnologia de São Paulo e do Instituto de Engenharia Paulista**, pelos excelentes ensinamentos que absorvi de seus livros, bem como pela paciência em responder às muitas cartas que lhe enviei solicitando esclarecimentos.

As bibliotecas particulares de meu pai, professor **Aldízio Ferreira Costa**, da **Universidade Federal Fluminense**, e do saudoso professor **Paulo Ivo de Queiroz**, da mesma universidade, foram de grande valia quanto à consulta de livros raros.

É minha obrigação reconhecer a marcante influência do professor **Arthur Greenhalgh** quando, em 1973, fui seu aluno na disciplina **"Modelos Matemáticos Aplicados à Eletricidade"**, ministrada na antiga **Universidade do Estado da Guanabara (UEG)** e atual **Universidade do Estado do Rio de Janeiro(UERJ).**

Todos nós sabemos que os bons exemplos são para serem seguidos. O excepcional professor **Carlos Peres Quevedo**, da **Escola Naval** e da **UFRJ**, conseguiu tornar acessível uma disciplina bastante complexa com as diversas edições do seu livro **"Eletromagnetismo"**. Inspirado em tal exemplo edificante e nas muita e proveitosas conversas que manti-vemos, procurei seguir tal linha mestra e tornar o **Cálculo** e a **Análise Vetoriais** acessíveis a todos os estudantes de ciências exatas.

As críticas e sugestões dos alunos da **Universidade Católica de Petrópolis**, da **Universidade Gama Filho** e da **Universidade Estácio de Sá**, que "suportaram" as edições preliminares, foram bastante valiosas pois, afinal, é o próprio estudante quem indica a melhor maneira de ensinar. Todos foram importantes, mas alguns se destacaram, pelo que é mandatório mencioná-los: **Ricardo Honório, Marcelo Hoelbriegel, Cristiane Vivacqua Coutinho, Marcos José dos Reis Sobrinho, Fábio Salgado Gomes Sagaz, Elias Restum Antônio, Luiz Antônio Cortes Grillo, Geraldo Raimundo Martins Pinheiro, Gabriela Albarracin, Murillo Alberto da Gama Rodrigues Junior, Ronaldo Rodrigues da Silva, Tathiane Marques Fonseca, Jamille Barbosa da Silva Moraes, Richard Franco Sabo-ia, Diego da Silva Garcia Prieto, Walter de Alvim Tostes Filho, Cassandra Barroso Rangel, José Vitor Monteiro Cardoso, Camila Antunes Lopes, Marina Izumi Raposo, Thiago Rodrigues Santos, Paulo Cesar Ivo Ferreira, Ney Costa Doria, Rodrigo Binhote Areas, Josemar da Costa Magalhães, Adilson Cláudio Quizunda e Renata Carvalho da Silva,** sendo que, esta última, por já ser bacharel em Letras, gentilmente procedeu a uma minuciosa revisão ortográfica dos originais.

Muitos dados históricos sobre vultos célebres das ciências foram fornecidos pelo emi-nente e saudoso professor **César Dacorso Netto,** da **Universidade Federal Fluminense,** a quem somos imensamente gratos. Foi também muito positiva a influência que recebi da apostila de **Análise Vetorial** do também saudoso professor **José Augusto Juruena de Mattos,** editada pela **Universidade Federal Fluminense.** A ajuda dos professores **Silvana Ferreira dos Anjos, Márcia Lisboa Costa de Oliveira, Sheila Maria dos Santos Lima, Valéria Reis, Alessandra Cristina**

Senra Santiago, Márcia Collares Schlemm, João Mendes Filho e Geraldo Alves Portilho Junior, todos da UNESA, foi fundamental para a elucidação de diversas questões relativas a idiomas. A esses abnegados colegas de trabalho, o meu muito obrigado pela valiosa e dedicada ajuda.

Expresso também o meu reconhecimento aos amigos engenheiros **Rômulo Oliveira Souto, Giuseppe Ney G. de Oliveira, André Luis da Silva Pinheiro** e **Victor Guilherme Nascimento dos Santos**, meus ex-alunos, bem como à **Delvalle Arte-final Computadorizada Ltda**, pela ajuda na digitação e impressão iniciais do texto, bem como aos designers **Fátima Sales** e **Ednaldo Silva Amorim** — este também um engenheiro e ex-aluno — pelo apuro com que elaboraram as figuras da tese. Ao analista de redes de computadores **Maurício Gonçalves da Silva** e ao analista de sistemas de Internet, **Eduardo Cardoso dos Santos**, também amigos e competentes ex-alunos, pela ajuda na formatação de alguns "caracteres especiais" e por muitas outras informações durante a elaboração desta edição. Ao analista de redes de computadores **Paulo Henrique da Silva Soares,** mais um destacado ex-aluno, pelas muitas horas trabalhando ombro-a-ombro na reformatação do texto e figuras para a presente edição. Ao engenheiro e ex-aluno **Paulo Cesar Soares Fisciletti**, pela concepção de algumas figuras. Também o meu sincero e profundo agradecimento ao amigo e designer gráfico **José Carlos Linhares** pela elaboração e arte finalização de muitas figuras e esquemas. Ao amigo e designer gráfico **Adriano Pinheiro**, da **ATP Programação Visual Ltda** [Av. Vinte e Dois de Novembro nº 283, Fonseca, Niterói, RJ, CEP 24120-049, tel.: (21) 3603-6903, web site: www.atp-pv.com.br, e-mail: adriano@atp-pv.com.br], o meu reconhecimento pela elaboração da complexa e significativa capa deste trabalho em parceria com o professor **José Paulo Archanjo Cosme Filho, da Universidade Estácio de Sá,** a quem sou igualmente grato. Aos amigos **Renato Lacerda Correia, Gustavo Lacerda Correia** e **Márcio Viana Soares**, da **Universo Digital Copiadora Ltda** [Av. Presidente Vargas nº 2560, 12º andar, Cidade Nova, Rio de Janeiro, RJ, CEP 20210-031, tel.: (21) 2516-0630, e-mail: universodigitalcopiadora@gmail.com], também uma menção especial, pelo exercício de generosidade e serviço desinteressado ao seu semelhante, arcando com grande parte do custo da excelente primeira impressão provisória da presente edição deste livro.

Existe um **"Manual do Mestre"**, com as soluções dos problemas propostos, as equações e as figuras do livro texto, a fim de ajudar o instrutor que adotar a obra a preparar suas aulas. Tal apoio pedagógico pode ser conseguido junto à editora.

Finalmente, desejo ressaltar que as críticas e sugestões para melhoria desta publicação serão bem aceitas, e poderão ser encaminhadas para o seguinte endereço eletrônico: paulotrully@gmail.com.

Prof. Paulo Cesar Pfaltzgraff Ferreira

INTRODUÇÃO HISTÓRICA

O conceito de vetor surgiu de forma embrionária com o matemático e engenheiro flamengo **Stevin**[1] – o **Arquimedes**[2] holandês – No seu trabalho **"Estática e Hidrostática"**, publicado em 1586, ele apresentou o problema da composição de forças e instituiu uma regra empírica para se determinar a soma ou resultante de duas forças aplicadas em um mesmo ponto. Tal regra é conhecida nos dias atuais como **regra do paralelogramo**. No entanto, quem primeiro apresentou um método para tratar grandezas vetoriais[3], por intermédio da Álgebra Escalar, foi **Descartes**[4]. O método consistia na decomposição de tais grandezas em três componentes. A necessidade de um Cálculo que pudesse operar sobre vetores já era desde há muito sentida e, em 1679, **Liebniz**[5] chamou a atenção para o fato, embora sem muito sucesso. O problema atraiu a atenção de pensadores que se seguiram mas, somente bem mais tarde, em 1879, os vetores aparecem como sendo linhas dirigidas – que hoje são conhecidos como **segmentos orientados** – na obra **"Ensaio Sobre a Representação da Direção"**, de **Wessel**[6]. Em 1806, **Argand**[7] instituiu a representação geométrica de um número complexo.

---

[1] **Stevin [Simon Stevin (1548-1620)]** - matemático e engenheiro flamengo que no domínio da Física estudou os campos da Estática e da Hidrostática. Não é exagero dizer que ele foi quem, juntamente com **Arquimedes**, mais contribuiu para o estudo da Hidrostática. Formulou o princípio do paralelogramo para a composição de forças e demonstrou experimentalmente que a pressão exercida por um fluido depende exclusivamente da sua massa específica e da sua altura (lei de **Stevin**), dando assim uma explicação ao chamado **paradoxo hidrostático**. Na área da Matemática, introduziu o emprego sistemático das frações decimais e aceitou os números negativos, com o que reduziu e simplificou as regras de resolução das equações algébricas. Propôs o sistema decimal de pesos e medidas.

[2] **Arquimedes** [em grego Αρχιμιδις **(287 a.C.-212 a.C.)**] - matemático, físico e inventor grego. Foi um dos mais importantes cientistas e matemáticos da Antiguidade e um dos maiores de todos os tempos. Ele fez descobertas importantes em Geometria e Matemática, como por exemplo um método para calcular o número π (razão entre o perímetro de uma circunferência e seu diâmetro) utilizando séries. Este resultado constitui também o primeiro caso conhecido do cálculo da soma de uma série infinita. Ele inventou ainda vários tipos de máquinas, quer para uso militar, quer para uso civil. No campo da Física, ele contribuiu para a fundação da Hidrostática, tendo feito, entre outras descobertas, o famoso princípio que leva o seu nome. Ele descobriu ainda o princípio da alavanca e a ele é atribuída a citação: "Dêem-me uma alavanca e um ponto de apoio e eu moverei o mundo."

[3] Para grandezas escalares e grandezas vetoriais vide seções 1.1 e 1.2.

[4] **Descartes [René Descartes (1596-1650)]** - matemático e filósofo francês que, entre muitas outras realizações, foi o criador da Geometria Analítica.

[5] **Leibniz [Gottfried Wilhelm Leibniz (1646-1716)]** - matemático e filósofo alemão, um dos criadores do Cálculo Diferencial e Integral, independentemente de **Newton**. Como filósofo foi um apologista do racionalismo espiritualista e otimista.

Newton [Isaac Newton (1642-1727)] - filósofo e matemático inglês que também formulou, de modo independente e na mesma época de **Leibnitz**, o Cálculo Diferencial e Integral. Ele descobriu muitas leis fundamentais da Física e introduziu o método de investigar problemas de Física por meio do Cálculo. Seu trabalho possui a maior importância, tanto na Física quanto na Matemática.

[6] **Wessel [Caspar Wessel (1745-1818)]** - matemático norueguês com trabalhos sobre o Plano Complexo, que foi membro da academia de ciências da Dinamarca.

[7] **Argand [Jean Robert Argand (1678-1882)]** - matemático suíço radicado na França. Seu trabalho sobre o Plano Complexo apareceu em 1806, nove anos após um opúsculo semelhante do matemático norueguês **Caspar Wessel**.

XXIV   **Cálculo e Análise Vetoriais com Aplicações Práticas**

Os anos de 1833 e 1844 foram gloriosos para a história da **Matemática** devido a aparição, quase simultânea, de duas teorias: "**Quaternions Theory**" (**Teoria dos Quaternions**), de **Hamilton**, e "**Die Lineale Ausdehnungslehre**" (**Teoria das Extensões Lineares**), de **Grassmann**.

O mais notável discípulo do matemático **Hamilton** foi o professor **Tait**[8] cujo trabalho "**Elementary Treatise on Quaternions**" foi publicado em 1867, e uma segunda edição em 1873.

Cumpre, entretanto, ressaltar que nem o sistema de **Hamilton** nem o de **Grassmann** atendiam às necessidades de quem trabalhava com Física ou com Matemática Aplicada. Os dois sistemas eram muito gerais e complexos para simples cálculos ordinários. As ideias envolvendo grandezas escalares e grandezas vetoriais em Mecânica ou em Física eram muito mais simples que as apresentadas, por exemplo, na teoria de **Hamilton** na qual vetores e escalares apareciam como quaternions degenerados. Matemáticos em vários países começaram, então, a tentar adaptar os resultados de **Hamilton** e de **Grassmann** às solicitações mais elementares. Na Alemanha, o ponto de partida foi o "**Die Lineale Ausdehnungslehre**", e um dos que mais contribuiu para um formalismo mais simples foi **Gauss**[9]. Na Inglaterra, **Heaviside**[10] merece citação, enquanto que, nos E.U.A. **Gibbs**[11] produziu um trabalho admirável. Lecionando na **New Haven University**, o professor **Gibbs** sentiu a necessidade de uma forma mais simples para o tratamento dos vetores. Estando familiarizado com os trabalhos de **Hamilton** e de **Grassmann**, ele foi capaz de adaptar às suas necessidades as melhores e mais simples partes das citadas obras. Assim, ele desenvolveu uma teoria que passou a ser usada em suas aulas na universidade. Em 1881 e em 1884 ele imprimiu em New Haven, para uso exclusivo de seus estudantes, um panfleto intitulado "**Elements of Vector Analysis**", no qual era dada uma ideia concisa de sua teoria. A relutância do professor **Gibbs** em publicar o seu trabalho em **Análise Vetorial** não residia em nenhuma dúvida quanto a sua necessidade ou a sua validade, mas sim no fato de não se tratar, acreditava ele, de nenhuma contribuição original para a Matemática, e sim uma simples adaptação, com propósitos especiais, dos trabalhos de outras duas pessoas. Isto, entretanto, não correspondia à realidade, uma vez que os temas "**Funções Vetoriais Lineares**" e "**Diádicas**" foram desenvolvidas por ele mesmo, e muito contribuiram para o avanço da Álgebra Multilinear.

Na mesma época, na Inglaterra, **Heaviside** estava engajado em uma tarefa semelhante. Seu trabalho em Teoria Eletromagnética levou-o, primeiramente, a tentar a **Teoria dos Quaternions** a fim de simplificar os seus estudos, o que infelizmente não chegou a bom termo. Adaptando os resultados de **Hamilton** e de **Tait** às suas próprias necessidades, ele chegou a uma Álgebra Vetorial praticamente idêntica à de **Gibbs**.

Havia, como era de se esperar, uma diferença de notação. **Heaviside** aderiu em parte à notação usada nos quaternions, porém, introduziu a uma prática muito simples: representar as grandezas vetoriais por tipos em negrito[12], conforme atualmente é usual em quase todos os trabalhos científicos publicados. Ao receber uma cópia do panfleto de **Gibbs**, oriundo de **New**

---

[8] **Tait [Peter Guthrie Tait (1831-1901)]** - matemático escocês que foi um dos difusores da Teoria dos Quaternions.

[9] **Gauss [Carl Friedrich Gauss (1777-1855)]** - matemático alemão, com justiça denominado "Príncipe dos Matemáticos" tal sua contribuição para todos os ramos desta ciência.

[10] **Heaviside [Oliver Heaviside (1850- 925)]** - físico inglês cujos trabalhos, juntamente com as de **Lorentz**, serviram de base para a Teoria da Relatividade Restrita.

[11] **Gibbs [Josiah Willard Gibbs (1839-1903)]** - matemático americano cujo trabalho ao longo de sua vida não só contribuiu para o desenvolvimento da Análise Vetorial como também de várias partes da Física Matemática.

[12] Uma grandeza vetorial é então representada, por exemplo, por $\mathbf{V}$, ao invés de $\vec{V}$. O vetor deslocamento entre os pontos P_1 e P_2, como outro exemplo, fica na forma $\mathbf{P_1P_2}$, ao invés de $\overrightarrow{P_1P_2}$.

Haven, **Heaviside** não só aprovou o trabalho, como também expressou sua grande admiração pelo mesmo, embora tenha preferido manter sua própria notação supramencionada.

Muitas polêmicas foram geradas em torno dos trabalhos de **Gibbs** e de **Heaviside**, e o maior opositor foi o professor **Tait**.

Decorridos vinte anos da publicação do panfleto de **Gibbs**, o seu sistema já havia provado de maneira insofismável a sua utilidade. Ele, então, consentiu em que houvesse uma publicação mais abrangente. Não tendo disponibilidade (?), na época, ele incumbiu um de seus discípulos, o **Dr. Edwin Bidwell Wilson**[13] que, na ocasião, lecionava na **Yale University** e, mais tarde veio, a fazê-lo no **Massachusetts Institute of Technology**.

O professor **Gibbs** deixou seu discípulo à vontade para elaborar o trabalho. Embora tenha mantido as ideias originais do mestre, o **Dr. Wilson** preferiu utilizar a representação dos vetores por tipos em negrito (notação de **Heaviside**). O sucesso da publicação, em 1901, foi imenso e, cumpre também ressaltar, o **Dr. Wilson** também contribuiu para a **Análise Vetorial Quadridimensional**, em conexão com a **Teoria da Relatividade**.

O século passado foi, também, testemunha do aparecimento de uma **Escola Italiana de Análise Vetorial**, na qual se destacaram os professores **Marcolongo**[14], da **Universidade de Nápoles**, e **Burali-Forti**[15], da **Academia Militar de Turim**. Sua Álgebra Vetorial era substancialmente a mesma de outra escolas, porém com notação independente para os produtos de vetores.

Finalizando, é importante ressaltar que mesmo com a contribuição de outros pensadores, e outros trabalhos, as obras de **Hamilton** e de **Grassmann** foram as precursoras dos modernos **Cálculo** e **Análise Vetoriais**. Maiores informações de ordem histórica poderão ser encontradas na referência bibliográfica nº 50.

O autor

---

[13] Vide referência bibliográfica nº 2.

[14] **Marcolongo [Roberto Marcolongo (1862-1943)]** - físico e matemático italiano que, juntamente com **Cesare Burali-Forti**, estabeleceu a escola italiana de Cálculo e Análise Vetoriais. Também estabeleceu o Cálculo Diferencial Absoluto, mais tarde denominado Cálculo Tensorial. Foi professor da **Universidade de Nápoles** e da **Universidade de Messina**.

[15] **Burali-Forti [Cesare Burali-Forti (1861-1931)]** - matemático italiano e professor da **Academia Militar de Turim**, que trabalhou no campo da Análise Vetorial, especialmente na transformação linear de vetores.

DEDICATÓRIA

Com este trabalho, enalteço todo aquele que faz do atendimento à **Lei do Serviço à Energia Criadora Primordial, A Unidade, A Fonte que Tudo É,** uma constante no seu dia-a-dia, desejando também que isto se torne um ponto de referência **ad perpetuam** para aqueles que, além do **Ser Supremo e Infinito,** a **Energia Procriadora Pai-Mãe do Cosmos,** são para mim uma fonte inesgotável de inspiração: meu filho **Yshnan** e minha esposa **Ivania.** Isto é extensivo aos meus sobrinhos **Rodrigo, Rafael, Rebeca, Fernanda, Bryan, Amanda, Paulo Adolfo, Mariana, Adolfo e Luciana.**

À minha mãe **Wanda** e aos meus irmãos **Hilbert** e **Luiz André,** três legítimos **"Guerreiros da Luz",** também dedico esta obra, pelo apoio incondicional em horas tão difíceis, tanto no aspecto profissional quanto no pessoal.

Aos meus companheiros e amigos "atubarônicos" (**Turma Barão de Jaceguai**), agradeço por tudo o que compartilhamos não só no **Colégio Naval** e na **Escola Naval,** como também nas reuniões da turma que ocorrem até hoje.

Aos meus amigos do tempo de faculdade, **Lázaro Mansur, Líscio José Monnerat Caparelli, Paulo Roberto de Lavor Pontes, Carlos Alberto de Figueiredo Aguiar, Paulo Eduardo de Alcântara Martinelli, Pedro Paulo Rosa Barbosa, Haroldo Castro Alves Fernandes de Melo, Ricardo de Almeida Oliveira, Marinho Urubatão Gomes dos Santos, Sérgio Bayma de Oliveira, Antônio José Ramalho Borges, Luiz Roney Braga de Abreu e Vítor Lodi Didonet,** louvo pelo suporte e amizade que me dedicaram.

Também uma menção especial aos caríssimos **Jorge Abrahão de Castro, Antônio Carlos da Costa, Maria de Lourdes Castro Ferreira Costa, Marta Fernandes do Nascimento, Georgina Castro de Oliveira, José Carlos da Silva, Maria Aldina da Silva, Orlando Raposo de Aguiar, Sandra Lúcia Ribeiro Canella, José Aexandre da Costa Alves** e **Bruna de Oliveira Ramos Alves,** pelo saudável exercício da amizade e da ajuda mútua.

Fica aqui também registrada uma singela homenagem póstuma a um dos maiores cientistas que o **Brasil** e o mundo já tiveram, e que, com certeza, foi um dos grandes gênios da humanidade. Trata-se do **Prof. Dr. César Lattes**[1], o principal responsável pela formação do **Prof. Dr. Aldízio**

---

1 **Lattes [Cesare Mansueto Giulio Lattes (1924-2005)]** - **César Lattes,** com era conhecido, deixou o nome gravado para sempre na história da Física mundial. Um dos maiores cientistas que o Brasil já teve, ele foi também um dos artífices de conquistas que ao longo da segunda metade do século XX ajudaram a formar a base do ensino e do estímulo à ciência nacional. Nasceu em 11 de julho de 1924 na cidade de Curitiba, onde cedo começou a demonstrar a genialidade que o tornaria mundialmente conhecido. Com apenas 19 anos, formou-se em Física pela **Universidade de São Paulo (USP).** No início da década de 40, já publicava seus primeiros trabalhos científicos.

A descoberta pela qual é mais lembrado, a do méson pi- também chamado píon -, aconteceu em 1947, quando integrava o grupo dos físicos **Giuseppe Occhialini e Cecil Frank Powell.** Apenas um ano de-pois, ele identificou a oportunidade de produzir artificialmente o píon, uma partícula subatômica que garante a coesão do núcleo do átomo. O papel é manter prótons (carga elétrica positiva) unidos aos nêutrons (sem carga elétrica/carga elétrica nula/carga elétrica neutra). Em 1935, a existência do píon havia sido proposta pelo físico japonês **Hideki Yukava.** Entretanto, foi **Lattes** que provou a existência dessa partícula ao descobrir que os píons podem ter carga positiva, negativa ou neutra e transportar informações trocadas entre prótons e nêutrons. Com isso, alteram a composição das partículas. O trabalho de **Lattes** teve imenso impacto na pesquisa brasileira a partir da segunda metade do século XX. Ele marcou a emergência da **Física das Partículas Elementares** no país e semeou toda uma tradição de pesquisa nacional. Ele é um dos pais da chamada **Física de Altas Energias,** fundamental para a compreensão dos mecanismos que regem a matéria e a formação do **Universo. Lattes** foi um dos fundadores, em 1949, do **Centro Brasileiro de Pesquisas Físicas (CBPF),** no Rio de Janeiro. Também esteve nos grupos que criaram o **Conselho Nacional de Pesquisa (CNPq),** em 1951, e a **Universidade Estadual de Campinas (Unicamp),** em 1962.

Ferreira Costa, de quem eu muito me orgulho de ser filho e que, além de ter integrado com brilhantismo a equipe do **Dr. Lattes**, foi o responsável pela formação de diversas gerações de físicos e matemáticos, na **Universidade Federal do Rio de Janeiro (UFRJ)**, na **Universidade Federal Fluminense (UFF)**, no **Centro Brasileiro de Pesquisas Físicas (CBPF)**, e tantos outros, isto sem falar nos muitos anos em que ministrou cursos de especialização na **Força Aérea Brasileira (FAB)**. Não fosse tudo isso o bastante, ainda me legou a inclinação não só pelas ciências exatas como também pelas disciplinas esotéricas e espirituais.

Aos meus caros irmãos na **Senda**, também esta publicação louva pela dedicação e abnegação no ensino e prática da **Sagrada Ciência,** que vem passando de geração em geração ao longo do tempo, apesar de todos os preconceitos, perseguições, calúnias e difamações. Todos têm sido muito importantes, porém, dois merecem destaque especial: **Walter M. Lace** e **Bruno Araujo Borges**, por suas mentalizações positivas e orações para que esta obra, apesar de todos os obstáculos, pudesse, com as bênçãos e as proteções de **Metatron**, **Michael**, **Gabriel**, **Uriel**, **Raphael** e **Gaia**, ser finalizada.

Uma menção especial é dedicada à equipe da Editora Ciência Moderna Ltda., representada por **Paulo André Pitanga Marques**, **Aline Vieira Marques** e **Laura Santos Souza**, pelo empenho na viabilização deste trabalho.

Dedico também este livro ao **Prof. Paulo da Silva Neto Sobrinho**[2], pelo fantástico artigo intitulado" **Uma História de Estarrecer**", publicado na revista "Espiritismo e Ciência", ano 5, nº 58, editada em 2008 pela **Mythos Editora Ltda**. Este competentíssimo pensador e ensaísta mineiro provocou uma verdadeira revolução no meu pensar, e me fez rever crenças errôneas que estavam arraigadas em minha mente devido a uma propaganda enganosa que já dura, para a humanidade, em torno de vinte séculos.

As dificuldades para a publicação desta obra foram muitas, tanto que o projeto original esteve arquivado por onze anos. Entretanto, tendo em mente a atitude de três heróis, jamais deixei de melhorá-lo e de acreditar que a vitória fosse possível. Estou me referindo a **Jacques du Bourgogne De Molay, Guy D'Auvergnie** e **Geoffroi de Charnay**, respectivamente o último **Grão-mestre** e dois dos preceptores da **Ordem dos Cavaleiros Templários.** Aproveito esta oportunidade para honrá-los e agradecer pelos magníficos exemplos de persistência e de resistência à tirania religiosa, ao cerceamento do livre-pensamento e à cobiça que, infelizmente, perduram até os dias atuais. Eles jamais se abateram e preferiram ser imolados na fogueira, em 18 de março de 1314, em uma pequena ilha do rio **Sena**, hoje denominada **Vert Galant**, olhando de longe as torres da **Catedral de Notre Dame,** a trairem o ideal e o juramento de amor à humanidade estabelecidos, em 1118, por **Hughes de Payns** e mais oito cavaleiros, a saber: **Geoffroi de Saint-Omer, André de Montbart, Payen de Montdidier, Gondemar, Rossal, Geoffroi Bissot, Archambaud de Saint-Aignan** e

---

Ao longo de sua intensa e laboriosa carreira, **César Lattes** tornou-se também o único físico brasileiro citado na **Enciclopedia Britânica**, honraria para a qual nunca demonstrou dar muita importância. Ele integrou a **Academia Brasileira de Ciências**, a **União Internacional de Física Pura e Aplicada**, o **Conselho Latino-Americano de Raios Cósmicos**, e as **Sociedades Brasileira, Americana, Alemã, Italiana e Japonesa** de **Física**. **Lattes** também foi indicado três vezes ao **Prêmio Nobel de Física**. Por que não ganhou? Política (ele era esquerdista), injustiça ou ambas? Entretanto, como todas as grandes luzes que iluminaram a humanidade, tenho certeza que ele jamais se importou com isso, visto que os "Guerreiros da Luz" combatem o "bom combate" pensando tão somente no bem-estar e segurança de seus irmãos de jornada. (Fonte de consulta: **Jornal O Globo** de 9 de março de 2005).

[2] natural de Guanhães, Minas Gerais; formado em Ciências Contábeis e Administração de Empresas pela Universidade Católica (PUC-MG); aposentou-se como Fiscal de Tributos pela Secretaria de Estado da Fazenda de Minas Gerais; frequenta o movimento Espírita desde Julho/87; em Casas Espíritas exerceu as funções de Presidente, Coordenador de Reunião de Desobsessão e Coordenador de Reunião de Estudo Sistematizado da Doutrina Espírita; tem artigos publicados no Jornal Espírita e O Semeador da FEESP. Sites Espíritas na Internet também já publicaram alguns de seus textos; autor do livro A Bíblia à Moda da Casa, atualmente frequenta a Fraternidade Espírita Fabiano de Cristo, em Guanhães.

Godfroi. Que os **Clementes quintos, Felipes Belos e Guillaumes de Nogaret**, passando também pelos **Torquemadas**, de ontem e de hoje, saibam que o lema continua vivo e mais atual do que nunca: "**Non nobis, Domine, non nobis, sed Nomini Tuo da Gloriam**", ou seja: "**Não para nós, Senhor, não para nós, mas para a Glória do Teu Nome**". Tal lema extrapolou o âmbito da **Ordem do Templo**, e hoje é seguido pelos **Cavaleiros** de todas as **Ordens Universais**, que estão aqui na **Terra** como "**Guerreiros da Luz**". Eles combatem o "**bom combate**", ou seja, empunham a espada sem se escandalizarem, apoiados na trilogia composta pelo "**Caduceu de Mercúrio**", pela "**Lanterna de Hermes Trismegistus**" e pelo "**Manto de Apolônio de Tiana**".

Mais recentemente houve o exemplo do Major-general **Roméo Allain Dallaire** que foi o Comandante das Forças de Paz das Nações Unidas para Ruanda (MINUAR) entre os anos de 1993 e 1994. Hoje ele é um senador canadense, agente humanitário, escritor e Tenente-general aposentado, mas é lembrado, juntamente com seu auxiliar direto, o na época **Major Brent Beardsley**, por tentar interromper, de forma heróica, o genocídio promovido por extremistas hutus contra tutsis e hutus moderados. Devido aos podres acordos internacionais, que infelizmente ocorreram e que, aliás, ocorrem até hoje, ele teve o efetivo de suas tropas reduzido a um mínimo, mas recusou-se, terminantemente, a abondonar os infelizes perseguidos naquele país, apesar de todos os esforços dos "fantoches" do Conselho de Segurança da ONU. Embora não tenha podido realizar in totum o que queria, por haver sido covardemente desestabilizado, ele ainda salvou milhares de pessoas da morte certa, o que foi para mim mais um exemplo decisivo de pertinácia e obstinação por um ideal nobre. Nas palavras do **Prof. Marcio Martins**[3]: "Nem todo céu é perfeito e nem todo inferno é pertubativo, bastando que tenhamos objetivos a alcançar e missões a cumprir."

Àqueles que entendem a responsabilidade de nossa missão eu desejo: **força**, **honra** e **vitória**! Isto porque, para quem acredita, nenhuma palavra é necessária e para quem não acredita, nenhuma palavra é possível! Não devemos acreditar em limites; apenas em horizontes. Não nos restrinjamos a fronteiras; busquemos sempre ir além das mesmas. Sucesso é ter aquilo que se quer e felicidade é querer aquilo que se tem. Segundo o **Dr. Jairo Mancilha**[4], o que você acredita sobre si mesmo, sobre os outros, sobre o passado e o futuro, faz você sentir o que agora está sentindo. Além do mais, quem realmente pretendemos ser, começa agora!

Aos que compreendem a mensagem, eu digo: vamos persistir e levar este planeta para a **Luz**, conforme já fizemos com tantos outros! Nas palavras de **Alice Ann Bailey**[5]: "Possa a **Energia do**

---

[3] Graduado em Letras pela Faculdade Interação Americana – SBC, sacerdote e especialista em atendimento por Hidromancia

[4] Diretor do INAP, master trainer internacional em Neurolinguística e Coaching; mestre e doutor em medicina (Ph.D.) pela UFRJ, pós-doutorado em Cardiologia preventiva pela Northwestern University, Chicago, E.U.A.. Aperfeiçoado em Psiquiatria pelo Instituto de Psiquiatria da UFRJ, especialista em Saúde Pública pela Escola Nacional de Saúde Pública da FIOCRUZ; Pesquisador do CNPq, durante 10 anos, realizando pesquisas com os índios Yanomami; membro internacional da American Society of Clinical Hypnosis; autor dos livros Você é o seu Coração (3ª. Edição) e Histórias Reflexões e Metáforas - Ed. Qualitymark e co-autor com o **Dr. Luiz Alberto Py** de "**O Caminho da Longevidade**" - Ed. Rocco; autor dos DVDs: Metas, A Arte de Falar em Público e A Essência da Neurolinguística-PNL; ministra palestras, treinamentos e cursos sem Brasil e na Europa.

[5] **Bailey [Alice Ann Bailey (1880-1946)]** - nascida **Alice La Trobe Bateman,** foi uma pesquisadora inglesa cujos estudos se concentraram na área da Neoteosofia. Foi uma autora com vastos conhecimentos em misticismo, tendo desencadeado um grande movimento esotérico internacional. Em 1922, iniciou a **Lucis Trust Publishing Company**; em 1923, a **Escola Arcana**; e, em 1932, o **Movimento Internacional da Boa Vontade**. É co-herdeira, juntamente com **Annie Wood Besant**, da escola teosófica fundada pela maior esoterista do Ocidente, a russa **Helena Petrovna Blavatsky**. No outono de 1919 foi contatada pelo mestre tibetano **Djwhal Khul** e desse encontro surgiram os 24 livros, escritos entre 1919 a 1949.

Divino Ser inspirar e a **Luz** da **Alma** dirigir; possamos nós sermos conduzidos da **escuridão** à **luz**, do **irreal** ao **real**, da **morte** à **imortalidade**." E nas palavras de **Annie Besant**[6]: "No mundo físico o perigo é muito maior do que nos mundos sutis, pois a matéria física é muito mais resistente ao controle pelo pensamento do que a matéria sutil dos mundos superiores." A estrada é dura, mas, afinal, o **bem** e o **mal** devem caminhar juntos, a fim de que o homem, dentro do seu livre-arbítrio, possa escolher! Para que o **mal** vença, basta apenas que as pessoas de **bem** não façam nada. Sim, tudo em prol do restabelecimento do **Plano Original da Fonte Infinita**, que os **Mestres** conhecem e a que servem, pois fora do **amor**, da **caridade** e da **honra** não há **progresso** e nem **Ascensão**, pois o que fazemos em nossas vidas ecoa pela eternidade!

Paz profunda e até sempre, em unidade plena, na **Luz Infinita** do verdadeiro **Pai-Mãe do Cosmos**.

O autor

Blavatsky [Helena Petrovna Blavatsky (1831 - 1891)] - nascida **Helena Petrovna Hahn**, foi uma das figuras mais notáveis do mundo no último quartel do século XIX. Ela abalou e desafiou de tal modo as correntes ortodoxas da Religião, da Ciência, da Filosofia e da Psicologia, que é impossível ficar ignorada. Foi uma verdadeira iconoclasta - ao rasgar e fazer em pedaços os véus que encobriam a Realidade. Mas, porque estivesse a maioria presa às exterioridades convencionais, tornou-se o alvo de ataques e injúrias, pela coragem e ousadia de trazer à luz do dia aquilo que era blasfêmia revelar. Lenta, mas seguramente, os anos se encarregaram de fazer-lhe justiça.

Para ilustrar suas afirmações, escreveu **"Isis Unveiled"** (Ísis sem Véu), em 1877, e **"The Secret Doctrine"** (A Doutrina Secreta), em 1888, obras ambas ditadas a ela pelos **Mestres**. Em Ísis sem Véu, lançou o peso da evidência colhida em todas as Escrituras do mundo e em outros anais contra a ortodoxia religiosa, o materialismo científico e a fé cega, o ceticismo e a ignorância. Foi recebida com agravos e injúrias, mas não deixou de impressionar e esclarecer o pensamento mundial.

Quando foi para os E. U. A., um de seus objetivos mais importantes consistiu em fundar uma associação, que foi formada sob a denominação de **The Teosofical Society (A Sociedade Teosófica)**, para pesquisar e difundir o conhecimento das leis que governam o **Universo**. A Sociedade apelou para a fraternal cooperação de todos os que pudessem compreender o seu campo de ação e simpatizassem com os objetivos que ditaram a sua organização.

Sua obra e seu exemplo de renúncia permanecem intocados até os dias de hoje, tendo servido de exemplo edificante para muitas gerações de **Guerreiros e Servidores da Luz**.

[6] **Besant [Annie Wood Besant (1847-1933)]** - foi uma militante socialista, ativista, defensora dos direitos das mulheres, uma das mais notáveis oradoras de sua época, influente teosofista e autora de inúmeros livros sobre o gênero.

Em 1889 a ela foi solicitado escrever uma crítica sobre a "Doutrina Secreta", um livro escrito por **Helena Petrovna Blavatsky**. Depois de ler, ela fechou uma entrevista com a autora, convertendo-se ao estudo da Teosofia, tornando-se membro da **Sociedade Teosófica** e, por seu trabalho, foi considerada co-herdeira da obra de **Mme. Blavatsky**, juntamente com **Alice Ann Bailey.**

Algum tempo após o falecimento de **Mme. Blavatsky**, ela acusou **Willian Quan Judge**, líder da seção estadunidense da **Sociedade Teosófica**, de falsificar mensagens dos **Grandes Mestres da Sabedoria Oculta**. Tal conflito causou na época a separação de uma grande parte das Lojas nos Estados Unidos da **Sociedade Teosófica**. Em 1903 mudou-se para Índia e em 1908 foi eleita Presidente Mundial da **Sociedade Teosófica**, posição esta que ocupou até falecer em 1933.

Em 1912, juntamente com **Marie Russak** e **James Ingall Wedgwood**, fundou a **Ordem do Templo da Rosacruz**. Em razão dos numerosos problemas originados na Inglaterra durante a Primeira Guerra Mundial, as atividades tiveram que ser suspensas. Retornou então às suas tarefas como Presidente Mundial da Sociedade Teosófica. **Wedgwood** seguiu trabalhando como bispo da **Igreja Católica Liberal** e **Russak** manteve contato na Califórnia com o **Dr. Harvey Spencer Lewis** (Frater Profundis XIII), ao qual ajudou na elaboração dos rituais da **Ordem Rosacruz-AMORC**, sendo que este último tornou-se o primeiro Imperator desta ordem.

Besant teve participação também na **Ordem Maçônica Mista Le Droit Humain**. Na Índia, fundou a **Liga Nacionalista Indiana**. Ela dedicou-se não somente à **Sociedade Teosófica**, mas também ao progresso e liberdade da Índia. Foi a primeira mulher eleita Presidente do Congresso Nacional da Índia. Besant Nagar é um bairro próximo à **Sociedade Teosófica** em Chennai (antiga Madras), cujo nome consttitui uma homenagem à essa fantástica mulher.

Adotou como filho o jovem indiano **Krishnamurti**, que era tido pelos teósofos como um grande Mestre.

Sumário

CAPÍTULO 9
As Variações Espaciais das Grandezas Físicas e os Conceitos de Gradiente, Divergência e Rotacional

9.1 - Generalidades 1

9.2 - Derivada Direcional ou Dirigida de um Campo Escalar e o Conceito de Vetor Gradiente 1

    9.2.1 - Conceitos Preliminares e a Expressão Cartesiana Retangular do Vetor Gradiente 1

    9.2.2 - Expressão em Coordenadas Cilíndricas Circulares 6

    9.2.3 - Expressão em Coordenadas Esféricas 9

    9.2.4 - Aplicações Físicas do Conceito 10

9.3 - Derivada Direcional Vetorial 21

9.4 - Divergência de um Campo Vetorial 25

    9.4.1 - Definição 25

    9.4.2 - Expressão em Coordenadas Cartesianas Retangulares 25

    9.4.3 - Expressão em Coordenadas Cilíndricas Circulares 34

    9.4.4 - Expressão em Coordenadas Esféricas 39

9.5 – Rotacional de um Campo Vetorial 44

    9.5.1 - Definição 44

    9.5.2 - Expressão em Coordenadas Cartesianas Retangulares 45

    9.5.3 - Expressão em Coordenadas Cilíndricas Circulares 50

    9.5.4 - Expressão em Coordenadas Esféricas 57

    9.5.5 - Medidor de Vorticidade em um Campo Hidrodinâmico 74

    9.5.6 - Divergência e Rotacional - Variações Longitudinais e Variações Transversais 78

9.6 - Definições Alternativas de Gradiente, de Rotacional e Forma Integral do Operador Nabla (∇) 85

    9.6.1 - Definição Alternativa de Gradiente 85

    9.6.2 - Definição Alternativa de Rotacional 88

    9.6.3 - Forma Integral do Operador Nabla (∇) 91

9.7 - Operações Envolvendo o Operador Nabla (∇) 92

9.8 - Propriedades do Gradiente, da Divergência e do Rotacional 96

    9.8.1 - Propriedades do Gradiente 96

    9.8.2 - Propriedades da Divergência 99

    9.8.3 - Propriedades do Rotacional 100

9.9 - Expansão de uma Função Vetorial em Série de Taylor e em Série de Mc Laurin 103

9.10 - Campo de Forças Associado à Distribuição de Pressão em um Fluido 106

9.11 - Comportamento de um Fluido Incompressível em um Campo Gravitacional Uniforme 109

9.11.1 - As Equações Fundamentais da Hidrostática 109

9.11.2 - Líquido em Movimento de Translação Horizontal Uniformemente
Acelerada...113

9.11.3 - Líquido em Movimento de Translação Uniformemente Acelerada ao Longo
de um Plano Inclinado...122

9.11.4 - Líquido em Movimento de Translação Vertical Uniformemente
Acelerada...125

CAPÍTULO 10
Os Teoremas Fundamentais da Análise Vetorial

10.1 - Generalidades 157

10.2 - Teoremas das Integrais - Primeira Parte..157

10.2.1 - Teorema da Divergência, Teorema de Gauss-Ostrogadsky ou Teorema de
Green no Espaço...159

10.2.2 - Teorema do Gradiente (para superfícies fechadas) 162

10.2.3 - Teorema do Rotacional (para superfícies fechadas)..............................163

10.3 - Teoremas das Integrais - Segunda Parte..172

10.3.1 - Teorema de Green no Plano 172

10.3.2 - Teorema de Ampère-Stokes 176

10.3.3 - Teorema do Gradiente (para superfícies abertas)..................................180

10.3.4 - Teorema do Rotacional (para superfícies abertas) 181

10.4 - Taxa de Fluxo de um Campo Vetorial através de uma Superfície
Aberta em Movimento...206

10.5 - Reiteração de Operadores...212

10.5.1 - Introdução 212

10.5.2 - Divergência de um Gradiente ou Laplaciano de um Campo Escalar........212

10.5.3 - Laplaciano de um Campo Vetorial...225

10.5.4 - Divergência de um Rotacional 228

10.6 - Funções da Distância entre dois Pontos ou Coordenadas Relativas 232

10.6.1 - Introdução 232

10.6.2 - Operações Diferenciais envolvendo Coordenadas Relativas.................234

10.6.3 - A Função Delta de Dirac 246

10.6.4 - Convergência de algumas Integrais envolvendo Coordenadas Relativas..249

10.6.5 - Aplicação do Teorema Binomial às Coordenadas Relativas..................250

10.7 - Teoria Geral dos Campos 251

10.7.1 - Introdução 251

10.7.2 - Campos Vetoriais Solenoidais, Advergentes, Rotacionais ou
Turbilhonários 252

10.7.3 - Campos Vetoriais Irrotacionais, Gradientes, Conservativos ou
Lamelares 259

10.7.4 - Carta do Campo 268

10.7.5 - Teorema de Helmholtz 269

10.8 – Fluidodinâmica 281

10.8.1- Introdução 281

10.8.2- Equação da Continuidade...282

10.8.3- Equação do Movimento ou Equação de Euler.............................290

10.8.4- Escoamento Invariante no Tempo e e o Conceito de Linhas de Corrente ..292

10.8.5 - Escoamento Irrotacional e o Conceito de Potencial Velocidade................296

10.8.6 - Escoamento de Vórtice e o Conceito de Circulação 296

10.9 - Teoria Eletromagnética e Equações de Maxwell...................................297

10.9.1 - Introdução 297

10.9.2 - Isolantes ou Dielétricos, Condutores, Semicondutores, Supercondutores, Corrente Elétrica e Densidade de Corrente Elétrica....................................298

10.9.3 - Lei Vetorial de Ohm e Condutores..320

10.9.4- Lei Escalar de Ohm e Resistência..333

10.9.5- Efeito Joule 344

10.9.6- Lei Vetorial de Ohm e Semicondutores 347

10.9.7- Equação da Continuidade da Carga 348

10.9.8- Equações Constitutivas do Campo Elétrico e do Campo Magnético.........352

10.9.9 - Força de Lorentz 362

10.9.10 – O Desenvolvimento da Teoria Eletromagnética de Maxwell e a Corrente de Deslocamento 362

10.9.11 - Primeira Equação de Maxwell - Lei de Gauss para o Campo Elétrico....381

10.9.12 - Segunda Equação de Maxwell - Lei de Gauss para o Campo Magnético..383

10.9.13- Terceira Equação de Maxwell - Lei da Indução de Faraday-Henry.........385

10.9.14- Quarta Equação de Maxwell - Lei de Ampère-Maxwell 390

CAPÍTULO 11
Coordenadas Curvilíneas Generalizadas

11.1 - Introdução..447

11.2 - Definição..447

11.3 - Coordenadas Curvilíneas Ortogonais 448

11.4 - Representação de uma Função em Coordenadas Curvilíneas Generalizadas..........448

11.4.1 - Função Escalar 448

11.4.2 - Função Vetorial 448

11.5 - Coordenadas Curvilíneas Generalizadas e Coordenadas Cartesianas Retangulares 448

11.5.1 - Introdução 448

XXXIV   **Cálculo e Análise Vetoriais com Aplicações Práticas**

11.5.2 - Funções Implícitas 449

11.5.3 - Relações entre Coordenadas Curvilíneas Generalizadas e Coordenadas Cartesianas Retangulares..456

11.6 - Propriedades dos Ternos Unitários Fundamentais................................468

11.7 - Interpretação Física dos Fatores (h_1, h_2, h_3) 471

11.8 - Elementos Diferenciais de Comprimento, Superfície e Volume em Coordenadas Curvilíneas Ortogonais 473

11.9 - Expressões Analíticas para a Álgebra Vetorial 473

11.9.1 - Soma e Subtração de Vetores 473

11.9.2 - Multiplicação de um Vetor por um Escalar.....................474

11.9.3 - Produto Escalar 474

11.9.4 - Produto Vetorial...474

11.9.5 - Produto Misto 475

11.9.6 - Triplo Produto Vetorial 475

11.10 - Sistemas de Coordenadas Curvilíneas Ortogonais 476

11.10.1 – Generalidades 476

11.10.2 - Coordenadas Cartesianas Retangulares (x, y, z) 477

11.10.3 - Coordenadas Cilíndricas Circulares (ρ, ϕ, z) 478

11.10.4 - Coordenadas Esféricas (r, θ, ϕ) 480

11.10.5 - Coordenadas Cilíndricas Elípticas (u, v, z) 482

11.10.6 - Coordenadas Esferoidais Oblongas (u, v, ϕ) 483

11.10.7 - Coordenadas Esferoidais Achatadas (u, v, ϕ) 486

11.10.8 - Coordenadas Cilíndricas Parabólicas (ξ, η, z) 487

11.10.9 - Coordenadas Parabólicas (ξ, η, ϕ) 489

11.10.10 - Coordenadas Bipolares (ξ, η, z) 490

11.10.11 - Coordenadas Toroidais (ξ, η, ϕ) 492

11.10.12 - Coordenadas Biesféricas (ξ, η, ϕ) 494

11.10.13 - Coordenadas Elipsoidais (ξ_1, ξ_2, ξ_3) 496

11.10.14 - Coordenadas Cônicas (ξ_1, ξ_2, ξ_3) 497

11.10.15 - Coordenadas Paraboloidais (ξ_1, ξ_2, ξ_3) 498

11.11 - Transformações das Componentes de um Vetor em um Sistema Curvilíneo Ortogonal Qualquer para o Sistema Cartesiano Retangular 502

11.12 - Mudanças de Variáveis nas Integrais.......................................507

11.12.1 - Integrais de Superfície..507

11.12.2 - Integrais de Volume...517

11.13 - Gradiente, Divergência, Rotacional e Laplaciano em Coordenadas Curvilíneas Ortogonais 536

11.13.1 - Gradiente 536

11.13.2 – Divergência..537

11.13.3 - Rotacional 539

CAPÍTULO 9

As Variações Espaciais das Grandezas Físicas e os Conceitos de Gradiente, Divergência e Rotacional

9.1 - Generalidades

Se conhecemos o valor de uma grandeza em um dado ponto do seu campo de definição, para um determinado instante de tempo, e conhecemos, também, as variações da mesma com relação a deslocamentos diferenciais em um certo sistema de coordenadas, podemos determinar o valor da grandeza em um outro ponto que esteja a uma distância diferencial do primeiro. Basta lembrar que uma distância diferencial entre dois pontos genéricos pode ser decomposta, em três dimensões, segundo três deslocamentos diferenciais relativos às três coordenadas do sistema utilizado. Assim sendo, através de uma composição sucessiva de valores, ponto a ponto, o campo da grandeza fica univocamente determinado em uma certa região R do espaço.

Os conceitos que abordaremos a seguir, quais sejam, o gradiente, a divergência e o rotacional, analisam, para um instante genérico de tempo t, como as grandezas variam com a posição. O gradiente está associado às variações espaciais das grandezas escalares, enquanto que a divergência e o rotacional às variações espaciais das grandezas vetoriais. Tais conceitos podem, entretanto, ser aplicados tanto a campos estáticos quanto a campos dinâmicos, embora estejam neles embutidos tão somente as variações espaciais, não importando se as grandezas variam ou não com o tempo. No entanto, por uma questão de abrangência, vamos supor que os campos variem também com o tempo e, a esta altura, você deve estar se perguntando:

— Por quê está sendo frisado tal detalhe se os outros livros não o fazem?

A resposta é simples:

— Quando eu era aluno e estudava a disciplina Eletromagnetismo, verifiquei que a determinação do campo magnético de uma antena ou de uma linha de transmissão, sendo conhecida a expressão do campo elétrico, envolvia a lei de **Faraday** na forma diferencial, que é umas famosas equações de **Maxwell**, na qual aparece o conceito de rotacional. Ora, a expressão do campo elétrico nesses dispositivos inclui tanto variações com a posição quanto com o tempo, e a variação temporal, por si só, já caracteriza a existência de um campo dinâmico. Acontece que nunca vi ninguém enfatizar tal ponto e decidi que, no dia em que eu abordasse tais conceitos, não iria restringir-me às deduções e/ou problemas que envolvessem tão somente campos estáticos; iria ater-me também àquelas que contemplassem os campos dinâmicos. Por isso, você está lendo essas linhas agora e solicito sua atenção para os exemplos 9.17, 9.18 e 9.19. Inclusive, não é demais adiantar que os operadores vetoriais, que aparecem também na equação vetorial de **Helmholtz**, fundamental para a dedução da equação da onda eletromagnética, são, obviamente, aplicáveis a campos dinâmicos. Entendo que a menção de tais ocorrências, por si mesmas, já justifiquem a abordagem mais ampla, não é mesmo?

9.2 - Derivada Direcional ou Dirigida de um Campo Escalar e o Conceito de Vetor Gradiente

9.2.1 - Conceitos Preliminares e a Expressão Cartesiana Retangular do Vetor Gradiente

A **derivada direcional** ou **derivada dirigida**, conforme o próprio nome já sugere, está relacionada ao conceito de direção, que pode ser tomada como a de um vetor unitário ou a da tangente à uma curva orientada *C* em um ponto qualquer do campo escalar. Comecemos, então, com esta primeira abordagem, partindo da função escalar Φ representativa do campo e das equações paramétricas da curva orientada *C*. Em coordenadas cartesianas retangulares, temos

$$\begin{cases} \Phi = \Phi(x,y,z,t) \\ C : \begin{cases} x = x(l) \\ y = y(l) \\ z = z(l) \end{cases} \end{cases}$$

em que nestas últimas equações o parâmetro *l* é o comprimento de arco, tomado sobre a curva *C*, a partir de um ponto P_0 de referência.

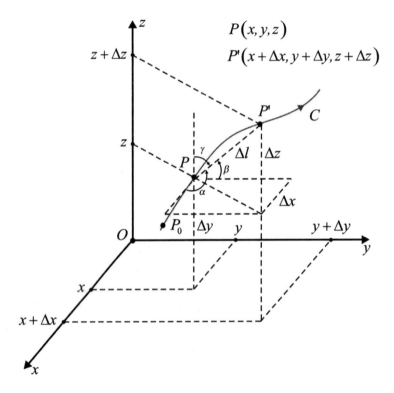

Fig. 9.1

No ponto *P*, para um determinado instante de tempo *t*, o campo escalar tem valor $\Phi(x,y,z,t) = \Phi$, e no ponto *P'* tem valor $\Phi(x+\Delta x, y+\Delta y, z+\Delta z, t) = \Phi + \Delta\Phi$. A derivada direcional, na direção da tangente à curva *C* no ponto *P*, é definida como sendo

$$\frac{d\Phi}{dl} \triangleq \lim_{\Delta l \to 0} \frac{\Delta \Phi}{\Delta l} \qquad (9.1)$$

Entretanto, pela regra da derivação em cadeia, temos

$$\frac{d\Phi}{dl} = \frac{\partial \Phi}{\partial x}\frac{dx}{dl} + \frac{\partial \Phi}{\partial y}\frac{dy}{dl} + \frac{\partial \Phi}{\partial z}\frac{dz}{dl}$$

em que as derivadas a seguir

$$\begin{cases} \dfrac{dx}{dl} = \lim_{\Delta l \to 0}\dfrac{\Delta x}{\Delta l} = \cos\alpha \\ \dfrac{dy}{dl} = \lim_{\Delta l \to 0}\dfrac{\Delta y}{\Delta l} = \cos\beta \\ \dfrac{dz}{dl} = \lim_{\Delta l \to 0}\dfrac{\Delta z}{\Delta l} = \cos\gamma \end{cases}$$

são os cossenos diretores que definem a direção da tangente à curva C no ponto P. Desse modo, a derivada direcional pode ser expressa sob a forma

$$\frac{d\Phi}{dl} = \frac{\partial \Phi}{\partial x}\cos\alpha + \frac{\partial \Phi}{\partial y}\cos\beta + \frac{\partial \Phi}{\partial z}\cos\gamma$$

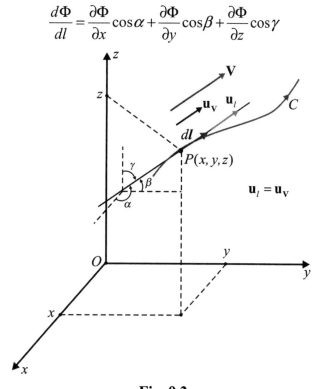

Fig. 9.2

Entretanto, já vimos, no exemplo 4.8, que a expressão do vetor unitário, cuja direção é definida pelos cossenos diretores $\cos\alpha, \cos\beta$ e $\cos\gamma$, é

$$\mathbf{u}_l = \cos\alpha\, \mathbf{u}_x + \cos\beta\, \mathbf{u}_y + \cos\gamma\, \mathbf{u}_z$$

conforme ilustrado na figura 9.2. Assim, a derivada direcional pode ser encarada como sendo o produto escalar de dois vetores: o primeiro cuja expressão é

$$G = \frac{\partial \Phi}{\partial x}\mathbf{u}_x + \frac{\partial \Phi}{\partial y}\mathbf{u}_y + \frac{\partial \Phi}{\partial z}\mathbf{u}_z$$

e que vamos denominar **vetor gradiente**[1], e o segundo é o vetor $\mathbf{u}_l$ já mencionado anteriormente. Deste modo, decorre

$$\frac{d\Phi}{dl} = \mathbf{G} \cdot \mathbf{u}_l = \mathbf{G} \cdot \mathbf{u}_v \tag{9.2}$$

Lançando mão da expressão cartesiana do operador nabla, podemos representar a operação gradiente sob forma compacta. Sendo

$$\nabla \triangleq \frac{\partial}{\partial x}\mathbf{u}_x + \frac{\partial}{\partial y}\mathbf{u}_y + \frac{\partial}{\partial z}\mathbf{u}_z \, ,$$

temos

$$\mathbf{G} = \text{grad } \Phi = \nabla\Phi \tag{9.3}$$

Em coordenadas cartesianas, sob notação compacta, vem

$$\mathbf{G} = \nabla\Phi = \frac{\partial \Phi}{\partial x}\mathbf{u}_x + \frac{\partial \Phi}{\partial y}\mathbf{u}_y + \frac{\partial \Phi}{\partial z}\mathbf{u}_z \tag{9.4}$$

Vamos, agora, verificar uma correlação mais estreita entre o vetor gradiente e a derivada direcional. Para tanto, utilizando a definição de produto escalar apresentada na expressão (2.26),

$$\mathbf{A} \cdot \mathbf{B} \triangleq |\mathbf{A}||\mathbf{B}|\cos á$$

e lembrando que $\mathbf{u}_l$ é um vetor unitário, vamos colocar a expressão (9.2) sob a forma

$$\frac{d\Phi}{dl} = G\cos\varphi \tag{9.5}$$

na qual θ é o ângulo entre os vetores $\mathbf{G}$ e $\mathbf{u}_l$. Para $\varphi = 0$, o cosseno é máximo e igual à unidade. Assim sendo, temos

$$\left(\frac{d\Phi}{dl}\right)_{max} = G \tag{9.6}$$

o que equivale a dizer que a derivada direcional máxima é obtida na direção e sentido do vetor gradiente, e que seu valor é igual ao módulo desse vetor.

[1] O vetor gradiente também foi instituído pelo matemático irlandês **Willian Rowan Hamilton**, que utilizava o operador ∇, já definido anteriormente, na sua representação. Foi chamado inicialmente de "princípio da declividade", depois "função espaço" e, finalmente, "gradiente". A notação "grad" data de 1900.

Antes de prosseguirmos, vamos expressar a diferencial $d\Phi$ do campo escalar em função do vetor gradiente e do deslocamento diferencial $d\mathbf{l}$. A expressão deste último vetor em função do unitário é

$$d\mathbf{l} = dl\,\mathbf{u}_l$$

Utilizando a expressão (9.2), podemos expressar

$$d\Phi = \mathbf{G} \cdot dl\,\mathbf{u}_l = \mathbf{G} \cdot d\mathbf{l}$$

ou, utilizando a expressão (9.3), podemos colocar, de forma mais abrangente,

$$d\Phi = \mathbf{G} \cdot d\mathbf{l} = \nabla\Phi \cdot d\mathbf{l} \tag{9.7}$$

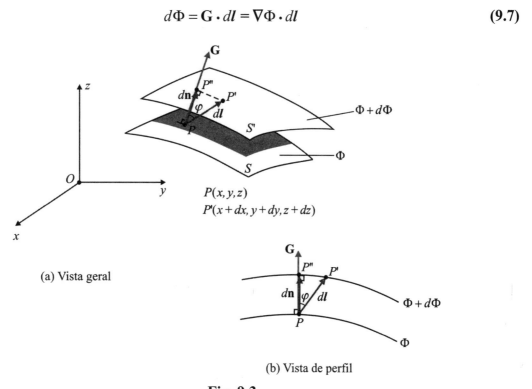

Fig. 9.3

Vamos, agora, verificar uma importante relação de orientação entre o vetor gradiente, em um ponto genérico P de um campo escalar Φ, e uma superfície isotímica deste campo que passe pelo ponto em questão. Para tanto, consideremos duas superfícies isotímicas: S de valor Φ, e S' de valor $\Phi + d\Phi$, conforme mostrado na figura 9.3. Lembrar que, conforme já visto na subseção 5.3.3, o conceito de superfícies isotímicas também se aplica aos campos variantes no tempo (campos dinâmicos), bastando, para tanto, fixar instantaneamente o tempo t.

De acordo com o que já foi visto, o vetor gradiente tem módulo igual a derivada direcional máxima, o que ocorre para $\varphi = 0$, uma vez que

$$\frac{d\Phi}{dl} = G\cos\varphi$$

Assim, **o vetor gradiente é perpendicular à superfície isotímica** S **no ponto genérico** P **e aponta no sentido de crescimento da função** Φ. Tal fato pode ser, alternativamente, verificado a partir da última expressão. Em consequência, vem

$$\frac{d\Phi}{dl\cos\varphi} = G$$

Da figura 9.3, temos

$$dn = dl\cos\varphi$$

logo,

$$G = \frac{d\Phi}{dn} = \left(\frac{d\Phi}{dl}\right)_{max}$$

uma vez que a derivada direcional é máxima quanto menor for a distância, que no caso mínimo é a distância dn entre as superfícies S e S', tomada segundo a perpendicular à ambas as superfícies tirada pelo ponto P. Assim sendo,

$$\mathbf{G} = \nabla\Phi = \frac{d\Phi}{dn}\mathbf{u}_n \qquad (9.8a)$$

Entretanto, a diferencial total pode ser expressa por

$$d\Phi = \frac{\partial\Phi}{\partial n}dn$$

o que permite que o vetor seja colocado sob a forma

$$\mathbf{G} = \nabla\Phi = \frac{\partial\Phi}{\partial n}\mathbf{u}_n \qquad (9.8b)$$

9.2.2 – Expressão em Coordenadas Cilíndricas Circulares

- Primeira análise:

A expressão do vetor gradiente em coordenadas cilíndricas circulares pode ser obtida de diversas. A primeira delas é empregando a expressão (9.7),

$$d\Phi = \nabla\Phi \cdot d\boldsymbol{l}$$

Para o sistema em questão, temos

$$\begin{cases} d\Phi = \dfrac{\partial \Phi}{\partial \rho} d\rho + \dfrac{\partial \Phi}{\partial \phi} d\phi + \dfrac{\partial \Phi}{\partial z} dz \\[2mm] d\boldsymbol{l} = d\rho \, \mathbf{u}_\rho + \rho \, d\phi \, \mathbf{u}_\phi + dz \, \mathbf{u}_z \end{cases}$$

Assim sendo, ficamos com

$$\nabla\Phi = \frac{\partial \Phi}{\partial \rho}\mathbf{u}_\rho + \frac{1}{\rho}\frac{\partial \Phi}{\partial \phi}\mathbf{u}_\phi + \frac{\partial \Phi}{\partial z}\mathbf{u}_z \qquad\qquad (9.9)$$

o que justifica a forma diferencial do operador ∇ (nabla), em coordenadas cilíndricas circulares,

$$\nabla \triangleq \frac{\partial}{\partial \rho}\mathbf{u}_\rho + \frac{1}{\rho}\frac{\partial}{\partial \phi}\mathbf{u}_\phi + \frac{\partial}{\partial z}\mathbf{u}_z \, ,$$

que já tinha sido simplesmente instituída, sem justificativa, no grupo (7.13).

- Segunda análise:

Uma outra alternativa é pela transformação de coordenadas entre os sistemas cilíndrico circular e cartesiano retangular. Conforme já vimos anteriormente, a expressão cartesiana retangular do gradiente é

$$\nabla\Phi = \frac{\partial \Phi}{\partial x}\mathbf{u}_x + \frac{\partial \Phi}{\partial y}\mathbf{u}_y + \frac{\partial \Phi}{\partial z}\mathbf{u}_z \qquad\qquad (\mathbf{i})$$

As coordenadas cilíndricas circulares estão relacionadas com as coordenadas cartesianas retangulares por intermédio do grupo de expressões (3.78),

$$\begin{cases} x = \rho \cos\phi \\ y = \rho \operatorname{sen}\phi \\ z = z \end{cases} \Biggr\} \quad \begin{cases} \phi = \operatorname{arc\,tg}\left(\dfrac{y}{x}\right) \\[2mm] \rho = \sqrt{x^2 + y^2} \end{cases} \qquad\qquad (\mathbf{ii})$$

Os vetores unitários do sistema cartesiano, em função das coordenadas cilíndricas, aparecem no grupo de expressões (3.82a),

$$\begin{cases} \mathbf{u}_x = \cos\phi \, \mathbf{u}_\rho - \operatorname{sen}\phi \, \mathbf{u}_\phi \\ \mathbf{u}_y = \operatorname{sen}\phi \, \mathbf{u}_\rho + \cos\phi \, \mathbf{u}_\phi \\ \mathbf{u}_z = \mathbf{u}_z \end{cases} \qquad\qquad (\mathbf{iii})$$

Pela regra da cadeia, segue-se

$$\frac{\partial \Phi}{\partial x} = \frac{\partial \Phi}{\partial \rho}\frac{\partial \rho}{\partial x} + \frac{\partial \Phi}{\partial \phi}\frac{\partial \phi}{\partial x} + \frac{\partial \Phi}{\partial z}\frac{\partial z}{\partial x} \qquad \textbf{(iv)}$$

Do grupo (ii), obtemos

$$\begin{cases} \dfrac{\partial \rho}{\partial x} = \dfrac{x}{\sqrt{x^2 + y^2}} = \cos\phi \\[3mm] \dfrac{\partial \phi}{\partial x} = -\dfrac{y}{x^2 + y^2} = -\dfrac{\operatorname{sen}\phi}{\rho} \\[3mm] \dfrac{\partial z}{\partial x} = 0 \end{cases} \qquad \textbf{(v)}$$

Substituindo (v) em (iv), ficamos com

$$\frac{\partial \Phi}{\partial x} = \cos\phi\frac{\partial \Phi}{\partial \rho} - \frac{\operatorname{sen}\phi}{\rho}\frac{\partial \Phi}{\partial \phi} \qquad \textbf{(vi)}$$

Pela expressão de $\mathbf{u}_x$, incluída no grupo (iii), e pela expressão (vi), temos

$$\frac{\partial \Phi}{\partial x}\mathbf{u}_x = \left(\cos\phi\frac{\partial \Phi}{\partial \rho} - \frac{sen\phi}{\rho}\frac{\partial \Phi}{\partial \phi} \right)\left(\cos\phi\,\mathbf{u}_\rho - \operatorname{sen}\phi\,\mathbf{u}_\phi \right)$$

ou seja,

$$\frac{\partial \Phi}{\partial x}\mathbf{u}_x = \left(\cos^2\phi\frac{\partial \Phi}{\partial \rho} - \frac{\operatorname{sen}\phi\cos\phi}{\rho}\frac{\partial \Phi}{\partial \phi} \right)\mathbf{u}_\rho + \left(-\operatorname{sen}\phi\cos\phi\frac{\partial \Phi}{\partial \rho} + \frac{\operatorname{sen}^2\phi}{\rho}\frac{\partial \Phi}{\partial \phi} \right)\mathbf{u}_\phi \qquad \textbf{(vii)}$$

Similarmente,

$$\frac{\partial \Phi}{\partial y} = \frac{\partial \Phi}{\partial \rho}\frac{\partial \rho}{\partial y} + \frac{\partial \Phi}{\partial \phi}\frac{\partial \phi}{\partial y} + \frac{\partial \Phi}{\partial z}\frac{\partial z}{\partial y} \qquad \textbf{(viii)}$$

Do grupo (ii), depreende-se

$$\begin{cases} \dfrac{\partial \rho}{\partial y} = \dfrac{y}{\sqrt{x^2 + y^2}} = \operatorname{sen}\phi \\[3mm] \dfrac{\partial \rho}{\partial y} = \dfrac{y}{x^2 + y^2} = \dfrac{\cos\phi}{\rho} \\[3mm] \dfrac{\partial z}{\partial y} = 0 \end{cases} \qquad \textbf{(ix)}$$

Substituindo (ix) em (viii), temos

$$\frac{\partial \Phi}{\partial y} = \operatorname{sen}\phi \frac{\partial \Phi}{\partial \rho} + \frac{\cos\phi}{\rho}\frac{\partial \Phi}{\partial \phi} \tag{x}$$

Pela expressão de $\mathbf{u}_y$, incluída no grupo (iii) e pela expressão (x), ficamos com

$$\frac{\partial \Phi}{\partial y}\mathbf{u}_y = \left(\operatorname{sen}\phi \frac{\partial \Phi}{\partial \rho} + \frac{\cos\phi}{\rho}\frac{\partial \Phi}{\partial \phi}\right)\left(\operatorname{sen}\phi\,\mathbf{u}_\rho + \cos\phi\,\mathbf{u}_\phi\right)$$

que é equivalente a

$$\frac{\partial \Phi}{\partial y}\mathbf{u}_y = \left(\operatorname{sen}^2\phi \frac{\partial \Phi}{\partial \rho} + \frac{\operatorname{sen}\phi\cos\phi}{\rho}\frac{\partial \Phi}{\partial \phi}\right)\mathbf{u}_\rho + \left(\operatorname{sen}\phi\cos\phi\frac{\partial \Phi}{\partial \rho} + \frac{\cos^2\phi}{\rho}\frac{\partial \Phi}{\partial \phi}\right)\mathbf{u}_\phi \tag{xi}$$

Finalmente, substituindo (vii) e (xi) em (i), temos

$$\nabla\Phi = \frac{\partial \Phi}{\partial x}\mathbf{u}_x + \frac{\partial \Phi}{\partial y}\mathbf{u}_y + \frac{\partial \Phi}{\partial z}\mathbf{u}_z = \left(\cos^2\phi\frac{\partial \Phi}{\partial \rho} - \frac{\operatorname{sen}\phi\cos\phi}{\rho}\frac{\partial \Phi}{\partial \phi} + \operatorname{sen}^2\phi\frac{\partial \Phi}{\partial \rho} + \right.$$
$$\left. + \frac{\operatorname{sen}\phi\cos\phi}{\rho}\frac{\partial \Phi}{\partial \phi}\right)\mathbf{u}_\rho + \left(-\operatorname{sen}\phi\cos\phi\frac{\partial \phi}{\partial \rho} + \frac{sen^2\phi}{\rho}\frac{\partial \Phi}{\partial \phi} + \operatorname{sen}\phi\cos\phi\frac{\partial \Phi}{\partial \rho} + \frac{\cos^2\phi}{\rho}\frac{\partial \Phi}{\partial \phi}\right)\mathbf{u}_\phi + $$
$$+ \frac{\partial \Phi}{\partial z}\mathbf{u}_z = \frac{\partial \Phi}{\partial \rho}\mathbf{u}_\rho + \frac{1}{\rho}\frac{\partial \Phi}{\partial \phi}\mathbf{u}_\phi + \frac{\partial \Phi}{\partial z}\mathbf{u}_z$$

o que verifica a expressão (9.9).

9.2.3 - Expressão em Coordenadas Esféricas

Para obter a expressão do vetor gradiente neste sistema de coordenadas, vamos utilizar apenas o primeiro método da subseção anterior. A obtenção através de transformação de coordenadas será deixada, como exercício, ao usuário do presente trabalho (vide problema 9.1). Assim, pela expressão (9.7), temos

$$d\Phi = \nabla\Phi \cdot d\boldsymbol{l}$$

Para o sistema em questão, vem

$$\begin{cases} d\Phi = \dfrac{\partial \Phi}{\partial r}dr + \dfrac{\partial \Phi}{\partial \theta}d\theta + \dfrac{\partial \Phi}{\partial \phi}d\phi \\[2mm] d\boldsymbol{l} = dr\,\mathbf{u}_r + r\,d\theta\,\mathbf{u}_\theta + r\operatorname{sen}\theta\,d\phi\,\mathbf{u}_\phi \end{cases}$$

Finalmente, obtemos

$$\nabla\Phi = \frac{\partial\Phi}{\partial r}\mathbf{u}_r + \frac{1}{r}\frac{\partial\Phi}{\partial\theta}\mathbf{u}_\theta + \frac{1}{r\,\mathrm{sen}\,\theta}\frac{\partial\Phi}{\partial\phi}\mathbf{u}_\phi \qquad (9.10)$$

o que corrobora a forma diferencial do operador ∇ para o sistema esférico,

$$\nabla \triangleq \frac{\partial}{\partial r}\mathbf{u}_r + \frac{1}{r}\frac{\partial}{\partial\theta}\mathbf{u}_\theta + \frac{1}{r\,\mathrm{sen}\,\theta}\frac{\partial}{\partial\phi}\mathbf{u}_\phi,$$

que já tinha sido apresentada no grupo (7.13).

Nota: analisando as expressões (9.4), (9.9) e (9.10), concluímos que o gradiente de um campo escalar é uma forma diferencial, puntual ou local, que depende dos valores das coordenadas e das derivadas parciais no ponto genérico ao qual está referido.

9.2.4 - Aplicações Físicas do Conceito

Como um primeiro exemplo de aplicação do conceito de vetor gradiente, vamos considerar a função $\Phi(x,y)$ da parte (a) da figura 9.4. Na posição $P_0(x_0,y_0)$, a superfície se eleva, mais acentuadamente, numa direção que faz um ângulo de cerca de 80° com a direção positiva de x. O gradiente de $\Phi(x,y)$, $\nabla\Phi$, é uma função vetorial de x e y. Sua característica é sugerida na parte (b) da figura em tela, por vários vetores em diversos pontos do plano xy, inclusive no ponto $P_0(x_0,y_0)$. A função vetorial $\nabla\Phi$, definida pela expressão (9.4), em coordenadas cartesianas retangulares, é simplesmente uma generalização desta ideia para o espaço tridimensional. Entretanto, não devemos confundir a parte (a) da figura 9.4 com o espaço tridimensional ($\mathbb{R}^3$), pois, a terceira coordenada é aqui o valor da função $\Phi(x,y)$. Uma aplicação prática do tipo de função apresentada é o de uma função altitude $\Phi = h$, também ilustrada a seguir, em que h é a altitude ou elevação acima do nível do mar. A função Φ, visando a confecção de um mapa topográfico, foi plotada como função de x e y, que são medidos em um plano horizontal no nível zero. Neste tipo de campo escalar, as superfícies isotímicas denominam-se, conforme já sabemos, **superfícies de nível**. Uma vez que a função é bidimensional, temos linhas isotímicas que, neste caso, são **linhas de nível** e constituem os conjuntos de pontos da colina que estão a uma determinada altura acima do nível do mar. É instrutivo, pois, retornar à subseção 5.3.3, mormente à figura 5.1, a fim de relembrar a re-lação entre os "planos de nível" e as "linhas de nível".

O gradiente da função altitude apresenta seguintes propriedades:

1ª) É perpendicular às linhas de nível.

2ª) Sua intensidade é igual à taxa de variação máxima da altitude com a distância medida em um plano horizontal.

3ª) Ele aponta no sentido de crescimento da altitude.

As partes (c) e (d) da mesma figura, ilustram um mapa topográfico real, bem como o vetor gradiente em dois pontos assinalados.

As Variações Espaciais das Grandezas Físicas e os Conceitos de Gradiente, Divergência e Rotacional

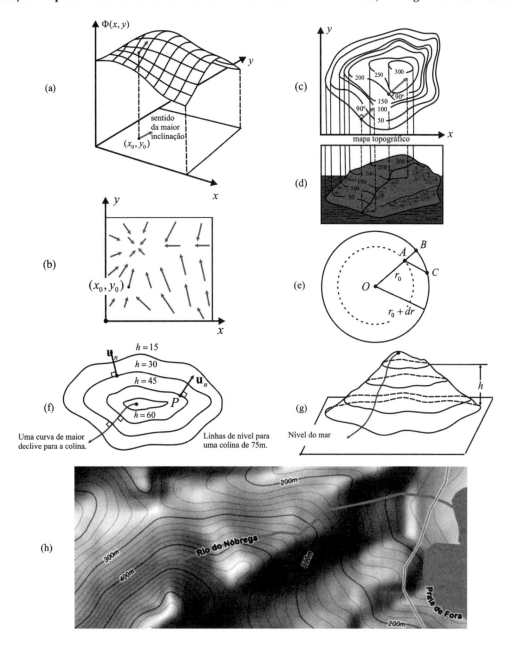

Fig. 9.4

Um exemplo de variação tridimensional é apresentado na parte (e) da figura em tela, onde supomos que Φ seja uma função apenas de r, sendo r a distância até um ponto fixo O, denominado origem cartesiana. Sobre uma superfície esférica de raio r_0, centrada em O, temos

$$\Phi = \Phi(r_0) = \text{constante}$$

Ao longo de uma superfície esférica infinitesimalmente maior, de raio $r_0 + dr$, Φ também será constante e de valor $\Phi = \Phi(r_0 + dr)$. Se desejarmos passar de $\Phi(r_0)$ para $\Phi(r_0 + dr)$, o caminho mais curto que pode ser escolhido é o radial (de A para B) preferencialmente ao de A para C, conforme aparece na parte (e) da última figura. A "inclinação" de Φ é máxima na direção radial e, portanto, o $\nabla\Phi$ em qualquer ponto, é um vetor apontando na direção radial. Neste caso,

$$\nabla \Phi = \frac{\partial \Phi}{\partial r} \mathbf{u}_r = \frac{d\Phi}{dr} \mathbf{u}_r$$

o que verifica a afirmativa.

De um ponto dado P pode-se subir ou descer uma montanha ao longo de diversos caminhos, sendo o caminho mais curto, e ao mesmo tempo o mais íngreme para passar de uma linha de nível a outra, aquele na direção do gradiente. Isto justifica a opção inicial de **Hamilton**, ao denominar o gradiente, de "princípio da declividade", conforme já explanado na primeira nota de rodapé do presente capítulo. Em realidade, teria sido melhor se, ao invés de simplesmente "princípio da declividade", tivesse sido chamado, no caso de uma campo de altitude ou de profundidade, de "princípio da declividade máxima", pois isto é o que tal vetor indica nestes casos.

Ainda com relação a esta figura, as partes (f) e (g) apresentam uma curva de maior declive para uma colina de 75 m de altura, sendo esta uma das probabilidades de trajeto para um curso d'água que se origine um pouco abaixo do topo da colina, que procurará sempre os trajetos mais curtos, porém de maior declive, salvo pelos obstáculos naturais ou acidentes do terreno.

A parte (h) vem logo a seguir, e apresenta o trajeto de um rio em um terreno acidentado, sendo um mapa topográfico real da **Ilha Grande**, no **Estado do Rio de Janeiro**. Note que o **Rio do Nóbrega** segue o caminho de maior inclinação, correndo sempre perpendicularmente às linhas de nível, salvo, conforme já mencionado, por um ou outro obstáculo natural ou acidente do terreno.

EXEMPLO 9.1

Encontrar o gradiente dos seguintes campos escalares estáticos, nos pontos indica-dos:

(a) $\Phi = 2\,x^2 y + 20z - 4\,\ln\left(x^2 + y^2\right);\ A\left(6; -2,5; 3\right).$

(b) $\Phi = \ln\left(\dfrac{5}{\rho}\right);\ B\left(2; 30°; 5\right).$

(c) $\Phi = 100 r^3 \text{sen}\,\theta;\ C\left(2; 30°; 150°\right).$

SOLUÇÃO:

(a)

Utilizando a expressão (9.4), temos

$$\nabla \Phi = \frac{\partial \Phi}{\partial x}\mathbf{u}_x + \frac{\partial \Phi}{\partial y}\mathbf{u}_y + \frac{\partial \Phi}{\partial z}\mathbf{u}_z = \left\{\frac{\partial}{\partial x}\left[2\,x^2 y + 20z - 4\,\ln\left(x^2 + y^2\right)\right]\right\}\mathbf{u}_x +$$

$$+\left\{\frac{\partial}{\partial y}\left[2\,x^2 y + 20z - 4\,\ln\left(x^2 + y^2\right)\right]\right\}\mathbf{u}_y + \left\{\frac{\partial}{\partial z}\left[2\,x^2 y + 20z - 4\,\ln\left(x^2 + y^2\right)\right]\right\}\mathbf{u}_z =$$

$$=\left(4xy - \frac{8x}{x^2 + y^2}\right)\mathbf{u}_x + \left(2x^2 - \frac{8y}{x^2 + y^2}\right)\mathbf{u}_y + 20\,\mathbf{u}_z$$

No ponto $A(6;-2,5;3)$, obtemos

$$\nabla\Phi\big|_A = -61,1\,\mathbf{u}_x + 72,5\,\mathbf{u}_y + 20\,\mathbf{u}_z$$

(b)

Pela expressão (9.9), temos

$$\nabla\Phi = \frac{\partial\Phi}{\partial\rho}\mathbf{u}_\rho + \frac{1}{\rho}\frac{\partial\Phi}{\partial\phi}\mathbf{u}_\phi + \frac{\partial\Phi}{\partial z}\mathbf{u}_z = \left\{\frac{\partial}{\partial\rho}\left[\ln\left(\frac{5}{\rho}\right)\right]\right\}\mathbf{u}_\rho + \left\{\frac{1}{\rho}\frac{\partial}{\partial\phi}\left[\ln\left(\frac{5}{\rho}\right)\right]\right\}\mathbf{u}_\phi + \cdot\left\{\frac{\partial}{\partial z}\left[\ln\left(\frac{5}{\rho}\right)\right]\right\}\mathbf{u}_z =$$

$$= -\frac{5\rho^{-2}}{5\rho^{-1}}\mathbf{u}_\rho = -\frac{1}{\rho}\mathbf{u}_\rho$$

No ponto $B(2;30°;5)$, encontramos

$$\nabla\Phi\big|_B = -0,5\,\mathbf{u}_\rho$$

(c)

De acordo com a expressão (9.10), segue-se

$$\nabla\Phi = \frac{\partial\Phi}{\partial r}\mathbf{u}_r + \frac{1}{r}\frac{\partial\Phi}{\partial\theta}\mathbf{u}_\theta + \frac{1}{r\,\mathrm{sen}\,\theta}\frac{\partial\Phi}{\partial\phi}\mathbf{u}_\phi = \left[\frac{\partial}{\partial r}\left(100r^3\mathrm{sen}\,\theta\right)\right]\mathbf{u}_r + \left[\frac{1}{r}\frac{\partial}{\partial\theta}\left(100r^3\mathrm{sen}\,\theta\right)\right]\mathbf{u}_\theta +$$

$$+\left[\frac{1}{r\,\mathrm{sen}\,\theta}\frac{\partial}{\partial\phi}\left(100r^3\mathrm{sen}\,\theta\right)\right]\mathbf{u}_\phi =$$

$$= 300r^2\mathrm{sen}\,\theta\,\mathbf{u}_r + 100r^2\cos\theta\,\mathbf{u}_\theta$$

No ponto $C(2;30°;150°)$, achamos

$$\nabla\Phi\big|_C = 600\,\mathbf{u}_r + 346,4\,\mathbf{u}_\theta$$

EXEMPLO 9.2

(a) Determine um vetor unitário normal à superfície $x^2yz = 4$ no ponto $P(2,1,1)$.

(b) Determine um vetor unitário normal à superfície $x^2y^2z^3t^2 = 16$, em um instante $t = 2$, no ponto $P(2,1,1)$.

(a)

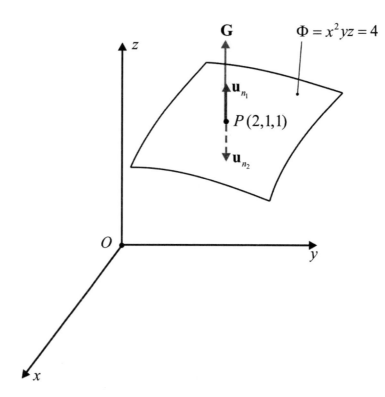

Fig. 9.5

A função escalar é $\Phi = x^2 yz$, e o valor $\Phi = 4$ corresponde a uma certa superfície isotímica que contém o ponto $P(2,1,1)$. Uma vez que o vetor **G** é normal às superfícies isotímicas em cada ponto das mesmas, basta determiná-lo e depois os unitários em sua direção, isto é,

$$\mathbf{u}_n = \pm \frac{\mathbf{G}}{|\mathbf{G}|}$$

conforme inicado na figura 9.5.

Em coordenadas cartesianas retangulares, temos

$$\mathbf{G} = \frac{\partial \Phi}{\partial x}\mathbf{u}_x + \frac{\partial \Phi}{\partial y}\mathbf{u}_y + \frac{\partial \Phi}{\partial z}\mathbf{u}_z = \left[\frac{\partial}{\partial x}(x^2 yz)\right]\mathbf{u}_x + \left[\frac{\partial}{\partial y}(x^2 yz)\right]\mathbf{u}_y + \left[\frac{\partial}{\partial z}(x^2 yz)\right]\mathbf{u}_z =$$

$$= 2xyz\,\mathbf{u}_x + x^2 z\,\mathbf{u}_y + x^2 y\,\mathbf{u}_z$$

No ponto $P(2,1,1)$, o vetor gradiente é dado por

$$\mathbf{G} = 4\,\mathbf{u}_x + 4\,\mathbf{u}_y + 4\,\mathbf{u}_z$$

o que nos leva a

$$\mathbf{u}_n = \pm \frac{4\,\mathbf{u}_x + 4\,\mathbf{u}_y + 4\,\mathbf{u}_z}{\sqrt{(4)^2 + (4)^2 + (4)^2}}$$

e

$$\mathbf{u}_n = \pm \frac{1}{\sqrt{3}}\left(\mathbf{u}_x + \mathbf{u}_y + \mathbf{u}_z\right)$$

(b)

A função escalar é $\Phi = x^2 y^2 z^3 t^2$, e o valor $\Phi = 16$ representa uma certa superfície isotímica, no instante $t = 2$, que contém o ponto $P(2,1,1)$. Seguindo o mesmo raciocínio do item anterior, decorre

$$\mathbf{G} = \frac{\partial \Phi}{\partial x}\mathbf{u}_x + \frac{\partial \Phi}{\partial y}\mathbf{u}_y + \frac{\partial}{\partial z}\mathbf{u}_z = \left[\frac{\partial}{\partial x}\left(x^2 y^2 z^3 t^2\right)\right]\mathbf{u}_x + \left[\frac{\partial}{\partial y}\left(x^2 y^2 z^3 t^2\right)\right]\mathbf{u}_y + \left[\frac{\partial}{\partial z}\left(x^2 y^2 z^3 t^2\right)\right]\mathbf{u}_z =$$

$$= 2x\,y^2 z^3 t^2\,\mathbf{u}_x + 2x^2 yz^3 t^2\,\mathbf{u}_y + 3x^2 y^2 z^2 t^2\,\mathbf{u}_z$$

Com relação ao ponto $P(2,1,1)$, no instante $t = 2$, o vetor gradiente é dado por

$$\mathbf{G} = 16\,\mathbf{u}_x + 16\,\mathbf{u}_y + 48\,\mathbf{u}_z$$

o que acarreta

$$\mathbf{u}_n = \pm \frac{16\,\mathbf{u}_x + 16\,\mathbf{u}_y + 48\,\mathbf{u}_z}{\sqrt{(16)^2 + (16)^2 + (48)^2}}$$

e

$$\mathbf{u}_n = \pm \frac{1}{\sqrt{11}}\left(\mathbf{u}_x + \mathbf{u}_y + 3\,\mathbf{u}_z\right)$$

EXEMPLO 9.3 *

Dada a função escalar $\Phi = xz^3 + yz^2$, determinar a sua derivada direcional no ponto $P(1,1,2)$, tendo a direção e o sentido do vetor $\mathbf{V} = 2\,\mathbf{u}_x + 2\,\mathbf{u}_y + \mathbf{u}_z$.

SOLUÇÃO:

- Primeiro método:

Pela expressão (9.2), temos

$$\frac{d\Phi}{dl} = \mathbf{G} \cdot \mathbf{u}_V$$

em que $\mathbf{u}_V$ é o vetor unitário na direção do vetor $\mathbf{V}$. Da expressão (9.4), vem

$$\mathbf{G} = \nabla\Phi = \frac{\partial\Phi}{\partial x}\mathbf{u}_x + \frac{\partial\Phi}{\partial y}\mathbf{u}_y + \frac{\partial\Phi}{\partial z}\mathbf{u}_z = \left[\frac{\partial}{\partial x}\left(xz^3 + yz^2\right)\right]\mathbf{u}_x + \left[\frac{\partial}{\partial y}\left(xz^3 + yz^2\right)\right]\mathbf{u}_y + \left[\frac{\partial}{\partial z}\left(xz^3 + yz^2\right)\right]\mathbf{u}_z =$$

$$= z^3\mathbf{u}_x + z^2\mathbf{u}_y + \left(3xz^2 + 2yz\right)\mathbf{u}_z$$

No ponto em questão, a expressão do vetor gradiente é

$$\mathbf{G} = 8\ \mathbf{u}_x + 4\ \mathbf{u}_y + 16\ \mathbf{u}_z$$

Por outro lado, o vetor unitário na direção e sentido do vetor $\mathbf{V}$ é dado por

$$\mathbf{u}_V = \frac{\mathbf{V}}{+|\mathbf{V}|} = \frac{2\mathbf{u}_x + 2\mathbf{u}_y + \mathbf{u}_z}{+\sqrt{(2)^2 + (2)^2 + (1)^2}} = \frac{1}{3}\left(2\mathbf{u}_x + 2\mathbf{u}_y + \mathbf{u}_z\right)$$

de modo que a derivada direcional procurada é

$$\frac{d\Phi}{dl} = \mathbf{G} \cdot \mathbf{u}_V = (8)\left(\frac{2}{3}\right) + (4)\left(\frac{2}{3}\right) + (16)\left(\frac{1}{3}\right)$$

donde se conclui,

$$\frac{d\Phi}{dl} = \frac{40}{3}$$

- Segundo método:

Pela expressão (9.5), temos

$$\frac{d\Phi}{dl} = G\cos\varphi$$

Uma vez que, pela expressão (3.23),

$$V = |\mathbf{V}| = \sqrt{V_x^2 + V_y^2 + V_z^2} = \sqrt{(2)^2 + (2)^2 + (1)^2} = 3 \neq 0,$$

podemos multiplicar e dividir a expressão da derivada direcional por esta quantidade sem alterar o seu resultado, ou seja,

$$\frac{d\Phi}{dl} = \frac{GV\cos\varphi}{V} = \frac{\mathbf{G} \cdot \mathbf{V}}{V} = \frac{(8)(2) + (4)(2) + (16)(1)}{3} = \frac{40}{3}$$

Nota: o enunciado do exemplo pede a derivada direcional na direção e sentido do vetor $\mathbf{V}$. Se houvesse sido pedida a derivada direcional apenas na **direção** do vetor considerado, então caberiam duas respostas:

$$\frac{d\Phi}{dl} = \pm \frac{40}{3},$$

a primeira correspondendo à derivada na direção e sentido do vetor em questão, e a se-gunda para a derivada na mesma direção, porém, de sentido contrário ao vetor em tela.

EXEMPLO 9.4

Demonstrar que a curva interseção das superfícies $x^2 - y^2 + z^2 = 1$ e $xy + xz = 2$ é tangente à superfície $xyz - x^2 - 6y = -6$ no ponto $P(1,1,1)$.

DEMONSTRAÇÃO:

Vamos considerar três funções escalares e os valores assinalados correspondentes às superfí-cies isotímicas em particular:

$$\begin{cases} \Phi_1 = x^2 - y^2 + z^2 = 1 \\ \Phi_2 = xy + xz = 2 \\ \Phi_3 = xyz - x^2 - 6y = -6 \end{cases}$$

A interseção das superfícies $\Phi_1 = 1$ e $\Phi_2 = 2$ nos dá uma curva, e queremos provar que ela é tangente à superfície $\Phi_3 = -6$ no ponto $P(1,1,1)$. O produto vetorial $\nabla\Phi_1 \times \nabla\Phi_2$

nos dá um vetor paralelo à curva de interseção de Φ_1 e Φ_2 em cada ponto. Se este vetor for perpendicular ao vetor $\nabla\Phi_3$, no ponto em questão, ficará demonstrado o que está posto no enunciado. Devemos, pois, verificar se

$$(\nabla\Phi_1 \times \nabla\Phi_2) \cdot \nabla\Phi_3 = 0$$

Os gradientes das funções são dados por

$$\nabla\Phi_1 = \frac{\partial \Phi_1}{\partial x}\mathbf{u}_x + \frac{\partial \Phi_1}{\partial y}\mathbf{u}_y + \frac{\partial \Phi_1}{\partial z}\mathbf{u}_z = \left[\frac{\partial}{\partial x}\left(x^2 - y^2 + z^2\right)\right]\mathbf{u}_x +$$

$$+\left[\frac{\partial}{\partial y}\left(x^2 - y^2 + z^2\right)\right]\mathbf{u}_y + \left[\frac{\partial}{\partial z}\left(x^2 - y^2 + z^2\right)\right]\mathbf{u}_z =$$

$$= 2x\,\mathbf{u}_x - 2y\,\mathbf{u}_y + 2z\,\mathbf{u}_z$$

18   Cálculo e Análise Vetoriais com Aplicações Práticas

$$\nabla \Phi_2 = \frac{\partial \Phi_2}{\partial x}\mathbf{u}_x + \frac{\partial \Phi_2}{\partial y}\mathbf{u}_y + \frac{\partial \Phi_2}{\partial z}\mathbf{u}_z = \left[\frac{\partial}{\partial x}(xy + xz)\right]\mathbf{u}_x +$$

$$+\left[\frac{\partial}{\partial y}(xy + xz)\right]\mathbf{u}_y + \left[\frac{\partial}{\partial z}(xy + xz)\right]\mathbf{u}_z =$$

$$= (y + z)\mathbf{u}_x + x\,\mathbf{u}_y + x\,\mathbf{u}_z$$

$$\nabla \Phi_3 = \frac{\partial \Phi_3}{\partial x}\mathbf{u}_x + \frac{\partial \Phi_3}{\partial y}\mathbf{u}_y + \frac{\partial \Phi_3}{\partial z}\mathbf{u}_z = \left[\frac{\partial}{\partial x}\left(xyz - x^2 - 6y\right)\right]\mathbf{u}_x +$$

$$+\left[\frac{\partial}{\partial y}\left(xyz - x^2 - 6y\right)\right]\mathbf{u}_y + \left[\frac{\partial}{\partial z}\left(xyz - x^2 - 6y\right)\right]\mathbf{u}_z =$$

$$= (yz - 2x)\mathbf{u}_x + (xz - 6)\mathbf{u}_y + xy\,\mathbf{u}_z$$

e no, ponto $P(1,1,1)$, temos

$$\begin{cases} \nabla \Phi_1 = 2\,\mathbf{u}_x - 2\,\mathbf{u}_y + 2\,\mathbf{u}_z \\ \nabla \Phi_2 = 2\,\mathbf{u}_x + \mathbf{u}_y + \mathbf{u}_z \\ \nabla \Phi_3 = -\mathbf{u}_x - 5\,\mathbf{u}_y + \mathbf{u}_z \end{cases}$$

O produto misto dos três vetores acima, de acordo com a expressão (4.15b), é dado por

$$\left(\nabla \Phi_1 \times \nabla \Phi_2\right) \cdot \nabla \Phi_3 = \begin{vmatrix} 2 & -2 & 2 \\ 2 & 1 & 1 \\ -1 & -5 & 1 \end{vmatrix} = 0$$

e está demonstrada a proposição do enunciado.

EXEMPLO 9.5 *

(a) Determine as equações vetorial e cartesiana do plano tangente à uma superfície $\Phi(x, y, z) =$ = constante, no ponto $P_0(x_0, y_0, z_0)$.

(b) Determine a equação cartesiana do plano tangente à superfície $3xy + z^2 = 4$ no ponto $P_0(1,1,1)$.

SOLUÇÃO:

(a)

Sendo $P(x, y, z)$ um ponto qualquer do plano procurado e $P_0(x_0, y_0, z_0)$ o ponto onde ele tangencia a superfície, o vetor $\mathbf{P_0P}$ que interliga tais pontos é

$$\mathbf{P_0P} = (x - x_0)\mathbf{u}_x + (y - y_0)\mathbf{u}_y + (z - z_0)\mathbf{u}_z$$

As Variações Espaciais das Grandezas Físicas e os Conceitos de Gradiente, Divergência e Rotacional

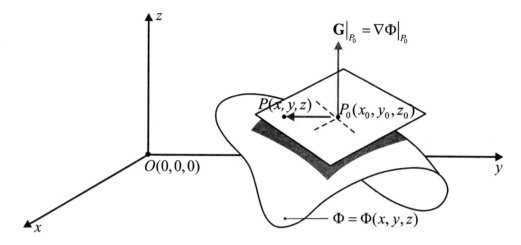

Fig. 9.6

Uma vez que o vetor gradiente é normal à superfície $\Phi(x,y,z)$ no ponto P_0, ele também é perpendicular ao vetor $\mathbf{P_0P}$, o que acarreta produto escalar nulo, qual seja,

$$\left(\nabla\Phi\big|_{P_0}\right)\cdot\mathbf{P_0P} = 0 \tag{9.11}$$

que é a equação vetorial do plano.

Substituindo a expressão do gradiente, dada por (9.4), e a expressão do vetor $\mathbf{P_0P}$, estabelecida acima, na equação vetorial do plano, obtemos a equação cartesiana do mesmo, que é

$$\left(\frac{\partial\Phi}{\partial x}\bigg|_{P_0}\right)(x-x_0)+\mathbf{u}_x+\left(\frac{\partial\Phi}{\partial y}\bigg|_{P_0}\right)(y-y_0)+\left(\frac{\partial\Phi}{\partial z}\bigg|_{P_0}\right)(z-z_0)=0 \tag{9.12}$$

(b)

A função da superfície é $\Phi = 3xy + z^2$, de modo que, pela expressão (9.4), temos

$$\nabla\Phi = \frac{\partial\Phi}{\partial x}\mathbf{u}_x + \frac{\partial\Phi}{\partial y}\mathbf{u}_y + \frac{\partial\Phi}{\partial z}\mathbf{u}_z = \left[\frac{\partial}{\partial x}(3xy+z^2)\right]\mathbf{u}_x + \left[\frac{\partial}{\partial y}(3xy+z^2)\right]\mathbf{u}_y + \left[\frac{\partial}{\partial z}(3xy+z^2)\right]\mathbf{u}_z =$$

$$= 3y\,\mathbf{u}_x + 3x\,\mathbf{u}_y + 2z\,\mathbf{u}_z$$

No ponto em questão, temos

$$\nabla\Phi\big|_{P_0} = 3\,\mathbf{u}_x + 3\,\mathbf{u}_y + 2\,\mathbf{u}_z$$

O vetor $\mathbf{P_0P}$ é dado por

$$\mathbf{P_0P} = (x-1)\mathbf{u}_x + (y-1)\mathbf{u}_y + (z-1)\mathbf{u}_z$$

Isto implica

$$(3)(x-1)+(3)(y-1)+(2)(z-1)=0$$

20 **Cálculo e Análise Vetoriais com Aplicações Práticas**

Finalmente, obtemos

$$3x+3y+2z=8$$

EXEMPLO 9.6 *

Um cilindro metálico muito longo, de raio a, coaxial com o eixo z, e ponto médio coincidente com a origem do sistema cartesiano retangular associado, é aquecido externamente. Em regime permanente, a temperatura para pontos internos e longe das extremidades é dada pela expressão $T = 400 + 100 (\rho/a)^2 \cos 2\phi$, em coordenadas cilíndricas circulares.

(a) Determine a direção e o sentido para os quais a derivada direcional da temperatura é máxima para os pontos, longe das extremidades do cilíndro, cujas coordenadas radiais e angulares são:

(a1) $\rho = 0,5\ a$; $\phi = 0$

(a2) $\rho = 0,5\ a$; $\phi = 45°$

(a3) $\rho = 0,5\ a$; $\phi = 67,5°$

(b) Mostre que a derivada direcional tem um máximo absoluto na superfície do cilíndro e determine sua expressão.

SOLUÇÃO:

(a)

A taxa de variação da temperatura com a distância é máxima na direção e sentido do vetor gradiente. Fazendo $\Phi = T$ na expressão (9.9), ficamos com

$$\nabla T = \frac{\partial T}{\partial \rho}\mathbf{u}_\rho + \frac{1}{\rho}\frac{\partial T}{\partial \phi}\mathbf{u}_\phi + \frac{\partial T}{\partial z}\mathbf{u}_z = \frac{\partial}{\partial \rho}\Big[400 + 100(\rho/a)^2\cos 2\phi\Big]\mathbf{u}_\rho +$$

$$+\frac{1}{\rho}\frac{\partial}{\partial \phi}\Big[400 + 100(\rho/a)^2\cos 2\phi\Big]\mathbf{u}_\phi + \frac{\partial}{\partial z}\Big[400 + 100(\rho/a)^2\cos 2\phi\Big]\mathbf{u}_z =$$

$$= 200\left(\frac{\rho}{a^2}\right)\cos 2\phi\,\mathbf{u}_\rho - \frac{200}{\rho}\left(\frac{\rho}{a}\right)^2\operatorname{sen}2\phi\,\mathbf{u}_\phi =$$

$$= \frac{200\rho}{a^2}\left(\cos 2\phi\,\mathbf{u}_\rho - \operatorname{sen}2\phi\,\mathbf{u}_\phi\right)$$

(a1) $\rho = 0,5\ a$; $\phi = 0$

Para estas coordenadas, temos

$$\nabla T = \frac{100}{a}\mathbf{u}_\rho$$

e a taxa de variação é máxima na direção e sentido do vetor unitário $\mathbf{u}_\rho$, isto é, no sentido radial cilíndrico.

(a2) $\rho = 0,5\,a$; $\phi = 45°$

Para estas coordenadas, vem

$$\nabla T = -\frac{100}{a}\mathbf{u}_\phi$$

e a taxa de variação é máxima na direção e sentido do vetor unitário $-\mathbf{u}_\phi$.

(a3) $\rho = 0,5\,a$; $\phi = 67,5°$

Tais coordenadas implicam

$$\nabla T = \frac{100}{a}\left(-\frac{\sqrt{2}}{2}\mathbf{u}_\rho - \frac{\sqrt{2}}{2}\mathbf{u}_\phi\right)$$

e a taxa de variação é máxima na direção e sentido do vetor unitário

(b)

Pela expressão (9.6), vem

$$\left(\frac{dT}{dl}\right)_{max} = |\nabla T| = \frac{200\rho}{a^2}\sqrt{\left(\cos 2\phi\right)^2 + \left(\text{sen}\, 2\phi\right)^2} = \frac{200\rho}{a^2}$$

Uma vez que $0 \le \rho \le a$, temos

$$\left(\frac{dT}{dl}\right)_{max,\,abs} = |\nabla T|_{max} = \frac{200}{a}$$

e este valor ocorre para $\rho = a$, ou seja, na superfície lateral do cilíndro.

9.3 - Derivada Direcional Vetorial

Da mesma forma que existe a derivada direcional de uma função escalar, associa-da a um campo escalar, existe também a derivada direcional de uma função vetorial a qual, por sua vez, está associada a um campo vetorial. Ela é definida, para uma função vetorial **A** genérica, como sendo

$$\frac{d\mathbf{A}}{dl} \triangleq \lim_{\Delta l \to 0} \frac{\Delta\mathbf{A}}{\Delta l}$$

(9.13)

22   **Cálculo e Análise Vetoriais com Aplicações Práticas**

Tendo em vista que as orientações dos vetores do terno unitário fundamental do sistema cartesiano retangular permanecem constantes, podemos, para este sistema de referência, expressar a derivada direcional vetorial, em função das componentes da função vetorial, sob a forma

$$\frac{d\mathbf{A}}{dl} = \frac{dA_x}{dl}\mathbf{u}_x + \frac{dA_y}{dl}\mathbf{u}_y + \frac{dA_z}{dl}\mathbf{u}_z \qquad (9.14)$$

Uma vez que as componentes escalares de uma função vetorial são escalares, podemos determinar a derivada direcional de uma função genérica $\mathbf{A}$, na direção de um vetor $\mathbf{V}$, através da expressão

$$\frac{d\mathbf{A}}{dl} = \left(\nabla A_x \cdot \mathbf{u}_V\right)\mathbf{u}_x + \left(\nabla A_y \cdot \mathbf{u}_V\right)\mathbf{u}_y + \left(\nabla A_z \cdot \mathbf{u}_V\right)\mathbf{u}_z \qquad (9.15)$$

EXEMPLO 9.7*

Dado o vetor unitário $\mathbf{u}_V$, de uma direção que forma ângulos iguais com os semi-eixos positivos do sistema cartesiano, pede-se determinar a derivada direcional do vetor $\mathbf{A} = zy^2\,\mathbf{u}_x + zx^2\,\mathbf{u}_y + xy\,\mathbf{u}_z$, segundo a direção de $\mathbf{u}_V$, no ponto $P(0,1,2)$.

SOLUÇÃO:

De acordo com a expressão (9.15), temos

$$\frac{d\mathbf{A}}{dl} = \left(\nabla A_x \cdot \mathbf{u}_V\right)\mathbf{u}_x + \left(\nabla A_y \cdot \mathbf{u}_V\right)\mathbf{u}_y + \left(\nabla A_z \cdot \mathbf{u}_V\right)\mathbf{u}_z$$

Assim sendo, é mandatório determinar o vetor unitário $\mathbf{u}_V$, sendo, portanto, interessante que o usuário do presente trabalho revise, primeiramente, o exemplo 4.8, no qual se estabelece que para um vetor genérico

$$\mathbf{V} = V_x\,\mathbf{u}_x + V_y\,\mathbf{u}_y + V_z\,\mathbf{u}_z\ ,$$

formando ângulos α, β e γ, respectivamente, com os semi-eixos x, y e z positivos, sendo α, β e γ os ângulos diretores de $\mathbf{V}$, $\cos\alpha$, $\cos\beta$ e $\cos\gamma$, seus cossenos diretores correspondentes, são válidas as seguintes expressões:

$1^a) \cos\alpha = \dfrac{V_x}{\sqrt{V_x^2 + V_y^2 + V_z^2}}, \cos\beta = \dfrac{V_y}{\sqrt{V_x^2 + V_y^2 + V_z^2}}, \cos\gamma = \dfrac{V_z}{\sqrt{V_x^2 + V_y^2 + V_z^2}};$

$2^a) \cos^2\alpha + \cos^2\beta + \cos^2\gamma = 1;$

$3^a) \mathbf{u}_V = \cos\alpha\,\mathbf{u}_x + \cos\beta\,\mathbf{u}_y + \cos\gamma\,\mathbf{u}_z$ é um vetor unitário na direção de $\mathbf{V}$.

O enunciado nos garante que o vetor unitário forma ângulos iguais com os semi-eixos positivos do sistema cartesiano, de modo que

$$\cos\alpha = \cos\beta = \cos\gamma$$

que substituída na segunda expressão nos conduz a

$$\cos^2\alpha + \cos^2\alpha + \cos^2\alpha = 1 \rightarrow 3\cos^2\alpha = 1 \rightarrow \cos\alpha = 1/\sqrt{3}$$

em só adotamos o valor positivo para a raiz visto que os ângulos α, β e γ são iguais. Assim sendo, temos

$$\cos\alpha = \cos\beta = \cos\gamma = \frac{1}{\sqrt{3}} = \frac{\sqrt{3}}{3}$$

que substituídos na terceira expressão implicam

$$\mathbf{u}_V = \cos\alpha\,\mathbf{u}_x + \cos\beta\,\mathbf{u}_y + \cos\gamma\,\mathbf{u}_z = \frac{\sqrt{3}}{3}\mathbf{u}_x + \frac{\sqrt{3}}{3}\mathbf{u}_y + \frac{\sqrt{3}}{3}\mathbf{u}_z$$

Agora, vamos determinar ∇A_x, ∇A_y e ∇A_z. Utilizando a expressão (9.4),

$$\nabla\Phi = \frac{\partial\Phi}{\partial x}\mathbf{u}_x + \frac{\partial\Phi}{\partial y}\mathbf{u}_y + \frac{\partial\Phi}{\partial z}\mathbf{u}_z$$

e substituindo-se, sequencialmente, Φ por A_x, A_y e A_z, temos

$$\begin{cases} \nabla A_x = \dfrac{\partial A_x}{\partial x}\mathbf{u}_x + \dfrac{\partial A_x}{\partial y}\mathbf{u}_y + \dfrac{\partial A_x}{\partial z}\mathbf{u}_z = \left[\dfrac{\partial}{\partial x}\left(zy^2\right)\right]\mathbf{u}_x + \left[\dfrac{\partial}{\partial y}\left(zy^2\right)\right]\mathbf{u}_y + \left[\dfrac{\partial}{\partial z}\left(zy^2\right)\right]\mathbf{u}_z = \\[2mm] \qquad = 2yz\,\mathbf{u}_y + y^2\,\mathbf{u}_z \\[3mm] \nabla A_y = \dfrac{\partial A_y}{\partial x}\mathbf{u}_x + \dfrac{\partial A_y}{\partial y}\mathbf{u}_y + \dfrac{\partial A_y}{\partial z}\mathbf{u}_z = \left[\dfrac{\partial}{\partial x}\left(zx^2\right)\right]\mathbf{u}_x + \left[\dfrac{\partial}{\partial y}\left(zx^2\right)\right]\mathbf{u}_y + \left[\dfrac{\partial}{\partial z}\left(zx^2\right)\right]\mathbf{u}_z = \\[2mm] \qquad = 2xz\,\mathbf{u}_x + x^2\,\mathbf{u}_z \\[3mm] \nabla A_z = \dfrac{\partial A_z}{\partial x}\mathbf{u}_x + \dfrac{\partial A_z}{\partial y}\mathbf{u}_y + \dfrac{\partial A_z}{\partial z}\mathbf{u}_z = \left[\dfrac{\partial}{\partial x}\left(xy\right)\right]\mathbf{u}_x + \left[\dfrac{\partial}{\partial y}\left(xy\right)\right]\mathbf{u}_y + \left[\dfrac{\partial}{\partial z}\left(xy\right)\right]\mathbf{u}_z = \\[2mm] \qquad = y\,\mathbf{u}_x + x\,\mathbf{u}_y \end{cases}$$

No ponto $P(0,1,2)$, temos

$$\begin{cases} \nabla A_x = 4\,\mathbf{u}_y + \mathbf{u}_z \\[2mm] \nabla A_y = 0 \\[2mm] \nabla A_z = \mathbf{u}_x \end{cases}$$

Efetuando os produtos escalares indicados na expressão (9.14), vem

$$\begin{cases} \nabla A_x \cdot \mathbf{u_V} = (0)\left(\sqrt{3}/3\right)+(4)\left(\sqrt{3}/3\right)+(1)\left(\sqrt{3}/3\right)=5\sqrt{3}/3 \\ \nabla A_y \cdot \mathbf{u_V} = (0)\left(\sqrt{3}/3\right)+(0)\left(\sqrt{3}/3\right)+(0)\left(\sqrt{3}/3\right)=0 \\ \nabla A_z \cdot \mathbf{u_V} = (0)\left(\sqrt{3}/3\right)+(1)\left(\sqrt{3}/3\right)+(0)\left(\sqrt{3}/3\right)=\sqrt{3}/3 \end{cases}$$

Finalmente, obtemos

$$\frac{d\mathbf{A}}{dl} = \frac{5\sqrt{3}}{3}\mathbf{u}_x + \frac{\sqrt{3}}{3}\mathbf{u}_z$$

EXEMPLO 9.8

Demonstre que

$$\frac{d\mathbf{A}}{dl}\cdot\mathbf{C} = \frac{d}{dl}(\mathbf{A}\cdot\mathbf{C})$$

sendo o vetor $\mathbf{C}$ constante.

SOLUÇÃO:

Pela expressão (9.15), segue-se

$$\frac{d\mathbf{A}}{dl} = \left(\nabla A_x \cdot \mathbf{u_V}\right)\mathbf{u}_x + \left(\nabla A_y \cdot \mathbf{u_V}\right)\mathbf{u}_y + \left(\nabla A_z \cdot \mathbf{u_V}\right)\mathbf{u}_z$$

Multiplicando-se escalarmente ambos os membros da presente expressão pelo vetor constante

$$\mathbf{C} = C_x\,\mathbf{u}_x + C_y\,\mathbf{u}_y + C_z\,\mathbf{u}_z\,,$$

temos

$$\frac{d\mathbf{A}}{dl}\cdot\mathbf{C} = (\nabla A_x \cdot \mathbf{u_V})\mathbf{u}_x + (\nabla A_y \cdot \mathbf{u_V})C_y\mathbf{u}_y + (\nabla A_z \cdot \mathbf{u_V})C_z\mathbf{u}_z =$$

$$= \left[\nabla(A_x C_x)\cdot\mathbf{u_V}\right]\mathbf{u}_x + \left[\nabla(A_y C_y)\cdot\mathbf{u_V}\right]\mathbf{u}_y + \left[\nabla(A_z C_z)\cdot\mathbf{u_V}\right]\mathbf{u}_z =$$

$$= \frac{d}{dl}(\mathbf{A}\cdot\mathbf{C})$$

9.4 - Divergência de um Campo Vetorial

9.4.1 - Definição

A divergência de um campo vetorial **V** em um ponto genérico P do espaço é um escalar, definido como sendo o fluxo do campo vetorial através de uma superfície fechada que tende para o ponto, dividido pelo volume interno a essa superfície. Sob forma matemática, temos a expressão

$$\text{div } \mathbf{V} \triangleq \lim_{\Delta v \to 0} \frac{\oiint_S \mathbf{V} \cdot d\mathbf{S}}{\Delta v} = \lim_{\Delta v \to 0} \frac{\oiint_S \mathbf{V} \cdot \mathbf{u}_n \, dS}{\Delta v} \tag{9.16}$$

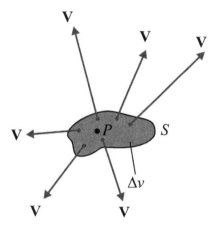

Fig. 9.7

Pela própria definição concluímos que nos pontos onde a divergência for positiva teremos fontes positivas de fluxo, fontes positivas de escoamento ou nas cedouros para o campo vetorial, e as linhas vetoriais divergirão dos pontos. Nos pontos onde a divergência for negativa teremos fontes negativas de fluxo, fontes negativas de escoamento ou sumidouros de linhas de fluxo, e as mesmas convergirão para os pontos onde isto ocorrer[2]. Voltaremos a este assunto na subseção 10.2.1 [vide parte (d) da figura 10.1]. Entretanto, recomendamos ao estudante rever a figura 8.28, bem como o último parágrafo da seção 5.1.

9.4.2 - Expressão em Coordenadas Cartesianas Retangulares

- Primeira análise:

Seja um ponto $P(x, y, z)$, genérico, de uma região do $\mathbb{R}^3$, onde existe um campo vetorial

$$\mathbf{V} = V_x(x, y, z, t)\mathbf{u}_x + V_y(x, y, z, t)\mathbf{u}_y + V_z(x, y, z, t)\mathbf{u}_z$$

---

[2] Por este motivo alguns autores encaram a divergência de um campo vetorial como sendo a taxa de produtividade de linhas deste campo por umidade de volume. O termo divergência foi criado por **William Kingdon Clifford.**

Clifford [William Kingdon Clifford (1845-1879)] - matemático inglês que deu notável contribuição ao estudo das curvas em espaços n-dimensionais.

Vamos trabalhar com a superfície de um volume diferencial de arestas dx, dy e dz, do qual um dos vértices é o próprio ponto P em questão. O volume

$$dv = dx\, dy\, dz$$

é uma diferencial de terceira ordem, o que está de acordo com a definição de que o volume deve tender a zero. Na figura 9.8, o volume diferencial está representado de "forma exagerada", a fim de que se possa visualizar melhor componentes e fluxos. Pela definição de fluxo, só a componente V_x dá contribuição para o mesmo através das faces paralelas ao plano $x = 0$ (plano yz). De modo análogo, somente a componente V_y contribui para o fluxo através das faces paralelas ao plano $y = 0$ (plano xz) e a componente V_z para as faces paralelas ao plano $z = 0$ (plano xy).

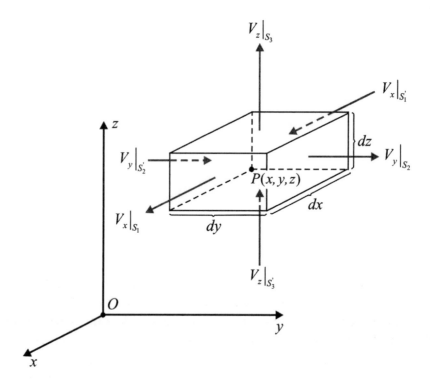

Fig. 9.8

Nesta primeira análise, vamos supor que a intensidade de cada componente permaneça constante ao longo de cada face, mas que, ao nos deslocarmos de uma determinada face para outra que lhe é paralela, a componente correspondente sofra uma variação que pode ser avaliada pela série de **Taylor**. Assim sendo, temos

$$\begin{cases} V_x(x+dx, y, z, t)\big|_{S_1} = V_x(x, y, z, t)\big|_{S_1'} + \dfrac{\partial V_x}{\partial x}dx + \dfrac{1}{2}\dfrac{\partial^2 V_x}{\partial x^2}(dx)^2 + \ldots \\[6pt] V_y(x+dx, y, z, t)\big|_{S_2} = V_y(x, y, z, t)_{S_2'} + \dfrac{\partial V_y}{\partial y}dy + \dfrac{1}{2}\dfrac{\partial^2 V_y}{\partial y^2}(dy)^2 + \ldots \\[6pt] V_z(x+dx, y, z, t)\big|_{S_3} = V_z(x, y, z, t)_{S_3'} + \dfrac{\partial V_z}{\partial z}dz + \dfrac{1}{2}\dfrac{\partial^2 V_z}{\partial z^2}(dz)^2 + \ldots \end{cases}$$

isto é,

$$\begin{cases} V_x\left(x+dx,y,z,t\right)\big|_{S_1} - V_x\left(x,y,z,t\right)\big|_{S_1'} = \dfrac{\partial V_x}{\partial x}dx + \dfrac{1}{2}\dfrac{\partial^2 V_x}{\partial x^2}\left(dx\right)^2 + \ldots \\[2ex] V_y\left(x+dx,y,z,t\right)\big|_{S_2} - V_y\left(x,y,z,t\right)\big|_{S_2'} = \dfrac{\partial V_y}{\partial y}dy + \dfrac{1}{2}\dfrac{\partial^2 V_y}{\partial y^2}\left(dy\right)^2 + \ldots \\[2ex] V_z\left(x+dx,y,z,t\right)\big|_{S_3} - V_z\left(x,y,z,t\right)\big|_{S_3'} = \dfrac{\partial V_z}{\partial z}dz + \dfrac{1}{2}\dfrac{\partial^2 V_z}{\partial z^2}\left(dz\right)^2 + \ldots \end{cases}$$

O fluxo total através do volume diferencial é

$$\oiint_S \mathbf{V}\cdot d\mathbf{S} = \left[V_x\left(x+dx,y,z,t\right)\big|_{S_1}\right]\left(dy\,dz\right) - \left[V_x\left(x,y,z,t\right)\big|_{S_1'}\right]\left(dy\,dz\right) +$$

$$+ \left[V_y\left(x,y+dy,z,t\right)\big|_{S_2}\right]\left(dx\,dz\right) - \left[V_y\left(x,y,z,t\right)\big|_{S_2'}\right]\left(dx\,dz\right) +$$

$$+ \left[V_z\left(x,y,z+dz,t\right)\big|_{S_3}\right]\left(dx\,dy\right) - \left[V_z\left(x,y,z,t\right)\big|_{S_3'}\right]\left(dx\,dy\right) =$$

$$= \left[V_x\left(x+dx,y,z,t\right)\big|_{S_1} - V_x\left(x,y,z.t\right)\big|_{S_1'}\right]\left(dy\,dz\right) +$$

$$+ \left[V_y\left(x,y+dy,z,t\right)\big|_{S_2} - V_y\left(x,y,z,t\right)\big|_{S_2'}\right]\left(dx\,dz\right) +$$

$$+ \left[V_z\left(x,y,z+dz,t\right)_{S_3} - V_z\left(x,y,z,t\right)\big|_{S_3'}\right]\left(dx\,dy\right) =$$

$$= \left(\dfrac{\partial V_x}{\partial x}dx + \dfrac{1}{2}\dfrac{\partial^2 V_x}{\partial x^2}\left(dx\right)^2 + \ldots\right)\left(dy\,dz\right) +$$

$$+ \left(\dfrac{\partial V_y}{\partial y}dy + \dfrac{1}{2}\dfrac{\partial^2 V_y}{\partial y^2}\left(dy\right)^2 + \ldots\right)\left(dx\,dz\right) + \left(\dfrac{\partial V_z}{\partial z}dz + \dfrac{1}{2}\dfrac{\partial^2 V_z}{\partial z^2}\left(dz\right)^2 + \ldots\right)\left(dx\,dy\right) =$$

$$= \left(\dfrac{\partial V_x}{\partial x} + \dfrac{1}{2}\dfrac{\partial^2 V_x}{\partial x^2}dx + \ldots + \dfrac{\partial V_y}{\partial y} + \dfrac{1}{2}\dfrac{\partial^2 V_y}{\partial y^2}dy + \ldots + \dfrac{\partial V_z}{\partial z} + \dfrac{1}{2}\dfrac{\partial^2 V_z}{\partial z^2}dz + \ldots\right)\left(dx\,dy\,dz\right)$$

Pela definição, vem

$$\operatorname{div}\mathbf{V} \triangleq \lim_{\Delta v \to 0}\frac{\oiint_S \mathbf{V}\cdot d\mathbf{S}}{\Delta v} = \lim_{\substack{dx\to 0\\ dy\to 0\\ dz\to 0}}\frac{\oiint_S \mathbf{V}\cdot d\mathbf{S}}{dx\,dy\,dz} =$$

$$= \lim_{\substack{dx \to 0 \\ dy \to 0 \\ dz \to 0}} \frac{\left(\frac{\partial V_x}{\partial x} + \underbrace{\frac{1}{2} \frac{\partial^2 V_x}{\partial x^2} dx}_{(*)} + ... + \frac{\partial V_y}{\partial y} + \underbrace{\frac{1}{2} \frac{\partial^2 V_y}{\partial y^2} dy}_{(*)} + ... + \frac{\partial V_z}{\partial z} + \underbrace{\frac{1}{2} \frac{\partial^2 V_z}{\partial z^2} dz}_{(*)} + ... \right)(dx\,dy\,dz)}{dx\,dy\,dz}$$

Vale reparar que, no limite, os termos marcados com $(*)$, e de ordens superiores, tendem a zero o que dá, para o futuro, a experiência de que não precisamos estender a série **Taylor** acima da primeira derivada, ou seja, bastava simplesmente ter trabalhado com

$$\frac{\partial V_x}{\partial x} dx \ , \ \frac{\partial V_y}{\partial y} dy \text{ e } \frac{\partial V_z}{\partial z} dz$$

Prosseguindo, vem

$$\text{div } \mathbf{V} = \lim_{\substack{dx \to 0 \\ dy \to 0 \\ dz \to 0}} \frac{\left(\frac{\partial V_x}{\partial x} + \frac{\partial V_y}{\partial y} + \frac{\partial V_z}{\partial z} \right)(dx\,dy\,dz)}{dx\,dy\,dz} =$$

No entanto, ainda fica uma dúvida quanto a validade da expressão encontrada para a divergência, pois agimos com rigor ao passarmos de uma face para outra que lhe é paralela, levando em conta as variações das componentes, porém, ao longo de cada face consideramos cada componente como sendo constante, e são todos deslocamentos de mesma ordem de grandeza, ou seja, deslocamentos diferenciais. Procedamos, a seguir, a uma análise mais rigorosa.

- Segunda análise:

Seja um paralelepípedo retangular de arestas Δx, Δy e Δz, finitas, com um dos vértices coincidentes com o ponto P. Vamos, inclusive, considerar uma outra vista, a fim de poder "enxergar" o ponto $P(x, y, z)$.

Com relação a área diferencial $dx' dz'$, situada na face que contém o ponto P e é paralela ao plano $y = 0$, a expressão da componente y do campo vetorial em função da expressão da componente V_y no ponto P é

$$V_y\left(x + x', y, z + z', t \right) = V_y\left(x, y, z, t \right) + \frac{\partial V_y}{\partial x'}\left(x' - x \right) + \frac{1}{2} \frac{\partial^2 V_y}{\partial \left(x' \right)^2} \left(x' - x \right)^2 + ... + \frac{\partial V_y}{\partial z'}\left(z' - z \right) +$$

$$+ \frac{1}{2} \frac{\partial^2 V_y}{\partial \left(z' \right)^2} \left(z' - z \right)^2 + ...$$

Na face oposta, além da variações anteriores, temos também uma variação Δy na direção y, ou seja,

$$V_y(x+x', y+\Delta y, z+z', t) = V_y(x, y, z, t) + \frac{\partial V_y}{\partial x'}(x'-x) + \frac{1}{2}\frac{\partial^2 V_y}{\partial (x')^2}(x'-x)^2 + ... + \frac{\partial V_y}{\partial z'}(z'-z) +$$

$$+ \frac{1}{2}\frac{\partial^2 V_y}{\partial (z')^2}(z'-z)^2 + ... + \frac{\partial V_y}{\partial y}\Delta y + \frac{1}{2}\frac{\partial^2 V_y}{\partial y^2}(\Delta y)^2 + ...$$

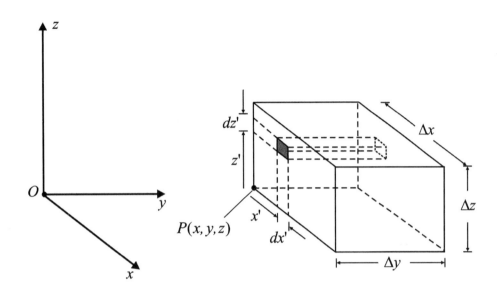

Fig. 9.9

O saldo do fluxo através das duas faces paralelas ao plano $y = 0$ é dado por

$$\int_{x'=0}^{x'=\Delta x}\int_{z'=0}^{z'=\Delta z}\{[-V_y(x+x', y, z+z', t)](dx'dz') + [V_y(x+x', y+\Delta y, z+z', t)](dx'dz')\} =$$

$$= \int_{x'=0}^{x'=\Delta x}\int_{z'=0}^{z'=\Delta z}[V_y(x+x', y+\Delta y, z+z', t) - V_y(x+x', y, z+z', t)]dx'dz' =$$

$$= \int_{x'=0}^{x'=\Delta x}\int_{z'=0}^{z'=\Delta z}\left[\frac{\partial V_y}{\partial y}\Delta y + \frac{1}{2}\frac{\partial^2 V_y}{\partial y^2}(\Delta y)^2 + ...\right](dx'dz') =$$

$$= \left(\frac{\partial V_y}{\partial y} + \frac{1}{2}\frac{\partial^2 V_y}{\partial y^2}\Delta y + ...\right)(\Delta x\,\Delta y\,\Delta z)$$

Analogamente, para os outros dois pares de faces, temos

$$\left(\frac{\partial V_x}{\partial x} + \frac{1}{2}\frac{\partial^2 V_x}{\partial x^2}\Delta x + ...\right)(\Delta x\,\Delta y\,\Delta z)$$

e

$$\left(\frac{\partial V_z}{\partial z} + \frac{1}{2} \frac{\partial^2 V_z}{\partial z^2} \Delta z + \ldots \right) \left(\Delta x \, \Delta y \, \Delta z \right)$$

O fluxo total através do volume é dado pela expressão

$$\oiint_S \mathbf{V} \cdot d\mathbf{S} = \left(\frac{\partial V_x}{\partial x} + \frac{1}{2} \frac{\partial^2 V_x}{\partial x^2} \Delta x + \ldots + \frac{\partial V_y}{\partial y} + \frac{1}{2} \frac{\partial^2 V_y}{\partial y^2} \Delta y + \ldots + \frac{\partial V_z}{\partial z} + \frac{1}{2} \frac{\partial^2 V_z}{\partial z^2} \Delta z + \ldots \right) \left(\Delta x \, \Delta y \, \Delta z \right)$$

Finalmente, pela expressão da divergência,

$$\text{div} \mathbf{V} \triangleq \lim_{\Delta v \to 0} \frac{\oiint_S \mathbf{V} \cdot d\mathbf{S}}{\Delta v} = \lim_{\substack{\Delta x \to 0 \\ \Delta y \to 0 \\ \Delta z \to 0}} \frac{\oiint_S \mathbf{V} \cdot d\mathbf{S}}{\Delta x \, \Delta y \, \Delta z} =$$

$$= \lim_{\substack{\Delta x \to 0 \\ \Delta y \to 0 \\ \Delta z \to 0}} \frac{\left(\dfrac{\partial V_x}{\partial x} + \underbrace{\dfrac{1}{2} \dfrac{\partial^2 V_x}{\partial x^2} \Delta x}_{(*)} + \ldots + \dfrac{\partial V_y}{\partial y} + \underbrace{\dfrac{1}{2} \dfrac{\partial^2 V_y}{\partial y^2} \Delta y}_{(*)} + \ldots + \dfrac{\partial V_z}{\partial z} + \underbrace{\dfrac{1}{2} \dfrac{\partial^2 V_z}{\partial z^2} \Delta z}_{(*)} + \ldots \right) \left(\Delta x \, \Delta y \, \Delta z \right)}{\Delta x \, \Delta y \, \Delta z}$$

Mais uma vez, no limite, os termos marcados com $(*)$, e de ordens superiores, tendem a zero o que dá, para o futuro, a experiência de que não precisamos estender a série **Taylor** acima da primeira derivada, isto é, bastava simplesmente ter trabalhado com

$$\frac{\partial V_x}{\partial x} dx \ , \ \frac{\partial V_y}{\partial y} dy \ \text{e} \ \frac{\partial V_z}{\partial z} dz$$

conforme já havia sido concluído na análise menos rigorosa. Prosseguindo, temos

$$\text{div} \, \mathbf{V} = \lim_{\substack{dx \to 0 \\ dy \to 0 \\ dz \to 0}} \frac{\left(\dfrac{\partial V_x}{\partial x} + \dfrac{\partial V_y}{\partial y} + \dfrac{\partial V_z}{\partial z} \right) \left(dx \, dy \, dz \right)}{dx \, dy \, dz} =$$

o que confirma a expressão já encontrada anteriormente por um método não tão rigoroso. Não há nenhuma diferença entre as duas expressões porque, devido à simetria envolvida, as variações ao longo das faces que entram para cálculo dos fluxos se cancelam para cada par de faces paralelas.

- Terceira análise:

As Variações Espaciais das Grandezas Físicas e os Conceitos de Gradiente, Divergência e Rotacional

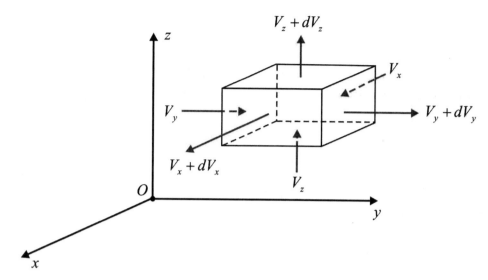

Fig. 9.10

Agora vamos determinar a expressão da divergência, no mesmo sistema, por um outro método alternativo que, logo mais adiante, vai simplificar muito a obtenção das expressões correspondentes nos sistemas cilíndrico e esférico. Nesta abordagem, continuaremos a considerar $V_x = V_x(x, y, z, t)$, $V_y = V_y(x, y, z, t)$ e $V_z = V_z(x, y, z, t)$ mas, para simplificar a notação, as represenremos apenas como V_x, V_y e V_z. Vamos também assumir que o valor de cada componente permaneça constante ao longo de cada face, mas que sofra uma variação ao se deslocar de uma face para outra que lhe seja paralela, quer dizer,

$$\begin{cases} V_x \text{ e } V_x + dV_x \\ V_y \text{ e } V_y + dV_y \\ V_z \text{ e } V_z + dV_z \end{cases}$$

Nossas experiências anteriores também nos facultam a não utilização de diferenciais e derivadas acima da primeira ordem, de modo que

$$\begin{cases} dV_x = \dfrac{\partial V_x}{\partial x} dx \\ dV_y = \dfrac{\partial V_y}{\partial y} dy \\ dV = \dfrac{\partial V_z}{\partial z} \end{cases}$$

A variação de fluxo entre as faces paralelas ao plano $x = 0$, cujas áreas são ambas iguais a $dx\, dy$, é dada por

$$-V_x (dy\, dz) + (V_x + dV_x)(dy\, dz) = (dV_x)(dy\, dz) = \left(\dfrac{\partial V_x}{\partial x} dx\right)(dy\, dz) =$$

$$= \left(\dfrac{\partial V_x}{\partial x}\right)(dx\, dy\, dz) = \left\{\dfrac{\partial}{\partial x}\left[V_x (dy\, dz)\right]\right\} dx$$

isto é, a variação deste fluxo, entre a entrada e a saída no elemento diferencial de volume, é dada pela sua taxa de variação em relação a x multiplicada por dx. Sim, porque, a menos do sinal negativo, devido à convenção de sinais para o fluxo entrante em uma superfície fechada,

$$V_x \left(dy\, dz \right)$$

é o fluxo da componente V_x através da face de área $dy\, dz$. Analogamente, para os outros dois fluxos temos as seguintes variações:

$$\left\{ \frac{\partial}{\partial y} \left[V_y \left(dx\, dz \right) \right] \right\} dy = \left(\frac{\partial V_y}{\partial y} \right) (dx\, dy\, dz)$$

e

$$\left\{ \frac{\partial}{\partial z} \left[V_z \left(dx\, dy \right) \right] \right\} dz = \left(\frac{\partial V_z}{\partial z} \right) (dx\, dy\, dz)$$

Finalmente, temos

$$\operatorname{div}\mathbf{V} \triangleq \lim_{\Delta v \to 0} \frac{\oiint_S \mathbf{V} \cdot d\mathbf{S}}{\Delta v} = \lim_{\substack{dx \to 0 \\ dy \to 0 \\ dz \to 0}} \frac{\oiint_S \mathbf{V} \cdot d\mathbf{S}}{dx\, dy\, dz} =$$

$$= \lim_{\substack{dx \to 0 \\ dy \to 0 \\ dz \to 0}} \frac{\left(\frac{\partial V_x}{\partial x} \right)(dx\, dy\, dz) + \left(\frac{\partial V_y}{\partial y} \right)(dx\, dy\, dz) + \left(\frac{\partial V_z}{\partial z} \right)(dx\, dy\, dz)}{dx\, dy\, dz} =$$

$$= \lim_{\substack{dx \to 0 \\ dy \to 0 \\ dz \to 0}} \frac{\left(\frac{\partial V_x}{\partial x} + \frac{\partial V_y}{\partial y} + \frac{\partial V_z}{\partial z} \right)(dx\, dy\, dz)}{dx\, dy\, dz} = \frac{\partial V_x}{\partial x} + \frac{\partial V_y}{\partial y} + \frac{\partial V_z}{\partial z}$$

A divergência pode também ser colocada sob a forma de notação compacta utilizando-se a forma diferencial do operador nabla no sistema de coordenadas em questão,

$$\nabla = \frac{\partial}{\partial x} \mathbf{u}_x + \frac{\partial}{\partial y} \mathbf{u}_y + \frac{\partial}{\partial z} \mathbf{u}_z \, ,$$

o que implica

$$\nabla \cdot \mathbf{V} = \left(\frac{\partial}{\partial x}\mathbf{u}_x + \frac{\partial}{\partial y}\mathbf{u}_y + \frac{\partial}{\partial z}\mathbf{u}_z \right) \cdot \left(V_x\,\mathbf{u}_x + V_y\,\mathbf{u}_y + V_z\,\mathbf{u}_z \right) \qquad \textbf{(i)}$$

Uma vez que, no sistema cartesiano retangular, as orientações dos vetores unitários são constantes já poderíamos, simplesmente, expressar

$$\nabla \cdot \mathbf{V} = \frac{\partial V_x}{\partial x} + \frac{\partial V_y}{\partial y} + \frac{\partial V_z}{\partial z} \qquad \textbf{(ii)}$$

No entanto, tal procedimento induziria a erros quando aplicado, mais adiante, às coordenadas cilíndricas circulares e às coordenadas esféricas. Portanto, vamos efetuar todas as passagens intermediárias, aplicando, primeiramente, uma ampliação da propriedade distributiva do produto escalar de vetores, dada pela expressão (2.32), à expressão (i) e, neste caso, o operador ∇ pode ser encarado como um vetor. Em seguida, vamos aplicar o conjunto de expressões (6.33). Assim sendo, temos

$$\nabla \cdot \mathbf{V} = \mathbf{u}_x \cdot \left[\frac{\partial}{\partial x}\left(V_x\,\mathbf{u}_x\right) \right] + \mathbf{u}_x \cdot \left[\frac{\partial}{\partial x}\left(V_y\,\mathbf{u}_y\right) \right] + \mathbf{u}_x \cdot \left[\frac{\partial}{\partial x}\left(V_z\,\mathbf{u}_z\right) \right] +$$

$$+ \mathbf{u}_y \cdot \left[\frac{\partial}{\partial y}\left(V_x\,\mathbf{u}_x\right) \right] + \mathbf{u}_y \cdot \left[\frac{\partial}{\partial y}\left(V_y\,\mathbf{u}_y\right) \right] + \mathbf{u}_y \cdot \left[\frac{\partial}{\partial z}\left(V_z\,\mathbf{u}_z\right) \right] +$$

$$+ \mathbf{u}_z \cdot \left[\frac{\partial}{\partial z}\left(V_x\,\mathbf{u}_x\right) \right] + \mathbf{u}_z \cdot \left[\frac{\partial}{\partial z}\left(V_y\,\mathbf{u}_y\right) \right] + \mathbf{u}_z \cdot \left[\frac{\partial}{\partial z}\left(V_z\,\mathbf{u}_z\right) \right] =$$

$$= \mathbf{u}_x \cdot \left[\frac{\partial V_x}{\partial x}\mathbf{u}_x + V_x \underbrace{\frac{\partial \mathbf{u}_x}{\partial x}}_{=0} \right] + \mathbf{u}_x \cdot \left[\frac{\partial V_y}{\partial x}\mathbf{u}_y + V_y \underbrace{\frac{\partial \mathbf{u}_y}{\partial x}}_{=0} \right] + \mathbf{u}_x \cdot \left[\frac{\partial V_z}{\partial x}\mathbf{u}_z + V_z \underbrace{\frac{\partial \mathbf{u}_z}{\partial x}}_{=0} \right] +$$

$$+ \mathbf{u}_y \cdot \left[\frac{\partial V_x}{\partial y}\mathbf{u}_x + V_x \underbrace{\frac{\partial \mathbf{u}_x}{\partial y}}_{=0} \right] + \mathbf{u}_y \cdot \left[\frac{\partial V_y}{\partial y}\mathbf{u}_y + V_y \underbrace{\frac{\partial \mathbf{u}_y}{\partial y}}_{=0} \right] + \mathbf{u}_y \cdot \left[\frac{\partial V_z}{\partial y}\mathbf{u}_z + V_z \underbrace{\frac{\partial \mathbf{u}_z}{\partial y}}_{=0} \right] +$$

$$+ \mathbf{u}_z \cdot \left[\frac{\partial V_x}{\partial z}\mathbf{u}_x + V_x \underbrace{\frac{\partial \mathbf{u}_x}{\partial z}}_{=0} \right] + \mathbf{u}_z \cdot \left[\frac{\partial V_y}{\partial z}\mathbf{u}_y + V_y \underbrace{\frac{\partial \mathbf{u}_y}{\partial z}}_{=0} \right] + \mathbf{u}_z \cdot \left[\frac{\partial V_z}{\partial z}\mathbf{u}_z + V_z \underbrace{\frac{\partial \mathbf{u}_z}{\partial z}}_{=0} \right] =$$

$$= \left(\underbrace{\mathbf{u}_x \cdot \mathbf{u}_x}_{=1} \right)\left(\frac{\partial V_x}{\partial x} \right) + \left(\underbrace{\mathbf{u}_x \cdot \mathbf{u}_y}_{=0} \right)\left(\frac{\partial V_y}{\partial x} \right) + \left(\underbrace{\mathbf{u}_x \cdot \mathbf{u}_z}_{=0} \right)\left(\frac{\partial V_z}{\partial x} \right) + \left(\underbrace{\mathbf{u}_y \cdot \mathbf{u}_x}_{=0} \right)\left(\frac{\partial V_x}{\partial y} \right) +$$

$$+\left(\underbrace{\mathbf{u}_y\cdot\mathbf{u}_y}_{=0}\right)\left(\frac{\partial V_y}{\partial y}\right)+\left(\underbrace{\mathbf{u}_y\cdot\mathbf{u}_z}_{=0}\right)\left(\frac{\partial V_z}{\partial y}\right)+\left(\underbrace{\mathbf{u}_z\cdot\mathbf{u}_x}_{=0}\right)\left(\frac{\partial V_x}{\partial z}\right)+\left(\underbrace{\mathbf{u}_z\cdot\mathbf{u}_y}_{=0}\right)\left(\frac{\partial V_y}{\partial z}\right)+$$

$$+\left(\underbrace{\mathbf{u}_z\cdot\mathbf{u}_z}_{=1}\right)\left(\frac{\partial V_z}{\partial z}\right)=\frac{\partial V_x}{\partial x}+\frac{\partial V_y}{\partial y}+\frac{\partial V_z}{\partial z}\cdot$$

Finalmente, chegamos a

$$\operatorname{div}\mathbf{V}=\nabla\cdot\mathbf{V} \tag{9.17}$$

Em coordenadas cartesianas, sob notação compacta, segue-se

$$\nabla\cdot\mathbf{V}=\frac{\partial V_x}{\partial x}+\frac{\partial V_y}{\partial y}+\frac{\partial V_z}{\partial z} \tag{9.18}$$

9.4.3 - Expressão em Coordenadas Cilíndricas Circulares

- Primeira análise:

A expressão da divergência em coordenadas cilíndricas circulares pode ser obtida de várias maneiras. A primeira delas é empregando a definição a um elemento diferencial de volume relativo ao sistema em questão. Temos, então,

$$\nabla\cdot\mathbf{V}=\lim_{\Delta v\to0}\frac{\oiint_S\mathbf{V}\cdot d\mathbf{S}}{\Delta v}$$

Seja o campo vetorial

$$\mathbf{V}=V_\rho\left(\rho,\phi,z,t\right)\mathbf{u}_\rho+V_\phi\left(\rho,\phi,z,t\right)\mathbf{u}_\phi+V_z\left(\rho,\phi,z,t\right)\mathbf{u}_z,$$

cujas componentes serão representadas, simplesmente, por V_ρ, V_ϕ e V_z, a fim de que a notação não fique sobrecarregada. Com relação ao elemento diferencial da figura a seguir, de acordo com o grupo (3.84), temos

$$\begin{cases}dS_\rho=\rho\,d\phi\,dz\\dS_\phi=d\rho\,dz\\dS_z=\rho\,d\rho\,d\phi\end{cases}$$

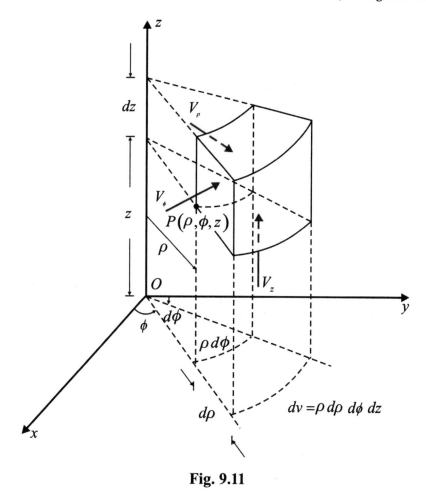

Fig. 9.11

Adaptaremos aqui as conclusões a que chegamos na 3ª análise da subseção precedente. Iniciemos pelo fluxo da componente V_ρ que, a menos da convenção de sinais, é dado por

$$V_\rho \, dS_\rho = V_\rho \left(\rho \, d\phi \, dz \right)$$

O saldo deste fluxo entre a entrada e a saída no elemento diferencial de volume é dado pela sua taxa de variação em relação a ρ multiplicada por $d\rho$

$$\left\{ \frac{\partial}{\partial \rho} \left[V_\rho \left(\rho \, d\phi \, dz \right) \right] \right\} d\rho$$

O fluxo da componente V_ϕ é

$$V_\phi \, dS_\phi = V_\phi \left(d\rho \, dz \right)$$

O saldo deste fluxo entre a entrada e a saída no elemento diferencial de volume é dado pela sua taxa de variação em relação a ϕ vezes $d\phi$, isto é,

$$\left\{ \frac{\partial}{\partial \phi} \left[V_\phi \left(d\rho \, dz \right) \right] \right\} d\phi$$

O fluxo da componente V_z é dado por

$$V_z \, dS_z = V_z \left(\rho \, d\rho \, d\phi \right)$$

O saldo deste fluxo entre a entrada e a saída no elemento diferencial de volume é dado pela sua taxa de variação em relação a z vezes dz, ou seja,

$$\left\{ \frac{\partial}{\partial z} \left[V_z \left(\rho \, d\rho \, d\phi \right) \right] \right\} dz$$

Adicionando os três saldos e dividindo pelo elemento diferencial de volume,

$$dv = \rho \, d\rho \, d\phi \, dz$$

dado pela equação (3.83), temos

$$\mathbf{\nabla \cdot V} = \lim_{\Delta v \to 0} \frac{\oiint_S \mathbf{V \cdot} d\mathbf{S}}{\Delta v} = \lim_{\substack{d\rho \to 0 \\ d\phi \to 0 \\ dz \to 0}} \frac{\oiint_S \mathbf{V \cdot} d\mathbf{S}}{\rho \, d\rho \, d\phi \, dz} =$$

$$= \frac{\left\{ \frac{\partial}{\partial \rho} \left[V_\rho \left(\rho \, d\phi \, dz \right) \right] \right\} d\rho + \left\{ \frac{\partial}{\partial \phi} \left[V_\phi \left(d\rho \, dz \right) \right] \right\} d\phi + \left\{ \frac{\partial}{\partial z} \left[V_z \left(\rho \, d\rho \, d\phi \right) \right] \right\} dz}{\rho \, d\rho \, d\phi \, dz} =$$

Extraindo das derivadas parciais as variáveis que não estão relacionadas com a derivação, quer dizer, aquelas que, em cada caso, puderem ser tratadas como sendo constantes, temos

$$\mathbf{\nabla \cdot V} = \frac{\left(d\rho \, d\phi \, dz \right) \frac{\partial}{\partial \rho} \left(\rho \, V_\rho \right) + \left(d\rho \, d\phi \, dz \right) \frac{\partial V_\phi}{\partial \phi} + \left(\rho \, d\rho \, d\phi \, dz \right) \frac{\partial V_z}{\partial z}}{\rho \, d\rho \, d\phi \, dz} =$$

Finalmente, obtemos

$$\mathbf{\nabla \cdot V} = \frac{1}{\rho} \frac{\partial}{\partial \rho} \left(\rho V_\rho \right) + \frac{1}{\rho} \frac{\partial V_\phi}{\partial \phi} + \frac{\partial V_z}{\partial z} \qquad (9.19)$$

- Segunda análise:

A segunda alternativa poderia ser a transformação de coordenadas, porém, para o sistema em tela, tal método é bastante tedioso. Vamos, então, passar direto a uma terceira alternativa, que se baseia na expressão do operador nabla em coordenadas cilíndricas. Circulares. Vimos na subseção 7.3.2 que, para tal sistema, o operador nabla tem por expressão

$$\nabla = \frac{\partial}{\partial \rho}\mathbf{u}_\rho + \frac{1}{\rho}\frac{\partial}{\partial \phi}\mathbf{u}_\phi + \frac{\partial}{\partial z}\mathbf{u}_z$$

Aos "mais apressados" pode surgir a ideia de proceder diretamente, como seria válido fazer em coordenadas cartesianas, e obter uma expressão do tipo

$$\nabla \cdot \mathbf{V} = \frac{\partial V_\rho}{\partial \rho} + \frac{1}{\rho}\frac{\partial V_\phi}{\partial \phi} + \frac{\partial V_z}{\partial z}$$

que não confere com a expressão anteriormente obtida a partir da definição. Realmente, neste caso temos que levar em consideração que os vetores unitários $\mathbf{u}_\rho$ e $\mathbf{u}_\phi$ variam de direção, de ponto para ponto, e que vamos ter que tratar com as derivadas parciais dos vetores unitários fundamentais, as quais foram estabelecidas anteriormente e agrupadas no conjunto (6.33). Sendo

$$\nabla \cdot \mathbf{V} = \left(\frac{\partial}{\partial \rho}\mathbf{u}_\rho + \frac{1}{\rho}\frac{\partial}{\partial \phi}\mathbf{u}_\phi + \frac{\partial}{\partial z}\mathbf{u}_z \right) \cdot \left(V_\rho\,\mathbf{u}_\rho + V_\phi\,\mathbf{u}_\phi + V_z\,\mathbf{u}_z \right)$$

vamos efetuar todas as passagens intermediárias, aplicando, primeiramente, uma ampliação da propriedade distributiva do produto escalar de vetores, dada pela expressão (2.32), à expressão acima e, neste caso, o operador ∇ pode ser encarado como um vetor. Em seguida, vamos aplicar o conjunto de expressões (6.33). Dentro de tal linha de ação, segue-se

$$\nabla \cdot \mathbf{V} = \mathbf{u}_\rho \cdot \left[\frac{\partial}{\partial \rho}\left(V_\rho\,\mathbf{u}_\rho \right) \right] + \mathbf{u}_\rho \cdot \left[\frac{\partial}{\partial \rho}\left(V_\phi\,\mathbf{u}_\phi \right) \right] + \mathbf{u}_\rho \cdot \left[\frac{\partial}{\partial \rho}\left(V_z\,\mathbf{u}_z \right) \right] + \mathbf{u}_\phi \cdot \left[\frac{1}{\rho}\frac{\partial}{\partial \phi}\left(V_\rho\,\mathbf{u}_\rho \right) \right] +$$

$$+ \mathbf{u}_\phi \cdot \left[\frac{1}{\rho}\frac{\partial}{\partial \rho}\left(V_\phi\,\mathbf{u}_\phi \right) \right] + \mathbf{u}_\phi \cdot \left[\frac{1}{\rho}\frac{\partial}{\partial \phi}\left(V_z\,\mathbf{u}_z \right) \right] + \mathbf{u}_z \cdot \left[\frac{\partial}{\partial z}\left(V_\rho\,\mathbf{u}_\rho \right) \right] + \mathbf{u}_z \cdot \left[\frac{\partial}{\partial z}\left(V_\phi\,\mathbf{u}_\phi \right) \right] + \mathbf{u}_z \cdot \left[\frac{\partial}{\partial z}\left(V_z\,\mathbf{u}_z \right) \right] =$$

$$= \mathbf{u}_\rho \cdot \left[\frac{\partial V_\rho}{\partial \rho}\mathbf{u}_\rho + V_\rho\,\underbrace{\frac{\partial \mathbf{u}_\rho}{\partial \rho}}_{=0} \right] + \mathbf{u}_\rho \cdot \left[\frac{\partial V_\phi}{\partial \rho}\mathbf{u}_\phi + V_\phi\,\underbrace{\frac{\partial \mathbf{u}_\phi}{\partial \rho}}_{=0} \right] + \mathbf{u}_\rho \cdot \left[\frac{\partial V_z}{\partial \rho}\mathbf{u}_z + V_z\,\underbrace{\frac{\partial \mathbf{u}_z}{\partial \rho}}_{=0} \right] +$$

$$+ \mathbf{u}_\phi \cdot \left[\frac{1}{\rho}\frac{\partial V_\rho}{\partial \phi}\mathbf{u}_\phi + \frac{V_\rho}{\rho}\,\underbrace{\frac{\partial \mathbf{u}_\rho}{\partial \phi}}_{=\mathbf{u}_\phi} \right] + \mathbf{u}_\phi \cdot \left[\frac{1}{\rho}\frac{\partial V_\phi}{\partial \phi}\mathbf{u}_\phi + \frac{V_\phi}{\rho}\,\underbrace{\frac{\partial \mathbf{u}_\phi}{\partial \phi}}_{=-\mathbf{u}_\rho} \right] + \mathbf{u}_\phi \cdot \left[\frac{1}{\rho}\frac{\partial V_z}{\partial \phi}\mathbf{u}_z + \frac{V_z}{\rho}\,\underbrace{\frac{\partial \mathbf{u}_z}{\partial \phi}}_{=0} \right] +$$

$$+\mathbf{u}_z\cdot\left[\frac{\partial V_\rho}{\partial z}\mathbf{u}_\rho+V_\rho\underbrace{\frac{\partial \mathbf{u}_\rho}{\partial z}}_{=0}\right]+\mathbf{u}_z\cdot\left[\frac{\partial V_\phi}{\partial z}\mathbf{u}_\phi+V_\phi\underbrace{\frac{\partial \mathbf{u}_\phi}{\partial z}}_{=0}\right]+\mathbf{u}_z\cdot\left[\frac{\partial V_z}{\partial z}\mathbf{u}_z+V_z\underbrace{\frac{\partial \mathbf{u}_z}{\partial z}}_{=0}\right]=$$

$$=\left(\underbrace{\mathbf{u}_\rho\cdot\mathbf{u}_\rho}_{=1}\right)\left(\frac{\partial V_\rho}{\partial\rho}\right)+\left(\underbrace{\mathbf{u}_\rho\cdot\mathbf{u}_\phi}_{=0}\right)\left(\frac{\partial V_\phi}{\partial\rho}\right)+\left(\underbrace{\mathbf{u}_\rho\cdot\mathbf{u}_z}_{=0}\right)\left(\frac{\partial V_z}{\partial\rho}\right)+\left(\underbrace{\mathbf{u}_\phi\cdot\mathbf{u}_\rho}_{=0}\right)\left(\frac{1}{\rho}\frac{\partial V_\rho}{\partial\phi}\right)+$$

$$+\left(\underbrace{\mathbf{u}_\phi\cdot\mathbf{u}_\phi}_{=1}\right)\left(\frac{V_\rho}{\rho}\right)+\left(\underbrace{\mathbf{u}_\phi\cdot\mathbf{u}_\phi}_{=1}\right)\left(\frac{1}{\rho}\frac{\partial V_\phi}{\partial\phi}\right)-\left(\underbrace{\mathbf{u}_\phi\cdot\mathbf{u}_\rho}_{=0}\right)\left(\frac{V_\phi}{\rho}\right)+\left(\underbrace{\mathbf{u}_\phi\cdot\mathbf{u}_z}_{=0}\right)\left(\frac{1}{\rho}\frac{\partial V_z}{\partial\phi}\right)+$$

$$+\left(\underbrace{\mathbf{u}_z\cdot\mathbf{u}_\rho}_{=0}\right)\left(\frac{\partial V_\rho}{\partial z}\right)+\left(\underbrace{\mathbf{u}_z\cdot\mathbf{u}_\phi}_{=0}\right)\left(\frac{\partial V_\phi}{\partial z}\right)+\left(\underbrace{\mathbf{u}_z\cdot\mathbf{u}_z}_{=1}\right)\left(\frac{\partial V_z}{\partial z}\right)=$$

$$=\frac{\partial V_\rho}{\partial\rho}+\frac{V_\rho}{\rho}+\frac{1}{\rho}\frac{\partial V_\phi}{\partial\phi}+\frac{\partial V_z}{\partial z}=\frac{1}{\rho}\frac{\partial}{\partial\rho}\left(\rho V_\rho\right)+\frac{1}{\rho}\frac{\partial V_\phi}{\partial\phi}+\frac{\partial V_z}{\partial z}$$

Finalmente, obtemos

$$\nabla\cdot\mathbf{V}=\frac{1}{\rho}\frac{\partial}{\partial\rho}\left(\rho V_\rho\right)+\frac{1}{\rho}\frac{\partial V_\phi}{\partial\phi}+\frac{\partial V_z}{\partial z},$$

que é a mesma expressão (9.19).

Notas:

(1) Acredito haver conseguido "por abaixo" um certo conceito errado, encontrado em diversos livros, segundo o qual a divergência em coordenadas cilíndricas circulares é representada por $\nabla\cdot\mathbf{V}$ apenas de "modo simbólico", sob a "alegação absurda" de que o operador diferencial nabla só é definido para o sistema cartesiano retangular. Realmente, tais autores deviam tomar mais cuidado com o que escrevem, visto que são formadores de opinião! O que não se pode é multiplicar diretamente as "componentes" do ∇[3] pelas componentes correspondentes de **V** e depois somar tais produtos, pois isto conduziria à expressão errônea

---

[3] Conforme já mencionado, o operador diferencial

$$\nabla=\frac{\partial}{\partial x}\mathbf{u}_x+\frac{\partial}{\partial y}\mathbf{u}_y+\frac{\partial}{\partial z}\mathbf{u}_z$$

não é um vetor, mas sim um operador vetorial. . Entretanto, em termos de produtos de vetores ele pode ser tratado como sendo um "vetor simbólico".

As Variações Espaciais das Grandezas Físicas e os Conceitos de Gradiente, Divergência e Rotacional 39

$$\nabla \cdot \mathbf{V} = \frac{\partial V_\rho}{\partial \rho} + \frac{1}{\rho}\frac{\partial V_\phi}{\partial \phi} + \frac{\partial V_z}{\partial z}$$

pelo fato de haver no sistema cilíndrico circular vetores unitários fundamentais cujas orientações não são invariantes, conforme ja esclarecido.

(2) Para o sistema cartesiano, a aplicação de ∇ escalarmente a um campo vetorial $\mathbf{V}$ nos conduz, diretamente, à expressão

$$\nabla \cdot \mathbf{V} = \frac{\partial V_x}{\partial x} + \frac{\partial V_y}{\partial y} + \frac{\partial V_z}{\partial z},$$

porque os vetores do terno unitário fundamental deste sistema de coordenadas têm orientações inalteradas para todos os pontos do espaço, conforme já ressaltado anteriormente.

9.4.4 - Expressão em Coordenadas Esféricas

A determinação da expressão da divergência neste sistema será levada adiante a partir da definição. O outro método será deixado como exercício ao estudante (vide problema proposto 9.24). Aplicando a definição

$$\nabla \cdot \mathbf{V} = \lim_{\Delta v \to 0} \frac{\oiint_S \mathbf{V} \cdot d\mathbf{S}}{\Delta v}$$

ao campo vetorial

$$\mathbf{V} = V_r\left(r,\theta,\phi,t\right)\mathbf{u}_r + V_\theta\left(r,\theta,\phi,t\right)\mathbf{u}_\theta + V_\phi\left(r,\theta,\phi,t\right)\mathbf{u}_\phi$$

cujas componentes serão representadas, simplesmente, por V_r, V_θ e V_ϕ, a fim de simplificar a notação.

Com relação ao elemento diferencial de volume da figura 9.12, de acordo com o grupo (3.107), temos

$$\begin{cases} dS_r = r^2 \mathrm{sen}\,\theta\, d\theta\, d\phi \\ dS_\theta = r\, \mathrm{sen}\,\theta\, dr\, d\phi \\ dS_\phi = r\, dr\, d\theta \end{cases}$$

Analogamente ao que já foi feito, podemos afirmar que o fluxo da componente V_r que, a menos da convenção de sinais, é dado por

$$V_r\, dS_r = V_r\left(r^2 \mathrm{sen}\,\theta\, d\theta\, d\phi\right)$$

O saldo deste fluxo entre a entrada e a saída no elemento diferencial de volume é dado pela sua taxa de variação em relação a r vezes dr, isto é,

$$\left\{\frac{\partial}{\partial r}\left[V_r\left(r^2 \mathrm{sen}\,\theta\, d\theta\, d\phi\right)\right]\right\} dr$$

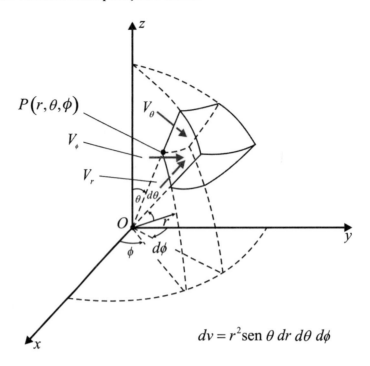

$$dv = r^2 \operatorname{sen} \theta \, dr \, d\theta \, d\phi$$

Fig. 9.12

O fluxo da componente V_θ é dado por

$$V_\theta \, dS_\theta = V_\theta \left(r \operatorname{sen} \theta \, dr \, d\phi \right)$$

O saldo deste fluxo entre a entrada e a saída no elemento diferencial de volume é dado pela sua taxa de variação em relação a θ vezes $d\theta$, ou seja,

$$\left\{ \frac{\partial}{\partial \theta} \left[V_\theta \left(r \operatorname{sen} \theta \, dr \, d\phi \right) \right] \right\} d\theta$$

O fluxo da componente V_ϕ é dado por

$$V_\phi \, dS_\phi = V_\phi \left(r \, dr \, d\theta \right)$$

O saldo deste fluxo entre a entrada e a saída no elemento diferencial de volume é dado pela sua taxa de variação em relação a ϕ vezes $d\phi$, quer dizer,

$$\left\{ \frac{\partial}{\partial \phi} \left[V_\phi \left(r \, dr \, d\theta \right) \right] \right\} d\phi$$

Adicionando os três saldos e dividindo pelo elemento diferencial de volume,

$$dv = r^2 \operatorname{sen} \theta \, dr \, d\theta \, d\phi$$

As Variações Espaciais das Grandezas Físicas e os Conceitos de Gradiente, Divergência e Rotacional 41

dado pela equação (3.106), temos

$$\nabla\cdot\mathbf{V} = \lim_{\Delta v\to 0}\frac{\oiint_S \mathbf{V}\cdot d\mathbf{S}}{\Delta v} = \lim_{\substack{dr\to 0\\ d\theta\to 0\\ d\phi\to 0}}\frac{\oiint_S \mathbf{V}\cdot d\mathbf{S}}{r^2\,\operatorname{sen}\theta\,dr\,d\theta\,d\phi} =$$

$$= \frac{\left\{\dfrac{\partial}{\partial r}\left[V_r\left(r^2\operatorname{sen}\theta\,d\theta\,d\phi\right)\right]\right\}dr + \left\{\dfrac{\partial}{\partial\theta}\left[V_\theta\left(r\operatorname{sen}\theta\,dr\,d\phi\right)\right]\right\}d\theta + \left\{\dfrac{\partial}{\partial\phi}\left[V_\phi\left(r\,dr\,d\theta\right)\right]\right\}d\phi}{r^2\,\operatorname{sen}\theta\,dr\,d\theta\,d\phi} =$$

Extraindo das derivadas parciais as variáveis que não estão relacionadas com a derivação, ou seja, aquelas que, em cada caso, puderem ser tratadas como sendo constantes, temos

$$\nabla\cdot\mathbf{V} = \frac{\left(\operatorname{sen}\theta\,dr\,d\theta\,d\phi\right)\dfrac{\partial}{\partial r}\left(r^2 V_r\right) + \left(r\,dr\,d\theta\,d\phi\right)\dfrac{\partial}{\partial\theta}\left(\operatorname{sen}\theta\,V_\theta\right) + \left(r\,dr\,d\theta\,d\phi\right)\dfrac{\partial V_\phi}{\partial\phi}}{r^2\,\operatorname{sen}\theta\,dr\,d\theta\,d\phi} =$$

Finalmente, obtemos

$$\nabla\cdot\mathbf{V} = \frac{1}{r^2}\frac{\partial}{\partial r}\left(r^2 V_r\right) + \frac{1}{r\operatorname{sen}\theta}\frac{\partial}{\partial\theta}\left(\operatorname{sen}\theta\ V_\theta\right) + \frac{1}{r\operatorname{sen}\theta}\frac{\partial V_\phi}{\partial\phi} \qquad \textbf{(9.20)}$$

Nota: analisando as expressões (9.18), (9.19) e (9.20), concluímos que a divergência de um campo vetorial é uma forma diferencial, puntual ou local, que depende dos valores das coordenadas e das derivadas parciais no ponto genérico ao qual está referida.

EXEMPLO 9.9

Determine, com relação ao ponto $P(1,-1,2)$, a divergência dos seguintes campos vetoriais:

(a) $\mathbf{V} = xz\,\mathrm{e}^{2y}\left(z\,\mathbf{u}_x + xz\,\mathbf{u}_y + x\,\mathbf{u}_z\right)$;

(b) $\mathbf{V} = x^2\,\mathbf{u}_x + 2yz\,\mathbf{u}_y + z\,\mathbf{u}_z$

SOLUÇÃO:

(a)

Da expressão do vetor, tiramos

$$\begin{cases} V_x = xz^2\mathrm{e}^{2y} \\ V_y = x^2z^2\mathrm{e}^{2y} \\ V_z = x^2z\,\mathrm{e}^{2y} \end{cases}$$

Pela expressão (9.18), segue-se

$$\nabla \cdot \mathbf{V} = \frac{\partial V_x}{\partial \mathrm{x}} + \frac{\partial V_y}{\partial y} + \frac{\partial V_z}{\partial z} = \frac{\partial}{\partial x}\left(xz^2\mathrm{e}^{2y}\right) + \frac{\partial}{\partial y}\left(x^2z^2\mathrm{e}^{2y}\right) + \frac{\partial}{\partial z}\left(x^2z\,\mathrm{e}^{2y}\right) =$$

$$= z^2\mathrm{e}^{2y} + x^2z^2\left(2\right)\mathrm{e}^{2y} + x^2\mathrm{e}^{2y} = \mathrm{e}^{2y}\left(z^2 + 2x^2z^2 + x^2\right)$$

No ponto $P\left(1,-1,2\right)$, temos

$$\nabla \cdot \mathbf{V}\big|_{P} = \mathrm{e}^{-2}\left[\left(2\right)^2 + 2\left(1\right)^2\left(2\right)^2 + \left(1\right)^2\right] = 1,76$$

(b)

Da expressão do vetor, segue-se

$$\begin{cases} V_x = x^2 \\ V_y = 2yz \\ V_z = z \end{cases}$$

Pela expressão (9.18), temos

$$\nabla \cdot \mathbf{V} = \frac{\partial V_x}{\partial \mathrm{x}} + \frac{\partial V_y}{\partial y} + \frac{\partial V_z}{\partial z} = \frac{\partial}{\partial x}\left(x^2\right) + \frac{\partial}{\partial y}\left(2yz\right) + \frac{\partial}{\partial z}\left(z\right) = 2x + 2z + 1$$

Para o ponto em questão,

$$\nabla \cdot \mathbf{V}\big|_{P} = 2\left(1\right) + 2\left(2\right) + 1 = 7$$

EXEMPLO 9.10

Calcule o valor da divergência do campo vetorial $\mathbf{V} = 2\rho\cos\phi\,\mathbf{u}_{\rho} - \rho\,\mathrm{sen}\phi\,\mathbf{u}_{\phi} + 4z\,\mathbf{u}_{z}$ no ponto $P\left(2,90°,1\right)$.

SOLUÇÃO:

Da expressão do vetor, tiramos

$$\begin{cases} V_{\rho} = 2\rho\cos\phi \\ V_{\phi} = -\rho\,\mathrm{sen}\phi \\ V_z = 4z \end{cases}$$

Pela expressão (9.19), temos

$$\nabla \cdot \mathbf{V} = \frac{1}{\rho}\frac{\partial}{\partial\rho}\left(\rho V_{\rho}\right) + \frac{1}{\rho}\frac{\partial V_{\phi}}{\partial\phi} + \frac{\partial V_z}{\partial z} = \frac{1}{\rho}\frac{\partial}{\partial\rho}\left(2\rho^2\cos\phi\right) + \frac{1}{\rho}\frac{\partial}{\partial\phi}\left(-\rho\,\mathrm{sen}\,\phi\right) + \frac{\partial}{\partial z}\left(4z\right) =$$

As Variações Espaciais das Grandezas Físicas e os Conceitos de Gradiente, Divergência e Rotacional

$$= 4\cos\phi - \cos\phi + 4 = 3\cos\phi + 4$$

No ponto considerado,

$$\nabla \cdot \mathbf{V}\big|_P = 3\cos 90^\circ + 4 = 4$$

EXEMPLO 9.11

Encontre o valor da divergência do campo vetorial $\mathbf{V} = (2r\,\mathrm{sen}\,\theta\cos\phi + \cos\theta)\mathbf{u}_r + (r\cos\theta\cos\phi - \mathrm{sen}\,\theta)\mathbf{u}_\theta - r\cos\phi\,\mathbf{u}_\phi$ no ponto $P(2, 30^\circ, 90^\circ)$.

SOLUÇÃO:

Da expressão do vetor, vem

$$\begin{cases} V_r = 2r\,\mathrm{sen}\,\theta\cos\phi + \cos\theta \\ V_\theta = r\cos\theta\cos\phi + \mathrm{sen}\,\theta \\ V_\phi = -r\cos\phi \end{cases}$$

Pela expressão (9.20), obtemos

$$\nabla \cdot \mathbf{V} = \frac{1}{r^2}\frac{\partial}{\partial r}\left(r^2 V_r\right) + \frac{1}{r\,\mathrm{sen}\,\theta}\frac{\partial}{\partial\theta}\left(\mathrm{sen}\,\theta\ V_\theta\right) + \frac{1}{r\,\mathrm{sen}\,\theta}\frac{\partial V_\phi}{\partial\phi} =$$

$$= \frac{1}{r^2}\frac{\partial}{\partial r}\left(2r^3\,\mathrm{sen}\,\theta\cos\phi + r^2\cos\theta\right) + \frac{1}{r\,\mathrm{sen}\,\theta}\frac{\partial}{\partial\theta}\left(r\underbrace{\mathrm{sen}\,\theta\cos\theta}_{=\frac{\mathrm{sen}\,2\theta}{2}}\cos\phi - \mathrm{sen}^2\theta\right) +$$

$$+ \frac{1}{r\,\mathrm{sen}\,\theta}\frac{\partial}{\partial\phi}\left(-r\cos\phi\right) =$$

$$= \frac{1}{r^2}\left(6r^2\,\mathrm{sen}\,\theta\cos\phi + r^2\cos\theta\right) + \frac{1}{r\,\mathrm{sen}\,\theta}\left(r\cos 2\theta\cos\phi - 2\,\mathrm{sen}\,\theta\cos\theta\right) +$$

$$+ \frac{1}{r\,\mathrm{sen}\,\theta}\left(r\,\mathrm{sen}\,\phi\right) =$$

$$= 6\,\mathrm{sen}\,\theta\cos\phi + \frac{2}{r}\cos\theta + \frac{\cos 2\theta\cos\phi}{\mathrm{sen}\,\theta} - \frac{2\cos\theta}{r} + \frac{\mathrm{sen}\,\phi}{\mathrm{sen}\,\theta} =$$

$$= 6\,\mathrm{sen}\,\theta\cos\phi + \frac{\cos 2\theta\cos\phi}{\mathrm{sen}\,\theta} + \frac{\mathrm{sen}\,\phi}{\mathrm{sen}\,\theta}$$

Para o ponto em questão, temos

$$\nabla \cdot \mathbf{V}\big|_P = 6\,\text{sen}\,30°\cos 90° + \frac{\cos 60° \cos 90°}{\text{sen}\,30°} + \frac{\text{sen}\,90°}{\text{sen}\,30°} = 2$$

9.5 – Rotacional de um Campo Vetorial

9.5.1 - Definição

O rotacional[4] de um campo vetorial **V** é um outro campo vetorial rot **V**, definido em um certo ponto P do $\mathbb{R}^3$ como sendo

$$\left(\text{rot}\,\mathbf{V}\right)_n \triangleq \lim_{\Delta S \to 0} \frac{\oint_C \mathbf{V} \cdot d\mathbf{l}}{\Delta S} \tag{9.21}$$

Pela expressão de definição, vemos que a componente do rotacional perpendicular à uma área ΔS que tende para o ponto, é igual a circulação do campo vetorial **V** ao longo do contorno C dividida pela área delimitada pelo mesmo.

Da figura 9.13 pode-se concluir, erroneamente, que o aspecto das linhas de um campo vetorial **V**, nas imediações de um ponto genérico, deve ser turbilhonário ou ciclônico – linhas vetoriais fechadas, sem começo ou fim, isto é, formando links – a fim de que exista o rotacional do campo **V** no ponto em questão. Não, isto não é verdade, conforme será verificado na subseção 9.5.5, no exemplo 9.20 e no problema 9.34 entre outros.

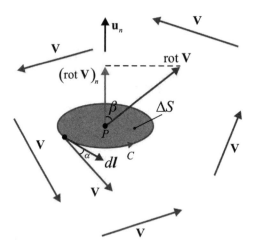

Fig. 9.13

O aspecto das linhas do campo **V** na figura 9.13 foi, propositalmente, escolhido na forma turbilhonária a fim de facilitar a visualização da circulação de **V** ao longo do caminho C. Sendo a componente normal igual a circulação por unidade de área, é fácil ver que onde o rotacional for

---
[4] O que chamamos de rotacional em Português, é denominado "curl" em Inglês, que significa anel ou qualquer coisa em forma de espiral ou turbilhão. O verbo " to curl" significa enrolar, torcer, espiralar, etc. Alguns autores utilizam também, em Português, as expressões turbilhão ou rotor.

diferente de zero teremos uma fonte de circulação (ou de vórtice) associada ao campo. Aparentemente temos um paradoxo: uma fonte de vórtice e não necessariamente linhas de aspecto turbilhonário em torno do ponto. Isto será melhor explicado na subseção 9.5.5. Para aumentar ainda mais um pouco a sua estupefação, vou também informá-lo que o rotacional de um campo vetorial pode ser nulo mesmo quando as linhas do campo vetorial são curvas e circulam em torno de um certo ponto, ou seja, apresentam aspecto turbilhonário. Calma, minha intenção não é confundí-lo, não! Só estou querendo chamar a sua atenção para alguns conceitos veiculados erradamente em outros trabalhos, e que eu levei anos para descobrir! Na subseção 9.5.5 tudo será devidamente esclarecido!

Mas, voltando à nossa análise inicial do rotacional, temos que a taxa de circulação do campo vetorial por unidade de área no ponto P é dada por

$$\frac{d\Gamma}{dS} = \lim_{\Delta S \to 0} \frac{\Delta\Gamma}{\Delta S} = \lim_{\Delta S \to 0} \frac{\oint_C \mathbf{V} \cdot d\mathbf{l}}{\Delta S} = \left(\nabla \times \mathbf{V}\right)_n = |\nabla \times \mathbf{V}| \cos\beta \qquad (9.22)$$

Uma vez que

$$-1 \le \cos\beta \le 1,$$

a taxa de circulação máxima é expressa por

$$\left(\frac{d\Gamma}{dS}\right)_{\max} = |\text{rot } \mathbf{V}| \qquad (9.23)$$

e ocorre quando a área ΔS em questão é perpendicular ao rotacional. **Então, fica evidenciado que não apenas as componentes do rotacional, mas também o seu próprio módulo, são iguais a circulação por unidade de área.**

9.5.2 - Expressão em Coordenadas Cartesianas Retangulares

Neste sistema, o rotacional do campo vetorial

$$\mathbf{V} = V_x\left(x, y, z, t\right) \mathbf{u}_x + V_y\left(x, y, z, t\right) \mathbf{u}_y + V_z\left(x, y, z, t\right) \mathbf{u}_z,$$

pode ser expresso genericamente sob a forma

$$\text{rot } \mathbf{V} = \left(\text{rot } \mathbf{V}\right)_x \mathbf{u}_x + \left(\text{rot } \mathbf{V}\right)_y \mathbf{u}_y + \left(\text{rot } \mathbf{V}\right)_z \mathbf{u}_z$$

Na dedução das componentes do rotacional, as componentes do campo $\mathbf{V}$ serão resentadas apenas por V_x, V_y e V_z, a fim de não sobrecarregar a notação, conforme já feito anteriormente em outras oportunidades. Consideremos, pois, um ponto $P\left(x, y, z\right)$ genérico de $\mathbb{R}^3$. Na figura 9.14 apresentaremos as três áreas necessárias à determinação das componentes do rotacional no ponto P. Elas são áreas diferenciais e suas dimensões foram exageradas apenas para facilitar a visualização por parte do estudante.

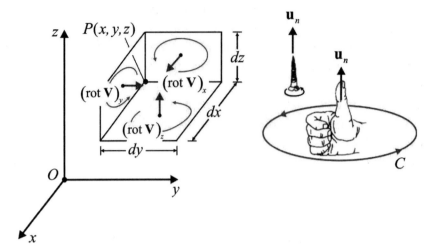

Fig. 9.14

- Componente x:

Como aproximação vamos adotar que as componentes permaneçam constantes ao longo de cada parte do caminho, e ao levarmos em conta as variações transversais de V_y e V_z só nos importaremos com as diferenciais de primeira ordem; um raciocínio semelhante ao que foi adotado na primeira análise da divergência, e que se mostrou tão eficaz quanto o método mais rigoroso.

A circulação de **V** ao longo de C_x é

$$\oint_{C_x} \mathbf{V}\cdot d\mathbf{l} = V_y\, dy + (V_z + dV_z)\, dz - (V_y + dV_y)\, dy - V_z\, dz$$

em que foram condideradas as orientações dos vetores e do caminho no que respeita ao produto escalar dos vetores envolvidos. Prosseguindo, vem

$$\oint_{C_x} \mathbf{V}\cdot d\mathbf{l} = dV_z\, dz - dV_y\, dy$$

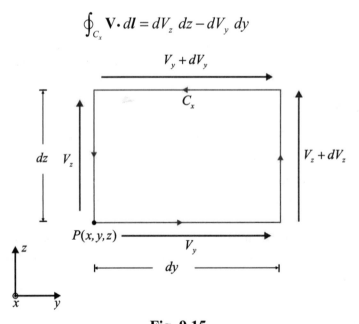

Fig. 9.15

Temos também

$$\begin{cases} dV_y = \dfrac{\partial V_y}{\partial z}\,dz \\[3mm] dV_z = \dfrac{\partial V_z}{\partial y}\,dy \end{cases}$$

Substituindo na expressão anterior, temos

$$\oint_{C_x} \mathbf{V}\cdot d\boldsymbol{l} = \left(\frac{\partial V_z}{\partial y}\,dy\right)dz - \left(\frac{\partial V_y}{\partial z}\,dz\right)dy = \left(\frac{\partial V_z}{\partial y} - \frac{\partial V_y}{\partial z}\right)dy\,dz$$

repare que o saldo da circulação é dado pela taxa de variação de

$$V_z\,dz$$

em relação a y vezes dy, subtraída (ângulo de $180°$) da taxa de variação de

$$V_y\,dy$$

em relação a z vezes dz, ou seja,

$$\oint_{C_x} \mathbf{V}\cdot d\boldsymbol{l} = \frac{\partial}{\partial y}\left(V_z\,dz\right)dy - \frac{\partial}{\partial z}\left(V_y\,dy\right)dz = \frac{\partial V_z}{\partial y}\,dy\,dz - \frac{\partial V_y}{\partial z}\,dy\,dz = \left(\frac{\partial V_z}{\partial y} - \frac{\partial V_y}{\partial z}\right)dy\,dz\,,$$

isto é, o saldo da circulação é igual a soma das variações das integrais de linha em relação às direções coordenadas que lhes são perpendiculares no caminho orientado C_x em questão. Pela definição,

$$\left(\text{rot }\mathbf{V}\right)_x = \lim_{\Delta S_x \to 0} \frac{\oint_{C_x} \mathbf{V}\cdot d\boldsymbol{l}}{\Delta S_x} = \lim_{\substack{dx\to 0 \\ dy\to 0}} \frac{\left(\dfrac{\partial V_z}{\partial y} - \dfrac{\partial V_y}{\partial z}\right)dy\,dz}{dy\,dz}$$

Donde se conclui,

$$\left(\text{rot }\mathbf{V}\right)_x = \frac{\partial V_z}{\partial y} - \frac{\partial V_y}{\partial z}$$

- Componente y:

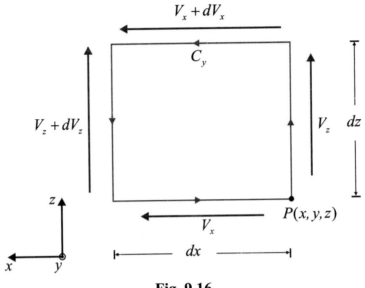

Fig. 9.16

Ao invés de procedermos conforme no início da determinação da componente x do rotacional, vamos tirar proveito das últimas conclusões, ou seja, o saldo da circulação ao longo do caminho C_y é dado pela taxa de variação de

$$V_x \, dx$$

em relação a z vezes dz, subtraída (ângulo de $180°$) da taxa de variação de

$$V_z \, dz$$

em relação a x vezes dx, isto é,

$$\oint_{C_y} \mathbf{V} \cdot d\mathbf{l} = \frac{\partial}{\partial z}(V_x \, dx) dz - \frac{\partial}{\partial x}(V_z \, dz) dy = \frac{\partial V_x}{\partial z} dx \, dz - \frac{\partial V_z}{\partial x} dx \, dz = \left(\frac{\partial V_x}{\partial z} - \frac{\partial V_z}{\partial x} \right) dx \, dz$$

Pela definição,

$$(\text{rot } \mathbf{V})_y = \lim_{\Delta S_y \to 0} \frac{\oint_{C_y} \mathbf{V} \cdot d\mathbf{l}}{\Delta S_y} = \lim_{\substack{dx \to 0 \\ dz \to 0}} \frac{\left(\frac{\partial V_x}{\partial z} - \frac{\partial V_z}{\partial x} \right) dx \, dz}{dx \, dz}$$

e podemos expressar

$$(\text{rot } \mathbf{V})_y = \frac{\partial V_x}{\partial z} - \frac{\partial V_z}{\partial x}$$

- Componente z:

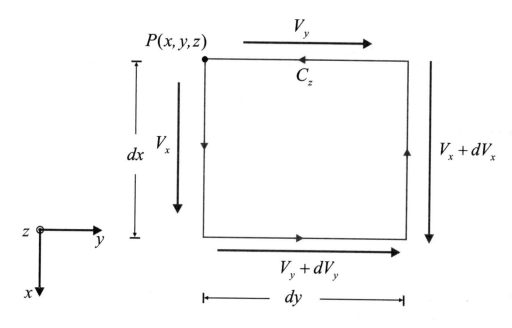

Fig. 9.17

O saldo da circulação ao longo do caminho C_z é dado pela taxa de variação de

$$V_y \, dy$$

em relação a x vezes dx, subtraída (ângulo de 180°) da taxa de variação de

$$V_x \, dx$$

em relação a y vezes dy, qual seja,

$$\oint_{C_z} \mathbf{V} \cdot d\mathbf{l} = \frac{\partial}{\partial x}(V_y \, dy) dx - \frac{\partial}{\partial y}(V_x \, dx) dy = \frac{\partial V_y}{\partial x} dy \, dx - \frac{\partial V_x}{\partial y} dx \, dy = \left(\frac{\partial V_y}{\partial x} - \frac{\partial V_x}{\partial y} \right) dx \, dy$$

Pela definição,

$$(\text{rot } \mathbf{V})_z = \lim_{\Delta S_z \to 0} \frac{\oint_{C_z} \mathbf{V} \cdot d\mathbf{l}}{\Delta S_z} = \lim_{\substack{dx \to 0 \\ dy \to 0}} \frac{\left(\frac{\partial V_y}{\partial x} - \frac{\partial V_x}{\partial y} \right) dx \, dy}{dx \, dy}$$

Temos, pois,

$$(\text{rot } \mathbf{V})_z = \frac{\partial V_y}{\partial x} - \frac{\partial V_x}{\partial y}$$

e a expressão cartesiana do rotacional é

$$\text{rot } \mathbf{V} = \left(\frac{\partial V_z}{\partial y} - \frac{\partial V_y}{\partial z} \right) \mathbf{u}_x + \left(\frac{\partial V_x}{\partial z} - \frac{\partial V_z}{\partial x} \right) \mathbf{u}_y + \left(\frac{\partial V_y}{\partial x} - \frac{\partial V_x}{\partial y} \right) \mathbf{u}_z$$

que é equivalente a

$$\text{rot } \mathbf{V} = \begin{vmatrix} \mathbf{u}_x & \mathbf{u}_y & \mathbf{u}_z \\ \dfrac{\partial}{\partial x} & \dfrac{\partial}{\partial y} & \dfrac{\partial}{\partial z} \\ V_x & V_y & V_z \end{vmatrix}$$

Observando a expressão do rotacional sob a forma de determinante e lembrando que, em coordenadas cartesianas retangulares,

$$\nabla = \frac{\partial}{\partial x} \mathbf{u}_x + \frac{\partial}{\partial y} \mathbf{u}_y + \frac{\partial}{\partial z} \mathbf{u}_z \, ,$$

percebemos que o rotacional pode ser colocado sob a seguinte notação compacta:

$$\text{rot } \mathbf{V} = \nabla \times \mathbf{V} \tag{9.24}$$

Assim sendo, temos

$$\nabla \times \mathbf{V} = \left(\frac{\partial V_z}{\partial y} - \frac{\partial V_y}{\partial z} \right) \mathbf{u}_x + \left(\frac{\partial V_x}{\partial z} - \frac{\partial V_z}{\partial x} \right) \mathbf{u}_y + \left(\frac{\partial V_y}{\partial x} - \frac{\partial V_x}{\partial y} \right) \mathbf{u}_z = \begin{vmatrix} \mathbf{u}_x & \mathbf{u}_y & \mathbf{u}_z \\ \dfrac{\partial}{\partial x} & \dfrac{\partial}{\partial y} & \dfrac{\partial}{\partial z} \\ V_x & V_y & V_z \end{vmatrix} \tag{9.25}$$

9.5.3 - Expressão em Coordenadas Cilíndricas Circulares

- Primeira análise:

A expressão do rotacional em coordenadas cilíndricas circulares pode ser determinada de várias maneiras. Uma delas é através de áreas diferenciais, relativas ao sistema de coordenadas em questão, conforme na figura 9.18. Associado a um campo

$$\mathbf{V} = V_\rho \left(\rho, \phi, z, t \right) \mathbf{u}_\rho + V_\phi \left(\rho, \phi, z, t \right) \mathbf{u}_\phi + V_z \left(\rho, \phi, z, t \right) \mathbf{u}_z \, ,$$

temos um outro campo da forma

$$\nabla \times \mathbf{V} = \left(\nabla \times \mathbf{V} \right)_\rho \mathbf{u}_\rho + \left(\nabla \times \mathbf{V} \right)_\phi \mathbf{u}_\phi + \left(\nabla \times \mathbf{V} \right)_z \mathbf{u}_z$$

As Variações Espaciais das Grandezas Físicas e os Conceitos de Gradiente, Divergência e Rotacional 51

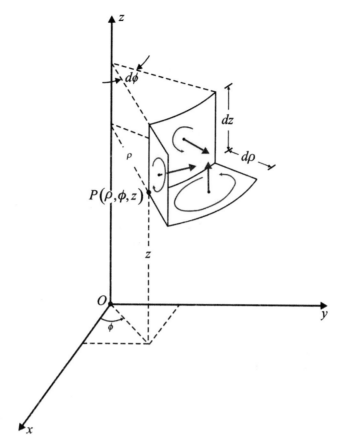

Fig. 9.18

- Componente ρ :

O saldo da circulação ao longo do caminho C_ρ é dado pela taxa de variação de

$$V_z \, dz$$

em relação a ϕ vezes $d\phi$, subtraída (ângulo de 180°) da taxa de variação de

$$V_\phi (\rho \, d\phi)$$

em relação a z vezes dz, qual seja,

$$\oint_{C_\rho} \mathbf{V} \cdot d\mathbf{l} = \frac{\partial}{\partial \phi}(V_z \, dz) d\phi - \frac{\partial}{\partial z}\left[V_\phi (\rho \, d\phi)\right] dz = \frac{\partial V_z}{\partial \phi} d\phi \, dz - \frac{\partial V_\phi}{\partial z} \rho \, d\phi \, dz =$$

$$= \left(\frac{\partial V_z}{\partial \phi} - \rho \frac{\partial V_\phi}{\partial z} \right) d\phi \, dz$$

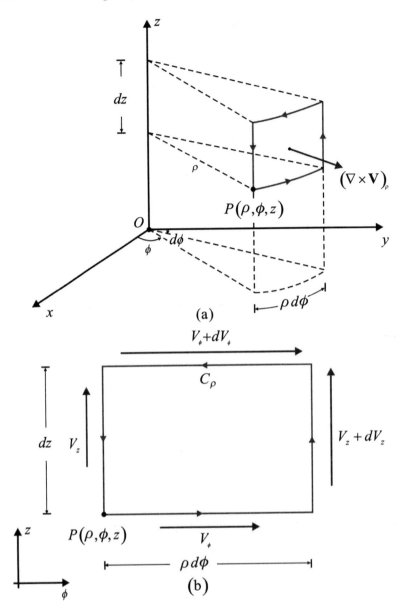

Fig. 9.19

Pela definição,

$$(\nabla \times \mathbf{V})_\rho = \lim_{\Delta S_\rho \to 0} \frac{\oint_{C_\rho} \mathbf{V} \cdot d\mathbf{l}}{\Delta S_\rho} = \lim_{\substack{d\phi \to 0 \\ dz \to 0}} \frac{\left(\dfrac{\partial V_z}{\partial \phi} - \rho \dfrac{\partial V_\phi}{\partial z}\right) d\phi\, dz}{\rho\, d\phi\, dz}$$

Logo,

$$(\nabla \times \mathbf{V})_\rho = \frac{1}{\rho} \frac{\partial V_z}{\partial \phi} - \frac{\partial V_\phi}{\partial z}$$

- Componente ϕ:

As Variações Espaciais das Grandezas Físicas e os Conceitos de Gradiente, Divergência e Rotacional 53

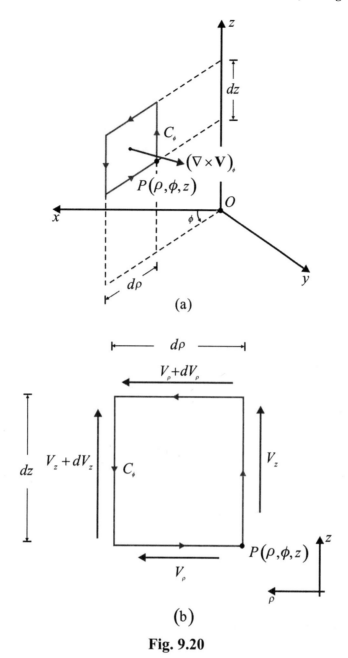

Fig. 9.20

O saldo da circulação ao longo do caminho C_ϕ é dado pela taxa de variação de

$$V_\rho \, d\rho$$

em relação a z vezes dz, subtraída (ângulo de $180°$) da taxa de variação de

$$V_z \, dz$$

em relação a ρ vezes $d\rho$, quer dizer,

$$\oint_{C_\phi} \mathbf{V} \cdot d\boldsymbol{l} = \frac{\partial}{\partial z}\left(V_\rho \, d\rho\right)dz - \frac{\partial}{\partial \rho}\left[V_z \, dz\right]dz = \frac{\partial V_\rho}{\partial z}d\rho \, dz - \frac{\partial V_z}{\partial \rho} \, d\rho \, dz = \left(\frac{\partial V_\rho}{\partial z} - \frac{\partial V_z}{\partial \rho}\right)d\rho \, dz$$

Pela definição,

$$\left(\boldsymbol{\nabla} \times \mathbf{V}\right)_\phi = \lim_{\Delta S_\phi \to 0} \frac{\oint_{C_\phi} \mathbf{V} \cdot d\boldsymbol{l}}{\Delta S_\phi} = \lim_{\substack{d\rho \to 0 \\ dz \to 0}} \frac{\left(\dfrac{\partial V_\rho}{\partial z} - \dfrac{\partial V_z}{\partial \rho}\right)d\rho \, dz}{d\rho \, dz}$$

Assim sendo,

$$\left(\boldsymbol{\nabla} \times \mathbf{V}\right)_\phi = \frac{\partial V_\rho}{\partial z} - \frac{\partial V_z}{\partial \rho}$$

- Componente z:

O saldo da circulação ao longo do caminho C_z é dado pela taxa de variação de

$$V_\phi\left(\rho \, d\phi\right)$$

em relação a ρ vezes $d\rho$, subtraída (ângulo de 180°) da taxa de variação de

$$V_\rho \, d\rho$$

em relação a ϕ vezes $d\phi$, isto é,

$$\oint_{C_z} \mathbf{V} \cdot d\boldsymbol{l} = \frac{\partial}{\partial \rho}\left[V_\phi\left(\rho \, d\phi\right)\right]d\rho - \frac{\partial}{\partial \phi}\left[V_\rho \, d\rho\right]d\phi = \left[\frac{\partial}{\partial \rho}\left(\rho \, V_\phi\right)\right]d\rho \, d\phi - \frac{\partial V_\rho}{\partial \phi} \, d\rho \, d\phi =$$

$$= \left[\frac{\partial}{\partial \rho}\left(\rho \, V_\phi\right) - \frac{\partial V_\rho}{\partial \phi}\right]d\rho \, d\phi$$

Pela definição,

$$\left(\boldsymbol{\nabla} \times \mathbf{V}\right)_z = \lim_{\Delta S_\phi \to 0} \frac{\oint_{C_z} \mathbf{V} \cdot d\boldsymbol{l}}{\Delta S_z} = \lim_{\substack{d\rho \to 0 \\ d\phi \to 0}} \frac{\left[\dfrac{\partial}{\partial \rho}\left(\rho \, V_\phi\right) - \dfrac{\partial V_\rho}{\partial \phi}\right]d\rho \, d\phi}{\rho \, d\rho \, d\phi}$$

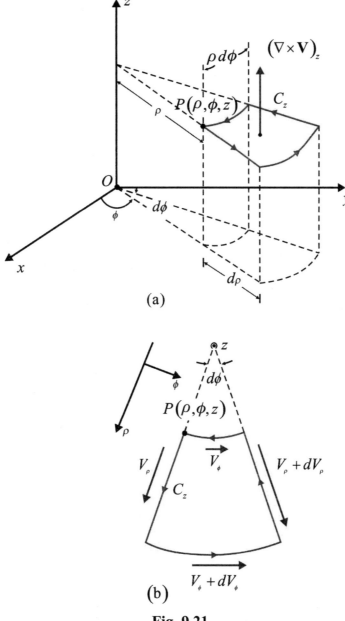

Fig. 9.21

Deste modo,

$$(\nabla \times \mathbf{V})_z = \frac{1}{\rho}\left[\frac{\partial}{\partial \rho}(\rho\, V_\phi) - \frac{\partial V_\rho}{\partial \phi}\right]$$

Assim sendo, expressão do rotacional em coordenadas cilíndricas circulares pode ser posta nas seguintes formas:

56 Cálculo e Análise Vetoriais com Aplicações Práticas

$$
\left.
\begin{aligned}
\nabla \times \mathbf{V} &= \left(\frac{1}{\rho} \frac{\partial V_z}{\partial \phi} - \frac{\partial V_\phi}{\partial z} \right) \mathbf{u}_\rho + \left(\frac{\partial V_\rho}{\partial z} - \frac{\partial V_z}{\partial \rho} \right) \mathbf{u}_\phi + \frac{1}{\rho} \left[\frac{\partial}{\partial \rho} \left(\rho\, V_\phi \right) - \frac{\partial V_\rho}{\partial \phi} \right] \mathbf{u}_z = \\[2mm]
&= \begin{vmatrix} \left(\dfrac{1}{\rho} \right) \mathbf{u}_\rho & \mathbf{u}_\phi & \left(\dfrac{1}{\rho} \right) \mathbf{u}_z \\[2mm] \dfrac{\partial}{\partial \rho} & \dfrac{\partial}{\partial \phi} & \dfrac{\partial}{\partial z} \\[2mm] V_\rho & \rho\, V_\phi & V_z \end{vmatrix}
\end{aligned}
\right\} \qquad \textbf{(9.26)}
$$

- Segunda análise:

Uma outra alternativa, se bem que trabalhosa, seria por meio de transformação de coordenadas. Vamos passar, diretamente, a um outro método, que utiliza a expressão diferencial do operador ∇ em coordenadas cilíndricas circulares. Para tal sistema de coordenadas, conforme já estabelecido anteriormente,

$$
\nabla = \frac{\partial}{\partial \rho} \mathbf{u}_\rho + \frac{1}{\rho} \frac{\partial}{\partial \phi} \mathbf{u}_\phi + \frac{\partial}{\partial z} \mathbf{u}_z
$$

Aos menos avisados pode parecer que a expressão correta seja

$$
\nabla \times \mathbf{V} = \begin{vmatrix} \mathbf{u}_\rho & \mathbf{u}_\phi & \mathbf{u}_z \\[2mm] \dfrac{\partial}{\partial \rho} & \dfrac{1}{\rho} \dfrac{\partial}{\partial \phi} & \dfrac{\partial}{\partial z} \\[2mm] V_\rho & V_\phi & V_z \end{vmatrix},
$$

que é diferente de uma das formas apresentadas em (9.26). Realmente, neste caso temos que levar em consideração que os vetores unitários $\mathbf{u}_\rho$ e $\mathbf{u}_\phi$ variam de direção, de ponto para ponto, e que vamos ter que tratar com as derivadas parciais dos vetores unitários fundamentais, que foram estabelecidas anteriormente e agrupadas no conjunto (6.33). Assim sendo, temos

$$
\nabla \times \mathbf{V} = \left(\frac{\partial}{\partial \rho} \mathbf{u}_\rho + \frac{1}{\rho} \frac{\partial}{\partial \phi} \mathbf{u}_\phi + \frac{\partial}{\partial z} \mathbf{u}_z \right) \times \left(V_\rho \mathbf{u}_\rho + V_\phi \mathbf{u}_\phi + V_z \mathbf{u}_z \right)
$$

Portanto, vamos efetuar todas as passagens intermediárias, aplicando, primeiramente, uma ampliação da propriedade distributiva do produto vetorial de vetores, dada pela expressão (2.45), à última expressão e, neste caso, o operador ∇ pode ser encarado como um vetor. Em seguida, vamos aplicar o conjunto de expressões (6.33). Assim sendo, segue-se

$$\nabla \times \mathbf{V} = \mathbf{u}_\rho \times \left[\frac{\partial}{\partial \rho} \left(V_\rho \, \mathbf{u}_\rho \right) \right] + \mathbf{u}_\rho \times \left[\frac{\partial}{\partial \rho} \left(V_\phi \, \mathbf{u}_\phi \right) \right] + \mathbf{u}_\rho \times \left[\frac{\partial}{\partial \rho} \left(V_z \, \mathbf{u}_z \right) \right] + \mathbf{u}_\phi \times \left[\frac{1}{\rho} \frac{\partial}{\partial \phi} \left(V_\rho \, \mathbf{u}_\rho \right) \right] +$$

$$+ \mathbf{u}_\phi \times \left[\frac{1}{\rho} \frac{\partial}{\partial \phi} \left(V_\phi \, \mathbf{u}_\phi \right) \right] + \mathbf{u}_\phi \times \left[\frac{1}{\rho} \frac{\partial}{\partial \phi} \left(V_z \, \mathbf{u}_z \right) \right] + \mathbf{u}_z \times \left[\frac{\partial}{\partial \rho} \left(V_\rho \, \mathbf{u}_\rho \right) \right] + \mathbf{u}_z \times \left[\frac{\partial}{\partial z} \left(V_\phi \, \mathbf{u}_\phi \right) \right] +$$

$$+ \mathbf{u}_z \times \left[\frac{\partial}{\partial z} \left(V_z \, \mathbf{u}_z \right) \right] =$$

$$= \mathbf{u}_\rho \times \left[\frac{\partial V_\rho}{\partial \rho} \mathbf{u}_\rho + V_\rho \underbrace{\frac{\partial \mathbf{u}_\rho}{\partial \rho}}_{=0} \right] + \mathbf{u}_\rho \times \left[\frac{\partial V_\phi}{\partial \rho} \mathbf{u}_\phi + V_\phi \underbrace{\frac{\partial \mathbf{u}_\phi}{\partial \rho}}_{=0} \right] + \mathbf{u}_\rho \times \left[\frac{\partial V_z}{\partial \rho} \mathbf{u}_z + V_z \underbrace{\frac{\partial \mathbf{u}_z}{\partial \rho}}_{=0} \right] +$$

$$+ \mathbf{u}_\phi \times \left[\frac{1}{\rho} \frac{\partial V_\rho}{\partial \phi} \mathbf{u}_\rho + \frac{V_\rho}{\rho} \underbrace{\frac{\partial \mathbf{u}_\rho}{\partial \phi}}_{=\mathbf{u}_\phi} \right] + \mathbf{u}_\phi \times \left[\frac{1}{\rho} \frac{\partial V_\phi}{\partial \phi} \mathbf{u}_\phi + \frac{V_\phi}{\rho} \underbrace{\frac{\partial \mathbf{u}_\phi}{\partial \phi}}_{=-\mathbf{u}_\rho} \right] + \mathbf{u}_\phi \times \left[\frac{1}{\rho} \frac{\partial V_z}{\partial \phi} \mathbf{u}_z + \frac{V_z}{\rho} \underbrace{\frac{\partial \mathbf{u}_z}{\partial \phi}}_{=0} \right] +$$

$$+ \mathbf{u}_z \times \left[\frac{\partial V_\rho}{\partial z} \mathbf{u}_\rho + V_\rho \underbrace{\frac{\partial \mathbf{u}_\rho}{\partial z}}_{=0} \right] + \mathbf{u}_z \times \left[\frac{\partial V_\phi}{\partial z} \mathbf{u}_\phi + V_\phi \underbrace{\frac{\partial \mathbf{u}_\phi}{\partial z}}_{=0} \right] + \mathbf{u}_z \times \left[\frac{\partial V_z}{\partial z} \mathbf{u}_z + V_z \underbrace{\frac{\partial \mathbf{u}_z}{\partial z}}_{=0} \right] =$$

$$= \frac{\partial V_\phi}{\partial \rho} \mathbf{u}_z - \frac{\partial V_z}{\partial \rho} \mathbf{u}_\phi - \frac{1}{\rho} \frac{\partial V_\rho}{\partial \phi} \mathbf{u}_z + \frac{V_\phi}{\rho} \mathbf{u}_z + \frac{1}{\rho} \frac{\partial V_z}{\partial \phi} \mathbf{u}_\rho + \frac{\partial V_\rho}{\partial z} \mathbf{u}_\phi - \frac{\partial V_\phi}{\partial z} \mathbf{u}_\rho =$$

$$= \left(\frac{1}{\rho} \frac{\partial V_z}{\partial \phi} - \frac{\partial V_\phi}{\partial z} \right) \mathbf{u}_\rho + \left(\frac{\partial V_\rho}{\partial z} - \frac{\partial V_z}{\partial \rho} \right) \mathbf{u}_\phi + \left(\frac{\partial V_\phi}{\partial \rho} + \frac{V_\phi}{\rho} - \frac{1}{\rho} \frac{\partial V_\rho}{\partial \phi} \right) \mathbf{u}_z =$$

$$= \left(\frac{1}{\rho} \frac{\partial V_z}{\partial \phi} - \frac{\partial V_\phi}{\partial z} \right) \mathbf{u}_\rho + \left(\frac{\partial V_\rho}{\partial z} - \frac{\partial V_z}{\partial \rho} \right) \mathbf{u}_\phi + \frac{1}{\rho} \left[\frac{\partial}{\partial \rho} \left(\rho \, V_\phi \right) - \frac{\partial V_\rho}{\partial \phi} \right] \mathbf{u}_z \, ,$$

que verifica a expressão que já havia sido encontrada anteriormente e evidencia que, no sistema cilíndrico, $\nabla \times \mathbf{V}$ não é uma forma meramente simbólica, conforme afirmam alguns autores.

9.5.4 - Expressão em Coordenadas Esféricas

Para um campo vetorial

$$\mathbf{V} = V_\rho(\rho,\phi,z,t)\mathbf{u}_\rho + V_\phi(\rho,\phi,z,t)\mathbf{u}_\phi + V_z(\rho,\phi,z,t)\mathbf{u}_z,$$

temos um outro campo vetorial associado do tipo

$$\nabla \times \mathbf{V} = (\nabla \times \mathbf{V})_r \mathbf{u}_r + (\nabla \times \mathbf{V})_\theta \mathbf{u}_\theta + (\nabla \times \mathbf{V})_\phi \mathbf{u}_\phi$$

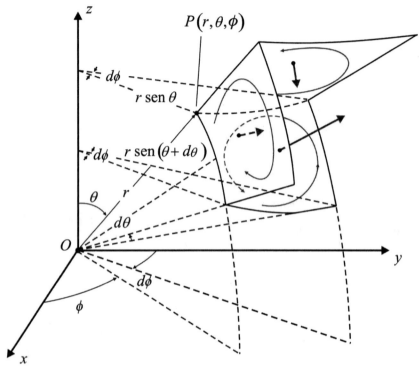

Fig. 9.22

A determinação da expressão do rotacional, em função das componentes de **V**, será levada a termo mediante a definição (9.22). Um outro método será deixado como exercício ao estudante (vide problema 9.28). Temos, pois, que selecionar três áreas diferenciais, no sistema de coordenadas em questão, conforme ilustrado na figura 9.22.

- Componente r:

O saldo da circulação ao longo do caminho C_r é dado pela taxa de variação de

$$V_\phi(r\,\text{sen}\,\theta\,d\phi)$$

em relação a θ vezes $d\theta$, subtraída (ângulo de $180°$) da taxa de variação de

$$V_\theta\,(r\,d\theta)$$

em relação a ϕ vezes $d\phi$, ou seja,

As Variações Espaciais das Grandezas Físicas e os Conceitos de Gradiente, Divergência e Rotacional

$$\oint_{C_r} \mathbf{V} \cdot d\mathbf{l} = \frac{\partial}{\partial \theta}\left[V_\phi (r\,\mathrm{sen}\,\theta\,d\phi)\right]d\theta - \frac{\partial}{\partial \phi}\left[V_\theta\,(r\,d\theta)\right]d\phi = \left[\frac{\partial}{\partial \theta}(\mathrm{sen}\,\theta\,V_\phi)\right]r\,d\theta\,d\phi -$$

$$-\frac{\partial V_\theta}{\partial \phi}r\,d\theta\,d\phi =$$

$$= \left[\frac{\partial}{\partial \theta}(\mathrm{sen}\,\theta\,V_\phi) - \frac{\partial V_\theta}{\partial \phi}\right]r\,d\theta\,d\phi$$

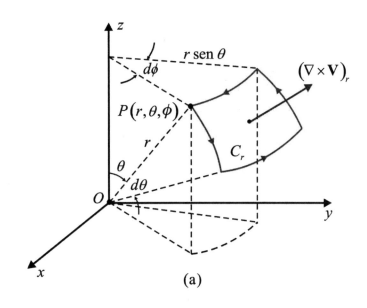

(a)

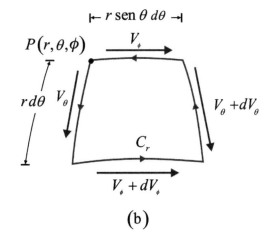

(b)

Fig. 9.23

Pela definição,

$$(\nabla \times \mathbf{V})_r = \lim_{\Delta S_r \to 0} \frac{\oint_{C_z} \mathbf{V} \cdot d\mathbf{l}}{\Delta S_r} = \lim_{\substack{d\theta \to 0 \\ d\phi \to 0}} \frac{\left[\frac{\partial}{\partial \theta}(\operatorname{sen}\theta\, V_\phi) - \frac{\partial V_\theta}{\partial \phi}\right] r\, d\theta\, d\phi}{r^2 \operatorname{sen}\theta\, d\theta\, d\phi}$$

Assim sendo,

$$(\nabla \times \mathbf{V})_r = \frac{1}{r \operatorname{sen}\theta}\left[\frac{\partial}{\partial \theta}(\operatorname{sen}\theta\, V_\phi) - \frac{\partial V_\theta}{\partial \phi}\right]$$

- Componente θ:

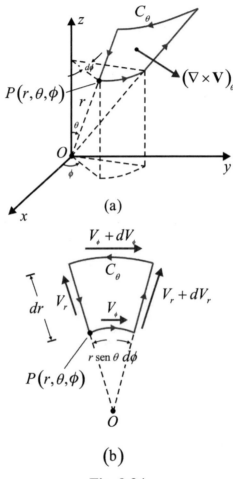

Fig. 9.24

O saldo da circulação ao longo do caminho C_θ é dado pela taxa de variação de

$$V_r\, dr$$

em relação a ϕ vezes $d\phi$, subtraída (ângulo de $180°$) da taxa de variação de

$$V_\phi (r \operatorname{sen}\theta\, d\phi)$$

em relação a r vezes dr, isto é,

$$\oint_{C_r} \mathbf{V}\cdot d\mathbf{l} = \frac{\partial}{\partial \phi}(V_r\, dr)\, d\phi - \frac{\partial}{\partial r}\left[V_\phi\, (r\, \operatorname{sen}\theta)\right] dr = \frac{\partial V_r}{\partial \phi} dr\, d\phi - \frac{\partial}{\partial r}(r\, V_\phi)\operatorname{sen}\theta\, dr\, d\phi =$$

$$= \left[\frac{\partial V_r}{\partial \phi} - \operatorname{sen}\theta\, \frac{\partial}{\partial r}(r\, V_\phi)\right] dr\, d\phi$$

Pela definição,

$$(\nabla\times\mathbf{V})_\theta = \lim_{\Delta S_\theta \to 0} \frac{\oint_{C_z} \mathbf{V}\cdot d\mathbf{l}}{\Delta S_\theta} = \lim_{\substack{dr\to 0 \\ d\phi\to 0}} \frac{\left[\dfrac{\partial V_r}{\partial \phi} - \operatorname{sen}\theta\, \dfrac{\partial}{\partial r}(r\, V_\phi)\right] dr\, d\phi}{r\, \operatorname{sen}\theta\, dr\, d\phi}$$

Assim,

$$(\nabla\times\mathbf{V})_\theta = \frac{1}{r}\left[\frac{1}{\operatorname{sen}\theta}\frac{\partial V_r}{\partial \phi} - \frac{\partial}{\partial r}(r\, V_\phi)\right]$$

- Componente ϕ:

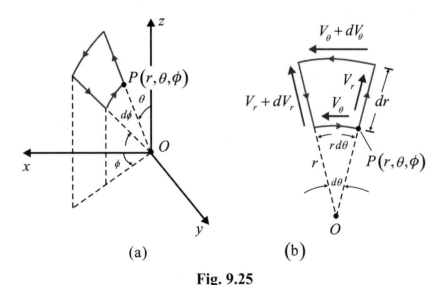

Fig. 9.25

O saldo da circulação ao longo do caminho C_ϕ é dado pela taxa de variação de

$$V_\theta (r\, d\theta)$$

em relação a r vezes dr, subtraída (ângulo de $180°$) da taxa de variação de

$$V_r \, dr$$

em relação a θ vezes $d\theta$, que é,

$$\oint_{C_\phi} \mathbf{V} \cdot d\mathbf{l} = \frac{\partial}{\partial r}\Big[V_\theta \left(r \, d\theta \right) \Big] dr - \frac{\partial}{\partial \theta}\left(V_r \, dr \right) d\theta = \frac{\partial}{\partial r}\left(r \, V_\theta \right) dr \, d\theta - \frac{\partial V_r}{\partial \theta} dr \, d\theta$$

$$= \left[\frac{\partial}{\partial r}\left(r \, V_\theta \right) - \frac{\partial V_r}{\partial \theta} \right] dr \, d\theta$$

Pela definição,

$$\left(\boldsymbol{\nabla} \times \mathbf{V} \right)_\phi = \lim_{\Delta S_\phi \to 0} \frac{\oint_{C_z} \mathbf{V} \cdot d\mathbf{l}}{\Delta S_\phi} = \lim_{\substack{dr \to 0 \\ d\theta \to 0}} \frac{\left[\dfrac{\partial}{\partial r}\left(r \, V_\theta \right) - \dfrac{\partial V_r}{\partial \theta} \right] dr \, d\theta}{r \, dr \, d\theta}$$

Donde se conclui,

$$\left(\boldsymbol{\nabla} \times \mathbf{V} \right)_\phi = \frac{1}{r}\left[\frac{\partial}{\partial r}\left(r \, V_\theta \right) - \frac{\partial V_r}{\partial \theta} \right]$$

Assim sendo, expressão do rotacional em coordenadas esféricas pode ser colocada nas seguintes formas:

$$\boldsymbol{\nabla} \times \mathbf{V} = \frac{1}{r \, \text{sen}\,\theta}\left[\frac{\partial}{\partial \theta}\left(\text{sen}\,\theta \, V_\phi \right) - \frac{\partial V_\theta}{\partial \phi} \right]\mathbf{u}_r + \frac{1}{r}\left[\frac{1}{\text{sen}\,\theta} \frac{\partial V_r}{\partial \phi} - \frac{\partial}{\partial r}\left(r \, V_\phi \right) \right]\mathbf{u}_\theta +$$

$$+ \frac{1}{r}\left[\frac{\partial}{\partial r}\left(r \, V_\theta \right) - \frac{\partial V_r}{\partial \theta} \right]\mathbf{u}_\phi = \left. \begin{vmatrix} \left(\dfrac{1}{r^2 \, \text{sen}\,\theta} \right)\mathbf{u}_r & \left(\dfrac{1}{r \, \text{sen}\,\theta} \right)\mathbf{u}_\theta & \left(\dfrac{1}{r} \right)\mathbf{u}_\phi \\[2mm] \dfrac{\partial}{\partial r} & \dfrac{\partial}{\partial \theta} & \dfrac{\partial}{\partial \phi} \\[2mm] V_r & r \, V_\theta & r \, \text{sen}\,\theta \, V_\phi \end{vmatrix} \right\} \qquad \textbf{(9.27)}$$

Nota: analisando as expressões (9.18), (9.19) e (9.20), concluímos que a divergência de um campo vetorial é uma forma diferencial, puntual ou local, que depende dos valores das coordenadas e das derivadas parciais no ponto genérico ao qual está referida.

EXEMPLO 9.12

Determine o rotacional do campo vetorial $\mathbf{V} = x\,z^3\mathbf{u}_x - 2\,x^2\,y\,z\,\mathbf{u}_y + 2\,y\,z^4\mathbf{u}_z$, no ponto $P(1,-1,1)$.

SOLUÇÃO:

Da expressão do vetor, tiramos

$$\begin{cases} V_x = x\,z^3 \\ V_y = -2\,x^2 y\,z \\ V_z = 2\,y\,z^4 \end{cases}$$

Pela expressão (9.25), concluímos

$$\nabla \times \mathbf{V} = \left(\frac{\partial V_z}{\partial y} - \frac{\partial V_y}{\partial z}\right)\mathbf{u}_x + \left(\frac{\partial V_x}{\partial z} - \frac{\partial V_z}{\partial x}\right)\mathbf{u}_y + \left(\frac{\partial V_y}{\partial x} - \frac{\partial V_x}{\partial y}\right)\mathbf{u}_z =$$

$$= \left[\frac{\partial}{\partial y}\left(2\,y\,z^4\right) - \frac{\partial}{\partial z}\left(-2\,x^2 y\,z\right)\right]\mathbf{u}_x + \left[\frac{\partial}{\partial z}\left(x\,z^3\right) - \frac{\partial}{\partial x}\left(2\,y\,z^4\right)\right]\mathbf{u}_y +$$

$$+ \left[\frac{\partial}{\partial x}\left(-2\,x^2 y\,z\right) - \frac{\partial}{\partial y}\left(x\,z^3\right)\right]\mathbf{u}_z = \left(2\,z^4 + 2\,x^2\,y\right)\mathbf{u}_x + 3\,x\,z^2\mathbf{u}_y - 4\,x\,y\,z\,\mathbf{u}_z$$

No ponto $P(1,-1,1)$, temos

$$\nabla \times \mathbf{V}\big|_P = 3\,\mathbf{u}_y + 4\,\mathbf{u}_z$$

EXEMPLO 9.13

Determine o rotacional do campo vetorial $\mathbf{V} = \left(2 - \dfrac{1}{\rho^2}\right)\cos\phi\,\mathbf{u}_\rho +$

$+ \left[\left(2 + \dfrac{1}{\rho^2}\right)(-\mathrm{sen}\,\phi) + 2\rho\right]\mathbf{u}_\phi + 3\rho\,\phi\,z^2\mathbf{u_z}$, no ponto $P(1,\pi/3,-2)$.

SOLUÇÃO:

Da expressão do vetor, concluímos

$$\begin{cases} V_\rho = \left(2 - \dfrac{1}{\rho^2}\right)\cos\phi \\[3mm] V_\phi = \left[\left(2 + \dfrac{1}{\rho^2}\right)(-\mathrm{sen}\,\phi) + 2\rho\right] \\[3mm] V_z = 3\rho\,\phi\,z^2 \end{cases}$$

64 **Cálculo e Análise Vetoriais com Aplicações Práticas**

Pela expressão (9.26), segue-se

$$\nabla \times \mathbf{V} = \left(\frac{1}{\rho} \frac{\partial V_z}{\partial \phi} - \frac{\partial V_\phi}{\partial z} \right) \mathbf{u}_\rho + \left(\frac{\partial V_\rho}{\partial z} - \frac{\partial V_z}{\partial \rho} \right) \mathbf{u}_\phi + \frac{1}{\rho} \left[\frac{\partial}{\partial \rho} \left(\rho\, V_\phi \right) - \frac{\partial V_\rho}{\partial \phi} \right] \mathbf{u}_z$$

$$= \left\{ \frac{1}{\rho} \frac{\partial}{\partial \phi} \left(3\rho\, \phi\, z^2 \right) - \frac{\partial}{\partial z} \left[\left(2 + \frac{1}{\rho^2} \right)(-\operatorname{sen}\phi) + 2\rho \right] \right\} \mathbf{u}_\rho +$$

$$+ \left\{ \frac{\partial}{\partial z} \left[\left(2 - \frac{1}{\rho^2} \right)\cos\phi \right] - \frac{\partial}{\partial \rho} \left(3\rho\, \phi\, z^2 \right) \right\} \mathbf{u}_\phi +$$

$$+ \frac{1}{\rho} \left\{ \frac{\partial}{\partial \rho} \left[\rho \left(2 + \frac{1}{\rho^2} \right)(-\operatorname{sen}\phi) + \rho(2\rho) \right] - \frac{\partial}{\partial \phi} \left[\left(2 - \frac{1}{\rho^2} \right)\cos\phi \right] \right\} \mathbf{u}_z =$$

$$= 3\, z^2 \mathbf{u}_\rho - 3\, \phi\, z^2 \mathbf{u}_\phi + 4\, \mathbf{u}_z$$

No ponto $P(1, \pi/3, -2)$, temos

$$\nabla \times \mathbf{V}\big|_P = 12\, \mathbf{u}_\rho - 4\,\pi\, \mathbf{u}_\phi + 4\, \mathbf{u}_z$$

EXEMPLO 9.14

Determine o rotacional do campo vetorial $\mathbf{V} = r\, \operatorname{sen}\theta\, \mathbf{u}_\phi$, na origem.

SOLUÇÃO:

Da expressão do vetor, tiramos

$$\begin{cases} V_r = 0 \\ V_\theta = 0 \\ V_\phi = r\, \operatorname{sen}\theta \end{cases}$$

Pela expressão (9.27), obtemos

$$\nabla \times \mathbf{V} = \frac{1}{r\, \operatorname{sen}\theta} \left[\frac{\partial}{\partial \theta} \left(\operatorname{sen}\theta\, V_\phi \right) - \frac{\partial V_\theta}{\partial \phi} \right] \mathbf{u}_r + \frac{1}{r} \left[\frac{1}{\operatorname{sen}\theta} \frac{\partial V_r}{\partial \phi} - \frac{\partial}{\partial r} \left(r\, V_\phi \right) \right] \mathbf{u}_\theta + \frac{1}{r} \left[\frac{\partial}{\partial r} \left(r\, V_\theta \right) - \frac{\partial V_r}{\partial \theta} \right] \mathbf{u}_\phi =$$

$$= \frac{1}{r\, \operatorname{sen}\theta} \left\{ \frac{\partial}{\partial \theta} \left[\operatorname{sen}\theta \left(r\, \operatorname{sen}\theta \right) \right] \right\} \mathbf{u}_r + \frac{1}{r} \left\{ -\frac{\partial}{\partial r} \left[r \left(r\, \operatorname{sen}\theta \right) \right] \right\} \mathbf{u}_\theta =$$

$$= 2\cos\theta\,\mathbf{u}_r - 2\,\text{sen}\,\theta\,\mathbf{u}_\theta$$

No ponto $O(0,0,0)$, temos

$$\nabla\times\mathbf{V}\big|_P = 2\,\mathbf{u}_r$$

EXEMPLO 9.15*

Determine o rotacional do campo de velocidades de um corpo rígido que gira com velocidade angular constante $\boldsymbol{\omega} = \omega_o\,\mathbf{u}_z$ em torno do eixo z.

SOLUÇÃO:

- Primeiro método:

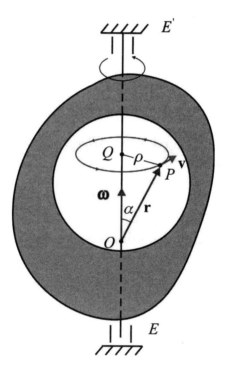

Fig. 9.26

Um ponto genérico $P(x,y,z)$ do sólido, vai descrever trajetórias circulares, paralelas ao plano $z = 0$, com velocidade

$$\mathbf{v} = \boldsymbol{\omega}\times\mathbf{r},$$

na qual, em coordenadas cartesianas retangulares, de acordo com a expressão (3.10),

$$\mathbf{r} = x\,\mathbf{u}_x + y\,\mathbf{u}_y + z\,\mathbf{u}_z$$

é o vetor posição do referido ponto P, conforme retaratado na figura correspondente. Assim sendo, podemos expressar

$$\mathbf{v} = \boldsymbol{\omega} \times \mathbf{r} = \begin{vmatrix} \mathbf{u}_x & \mathbf{u}_y & \mathbf{u}_z \\ 0 & 0 & \omega_0 \\ x & y & z \end{vmatrix} = \left(-\omega_0 \, y \right) \mathbf{u}_x + \left(\omega_0 \, x \right) \mathbf{u}_y$$

$$\begin{cases} \mathrm{v}_x = -\omega_0 \, y \\ \mathrm{v}_y = \omega_0 \, x \\ \mathrm{v}_z = 0 \end{cases}$$

Pela expressão (9.25),

$$\boldsymbol{\nabla} \times \mathbf{v} = \left(\frac{\partial \mathrm{v}_z}{\partial y} - \frac{\partial \mathrm{v}_y}{\partial z} \right) \mathbf{u}_x + \left(\frac{\partial \mathrm{v}_x}{\partial z} - \frac{\partial \mathrm{v}_z}{\partial x} \right) \mathbf{u}_y + \left(\frac{\partial \mathrm{v}_y}{\partial x} - \frac{\partial \mathrm{v}_x}{\partial y} \right) \mathbf{u}_z = \left[\frac{\partial}{\partial x} \left(\omega_0 \, x \right) - \frac{\partial}{\partial y} \left(-\omega_0 \, y \right) \right] \mathbf{u}_z = 2 \, \omega_0 \, \mathbf{u}_z$$

Finalmente, obtemos

$$\boldsymbol{\nabla} \times \mathbf{v} = 2 \, \boldsymbol{\omega}$$

e fica evidenciada a conveniência ou escolha apropriada do termo "rotacional" quando aplicado ao campo de velocidades de um sólido.

- Segundo método:

Em coordenadas cilíndricas, de acordo com a expressão (3.87),

$$\mathbf{r} = \rho \, \mathbf{u}_\rho + z \, \mathbf{u}_z$$

Assim sendo,

$$\mathbf{v} = \boldsymbol{\omega} \times \mathbf{r} = \begin{vmatrix} \mathbf{u}_\rho & \mathbf{u}_\phi & \mathbf{u}_z \\ 0 & 0 & \omega_0 \\ \rho & 0 & z \end{vmatrix} = \omega_0 \rho \, \mathbf{u}_\phi$$

Donde, se conclui,

$$\begin{cases} \mathrm{v}_\rho = \mathrm{v}_z = 0 \\ \mathrm{v}_\phi = \omega_0 \, \rho \end{cases}$$

Pela expressão (9.26), vem

$$\nabla \times \mathbf{v} = \left(\frac{1}{\rho} \frac{\partial v_z}{\partial \phi} - \frac{\partial v_\phi}{\partial z} \right) \mathbf{u}_\rho + \left(\frac{\partial v_\rho}{\partial z} - \frac{\partial v_z}{\partial \rho} \right) \mathbf{u}_\phi + \frac{1}{\rho} \left[\frac{\partial}{\partial \rho} (\rho\, v_\phi) - \frac{\partial v_\rho}{\partial \phi} \right] \mathbf{u}_z =$$

$$= \frac{1}{\rho} \left\{ \frac{\partial}{\partial \rho} [\rho(\omega_0\, \rho)] \right\} \mathbf{u}_z = \frac{1}{\rho} \left\{ \frac{\partial}{\partial \rho} [\rho^2 \omega_0] \right\} \mathbf{u}_z = \frac{1}{\rho} \{2\rho\, \omega_0\} \mathbf{u}_z = 2\omega_0\, \mathbf{u}_z = 2\,\boldsymbol{\omega}$$

EXEMPLO 9.16*

(a) Calcule a circulação do campo vetorial $\mathbf{V} = \left[4{,}00\,\mathrm{sen}(0{,}40\,\pi\,z)\right]\mathbf{u}_y - (x+2{,}00)^2\,\mathbf{u}_z$ ao longo do caminho quadrado de centro em $P(1{,}00;-3{,}00;2{,}00)$, lado igual a 0,60 unidades, situado no plano $x = 1{,}00$, com arestas paralelas aos eixos y e z. Use o sentido anti-horário quando o caminho é visto de $x = +\infty$.

(b) Determine o quociente da divisão da integral acima pela área delimitada pelo caminho como uma aproximação para $(\nabla \times \mathbf{V})_x$.

(c) Determine $(\nabla \times \mathbf{V})_x$ no ponto $P(1{,}00;-3{,}00;2{,}00)$.

(d) Divida por dois as dimensões do caminho quadrado de integração ao redor do ponto $P(1{,}00;-3{,}00;2{,}00)$, e mostre que o novo quociente é mais próximo do valor procurado de $(\nabla \times \mathbf{V})_x$.

SOLUÇÃO:

(a)

Em coordenadas cartesianas retangulares, o vetor deslocamento diferencial é dado por

$$d\mathbf{l} = dx\,\mathbf{u}_x + dy\,\mathbf{u}_y + dz\,\mathbf{u}_z$$

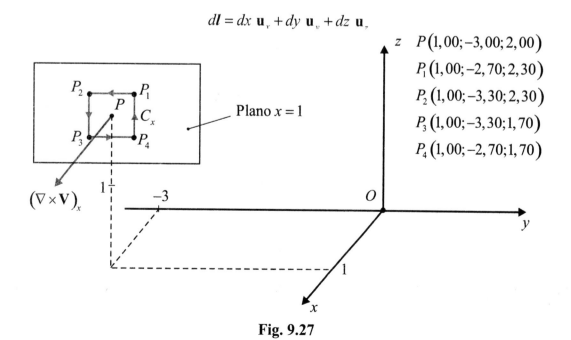

Fig. 9.27

68 **Cálculo e Análise Vetoriais com Aplicações Práticas**

Uma vez que os caminhos de integração estão no plano $x = 1,00$, temos $dx = 0$. Isto nos permite expressar

$$dl = dy\,\mathbf{u}_y + dz\,\mathbf{u}_z$$

Ao longo do plano $x = 1,00$, a expressão do campo vetorial é

$$\mathbf{V} = \left[4,00\,\mathrm{sen}\left(0,40\,\pi\,z\right)\right]\mathbf{u}_y - 9,00\,\mathbf{u}_z$$

o que acarreta

$$\oint_{C_x} \mathbf{V}\cdot dl = \oint_C \left[4,00\,\mathrm{sen}\left(0,40\,\pi\,z\right)dy - 9,00\,dz\right]$$

A circulação pode ser decomposta em quatro parcelas:

$$\oint_{C_x} \mathbf{V}\cdot dl = \int_{P_1}^{P_2}\mathbf{V}\cdot dl + \int_{P_2}^{P_3}\mathbf{V}\cdot dl + \int_{P_3}^{P_4}\mathbf{V}\cdot dl + \int_{P_4}^{P_1}\mathbf{V}\cdot dl$$

- Trecho P_1P_2:

$$\begin{cases} -3,30 \le y \le -2,70 \\ z = 2,30 = \mathrm{cte} \rightarrow dz = 0 \end{cases}$$

$$\int_{P_1}^{P_2}\mathbf{V}\cdot dl = \int_{y=-2,70}^{y=-3,30} 4,00\,\mathrm{sen}\left(0,92\pi\right)dy = -0,60$$

- Trecho P_2P_3:

$$\begin{cases} y = -3,30 = \mathrm{cte} \rightarrow dy = 0 \\ 1,70 \le z \le 2,30 \end{cases}$$

$$\int_{P_2}^{P_3}\mathbf{V}\cdot dl = \int_{z=2,3}^{z=1,7} (-9,00)dz = 5,40$$

- Trecho P_3P_4:

$$\begin{cases} -3,30 \le y \le -2,70 \\ z = 1,70 = \mathrm{cte} \rightarrow dz = 0 \end{cases}$$

$$\int_{P_3}^{P_4}\mathbf{V}\cdot dl = \int_{y=-3,30}^{y=-2,70} 4,00\,\mathrm{sen}(0,68\pi)dy = 2,03$$

- Trecho P_4P_1:

$$\begin{cases} y = -2,70 = \text{cte} \rightarrow dy = 0 \\ 1,70 \le z \le 2,30 \end{cases}$$

$$\int_{P_4}^{P_1} \mathbf{V} \cdot d\mathbf{l} = \int_{z=1,7}^{z=2,3} (-9,00)dz = -5,40$$

A circulação é, então, dada por

$$\oint_{C_x} \mathbf{V} \cdot d\mathbf{l} = -0,60 + 5,40 + 2,03 - 5,40 = 1,43$$

(b)

Pela definição, a componente x do rotacional é

$$\left(\mathbf{\nabla} \times \mathbf{V}\right)_x \cong \frac{\oint_{C_x} \mathbf{V} \cdot d\mathbf{l}}{\Delta S_x} = \frac{1,43}{0,36} = 3,97$$

(c)

Pela expressão (9.25), temos

$$\left(\mathbf{\nabla} \times \mathbf{V}\right)_x = \frac{\partial V_z}{\partial y} - \frac{\partial V_y}{\partial z} = -\frac{\partial}{\partial z}\left[4,00\,\text{sen}\left(0,40\,\pi\,z\right)\right] = -1,60\,\pi\cos(0,40\,\pi\,z)$$

No ponto $P\left(1,00; -3,00; 2,00\right)$, ficamos com

$$\left(\mathbf{\nabla} \times \mathbf{V}\right)_x = -1,60\,\pi\cos\left(0,80\,\pi\right) = 4,07$$

(d)

Dividindo por dois as dimensões do caminho de integração, temos as novas coor-denadas dos vértices do quadrado:

$$P_1\left(1,00; -2,85; 2,15\right); P_2\left(1,00; -3,15; 2,15\right); P_3\left(1,00; -3,15; 1,85\right); P_4\left(1,00; -2,85; 1,85\right)$$

- Trecho $P_1 P_2$:

$$\begin{cases} -3,15 \le y \le -2,85 \\ z = 2,15 = \text{cte} \rightarrow dz = 0 \end{cases}$$

$$\int_{P_1}^{P_2} \mathbf{V} \cdot d\mathbf{l} = \int_{y=-2,85}^{y=-3,15} 4,00\,\text{sen}\left(0,86\pi\right)dy = -0,51$$

- Trecho $P_2 P_3$:

$$\begin{cases} y = -3,15 = \text{cte} \rightarrow dy = 0 \\ 1,85 \le z \le 2,15 \end{cases}$$

$$\int_{P_2}^{P_3} \mathbf{V} \cdot dl = \int_{z=2,15}^{z=1,85} (-9,00) \, dz = 2,70$$

- Trecho $P_3 P_4$:

$$\begin{cases} -3,15 \leq y \leq -2,85 \\ z = 1,85 = \text{cte} \rightarrow dz = 0 \end{cases}$$

$$\int_{P_3}^{P_4} \mathbf{V} \cdot dl = \int_{y=-3,30}^{y=-2,70} 4,00 \, \text{sen}(0,74\pi) dy = 0,87$$

- Trecho $P_4 P_1$:

$$\begin{cases} y = -2,85 = \text{cte} \rightarrow dy = 0 \\ 1,85 \leq z \leq 2,15 \end{cases}$$

$$\int_{P_4}^{P_1} \mathbf{V} \cdot dl = \int_{z=1,85}^{z=2,15} (-9,00) dz = -2,70$$

Então, a circulação é dada por

$$\oint_{C_x} \mathbf{V} \cdot dl = -0,51 + 2,70 + 0,87 - 2,70 = 0,36$$

Pela definição, a componente x do rotacional é

$$(\nabla \times \mathbf{V})_x \cong \frac{\oint_{C_x} \mathbf{V} \cdot dl}{\Delta S_x} = \frac{0,36}{0,090} = 4,00$$

que se aproxima mais do valor exato 4,07 do que o valor 3,97 obtido no item (b). Para o valor 4,00 temos um erro percentual de aproximadamente 1,72 %. Para o valor 3,97 temos um erro de cerca de 2,46 %.

EXEMPLO 9.17*

O campo elétrico no interior de uma linha de transmissão em forma de uma duas lâminas condutoras muito longas, com um pequeno espaçamento entre elas, é dado por

$$\mathbf{E} = -1,0 \times 10^5 \cos\left(10^9 t - 4z\right) \mathbf{u}_y \, (\text{V}/\text{m})_5$$

Sabendo-se que o campo elétrico e o campo magnético $\mathbf{H}$, cuja unidade no sistema internacional é A/m[6], são relacionados pela lei de **Faraday**,

---

5 Volt/metro

6 Ampère/metro

As Variações Espaciais das Grandezas Físicas e os Conceitos de Gradiente, Divergência e Rotacional

$$\nabla \times \mathbf{E} = -\mu \frac{\partial \mathbf{H}}{\partial t}$$

e que, presentemente, temos $\mu = 4\pi \times 10^{-7}\,\mathrm{H/m}$ [7], determine o campo magnético $\mathbf{H}$, notando que não há sentido falar em componentes estáticas para campos dinâmicos.

SOLUÇÃO:

Pela lei de **Faraday**, lembrando que, neste caso, as diferenciais parciais são iguais às respectivas diferenciais totais, temos

$$d\mathbf{H} = -\frac{1}{\mu}\left(\nabla \times \mathbf{E}\right)dt$$

Integrando ambos os membros, obtemos

$$\mathbf{H} = -\frac{1}{\mu}\int \left(\nabla \times \mathbf{E}\right)dt$$

Pela expressão (9.25), temos

$$\nabla \times \mathbf{E} = \left(\frac{\partial E_z}{\partial y} - \frac{\partial E_y}{\partial z}\right)\mathbf{u}_x + \left(\frac{\partial E_x}{\partial z} - \frac{\partial E_z}{\partial x}\right)\mathbf{u}_y + \left(\frac{\partial E_y}{\partial x} - \frac{\partial E_x}{\partial y}\right)\mathbf{u}_z$$

Sendo,

$$\begin{cases} E_x = 0 \\ E_y = -1{,}0 \times 10^5 \cos\left(10^9 t - 4\,z\right) \\ E_z = 0 \end{cases},$$

chegamos a

$$\nabla \times \mathbf{E} = 4{,}0 \times 10^5 \operatorname{sen}\left(10^9 t - 4\,z\right)\mathbf{u}_x$$

o que implica

$$\mathbf{H} = -\frac{1}{\mu}\int \left(\nabla \times \mathbf{E}\right)dt = -\frac{1}{4\pi \times 10^{-7}}\left(4 \times 10^5\,\mathbf{u}_x\right)\int \operatorname{sen}\left(10^9 t - 4\,z\right)dt =$$

$$= \frac{1}{4\pi \times 10^{-7}}\frac{4 \times 10^5\,\mathbf{u}_x}{10^9}\int -\operatorname{sen}\left(10^9 t - 4\,z\right)\left(10^9\,dt\right) =$$

$$= 3{,}2 \times 10^2 \cos\left(10^9 t - 4\,z\right)\mathbf{u}_x + \mathbf{C} =$$

—————————

7 Henry/metro

$$= 3,2\times10^2 \cos\left(10^9 t - 4 z\right)\mathbf{u}_x (\text{A}/\text{m})$$

em que fizemos a constante de integração igual a zero, pois não há sentido em uma componente estática sendo o campo puramente dinâmico.

EXEMPLO 9.18*

O campo elétrico no interior de uma linha de transmissão coaxial é dado por

$$\mathbf{E} = \frac{100}{\rho} \cos\left(10^8 t - 0,5 z\right)\mathbf{u}_\rho (\text{V}/\text{m})$$

Utilizando a lei de **Faraday**, apresentada no exemplo anterior e levando em conta que, no presente caso, temos $\mu = 8\pi\times10^{-7}\,\text{H}/\text{m}$, determine o campo magnético associado **H.**

SOLUÇÃO:

Da mesma forma que no exemplo anterior, temos

$$\mathbf{H} = -\frac{1}{\mu} \int \left(\mathbf{\nabla}\times\mathbf{E}\right) dt$$

O rotacional do campo elétrico, em coordenadas cilíndricas circulares, é dado pela expressão (9.26),

$$\mathbf{\nabla}\times\mathbf{E} = \left(\frac{1}{\rho}\frac{\partial E_z}{\partial \phi} - \frac{\partial E_\phi}{\partial z}\right)\mathbf{u}_\rho + \left(\frac{\partial E_\rho}{\partial z} - \frac{\partial E_z}{\partial \rho}\right)\mathbf{u}_\phi + \frac{1}{\rho}\left[\frac{\partial}{\partial \rho}\left(\rho\, E_\phi\right) - \frac{\partial E_\rho}{\partial \phi}\right]\mathbf{u}_z$$

Sendo,

$$\begin{cases} E_\rho = \dfrac{100}{\rho}\cos\left(10^8 t - 0,5 z\right) \\[2mm] E_\phi = 0 \\[2mm] E_z = 0 \end{cases}$$

temos

$$\mathbf{\nabla}\times\mathbf{E} = \frac{50}{\rho}\,\text{sen}\left(10^8 t - 0,5 z\right)\mathbf{u}_\phi$$

o que nos permite expressar

As Variações Espaciais das Grandezas Físicas e os Conceitos de Gradiente, Divergência e Rotacional

$$\mathbf{H} = -\frac{1}{\mu}\int\left(\mathbf{\nabla}\times\mathbf{E}\right)dt = -\frac{1}{8\pi\times10^{-7}}\left(50\,\mathbf{u}_\phi\right)\int \operatorname{sen}\left(10^8 t - 0{,}5\,z\right)dt =$$

$$= \frac{1}{8\pi\times10^{-7}}\frac{50\,\mathbf{u}_\phi}{10^8}\int -\operatorname{sen}\left(10^8 t - 0{,}5\,z\right)\left(10^8\,dt\right) =$$

$$= 0{,}2\cos\left(10^8 t - 0{,}5\,z\right)\mathbf{u}_\phi(\mathrm{A}\,/\,\mathrm{m})$$

em que a componente estática, traduzida pela constante de integração, foi desprezada pois estamos lidando com campos puramente dinâmicos.

EXEMPLO 9.19*

O campo eletrodinâmico associado a uma determinada antena, em pontos distantes da mesma é dado por

$$\mathbf{E} = \left(\frac{k_1}{r}\right)\operatorname{sen}\theta\cos\left(\omega t - k_2 r\right)\mathbf{u}_\theta(\mathrm{V}\,/\,\mathrm{m})$$

Sabendo-se que o meio de propagação é o espaço livre ($\mu = \mu_0 = 4\pi\times10^{-7}\,\mathrm{H}\,/\,\mathrm{m}$), determine o campo magnético $\mathbf{H}$ associado.

SOLUÇÃO:

Mais uma vez, temos que

$$\mathbf{H} = -\frac{1}{\mu}\int\left(\mathbf{\nabla}\times\mathbf{E}\right)\,dt$$

Pela expressão (9.27), segue-se

$$\mathbf{\nabla}\times\mathbf{E} = \frac{1}{r\operatorname{sen}\theta}\left[\frac{\partial}{\partial\theta}\left(\operatorname{sen}\theta\,E_\phi\right) - \frac{\partial E_\theta}{\partial\phi}\right]\mathbf{u}_r + \frac{1}{r}\left[\frac{1}{\operatorname{sen}\theta}\frac{\partial E_r}{\partial\phi} - \frac{\partial}{\partial r}\left(r\,E_\phi\right)\right]\mathbf{u}_\theta + \frac{1}{r}\left[\frac{\partial}{\partial r}\left(r\,E_\theta\right) - \frac{\partial E_r}{\partial\theta}\right]\mathbf{u}_\phi$$

Uma vez que

$$\begin{cases} E_r = 0 \\ E_\theta = \left(\dfrac{k_1}{r}\right)\operatorname{sen}\theta\cos\left(\omega t - k_2 r\right) \\ E_\phi = 0 \end{cases}$$

temos

$$\nabla \times \mathbf{E} = \frac{k_1 k_2}{r} \operatorname{sen} \theta \operatorname{sen}(\omega t - k_2 r) \mathbf{u}_\phi$$

o que nos permite colocar

$$\mathbf{H} = -\frac{1}{\mu_0} \frac{k_1 k_2 \operatorname{sen}\theta \, \mathbf{u}_\phi}{r} \int \operatorname{sen}(\omega t - k_2 r) \, dt = \frac{1}{\mu_0} \frac{k_1 k_2 \operatorname{sen}\theta \, \mathbf{u}_\phi}{\omega r} \int -\operatorname{sen}(\omega t - k_2 r)(\omega \, dt) =$$

$$= \frac{k_1 k_2}{\mu_0 \omega r} \operatorname{sen}\theta \cos(\omega t - k_2 r) \mathbf{u}_\phi (\mathrm{A/m})$$

em que a componente estática, traduzida pela constante de integração, foi desprezada pois estamos lidando com campos puramente dinâmicos.

9.5.5 - Medidor de Vorticidade em um Campo Hidrodinâmico

Uma demonstração experimental interessante do comportamento da vorticidade no movimento de um fluido pode ser obtida com a ajuda de um dispositivo simples, usado como "vorticímetro" ou "medidor de rotacional"[8]. Este medidor consiste de uma rolha que flutua na água, por exemplo, com um conjunto de pás solidárias ao fundo da mesma, conforme aparece na figura 9.28. O dispositivo é projetado para flutuar com as pás totalmente submersas. Uma seta no topo da rolha serve para indicar qualquer rotação da unidade e, desse modo, qualquer circulação (vorticidade) do fluxo de água imediatamente abaixo.

A prova de que o dispositivo gira com velocidade proporcional ao rotacional do campo de velocidades da água é semelhante àquela que foi elaborada no exemplo 9.15 e, para o nosso propósito presente, é suficiente observar que a rotação do conjunto é devida a algum torque externo resultante agindo sobre as pás.

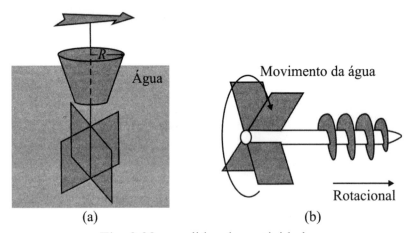

Fig. 9.28 - medidor de vorticidade

A matéria a ser apresentada a seguir foi baseada em filmes de experiências realizadas pelo professor **A.H. Shapiro**, do **Departamento de Engenharia Mecânica do Massachusetts Institute of Technology (MIT)**.

---
[8] Nos livros em Inglês, você encontrará a expressão "curl meter" para este aparato.

As Variações Espaciais das Grandezas Físicas e os Conceitos de Gradiente, Divergência e Rotacional

Vamos, inicialmente, considerar o comportamento deste dispositivo em um fluxo de água essencialmente uniforme ao longo de uma canaleta de lados paralelos, conforme ilustrado na parte (a) da figura 9.29.

O vetor velocidade pode ser esperado como sendo mais intenso ao longo da linha central da canaleta [linha (1) da parte (b) da figura 9.29]. Fora da linha central, em direção aos dois lados da canaleta, a velocidade diminui devido ao atrito entre as moléculas da água (viscosidade) e entre estas e as paredes laterais.

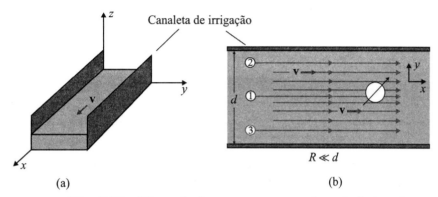

Fig. 9.29 - Fluxo de água em uma canaleta de irrigação

Quando colocado nesta canaleta, em um ponto ao longo da linha central, o medidor se desloca regularmente ao longo da linha de corrente coincidente com a própria. Durante este deslocamento a direção da seta permanece fixa (ela não gira), conforme mostrado na parte (a) da figura 9.30. Podemos encarar esta falta de rotação como uma ausência de vorticidade no campo de velocidades da água nas vizinhanças das pás. Em outras palavras: não há tendência de variação da intensidade do campo de velocidades da água segundo a direção normal ao fluxo. Por outro lado, um torque resultante sobre as pás causará o giro do dispositivo. Assim, se o medidor for deslocado para a linha (2) será observado um giro do mesmo no sentido anti-horário, indicando que a velocidade tem um rotacional não nulo e dirigido para cima, ou seja, para fora da água. De um modo simples e intuitivo, nós podemos atribuir esta rotação à maior velocidade da água e, consequentemente, à força sobre as pás, no lado direito da unidade, isto é, no lado mais próximo da linha central da canaleta. O desbalanço resultante nas forças sobre os dois lados indica a presença de "circulação", isto é, de rotacional no fluido nas proximidades das pás. Em outras palavras: a presença de rotacional ao longo da linha (2) nesse sistema é o resultado da diminuição da intensidade da velocidade da água na direção normal ao seu movimento, desde a linha central até o lado da canaleta.

Quando o medidor é posicionado ao longo da linha (3) ele gira no sentido horário. Isto indica novamente a presença de uma variação espacial na velocidade da água segundo a direção transversal ao movimento e, consequentemente, um valor de rotacional não nulo ao longo da linha (3).

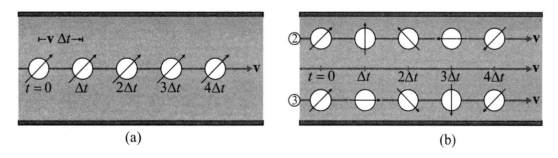

Fig. 9.30 - Funcionamento do medidor de rotacional ou de vorticidade

Vamos agora passar a um outro tipo de fluxo, e analisar o comportamento da água se movimentando em um tanque circular, conforme ilustrado na figura 9.31. A água é introduzida neste tanque por meio de um canal estreito (no topo da figura). A velocidade do fluido vai aumentando, uma vez que temos um sob a forma de espiral em direção a um ralo situado no fundo do tanque. As linhas de corrente do campo de velocidades poderão ser visualizadas se borrifarmos talco na água, logo que ela entrar no tanque, formando uma trajetória espiralada conforme aparece na figura 9.31. O medidor seguirá, é claro, esta espiral quando ele for colocado no tanque. O que pode ser verificado de mais importante, é que a seta do mesmo não vai girar enquanto ele se deslocar pelo tanque. No último momento, entretanto, quando o dispositivo atingir o ponto acima do ralo, a seta passará a girar, rapidamente, no sentido horário.

A ausência de rotação do aparelho durante o trajeto até o ponto acima do ralo, indica que o rotacional é nulo ao longo do mesmo. Assim, podemos verificar que **o rotacional de um campo vetorial pode ser nulo mesmo quando as linhas do campo vetorial são curvas e circulam em torno de um certo ponto**. A interpretação física deste aparente paradoxo reside no fato de que não há variação do campo de velocidades ao longo de uma linha de campo em direção transversal a esta última, ou seja, as forças sobre as pás permanecem balanceadas ao longo de toda a trajetória, excessão feita ao ponto central, onde existe uma fonte de vórtice. **Se o fluxo da água for muito intenso o fluido assumirá uma forma afunilada geralmente atribuida aos tornados.** Mas continua a questão:
— Por quê na canaleta existem pontos de rotacional não nulo e a água não gira, mas quando colocamos o vorticímetro ele gira, bem como a água ao seu redor, denotando a existência de rotacional? Sugiro que você analise, cuidadosamente, a questão 9.13, bem como a respectiva resposta que é apresentada.

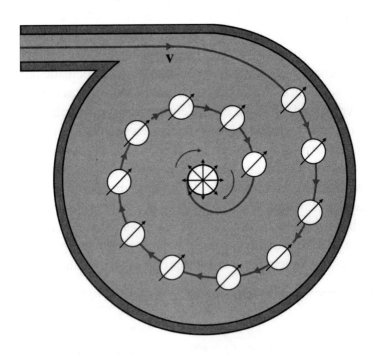

Fig. 9.31

EXEMPLO 9.20

Um canal de irrigação tem lados retos e paralelos, afastados de d metros conforme na figura 9.29. Considerar as seguintes situações hipotéticas para o campo de velocidades da água:

(a) $\mathbf{v} = v_0 \mathbf{u}_x$;

(b) $\mathbf{v} = v_0 y (d - y) \mathbf{u}_x$;

(c) $\mathbf{v} = v_0 \, \text{sen}\left(\dfrac{\pi y}{d}\right) \mathbf{u}_x$.

Pede-se representar para cada situação, a velocidade v_x em função de y, o rotacional de $\mathbf{v}$ em função de y e o movimento do vorticímetro em três posições da canaleta, semelhantemente ao mostrado na figura 9.30.

SOLUÇÃO:

Pela expressão (9.25), para os campos de velocidades presentes, o rotacional se reduz a

$$\nabla \times \mathbf{v} = \frac{\partial v_x}{\partial y} \mathbf{u}_z$$

Substituindo as expressões de , obtemos

(a)

$$\nabla \times \mathbf{v} = 0$$

(b)

$$\nabla \times \mathbf{v} = v_0 (d - 2y) \mathbf{u}_z$$

(c)

$$\nabla \times \mathbf{v} = -\frac{v_0 \pi}{d} \cos\left(\frac{\pi y}{d}\right) \mathbf{u}_z$$

O conjunto de figuras a seguir apresenta as representações solicitadas:

Vista superior do canal nas três situações

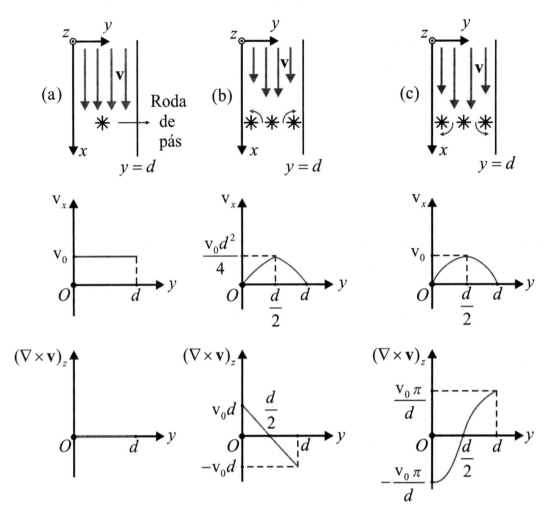

Fig. 9.32 - Vorticidade de um campo de velocidades

9.5.6 - Divergência e Rotacional - Variações Longitudinais e Variações Transversais [9]

A fim de coordenar ideias, vamos transcrever, inicialmente, as expressões da di-vergência e do rotacional nos três sistemas de coordenadas até agora abordados em nos-so estudo:

$$\nabla \cdot \mathbf{V} = \frac{\partial V_x}{\partial x} + \frac{\partial V_y}{\partial y} + \frac{\partial V_z}{\partial z} \quad (9.18)$$

$$\nabla \cdot \mathbf{V} = \frac{1}{\rho}\frac{\partial}{\partial \rho}(\rho V_\rho) + \frac{1}{\rho}\frac{\partial V_\phi}{\partial \phi} + \frac{\partial V_z}{\partial z} \quad (9.19)$$

$$\nabla \cdot \mathbf{V} = \frac{1}{r^2}\frac{\partial}{\partial r}(r^2 V_r) + \frac{1}{r\,\text{sen}\,\theta}\frac{\partial}{\partial \theta}(\text{sen}\,\theta\; V_\theta) + \frac{1}{r\,\text{sen}\,\theta}\frac{\partial V_\phi}{\partial \phi} \quad (9.20)$$

---

[9] Esta seção é fruto, em sua totalidade, de uma conversa mantida com o eminente professor **Alaor Simch de Campos**, na qual ele chamou a atenção para alguns "enganos" muito usuais em parte da bibliografia sobre o assunto em questão.

$$\nabla \times \mathbf{V} = \left(\frac{\partial V_z}{\partial y} - \frac{\partial V_y}{\partial z} \right) \mathbf{u}_x + \left(\frac{\partial V_x}{\partial z} - \frac{\partial V_z}{\partial x} \right) \mathbf{u}_y + \left(\frac{\partial V_y}{\partial x} - \frac{\partial V_x}{\partial y} \right) \mathbf{u}_z \qquad \textbf{(9.25)}$$

$$\nabla \times \mathbf{V} = \left(\frac{1}{\rho} \frac{\partial V_z}{\partial \phi} - \frac{\partial V_\phi}{\partial z} \right) \mathbf{u}_\rho + \left(\frac{\partial V_\rho}{\partial z} - \frac{\partial V_z}{\partial \rho} \right) \mathbf{u}_\phi + \frac{1}{\rho} \left[\frac{\partial}{\partial \rho} \left(\rho\, V_\phi \right) - \frac{\partial V_\rho}{\partial \phi} \right] \mathbf{u}_z \qquad \textbf{(9.26)}$$

$$\nabla \times \mathbf{V} = \frac{1}{r\, \mathrm{sen}\, \theta} \left[\frac{\partial}{\partial \theta} \left(\mathrm{sen}\, \theta\, V_\phi \right) - \frac{\partial V_\theta}{\partial \phi} \right] \mathbf{u}_r + \frac{1}{r} \left[\frac{1}{\mathrm{sen}\, \theta} \frac{\partial V_r}{\partial \phi} - \frac{\partial}{\partial r} \left(r\, V_\phi \right) \right] \mathbf{u}_\theta + \\ + \frac{1}{r} \left[\frac{\partial}{\partial r} \left(r\, V_\theta \right) - \frac{\partial V_r}{\partial \theta} \right] \mathbf{u}_\phi \qquad \textbf{(9.27)}$$

Observando cuidadosamente as expressões que nos dão, respectivamente, a divergência e o rotacional em coordenadas cartesianas retangulares, concluímos que, **neste** sistema de coordenadas, a divergência trata das variações longitudinais (ao longo dos respectivos suportes) das componentes do campo vetorial **V**, e que o rotacional trata de variações transversais. Entretanto, qualquer variação pode ser decomposta segundo três direções mutuamente perpendiculares, o que nos leva a concluir que **se conhecermos a divergência e o rotacional de um campo vetorial em uma determinada região, en-tão, esse campo estará univocamente determinado ao longo da mesma.** Isto não só expressa a verdade como também constitui a essência do teorema de **Helmholtz**, que será abordado na subseção 10.7.5. No entanto, afirmar que a divergência trata de variações longitudinais das componentes, enquanto que o rotacional trata das transversais, apenas pela observação das expressões cartesianas retangulares, é um raciocínio prematuro e que conduz a erros quando tratamos com os sistemas cilíndrico circular e esférico. Nestes dois sistemas, com relação aos conceitos de divergência e de rotacional, temos variações longitudinais e variações transversais mas nem sempre incidindo diretamente sobre as componentes. A causa disso é que são sistemas onde existem coordenadas curvilíneas, e nas expressões da divergência e do rotacional aparecem fatores de retificação de escala, que serão analisados, a posteriori, no capítulo 11.

A fim de exemplificar praticamente o que foi exposto, vamos nos ater, primeiramente, ao exemplo 5.11, onde se tratou do campo magnetostático produzido por uma corrente estacionária i ao longo do eixo z. Em um ponto $P(\rho, \phi, z)$ no vácuo temos, para $\rho \neq 0$,

$$\mathbf{B} = \frac{\mu_0 i}{2\, \pi\, \rho} \mathbf{u}_\phi \,(\mathrm{SI}),$$

em que μ_0 é uma constante cujo valor é $4\, \pi \times 10^{-7}$ H/m (SI).

Este campo só possui componente azimutal (na direção $\mathbf{u}_\phi$), porém, esta componente varia em intensidade no sentido transversal, definido pela coordenada ρ. Pelo raciocínio inicial, é de se esperar, portanto, que o rotacional de **B** seja não nulo para $\rho \neq 0$. Passemos, agora, a sua determinação, tendo em mente que

$$\begin{cases} B_\rho = B_z = 0 \\ B_\phi = \dfrac{\mu_0 i}{2\, \pi\, \rho} \end{cases}$$

80 **Cálculo e Análise Vetoriais com Aplicações Práticas**

Pela expressão (9.26), o rotacional se reduz a

$$\nabla \times \mathbf{B} = \frac{1}{\rho} \left\{ \frac{\partial}{\partial \rho} [\rho(\frac{\mu_0 i}{2\pi\rho})] \right\} \mathbf{u}_z = 0,$$

o que contraria a tese inicial.

Vamos agora recordar o exemplo 5.13, onde é analisado o campo eletrostático devido a uma carga puntiforme q situada na origem. Em um ponto qualquer $P(r,\theta,\phi)$, no vácuo, temos, para $r \neq 0$,

$$\mathbf{E} = \frac{1}{4\pi\varepsilon_0} \frac{q}{r^2} \mathbf{u}_r$$

Tal campo possui apenas componente radial (na direção do vetor $\mathbf{u}_r$), variando em intensidade com a coordenada r. Pelo raciocínio inicial, também é de se esperar que a divergência seja não nula para $r \neq 0$. Senão, vejamos

$$\begin{cases} E_r = \dfrac{1}{4\pi\varepsilon_0} \dfrac{q}{r^2} \\ E_\theta = E_\phi = 0 \end{cases}$$

Logo pela expressão (9.20) a divergência se reduz a

$$\nabla \cdot \mathbf{E} = \frac{1}{r^2} \left\{ \frac{\partial}{\partial r} \left[r^2 \left(\frac{1}{4\pi\varepsilon_0} \frac{q}{r^2} \right) \right] \right\} = 0$$

o que mais uma vez contraria o raciocínio inicial que, embora ilustrativo, só é válido para o sistema cartesiano retangular.

O mais correto é afirmar que a divergência estuda variações nas direções das componentes mas que, nem sempre estas variações incidem diretamente sobre as citadas componentes do campo vetorial, excessão feita ao sistema cartesiano retangular. No entanto, qualquer que seja o sistema de coordenadas, se alguma das componentes sofrer uma descontinuidade ao longo de sua própria direção, a divergência também apresentará descontinuidade.

Raciocínio análogo se faz para o rotacional quando uma das componentes apresenta uma descontinuidade em uma direção que lhe é perpendicular. Os dois exemplos a seguir ilustram bem tais conceitos.

EXEMPLO 9.21[10]

No interior de uma região cilíndrica de raio R e altura h existe um campo vetorial $\mathbf{V}$ uniforme cujo módulo é K, sendo K uma constante. Determine os valores da divergência e do módulo do rotacional em pontos genéricos da base, da tampa e da superfície lateral do cilindro, construindo uma tabela de valores, sabendo-se que fora da região cilíndrica o campo é nulo.

---

10 As conclusões extraídas da solução deste exemplo serão muito úteis para o estudo dos eletretos e dos magnetos na disciplina Eletromagnetismo.

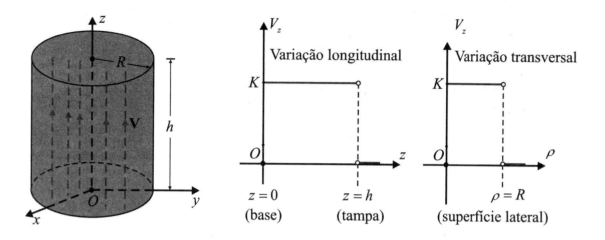

Fig. 9.33

SOLUÇÃO:

(a) Divergência:

A definição é

$$\nabla \cdot \mathbf{V} = \lim_{\Delta v \to 0} \frac{\oiint_S \mathbf{V} \cdot d\mathbf{S}}{\Delta v}$$

Em consequência, segue-se

- Base:

$$\nabla \cdot \mathbf{V} = \lim_{\Delta v \to 0} \frac{K \, \Delta S}{\Delta S \, \Delta h} = \lim_{\Delta h \to 0^+} \frac{K}{\Delta h} = +\infty$$

- Tampa:

$$\nabla \cdot \mathbf{V} = \lim_{\Delta v \to 0} \frac{-K \, \Delta S}{\Delta S \, \Delta h} = \lim_{\Delta h \to 0^+} \frac{-K}{\Delta h} = -\infty$$

- Superfície Lateral:

$$\nabla \cdot \mathbf{V} = \lim_{\Delta v \to 0} \frac{0}{\Delta S \, \Delta h} = 0$$

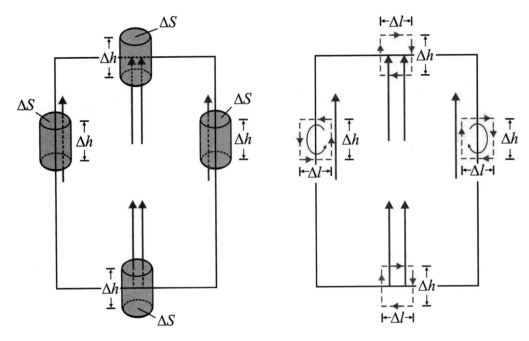

Fig. 9.34

(b) Rotacional:

A definição é

$$\left(\nabla \times \mathbf{V}\right)_n = \lim_{\Delta S \to 0} \frac{\oint_C \mathbf{V} \cdot d\mathbf{l}}{\Delta S}$$

Uma vez que o campo vetorial **V** só tem componente no plano da área,

$$\left(\nabla \times \mathbf{V}\right)_n = \left|\nabla \times \mathbf{V}\right|$$

o que nos leva a

- Base:

$$\left|\nabla \times \mathbf{V}\right| = \lim_{\Delta S \to 0} \frac{0}{\Delta h \, \Delta l} = 0$$

- Tampa:

$$\left|\nabla \times \mathbf{V}\right| = \lim_{\Delta S \to 0} \frac{0}{\Delta h \, \Delta l} = 0$$

- Superfície Lateral:

$$\left|\nabla \times \mathbf{V}\right| = \lim_{\Delta S \to 0} \frac{K \, \Delta h}{\Delta h \, \Delta l} = \lim_{\Delta l \to 0^+} \frac{K}{\Delta l} = +\infty ,$$

orientado, com relação ao contorno, segundo a regra da mão direita.

(c) Tabela de valores:

| | | Base | Tampa | Superfície lateral ||
				Extremidade esquerda	Extremidade direita
$\nabla \cdot \mathbf{V}$		$+\infty$	$-\infty$	0	0
$\nabla \times \mathbf{V}$	$\|\nabla \times \mathbf{V}\|$	0	0	$+\infty$	$+\infty$
	Orientação			Sentido anti-horário	Sentido horário

Tab. 9.1

EXEMPLO 9.22*

Mesmo enunciado que o do exemplo precedente, só que agora a região de campo uniforme é um cone circular reto de raio R e altura h.

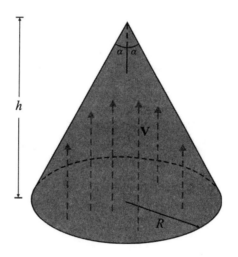

Fig. 9.35

SOLUÇÃO:

No que se refere à base, a determinação da divergência e do rotacional são análogas às do exemplo precedente de modo que vamos nos ater apenas à superfície lateral.
O artifício para as determinações nesta última, é a decomposição do campo segundo duas direções: uma paralela à superfície lateral e a outra perpendicular à mesma.

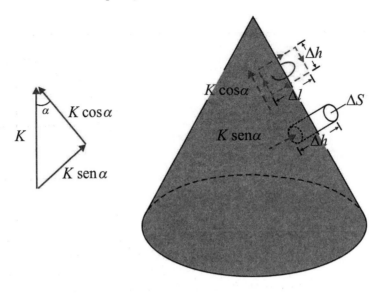

Fig. 9.36

(a) Divergência:

$$\nabla \cdot \mathbf{V} = \lim_{\Delta v \to 0} \frac{-(K \operatorname{sen}\alpha) \Delta S}{\Delta S \, \Delta h} = \lim_{\Delta h \to 0^+} \frac{-K \operatorname{sen}\alpha}{\Delta h} = -\infty$$

(b) Rotacional:

$$|\nabla \times \mathbf{V}| = \lim_{\Delta S \to 0} \frac{(K \cos\alpha) \Delta h}{\Delta h \, \Delta l} = \lim_{\Delta l \to 0^+} \frac{K \cos\alpha}{\Delta l} = +\infty$$

(c) Tabela de valores:

		Base	Superfície lateral Extremidade esquerda	Superfície lateral Extremidade direita
$\nabla \cdot \mathbf{V}$		$+\infty$	$-\infty$	$-\infty$
$\nabla \times \mathbf{V}$	$|\nabla \times \mathbf{V}|$	0	$+\infty$	$+\infty$
$\nabla \times \mathbf{V}$	Orientação		Sentido anti-horário	Sentido horário

Tab. 9.2

As Variações Espaciais das Grandezas Físicas e os Conceitos de Gradiente, Divergência e Rotacional   85

9.6 - Definições Alternativas de Gradiente, de Rotacional e Forma Integral do Operador Nabla (∇)

9.6.1 - Definição Alternativa de Gradiente

O gradiente de um campo escalar $\Phi(x,y,z,t)$ em um ponto genérico P do $\mathbb{R}^3$, é definido como sendo a integral vetorial de superfície do campo escalar, ao longo da superfície que envolve o ponto, dividida pelo volume englobado pela superfície quando a mesma tende para o ponto. Sob forma matemática, temos

$$\nabla \Phi \triangleq \lim_{\Delta v \to 0} \frac{\oiint_S \Phi \, d\mathbf{S}}{\Delta v} = \lim_{\Delta v \to 0} \frac{\oiint_S \Phi \, dS \, \mathbf{u}_n}{\Delta v} \qquad (9.28)$$

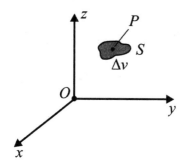

Fig. 9.37

Apliquemos esta definição a um volume elementar, de arestas dx, dy e dz, cujo volume

$$dv = dx \, dy \, dz$$

tende para zero, ou seja, para o ponto P, onde uma das arestas do volume está "apoiada" (vide figura 9.37). A superfície S em questão pode ser decomposta em seis superfícies abertas, ou seja, três pares de superfícies planas e paralelas, perpendiculares aos eixos coordenados, e tais superfícies são as seis faces do paralelepípedo. Assim sendo, a integral de superfície fechada

$$\oiint_S \Phi \, dS \, \mathbf{u}_n$$

pode ser decomposta em seis integrais de superfícies abertas, quais sejam

$$\iint_{S_1} \Phi \, dS \, \mathbf{u}_n = \iint_{S_1} \Phi(x+dx, y, z, t)(dy \, dz) \mathbf{u}_x$$

$$\iint_{S_1'} \Phi \, dS \, \mathbf{u}_n = \iint_{S_1'} \Phi(x, y, z, t)(-dy \, dz) \mathbf{u}_x$$

$$\iint_{S_2} \Phi \, dS \, \mathbf{u}_n = \iint_{S_2} \Phi(x, y+dy, z, t)(dx \, dz) \mathbf{u}_y$$

$$\iint_{S'_2} \Phi \, dS \, \mathbf{u}_n = \iint_{S'_2} \Phi(x, y, z, t)(-dx \, dz) \mathbf{u}_y$$

$$\iint_{S_3} \Phi \, dS \, \mathbf{u}_n = \iint_{S_3} \Phi(x, y, z+dz, t)(dx \, dy) \mathbf{u}_z$$

$$\iint_{S'_3} \Phi \, dS \, \mathbf{u}_n = \iint_{S'_3} \Phi(x, y, z, t)(-dx \, dy) \mathbf{u}_z$$

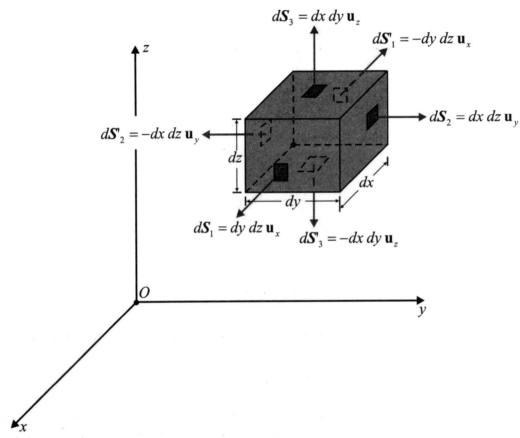

Fig. 9.38

Uma vez que as áreas das faces são diferenciais de segunda ordem, vamos assumir que o valor da função Φ permaneça constante com a posição ao longo de uma determinada face, mas que ao nos deslocarmos de uma delas para outra que lhe é paralela, a função sofra uma variação que pode ser avaliada pela série de **Taylor**. Nossas experiências passadas nos mostram que tal procedimento é perfeitamente válido e que não precisaremos considerar derivadas acima da primeira ordem, o que nos conduz a

$$\Phi_{S_1}(x+dx, y, z, t) = \Phi_{S'_1}(x, y, z, t) + \frac{\partial \Phi}{\partial x} dx$$

$$\Phi_{S_2}(x, y+dy, z, t) = \Phi_{S'_2}(x, y, z, t) + \frac{\partial \Phi}{\partial y} dy$$

$$\Phi_{S_3}\left(x, y, z+dz, t\right) = \Phi_{S_3'}\left(x, y, z, t\right) + \frac{\partial \Phi}{\partial z} dz$$

expressões essas que também podem ser colocadas sob as seguintes formas:

$$\Phi_{S_1}\left(x+dx, y, z, t\right) - \Phi_{S_1'}\left(x, y, z, t\right) = \frac{\partial \Phi}{\partial x} dx$$

$$\Phi_{S_2}\left(x, y+dy, z, t\right) - \Phi_{S_2'}\left(x, y, z, t\right) = \frac{\partial \Phi}{\partial y} dy$$

$$\Phi_{S_3}\left(x, y, z+dz, t\right) - \Phi_{S_3'}\left(x, y, z, t\right) = \frac{\partial \Phi}{\partial z} dz$$

Assim sendo, a integral de superfície pode ser expressa como

$$\oiint_S \Phi \, dS \, \mathbf{u}_n = \Phi_{S_1}\left(dy\, dz\right)\mathbf{u}_x + \Phi_{S_1'}\left(-dy\, dz\right)\mathbf{u}_x + \Phi_{S_2}\left(dx\, dz\right)\mathbf{u}_y + \Phi_{S_2'}\left(-dx\, dz\right)\mathbf{u}_y +$$

$$+\Phi_{S_3}\left(dx\, dy\right)\mathbf{u}_z + \Phi_{S_3'}\left(-dx\, dy\right)\mathbf{u}_z =$$

$$= \left[\Phi_{S_1} - \Phi_{S_1'}\right](dy\, dz)\mathbf{u}_x + \left[\Phi_{S_2} - \Phi_{S_2'}\right](dx\, dz)\mathbf{u}_y +$$

$$+\left[\Phi_{S_3} - \Phi_{S_3'}\right](dx\, dy)\mathbf{u}_z =$$

$$= \left[\frac{\partial \Phi}{\partial x} dx\right](dy\, dz)\mathbf{u}_x + \left[\frac{\partial \Phi}{\partial y} dy\right](dx\, dz)\mathbf{u}_y + \left[\frac{\partial \Phi}{\partial z} dz\right](dx\, dy)\mathbf{u}_z =$$

$$= \left[\frac{\partial \Phi}{\partial x}\mathbf{u}_x + \frac{\partial \Phi}{\partial y}\mathbf{u}_y + \frac{\partial \Phi}{\partial z}\mathbf{u}_z\right] dx\, dy\, dz$$

Pela definição,

$$\nabla \Phi \overset{\Delta}{=} \lim_{\Delta v \to 0} \frac{\oiint_s \Phi \, dS \, \mathbf{u}_n}{\Delta v} = \lim_{\substack{dx \to 0 \\ dy \to 0 \\ dz \to 0}} \frac{\oiint_s \Phi \, dS \, \mathbf{u}_n}{dx\, dy\, dz}$$

e finalmente obtemos

$$\nabla \Phi = \lim_{\substack{dx \to 0 \\ dy \to 0 \\ dz \to 0}} \frac{\left[\dfrac{\partial \Phi}{\partial x}\mathbf{u}_x + \dfrac{\partial \Phi}{\partial y}\mathbf{u}_y + \dfrac{\partial \Phi}{\partial z}\mathbf{u}_z\right] dx\, dy\, dz}{dx\, dy\, dz} =$$

$$= \frac{\partial \Phi}{\partial x}\mathbf{u}_x + \frac{\partial \Phi}{\partial y}\mathbf{u}_y + \frac{\partial \Phi}{\partial z}\mathbf{u}_z \,,$$

que é a mesma expressão (9.4).

Nota: utilizando a definição alternativa de gradiente e elementos diferenciais de volume apropriados, podemos obter também as expressões (9.9) e (9.10) (vide problema proposto 9.38).

9.6.2 - Definição Alternativa de Rotacional

A definição de rotacional apresentada na seção 9.5.1 é a mais usual e de maior aplicação prática, quer no Eletromagnetismo, quer na Mecânica dos Sólidos, etc. No entanto, existe uma definição alternativa: o rotacional de um campo vetorial $\mathbf{V}$, em um certo ponto genérico do $\mathbb{R}^3$, envolvido tal ponto por uma superfície fechada S que tende para o mesmo, pode ser definido como sendo

$$\nabla \times \mathbf{V} \triangleq \lim_{\Delta v \to 0} \frac{\oiint_S \mathbf{dS} \times \mathbf{V}}{\Delta v} = \lim_{\Delta v \to 0} \frac{\oiint_S dS\, \mathbf{u}_n \times \mathbf{V}}{\Delta v} \qquad (9.29)$$

Vamos aplicar esta definição a um volume elementar de arestas dx, dy e dz, cujo volume

$$dv = dx\, dy\, dz$$

tende para zero, ou seja, para o ponto P onde uma das arestas do volume está "apoiada" (vide figura 9.38). A superfície S em questão pode ser decomposta em seis superfícies abertas, ou seja, três pares de superfícies planas e paralelas, perpendiculares aos eixos coordenados, e tais superfícies são as seis faces do paralelepípedo.

Assim sendo, a integral

$$\oiint_S dS\, \mathbf{u}_n \times \mathbf{V}$$

pode ser decomposta em seis integrais de superfícies abertas, quais sejam,

$$\iint_{S_1} dS\, \mathbf{u}_n \times \mathbf{V} = \iint_{S_1} \left\{ (dy\, dz)\mathbf{u}_x \times \left[\mathbf{V}(x+dx,y,z,t) \right] \right\} = \iint_{S_1} \left\{ \left[V_y(x+dx,y,z,t) \right](dy\, dz)\mathbf{u}_z - \right.$$

$$\left. - \left[V_z(x+dx,y,z,t) \right](dx\, dz)\mathbf{u}_y \right\}$$

$$\iint_{S_1'} dS\, \mathbf{u}_n \times \mathbf{V} = \iint_{S_1'} \left\{ (-dy\, dz)\mathbf{u}_x \times \left[\mathbf{V}(x,y,z,t) \right] \right\} = \iint_{S_1'} \left\{ \left[-V_y(x,y,z,t) \right](dy\, dz)\mathbf{u}_z + \right.$$

$$\left. + \left[V_z(x,y,z,t) \right](dy\, dz)\mathbf{u}_y \right\}$$

$$\iint_{S_2} dS\, \mathbf{u}_n \times \mathbf{V} = \iint_{S_2} \left\{ (dx\, dz)\mathbf{u}_y \times \left[\mathbf{V}(x, y+dy, z, t) \right] \right\} = \iint_{S_2} \left\{ \left[-V_x(x, y+dy, z, t) \right](dx\, dz)\mathbf{u}_z + \right.$$

$$\left. + \left[V_z(x, y+dy, z, t) \right](dx\, dz)\mathbf{u}_x \right\}$$

$$\iint_{S_2'} dS\, \mathbf{u}_n \times \mathbf{V} = \iint_{S_2'} \left\{ (-dx\, dz)\mathbf{u}_y \times \left[\mathbf{V}(x, y, z, t) \right] \right\} = \iint_{S_2'} \left\{ \left[V_x(x, y, z, t) \right](dx\, dz)\mathbf{u}_z - \right.$$

$$\left. - \left[V_z(x, y, z, t) \right](dx\, dz)\mathbf{u}_x \right\}$$

$$\iint_{S_3} dS\, \mathbf{u}_n \times \mathbf{V} = \iint_{S_3} \left\{ (dx\, dy)\mathbf{u}_z \times \left[\mathbf{V}(x, y, z+dz, t) \right] \right\} = \iint_{S_3} \left\{ \left[V_x(x, y, z+dz, t) \right](dx\, dy)\mathbf{u}_y - \right.$$

$$\left. - \left[V_y(x, y, z+dz, t) \right](dx\, dy)\mathbf{u}_x \right\}$$

$$\iint_{S_3'} dS\, \mathbf{u}_n \times \mathbf{V} = \iint_{S_3'} \left\{ (-dx\, dy)\mathbf{u}_z \times \left[\mathbf{V}(x, y, z, t) \right] \right\} = \iint_{S_3'} \left\{ \left[-V_x(x, y, z, t) \right](dx\, dy)\mathbf{u}_y + \right.$$

$$\left. + \left[V_y(x,y,z,t) \right](dx\, dy)\mathbf{u}_x \right.$$

Uma vez que as áreas das faces são diferenciais de segunda ordem, vamos assumir que o valor de cada componente permaneça constante ao longo de cada face, o que implica

$$\oiint_S dS\, \mathbf{u}_n \times \mathbf{V} =$$

$$= \left[V_y(x+dx, y, z, t) - V_y(x, y, z, t) \right](dy\, dz)\mathbf{u}_z - \left[V_z(x+dx, y, z, t) - V_z(x, y, z, t) \right](dy\, dz)\mathbf{u}_y +$$

$$+ \left[V_z(x, y+dy, z, t) - V_z(x, y, z, t) \right](dx\, dz)\mathbf{u}_x - \left[V_x(x, y+dy, z, t) - V_x(x, y, z, t) \right](dx\, dz)\mathbf{u}_z +$$

$$+ \left[V_x(x, y, z+dz, t) - V_x(x, y, z, t) \right](dx\, dy)\mathbf{u}_y - \left[V_y(x, y, z+dz, t) - V_y(x, y, z, t) \right](dx\, dy)\mathbf{u}_x$$

Por outro lado, nossas experiências anteriores já nos garantem que não precisamos ir além das derivadas de primeira ordem, o que nos permite expressar

$$V_y(x+dx, y, z, t) = V_y(x, y, z, t) + \frac{\partial V_y}{\partial x} dx$$

$$V_z(x+dx, y, z, t) = V_z(x, y, z, t) + \frac{\partial V_z}{\partial x} dx$$

$$V_z(x, y+dy, z, t) = V_z(x, y, z, t) + \frac{\partial V_z}{\partial y} dy$$

$$V_x(x, y+dy, z, t) = V_x(x, y, z, t) + \frac{\partial V_x}{\partial y} dy$$

$$V_x(x, y, z+dz, t) = V_x(x, y, z, t) + \frac{\partial V_x}{\partial z} dz$$

$$V_y(x, y, z+dz, t) = V_y(x, y, z, t) + \frac{\partial V_y}{\partial z} dz$$

ou então,

$$V_y(x+dx, y, z, t) - V_y(x, y, z, t) = \frac{\partial V_y}{\partial x} dx$$

$$V_z(x+dx, y, z, t) - V_z(x, y, z, t) = \frac{\partial V_z}{\partial x} dx$$

$$V_z(x, y+dy, z, t) - V_z(x, y, z, t) = \frac{\partial V_z}{\partial y} dy$$

$$V_x(x, y+dy, z, t) - V_x(x, y, z, t) = \frac{\partial V_x}{\partial y} dy$$

$$V_x(x, y, z+dz, t) - V_x(x, y, z, t) = \frac{\partial V_x}{\partial z} dz$$

$$V_y(x, y, z+dz, t) - V_y(x, y, z, t) = \frac{\partial V_y}{\partial z} dz$$

Assim sendo, temos

$$\oiint_S dS\, \mathbf{u}_n \times \mathbf{V} =$$

$$= \left[\frac{\partial V_y}{\partial x} dx\right](dy\, dz)\mathbf{u}_z - \left[\frac{\partial V_z}{\partial x} dx\right](dy\, dz)\mathbf{u}_y + \left[\frac{\partial V_z}{\partial y} dy\right](dx\, dz)\mathbf{u}_x - \left[\frac{\partial V_x}{\partial y} dy\right](dx\, dz)\mathbf{u}_z +$$

$$+ \left[\frac{\partial V_x}{\partial z} dz\right](dx\, dy)\mathbf{u}_y - \left[\frac{\partial V_y}{\partial z} dz\right](dx\, dy)\mathbf{u}_x = \left[\left(\frac{\partial V_z}{\partial y} - \frac{\partial V_y}{\partial z}\right)\mathbf{u}_x + \left(\frac{\partial V_x}{\partial z} - \frac{\partial V_z}{\partial x}\right)\mathbf{u}_y +\right.$$

$$\left. + \left(\frac{\partial V_y}{\partial x} - \frac{\partial V_x}{\partial y}\right)\mathbf{u}_z\right](dx\, dy\, dz)$$

Pela definição,

$$\nabla \times \mathbf{V} \triangleq \lim_{\Delta v \to 0} \frac{\oiint_S dS\, \mathbf{u}_n \times \mathbf{V}}{\Delta v} = \lim_{\substack{dx \to 0 \\ dy \to 0 \\ dz \to 0}} \frac{\oiint_S dS\, \mathbf{u}_n \times \mathbf{V}}{dx\, dy\, dz}$$

e finalmente obtemos

$$\nabla \times \mathbf{V} = \lim_{\substack{dx \to 0 \\ dy \to 0 \\ dz \to 0}} \frac{\oiint_S dS\, \mathbf{u}_n \times \mathbf{V}}{dx\, dy\, dz} =$$

$$= \lim_{\substack{dx \to 0 \\ dy \to 0 \\ dz \to 0}} \frac{\left[\left(\dfrac{\partial V_z}{\partial y} - \dfrac{\partial V_y}{\partial z} \right)\mathbf{u}_x + \left(\dfrac{\partial V_x}{\partial z} - \dfrac{\partial V_z}{\partial x} \right)\mathbf{u}_y + \left(\dfrac{\partial V_y}{\partial x} - \dfrac{\partial V_x}{\partial y} \right)\mathbf{u}_z \right]\left(dx\, dy\, dz \right)}{dx\, dy\, dz} =$$

$$= \left(\frac{\partial V_z}{\partial y} - \frac{\partial V_y}{\partial z} \right)\mathbf{u}_x + \left(\frac{\partial V_x}{\partial z} - \frac{\partial V_z}{\partial x} \right)\mathbf{u}_y + \left(\frac{\partial V_y}{\partial x} - \frac{\partial V_x}{\partial y} \right)\mathbf{u}_z \Bigg]$$

que é a mesma expressão (9.25).

Nota: utilizando a definição alternativa de gradiente, e elementos diferenciais de volume apropriados, podemos obter também as expressões (9.26) e (9.27) (vide problema proposto 9.40).

9.6.3 - Forma Integral do Operador Nabla (∇)

Sejam, pela ordem, as expressões (9.28), (9.16), (9.17) e (9.29),

$$\nabla \Phi \triangleq \lim_{\Delta v \to 0} \frac{\oiint_S \Phi\, d\mathbf{S}}{\Delta v}$$

$$\left. \begin{array}{l} \operatorname{div} \mathbf{V} \triangleq \lim\limits_{\Delta v \to 0} \dfrac{\oiint_S \mathbf{V} \cdot d\mathbf{S}}{\Delta v} \\[2em] \operatorname{div} \mathbf{V} = \nabla \cdot \mathbf{V} \end{array} \right\} \nabla \cdot \mathbf{V} = \lim_{\Delta v \to 0} \frac{\oiint_S d\mathbf{S} \cdot \mathbf{V}}{\Delta v}$$

$$\nabla \times \mathbf{V} = \lim_{\Delta v \to 0} \frac{\oiint_S d\mathbf{S} \times \mathbf{V}}{\Delta v}$$

expressões essas que se referem a um volume infinitesimal envolvendo um ponto genérico P onde existem um campo escalar Φ e/ou um campo vetorial $\mathbf{V}$. As operações acima representadas podem ser colocadas na seguinte forma compacta:

92 **Cálculo e Análise Vetoriais com Aplicações Práticas**

$$\begin{bmatrix} \nabla\Phi \\ \nabla\cdot\mathbf{V} \\ \nabla\times\mathbf{V} \end{bmatrix} = \lim_{\Delta v \to 0} \frac{1}{\Delta v} \oiint_S d\mathbf{S} \begin{bmatrix} \Phi \\ \cdot\mathbf{V} \\ \times\mathbf{V} \end{bmatrix} \qquad (9.30)$$

em que a operação

$$\lim_{\Delta v \to 0} \frac{1}{\Delta v} \oiint_S d\mathbf{S} \begin{bmatrix} \\ \end{bmatrix}$$

nada mais é que o operador nabla, só que sob a forma integral. Deste modo, concluímos

$$\genfrac{}{}{0pt}{}{\nabla}{\left(\begin{smallmatrix} \text{na forma} \\ \text{integral} \end{smallmatrix}\right)} \triangleq \lim_{\Delta v \to 0} \frac{1}{\Delta v} \oiint_S d\mathbf{S} \begin{bmatrix} \\ \end{bmatrix} \qquad (9.31)$$

9.7 - Operações Envolvendo o Operador Nabla (∇)

Utilizando o operador ∇ simbolizamos as operações gradiente, divergência e rota-cional, das quais são obtidas grandezas vetoriais (da primeira operação e da última) e grandezas escalares (da segunda). Agora vamos analisar mais algumas combinações do operador ∇ com funções escalares e vetoriais. Deve-se enfatizar que a ordem na qual os símbolos aparecem nas expressões é muito importante, porque o operador em questão somente age sobre o que lhe segue. Assim, por exemplo,

$$(\mathbf{A}\cdot\nabla)\mathbf{B} \neq \mathbf{B}(\mathbf{A}\cdot\nabla),$$

pois o primeiro membro desta expressão é um campo vetorial e o segundo membro é um operador, conforme veremos no exemplo a seguir.

EXEMPLO 9.23

Determine o significado que pode ser dado a cada uma das seguintes operações:

(a) $(\mathbf{A}\cdot\nabla)\Phi$;

(b) $(\mathbf{A}\cdot\nabla)\mathbf{B}$;

(c) $(\mathbf{A}\times\nabla)\Phi$;

(d) $(\mathbf{A}\times\nabla)\mathbf{B}$.

SOLUÇÃO:

(a)

Visto que ∇ é um operador em relação ao espaço de coordenadas, ele somente opera no que lhe segue. Portanto, interpretamos $(\mathbf{A} \cdot \nabla)\Phi$ como sendo o produto escalar do vetor $\mathbf{A}$ pelo vetor gradiente $\nabla\Phi$, isto é,

$$(\mathbf{A} \cdot \nabla)\Phi = \mathbf{A} \cdot \nabla\Phi = \mathbf{A} \cdot (\nabla\Phi)$$

Na verdade, ∇ deve ser encarado como "vetor simbólico",

$$\nabla = \frac{\partial}{\partial x}\mathbf{u}_x + \frac{\partial}{\partial y}\mathbf{u}_y + \frac{\partial}{\partial z}\mathbf{u}_z$$

pois trata-se de um produto escalar, conforme já mencionado anteriormente, e o seu produto escalar por $\mathbf{A}$ é dado por

$$\mathbf{A} \cdot \nabla = A_x \frac{\partial}{\partial x} + A_y \frac{\partial}{\partial y} + A_z \frac{\partial}{\partial z}$$

Portanto, em coordenadas cartesianas retangulares,

$$(\mathbf{A} \cdot \nabla)\Phi = \left(A_x \frac{\partial}{\partial x} + A_y \frac{\partial}{\partial y} + A_z \frac{\partial}{\partial z} \right)\Phi = A_x \frac{\partial\Phi}{\partial x} + A_y \frac{\partial\Phi}{\partial y} + A_z \frac{\partial\Phi}{\partial z}$$

e fica definido o operador diferencial especial

$$\mathbf{A} \cdot \nabla = A_x \frac{\partial}{\partial x} + A_y \frac{\partial}{\partial y} + A_z \frac{\partial}{\partial z} \tag{9.32}$$

(b)

Uma vez que $\nabla \mathbf{B}$ não é definido, aplicamos o operador $\mathbf{A} \cdot \nabla$, anteriormente de-finido, para obter:

$$(\mathbf{A} \cdot \nabla)\mathbf{B} = \left(A_x \frac{\partial}{\partial x} + A_y \frac{\partial}{\partial y} + A_z \frac{\partial}{\partial z} \right)\mathbf{B} = A_x \frac{\partial\mathbf{B}}{\partial x} + A_y \frac{\partial\mathbf{B}}{\partial y} + A_z \frac{\partial\mathbf{B}}{\partial z}$$

(c)

Uma vez que o operador ∇ somente opera no que lhe segue, a interpretação de $(\mathbf{A} \times \nabla)\Phi$ é o produto vetorial de $\mathbf{A}$ pelo gradiente $\nabla\Phi$, isto é,

$$(\mathbf{A} \times \nabla)\Phi = \mathbf{A} \times \nabla\Phi = \mathbf{A} \times (\nabla\Phi)$$

Chegaremos a mesma conclusão se interpretarmos o operador ∇ como sendo um vetor simbólico,

$$\nabla = \frac{\partial}{\partial x}\mathbf{u}_x + \frac{\partial}{\partial y}\mathbf{u}_y + \frac{\partial}{\partial z}\mathbf{u}_z$$

e encararmos $\mathbf{A} \times \nabla$ como também sendo um operador diferencial, quer dizer,

$$\mathbf{A} \times \nabla = \begin{vmatrix} \mathbf{u}_x & \mathbf{u}_y & \mathbf{u}_z \\ A_x & A_y & A_z \\ \dfrac{\partial}{\partial x} & \dfrac{\partial}{\partial y} & \dfrac{\partial}{\partial z} \end{vmatrix} = \left(A_y \frac{\partial}{\partial z} - A_z \frac{\partial}{\partial y} \right)\mathbf{u}_x + \left(A_z \frac{\partial}{\partial x} - A_x \frac{\partial}{\partial z} \right)\mathbf{u}_y + \left(A_x \frac{\partial}{\partial y} - A_y \frac{\partial}{\partial x} \right)\mathbf{u}_z$$

$$(9.33)$$

Assim sendo, temos

$$(\mathbf{A} \times \nabla)\Phi = \left[\left(A_y \frac{\partial}{\partial z} - A_z \frac{\partial}{\partial y} \right)\mathbf{u}_x + \left(A_z \frac{\partial}{\partial x} - A_x \frac{\partial}{\partial z} \right)\mathbf{u}_y + \left(A_x \frac{\partial}{\partial y} - A_y \frac{\partial}{\partial x} \right)\mathbf{u}_z \right]\Phi =$$

$$= \left(A_y \frac{\partial \Phi}{\partial z} - A_z \frac{\partial \Phi}{\partial y} \right)\mathbf{u}_x + \left(A_z \frac{\partial \Phi}{\partial x} - A_x \frac{\partial \Phi}{\partial z} \right)\mathbf{u}_y + \left(A_x \frac{\partial \Phi}{\partial y} - A_y \frac{\partial \Phi}{\partial x} \right)\mathbf{u}_z =$$

$$= \mathbf{A} \times (\nabla \Phi)$$

(d)

Nenhum significado é dado a $(\mathbf{A} \times \nabla)\mathbf{B}$, uma vez que é uma espécie de operador diferencial com grandezas vetoriais.

Nota: mesmo que não existindo significado especial para as operações $\nabla\,\mathbf{B}$ e $(\mathbf{A} \times \nabla)\mathbf{B}$, elas são generalizações de vetores e denominam-se diádicas. Matematicamente falando, uma diádica é uma generalização de um vetor.

EXEMPLO 9.24

Sendo $d\mathbf{l}$ um vetor diferencial de comprimento de uma curva orientada qualquer do espaço, e $\mathbf{A} = \mathbf{A}(x, y, z, t)$ um campo vetorial, mostre que

$$(d\mathbf{l} \cdot \nabla)\mathbf{A} = d\mathbf{A}$$

DEMONSTRAÇÃO:

O vetor diferencial de comprimento, em coordenadas cartesianas retangulares, é dado pela expressão (3.14b),

$$dl = dx\,\mathbf{u}_x + dy\,\mathbf{u}_y + dz\,\mathbf{u}_z$$

Encarando o operador ∇ como sendo um "vetor simbólico", temos

$$dl \cdot \nabla = dx\frac{\partial}{\partial x} + dy\frac{\partial}{\partial y} + dz\frac{\partial}{\partial z}$$

Em decorrência,

$$\left(dl \cdot \nabla\right)\mathbf{A} = \frac{\partial \mathbf{A}}{\partial x}dx + \frac{\partial \mathbf{A}}{\partial y}dy + \frac{\partial \mathbf{A}}{\partial z}dz = d\mathbf{A},$$

quer dizer,

$$d\mathbf{A} = \left(dl \cdot \nabla\right) \tag{9.34}$$

resultado este que poderia ter sido obtido, diretamente, a partir do item (b) do exemplo anterior.

EXEMPLO 9.25

Se $\mathbf{A} = \mathbf{A}(x, y, z, t)$, mostre que

$$\frac{d\mathbf{A}}{dt} = \frac{\partial \mathbf{A}}{\partial t} + \left(\mathbf{v} \cdot \nabla\right)$$

DEMONSTRAÇÃO:

Sendo $\mathbf{A} = \mathbf{A}(x, y, z, t)$, de acordo com a expressão (6.42), deduzida no exemplo 6.11, vem

$$\frac{d\mathbf{A}}{dt} = \frac{\partial \mathbf{A}}{\partial x}\frac{dx}{dt} + \frac{\partial \mathbf{A}}{\partial y}\frac{dy}{dt} + \frac{\partial \mathbf{A}}{\partial z}\frac{dz}{dt} + \frac{\partial \mathbf{A}}{\partial t} \tag{i}$$

Conforme já sabemos, o vetor posição de uma partícula situada em um ponto genérico $P(x, y, z)$, é dado por

$$\mathbf{r} = x\,\mathbf{u}_x + y\,\mathbf{u}_y + z\,\mathbf{u}_z$$

A velocidade da partícula é dada pela expressão

$$\mathbf{v} = \frac{d\mathbf{r}}{dt} = \frac{dx}{dt}\mathbf{u}_x + \frac{dy}{dt}\mathbf{u}_y + \frac{dz}{dt}\mathbf{u}_z = v_x\,\mathbf{u}_x + v_y\,\mathbf{u}_y + v_z\,\mathbf{u}_z,$$

de onde tiramos

96 Cálculo e Análise Vetoriais com Aplicações Práticas

$$\begin{cases} v_x = \dfrac{dx}{dt} \\[2mm] v_y = \dfrac{dy}{dt} \\[2mm] v_z = \dfrac{dz}{dt} \end{cases} \qquad \text{(ii)}$$

Substituindo (ii) em (i), obtemos

$$\frac{d\mathbf{A}}{dt} = \frac{\partial \mathbf{A}}{\partial x} v_x + \frac{\partial \mathbf{A}}{\partial y} v_y + \frac{\partial \mathbf{A}}{\partial z} v_z + \frac{\partial \mathbf{A}}{\partial t}$$

Porém, de acordo com o exemplo anterior,

$$\frac{\partial \mathbf{A}}{\partial x} v_x + \frac{\partial \mathbf{A}}{\partial y} v_y + \frac{\partial \mathbf{A}}{\partial z} v_z = \left(\mathbf{v} \cdot \nabla \right)$$

Logo,

$$\frac{d\mathbf{A}}{dt} = \frac{\partial \mathbf{A}}{\partial t} + \left(\mathbf{v} \cdot \nabla \right) \qquad (9.35)$$

9.8 - Propriedades do Gradiente, da Divergência e do Rotacional

Algumas das propriedades das operações em título poderiam ter sido apresentadas logo a seguir aos respectivos conceitos. Outras, no entanto, interligam os mesmo e apresentam utilizações de operadores que só puderam ser abordadas na seção anterior. Por tudo isso, achei por bem apresentar as propriedades em conjunto, após o esgotamento total dos assuntos interligados.

9.8.1 - Propriedades do Gradiente

Com relação a duas funções escalares genéricas Φ e Ψ e duas funções vetoriais quaisquer $\mathbf{A}$ e $\mathbf{B}$, temos as seguintes propriedades:

$$1^a)\, \nabla \Phi = 0, \forall \Phi = \text{constante} \qquad (9.36)$$

$$2^a)\, \nabla \left(\Phi + \Psi \right) = \nabla \Phi + \nabla \Psi \qquad (9.37)$$

$$3^a)\, \nabla \left(\Phi \Psi \right) = \left(\nabla \Phi \right) + \Phi \left(\nabla \Psi \right) \qquad (9.38)$$

$$4^a)\, \nabla \Phi \left(u, v \right) = \frac{\partial \Phi}{\partial u} \nabla u + \frac{\partial \Phi}{\partial v} \nabla v \qquad (9.39)$$

$$5^a)\, \nabla \left(\mathbf{A} \cdot \mathbf{B} \right) = \mathbf{A} \times \left(\nabla \times \mathbf{B} \right) + \mathbf{B} \times \left(\nabla \times \mathbf{A} \right) + \left(\mathbf{B} \cdot \nabla \right) \mathbf{A} + \left(\mathbf{A} \cdot \nabla \right) \mathbf{B} \qquad (9.40)$$

DEMONSTRAÇÕES:

1ª)

Utilizando expansão em coordenadas cartesianas retangulares, dada pela expressão (9.4), obtemos

$$\nabla(\Phi = \text{constante}) = \left[\frac{\partial}{\partial x}(\text{constante})\right]\mathbf{u}_x + \left[\frac{\partial}{\partial y}(\text{constante})\right]\mathbf{u}_y + \left[\frac{\partial}{\partial z}(\text{constante})\right]\mathbf{u}_z = 0$$

2ª)

Adaptando a expressão (9.4), temos

$$\nabla(\Phi + \Psi) = \frac{\partial(\Phi + \Psi)}{\partial x}\mathbf{u_x} + \frac{\partial(\Phi + \Psi)}{\partial y}\mathbf{u}_y + \frac{\partial(\Phi + \Psi)}{\partial z}\mathbf{u}_z =$$

$$= \underbrace{\frac{\partial\Phi}{\partial x}\mathbf{u}_x + \frac{\partial\Phi}{\partial y}\mathbf{u}_y + \frac{\partial\Phi}{\partial z}\mathbf{u}_z}_{=\nabla\Phi} + \underbrace{\frac{\partial\Psi}{\partial x}\mathbf{u}_x + \frac{\partial\Psi}{\partial y}\mathbf{u}_y + \frac{\partial\Psi}{\partial z}\mathbf{u}_z}_{=\nabla\Psi} =$$

$$= \nabla\Phi + \nabla\Psi$$

3ª)

Utilizando, mais uma vez, a expansão em coordenadas cartesianas,

$$\nabla(\Phi\Psi) = \frac{\partial(\Phi\Psi)}{\partial x}\mathbf{u}_x + \frac{\partial(\Phi\Psi)}{\partial y}\mathbf{u}_y + \frac{\partial(\Phi\Psi)}{\partial z}\mathbf{u}_z =$$

$$= \left(\frac{\partial\Phi}{\partial x}\Psi + \Phi\frac{\partial\Psi}{\partial x}\right)\mathbf{u}_x + \left(\frac{\partial\Phi}{\partial y}\Psi + \Phi\frac{\partial\Psi}{\partial y}\right)\mathbf{u}_y + \left(\frac{\partial\Phi}{\partial z}\Psi + \Phi\frac{\partial\Psi}{\partial z}\right)\mathbf{u}_z =$$

$$= \left(\frac{\partial\Phi}{\partial x}\Psi\,\mathbf{u}_x + \frac{\partial\Phi}{\partial y}\Psi\,\mathbf{u}_y + \frac{\partial\Phi}{\partial z}\Psi\,\mathbf{u}_z\right) + \left(\Phi\frac{\partial\Psi}{\partial x}\mathbf{u}_x + \Phi\frac{\partial\Psi}{\partial y}\mathbf{u}_y + \Phi\frac{\partial\Psi}{\partial z}\mathbf{u}_z\right) =$$

$$= \left(\underbrace{\frac{\partial\Phi}{\partial x}\mathbf{u}_x + \frac{\partial\Phi}{\partial y}\mathbf{u}_y + \frac{\partial\Phi}{\partial z}\mathbf{u}_z}_{=\nabla\Phi}\right)\Psi + \Phi\left(\underbrace{\frac{\partial\Psi}{\partial x}\mathbf{u}_x + \frac{\partial\Psi}{\partial y}\mathbf{u}_y + \frac{\partial\Psi}{\partial z}\mathbf{u}_z}_{=\nabla\Psi}\right) =$$

$$= (\nabla\Phi)\Psi + \Phi(\nabla\Psi)$$

4ª)

Já sabemos que

$$\nabla\Phi = \frac{\partial\Phi}{\partial x}\mathbf{u}_x + \frac{\partial\Phi}{\partial y}\mathbf{u}_y + \frac{\partial\Phi}{\partial z}\mathbf{u}_z$$

Entretanto, sendo Φ uma função de u e v, pela regra da cadeia,

$$\begin{cases} \dfrac{\partial \Phi}{\partial x} = \dfrac{\partial \Phi}{\partial u}\dfrac{\partial u}{\partial x} + \dfrac{\partial \Phi}{\partial v}\dfrac{\partial v}{\partial x} \\[2mm] \dfrac{\partial \Phi}{\partial y} = \dfrac{\partial \Phi}{\partial u}\dfrac{\partial u}{\partial y} + \dfrac{\partial \Phi}{\partial v}\dfrac{\partial v}{\partial y} \\[2mm] \dfrac{\partial \Phi}{\partial z} = \dfrac{\partial \Phi}{\partial u}\dfrac{\partial u}{\partial z} + \dfrac{\partial \Phi}{\partial v}\dfrac{\partial v}{\partial z} \end{cases}$$

Substituindo as derivadas parciais na expressão do gradiente, obtemos

$$\nabla \Phi = \frac{\partial \Phi}{\partial u}\underbrace{\left(\frac{\partial u}{\partial x}\mathbf{u}_x + \frac{\partial u}{\partial y}\mathbf{u}_y + \frac{\partial u}{\partial z}\mathbf{u}_z\right)}_{=\nabla u} + \frac{\partial \Phi}{\partial v}\underbrace{\left(\frac{\partial v}{\partial x}\mathbf{u}_x + \frac{\partial v}{\partial y}\mathbf{u}_y + \frac{\partial v}{\partial z}\mathbf{u}_z\right)}_{=\nabla v} = \frac{\partial \Phi}{\partial u}\nabla u + \frac{\partial \Phi}{\partial v}\nabla v$$

5ª)

Façamos, primeiramente,

$$\nabla (\mathbf{A}\cdot\mathbf{B}) = \nabla_{\mathbf{A}}(\mathbf{A}\cdot\mathbf{B}) + \nabla_{\mathbf{B}}(\mathbf{A}\cdot\mathbf{B})$$

na qual os subscritos têm os seguintes significados:

- $\nabla_{\mathbf{A}}(\mathbf{A}\cdot\mathbf{B})$ significa que $\mathbf{B}$ é constante e ∇ opera em $\mathbf{A}$;

- $\nabla_{\mathbf{B}}(\mathbf{A}\cdot\mathbf{B})$ significa que $\mathbf{A}$ é constante e ∇ opera em $\mathbf{B}$.

Aplicando a regra do termo central para o triplo produto vetorial, que é a expres-são (2.60),

$$\mathbf{A}\times(\mathbf{B}\times\mathbf{C}) = (\mathbf{A}\cdot\mathbf{C})\mathbf{B} - (\mathbf{A}\cdot\mathbf{B})\mathbf{C} = \mathbf{B}(\mathbf{A}\cdot\mathbf{C}) - \mathbf{C}(\mathbf{A}\cdot\mathbf{B})$$

ao produto $\mathbf{A}\times(\nabla\times\mathbf{B})$, em que o operador ∇ foi encarado como sendo um "vetor simbólico", e assumindo $\mathbf{A}$ como sendo constante, temos:

$$\mathbf{A}\times(\nabla\times\mathbf{B}) = \nabla_{\mathbf{B}}(\mathbf{A}\cdot\mathbf{B}) - (\mathbf{A}\cdot\nabla))\mathbf{B}$$

Em consequência,

$$\nabla_{\mathbf{B}}(\mathbf{A}\cdot\mathbf{B}) = \mathbf{A}\times(\nabla\times\mathbf{B}) + (\mathbf{A}\cdot\nabla)\mathbf{B}$$

Trocando $\mathbf{A}$ por $\mathbf{B}$, temos também

$$\nabla_{\mathbf{A}}(\mathbf{A}\cdot\mathbf{B}) = \mathbf{B}\times(\nabla\times\mathbf{A}) + (\mathbf{B}\cdot\nabla)\mathbf{A}$$

Substituindo, obtemos

$$\nabla(\mathbf{A}\cdot\mathbf{B}) = \mathbf{A}\times(\nabla\times\mathbf{B}) + \mathbf{B}\times(\nabla\times\mathbf{A}) + (\mathbf{B}\cdot\nabla)\mathbf{A} + (\mathbf{A}\cdot\nabla)\mathbf{B}$$

9.8.2 - Propriedades da Divergência

1ª) $\nabla\cdot\mathbf{A} = 0, \forall\mathbf{A} = \text{constante}$ $\qquad$ (9.41)

2ª) $\nabla\cdot(\mathbf{A}+\mathbf{B}) = \nabla\cdot\mathbf{A} + \nabla\cdot\mathbf{B}$ $\qquad$ (9.42)

3ª) $\nabla\cdot(\Phi\mathbf{A}) = \Phi(\nabla\cdot\mathbf{A}) + \mathbf{A}\cdot(\nabla\Phi)$ $\qquad$ (9.43)

4ª) $\nabla\cdot(\mathbf{A}\times\mathbf{B}) = \mathbf{B}\cdot(\nabla\times\mathbf{A}) - \mathbf{A}\cdot(\nabla\times\mathbf{B})$ $\qquad$ (9.44)

DEMONSTRAÇÕES:

1ª)

Utilizando expansão em coordenadas cartesianas retangulares, dada pela expressão (9.18), vem

$$\nabla\cdot(\mathbf{A}=\text{constante}) = \frac{\partial A_x}{\partial x} + \frac{\partial A_y}{\partial y} + \frac{\partial A_z}{\partial z} = \frac{\partial}{\partial x}\big[(\text{cte})_1\big] + \frac{\partial}{\partial y}\big[(\text{cte})_2\big] + \frac{\partial}{\partial z}\big[(\text{cte})_3\big] = 0$$

2ª)

Adaptando a expressão (9.18), temos

$$\nabla\cdot(\mathbf{A}+\mathbf{B}) = \frac{\partial}{\partial x}\left(A_x+B_x\right) + \frac{\partial}{\partial y}\left(A_y+B_y\right) + \frac{\partial}{\partial z}\left(A_z+B_z\right) =$$

$$= \left(\underbrace{\frac{\partial A_x}{\partial x} + \frac{\partial A_y}{\partial y} + \frac{\partial A_z}{\partial z}}_{=\nabla\cdot\mathbf{A}}\right) + \left(\underbrace{\frac{\partial B_x}{\partial x} + \frac{\partial B_y}{\partial y} + \frac{\partial B_z}{\partial z}}_{=\nabla\cdot\mathbf{B}}\right) =$$

$$= \nabla\cdot\mathbf{A} + \nabla\cdot\mathbf{B}$$

3ª)

$$\nabla\cdot(\Phi\mathbf{A}) = \frac{\partial}{\partial x}\left(\Phi A_x\right) + \frac{\partial}{\partial y}\left(\Phi A_y\right) + \frac{\partial}{\partial z}\left(\Phi A_z\right) = \frac{\partial\Phi}{\partial x}A_x + \Phi\frac{\partial A_x}{\partial x} + \frac{\partial\Phi}{\partial y}A_y + \Phi\frac{\partial A_y}{\partial y} +$$

$$+ \frac{\partial\Phi}{\partial z}A_z + \Phi\frac{\partial A_z}{\partial z} = \Phi\left(\underbrace{\frac{\partial A_x}{\partial x} + \frac{\partial A_y}{\partial y} + \frac{\partial A_z}{\partial z}}_{=\nabla\cdot\mathbf{A}}\right) + \left(\underbrace{A_x\frac{\partial\Phi}{\partial x} + A_y\frac{\partial\Phi}{\partial y} + A_z\frac{\partial\Phi}{\partial z}}_{=\mathbf{A}\cdot(\nabla\Phi)}\right) =$$

100   **Cálculo e Análise Vetoriais com Aplicações Práticas**

$$= \Phi(\nabla \cdot \mathbf{A}) + \mathbf{A} \cdot (\nabla \Phi)$$

4ª)

Façamos , primeiramente,

$$\nabla \cdot (\mathbf{A} \times \mathbf{B}) = \nabla_{\mathbf{A}} \cdot (\mathbf{A} \times \mathbf{B}) + \nabla_{\mathbf{B}} \cdot (\mathbf{A} \times \mathbf{B})$$

na qual os subscritos têm os seguintes significados:

- $\nabla_{\mathbf{A}} \cdot (\mathbf{A} \times \mathbf{B})$ significa que $\mathbf{B}$ é constante e $\nabla \cdot$ opera em $\mathbf{A}$;

- $\nabla_{\mathbf{B}} \cdot (\mathbf{A} \times \mathbf{B})$ significa que $\mathbf{A}$ é constante e $\nabla \cdot$ opera em $\mathbf{B}$.

Pela regra de permutação do produto misto, que é a expressão (2.58), temos

$$\nabla_{\mathbf{A}} \cdot (\mathbf{A} \times \mathbf{B}) = \mathbf{B} \cdot (\mathbf{A} \times \mathbf{B})$$

e

$$\nabla_{\mathbf{B}} \cdot (\mathbf{A} \times \mathbf{B}) = -\mathbf{A} \cdot (\mathbf{A} \times \mathbf{B})$$

Assim sendo, segue-se

$$\nabla \cdot (\mathbf{A} \times \mathbf{B}) = \mathbf{B} \cdot (\nabla \times \mathbf{A}) - \mathbf{A} \cdot (\nabla \times \mathbf{B})$$

9.8.3 - Propriedades do Rotacional

1ª) $\nabla \times \mathbf{A} = 0, \forall \mathbf{A} = \text{constante}$ **(9.45)**

2ª) $\nabla \times (\mathbf{A} + \mathbf{B}) = \nabla \times \mathbf{A} + \nabla \times \mathbf{B}$ **(9.46)**

3ª) $\nabla \times (\Phi \mathbf{A}) = \Phi(\nabla \times \mathbf{A}) + (\nabla \Phi) \times \mathbf{A}$ **(9.47)**

4ª) $\nabla \times (\mathbf{A} \times \mathbf{B}) = \mathbf{A}(\nabla \cdot \mathbf{B}) - \mathbf{B}(\nabla \cdot \mathbf{A}) + (\mathbf{B} \cdot \nabla)\mathbf{A} - (\mathbf{A} \cdot \nabla)\mathbf{B}$ **(9.48)**

DEMONSTRAÇÕES:

1ª)

Pela expressão (9.25), vem

$$\nabla \times (\mathbf{A} = \text{constante}) = \begin{vmatrix} \mathbf{u}_x & \mathbf{u}_y & \mathbf{u}_z \\ \dfrac{\partial}{\partial x} & \dfrac{\partial}{\partial y} & \dfrac{\partial}{\partial z} \\ (\text{cte})_1 & (\text{cte})_2 & (\text{cte})_3 \end{vmatrix} = 0$$

2ª)

Adaptando a expressão (9.25), obtemos

$$\nabla \times (\mathbf{A} + \mathbf{B}) = \begin{vmatrix} \mathbf{u}_x & \mathbf{u}_y & \mathbf{u}_z \\ \dfrac{\partial}{\partial x} & \dfrac{\partial}{\partial y} & \dfrac{\partial}{\partial z} \\ A_x + B_x & A_y + B_y & A_z + B_z \end{vmatrix} =$$

$$= \left[\frac{\partial}{\partial y}(A_z + B_z) - \frac{\partial}{\partial z}(A_y + B_y) \right] \mathbf{u}_x + \left[\frac{\partial}{\partial z}(A_x + B_x) - \frac{\partial}{\partial x}(A_z + B_z) \right] \mathbf{u}_y +$$

$$+ \left[\frac{\partial}{\partial x}(A_y + B_y) - \frac{\partial}{\partial y}(A_x + B_x) \right] \mathbf{u}_z =$$

$$= \left[\underbrace{\left(\frac{\partial A_z}{\partial y} - \frac{\partial A_y}{\partial z} \right) \mathbf{u}_x + \left(\frac{\partial A_x}{\partial z} - \frac{\partial A_z}{\partial x} \right) \mathbf{u}_y + \left(\frac{\partial A_y}{\partial x} - \frac{\partial A_x}{\partial y} \right) \mathbf{u}_z}_{= \nabla \times \mathbf{A}} \right] +$$

$$+ \left[\underbrace{\left(\frac{\partial B_z}{\partial y} - \frac{\partial B_y}{\partial z} \right) \mathbf{u}_x + \left(\frac{\partial B_x}{\partial z} - \frac{\partial B_z}{\partial x} \right) \mathbf{u}_y + \left(\frac{\partial B_y}{\partial x} - \frac{\partial B_x}{\partial y} \right) \mathbf{u}_z}_{= \nabla \times \mathbf{B}} \right] =$$

$$= \nabla \times \mathbf{A} + \nabla \times \mathbf{B}$$

3ª)

Ainda da expressão (9.25), temos

$$\nabla \times (\Phi \mathbf{A}) = \begin{vmatrix} \mathbf{u}_x & \mathbf{u}_y & \mathbf{u}_z \\ \dfrac{\partial}{\partial x} & \dfrac{\partial}{\partial y} & \dfrac{\partial}{\partial z} \\ \Phi A_x & \Phi A_y & \Phi A_z \end{vmatrix} =$$

$$= \left[\frac{\partial}{\partial y}(\Phi A_z) - \frac{\partial}{\partial z}(\Phi A_y) \right] \mathbf{u}_x + \left[\frac{\partial}{\partial z}(\Phi A_x) - \frac{\partial}{\partial x}(\Phi A_z) \right] \mathbf{u}_y + \left[\frac{\partial}{\partial x}(\Phi A_y) - \frac{\partial}{\partial y}(\Phi A_x) \right] \mathbf{u}_z =$$

$$= \left[\frac{\partial \Phi}{\partial y} A_z + \Phi \frac{\partial A_z}{\partial y} - \frac{\partial \Phi}{\partial z} A_y - \Phi \frac{\partial A_y}{\partial z} \right] \mathbf{u}_x + \left[\frac{\partial \Phi}{\partial z} A_x + \Phi \frac{\partial A_x}{\partial z} - \frac{\partial \Phi}{\partial z} A_z - \Phi \frac{\partial A_z}{\partial x} \right] \mathbf{u}_y +$$

$$+\left[\frac{\partial \Phi}{\partial x}A_y + \Phi\frac{\partial A_y}{\partial x} - \frac{\partial \Phi}{\partial y}A_x - \Phi\frac{\partial A_x}{\partial y}\right]\mathbf{u}_z =$$

$$=\Phi\left[\underbrace{\left(\frac{\partial A_z}{\partial y}-\frac{\partial A_y}{\partial z}\right)\mathbf{u}_x + \left(\frac{\partial A_x}{\partial z}-\frac{\partial A_z}{\partial x}\right)\mathbf{u}_y + \left(\frac{\partial A_y}{\partial x}-\frac{\partial A_x}{\partial y}\right)\mathbf{u}_z}_{=\nabla\times\mathbf{A}}\right]-$$

$$-\left[\underbrace{\left(A_y\frac{\partial \Phi}{\partial z}-A_z\frac{\partial \Phi}{\partial y}\right)\mathbf{u}_x + \left(A_z\frac{\partial \Phi}{\partial x}-A_x\frac{\partial \Phi}{\partial z}\right)\mathbf{u}_y + \left(A_x\frac{\partial \Phi}{\partial y}-A_y\frac{\partial \Phi}{\partial x}\right)\mathbf{u}_z}_{=\mathbf{A}\times(\nabla\,\Phi)}\right]=$$

$$=\Phi(\nabla\times\mathbf{A})-\mathbf{A}\times(\nabla\,\Phi)=\Phi(\nabla\times\mathbf{A})+(\nabla\,\Phi)\times\mathbf{A}$$

4ª)

Façamos , primeiramente,

$$\nabla\times(\mathbf{A}\times\mathbf{B})=\nabla_{\mathbf{A}}\times(\mathbf{A}\times\mathbf{B})+\nabla_{\mathbf{B}}\times(\mathbf{A}\times\mathbf{B})$$

na qual os subscritos têm os seguintes significados:

- $\nabla_{\mathbf{A}}\times(\mathbf{A}\times\mathbf{B})$ significa que $\mathbf{B}$ é constante e $\nabla\times$ opera em $\mathbf{A}$;

- $\nabla_{\mathbf{B}}\times(\mathbf{A}\times\mathbf{B})$ significa que $\mathbf{A}$ é constante e $\nabla\times$ opera em $\mathbf{B}$.

Aplicando a regra do termo central para o triplo produto vetorial, que é a expres-são (2.60),

$$\mathbf{A}\times(\mathbf{B}\times\mathbf{C})=(\mathbf{A}\cdot\mathbf{C})\mathbf{B}-(\mathbf{A}\cdot\mathbf{B})\mathbf{C}=\mathbf{B}(\mathbf{A}\cdot\mathbf{C})-\mathbf{C}(\mathbf{A}\cdot\mathbf{B}),$$

obtemos

$$\nabla_{\mathbf{A}}\times(\mathbf{A}\times\mathbf{B})=(\mathbf{B}\cdot\nabla)\mathbf{A}-\mathbf{B}(\nabla\cdot\mathbf{A})$$

e

$$\nabla_{\mathbf{B}}\times(\mathbf{A}\times\mathbf{B})=\mathbf{A}(\nabla\cdot\mathbf{B})-(\mathbf{A}\cdot\nabla)\mathbf{B}$$

Substituindo, chegamos a

$$\nabla\times(\mathbf{A}\times\mathbf{B})=\mathbf{A}(\nabla\cdot\mathbf{B})-\mathbf{B}(\nabla\cdot\mathbf{A})+(\mathbf{B}\cdot\nabla)\mathbf{A}-(\mathbf{A}\cdot\nabla)\mathbf{B}$$

9.9 - Expansão de uma Função Vetorial em Série de Taylor e em Série de Mc Laurin[11]

Do Cálculo Avançado, temos o desenvolvimento em série de **Taylor** para uma função escalar $\Phi(x,y,z)$, válido nas vizinhanças de um ponto $P'(a,b,c)$. Podemos expressar a série na forma

$$\Phi(x,y,z) = \Phi(a,b,c) + \left[(x-a)\frac{\partial}{\partial x} + (y-b)\frac{\partial}{\partial y} + (z-c)\frac{\partial}{\partial z}\right]\Phi(a,b,c) +$$

$$+\frac{1}{2!}\left[(x-a)\frac{\partial}{\partial x} + (y-b)\frac{\partial}{\partial y} + (z-c)\frac{\partial}{\partial z}\right]^2 \Phi(a,b,c) + ... \tag{9.49}$$

na qual o símbolo

$$\frac{\partial}{\partial x}\Phi(a,b,c),$$

significa

$$\frac{\partial\Phi(x,y,z)}{\partial x}\Bigg|_{\substack{x=a\\y=b\\z=c}}$$

e de modo similar para as outras derivadas parciais. É também interessante ressaltar que, dentro da notação adotada, temos também

$$\left[(x-a)\frac{\partial}{\partial x} + (y-b)\frac{\partial}{\partial y} + (z-c)\frac{\partial}{\partial z}\right]^2 = \left[(x-a)^2\frac{\partial^2}{\partial x^2} + (y-b)^2\frac{\partial^2}{\partial y^2} + (z-c)^2\frac{\partial^2}{\partial z^2}\right]$$

Generalizando, temos

$$\left[(x-a)\frac{\partial}{\partial x} + (y-b)\frac{\partial}{\partial y} + (z-c)\frac{\partial}{\partial z}\right]^n = \left[(x-a)^n\frac{\partial^n}{\partial x^n} + (y-b)^n\frac{\partial^n}{\partial y^n} + (z-c)^n\frac{\partial^n}{\partial z^n}\right]$$

Sejam

- $\mathbf{r'} \to$ o vetor posição do ponto $P'(a,b,c)$;

- $\mathbf{R} \to$ o vetor que liga $P'(a,b,c)$ a $P(x,y,z)$;

---

[11] **Taylor [Brook Taylor (1685-1731)]** - matemático inglês com trabalhos importantes na parte das Séries Algébricas, sendo famosa a série que leva o seu nome.

McLaurin [Colin McLaurin (1698-1746)] - matemático escocês, discípulo de **Newton**, com trabalhos em Cálculo Infinitesimal, Geometria e Álgebra, sendo conhecida a série que leva o seu nome.

- $\mathbf{r} = \mathbf{r'} + \mathbf{R} \to$ o vetor posição de $P(x,y,z)$;

- $\mathbf{V} = V_x(x,y,z)\mathbf{u}_x + V_y(x,y,z)\mathbf{u}_y + V_z(x,y,z)\mathbf{u}_z \to$ uma função vetorial de ponto, contínua e diferenciável.

As componentes escalares de $\mathbf{V}$ podem ser expandidas em séries de **Taylor**. Os termos correspondentes podem ser combinados e escritos sob forma vetorial como se segue

$$\mathbf{V}(x,y,z) = \mathbf{V}(a,b,c) + (\mathbf{R} \cdot \nabla)\mathbf{V}(a,b,c) + \frac{1}{2!}(\mathbf{R} \cdot \nabla)^2 \mathbf{V}(a,b,c) + ... \qquad \textbf{(9.50)}$$

Se a função vetorial $\mathbf{V}$ for desenvolvida nas vizinhanças da origem $(a = b = c = 0)$, a série se reduz à série de **McLaurin**

$$\mathbf{V}(x,y,z) = \mathbf{V}(0,0,0) + (\mathbf{r} \cdot \nabla)\mathbf{V}(0,0,0) + \frac{1}{2!}(\mathbf{r} \cdot \nabla)^2 \mathbf{V}(0,0,0) + ... \qquad \textbf{(9.51)}$$

Se $\mathbf{V}$ é função de uma única variável u, as séries de **Taylor** e de **Mc Laurin** assumem, respectivamente, as formas

$$\mathbf{V}(u) = \mathbf{V}(u_0) + \frac{\partial \mathbf{V}(u_0)}{\partial u}(u - u_0) + \frac{1}{2!}\frac{\partial^2 \mathbf{V}(u_0)}{\partial u^2}(u - u_0)^2 + ... \qquad \textbf{(9.52)}$$

e

$$\mathbf{V}(u) = \mathbf{V}(0) + \frac{\partial \mathbf{V}(0)}{\partial u}u + \frac{1}{2!}\frac{\partial^2 \mathbf{V}(0)}{\partial u^2}u^2 + ... \qquad \textbf{(9.53)}$$

EXEMPLO 9.26

Expandir a função $\mathbf{V}(x,y) = e^x\,\mathbf{u}_x + \operatorname{sen} y\,\mathbf{u}_y$ em série de **McLaurin**.

SOLUÇÃO:

Pela expressão (9.51), temos

$$\mathbf{V}(x,y) = \mathbf{V}(0,0) + (\mathbf{r} \cdot \nabla)\mathbf{V}(0,0) + \frac{1}{2!}(\mathbf{r} \cdot \nabla)^2 \mathbf{V}(0,0) + \frac{1}{3!}(\mathbf{r} \cdot \nabla)^3 \mathbf{V}(0,0) + ...$$

No caso presente caso bidimensional,

$$\mathbf{r} = x\,\mathbf{u}_x + y\,\mathbf{u}_y$$

e

$$\nabla = \frac{\partial}{\partial x}\mathbf{u}_x + \frac{\partial}{\partial y}\mathbf{u}_y$$

o que implica

$$\left(\mathbf{r}\cdot\nabla\right)=x\frac{\partial}{\partial x}+y\frac{\partial}{\partial y}\ ;$$

$$\left(\mathbf{r}\cdot\nabla\right)^{2}=x^{2}\frac{\partial^{2}}{\partial x^{2}}+y^{2}\frac{\partial^{2}}{\partial y^{2}}\ ;$$

$$\left(\mathbf{r}\cdot\nabla\right)^{3}=x^{3}\frac{\partial^{3}}{\partial x^{3}}+y^{3}\frac{\partial^{3}}{\partial y^{3}}\ ;$$

e assim sucessivamente, o que nos permite expressar

$$\mathbf{V}\left(x,y\right)=\mathbf{V}\left(0,0\right)+\left(x\frac{\partial}{\partial x}+y\frac{\partial}{\partial y}\right)\mathbf{V}\left(0,0\right)+\frac{1}{2!}\left(x^{2}\frac{\partial^{2}}{\partial x^{2}}+y^{2}\frac{\partial^{2}}{\partial y^{2}}\right)\mathbf{V}\left(0,0\right)+$$

$$+\frac{1}{3!}\left(x^{3}\frac{\partial^{3}}{\partial x^{3}}+y^{3}\frac{\partial^{3}}{\partial y^{3}}\right)\mathbf{V}\left(0,0\right)+...$$

$$=\mathbf{V}\left(0,0\right)+\left(\left.x\frac{\partial \mathbf{V}}{\partial x}\right|_{(0,0)}+\left.y\frac{\partial \mathbf{V}}{\partial y}\right|_{(0,0)}\right)+\frac{1}{2!}\left(\left.x^{2}\frac{\partial^{2}\mathbf{V}}{\partial x^{2}}\right|_{(0,0)}+\left.y^{2}\frac{\partial^{2}\mathbf{V}}{\partial y^{2}}\right|_{(0,0)}\right)+$$

$$+\frac{1}{3!}\left(\left.x^{3}\frac{\partial^{3}\mathbf{V}}{\partial x^{3}}\right|_{(0,0)}+\left.y^{3}\frac{\partial^{3}\mathbf{V}}{\partial y^{3}}\right|_{(0,0)}\right)+...$$

Sendo

$$\mathbf{V}(x,y)=e^{x}\,\mathbf{u}_{x}+\operatorname{sen}y\,\mathbf{u}_{y}\ ,$$

determinemos, em sequência, os termos da série:

- $\mathbf{V}(0,0)=\mathbf{u}_{x}$;

- $\dfrac{\partial \mathbf{V}}{\partial x}=\dfrac{\partial}{\partial x}\left(e^{x}\,\mathbf{u}_{x}+\operatorname{sen}y\,\mathbf{u}_{y}\right)=e^{x}\,\mathbf{u}_{x}\ \rightarrow\ \left.\dfrac{\partial \mathbf{V}}{\partial x}\right|_{(0,0)}=\mathbf{u}_{x}\ ;$

- $\dfrac{\partial \mathbf{V}}{\partial y}=\dfrac{\partial}{\partial y}\left(e^{x}\,\mathbf{u}_{x}+\operatorname{sen}y\,\mathbf{u}_{y}\right)=\cos y\,\mathbf{u}_{y}\ \rightarrow\ \left.\dfrac{\partial \mathbf{V}}{\partial y}\right|_{(0,0)}=\mathbf{u}_{y}\ ;$

- $\dfrac{\partial^2 \mathbf{V}}{\partial x^2} = \dfrac{\partial}{\partial x}\left(e^x\,\mathbf{u}_x\right) = e^x\,\mathbf{u}_x \rightarrow \dfrac{\partial^2 \mathbf{V}}{\partial x^2}\bigg|_{(0,0)} = \mathbf{u}_x\,;$

- $\dfrac{\partial^2 \mathbf{V}}{\partial y^2} = \dfrac{\partial}{\partial y}\left(\cos y\,\mathbf{u}_y\right) = -\mathrm{sen}\, y\,\mathbf{u}_y \rightarrow \dfrac{\partial^2 \mathbf{V}}{\partial y^2}\bigg|_{(0,0)} = 0\,;$

- $\dfrac{\partial^3 \mathbf{V}}{\partial x^3} = \dfrac{\partial}{\partial x}\left(e^x\,\mathbf{u}_x\right) = e^x\,\mathbf{u}_x \rightarrow \dfrac{\partial^3 \mathbf{V}}{\partial x^3}\bigg|_{(0,0)} = \mathbf{u}_x\,;$

- $\dfrac{\partial^3 \mathbf{V}}{\partial y^3} = \dfrac{\partial}{\partial y}\left(-\mathrm{sen}\, y\,\mathbf{u}_y\right) = -\cos y\,\mathbf{u}_y \rightarrow \dfrac{\partial^3 \mathbf{V}}{\partial y^3}\bigg|_{(0,0)} = -\mathbf{u}_y\,;$

e assim por diante, o que nos conduz a

$$\mathbf{V}(x,y) = \mathbf{u}_x + x\,\mathbf{u}_x + y\,\mathbf{u}_y + \frac{1}{2}x^2\,\mathbf{u}_x + \frac{1}{2}y^2\left(0\right) + \frac{1}{6}x^3\,\mathbf{u}_x + \frac{1}{6}y^3\left(-\mathbf{u}_y\right) + \dots +$$

$$+ \frac{1}{(2n)!}x^{2n}\,\mathbf{u}_x + \frac{1}{(2n+1)!}\left[x^{2n+1}\,\mathbf{u}_x + (-1)^n\, y^{2n+1}\,\mathbf{u}_y\right] + \dots$$

$$= \mathbf{u}_x + x\,\mathbf{u}_x + y\,\mathbf{u}_y + \frac{1}{2}\left(x^2\mathbf{u}_x\right) + \frac{1}{6}\left(x^3\mathbf{u}_x - y^3\mathbf{u}_y\right) + \dots +$$

$$+ \frac{1}{(2n)!}x^{2n}\,\mathbf{u}_x + \frac{1}{(2n+1)!}\left[x^{2n+1}\,\mathbf{u}_x + (-1)^n\, y^{2n+1}\,\mathbf{u}_y\right] + \dots$$

9.10 - Campo de Forças Associado à Distribuição de Pressão em um Fluido[12]

Antes de iniciar nosso estudo, vamos repassar alguns conceitos importantes:

1º) Um fluido é uma substância líquida ou gasosa que se deforma continuamente sob uma tensão cizalhante continuamente aplicada. A tensão em um determinado ponto é igual à força por unidade de área diferencial no ponto considerado. A força pode ser decomposta em uma componente normal ao elemento considerado e em uma componente tangencial ou de cizalhamento. A relação entre a componente normal e a área chama-se tensão normal e a razão entre a componente tangencial e a área denomina-se tensão tangencial ou de cizalhamento.

2º) A pressão é a intensidade da força distribuída devido à ação de fluidos, e é igual à força por unidade de área. Houve época em que a sua unidade no sistema internacional de unidades (SI) era

---

[12] O termo "fluido" é empregado tanto para se referir aos líquidos quanto aos gases.

o newton / metro quadrado$\left(N/m^2\right)$, mas atualmente esta unidade denomina-se pascal[13] (Pa), sendo comum os múltiplos quilo pascal (kPa) e mega pascal (MPa)
.

3°) Consideremos um elemento diferencial de volume dv em um fluido e seja dm a sua massa correspondente. Sua massa específica[14], ou densidade absoluta, é definida como sendo a massa por unidade de volume, ou seja,

$$\mu = \frac{dm}{dv}$$

4°) A condutividade térmica de um fluido é uma medida do calor trocado entre suas diferentes partes por unidade de área, por unidade de tempo e por unidade de gradiente de temperatura.

5°) A viscosidade de um fluido é uma medida de sua resistência à deformação. Um fluido perfeito ou ideal tem viscosidade nula. Portanto, não pode ser imposta ao mesmo nenhuma tensão de cizalhamento e nem pode ocorrer atrito interno.

Aqui neste seção vamos estudar fluidos confinados em recipientes, e vamos admití-los incompressíveis, isto é, com massa específica constante.

Imaginemos que a pressão varie de um ponto a outro em um fluido, o que aliás é o que normalmente acontece. Então, as forças atuantes sobre determinados elementos de superfície, de um dado volume, variam também de ponto para ponto. Assim sendo, um elemento qualquer fica sob a ação de uma força resultante de superfície, que geralmente não é nula. Se além disso tivermos forças de volume – e sempre existe o peso – a resultante das forças atuantes nos permitirá calcular a aceleração do elemento considerado. Daí vem uma questão: "Sendo conhecida a distribuição de pressões no interior de um fluido, qual é o campo de forças que lhe é associado?"

Em nosso raciocínio a seguir consideraremos apenas os fluidos em repouso ou em movimento "em bloco", quer dizer, restringiremos nossa abordagem às situações em que a pressão dentro do fluido possa ser tratada de forma escalar.

---

[13] Em homenagem a **Blaise Pascal.**

Pascal [Blaise Pascal (1623 - 1662)] - físico e matemático francês que deu grande contribuição para as ciências naturais aplicadas, onde realizou trabalhos importantes para a construção da calculadora mecânica, estudos de fluidos, e esclareceu os conceitos de pressão e vácuo ao generalizar o trabalho de **Evangelista Torricelli.** Ele também escreveu em defesa do método científico. Foi um matemático de primeira ordem e ajudou a criar duas novas e importantes áreas de pesquisa. Escreveu um importante tratado sobre Geometria Projetiva com dezesseis anos de idade e mais tarde trocaria correspondência com **Pierre de Fermat** sobre Teoria da Probabilidade, influenciando fortemente o desenvolvimento da Economia Moderna como ciência social. Seguindo o programa de **Galileu** e **Torricelli**, em 1646 ele refutou os seguidores de **Aristóteles** que insistiam que a natureza tinha horror ao vazio. Seus resultados causaram muitas controvérsias antes de serem aceitos. Filho de um professor de matemática, acompanhou o pai quando este foi transferido para Rouen, e lá realizou as primeiras pesquisas no campo da Física. Realizou expe-riências sobre sons que resultaram em um pequeno tratado publicado em 1634, e no ano seguinte chegou à dedução de 32 proposições de Geometria estabelecidas por **Euclides**. Publicou "Essay pour les coniques", em 1640, contendo o célebre teorema de **Pascal**.

14 Alguns autores preferem usar o símbolo ρ para a massa específica. Optamos pelo símbolo μ, pois ρ já é empregado como coordenada radial no sistema de coordenadas cilíndricas.

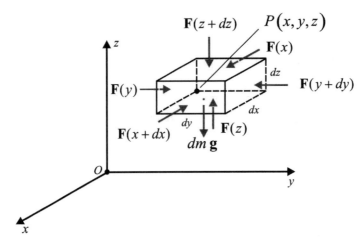

Fig. 9.39

Seja um ponto $P(x,y,z)$ de um referencial cartesiano retangular do $\mathbb{R}^3$. Vamos trabalhar com um volume diferencial do fluido, tendo arestas dx, dy e dz, o que é equivalente a um volume

$$dv = dx\, dy\, dz$$

As forças normais devidas à pressão estão ilustradas na figura anterior. A força sobre a face de abscissa x é

$$F_x = p\, dy\, dz$$

A força sobre a face de abscissa $x + dx$ é

$$F_{x+dx} = -\left(p + \frac{\partial p}{\partial x}dx\right)dy\, dz$$

A componente x da força resultante é

$$\sum F_x = F_x + F_{x+dx} = -\frac{\partial p}{\partial x}dx\, dy\, dz$$

De modo análogo, deduz-se também que

$$\sum F_y = -\frac{\partial p}{\partial y}dx\, dy\, dz$$

e

$$\sum F_z = -\frac{\partial p}{\partial z}dx\, dy\, dz$$

Assim sendo, ficamos com a expressão da resultante

$$\sum \mathbf{F} = \left(\sum F_x\right)\mathbf{u}_x + \left(\sum F_y\right)\mathbf{u}_y + \left(\sum F_z\right)\mathbf{u}_z = -\underbrace{\left(\frac{\partial p}{\partial x}\mathbf{u}_x + \frac{\partial p}{\partial y}\mathbf{u}_y + \frac{\partial p}{\partial z}\mathbf{u}_z\right)}_{=\nabla p} dx\,dy\,dz$$

Definindo, pois, a força por unidade de volume, temos

$$\sum \mathbf{f} = \frac{\sum \mathbf{F}}{dv} = \frac{\sum \mathbf{F}}{dx\,dy\,dz}$$

que em função do gradiente do campo de pressões assume a forma

$$\sum \mathbf{f} = -\nabla p \qquad (9.54)$$

e que pode ser traduzida por: "A força resultante de superfície, por unidade de volume do fluido, é dada pelo simétrico do gradiente do campo de pressões". De outro modo, temos também

$$\sum \mathbf{F} = \left(\sum \mathbf{f}\right) dv = \left(-\nabla p\right) dv \qquad (9.55)$$

9.11 - Comportamento de um Fluido Incompressível em um Campo Gravitacional Uniforme

9.11.1 - As Equações Fundamentais da Hidrostática

Antes de analisarmos a interação de um fluido com o campo gravitacional, vamos estudar a situação de um corpo suspenso por uma mola e sob a ação de seu peso. Esta força devida a atração gravitacional é responsável pela deformação da estrutura cristalina do material da mola. Tal deformação produz uma força que equilibra o peso do corpo. Semelhantemente, o campo gravitacional atuando sobre um fluido em equilíbrio produz uma distribuição de pressão não uniforme, e as diferenças de pressão dão origem às forças que equilibram o peso do fluido.

Estudemos, primeiramente, o caso de um líquido incompressível (massa específica ou densidade absoluta μ = constante) em equilíbrio no campo gravitacional, como representado na figura 9.40. O eixo z foi orientado positivamente para baixo pois, conforme veremos, a pressão vai crescer com o aumento da profundidade.

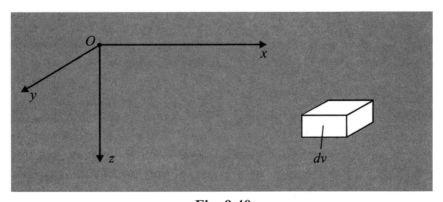

Fig. 9.40

110   **Cálculo e Análise Vetoriais com Aplicações Práticas**

Sobre um elemento diferencial de volume dv agem as forças de superfície, associadas ao gradiente de pressão, e o próprio peso do elemento, quais sejam,

$$(-\nabla p)\,dv$$

e

$$dm\,g\,\mathbf{u}_z = \mu\,dv\,g\,\mathbf{u}_z$$

A resultante deve ser nula, pois temos equilíbrio, e isto nos permite estabelecer a expressão

$$(-\nabla p)\,dv + \mu\,dv\,g\,\mathbf{u}_z = 0,$$

que pode ser colocada sob a forma

$$dv\left(\nabla p - \mu\,g\,\mathbf{u}_z\right) = 0$$

Uma vez que $dv \neq 0$, temos

$$\nabla p - \mu\,g\,\mathbf{u}_z = 0$$

ou seja,

$$\frac{\partial p}{\partial x}\mathbf{u}_x + \frac{\partial p}{\partial y}\mathbf{u}_y + \frac{\partial p}{\partial z} - \mu\,g\,\mathbf{u}_z = 0$$

que pode ser reescrita como

$$\frac{\partial p}{\partial x}\mathbf{u}_x + \frac{\partial p}{\partial y}\mathbf{u}_y + \left(\frac{\partial p}{\partial z} - \mu\,g\right)\mathbf{u}_z = 0$$

e é equivalente ao sistema

$$\begin{cases} \dfrac{\partial p}{\partial x} = 0 \\[2mm] \dfrac{\partial p}{\partial y} = 0 \\[2mm] \dfrac{\partial p}{\partial z} = \mu\,g \end{cases}$$

Analisando tal sistema de equações, concluímos que a pressão não varia nem com a coordenada x nem com a y; ela varia somente com z. Isto nos permite também concluir que as superfícies isobáricas (p = constante) são planos horizontais (z = constante) ou, em outras palavras: **"Em todos os pontos de um dado plano horizontal de um certo líquido em equilíbrio, situado em um campo gravitacional uniforme, a pressão é a mesma."**

Com relação a terceira equação, já que a préssão só varia com z, podemos substituir a derivada parcial pela derivada total, isto é,

$$\frac{dp}{dz} = \mu\, g$$

que nos conduz a

$$dp = \mu\, g\, dz$$

Sendo p_0 a pressão atmosférica, no plano $z = 0$, temos

$$\int_{p_0}^{p} dp = \int_{0}^{z} \mu\, g\, dz$$

Uma vez que μ = constante (líquido incompressível), obtemos

$$p = p_0 + \mu\, g\, z \tag{9.56}$$

conhecida como lei de **Stevin**[15], onde p é a **pressão absoluta** e $\mu\, g\, z$ é a **pressão hidrostática**. Em virtude desta equação, a superfície livre de um líquido, isto é, a superfície de separação entre o líquido e um outro fluido (líquido ou gás) não miscível tem que ser um plano horizontal. Suponhamos, a priori, que tal superfície não seja horizontal, conforme representado na figura 9.41

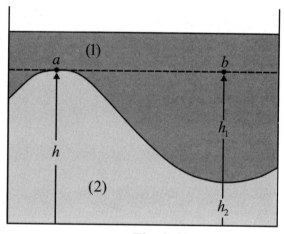

Fig. 9.41

Sendo p_f a pressão no fundo do recipiente, temos

$$p_f = p_a + \mu_2\, g\, h = p_a + \mu_2\, g\, (h_1 + h_2) = p_a + \mu_2\, g\, h_1 + \mu_2\, g\, h_2$$

e

$$p_f = p_b + \mu_1\, g\, h_1 + \mu_2\, g\, h_2$$

Pelas duas equações precedentes, podemos estabelecer

---
[15] Biografia resumida já abordada na nota de rodapé nº 8 da Introdução Histórica.

$$p_a + \mu_2 g h_1 + \mu_2 g h_2 = p_b + \mu_1 g h_1 + \mu_2 g h_2,$$

ou seja,

$$p_a + \mu_2 g h_1 = p_b + \mu_1 g h_1$$

que é equivalente a

$$p_a = p_b + \mu_1 g h_1 - \mu_2 g h_1 = p_b - (\mu_2 - \mu_1) g h_1$$

Sendo $\mu_1 < \mu_2$, pois o líquido (1) está por cima, temos $p_a < p_b$, o que é impossível já que os pontos a e b pertencem a uma mesma superfície isobárica. Portanto, essa superfície deve ser horizontal.

Voltemos agora à equação

$$dp = \mu g \, dz$$

Integrando entre dois planos de cotas z_1 e z_2, cujas pressões são, respectivamente, p_1 e p_2, obtemos

$$\int_{p_1}^{p_2} dp = \int_{z_1}^{z_2} \mu g \, dz$$

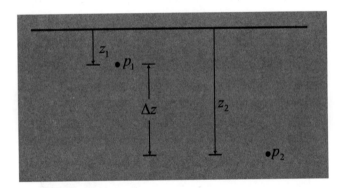

Fig. 9.42

Sendo μ = constante (líquido incompressível), temos

$$p_2 - p_1 = \mu g (z_2 - z_1) \tag{9.57a}$$

ou de outro modo,

$$\Delta p = \mu g \Delta z \tag{9.57b}$$

Esta equação traduz o fato de que a diferença de pressão entre dois pontos de um mesmo líquido em equilíbrio é igual ao peso de uma coluna do líquido cuja seção reta tem área unitária, e cuja altura é a distância entre dois planos isobáricos que passam pelos pontos em questão. Devido a tal fato, se por qualquer meio aumentarmos a pressão no ponto a, a pressão no ponto b vai aumentar do mesmo valor, já que a diferença entre as pressões nos pontos a e b depende apenas da massa específica do líquido e da diferença de cotas Δz, mas não depende dos valores próprios das pressões nestes pontos.

9.11.2 - Líquido em Movimento de Translação Horizontal Uniformemente Acelerada

Seja um líquido qualquer em um recipiente aberto, situado sobre um plano horizontal. Se aplicarmos uma força horizontal de modo a imprimir ao sistema uma aceleração constante, veremos que, depois de algumas oscilações rapidamente amortecidas, o nível do líquido se estabilizará num plano formando um ângulo θ com a direção horizontal.

- Primeira análise:

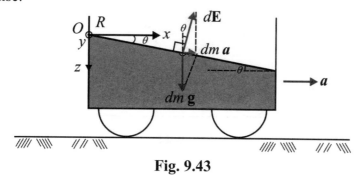

Fig. 9.43

Inicialmente, isolemos uma massa diferencial do líquido situada imediatamente abaixo da superfície livre. As forças atuantes são:

- Resultante $d\mathbf{E}$ das forças de pressão (empuxo resultante) exercidas pelos fluidos no qual a massa diferencial está imersa (restante do líquido e ar). Já que no líquido não podem existir tensões de cizalhamento, uma vez que não há movimentos relativos entre camadas do mesmo, tal resultante deve ser necessariamente perpendicular à superfície livre do líquido. Tal superfície é uma isobárica, uma vez que, ao longo da mesma, a pressão é constante e igual a pressão atmosférica p_0. Aliás, já vimos que a resultante das forças de pressão estão associadas ao simétrico do gradiente do campo de pressões. Sendo tal vetor perpendicular às superfícies isobáricas, é claro que a resultante $d\mathbf{E}$ só podia mesmo ter a orientação já mencionada.

- Peso $dm\,\mathbf{g}$ da partícula de massa dm.

A resultante dessas duas forças deve ser igual a $dm\,\mathbf{a}$, conforme ilustrado na figura 9.43. Por uma questão de comodidade, vamos supor que o experimentador lance mão de um referencial R solidário ao laboratório – que para tal finalidade pode ser considerado como sendo inercial – mas que no instante de observação do fenômeno, a posi-ção do recipiente com relação à origem do sistema seja a apresentada na figura em tela. Dentro deste raciocínio, decorre

- direção x:

$$\sum F_x = dm\,a \rightarrow dE\,\text{sen}\,\theta = dm\,a \qquad \text{(i)}$$

- direção z:

$$\sum F_z = 0 \to dE \cos\theta = dm\, g \qquad \text{(ii)}$$

Dividindo membro a membro (i) e (ii), obtemos

$$\tg \theta = \frac{a}{g} \qquad (9.58)$$

- Segunda análise:

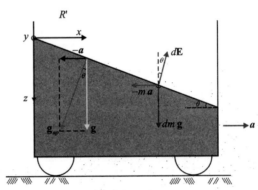

Fig. 9.44

Consideremos um referencial R' fixo no recipiente, o qual não é um referencial inercial. Sobre uma partícula situada na superfíe livre do líquido agem as mesmas forças já descritas na 1ª análise, mais a força de inércia $-m\,a$ e a partícula se encontra em equilíbrio. Assim, para um observador fixo no recipiente, tudo ocorre como se, além da aceleração da gravidade $\mathbf{g}$, houvesse também uma aceleração suplementar $-a$, resultando numa "aceleração aparente da gravidade" $\mathbf{g}_{ap}$, sendo que a superfície livre é perpendicular à aceleração resultante $\mathbf{g}_{ap}$. Da figura 9.44, depreende-se

$$\begin{cases} \tg \theta = \dfrac{a}{g} \\ \text{e} \\ g_{ap} = \sqrt{a^2 + g^2} \end{cases}$$

- Terceira análise:

Da figura 9.45, vem

$$\tg \theta = \frac{h_1 - h_2}{x_2 - x_1} \qquad \text{(iii)}$$

Consideremos, na figura 9.45, três filetes do líquido, com a mesma seção reta diferencial dS, porém com localizações diferentes. Para o filete horizontal, sendo μ a massa específica do líquido, temos

$$\sum F_x = dm\, a \to p_1\, dS - p_2\, dS = \left[\mu(x_2 - x_1)dS\right] a$$

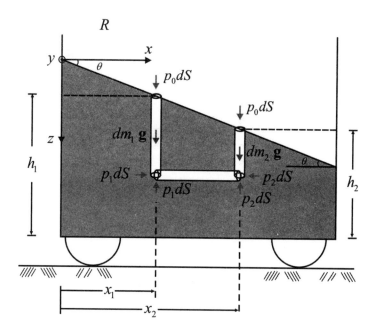

Fig. 9.45

Uma vez que $dS \neq 0$, temos

$$p_1 - p_2 = \mu\, a\,(x_2 - x_1) \tag{iv}$$

Para o filete vertical da esquerda, segue-se

$$\sum F_z = 0 \rightarrow p_0\, dS + (\mu\, h_1\, dS)g - p_1\, dS = 0$$

Uma vez que $dS \neq 0$, temos

$$p_1 = p_0 + \mu\, g\, h_1 \tag{v}$$

Para o filete vertical da direita, podemos expressar

$$\sum F_z = 0 \rightarrow p_0\, dS + (\mu\, h_2\, dS)g - p_2\, dS = 0$$

Uma vez que $dS \neq 0$, vem

$$p_2 = p_0 + \mu\, g\, h_2 \tag{vi}$$

Repare que (v) e (vi) já podiam ter sido estabelecidas diretamente a partir da lei de **Stevin**. Subtraindo-as membro a membro, obtemos

$$p_1 - p_2 = \mu\, g\,(h_1 - h_2) \tag{vii}$$

De (iv) e (vii), vem

$$\mu\, a\left(x_2 - x_1\right) = \mu\, g\left(h_1 - h_2\right) \rightarrow h_1 - h_2 = \frac{a\left(x_2 - x_1\right)}{g} \qquad \textbf{(viii)}$$

De (viii) e (iii), tiramos

$$\mathrm{tg}\,\theta = \frac{a}{g},$$

que é a mesma expressão (9.55) já deduzida anteriormente.

- Quarta análise:

Para uma análise mais geral do experimento, vamos trabalhar com um elemento diferencial de volume dv e massa $dm = \mu\, dv$, situado em um ponto qualquer do líquido. A força resultante que age sobre o elemento diferencial é

$$\underbrace{\left(-\boldsymbol{\nabla}p\right)dv}_{\substack{\text{resultante das}\\\text{forças de pressão}}} + \underbrace{\mu\, dv\, g\, \mathbf{u}_z}_{\substack{\text{peso do elemento}\\\text{diferencial}}} = dm\, \boldsymbol{a} = \mu\, dv\left(a\, \mathbf{u}_x\right)$$

que pode ser colocada sob a forma

$$- dv\left(\boldsymbol{\nabla}p - \mu\, g\, \mathbf{u}_z\right) = \mu\, dv\, a\, \mathbf{u}_x$$

Uma vez que $dv \neq 0$, temos

$$\boldsymbol{\nabla}p - \mu\, g\, \mathbf{u}_z = -\mu\, a\, \mathbf{u}_x$$

ou seja,

$$\frac{\partial p}{\partial x}\mathbf{u}_x + \frac{\partial p}{\partial y}\mathbf{u}_y + \frac{\partial p}{\partial z}\mathbf{u}_z - \mu\, g\, \mathbf{u}_z = -\mu\, a\, \mathbf{u}_x$$

que pode ser expressa como

$$\left(\frac{\partial p}{\partial x} + \mu\, a\right)\mathbf{u}_x + \frac{\partial p}{\partial y}\mathbf{u}_y + \left(\frac{\partial p}{\partial z} - \mu\, g\right)\mathbf{u}_z = 0$$

sendo equivalente ao sistema a seguir

$$\begin{cases} \dfrac{\partial p}{\partial x} = -\mu\,a \\[2mm] \dfrac{\partial p}{\partial y} = 0 \\[2mm] \dfrac{\partial p}{\partial z} = \mu\,g \end{cases}$$

Observando tal sistema de equações, concluímos que a pressão não varia com a coordenada y; ela varia somente com as coordendas x e z, isto é,

$$p = p(x,z) \qquad\qquad \textbf{(ix)}$$

Da primeira equação do sistema, vem

$$p = -\mu\,a\,x + f(z) \qquad\qquad \textbf{(x)}$$

e da terceira

$$p = \mu\,g\,z + f(x) \qquad\qquad \textbf{(xi)}$$

De (ix), (x) e (xi) concluímos que $p = p(x,z)$ deve ter a forma geral

$$p = \mu\,g\,z - \mu\,a\,x + C$$

No ponto $O(0,0)$ devemos ter $p = p_0$, o que nos conduz a

$$p_0 = \mu\,g\,(0) - \mu\,a\,(0) + C \to C = p_0$$

Em consequência,

$$p = \mu\,g\,z - \mu\,a\,x + p_0$$

que é equivalente a

$$p = \mu\,(g\,z - a\,x) + p_0$$

Analisando tal equação, verificamos que p é constante para

$$g\,z - a\,x = \text{constante}$$

ou seja, ao longo de planos paralelos ao plano

$$g\,z - a\,x = 0,$$

que é a superfície livre do líquido, para a qual temos $p = p_0$. De outro modo, podemos dizer que as superfícies isobáricas são paralelas à superfície livre do líquido. Para esta última, temos

$$z = x \operatorname{tg} \theta,$$

de tal forma que

$$g(x \operatorname{tg} \theta) - a\,x = 0$$

que é equivalente à expressão

$$\operatorname{tg} \theta = \frac{a}{g}$$

que é a mesma expressão (9.55).

A figura seguinte ilustra os traços de algumas superfícies isobáricas.

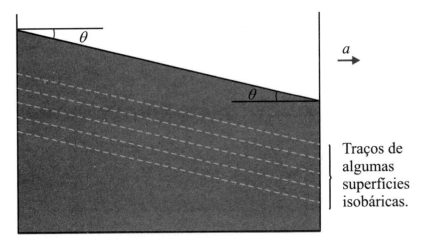

Fig. 9.46

Nota: se o recipiente for fechado e o líquido preenchê-lo completamente, não existirá superfície livre, mas as superfícies isobáricas continuarão obedecendo à equação (9.58).

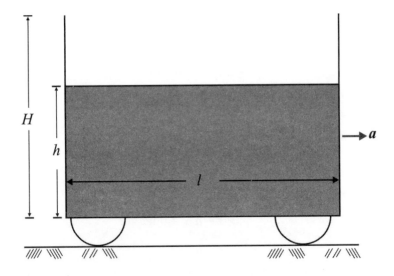

Fig. 9.47

EXEMPLO 9.27

Um recipiente na forma de um paralelepípedo sem tampa, cujas dimensões estão indicadas na figura 9.47, move-se com aceleração a. Sabendo-se que ele contém água até uma altura h, pede-se determinar a aceleração para que a água comece a entornar do mesmo.

SOLUÇÃO:

A figura 9.48 ilutra a situação em que a água começa a entornar do recipiente. Da expressão (9.58), vem

$$\operatorname{tg} \theta = \frac{a}{g} \qquad \text{(i)}$$

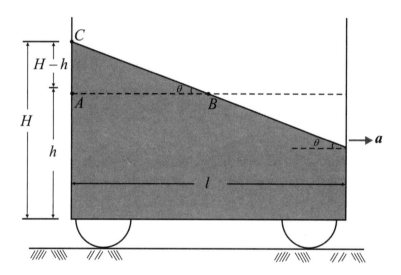

Fig.9.48

Entretanto, do triângulo ABC, tiramos

$$\operatorname{tg} \theta = \frac{H-h}{l/2} = \frac{2(H-h)}{l} \qquad \text{(ii)}$$

Pelas expressões (i) e (ii), concluímos

$$\frac{a}{g} = \frac{2(H-h)}{l} \to a = \frac{2(H-h)g}{l}$$

EXEMPLO 9.28*

Um recipiente na forma de um paralelepípedo aberto de 6,00 m de comprimento, 1,80 m de altura e 2,10 m de largura, contém água até o nível 0,90 m. Se a aceleração linear horizontal é de 2,41 m/s²

(a) determine a força total devida à ação da água nas extremidades anterior e posterior do recipiente e **(b)** mostre que a diferença entre essas forças é igual à força resultante necessária para acelerar a massa líquida. Considere a massa específica da água como sendo $\mu = 1,00$ g/cm^3 = $1,00\times10^3$ kg/cm^3 e a aceleração da gravidade dada por $g = 9,80$ m/s^2.

SOLUÇÃO:

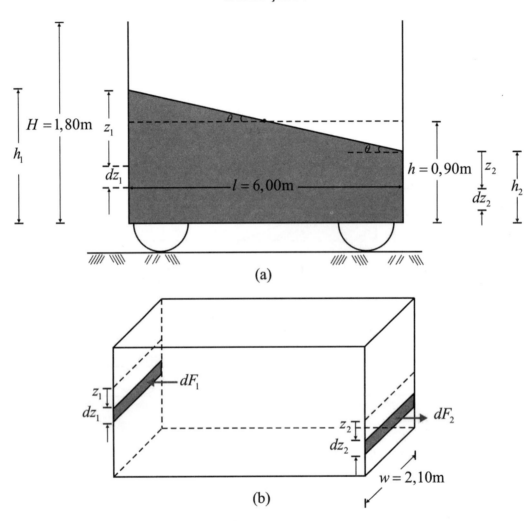

Fig. 9.49

(a)

Pela expressão (9.58), vem

$$\text{tg}\,\theta = \frac{a}{g} = \frac{2,41}{9,80} = 0,246$$

Da figura, concluímos

$$d = \frac{l}{2}\text{tg}\,\theta = 3,00\times 0,246 = 0,738 \text{ m}$$

Temos também

$$\begin{cases} h_1 = h + d = 0,90 \ \text{m} + 0,738 \ \text{m} = 1,64 \ \text{m} \\ h_2 = h - d = 0,90 \ \text{m} - 0,738 \ \text{m} = 0,16 \ \text{m} \end{cases}$$

Uma vez que estamos interessados apenas nas forças exercidas pela água, não vamos considerar a pressão atmosférica, o que nos conduz a

$$\begin{cases} p_1 = \mu \ g \ z_1 \\ p_2 = \mu \ g \ z_2 \end{cases}$$

Trabalhando com uma área diferencial

$$dS_1 = w \ dz_1,$$

temos

$$dF_1 = p_1 \ dS_1 = \left(\mu \ g \ z_1 \right)\left(w \ dz_1 \right) = \mu \ g \ w \ z_1 \ dz_1$$

Integrando todas as forças diferenciais, obtemos

$$F_1 = \int dF_1 = \int_{z_1=0}^{z_1=h_1} \mu \ g \ w \ z_1 \ dz_1 = \frac{\mu \ g \ w \ z_1^2}{2} = \frac{\left(1,00\times10^3\right)\left(9,80\right)\left(2,10\right)\left(1,64\right)^2}{2} = 27,7\times10^3 \, \text{N}$$

De forma análoga, obtemos também

$$F_2 = \int dF_2 = \int_{z_1=0}^{z_1=h_2} \mu \ g \ w \ z_2 \ dz_2 = \frac{\mu \ g \ w \ z_2^2}{2} = \frac{\left(1,00\times10^3\right)\left(9,80\right)\left(2,10\right)\left(0,16\right)^2}{2} = 263 \ \text{N}$$

(b)

A diferença entre F_1 e F_2 é dada por

$$R = F_1 - F_2 = 27,7\times10^3 - 263 = 27,4\times10^3 \, \text{N}$$

Entretanto, da segunda lei de **Newton**,

$$\sum F = m \ a$$

A seção reta é um trapézio cuja base maior é igual a 1,64 m, a base menor igual a 0,16 m e a altura é igual a 6,00 m, de modo que a área é

$$S = \frac{\left(1,64 + 0,16\right)\left(6,00\right)}{2} = 5,40 \ \text{m}^2$$

O volume é dado por

$$v = S\ w = (5,40)(2,10) = 11,3\ \text{m}^2$$

e a massa

$$m = \mu\ v = (1,00 \times 10^3)(11,3) = 11,3 \times 10^3\ \text{m}^3$$

Finalmente,

$$\sum F = m\ a = (11,3 \times 10^3)(2,41) = 27,3 \times 10^3\ \text{N}$$

e as respostas são idênticas dentro da precisão adotada.

9.11.3 - Líquido em Movimento de Translação Uniformemente Acelerada ao Longo de um Plano Inclinado

Um recipiente aberto desliza por um plano inclinado sem atrito, conforme aparece na parte (a) da figura 9.50. Neste caso, veremos que a superfície livre do líquido ficará paralela ao plano inclinado.

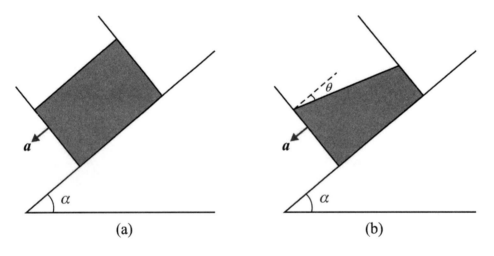

Fig. 9.50

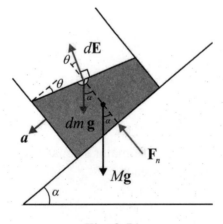

Fig. 9.51

Vamos assumir, inicialmente, que a superfície livre do líquido forme um ângulo θ com o plano inclinado. Isolando uma partícula de líquido, de massa diferencial dm, situada na superfície livre, temos

$$\sum F_x = dm\, a \to dm\, g\, \text{sen}\,\alpha - dE\, \text{sen}\,\theta = dm\, a \qquad \text{(i)}$$

$$\sum F_y = 0 \to dE \cos\theta = dm\, g \cos\alpha \qquad \text{(ii)}$$

Para o recipiente inteiro, inclusive o líquido, com massa total M, vem

$$\sum F_x = M\, a \to Mg\, \text{sen}\,\alpha = Ma \to a = g\, \text{sen}\,\alpha \qquad \text{(iii)}$$

Substituindo (iii) em (i), temos

$$dm\, g\, \text{sen}\,\alpha - dE\, \text{sen}\,\theta = dm\, g\, \text{sen}\,\alpha \to dE\, \text{sen}\,\theta = 0 \qquad \text{(iv)}$$

Pelas expressões (iv) e (ii),

$$\begin{cases} dE\, \text{sen}\,\theta = 0 \\ dE \cos\theta = dm\, g \cos\alpha \end{cases}$$

Dividindo membro a membro, concluímos

$$\text{tg}\,\theta = 0 \to \theta = 0$$

e a situação é a esquematizada na parte (a) da figura 9.50.
Se houver atrito entre o fundo do recipiente e o plano inclinado, sendo μ_c o coeficiente de atrito cinético, vamos demonstrar que a inclinação da superfície livre, evidenciada na parte (b) da figura 9.50, é tal que $\text{tg}\,\theta = \mu_c$.

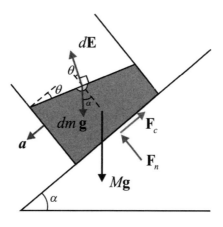

Fig. 9.52

As expressões (i) e (ii) da análise sem atrito para a partícula continuam válidas, só que vão ser renumeradas, respectivamente como (v) e (vi).

$$\sum F_x = dm\, a \rightarrow dm\, g\, \mathrm{sen}\, \alpha - dE\, \mathrm{sen}\, \theta = dm\, a \tag{v}$$

$$\sum F_y = 0 \rightarrow dE \cos \theta = dm\, g \cos \alpha \tag{vi}$$

Para o recipiente inteiro, inclusive o líquido, com massa total M, vem

$$\sum F_x = M\, a \rightarrow Mg\, \mathrm{sen}\, \alpha - F_c = Ma \tag{vii}$$

$$\sum F_y = 0 \rightarrow F_n - Mg \cos \alpha = 0 \rightarrow F_n = Mg \cos \alpha \tag{viii}$$

Porém, a relação entre o atrito cinético e a reação normal é

$$F_c = \mu_c F_n$$

de modo que

$$F_c = \mu_c Mg \cos \alpha \tag{ix}$$

que substituída em (vii) leva a

$$Mg\, \mathrm{sen}\, \alpha - \mu_c Mg \cos \alpha = Ma \rightarrow a = g\, \mathrm{sen}\, \alpha - \mu_c g \cos \alpha \tag{x}$$

que substituída em (v) conduz a

$$dm\, g\, \mathrm{sen}\, \alpha - dE\, \mathrm{sen}\, \theta = dm\left(g\, \mathrm{sen}\, \alpha - \mu_c g \cos \alpha \right) \rightarrow dE\, \mathrm{sen}\, \theta = \mu_c\, dm\, g \cos \alpha \tag{xi}$$

Pelas expressões (xi) e (vi),

$$\begin{cases} dE\, \mathrm{sen}\, \theta = \mu_c\, dm\, g \cos \alpha \\ dE \cos \theta = dm\, g \cos \alpha \end{cases}$$

Dividindo membro a membro, concluímos

$$\mathrm{tg}\, \theta = \mu_c$$

e a situação é a esquematizada na parte (a) da figura 9.50.

9.11.4 - Líquido em Movimento de Translação Vertical Uniformemente Acelerada

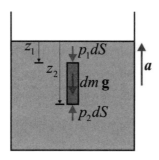

Fig. 9.53

Nesse caso, as superfícies isobáricas se mantêm horizontais, só que tudo se passa como se o campo gravitacional fosse $g+a$, se recipiente estiver acelerado para cima, e $g-a$ se ele estiver acelerado para baixo. Inicialmente, vamos analisar a aceleração para cima. Isolando um elemento do fluido de massa dm, massa específica μ, altura $z_2 - z_1$, e seção reta dS, de acordo com a segunda lei de **Newton**, temos

$$p_2\, dS - dm\, g - p_1\, dS = dm\, a \rightarrow p_2\, dS - \mu(z_2 - z_1)dS\, g - p_1\, dS = \mu(z_2 - z_1)dS\, a$$

Uma vez que $dS \neq 0$, temos

$$p_2 = p_1 + \mu(g+a)(z_2 - z_1) \tag{9.59a}$$

ou de outro modo,

$$\Delta p = \mu(g+a)\Delta z \tag{9.59b}$$

Se compararmos tais expressões, respectivamente com (9.57a) e com (9.57b), verificaremos que tudo se passa na presença de um campo gravitacional aparente dado por $g+a$. Para melhor visualizar tal efeito é importante que desenvolvamos uma análise empregando um referencial solidário ao recipiente, no qual vai aparecer, além das forças listadas acima, a força de inércia $-m\,a$.

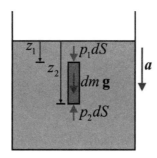

Fig. 9.54

Para o caso da aceleração apontar para baixo, o procedimento é análogo, ou seja,

$$p_1\,dS + dm\,g - p_2\,dS = dm\,a \to p_1\,dS + \mu(z_2 - z_1)dS\,g - p_2\,dS = \mu(z_2 - z_1)dS\,a$$

Uma vez que $dS \neq 0$, temos

$$p_2 = p_1 + \mu(g-a)(z_2 - z_1) \tag{9.60a}$$

ou de outra forma,

$$\Delta p = \mu(g-a)\Delta z \tag{9.60b}$$

9.11.5 - Líquido em Movimento de Rotação Uniforme

Um recipiente contendo um líquido genérico está situado sobre uma plataforma horizontal. Se for aplicado um torque externo à plataforma, de modo que a mesma adquira um movimento de rotação uniforme, ou seja, velocidade angular constante, a forma da superfície livre do líquido se estabilizará conforme evidenciado na figura 9.55.

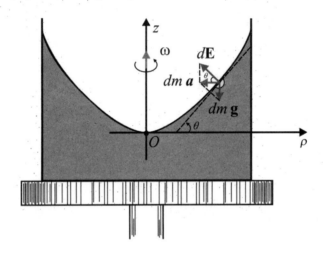

Fig. 9.55

- Primeira análise:

Vamos, mais uma vez, isolar uma partícula do líquido situada logo abaixo da superfície livre do mesmo. Agindo sobre tal massa diferencial temos as seguintes forças:

- Resultante $d\mathbf{E}$ das forças de pressão.

- Peso $dm\,\mathbf{g}$ da partícula de massa dm.

A resultante de tais forças deve ser igual a $dm\,\mathbf{a}_c$, onde $\mathbf{a}_c$ é a aceleração centrípeta da partícula. A situação possui simetria de revolução ou, conforme preferem alguns autores, simetria azimutal. Vamos, então, empregar um referencial R solidário ao laboratório (inercial), com as coordenadas cilíndricas ρ, ϕ e z associadas ao mesmo. Tomemos como plano da figura um plano meridiano qualquer, definido por $\phi =$ constante, confor-me ilutrado na figura 9.57. Temos então

As Variações Espaciais das Grandezas Físicas e os Conceitos de Gradiente, Divergência e Rotacional

- direção ρ:

$$\sum F_\rho = dm\, a_c \to dE \operatorname{sen}\theta = dm\left(\omega^2 \rho\right) \qquad \textbf{(i)}$$

- direção z:

$$\sum F_z = 0 \to dE \cos\theta = dm\, g \qquad \textbf{(ii)}$$

Dividindo membro a membro as expressões (i) e (ii), obtemos

$$\operatorname{tg}\theta = \frac{\omega^2 \rho}{g}$$

Devido a simetria azimutal envolvida no problema, temos que a meridiana[16]da superfície livre do líquido é da forma $z = z(\rho)$ e podemos expressar

$$\frac{dz}{d\rho} = \operatorname{tg}\theta = \frac{\omega^2 \rho}{g}$$

que pode ser colocada sob a forma

$$dz = \frac{\omega^2 \rho}{g}\, d\phi$$

Por integração, temos

$$\int dz = \int \frac{\omega^2 \rho}{g}\, d\rho$$

o que nos conduz a

$$z = \frac{\omega^2 \rho^2}{2g} + C$$

Pela figura verificamos que para $\rho = 0$ temos também $z = 0$. Substituindo tais condições na última expressão, segue-se

$$0 = \frac{\omega^2 (0)^2}{2g} + C \to C = 0$$

e a equação da meridiana assume a forma

---

[16] A meridiana de uma superfície de revolução é a interseção da mesma com qualquer plano que passe pelo eixo de revolução.

$$z = \frac{\omega^2 \rho^2}{2g} \qquad (9.61)$$

- Segunda análise:

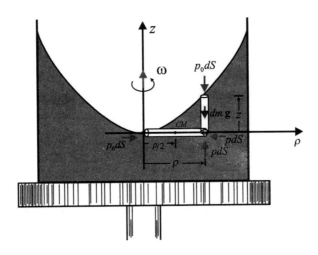

Fig. 9.56

Consideremos, na figura mesma figura, dois filetes do líquido, com a mesma seção reta diferencial *dS*, porém com localizações diferentes. Para o filete horizontal, sendo μ a massa específica do líquido, temos

$$\sum F_\rho = dm\, a_c \rightarrow p_0\, dS - p\, dS = \left[\mu\, \rho\, dS\right]\left[-\omega^2\left(\frac{\rho}{2}\right)\right]$$

Uma vez que $dS \neq 0$, temos

$$p - p_0 = \frac{\mu\, \omega^2 \rho^2}{2} \qquad \textbf{(iii)}$$

Para o filete vertical, temos

$$\sum F_z = 0 \rightarrow p\, dS - (\mu\, z\, dS)\, g - p_0\, dS = 0$$

Uma vez que $dS \neq 0$, vem

$$p - p_0 = \mu\, g\, z \qquad \textbf{(iv)}$$

De (iii) e (iv), vem

$$\frac{\mu\, \omega^2 \rho^2}{2} = \mu\, g\, z$$

isto é,

$$z = \frac{\omega^2 \rho^2}{2g}$$

que é a expressão (9.58) já deduzida.

- 3ª Análise:

Para uma análise mais geral da experiência, vamos trabalhar com um elemento diferencial de volume dv e massa $dm = \mu\, dv$, situado em um ponto qualquer do líquido. A força resultante que age sobre o elemento diferencial é [17]

$$\underbrace{\left(-\boldsymbol{\nabla}p\right)dv}_{\substack{\text{resultante das}\\\text{forças de pressão}}} - \underbrace{\mu\, dv\, g\, \mathbf{u}_z}_{\substack{\text{peso do elemento}\\\text{diferencial}}} = dm\, \boldsymbol{a}_c = \mu\, dv\left(-\omega^2 \rho\, \mathbf{u}_\rho\right)$$

que pode ser colocada sob a forma

$$-dv\left(\boldsymbol{\nabla}p + \mu\, g\, \mathbf{u}_z\right) = -\mu\, dv\, \omega^2 \rho\, \mathbf{u}_\rho$$

Uma vez que $dv \neq 0$, temos

$$\boldsymbol{\nabla}p + \mu\, g\, \mathbf{u}_z = \mu\, \omega^2 \rho\, \mathbf{u}_\rho$$

ou seja,

$$\frac{\partial p}{\partial \rho}\boldsymbol{u}_\rho + \frac{1}{\rho}\frac{\partial p}{\partial \phi}\mathbf{u}_\phi + \frac{\partial p}{\partial z}\mathbf{u}_z + \mu\, g\, \mathbf{u}_z = \mu\, \omega^2 \rho\, \mathbf{u}_\rho$$

que pode ser simplificada para

$$\left(\frac{\partial p}{\partial \rho} - \mu\, \omega^2 \rho\right)\mathbf{u}_\rho + \frac{1}{\rho}\frac{\partial p}{\partial \phi}\mathbf{u}_\phi + \left(\frac{\partial p}{\partial z} + \mu\, g\right)\mathbf{u}_z = 0$$

sendo equivalente ao sistema

$$\begin{cases} \dfrac{\partial p}{\partial \rho} = \mu\, \omega^2 \rho \\[2mm] \dfrac{\partial p}{\partial \phi} = 0 \\[2mm] \dfrac{\partial p}{\partial z} = -\mu\, g \end{cases}$$

---

[17] Atenção para o fato de que na presente situação o eixo z está apontando para cima, diferentemente da experiência anterior em que ele aponta para baixo.

A observação do sistema nos leva a concluir que a pressão não varia com a coordenada ϕ, o que era um resultado esperado devido a simetria azimutal; ela varia somente com as coordenadas ρ e z, quer dizer,

$$p = p(\rho, z) \tag{v}$$

Da primeira equação do sistema, vem

$$p = \frac{\mu\, \omega^2 \rho^2}{2} + f(z) \tag{vi}$$

e da terceira,

$$p = -\mu\, g\, z + f(\rho) \tag{vii}$$

De (v), (vi) e (vii) concluímos que $p = p(\rho, z)$ deve ser da forma

$$p = \frac{\mu\, \omega^2 \rho^2}{2} - \mu\, g\, z + C$$

No ponto $O\,(0,0)$ devemos ter $p = p_0$, o que nos leva a

$$p_0 = \frac{\mu\, \omega^2 (0)^2}{2} - \mu\, g\,(0) + C \to C = p_0$$

e em decorrência,

$$p = \mu\left(\frac{\omega^2 \rho^2}{2} - g\, z\right) + p_0 \tag{viii}$$

Analisando tal equação, verificamos que p é constante para

$$\frac{\omega^2 \rho^2}{2} - g\, z = \text{constante} \to z = \frac{\omega^2 \rho^2}{2g} + K \ ,$$

sendo K uma outra constante. Percebemos, pois, que as meridianas isobáricas constituem uma família de parábolas e que as superfícies isobáricas são parabolóides de revolução. Na superfície do líquido temos $p = p_0$, condição esta que substituida na expressão (viii) nos leva a

$$p_0 = \mu\left(\frac{\omega^2 \rho^2}{2} - g\, z\right) + p_0$$

de onde se obtém a equação de sua meridiana, que é

As Variações Espaciais das Grandezas Físicas e os Conceitos de Gradiente, Divergência e Rotacional   131

$$z = \frac{\omega^2 \rho^2}{2g}$$

sendo a mesma expressão (9.61).

A figura seguinte ilustra os traços de algumas superfícies isobáricas.

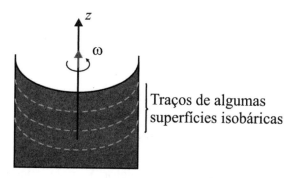

Fig. 9.57

Nota: se o recipiente for fechado e o líquido preenchê-lo completamente, não existirá superfície livre, mas as superfícies isobáricas continuarão a obedecer à equação (9.61).

EXEMPLO 9.29*

Um recipiente tem o formato de um cilindro circular reto, possuindo um tubo vertical cujo eixo está a uma distância R do eixo de rotação do tanque. O recipiente encontra-se inicialmente em repouso e cheio de água até o nível da tampa. Em seguida, ele é destampado e começa a girar com uma velocidade angular constante e igual a 150 rpm, e o nível da água ascende no tubo vertical até uma altura h acima do nível central aberto à atmosfera. Pede-se determinar o valor da altura h no eixo do tubo vertical. Dados:

$$R = \frac{0,400}{\pi} \text{m}, \ \mu = 1,00 \text{ g/cm}^3 = 1,00 \times 10^3 \text{ kg/cm}^3 \text{ e } g = 9,80 \text{ m/s}^2.$$

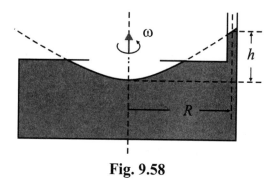

Fig. 9.58

SOLUÇÃO:

Pela expressão (9.61),

$$z = \frac{\omega^2 \rho^2}{2g}$$

Fazendo $z = h$, $\rho = R$ e convertendo a velocidade angular de rpm para rad / s, temos

$$\omega = (150)\left(\frac{2\pi}{60}\right) = 5\pi \text{ rad / s} \rightarrow h = \frac{\omega^2 R^2}{2g} = \frac{(5\pi)^2\left(\frac{0,400}{\pi}\right)^2}{2(9,80)} = 0,204 \text{ m} = 20,4 \text{ cm}$$

QUESTÕES

9.1- Você poderia determinar o gradiente da massa de um corpo?

9.2- Seja agora o escalar definido, a partir do vetor **V**, pela operação $\Psi = \iint_S \mathbf{V} \cdot d\mathbf{S}$. É possível determinar $\nabla\Psi$? Explique.

9.3- Será útil o conceito de vetor gradiente na construção de uma estrada nas montanhas se conhecermos a função altitude dos pontos da região, semelhantemente ao que ocorre na figura 9.4?

9.4- Queremos lançar um cabo submarino para transportar energia, sob regime de alta tensão, de um continente para uma ilha que lhe é próxima. Dispomos de uma carta náutica onde estão assinaladas as profundidades do oceano e podemos, a partir da mesma, levantar por computador a função profundidade dos pontos do fundo do oceano. Como você empregaria o conceito de gradiente para otimizar o projeto?

9.5- Por quê a divergência é um escalar e o rotacional é um vetor se ambos traduzem variações de um campo vetorial?

9.6- Você poderia determinar o rotacional da velocidade de um projétil em um ponto qualquer da trajetória? Explique.

9.7*- O rotacional de um campo vetorial **V** será perpendicular a **V** para toda função vetorial **V**? Justifique sua resposta.

9.8- Você pode dar um exemplo de um campo escalar associado ao conceito de fonte?

9.9- Dê um exemplo de dois campos diferentes, um escalar e outro vetorial, associados a uma mesma fonte.

9.10- Dê um exemplo de campo vetorial cuja fonte associada seja de caráter puramente matemático.

9.11- Dê um exemplo de campo escalar para o qual não faça sentido associar uma fonte, mesmo que de caráter puramente matemático.

9.12- Dê um exemplo de situação física onde ocorram simultaneamente as presenças de fontes de

As Variações Espaciais das Grandezas Físicas e os Conceitos de Gradiente, Divergência e Rotacional   133

fluxo (de ambos os tipos) e de fontes de vórtice?

9.13 * - Por quê na canaleta ilustrada nas figuras 9.29 e 9.30, existem pontos de rotacional não nulo e a água não gira, mas quando colocamos o vorticímetro em tais locais ele gira, bem como a água ao seu redor, denotando a existência de rotacional? Isto não parece incoerente com o que é apresentado na figura integrante da resposta da questão anterior? Repare que no do rio existem vários redemoinhos.

RESPOSTAS DAS QUESTÕES

9.1- Não, pois a massa não é uma função escalar de ponto, uma vez que é definida apenas ao longo de um extensão (volume).

9.2- Não, pois Ψ não é uma função escalar de ponto, sendo definida apenas ao longo de uma extensão (área).

9.3- Sim, pois o gradiente vai nos fornecer, neste caso, a máxima inclinação do terreno em cada ponto e, devemos lembrar, que uma boa estrada deve apresentar subidas e descidas contínuas e suaves, a fim de que os motores e os freios dos veículos não sejam solicitados em excesso.

9.4- É do nosso conhecimento que quanto menor for o comprimento do cabo lançado entre a costa e a ilha, menores serão as perdas ôhmicas e os gastos em termos de material e mão-de-obra. Assumindo que o fundo do mar é irregular, o menor comprimento nem sempre é obtido projetando a menor distância entre a costa e a ilha sobre o fundo do mar. Assim, por meio da função profundidade e do conceito de gradiente (maior declividade com a distância) podemos, com o auxílio de um programa computacional eficaz, otimizar o projeto.

9.5- A divergência analisa, basicamente, variações longitudinais, de modo que o conceito de direção para cada variação já está implícito. Já o rotacional analisa variações transversais das "pseudo-componentes" (vide subseção 9.5.6) e cada componente possui duas direções que lhe são transversais. Daí a necessidade do conceito de vetor.

9.6- Sim, pois $\mathbf{v}$ pode ser expressa em função das coordenadas de um ponto P genérico da trajetória do projétil.

9.7- A resposta é não, e pode ser justificada por meio de um contra-exemplo. Seja, então, o campo vetorial $\mathbf{V} = x\,z^3\mathbf{u}_x - 2\,x^2 y\,z\,\mathbf{u}_y + 2\,y\,z^4\mathbf{u}_z$ do exemplo 9.12. Para o ponto considerado, $P(1,-1,1)$, temos

$$\mathbf{V}\big|_P = \mathbf{u}_x - 2\,\mathbf{u}_y + 2\,\mathbf{u}_z$$

Entretanto, do exemplo em questão, temos também

$$\nabla \times \mathbf{V}\big|_P = 3\,\mathbf{u}_y + 4\,\mathbf{u}_z$$

Assim sendo, o produto escalar é dado por

$$\left(\mathbf{V}|_P\right)\cdot\left(\nabla\times\mathbf{V}|_P\right)=(1)(0)+(2)(3)+(-2)(4)=-2\neq0$$

e vemos que $\mathbf{V}|_P$ e $\nabla\times\mathbf{V}|_P$ não são perpendiculares.

Alguns "apressados de plantão", podem ficar tentados a elaborar a falsa demonstração

$$\nabla\times\mathbf{V}\cdot\mathbf{V}=\nabla\cdot\mathbf{V}\times\mathbf{V}=0\,,$$

através da troca de posição entre $(\times)$ e $(\cdot)$, garantida pela regra de permutação do produto misto [expressão (2.58)], encararando o operador ∇ como sendo um "vetor simbólico". Na "demonstração" acima, somente um $\mathbf{V}$ deveria ter sido inicialmente derivado, daí o "absurdo que foi estabelecido".

Analiticamente, empregando coordenadas cartesianas retangulares, o campo vetorial é expresso por $\mathbf{V}=V_x\,\mathbf{u}_x+V_y\,\mathbf{u}_y+V_z\,\mathbf{u}_z$, em que, no caso mais geral, que é o dinâmico, temos

$$\begin{cases}V_x=V_x\left(x,y,z,t\right)\\V_y=V_y\left(x,y,z,t\right)\\V_z=V_z\left(x,y,z,t\right)\end{cases}$$

para o qual,

$$\nabla\times\mathbf{V}=\left(\frac{\partial V_z}{\partial y}-\frac{\partial V_y}{\partial z}\right)\mathbf{u}_x+\left(\frac{\partial V_x}{\partial z}-\frac{\partial V_z}{\partial x}\right)\mathbf{u}_y+\left(\frac{\partial V_y}{\partial x}-\frac{\partial V_x}{\partial y}\right)\mathbf{u}_z$$

Para que tenhamos $\mathbf{V}$ e $\nabla\times\mathbf{V}$ perpendiculares, o seu produto escalar deve ser nulo, o que implica

$$V_x\left(\frac{\partial V_z}{\partial y}-\frac{\partial V_y}{\partial z}\right)+V_y\left(\frac{\partial V_x}{\partial z}-\frac{\partial V_z}{\partial x}\right)+V_z\left(\frac{\partial V_y}{\partial x}-\frac{\partial V_x}{\partial y}\right)=0$$

o que ocorre, se tivermos, por exemplo,

$$\begin{cases}\dfrac{\partial V_z}{\partial y}=\dfrac{\partial V_y}{\partial z}\\[2mm]\dfrac{\partial V_x}{\partial z}=\dfrac{\partial V_z}{\partial x}\\[2mm]\dfrac{\partial V_y}{\partial x}=\dfrac{\partial V_x}{\partial y}\end{cases}$$

ou

$$\begin{cases} V_z = 0 \\ V_y \dfrac{\partial V_x}{\partial z} = V_x \dfrac{\partial V_y}{\partial z} \end{cases}$$

e tais condições são facilmente violáveis. No entanto, **atenção estudantes de Eletromagnetismo**: para os campos magnéticos **B** encontados em nosso mundo físico, teremos sempre $\nabla \times \mathbf{B}$ e **B** perpendiculares, valendo a regra de envolver as linhas de **B** com os dedos da mão direita e obter a orientação de $\nabla \times \mathbf{B}$ através do polegar da mesma mão. O mesmo acontece com a intensidade magnética **H** e $\nabla \times \mathbf{H}$, que também são perpendiculares.

9.8- O campo de temperaturas ao redor de uma chama.

9.9- O campo potencial eletrostático V e o campo eletrostático **E** associados à uma carga elétrica estática e isolada.

9.10- Seja o campo vetorial constituído pelos vetores-posição dos pontos $P(x,y,z)$ do espaço, $\mathbf{r} = x\,\mathbf{u}_x + y\,\mathbf{u}_y + z\,\mathbf{u}_z$. Temos que

$$\nabla \cdot \mathbf{r} = \frac{\partial x}{\partial x} + \frac{\partial y}{\partial y} + \frac{\partial z}{\partial z} = 1+1+1 = 3$$

No entanto, não faz nenhum sentido associarmos uma fonte de fluxo a este campo. Seja agora o vetor

$$\mathbf{E} = \frac{\rho_v\,\mathbf{r}}{3\varepsilon_o}\ ,$$

que representa o campo eletrostático no interior de um volume esférico uniformemente carregado com densidade volumétrica de cargas $\rho_v = \text{constante}$. Para este campo, temos

$$\nabla \cdot \mathbf{E} = \frac{\rho_v}{\varepsilon_0},$$

indicando que a carga por unidade de volume é uma fonte de fluxo para o campo eletrostático.

9.11- O campo de altitudes dos pontos de uma região montanhosa, conforme indicado na figura 9.4.

9.12- A figura a seguir já ilustra, por si só, uma situação adequada.

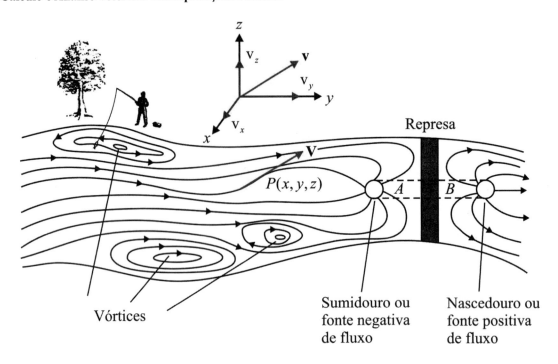

Fig. 9.59- Resposta da questão 9.12

9.13- Repare que temos um fluido, no caso a água, se deslocando na canaleta, e não um corpo rígido. Em um fluido a interação entre as moléculas do mesmo é bem mais flexível do que no caso de um corpo rígido. Assim sendo, para que uma "porção local" de água forme um redemoinho, em nível macroscópico, é necessario que as condições de variação transversal da velocidade da água estejam acima de um limite que não seja "absorvido", em nível microscópico, pelas "ligações" entre as moléculas da água. Sugiro que você faça um experimento simples:

— Encha um recipiente grande com água, como, por exemplo uma banheira. Em seguida, junte os dedos de uma de suas mãos, formando uma "pá" e mergulhe-a, perpendicularmente à superfície do líquido até um pouquinho acima do pulso. Então, desloque-a em linha reta mantendo o nível de imersão. Primeiro realize deslocamentos bem vagarosos e, depois, vá aumentando a velocidade. Você vai verificar que para os deslocamentos vagarosos, embora você tenha imprimido variações transversais de velocidade à água, não se formam redemoinhos, pelo menos em nível macroscópico. No entanto, a partir de uma certa velocidade de deslocamento da mão, começam a aparecer os rede-moinhos. Repare também que, se a água for potável, o resultado é um, mas que se você realizar o mesmo experimento em uma piscina, cuja massa específica (densidade absoluta) do líquido é maior, devido ao acréscimo bem mais elevado de produtos químicos para tratamento, os redemoinhos aparecem mais facilmente. No rio ilustrado na figura anterior, onde podem haver partículas de terra e até detritos, fica bem mais fácil de ocorrer os redemoinhos, ocasionados por variações transversais de velocidade devidas não só à viscosidade da água, mas também por obstáculos à corrente, quer superficiais quer submersos. Os redemoinhos serão mais ou menos radicais dependendo da massa específica e da viscosidade da "água", da velocidade da mesma e das dimensões e formas dos obstáculos ao fluxo.

Voltando ao caso do vorticímetro, que pode ser considerado como sendo um corpo rígido para tal tipo de experimento, as variações transversais de velocidade, que ocorrem fora da linha central de corrente, não são "absorvidas" em nível microscópico, e aí o artefato gira, que é um efeito em nível macroscópico.

As Variações Espaciais das Grandezas Físicas e os Conceitos de Gradiente, Divergência e Rotacional 137

PROBLEMAS

9.1- Obtenha a expressão do gradiente de uma função escalar, em coordenadas esféricas, a partir da expressão em coordenadas cartesianas retangulares, utilizando as relações entre os dois sistemas de coordenadas em questão.

9.2- Mostre que a operação gradiente de um campo escalar é um invariante sob as transformações de coordenadas cartesianas retangulares envolvendo translação e rotação.

9.3- Determine o gradiente dos seguintes campos escalares estáticos nos pontos indicados:

(a) $\Phi = 2yz^3 + x^4 z; A(1,2,1)$;

(b) $\Phi = 5\operatorname{sen}\phi\, e^{-\rho+z}; B\left(2\sqrt{2}, -45°, 2\right)$;

(c) $\Phi = \left(\dfrac{4}{r}\right)\operatorname{sen}\theta\operatorname{sen}\phi; C\left(2\sqrt{3}; 54,73°; -45°\right)$

9.4- Determine os valores das constantes a, b e c, para que o gradiente do campo escalar $\Phi = axy^2 + + byz + cx^3 z^2$, no ponto $P(1,2,-1)$, tenha módulo igual a 16 e seja paralelo ao eixo z.

9.5- Sendo $\Phi = 3x^2 y$ e $\Psi = xz^2 - 2y$, determine $\nabla(\nabla\Phi \cdot \nabla\Psi)$.

9.6- Sendo $\Phi = \ln|\mathbf{r}|$, em que $\mathbf{r}$ é o vetor posição de um ponto genérico do espaço, determine $\nabla\Phi$.

9.7- Dado o campo potencial $\Phi = \dfrac{K\operatorname{sen}\theta}{r^2}$, em coordenadas esféricas, determine a equação das linhas vetoriais do campo gradiente $\mathbf{V} = -\nabla\Phi$ que lhe é associado.

9.8*- Dada a função $\Phi = x^2 + y^2 + z^2$, determine a derivada direcional na direção da reta $\dfrac{x}{3} = \dfrac{y}{4} = \dfrac{z}{5}$ com relação ao ponto $P(1,2,3)$.

9.9- Dada a função $\Phi = xyz^2$, determine a maior taxa de variação com a distância no ponto $P(1,0,3)$.

9.10- Com relação à superfície de equação $x^2 - y^2 + yz = 2$, determine um vetor unitário normal no ponto $P(2,1,-1)$.

9.11- Para a função $\Phi = xyz^2$, determine $d\Phi/dl$ na direção que forma ângulos iguais com os semi-eixos positivos do referencial cartesiano retangular.

9.12- Dada a função $\Phi = \rho\cos\phi$, em coordenadas cilíndricas circulares, determine as expressões para $\nabla\Phi$ em coordenadas cilíndricas circulares e em coordenadas cartesianas retangulares.

9.13- Idem para a função $\Phi = \left(1 - \dfrac{a^2}{\rho^2}\right)\rho\cos\phi$.

138   **Cálculo e Análise Vetoriais com Aplicações Práticas**

9.14- Calcule a derivada direcional da função $\Phi = 1/\left(x^2 - y^2 + z^2\right)$, no ponto $P\left(1,0,-1\right)$ e na direção do vetor unitário $\mathbf{u}_r$ do sistema de coordenadas esféricas.

9.15- Determine a derivada direcional da função $\Phi = x^2 + y^2 + z^2$ e no ponto $P\left(0,-1,2\right)$, segundo os cossenos diretores $3/4$, $4/5$ e 0.

9.16- Em que direção e sentido, a partir do ponto $P\left(-1,1,0\right)$, a derivada direcional da função $\Phi = 2xz - y^2$ é máxima?

9.17*- Uma chapa metálica plana e muito delgada, situada no plano $z = 0$, é aquecida externamente de tal forma que, em regime permanente, a temperatura da mesma é dada pela equação $T = x^2 + y^2$. Determine em que direção e sentido, a partir do ponto $P\left(3,4\right)$, a variação da temperatura com a distância é máxima, e em que direção e sentido a temperatura permanece constante.

9.18- Determine as constantes α e β para que as superfícies $\Phi_1 = \alpha x^2 - \beta yz - \left(\alpha + 2\right)x$ e $\Phi_2 = 4x^2 y + z^3 - 4$ sejam ortogonais no ponto $P_0\left(1,-1,2\right)$.

9.19*- Determine as equações da reta tangente às superfícies $x^2 + y^2 + z^2 = 9$ e $x^2 + y^2 - 8z^2 = 0$, no ponto $P_0\left(2,2,1\right)$.

9.20*- Determine as equações da reta normal e do plano tangente à superfície dada por $x^2 + y^2 + z^2 = 9$, no ponto $P_0\left(2,2,1\right)$.

9.21- Determine a derivada direcional do vetor $\mathbf{A} = zy^2\,\mathbf{u}_x + zx^2\,\mathbf{u}_y + xy\,\mathbf{u}_z$, segundo a direção do vetor unitário, $\mathbf{u_V} = -\dfrac{4}{9}\mathbf{u}_x + \dfrac{4}{9}\mathbf{u}_y - \dfrac{7}{9}\mathbf{u}_z$ no ponto $P\left(1,1,2\right)$.

9.22- Determine a expressão (9.20), da divergência de um campo vetorial em coordenadas esféricas, a partir da forma compacta $\nabla \cdot \mathbf{V}$, pela aplicação do operador ∇, no sistema correspondente, a um campo vetorial $\mathbf{V} = V_r\,\mathbf{u}_r + V_\theta\,\mathbf{u}_\theta + V_\phi\,\mathbf{u}_\phi$.

9.23- Calcule, para o ponto $P\left(1,-1,2\right)$, a divergência de cada um dos seguintes campos vetoriais:

(a) $\mathbf{V} = \dfrac{\left(x\,\mathbf{u}_x + y\,\mathbf{u}_y + z\,\mathbf{u}_z\right)}{\sqrt{x^2 + y^2 + z^2}}$;

(b) $\mathbf{V} = 0{,}20\,\mathbf{u}_x - 0{,}60\,\mathbf{u}_y + 0{,}35\,\mathbf{u}_z$;

(c) $\mathbf{V} = xy^2 z^3\left(\mathbf{u}_x + 2\,\mathbf{u}_y + 3\,\mathbf{u}_z\right)$

9.24- Calcule, para o ponto $P\left(2, 90^\circ, 1\right)$, o valor numérico da divergência de cada um dos seguintes campos vetoriais:

(a) $\mathbf{V} = 2\rho z\left(\cos\phi + \operatorname{sen}\phi\right)\mathbf{u}_\rho + \rho z\left(\cos\phi - \operatorname{sen}\phi\right)\mathbf{u}_\phi + \rho^2\left(\cos\phi + \operatorname{sen}\phi\right)\mathbf{u}_z$;

(b) $V = 12\,\mathbf{u}_\rho + 4\,\mathbf{u}_z$;

(c) $V = 5\rho^2 z\,\phi\left(\mathbf{u}_\rho + 2\,\mathbf{u}_\phi - 3\,\mathbf{u}_z\right)$

9.25- Determine o valor da divergência, no ponto $P(2,30^\circ,90^\circ)$, para os campos a seguir:

(a) $V = \operatorname{sen}^2\theta\operatorname{sen}\phi\,\mathbf{u}_r + \operatorname{sen}2\theta\operatorname{sen}\phi\,\mathbf{u}_\theta + \operatorname{sen}\theta\cos\phi\,\mathbf{u}_\phi$;

(b) $V = 0,1\,\mathbf{u}_r$;

(c) $V = 0,2r^3\phi\operatorname{sen}^2\theta\left(\mathbf{u}_r + \mathbf{u}_\theta + \mathbf{u}_\phi\right)$

9.26- Determine a expressão (9.27), do rotacional de um campo vetorial V em coordenadas esféricas, a partir da forma compacta $\nabla\times V$, pela aplicação do operador ∇, no sistema correspondente, ao campo vetorial $V = V_r\,\mathbf{u}_r + V_\theta\,\mathbf{u}_\theta + V_\phi\,\mathbf{u}_\phi$.

9.27- Mostre que as operações divergência e rotacional de um campo vetorial V são invariantes sob as transformações de coordenadas cartesianas retangulares envolvendo translação e rotação.

9.28- Dados os campos vetoriais $V_1 = x\,\mathbf{u}_x + y\,\mathbf{u}_y + n\,\mathbf{u}_z$ e $V_2 = -y\,\mathbf{u}_x + x\,\mathbf{u}_y - n\,\mathbf{u}_z$, para os quais n é uma constante, determine:

(a) as taxas de produtividade de linhas vetoriais por unidade de volume;

(b) as taxas máximas de circulação por unidade de área.

9.29- Idem para os campos $V_1 = -x\,\mathbf{u}_x + y\,\mathbf{u}_y + m\,\mathbf{u}_z$ e $V_2 = m\left[x\,\mathbf{u}_x + y\,\mathbf{u}_y + (z-x)\mathbf{u}_z\right]$, para os quais m é uma constante.

9.30- Determine o rotacional dos seguintes campos vetoriais:

(a) $V = \cos\phi\,\mathbf{u}_\rho - \dfrac{\operatorname{sen}\phi}{\rho}\mathbf{u}_\phi + \rho^2\mathbf{u}_z$;

(b) $V = r^2\mathbf{u}_r + 2\cos\theta\,\mathbf{u}_\theta - \phi\,\mathbf{u}_\phi$;

(c) $V = (2r + \alpha\cos\phi)\mathbf{u}_r - \alpha\operatorname{sen}\theta\,\mathbf{u}_\theta + r\cos\theta\,\mathbf{u}_\phi$ $(\alpha = \text{cte})$

9.31*- Conforme já é do nosso conhecimento, a divergência de um campo vetorial nos dá como resultado um escalar, e o rotacional conduz a um resultado expresso sob a forma vetorial. Suponhamos que tentássemos definir um vetor, diferente do rotacional, da seguinte maneira:

$$H = \frac{\partial V_x}{\partial x}\mathbf{u}_x + \frac{\partial V_y}{\partial y}\mathbf{u}_y + \frac{\partial V_z}{\partial z}\mathbf{u}_z$$

Podemos nos certificar que esta "ente matemático" é um vetor, ou devemos chamá-lo de "impostor"? Sugestão: verifique como ele se comporta quando giramos o sistema de referência em relação ao qual se consideram as coordenadas cartesianas retangulares. É suficiente verificar o que acontece com uma rotação de 90° em torno do eixo z. As novas coordenadas se relacionam com as antigas da seguinte forma:

$$\begin{cases} x^* = y\,;\ V_{x^*} = V_y\,; \\ y^* = -x\,;\ V_{y^*} = -V_x\,; \\ z^* = z\,;\ V_{z^*} = V_z \end{cases}$$

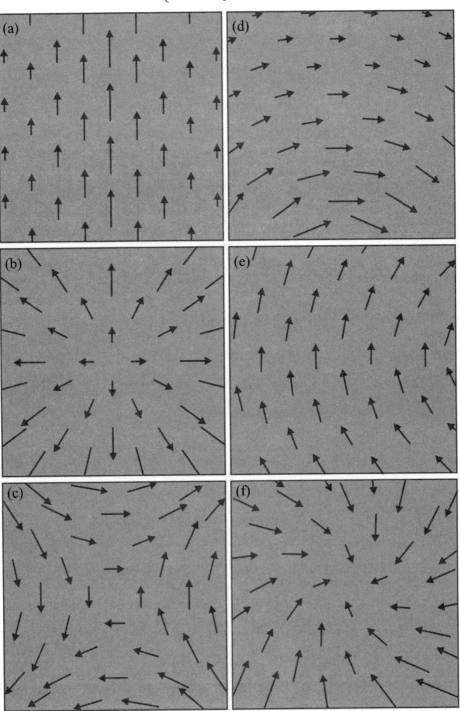

Fig. 9.60- Problema 9.32

As Variações Espaciais das Grandezas Físicas e os Conceitos de Gradiente, Divergência e Rotacional   141

9.32 *- Consideremos os seis campos bidimensionais ilustrados na figura 9.60. Quatro desses campos têm divergência nula na região considerada. Identifique-os. Divergência não nula implica em fluxo total diferente de zero de dentro para fora ou de fora para dentro de uma região. Isso é fácil de ser verificado em algumas configurações. Em outras você pode ser capaz até de enxergar imediatamente que a divergência é nula. Em três configurações o rotacional é nulo na região de interesse. Tente identificá-los verificando se a integral de linha ao longo de qualquer caminho é nula ou não.

9.33 *- Consideremos o movimento de um fluido com simetria axial, no qual as linhas do campo de velocidades são circunferências. Isto significa que $\mathbf{v}$, em qualquer ponto, é um vetor perpendicular a um plano contendo o ponto e o eixo. O eixo de simetria torna mais útil o emprego de um sistema de coordenadas cilíndricas circulares e, como última restrição, $\mathbf{v}$ deve ser função apenas da variável ρ. Então, qualquer movimento deste tipo pode ser descrito por $\mathbf{v} = \mathrm{v}(\rho)\mathbf{u}_\phi$. Utilizando a expressão do rotacional, em coordenadas cilíndricas circulares, mostre que, para campos deste tipo, o rotacional é dado, simplesmente, por

$$\nabla \times \mathbf{v} = \left\{ \frac{1}{\rho} \frac{d}{d\rho} \left[\rho \, \mathrm{v}(\rho) \right] \right\} \mathbf{u}_z .$$

Utilize esta expressão para estudar os seguintes casos particulares:

(a) O fluido move-se como um corpo rígido, girando em torno do eixo z com velocidade angular $\boldsymbol{\omega} = \omega \, \mathbf{u}_z$. Quanto vale $\nabla \times \mathbf{v}$ neste caso?

(b) O fluido se desloca de tal forma que $\nabla \times \mathbf{v} = 0$. Isto pode valer em qualquer ponto? Qual é a função $\mathrm{v}(\rho)$? Esboce graficamente este movimento.

(c) O fluido move-se de tal maneira que $\mathrm{v}(\rho)$ obedece a terceira lei de **Kepler** para movimento planetário circular (adapte o enunciado do problema proposto 8.5). Qual é a expressão de $\nabla \times \mathbf{v}$?

(d) Poderia ser esse o movimento dos anéis do planeta Saturno? Justifique.

9.34 *- O fluxo de água ao longo de um canal de irrigação com lados coincidentes com os planos $y = 0$ e $y = d$, conforme na figura 9.61, tem uma distribuição de velocidades dada por

$$\mathbf{v}(x, y, z) = \left(y - \frac{d}{2} \right)^2 z^2 \, \mathbf{u}_x .$$

Uma pequena roda de pás, livre para girar, está imersa na água com o seu eixo na direção coordenada z.

(a) A roda de pás vai girar? Em caso afirmativo, quais são as velocidades angulares de rotação nos pontos $P_1(x, d/4, 1), P_2(x, d/2, 1)$ e $P_3(x, 3d/4, 1)$?

(b) A roda de pás vai girar se o seu eixo for paralelo à direção x ou à direção y?

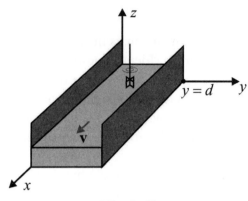

Fig. 9.61

9.35* - Seja o mesmo canal do problema precedente só que agora o campo de velocidades é dado por

$$\mathbf{v}(x,y,z) = v_0 \left[1 - \frac{4}{d^2}\left(y - \frac{d}{2}\right)^2\right] \mathbf{u}_x$$

A observação da expressão do campo de velocidades permite concluir que a velocidade da água é maior no meio da corrente $(y = d/2)$ e decresce a zero em cada margem (Num canal real o fluxo pode ser completamente diferente deste). Observa-se que um toco de maneira, flutuando a meio caminho entre a linha central de corrente e uma das margens, gira ao ser levado pela correnteza.

(a) Como isso se relaciona com o exemplo 9.15?

(b) Quando o toco desce pela corrente enquanto gira de 360°?

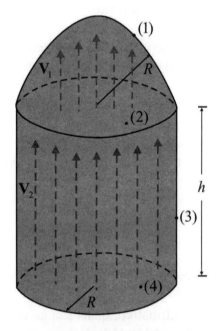

Fig. 9.62

9.36- Um campo vetorial tem intensidades $|V_1|=4$ e $|V_2|=10$, respectivamente dentro da semi-esfera e do cilindro da figura 9.62. Fora destas regiões o campo é nulo. Determine a divergência e o rotacional nos seguintes pontos: **(a)** 1, **(b)** 2 (que está entre a semi-esfera e o cilindro), **(c)** 3 e **(d)** 4 (que está na base do cilindro). **(e)** Construa uma tabela de valores.

9.37- Um campo vetorial **V** uniforme está confinado em duas regiões que compõem um cilindro circular reto, conforme aparece na figura 9.63. Na região A (cone circular reto) o módulo do campo vetorial é 5 e na região B o módulo é 10. Determine a divergência e o rotacional deste campo nos seguintes pontos: **(a)** 1, **(b)** 2, **(c)** 3 (que está na tampa superior), **(d)** 4 (que está na tampa inferior) e **(e)** 5. **(f)** Construa uma tabela de valores.

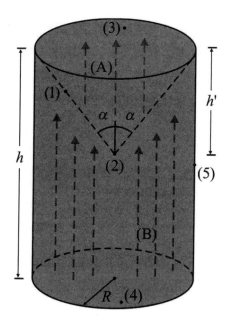

Fig. 9.63

9-38- Utilizando a definição alternativa de gradiente, determine as expressões correspondentes aos sistemas de coordenadas cilíndricas circulares e de coordenadas esféricas.

9.39- Utilizando a definição alternativa de rotacional, determine as expressões correspondentes aos sistemas de coordenadas cilíndricas circulares e de coordenadas esféricas.

9.40- Sendo $\mathbf{A} = 2yz\,\mathbf{u}_x - x^2 y\,\mathbf{u}_y + xz^2\,\mathbf{u}_z$, $\mathbf{B} = x^2\mathbf{u}_x + yz\,\mathbf{u}_y - xy\,\mathbf{u}_z$ e $\Phi = 2x^2 y\,z^3$, determine $(\mathbf{B}\cdot\nabla)\mathbf{A}$.

9.41- Sendo $\mathbf{A} = 2z\,\mathbf{u}_x + x^2\,\mathbf{u}_y + x\,\mathbf{u}_z$ e $\Phi = 2x^2 y^2 z^2$, determine $(\mathbf{A}\times\nabla)\Phi$ no ponto $P(1,-1,1)$.

9.42- Sendo **A** e **B** duas funções vetoriais mostre que $(\mathbf{A}\times\nabla)\cdot\mathbf{B} = \mathbf{A}\cdot(\nabla\times\mathbf{B})$.

9.43*- Mostre que a curvatura das linhas do campo vetorial **A** é dada por

$$k = \frac{|(\mathbf{A} \cdot \nabla) \mathbf{A}|}{\mathbf{A} \cdot \mathbf{A}}$$

9.44- Um recipiente, representado na figura 9.64, com uma pequena abertura no fundo está fixo a um carrinho, sendo que a soma da massa de ambos é M. A área da base do recipiente é S e a massa específica do líquido é μ. Desprezando-se os atritos, pergunta-se: qual a expressão da força com a qual se deve puxar o carrinho a fim de que no recipiente fique a máxima quantidade de água?

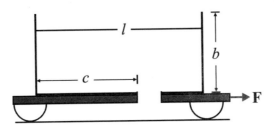

Fig. 9.64 - Problema 9.44

9.45*- Para medir-se a aceleração de um trem usou-se um tubo de vidro $ABCD$ de seção reta uniforme e pequena, com a forma e dimensões ilustradas na figura 9.45. O conjunto foi fixado no interior do trem com $ABCD$ no plano vertical e o sentido de movimento do trem de B para C. Colocou-se um líquido no tubo, com o trem em repouso, até a altura $l/3$. Pergunta-se qual a máxima aceleração do trem que se poderia medir com este aparelho, conhecido como acelerômetro de **Bernouilli**[18]. Despreze os efeitos da tensão superficial e da capilaridade.

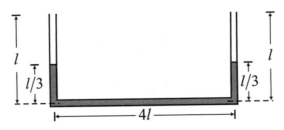

Fig. 9.65 - Problema 9.45

9.46- Se o recipiente do exemplo 9.28 estiver cheio de água e for acelerado na direção de seu comprimento à razão de 1,50 m/s^2, quantos litros de água transbordarão?

9.47*- Um tanque totalmente fechado, representado na figura 9.66, está sendo acelerado horizontalmente à razão constante de 5,00 m/s^2 para a direita. Sabendo-se que ele está completamente cheio de água ($\mu = 1,00$ g/cm^3 $= 1,00 \times 10^3$ kg/cm^3), que a aceleração da gravidade é dada por $g = 9,80$ m/s^2 e que indicação do manômetro situado no ponto C é 120 kPa, pede-se determinar as leituras nos manômetros situados em A e em B.

---

[18] Nenhuma família na história produziu tantos gênios quanto a **Bernoulli**, mas o trabalho sobre Hidrodinâmica foi desenvolvido por **Daniel Bernoilli I (1700-1782)**. Vale a pena ver a árvore genealógica dessa plêiade de gênios da humanidade, que foi incluída no Anexo 14 do volume desta obra.

As Variações Espaciais das Grandezas Físicas e os Conceitos de Gradiente, Divergência e Rotacional   145

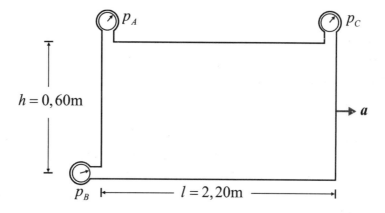

Fig. 9.66 - Problema 9.47

9.48*- Um recipiente aberto e contendo água, é acelerado no sentido ascendente de um plano inclinado, formando um ângulo de $30,0°$ com a horizontal, à razão de $3,60$ m/s², conforme ilustrado na figura correspondente. Assumindo $g = 9,80$ m/s², pede-se determinar o ângulo que a superfície livre da água forma com horizontal.

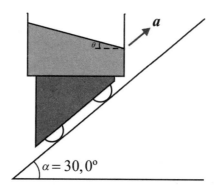

Fig. 9.67 - Problema 9.48

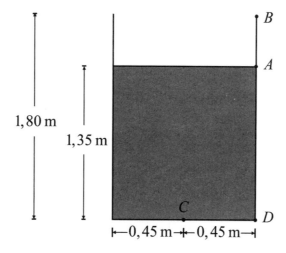

Fig. 9.68 - Problema 9.49

9.49- Um tanque cilíndrico aberto, de 1,80 m de altura e 0,90 m de diâmetro, contém 1,35 m de água. Se o tanque gira em torno do seu eixo geométrico, **(a)** que velocidade angular constante pode ser alcançada sem transbordamento da água e **(b)** quais as pressões manométricas em C e D quando $\omega = 5,00 \text{ rad/s}$?

9.50*- Um tubo cilíndrico, em forma de U, tem comprimento horizontal l e seção reta uniforme, estando preenchido com um líquido de massa específica constante μ. Sabendo-se que suas extremidades são abertas e que são desprezíveis os efeitos da tensão superficial e da capilaridade, pede-se determinar a diferença de altura das colunas líquidas nos braços verticais do tubo, se: **(a)** ele tiver aceleração a para a direita e, **(b)** for colocado sobre uma mesa giratória, animada de velocidade angular constante ω, sendo um dos braços verticais coincidente com o eixo de rotação. **(c)** Explique por que as diferenças de altura independem da massa específica do líquido, ou da área da seção reta do tubo. Seriam elas as mesmas, se as partes verticais não tivessem seções retas iguais? E se a parte horizontal do tubo fosse afinando?

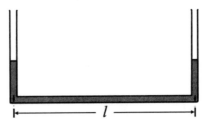

Fig. 9.69 - Problema 9.50

9.51*- Um tubo cilíndrico $ABCD$, em forma de U, tem comprimento horizontal igual ao das partes verticais e igual a l. Sua seção reta é uniforme e ele está preenchido com um líquido de massa específica constante μ. Sua extremidade A está aberta e a extremidade D está fechada. Ele é colocado sobre uma mesa giratória, animada de velocidade angular constante ω, sendo a linha AB coincidente com o eixo de rotação. Pede-se determinar as pressões absolutas nos pontos B, C e D.

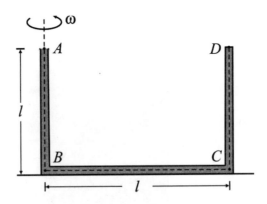

Fig. 9.70 - Problema 9.51

RESPOSTAS DOS PROBLEMAS

9.3-

(a) $4\,\mathbf{u}_x + 2\,\mathbf{u}_y + 13\,\mathbf{u}_z$

(b) $1,544\,\mathbf{u}_\rho + 0,546\,\mathbf{u}_\phi - 1,544\,\mathbf{u}_z$

(c) $0,192\,\mathbf{u}_r - 0,136\,\mathbf{u}_\theta + 0,236\,\mathbf{u}_\phi$

9.4- $a = 3, b = 12$ e $c = -4$

9.5- $\left(6yz^2 - 12x\right)\mathbf{u}_x + 6xz^2\mathbf{u}_y + 12xyz\,\mathbf{u}_z$

9.6- $\dfrac{\mathbf{r}}{|\mathbf{r}|^2}$

9.7- As linhas vetoriais do campo gradiente se desenvolvem em planos $\phi = (\text{cte})_1$ e satisfazem à equação $\dfrac{\cos^2\theta}{r^2} = (\text{cte})_2$. Apenas como informação: tratam-se dos campos potencial eletrostático e campo eletrostático de um dipolo elétrico.

9.8- $\pm\dfrac{26\sqrt{2}}{5}$

9.9- 9

9.10- $\pm\dfrac{1}{\sqrt{26}}\left(4\,\mathbf{u}_x - 3\,\mathbf{u}_y + \mathbf{u}_z\right)$

9.11- $\dfrac{1}{\sqrt{3}}\left(yz^2 + xz^2 + 2xyz\right)$

9.12- $\cos\phi\,\mathbf{u}_\rho - \operatorname{sen}\phi\,\mathbf{u}_\phi$ (coordenadas cilíndricas circulares); $\mathbf{u}_x$ (coordenadas cartesianas retangulares).

9.13- $\left(1 + \dfrac{a^2}{\rho^2}\right)\cos\phi\,\mathbf{u}_\rho - \left(1 - \dfrac{a^2}{\rho^2}\right)\operatorname{sen}\phi\,\mathbf{u}_\phi$ (coordenadas cilíndricas circulares);

$\left[1 + a^2\dfrac{x^2 - y^2}{\left(x^2 + y^2\right)^2}\right]\mathbf{u}_x + \left[\dfrac{2a^2xy}{\left(x^2 + y^2\right)^2}\right]\mathbf{u}_y$ (coordenadas cartesianas retangulares)

148 **Cálculo e Análise Vetoriais com Aplicações Práticas**

9.14- 0

9.15- $-\dfrac{8}{5}$

9.16- Na direção do vetor unitário $-\dfrac{1}{\sqrt{2}}\left(\mathbf{u}_y+\mathbf{u}_z\right)$

9.17- A variação máxima de temperatura ocorre na direção e sentido do vetor unitário

$\mathbf{u}_\rho=\dfrac{3}{5}\mathbf{u}_x+\dfrac{4}{5}\mathbf{u}_y$; a temperatura permanece constante na direção dos vetores unitários

$\pm\mathbf{u}_\phi=\mp\dfrac{4}{5}\mathbf{u}_x\pm\dfrac{3}{5}\mathbf{u}_y$

9.18- $\alpha=2,5\,;\,\beta=1$

9.19- $z=1\,;\,x+y=4$

9.20- $\dfrac{x-2}{4}=\dfrac{y-2}{4}=\dfrac{z-1}{2}$ (reta); $2x+2y+z=9$ (plano tangente)

9.21- $\mathbf{u}_x-\dfrac{23}{9}\mathbf{u}_y$

9.23-

(a) $\dfrac{\sqrt{6}}{3}$

(b) 0

(c) 12

9.24-

(a) 3

(b) 6

(c) $-27,1$

9.25-

(a) 1

(b) 0,1

(c) 3,6

9.28-

(a) $\nabla \cdot \mathbf{V}_1 = 2$; $\nabla \cdot \mathbf{V}_2 = 0$

(b) $|\nabla \times \mathbf{V}_1| = 0$; $|\nabla \times \mathbf{V}_2| = 2$

9.29-

(a) $\nabla \cdot \mathbf{V}_1 = 0$; $\nabla \cdot \mathbf{V}_2 = 3m$

(b) $|\nabla \times \mathbf{V}_1| = 0$; $|\nabla \times \mathbf{V}_2| = m$

9.30-

(a) $-2\rho\, \mathbf{u}_\phi + \dfrac{\operatorname{sen}\phi}{\rho}\mathbf{u}_z$

(b) $\left(-\dfrac{\phi}{r}\operatorname{cotg}\theta\right)\mathbf{u}_r + \left(\dfrac{\phi}{r}\right)\mathbf{u}_\theta + \left(\dfrac{2\cos\theta}{r}\right)\mathbf{u}_\phi$

(c) $\left(\dfrac{\cos 2\theta}{\operatorname{sen}\theta}\right)\mathbf{u}_r - \left(2\cos\theta + \dfrac{\alpha\operatorname{sen}\phi}{r\operatorname{sen}\theta}\right)\mathbf{u}_\theta - \left(\dfrac{\alpha\operatorname{sen}\theta}{r}\right)\mathbf{u}_\phi$

9.32- Divergência nula: (a), (c), (d), (e); rotacional nulo: (b), (c), (d).

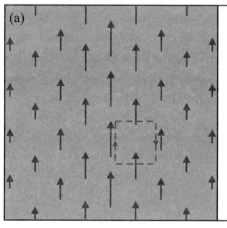

Podemos observar que o campo vetorial **V** permanece uniforme à medida que nos deslocamos ao longo do seu suporte. Isso significa que $\partial \mathbf{V}/\partial y = 0$, com $V_x = 0$. Observamos também que a integral de linha no caminho tracejado é diferente de zero. Concluímos pois:
$\nabla \cdot \mathbf{V} = 0$ e $\nabla \times \mathbf{V} \neq 0$

Fig. 9.71 - Resposta do problema 9.32(a)

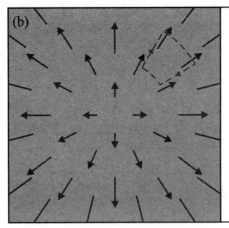 Neste caso temos um campo central, ou seja, **V** é radial e, para um dado r, sua intensidade é uniforme. Qualquer campo central tem rotacional nulo; a circulação é nula no caminho tracejado, bem como em qualquer outro, porém, a divergência é, obviamente, não nula. Então concluímos :
$\nabla \cdot \mathbf{V} \neq 0$ e $\nabla \times \mathbf{V} = 0$

Fig. 9.72 - Resposta do problema 9.32(b)

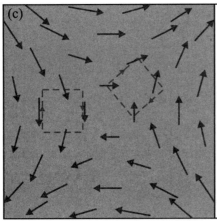 A circulação pode, evidentemente, ser nula nos caminhos tracejados. Realmente, este é o mesmo campo apresentado nos exemplos 5.7 e 5.8, sendo um campo eletrostático possível. Não é óbvio também que a divergência seja nula, mas, pela expressão analítica do campo, concluímos :
$\nabla \cdot \mathbf{V} \neq 0$ e $\nabla \times \mathbf{V} = 0$

Fig. 9.73 - Resposta do problema 9.32(c)

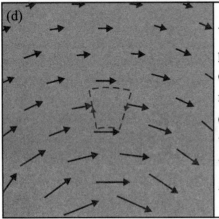 Verificamos que não há variação na intensidade de **V**, em primeira aproximação, conforme avançamos no sentido do campo vetorial. Isso é suficiente para assegurar divergência nula. Parece que a circulação pode ser nula no caminho tracejado, porque **V** é menos intenso no trecho maior do que no trecho menor. Realmente, este um possível campo eletrostático, com $|\mathbf{V}| \sim 1/r$, em que r se extende até fora do desenho. Assim sendo, concluímos : $\nabla \cdot \mathbf{V} = 0$ e $\nabla \times \mathbf{V} = 0$

Fig. 9.74 - Resposta do problema 9.32(d)

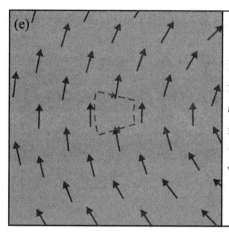

Fig. 9.75 - Resposta do problema 9.32(e)

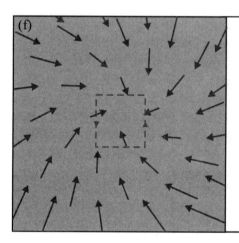

Fig. 9.76 - Resposta do problema 9.32(f)

9.33-

(a) $\nabla \times \mathbf{v} = 2\omega \mathbf{u}_z$

(b) $\mathrm{v}(\rho) = \dfrac{C}{\rho}$, sendo C uma constante, e o aspecto das linhas vetoriais do campo está mostrado na figura 9.77, e existe uma sigularidade em $\rho = 0$.

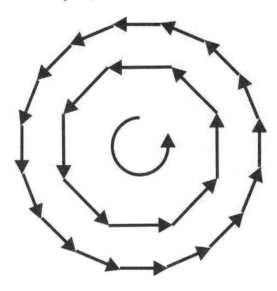

Fig. 9.77 - Resposta do problema 9.33 (b)

(c) $\nabla \times \mathbf{v} = K\rho^{-\frac{3}{2}} \mathbf{u}_z$, sendo K uma constante.

(d) Sim, uma vez que tais anéis, conforme já comprovado experimentalmente (efeito **Doppler-Fizeau**[19] manifestado nas raias espectrais), são miríades de fragmentos que, gravitando em torno do planeta, obedecem à terceira lei de **Kepler**. É curioso notar que, por isso, as velocidades das bordas internas dos anéis são maiores que as das bordas externas, conforme se depreende da expressão $v(\rho) = \sqrt{\text{constante}/\rho}$. Se os anéis fossem sólidos, as velocidades das bordas internas dos mesmos seriam menores que as velocidades das bordas externas. Aliás, **Maxwell** já havia sugerido que os anéis não seriam constituídos de uma massa gasosa contínua porque, através de considerações teóricas, já havia chegado à conclusão de que tal massa, em movimento em torno de Saturno, não apresentaria uma configuração estável.

---

[19] Vide anexo 17 do Volume deste livro

Doppler [Johann Christian Andreas Doppler (1803-1853)] - físico austríaco que notabilizou-se por haver descoberto o efeito que também leva o seu nome. Fez seus estudos primários em Salzburgo, sua cidade natal, os secundários em Linz e, mais tarde, em 1825, formou-se em Matemática no Instituto Politécnico de Viena. Depois de ter passado novamente por Salzburgo, voltou a Viena, onde estudou mecânica e astronomia. Foi diretor do Instituto de Física e professor de Física Experimental na Uni-versidade de Viena. Em 1842 editou a obra **"Über das Farbige Licht der Doppel-sterne" (Sobre as Cores da Luz Emitida pelas Estrelas Duplas)**, onde descreve o efeito em questão. Em 1850 foi nomeado diretor do Instituto de Física Experimental da Universidade de Viena, mas sua sempre frágil saúde começou a deteriorar-se. Pouco depois, à idade de 50 anos, faleceu de uma doença pulmonar enquanto tentava recuperar-se na cidade de Veneza.

Fizeau [Armand Hyppolyte Louis (1819-1896)] - físico francês, descendente de família abastada e que iniciou cedo sua formação científica. Em 1848 descobriu, independentemente de **Doppler**, o efeito que também leva o seu nome. Em 1849 desenvolveu com sucesso um mecanismo bastante simples que permite medir a velocidade da luz, a chamada **Roda de Fizeau**. Em 1860 foi eleito para a Académie Française e, em 1878, ingressou no Bureau des Longitudes.

9.34-

(a) A roda de pás vai girar nos pontos para os quais tenhamos $z \neq 0$ e $y \neq d/2$. As velocidades angulares nos pontos são, respectivamente, $\omega_z = d/4$, $\omega_z = 0$ e $\omega_z = -d/4$.

(b) Se o eixo for paralelo ao eixo x a roda não vai girar. Se ele for paralelo ao eixo y ela vai girar nos pontos para os quais tenhamos $z \neq 0$ e $y \neq d/2$.

9.35-

(a) De acordo com o exemplo 9.15, para um corpo rígido girando com velocidade angular ω, as partículas formam um campo vetorial para o qual $|\nabla \times \mathbf{v}| = 2\omega$. Podemos esperar que o toco gire de tal forma que o campo de velocidades nos pontos de sua extremidade inferior ($\mathbf{v}_t$) se aproxime bastante do campo de velocidades da água naquele ponto. Entretanto, não é, mesmo localmente, um campo combinando rotação e translação, pura e simplesmente. Ao contrário, ele também inclui o efeito da viscosidade, pois, há deslizamento do toco através das "camadas" de água e deslizamento entre essas camadas. Todavia, se assumirmos $\nabla \times \mathbf{v}_a = \nabla \times \mathbf{v}_t$, a diferença entre $\mathbf{v}_a$ e $\mathbf{v}_t$ será um campo com rotacional nulo o que, em geral, não afeta a rotação do toco.

(b) $l = \dfrac{3\pi d}{2}$

9.36- Tabela de valores:

		(1)	(2)	(3)	(4)
$\nabla \cdot \mathbf{V}$		$-\infty$	$-\infty$	0	$+\infty$
$\nabla \times \mathbf{V}$	$|\nabla \times \mathbf{V}|$	$+\infty$	0	$+\infty$	0
	Orientação	Sentido horário		Sentido horário	

Tab. 9.3 - Problema 9.36(e)

9.37- Tabela de valores:

		(1)	(2)	(3)	(4)	(5)
$\nabla \cdot \mathbf{V}$		$-\infty$	$-\infty$	$-\infty$	$+\infty$	0
$\nabla \times \mathbf{V}$	$\lvert \nabla \times \mathbf{V} \rvert$	$+\infty$	0	0	0	$+\infty$
	Orientação	Sentido horário				Sentido horário

Tab. 9.4- Problema 9.37(f)

9.40- $\left(2yz^2 - 2xy^2\right)\mathbf{u}_x - \left(2x^3 y + x^2 yz\right)\mathbf{u}_y + \left(x^2 z^2 - 2x^2 yz\right)\mathbf{u}_z$

9.41- $8\,\mathbf{u}_x - 4\,\mathbf{u}_y - 12\,\mathbf{u}_z$

9.44- $F = \left(M + \dfrac{\mu\, b\, c\, S}{2l}\right)\left(\dfrac{b}{c}\,g\right)$

9.45- $a = \dfrac{3g}{11}$

9.46- $5,78 \times 10^3\, l$

9.47- $p_A = 126\,\text{kPa}$; $p_B = 132\,\text{kPa}$

9.48- $\theta = 15,1^\circ$

9.49-

(a) $\omega = 9,33\ \text{rad}/\text{s}$

(b) $p_C = 12,0\ \text{kPa}$; $p_D = 14,5\ \text{kPa}$

9.50-

(a) $\Delta h = \dfrac{l\,a}{g}$

(b) $\Delta h = \dfrac{\omega^2 l^2}{2g}$

(c) Devemos reparar que as expressões que envolvem as diferenças de pressão, tanto no caso translacional quanto no rotacional, dependem de comprimentos e alturas, bem como da massa específica do líquido. Acontece que ao igualarmos as devidas equações, a massa específica é cancelada, visto que ela aparece em ambos os membros envolvidos, o que nos leva a concluir que as diferenças de altura independem da massa específica. Também devemos reparar que as expressões que envolvem as diferenças de pressão, tanto no caso translacional quanto no rotacional, não dependem da área ou formato das seções retas das partes do tubo, o que evidencia a independência das expressões para as diferenças de altura com relação a tais parâmetros.

9.51- $p_B = p_0 + \mu\,g\,l$; $\;p_C = p_0 + \mu\,g\,l + \dfrac{\mu\,l^2\omega^2}{2}$; $\;p_D = p_0 + \dfrac{\mu\,l^2\omega^2}{2}$

CAPÍTULO 10

Os Teoremas Fundamentais da Análise Vetorial
e a Teoria Geral dos Campos

10.1 - Generalidades

O presente capítulo inclui a síntese de toda a **Análise Vetorial**, que é a **Teoria Geral dos Campos**, tendo como base os teoremas de **Gauss-Ostrogadsky**, de **Ampère-Stokes** e de **Helmholtz.** Serão também abordados outros teoremas de menor importância e a reiteração de operadores vetoriais, dentre elas a divergência de um gradiente, comumente nomeada laplaciano. Associadas a tal conceito virão as duas primeiras identidades de **Green**, que são de vital importância para o teorema de unicidade da solução, fundamental, por exemplo, para a **Teoria do Potencial** relativa ao **Eletromagnetismo**. Mais adiante, quando analisarmos o laplaciano de um campo vetorial, será também instituída a terceira identidade de **Green**.

Existem dois tipos básicos de campos vetoriais: **solenoidais, adivergentes, rotacionais ou turbilhorários**[1], para os quais a divergência é nula em toda a região de definição, e **irrotacionais, gradientes, conservativos ou lamelares**, cujo rotacional se anula ao longo de toda a região de definição. Destes conceitos advêm propriedades importantíssimas. O campo magnético **B** é solenoidal, daí não se conseguir manter, até a presente data, o isolamento de cargas magnéticas (pólos magnéticos)[2], as linhas magnéticas não terem começo ou fim, ou seja, se fecharem sobre si mesmas, etc. Já o campo eletrostático **E** e o campo gravitacional **g** são conservativos, e por isso o trabalho nestes independe do caminho (trajetória), suas linhas vetoriais são abertas, etc. Um campo geral é a reunião de ambos os tipos básicos já citados. A fim de ajudar o usuário do presente trabalho a memorizar as propriedades de ambos os tipos fundamentais, foi elaborado um esquema denominado **Carta do Campo**.

Somente a necessidade de uma generalização dos sistemas de coordenadas, além dos que já foram abordados até aqui, tão necessária à solução de muitos problemas da Física Matemática em geral, é que impõe a necessidade de um capítulo subsequente, o de número 11, uma vez que o âmago ou cerne de nosso estudo é o escopo deste capítulo 10.

10.2 - Teoremas das Integrais - Primeira Parte

Os teoremas desta seção tratam de integrações vetoriais ao longo de uma superfície fechada S, de forma qualquer, que encerra um volume v, conforme ilustrado na parte (a) da figura 10.1.

---

[1] Um campo rotacional é, às vezes, chamado de turbilhonário. Isto porque, conforme já explanado na subseção 9.5.5 e evidenciado no exemplo 9.20 e no problema 9.34, não é necessário que o o aspecto das linhas de um campo vetorial **V** seja turbilhonário ou ciclônico, nas imediações de um ponto genérico onde o rotacional do campo**V** seja não nulo.

[2] Na natureza ainda não foram encontrados pólos magnéticos isolados. No entanto, os físicos da alta energia continuam realizando experiências no sentido de tentar isolar o monopólo magnetico. Alguns até obtiveram sucesso, mas o monopólo revelou-se extremamente instável, recombinando-se novamente após um curtíssimo espaço de tempo.

158 Cálculo e Análise Vetoriais com Aplicações Práticas

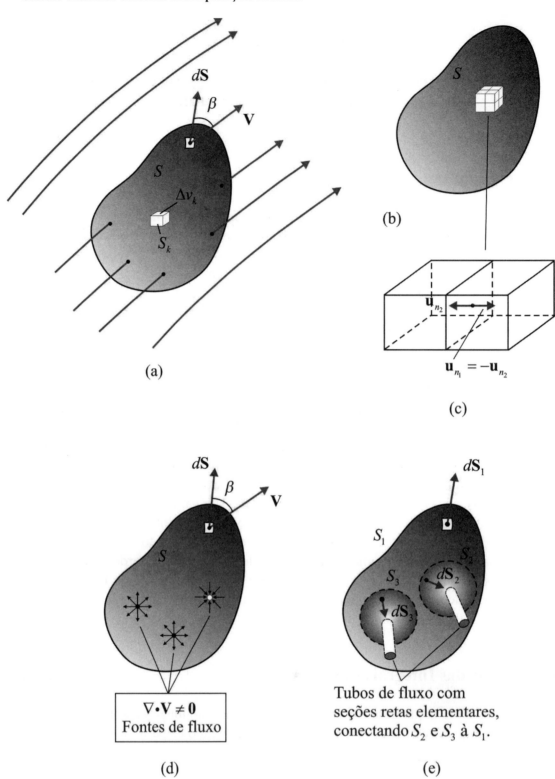

Fig 10.1

10.2.1 - Teorema da Divergência, Teorema de Gauss-Ostrogadsky[3] ou Teorema de Green[4] no Espaço

$$\Psi = \oiint_S \mathbf{V} \cdot d\mathbf{S} = \oiint_S \mathbf{V} \cdot \mathbf{u}_n \, dS = \iiint_v (\nabla \cdot \mathbf{V}) \, dv \tag{10.1}$$

DEMONSTRAÇÃO:

- Primeiro método:

Este primeiro método é mais intuitivo do que o seguinte, que é mais rigoroso e matemático. A demonstração é uma consequência imediata do próprio conceito de divergência de um campo vetorial. O volume macroscópio v pode ser encarado como sendo constituído de um número infinito de elementos diferenciais dv, conforme mostrado na parte (b) da figura em questão. Pela interpretação física da divergência,

$$(\nabla \cdot \mathbf{V}) \, dv$$

é o fluxo que atravessa cada volume diferencial coincidente com o ponto em questão. Ao efetuarmos a integração ao longo de todo o volume, estamos incluindo todas as fontes de fluxo (positivas e negativas) e o resultado deve ser o fluxo total que nasce no volume v. Entretanto, nas faces adjacentes dos elementos diferenciais de volume, o fluxo saindo de uma face (positivo) está entrando em outra (negativo) e se anulam [vide representação da parte (c) da figura em tela]. Assim, sobram apenas os fluxos elementares das faces coincidentes com a superfície externa S que delimita o volume. Então, a soma desses fluxos elementares será igual a soma daqueles oriundos dos elementos diferenciais de volume. Sob forma matemática, temos

$$\lim_{\substack{N \to \infty \\ \Delta v_k \to 0}} \sum_{k=1}^{k=N} (\nabla \cdot \mathbf{V}) \Delta v_k = \iiint_v (\nabla \cdot \mathbf{V}) \, dv = \oiint_S \mathbf{V} \cdot d\mathbf{S}$$

e está demonstrado o teorema. Entretanto, cumpre ressaltar que, para o processo de limite efetuado ser válido, é necessário não só que o campo vetorial $\mathbf{V}$ seja contínuo, mas também que as derivadas primeiras de suas componentes também sejam contínuas. Se o campo vetorial $\mathbf{V}$ ou sua divergência $\nabla \cdot \mathbf{V}$ não forem contínuos, então, as regiões do volume v ou da superfície S que apresentarem tais descontinuidades ou possíveis singularidades, deverão ser excluídas, através da construção de superfícies fechadas que as envolvam, conforme sugere a parte (e) da referida figura. Devemos notar, neste detalhamento, que o volume v é delimitado pela superfície múltipla

$$S = S_1 + S_2 + S_3$$

com S_2 e S_3 construídas de tal forma a confinar as descontinuidades ou singularidades nas regiões que lhes são interiores.. Os vetores unitários normais relacionados com os vetores diferenciais de

---

[3] **Ostrogadsky [Mikhail Vasilevic Ostrogadsky (1801-1861)]** - físico russo que deu forma vetorial ao teorema de **Gauss**.

[4] **Green [George Green (1793-1841)]** - matemático inglês com trabalhos em Eletromagnetismo e Análise Vetorial.

superfície, de tal forma que

$$d\mathbf{S} = dS\,\mathbf{u}_n,$$

em S_1, S_2 e S_3, devem, por convenção, apontar sempre para o exterior do volume v, conforme aparece na parte (e) da figura 8.13. Situações envolvendo singularidades no campo vetorial serão abordadas no exemplo 10.4 e no problema 10.3.

- Segundo método:

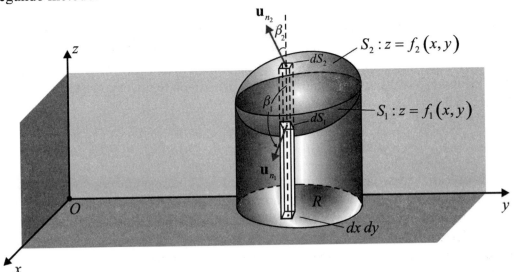

Fig. 10.2

Seja S uma superfície fechada de tal forma que qualquer reta paralela aos eixos coordenados só a fure em dois pontos. Admitamos que as equações das partes inferior e superior, S_1 e S_2, sejam, $z = f_1(x,y)$ e $z = f_2(x,y)$, respectivamente, sendo $f_1(x,y)$ e $f_2(x,y)$ funções unívocas, contínuas e deriváveis. Designemos por R a projeção da superfície sobre o plano xy. Consideremos,

$$\iiint_v \frac{\partial V_z}{\partial z}\,dv = \iiint_v \frac{\partial V_z}{\partial z}\,dx\,dy\,dz = \iint_R \left[\int_{z=f_1(x,y)}^{z=f_2(x,y)} \frac{\partial V_z}{\partial z}\,dz\right]dx\,dy = \iint_R \left[V_z(x,y,z)\right]_{z=f_1}^{z=f_2}\,dx\,dy =$$

$$= \iint_R \left[V_z(x,y,f_2) - V_z(x,y,f_1)\right]dx\,dy$$

Com relação a parte superior S_2, de acordo com a expressão (8.26),

$$dx\,dy = dS_2 \cos\beta_2 = \mathbf{u}_z \cdot \mathbf{u}_{n_2}\,dS_2$$

já que a normal $\mathbf{u}_{n_2}$ forma um ângulo agudo β_2 com $\mathbf{u}_z$. Para a parte inferior S_1, temos

$$dx\,dy = -dS_1 \cos\beta_1 = -\mathbf{u}_z \cdot \mathbf{u}_{n_1}\,dS_1,$$

uma vez que a normal $\mathbf{u}_{n_1}$ forma um ângulo obtuso com $\mathbf{u}_z$. Deste modo, temos

$$\iint_R V_z(x, y, f_2)\, dx\, dy = \iint_{S_2} V_z\, \mathbf{u}_z \cdot \mathbf{u}_{n_2}\, dS_2$$

e

$$\iint_R V_z(x, y, f_1)\, dx\, dy = -\iint_{S_1} V_z\, \mathbf{u}_z \cdot \mathbf{u}_{n_1}\, dS_1$$

Assim sendo, vem

$$\iint_R V_z(x, y, f_2)\, dx\, dy - \iint_R V_z(x, y, f_1)\, dx\, dy = \iint_{S_2} V_z\, \mathbf{u}_z \cdot \mathbf{u}_{n_2}\, dS_2 + \iint_{S_1} V_z\, \mathbf{u}_z \cdot \mathbf{u}_{n_1}\, dS_1$$

$$= \oiint_S V_z\, \mathbf{u}_z \cdot \mathbf{u}_n\, dS = \oiint_S V_z\, \mathbf{u}_z \cdot d\mathbf{S}$$

e podemos expressar

$$\iiint_v \frac{\partial V_z}{\partial z}\, dv = \oiint_S V_z\, \mathbf{u}_z \cdot d\mathbf{S} \qquad \textbf{(i)}$$

Analogamente, projetando a superfície S sobre os outros planos coordenados, po-demos também estabelecer

$$\iiint_v \frac{\partial V_x}{\partial x}\, dv = \oiint_S V_y\, \mathbf{u}_y \cdot d\mathbf{S} \qquad \textbf{(ii)}$$

e

$$\iiint_v \frac{\partial V_y}{\partial y}\, dv = \oiint_S V_x\, \mathbf{u}_x \cdot d\mathbf{S} \qquad \textbf{(iii)}$$

Somando as expressões (i), (ii) e (iii) membro a membro, finalizamos

$$\iiint_v \left(\frac{\partial V_x}{\partial x} + \frac{\partial V_y}{\partial y} + \frac{\partial V_z}{\partial z} \right) dv = \oiint_S \left(V_x\, \mathbf{u}_x + V_y\, \mathbf{u}_y + V_z\, \mathbf{u}_z \right) \cdot d\mathbf{S}$$

que é equivalente a

$$\iiint_v (\nabla \cdot \mathbf{V})\, dv = \oiint_S \mathbf{V} \cdot d\mathbf{S}$$

e o teorema está demonstrado mais uma vez.

Notas:

(1) Pelo teorema em questão,

$$\Psi = \oiint_S \mathbf{V} \cdot d\mathbf{S} = \iiint_v (\nabla \cdot \mathbf{V})\, dv,$$

concluímos que o fluxo de um campo vetorial $\mathbf{V}$, através de uma superfície fechada S, pode ser determinado pelo cálculo direto de

$$\oiint_{s} \mathbf{V} \cdot d\mathbf{S}$$

ou pela integração da divergência do campo vetorial $\mathbf{V}$ ao longo do volume englobado pela superfície S, isto é,

$$\iiint_{v} (\nabla \cdot \mathbf{V})\, dv$$

(2) Este teorema permite a transformação de uma integral de superfície fechada em uma integral de volume e vice-versa, fato este que tem aplicação ao se tratar com duas das equações de **Maxwell**, com a equação da continuidade da carga, etc.

10.2.2 - Teorema do Gradiente (para superfícies fechadas)

$$\oiint_{s} \Phi\, d\mathbf{S} = \oiint_{S} \Phi\, dS\, \mathbf{u}_{n} = \iiint_{v} (\nabla\, \Phi)\, dv \qquad (10.2)$$

DEMONSTRAÇÃO:

Fazendo

$$\mathbf{V} = \Phi \mathbf{A}$$

no teorema da divergência, sendo $\mathbf{A}$ um vetor constante e não nulo, temos

$$\iiint_{v} \left[\nabla \cdot (\Phi \mathbf{A}) \right] dv = \oiint_{s} (\Phi \mathbf{A}) \cdot d\mathbf{S}$$

Pela propriedade garantida pela expressão (9.43), vem

$$\nabla \cdot (\Phi \mathbf{A}) = \Phi \underbrace{(\nabla \cdot \mathbf{A})}_{=0,\, \text{pois } \mathbf{A}=\text{cte.}} + \mathbf{A} \cdot (\nabla\, \Phi) = \mathbf{A} \cdot (\nabla\, \Phi)$$

Por outro lado, temos também

$$\Phi \mathbf{A} \cdot d\mathbf{S} = \mathbf{A} \cdot (\Phi\, d\mathbf{S})$$

o que permite expressar

$$\iiint_{v} \left[\mathbf{A} \cdot (\nabla\, \Phi) \right] dv = \oiint_{s} \mathbf{A} \cdot (\Phi\, d\mathbf{S})$$

Sendo $\mathbf{A}$ constante, pode ser passado para fora dos sinais de integral, resultando

$$\mathbf{A} \cdot \iiint_{v} (\nabla\, \Phi)\, dv = \mathbf{A} \cdot \oiint_{s} \Phi\, d\mathbf{S}$$

que é equivalente a

$$\mathbf{A} \cdot \left[\iiint_{v} (\nabla\, \Phi)\, dv - \oiint_{s} \Phi\, d\mathbf{S} \right] = 0$$

Sendo **A** constante e não nulo, implica

ou seja,

$$\iiint_v (\nabla\,\Phi)\,dv - \oiint_s \Phi\,d\mathbf{S} = 0$$

$$\oiint_s \Phi\,d\mathbf{S} = \iiint_v (\nabla\,\Phi)\,dv$$

o que finaliza a demonstração.

10.2.3 - Teorema do Rotacional (para superfícies fechadas)

$$\oiint_s d\mathbf{S}\times\mathbf{V} = \oiint_s dS\,\mathbf{u}_n\times\mathbf{V} = \iiint_v (\nabla\times\mathbf{V})\,dv \qquad (10.3)$$

DEMONSTRAÇÃO:

Aplicando o teorema da divergência à grandeza

$$\nabla\cdot(\mathbf{A}\times\mathbf{V}),$$

sendo **A** um vetor constante e não nulo, temos

$$\iiint_v \left[\nabla\cdot(\mathbf{A}\times\mathbf{V})\right]dv = \oiint_s (\mathbf{A}\times\mathbf{V})\cdot d\mathbf{S}$$

Pela propriedade assegurada pela expressão (9.44), vem

$$\nabla\cdot(\mathbf{A}\times\mathbf{V}) = \mathbf{V}\cdot\underbrace{(\nabla\times\mathbf{A})}_{0,\text{ pois }\mathbf{A}=\text{cte}} - \mathbf{A}\cdot(\nabla\times\mathbf{V}) = -\mathbf{A}\cdot(\nabla\times\mathbf{V})$$

Aplicando a regra de permutação do produto misto, dada pela expressão (2.58),

$$(\mathbf{A}\times\mathbf{B})\cdot\mathbf{C} = \mathbf{A}\cdot(\mathbf{B}\times\mathbf{C}) = (\mathbf{A},\mathbf{B},\mathbf{C}) = (\mathbf{B},\mathbf{C},\mathbf{A}) =$$
$$= (\mathbf{C},\mathbf{A},\mathbf{B}) = -(\mathbf{A},\mathbf{C},\mathbf{B}) = -(\mathbf{C},\mathbf{B},\mathbf{A}) = -(\mathbf{B},\mathbf{A},\mathbf{C})$$

obtemos

$$(\mathbf{A}\times\mathbf{V})\cdot d\mathbf{S} = \mathbf{A}\cdot(\mathbf{V}\times d\mathbf{S}) = -\mathbf{A}\cdot(d\mathbf{S}\times\mathbf{V})$$

e nos permite expressar

$$\iiint_v \left[-\mathbf{A}\cdot(\nabla\times\mathbf{V})\right]dv = \oiint_s -\mathbf{A}\cdot(d\mathbf{S}\times\mathbf{V})$$

O vetor **A** é contante e pode ser passado para fora dos sinais de integral, isto é,

$$-\mathbf{A}\cdot\iiint_v (\nabla\times\mathbf{V})\,dv = -\mathbf{A}\cdot\oiint_s d\mathbf{S}\times\mathbf{V}$$

164 **Cálculo e Análise Vetoriais com Aplicações Práticas**

que é equivalente a

$$\mathbf{A} \cdot \left[\oiint_s d\mathbf{S} \times \mathbf{V} - \iiint_v (\nabla \times \mathbf{V})\, dv \right] = 0$$

Sendo **A** constante e não nulo, implica

$$\oiint_s d\mathbf{S} \times \mathbf{V} - \iiint_v (\nabla \times \mathbf{V})\, dv = 0$$

o que conduz à finalização da demonstração

$$\oiint_s d\mathbf{S} \times \mathbf{V} = \iiint_v (\nabla \times \mathbf{V})\, dv$$

EXEMPLO 10.1

Recalcule o fluxo do campo vetorial do exemplo 8.14, integrando a divergência do campo vetorial ao longo do volume do cubo representado na figura 8.35.

SOLUÇÃO:

Temos o campo vetorial

$$\mathbf{V} = x^2 \mathbf{u}_x + x^2 y^2 \mathbf{u}_y + 24 x^2 y^2 z^3 \mathbf{u}_z$$

Pela expressão (9.18), segue-se

$$\nabla \cdot \mathbf{V} = \frac{\partial V_x}{\partial x} + \frac{\partial V_y}{\partial y} + \frac{\partial V_z}{\partial z} = \frac{\partial}{\partial x}\left(x^2\right) + \frac{\partial}{\partial y}\left(x^2 y^2\right) + \frac{\partial}{\partial z}\left(24 x^2 y^2 z^3\right) = 2x + 2x^2 y + 72 x^2 y^2 z^2$$

A expressão (3.5) nos fornece o volume diferencial em coordenadas cartesianas,

$$dv = dx\, dy\, dz$$

o que acarreta

$$\Psi = \iiint_v (\nabla \cdot \mathbf{V})\, dv = \int_{z=0}^{z=1} \int_{y=0}^{y=1} \int_{x=0}^{x=1} \left(2x + 2x^2 y + 72 x^2 y^2 z^2\right) dx\, dy\, dz = 4 \text{ unidades de fluxo}$$

EXEMPLO 10.2

O conjunto dos vetores posição dos pontos do $\mathbb{R}^3$ (espaço tridimensional) forma um campo vetorial, uma vez que temos um vetor posição associado a cada ponto. Verifique o teorema da divergência para este campo vetorial, com relação a um cilindro circular reto, base no plano $z = 0$, raio igual a dois e altura igual a dez.

SOLUÇÃO:

Os Teoremas Fundamentais da Análise Vetorial e a Teoria Geral dos Campos 165

Para o campo vetorial **r,** o teorema da divergência assume a forma

$$\Psi = \oiint_{s} \mathbf{r} \cdot d\mathbf{S} = \iiint_{v} (\nabla \cdot \mathbf{r}) \, dv$$

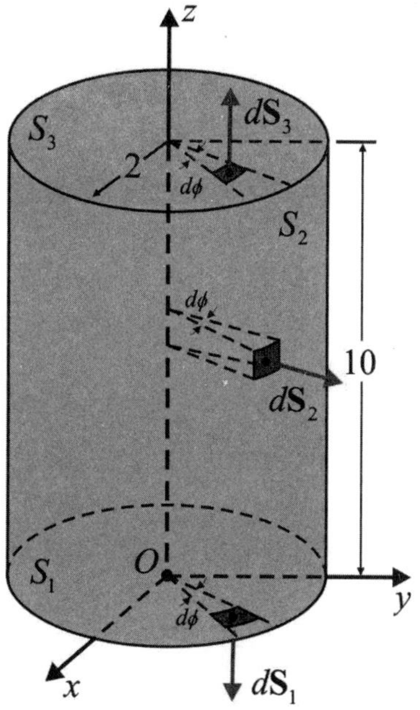

Fig. 10.3

- Cálculo de $\oiint_{S} \mathbf{r} \cdot d\mathbf{S}$:

A superfície total do cilindro pode ser dividida em duas tampas e uma superfície lateral, quer dizer,

$$\oiint_{s} \mathbf{r} \cdot d\mathbf{S} = \iint_{S_1} \mathbf{r} \cdot d\mathbf{S}_1 + \iint_{S_2} \mathbf{r} \cdot d\mathbf{S}_2 + \iint_{S_3} \mathbf{r} \cdot d\mathbf{S}_3$$

Pela simetria envolvida, é mais conveniente trabalharmos em coordenadas cilíndricas circulares e, neste sistema de coordenadas, o vetor posição, de acordo com a expressão (3.87), é

$$\mathbf{r} = \rho \, \mathbf{u}_{\rho} + z \, \mathbf{u}_{z}$$

Em consequência, vem

- Superfície S_1 : $\begin{cases} 0 \leq \rho \leq 2 \\ 0 \leq \phi \leq 2\pi \\ z = 0 \\ d\mathbf{S}_1 = -\rho \, d\rho \, d\phi \, \mathbf{u}_z \\ \mathbf{r} = \rho \, \mathbf{u}_{\rho} \end{cases} \rightarrow \iint_{S_1} \mathbf{r} \cdot d\mathbf{S}_1 = 0$

166 **Cálculo e Análise Vetoriais com Aplicações Práticas**

- Superfície $S_2 : \begin{cases} \rho = 2 \\ 0 \le \phi \le 2\pi \\ 0 \le z \le 10 \\ d\mathbf{S}_2 = \rho \, d\phi \, dz \, \mathbf{u}_\rho = 2 \, d\phi \, dz \, \mathbf{u}_z \\ \mathbf{r} = 2 \, \mathbf{u}_\rho + z \, \mathbf{u}_z \end{cases}$

$\rightarrow \quad$ $\begin{aligned} &\iint_{S_2} \mathbf{r} \cdot d\mathbf{S}_2 = \\ &= \int_{z=0}^{z=10} \int_{\phi=0}^{\phi=2\pi} 4 \, d\phi \, dz = \\ &= 80\pi \end{aligned}$

- Superfície $S_3 : \begin{cases} 0 \le \rho \le 2 \\ 0 \le \phi \le 2\pi \\ z = 10 \\ d\mathbf{S}_3 = \rho \, d\rho \, d\phi \, \mathbf{u}_z \\ \mathbf{r} = \rho \, \mathbf{u}_\rho + 10 \, \mathbf{u}_z \end{cases}$

$\rightarrow \quad$ $\begin{aligned} &\iint_{S_3} \mathbf{r} \cdot d\mathbf{S}_3 = \\ &= \int_{\phi=0}^{\phi=2\pi} \int_{\rho=0}^{\rho=2} 10\rho \, d\rho \, d\phi = 40\pi \end{aligned}$

Somando os resultados, obtemos:

$$\oiint_s \mathbf{r} \cdot d\mathbf{S} = 0 + 80\pi + 40\pi = 120\pi$$

- Cálculo de $\iiint_v (\mathbf{\nabla} \cdot \mathbf{r}) \, dv$:

Sendo $\mathbf{r} = \rho \, \mathbf{u}_\rho + z \, \mathbf{u}_z$, vem

$$\begin{cases} r_\rho = \rho \\ r_\phi = 0 \\ r_z = z \end{cases}$$

Pela expressão (9.19), obtemos

$$\mathbf{\nabla} \cdot \mathbf{r} = \frac{1}{\rho} \frac{\partial}{\partial \rho} (\rho \, r_\rho) + \frac{1}{\rho} \frac{\partial r_\phi}{\partial \phi} + \frac{\partial r_z}{\partial z} = \frac{1}{\rho} \frac{\partial}{\partial \rho} (\rho^2) + \frac{1}{\rho} \frac{\partial}{\partial \phi} (0) + \frac{\partial}{\partial z} (z) = 2 + 1 = 3$$

Portanto, temos

$$\iiint_v (\mathbf{\nabla} \cdot \mathbf{r}) \, dv = \iiint_v 3 \, dv = 3 \underbrace{\iiint_v dv}_{\text{volume do cilindro}} = 3 \left[\pi (2)^2 (10) \right] = 120\pi$$

e está verificado o teorema.

EXEMPLO 10.3

Tendo em mente que o conjunto dos vetores posição dos pontos do espaço ($\mathbb{R}^3$) constituirem um campo vetorial, e o teorema da divergência, determine a razão entre o volume e a área de uma esfera de raio r.

SOLUÇÃO:

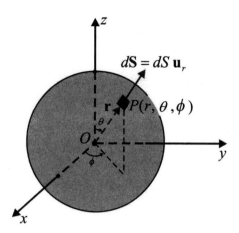

Fig. 10.4

Conforme já vimos no exemplo anterior,

$$\oiint_S \mathbf{r} \cdot d\mathbf{S} = \iiint_v (\nabla \cdot \mathbf{r})\, dv$$

- Cálculo de $\oiint_S \mathbf{r} \cdot d\mathbf{S}$:

Em coordenadas esféricas a expressão (3.110) nos fornece o vetor posição,

$$\mathbf{r} = r\, \mathbf{u}_r$$

O vetor $d\mathbf{S}$ é perpendicular à superfície da esfera, logo só tem componente radial, de modo que,

$$d\mathbf{S} = dS\, \mathbf{u}_r$$

Assim sendo, o fluxo do vetor posição é dado por

$$\oiint_S \mathbf{r} \cdot d\mathbf{S} = \oiint_S (r\, \mathbf{u}_r) \cdot (dS\, \mathbf{u}_r) = \oiint_S r\, dS$$

Uma vez que o raio da esfera é constante, a grandeza r pode ser passada para fora do sinal de integral, resultando

$$\oiint_S \mathbf{r} \cdot d\mathbf{S} = \oiint_S r\, dS = r \underbrace{\oiint_S dS}_{\text{área da esfera}} = r\, S \qquad \text{(i)}$$

- Cálculo de $\iiint_v (\nabla \cdot \mathbf{r})\, dv$:

Uma vez que $\mathbf{r} = r\, \mathbf{u}_r$, temos

Cálculo e Análise Vetoriais com Aplicações Práticas

$$\begin{cases} r_r = r \\ r_\theta = 0 \\ r_\phi = 0 \end{cases}$$

Pela expressão (9.20), podemos estabelecer

$$\mathbf{\nabla \cdot r} = \frac{1}{r^2}\frac{\partial}{\partial r}\left(r^2\,r_r\right) + \frac{1}{r\,\mathrm{sen}\,\theta}\frac{\partial}{\partial\theta}\left(\mathrm{sen}\,\theta\ r_\theta\right) + \frac{1}{r\,\mathrm{sen}\,\theta}\frac{\partial r_\phi}{\partial\phi} = \frac{1}{r^2}\frac{\partial}{\partial r}\left[r^2\left(r\right)\right] +$$

$$+ \frac{1}{r\,\mathrm{sen}\,\theta}\frac{\partial}{\partial\theta}\left[\mathrm{sen}\,\theta\ (0)\right] + \frac{1}{r\,\mathrm{sen}\,\theta}\frac{\partial}{\partial\phi}(0) = \frac{1}{r^2}\frac{\partial}{\partial r}\left(r^3\right) = 3$$

Logo, o teorema se expressa como

$$\iiint_v \left(\mathbf{\nabla \cdot r}\right) dv = \iiint_v 3\,dv = 3\underbrace{\iiint_v dv}_{\text{volume da esfera}} = 3v \tag{ii}$$

De (i) e (ii), vem

$$r\,S = 3v$$

ou seja,

$$\frac{v}{S} = \frac{r}{3}$$

- Verificação:

$$\frac{v}{S} = \frac{\dfrac{4}{3}\pi r^3}{4\pi r^2} = \frac{r}{3}$$

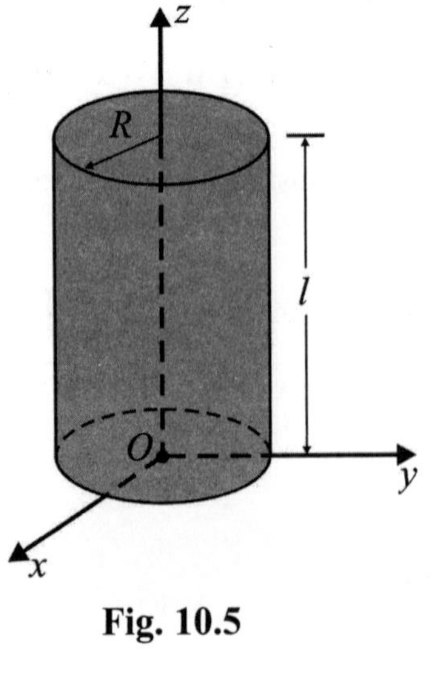

Fig. 10.5

EXEMPLO 10.4*

Dado o campo vetorial $\mathbf{V} = \left(K/\sqrt{\rho}\right)\mathbf{u}_\rho$, para o qual K é uma constante, verifique o teorema da divergência para um cilindro circular reto coaxial com o eixo z, raio R e limitado pelos planos $z = 0$ e $z = l$, conforme mostrado na figura 10.5.

SOLUÇÃO:

Uma vez que o campo vetorial $\mathbf{V}$ apresenta singularidade em $\rho = 0$, vamos construir uma superfície cilíndrica S_4, de comprimento l e raio a, conforme ilustrado na figura 10.6 e temos $S = S_1 + S_2 + S_3 + S_4$.

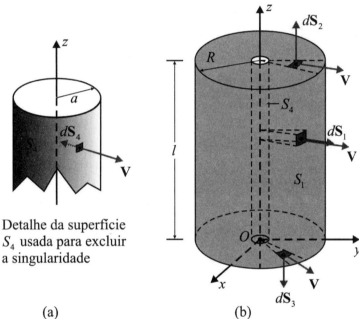

(a) Detalhe da superfície S_4 usada para excluir a singularidade

(b)

Fig. 10.6

- Cálculo de $\oiint_S \mathbf{V} \cdot d\mathbf{S}$:

$$\oiint_S \mathbf{V} \cdot d\mathbf{S} = \iint_{S_1} \mathbf{V} \cdot d\mathbf{S}_1 + \iint_{S_2} \mathbf{V} \cdot d\mathbf{S}_2 + \iint_{S_3} \mathbf{V} \cdot d\mathbf{S}_3 + \iint_{S_4} \mathbf{V} \cdot d\mathbf{S}_4$$

- Superfície S_1: $\begin{cases} \rho = R \\ 0 \leq \phi \leq 2\pi \\ 0 \leq z \leq l \\ d\mathbf{S}_1 = \rho\, d\phi\, dz\, \mathbf{u}_\rho = R\, d\phi\, dz\, \mathbf{u}_\rho \\ \mathbf{V} = \left(K/\sqrt{R}\right)\mathbf{u}_\rho \end{cases} \rightarrow$

$$\rightarrow \iint_{S_1} \mathbf{V} \cdot d\mathbf{S}_1 = \int_{z=0}^{z=l} \int_{\phi=0}^{\phi=2\pi} \frac{K}{\sqrt{R}} R\, d\phi\, dz = K\sqrt{R}\,(2\pi)\,l = 2K\pi l\sqrt{R}$$

170   **Cálculo e Análise Vetoriais com Aplicações Práticas**

- Superfície $S_2:\begin{cases}0\le\rho\le R\\0\le\phi\le 2\pi\\z=l\\d\mathbf{S}_2=\rho\,d\rho\,d\phi\,\mathbf{u}_z\\\mathbf{V}=\left(K/\sqrt{\rho}\right)\mathbf{u}_\rho\end{cases}\quad\rightarrow\quad\iint_{S_2}\mathbf{V}\cdot d\mathbf{S}_2=0$

- Superfície $S_3:\begin{cases}0\le\rho\le R\\0\le\phi\le 2\pi\\z=0\\d\mathbf{S}_3=-\rho\,d\rho\,d\phi\,\mathbf{u}_z\\\mathbf{V}=\left(K/\sqrt{\rho}\right)\mathbf{u}_\rho\end{cases}\quad\rightarrow\quad\iint_{S_3}\mathbf{V}\cdot d\mathbf{S}_3=0$

- Superfície $S_4:\begin{cases}\rho=a\\0\le\phi\le 2\pi\\0\le z\le l\\d\mathbf{S}_4=-\rho\,d\phi\,dz\,\mathbf{u}_\rho=-a\,d\phi\,dz\,\mathbf{u}_\rho\\\mathbf{V}=\left(K/\sqrt{a}\right)\mathbf{u}_\rho\end{cases}\quad\rightarrow$

$$\rightarrow\iint_{S_4}\mathbf{V}\cdot d\mathbf{S}_4=\int_{z=0}^{z=l}\int_{\phi=0}^{\phi=2\pi}\frac{K}{\sqrt{a}}\left(-a\,d\phi\,dz\right)=-K\sqrt{a}\left(2\pi\right)l=-2K\pi l\sqrt{a}$$

Somando os resultados, obtemos

$$\oiint_S\mathbf{V}\cdot d\mathbf{S}=2K\pi l\sqrt{R}-2K\pi l\sqrt{a}=2K\pi l\left(\sqrt{R}-\sqrt{a}\right),$$

que converge para $2K\pi l\sqrt{R}$ quando $a\to 0$.

- Cálculo de $\iiint_v\left(\nabla\cdot\mathbf{V}\right)dv$:

Sendo $\mathbf{V}=\left(K/\sqrt{\rho}\right)\mathbf{u}_\rho$, concluímos

$$\begin{cases}V_\rho=\rho\\V_\phi=0\\V_z=z\end{cases}$$

Pela expressão (9.19), temos

$$\nabla \cdot \mathbf{V} = \frac{1}{\rho}\frac{\partial}{\partial \rho}\left(\rho\, V_\rho\right) + \frac{1}{\rho}\frac{\partial V_\phi}{\partial \phi} + \frac{\partial V_z}{\partial z} = \frac{1}{\rho}\frac{\partial}{\partial \rho}\left[\rho\left(\frac{K}{\sqrt{\rho}}\right)\right] + \frac{1}{\rho}\frac{\partial}{\partial \phi}(0) + \frac{\partial}{\partial z}(0) = \frac{1}{\rho}\frac{\partial}{\partial \rho}\left(K\rho^{\frac{1}{2}}\right) =$$

$$= \frac{K}{2\rho^{\frac{3}{2}}} = \frac{K}{2}\rho^{-\frac{3}{2}}$$

Assim sendo, chegamos a

$$\iiint_v (\nabla \cdot \mathbf{V})\,dv = \int_{z=0}^{z=l}\int_{\phi=0}^{\phi=2\pi}\int_{\rho=a}^{\rho=R}\left(\frac{K}{2}\rho^{-\frac{3}{2}}\right)(\rho\,d\rho\,d\phi\,dz) = 2K\pi\,l\left(\sqrt{R}-\sqrt{a}\right),$$

que igualmente converge para $2K\pi\,l\sqrt{R}$ quando $a \to 0$, e está verificado o teorema.

EXEMPLO 10.5*

Partindo da identidade vetorial (9.43), demonstre que

$$\oiint_S \mathbf{B}(\mathbf{A}\cdot d\mathbf{S}) = \iiint_v \left[(\mathbf{A}\cdot\nabla)\mathbf{B} + \mathbf{B}(\nabla\cdot\mathbf{A})\right]dv$$

DEMONSTRAÇÃO:

Integrando a identidade (9.43),

$$\nabla\cdot\left(\Phi\mathbf{A}\right) = \Phi\left(\nabla\cdot\mathbf{A}\right) + \mathbf{A}\cdot\left(\nabla\Phi\right),$$

ao longo do volume v delimitado por uma superfície fechada S, e utilizando o teorema da divergência, obtemos

$$\iint_S \left(\Phi\mathbf{A}\right)\cdot d\mathbf{S} = \iiint_v \left[\nabla\cdot\left(\Phi\mathbf{A}\right)\right]dv = \iiint_v \left[\Phi\left(\nabla\cdot\mathbf{A}\right) + \mathbf{A}\cdot\left(\nabla\Phi\right)\right]dv$$

Fazendo $\Phi = B_x$, vem

$$\oiint_S B_x\left(\mathbf{A}\cdot d\mathbf{S}\right) = \iiint_v \left[B_x\left(\nabla\cdot\mathbf{A}\right) + \mathbf{A}\cdot\left(\nabla B_x\right)\right]dv$$

Uma vez que podemos escrever expressões similares para as outras componentes de **B**, a expressão anterior nos conduz também a

$$\oiint_S \mathbf{B}(\mathbf{A} \cdot d\mathbf{S}) = \iiint_v \left[(\mathbf{A} \cdot \nabla) \mathbf{B} + \mathbf{B}(\nabla \cdot \mathbf{A}) \right] dv \qquad (10.4)$$

10.3 - Teoremas das Integrais - Segunda Parte

10.3.1 - Teorema de Green no Plano

Com relação a uma região R conexa, do plano xy, limitada por uma curva simples C, se M e N forem funções contínuas de x e y, com derivadas parciais contínuas em R, e C for percorrida no sentido positivo (anti-horário), teremos

$$\oint_C (M\,dx + N\,dy) = \iint_R \left(\frac{\partial N}{\partial x} - \frac{\partial M}{\partial y} \right) dx\,dy \qquad (10.5)$$

A menos que se estabeleça o contrário, consideraremos sempre o símbolo de integral do lado esquerdo da igualdade indicando que a integração é efetuada no sentido positivo, quer dizer, anti-horário (vide questão 10.2 do final do capítulo). Quando houver necessidade de ambos os sentidos, conforme nos problemas 10.18, 10.19 e 10.20, além do símbolo em questão, será indicado o sentido de integração.

DEMONSTRAÇÃO:

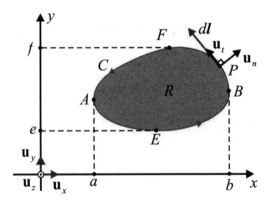

Fig. 10.7

Sejam $y = Y_1(x)$ e $y = Y_2(x)$, respectivamente, as equações das curvas AEB e BFA da figura 10.7. Para a região R, limitada pela curva C, temos

$$\iint_R \frac{\partial M}{\partial y} dx\,dy = \int_{x=a}^{x=b} \int_{y=Y_1(x)}^{y=Y_2(x)} \left[\frac{\partial M}{\partial y} dy \right] dx = \int_{x=a}^{x=b} \left[M(x,y) \right]_{y=Y_1(x)}^{y=Y_2(x)} dx =$$

$$= \int_{x=a}^{x=b} \left[M(x, Y_2) - M(x, Y_1) \right] dx = -\int_{x=a}^{x=b} M(x, Y_1)\,dx - \int_{x=a}^{x=b} M(x, Y_2)\,dx =$$

$$= -\oint_C M\,dx$$

o que é equivalente a

$$\oint_C M\,dx = -\iint_R \frac{\partial M}{\partial y}\,dx\,dy$$
(i)

De forma análoga, sendo $x = X_1(y)$ e $x = X_2(y)$, respectivamente, as equações das curvas *FAE* e *EBF*, podemos estabelecer

$$\iint_R \frac{\partial N}{\partial x}\,dx\,dy = \int_{y=e}^{y=f}\left[\int_{x=X_1(y)}^{x=X_2(y)}\frac{\partial N}{\partial x}\,dx\right]dy = \int_{y=e}^{y=f}\left[N(x,y)\right]_{x=X_1(y)}^{x=X_2(y)}\,dy =$$

$$= \int_{y=e}^{y=f}\left[N(X_2,y) - N(X_1,y)\right]dy = \int_{y=e}^{y=f}N(X_1,y)\,dy + \int_{y=e}^{y=f}N(X_2,y)\,dy =$$

$$= \oint_C N\,dy$$

o que é o mesmo que

$$\oint_C N\,dy = \iint_R \frac{\partial N}{\partial x}\,dx\,dy$$
(ii)

Somando membro a membro (i) e (ii), temos

$$\oint_C (M\,dx + N\,dy) = \iint_R \left(\frac{\partial N}{\partial x} - \frac{\partial M}{\partial y}\right)dx\,dy$$

e está demonstrado o teorema que, diga-se de passagem, pode ser expresso sob notação vetorial. Senão vejamos:

- Primeira expressão:

Fazendo

$$\mathbf{V} = M\,\mathbf{u}_x + N\,\mathbf{u}_y$$

e sendo

$$d\boldsymbol{l} = dx\,\mathbf{u}_x + dy\,\mathbf{u}_y$$

temos

$$\mathbf{V}\cdot d\boldsymbol{l} = M\,dx + N\,dy$$

Por outro lado, o rotacional do campo vetorial é

$$\nabla \times \mathbf{V} = \begin{vmatrix} \mathbf{u}_x & \mathbf{u}_y & \mathbf{u}_z \\ \dfrac{\partial}{\partial x} & \dfrac{\partial}{\partial y} & \dfrac{\partial}{\partial z} \\ M & N & 0 \end{vmatrix} = -\frac{\partial N}{\partial z}\mathbf{u}_x + \frac{\partial M}{\partial z}\mathbf{u}_y + \left(\frac{\partial N}{\partial x} - \frac{\partial M}{\partial y} \right)\mathbf{u}_z$$

o que nos conduz a

$$(\nabla \times \mathbf{V}) \cdot \mathbf{u}_z = \frac{\partial N}{\partial x} - \frac{\partial M}{\partial y}$$

Sendo S a superfície delimitada pela curva C, é óbvio que S é a própria região R, o que nos permite expressar

$$d\mathbf{S} = dS\,\mathbf{u}_z = dx\,dy\,\mathbf{u}_z = dR\,\mathbf{u}_z$$

Finalmente, obtemos

$$\oint_C \mathbf{V} \cdot d\mathbf{l} = \iint_R (\nabla \times \mathbf{V}) \cdot dR\,\mathbf{u}_z = \iint_S (\nabla \times \mathbf{V}) \cdot d\mathbf{S} \tag{10.6}$$

Uma generalização do presente resultado para uma superfície S do espaço, "apoiada" em uma curva C, nos leva ao teorema de **Ampère-Stokes**, que será abordado na subseção seguinte.

- Segunda expressão:

Da figura 10.7, vem

$$d\mathbf{l} = dl\,\mathbf{u}_t$$

em que $\mathbf{u}_t$ é o vetor unitário tangente à curva C em um ponto genérico P, e $\mathbf{u}_n$ é o unitário normal exterior à C no mesmo ponto, de modo que

$$\mathbf{u}_t = \mathbf{u}_z \times \mathbf{u}_n$$

Assumindo

$$\mathbf{V} = M\,\mathbf{u}_x + N\,\mathbf{u}_y,$$

temos

$$M\,dx + N\,dy = \mathbf{V} \cdot d\mathbf{l} = \mathbf{V} \cdot dl\,\mathbf{u}_t = \mathbf{V} \cdot \mathbf{u}_t\,dl = \mathbf{V} \cdot (\mathbf{u}_z \times \mathbf{u}_n)\,dl = (\mathbf{V} \times \mathbf{u}_z) \cdot \mathbf{u}_n\,dl$$

Fazendo

$$\mathbf{A} = \mathbf{V} \times \mathbf{u}_z = (M\,\mathbf{u}_x + N\,\mathbf{u}_y) \times \mathbf{u}_z = N\,\mathbf{u}_x - M\,\mathbf{u}_y,$$

segue-se

$$\nabla \cdot \mathbf{A} = \frac{\partial N}{\partial x} - \frac{\partial M}{\partial y}$$

e o teorema de **Green** no plano assume a forma

$$\oint_C \mathbf{A} \cdot \mathbf{u}_n \, dl = \iint_R (\nabla \cdot \mathbf{A}) \, dR \qquad (10.7)$$

na qual

$$dR = dx \, dy$$

Generalizando, pela substituição da diferencial de comprimento dl de uma curva fechada C pela diferencial de área dS de uma superfície fechada S, e da correspondente região plana R limitada pela curva C pelo volume v limitado pela superfície S, chegamos ao teorema da divergência, teorema de **Gauss-Ostrogadsky** ou teorema de **Green** no espaço.

Nota: os teoremas que se seguem referem-se a integrais de linha ao longo de um caminho genérico C no qual se "apoia" uma superfície aberta S de forma regular (mas não necessariamente plana), de acordo com a parte (a) da figura 10.8. A orientação do vetor $d\mathbf{S}$, conforme já apresentado na figura 8.11, é coerente com a orientação do contorno C.

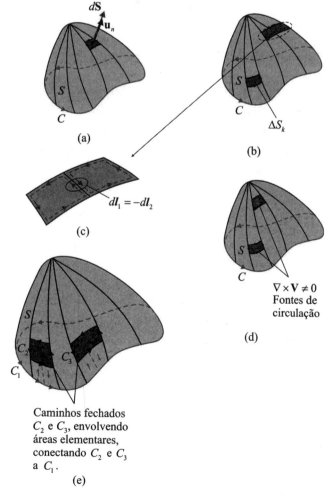

Fig 10.8

176 **Cálculo e Análise Vetoriais com Aplicações Práticas**

10.3.2 - Teorema de Ampère-Stokes[5]

$$\Gamma = \oint_C \mathbf{V} \cdot dl = \iint_S (\nabla \times \mathbf{V}) \cdot d\mathbf{S} = \iint_S (\nabla \times \mathbf{V}) \cdot \mathbf{u}_n \, dS \qquad (10.8)$$

DEMONSTRAÇÃO:

- Primeiro método:

Este primeiro método é mais intuitivo e o que virá a seguir é mais rigoroso. Aqui a demonstração é uma consequência direta do próprio conceito de rotacional de um campo vetorial. A superfície macroscópia S pode ser encarada como sendo constituída por um número infinito de elementos diferenciais de superfície. O fluxo do rotacional através de um elemento diferencial de superfície é

$$(\nabla \times \mathbf{V}) \cdot d\mathbf{S} = |\nabla \times \mathbf{V}| \cos\beta \, dS = (\nabla \times \mathbf{V})_n \, dS$$

No entanto, pelo conceito de rotacional,

$$(\nabla \times \mathbf{V})_n \, dS$$

é a circulação do campo primitivo $\mathbf{V}$ associada a um elemento diferencial de superfície dS. Ao efetuarmos a integração ao longo de toda a superfície S, estamos incluindo todas as fontes de circulação (vórtice), e o resultado é a circulação total associada com a superfície S. No entanto, nos lados adjacentes dos elementos diferenciais de superfície há cancelamento das integrais de linha. Assim sendo, restam apenas as integrais de linha coincidentes com o contorno C. Desse modo, a soma dessas circulações elementares será igual a soma daquelas oriundas dos elementos diferenciais de superfície. Sob forma matemática, temos

$$\lim_{\substack{N \to \infty \\ \Delta S_k \to 0}} \sum_{k=1}^{k=N} (\nabla \times \mathbf{V})_n \Delta S_k = \iint_S (\nabla \times \mathbf{V}) \cdot d\mathbf{S} = \oint_C \mathbf{V} \cdot dl$$

e está demonstrado o teorema. No entanto, da mesma forma que no teorema de **Gauss-Ostrogadsky**, é necessário que o campo $\mathbf{V}$, bem como as primeiras derivadas de suas componentes sejam contínuas. Caso contrário, as descontinuidades e singularidades devem ser excluídas por meio da construção de caminhos fechados que as confinem, conforme aparece na parte (e) da figura 10.8, na qual a superfície S está "apoiada"no contorno

$$C = C_1 + C_2 + C_3,$$

---

[5] **Ampère [André Marie Ampère (1775-1836)]** - físico e matemático francês com valiosos estudos sobre Teoria das Probabilidades, Equações Diferenciais e Eletricidade.

Stokes [George Gabriel Stokes (1819-1903)] - matemático e físico irlandês com importantes resultados na Teoria das Séries. Deu forma vetorial ao teorema de **Ampère**.

sendo que uma situação desse tipo será abordada no exemplo 10.11.

- Segundo método:

Seja S uma superfície cujas projeções sobre os planos coordenados são regiões limitadas por curvas simples fechadas, conforme aparece na figura 10.9. Admitamos que a superfície S seja representada por

$$z = f(x,y)$$

em que $f(x,y)$ é uma função unívoca, contínua e derivável.

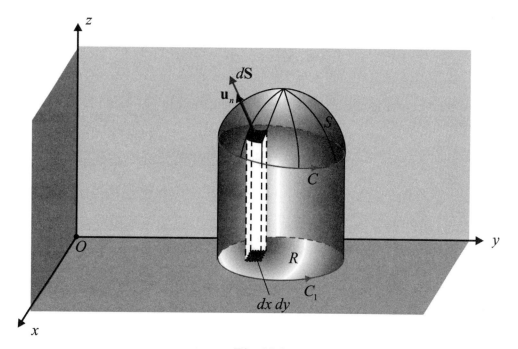

Fig 10.9

Devemos demonstrar que

$$\iint_S (\nabla \times \mathbf{V}) \cdot d\mathbf{S} = \iint_S \left[\nabla \times (V_x \mathbf{u}_x + V_y \mathbf{u}_y + V_z \mathbf{u}_z) \right] \cdot \mathbf{u}_n \, dS = \oint_C \mathbf{V} \cdot d\mathbf{l}$$

Consideremos, primeiramente, a integral

$$\iint_S \left[\nabla \times (V_x \mathbf{u}_x) \right] \cdot \mathbf{u}_n \, dS$$

Uma vez que

$$\nabla \times (V_x \mathbf{u}_x) = \begin{vmatrix} \mathbf{u}_x & \mathbf{u}_y & \mathbf{u}_z \\ \dfrac{\partial}{\partial x} & \dfrac{\partial}{\partial y} & \dfrac{\partial}{\partial z} \\ V_x & 0 & 0 \end{vmatrix} = \dfrac{\partial V_x}{\partial z} \mathbf{u}_y - \dfrac{\partial V_x}{\partial y} \mathbf{u}_z,$$

temos

$$\left[\boldsymbol{\nabla}\times\left(V_x\,\mathbf{u}_x\right)\right]\cdot\mathbf{u}_n\,dS=\left(\frac{\partial V_x}{\partial z}\mathbf{u}_n\cdot\mathbf{u}_y-\frac{\partial V_x}{\partial y}\mathbf{u}_n\cdot\mathbf{u}_z\right)dS \qquad \text{(i)}$$

Já que assumimos $z=f\left(x,y\right)$ como sendo a equação da superfície S, temos que o vetor posição de qualquer ponto dessa superfície é

$$\mathbf{r}=x\,\mathbf{u}_x+y\,\mathbf{u}_y+z\,\mathbf{u}_z=x\,\mathbf{u}_x+y\,\mathbf{u}_y+f\left(x,y\right)\mathbf{u}_z$$

Por outro lado,

$$\frac{\partial\mathbf{r}}{\partial y}=\mathbf{u}_y+\frac{\partial z}{\partial y}\mathbf{u}_z=\mathbf{u}_y+\frac{\partial f}{\partial y}\mathbf{u}_z$$

sendo que este é um vetor tangente à superfície S (vide subseção 6.3.4), de modo que

$$\mathbf{u}_n\cdot\frac{\partial\mathbf{r}}{\partial y}=\mathbf{u}_n\cdot\left(\mathbf{u}_y+\frac{\partial z}{\partial y}\mathbf{u}_z\right)=0$$

o que acarreta

$$\mathbf{u}_n\cdot\mathbf{u}_y+\mathbf{u}_n\cdot\frac{\partial z}{\partial y}\mathbf{u}_z=0$$

ou de forma equivalente

$$\mathbf{u}_n\cdot\mathbf{u}_y=-\frac{\partial z}{\partial y}\mathbf{u}_n\cdot\mathbf{u}_z=0 \qquad \text{(ii)}$$

Substituindo (ii) em (i), obtemos

$$\left[\boldsymbol{\nabla}\times\left(V_x\,\mathbf{u}_x\right)\right]\cdot\mathbf{u}_n\,dS=\left(\frac{\partial V_x}{\partial z}\mathbf{u}_n\cdot\mathbf{u}_y-\frac{\partial V_x}{\partial y}\mathbf{u}_n\cdot\mathbf{u}_z\right)dS$$

$$=\left(-\frac{\partial V_x}{\partial z}\frac{\partial z}{\partial y}\mathbf{u}_n\cdot\mathbf{u}_z-\frac{\partial V_x}{\partial y}\mathbf{u}_n\cdot\mathbf{u}_z\right)dS$$

o que nos leva a

$$\left[\boldsymbol{\nabla}\times\left(V_x\,\mathbf{u}_x\right)\right]\cdot\mathbf{u}_n\,dS=-\left(\frac{\partial V_x}{\partial y}+\frac{\partial V_x}{\partial z}\frac{\partial z}{\partial y}\right)\mathbf{u}_n\cdot\mathbf{u}_z\,dS \qquad \text{(iii)}$$

Ao longo da superfície S, a expressão da componente x do campo vetorial $\mathbf{V}$ é

$$V_x\left(x,y,z\right)=V_x\left[x,y,f\left(x,y\right)\right]=F\left(x,y\right)$$

de modo que

$$\frac{\partial V_x}{\partial y} + \frac{\partial V_x}{\partial z}\frac{\partial z}{\partial y} = \frac{\partial F}{\partial y}$$

e a expressão (iii) assume a forma

$$\left[\boldsymbol{\nabla}\times\left(V_x\,\mathbf{u}_x\right)\right]\cdot\mathbf{u}_n\,dS = -\frac{\partial F}{\partial y}\mathbf{u}_n\cdot\mathbf{u}_z\,dS = -\frac{\partial F}{\partial y}dx\,dy$$

Deste modo, a integral de superfície pode ser explicitada como

$$\iint_S\left[\boldsymbol{\nabla}\times\left(V_x\,\mathbf{u}_x\right)\right]\cdot\mathbf{u}_n\,dS = \iint_R -\frac{\partial F}{\partial y}dx\,dy$$

na qual R é a projeção da superfície S sobre o plano xy. Pelo teorema de **Green** no plano, a última integral é equivalente a

$$\oint_{C_1} F\,dx$$

em que C_1 é o contorno que delimita R. Uma vez que em cada ponto (x,y) de C_1 o valor de F é o mesmo que o de V_x em cada ponto (x,y,z) de C, e como dx é o mesmo para ambas as curvas, temos que

$$\oint_{C_1} F\,dx = \oint_C V_x\,dx$$

ou de outra forma

$$\iint_S\left[\boldsymbol{\nabla}\times\left(V_x\,\mathbf{u}_x\right)\right]\cdot\mathbf{u}_n\,dS = \oint_C V_x\,dx \qquad \textbf{(iv)}$$

Analogamente, projetando sobre os outros planos coordenados, temos também

$$\iint_S\left[\boldsymbol{\nabla}\times\left(V_y\,\mathbf{u}_y\right)\right]\cdot\mathbf{u}_n\,dS = \oint_C V_y\,dy \qquad \textbf{(v)}$$

$$\iint_S\left[\boldsymbol{\nabla}\times\left(V_z\,\mathbf{u}_z\right)\right]\cdot\mathbf{u}_n\,dS = \oint_C V_z\,dz \qquad \textbf{(vi)}$$

Somando membro a membro as expressões (iv), (v) e (vi), obtemos

$$\iint_S\left[\boldsymbol{\nabla}\times\left(V_x\,\mathbf{u}_x + V_y\,\mathbf{u}_y + V_z\,\mathbf{u}_z\right)\right]\cdot\mathbf{u}_n\,dS = \oint_C\left(V_x\,dx + V_y\,dy + V_z\,dz\right)$$

que é equivalente a

$$\oint_C\mathbf{V}\cdot d\boldsymbol{l} = \iint_S\left(\boldsymbol{\nabla}\times\mathbf{V}\right)\cdot d\mathbf{S}$$

e está completada a demonstração.

Notas:

(1) Pelo teorema em questão,

$$\Gamma = \oint_C \mathbf{V} \cdot d\mathbf{l} = \iint_S (\nabla \times \mathbf{V}) \cdot d\mathbf{S}$$

,

concluímos que a circulação de um campo vetorial $\mathbf{V}$, através de um caminho orientado C, pode ser determinado pelo cálculo direto de

$$\oint_C \mathbf{V} \cdot d\mathbf{l}$$

ou pela integração do fluxo do rotacional através de uma superfície aberta S qualquer apoiada no contorno C, ou seja,

$$\iint_S (\nabla \times \mathbf{V}) \cdot d\mathbf{S}$$

(2) Este teorema permite a transformação de uma circulação em uma integral de superfície, fato este que tem aplicação ao se tratar com duas das equações de **Maxwell**, com a intensidade de um tubo de vórtice, etc.

10.3.3 - Teorema do Gradiente (para superfícies abertas)

$$\oint_C \Phi \, d\mathbf{l} = \iint_S d\mathbf{S} \times \nabla\Phi = \iint_S dS \, \mathbf{u}_n \times \nabla\Phi \qquad (10.9)$$

DEMONSTRAÇÃO:

Fazendo

$$\mathbf{V} = \Phi\mathbf{A}$$

no teorema de **Ampère-Stokes**, sendo $\mathbf{A}$ um vetor constante e não nulo, temos

$$\iint_S \left[\nabla \times (\Phi\mathbf{A}) \right] \cdot d\mathbf{S} = \oint_C (\Phi\mathbf{A}) \cdot d\mathbf{l}$$

Pela identidade vetorial (9.47),

$$\nabla \times (\Phi\mathbf{A}) = \Phi \underbrace{(\nabla \times \mathbf{A})}_{=0,\,\text{pois}\,\mathbf{A}=\text{cte}} + (\nabla\Phi) \times \mathbf{A} = (\nabla\Phi) \times \mathbf{A}$$

o que implica

$$\iint_S \left[(\nabla\Phi) \times \mathbf{A} \right] \cdot d\mathbf{S} = \oint_C (\Phi\mathbf{A}) \cdot d\mathbf{l}$$

Pela regra de permutação do produto misto, apresentada na expressão (2.58),

$$(\mathbf{A}\times\mathbf{B})\cdot\mathbf{C}=\mathbf{A}\cdot(\mathbf{B}\times\mathbf{C})=(\mathbf{A},\mathbf{B},\mathbf{C})=(\mathbf{B},\mathbf{C},\mathbf{A})=$$
$$=(\mathbf{C},\mathbf{A},\mathbf{B})=-(\mathbf{A},\mathbf{C},\mathbf{B})=-(\mathbf{C},\mathbf{B},\mathbf{A})=-(\mathbf{B},\mathbf{A},\mathbf{C})$$

decorre

$$\iint_S\left[(\nabla\Phi)\times\mathbf{A}\right]\cdot d\mathbf{S}=\iint_S\mathbf{A}\cdot(d\mathbf{S}\times\nabla\Phi)=\oint_C(\Phi\mathbf{A})\cdot d\boldsymbol{l}$$

Sendo **A** constante, ele pode ser passado para fora dos sinais de integral, resultando

$$\mathbf{A}\cdot\iint_S d\mathbf{S}\times\nabla\Phi=\mathbf{A}\cdot\oint_C\Phi\,d\boldsymbol{l}$$

que é equivalente a

$$\mathbf{A}\cdot\left[\iint_S d\mathbf{S}\times\nabla\Phi-\oint_C\Phi\,d\boldsymbol{l}\right]=0$$

Sendo **A** constante e não nulo, acarreta

$$\iint_S d\mathbf{S}\times\nabla\Phi-\oint_C\Phi\,d\boldsymbol{l}=\boldsymbol{0}$$

o que é equivalente a

$$\oint_C\Phi\,d\boldsymbol{l}=\iint_S d\mathbf{S}\times\nabla\Phi$$

e está demonstrado o teorema.

10.3.4 - Teorema do Rotacional (para superfícies abertas)

$$\oint_C d\boldsymbol{l}\times\mathbf{V}=\iint_S\left[(d\mathbf{S}\times\nabla)\times\mathbf{V}\right]=\iint_S\left[(dS\,\mathbf{u}_n\times\nabla)\times\mathbf{V}\right] \qquad (10.10)$$

DEMONSTRAÇÃO:

SubstituindoV por $\mathbf{V}\times\mathbf{A}$ no teorema de **Ampère-Stokes**, sendo **A** um vetor constante e não nulo, obtemos

$$\oint_C(\mathbf{V}\times\mathbf{A})\cdot d\boldsymbol{l}=\iint_S\left[\nabla\times(\mathbf{V}\times\mathbf{A})\right]\cdot d\mathbf{S} \qquad (i)$$

Pela regra de permutação do produto misto, apresentada pela expressão (2.58),

$$(\mathbf{A}\times\mathbf{B})\cdot\mathbf{C}=\mathbf{A}\cdot(\mathbf{B}\times\mathbf{C})=(\mathbf{A},\mathbf{B},\mathbf{C})=(\mathbf{B},\mathbf{C},\mathbf{A})=$$
$$=(\mathbf{C},\mathbf{A},\mathbf{B})=-(\mathbf{A},\mathbf{C},\mathbf{B})=-(\mathbf{C},\mathbf{B},\mathbf{A})=-(\mathbf{B},\mathbf{A},\mathbf{C})$$

vem

$$(\mathbf{V}\times\mathbf{A})\cdot dl=\mathbf{A}\cdot(dl\times\mathbf{V})$$

e

$$\oint_C (\mathbf{V}\times\mathbf{A})\cdot dl=\oint_C \mathbf{A}\cdot(dl\times\mathbf{V}) \tag{ii}$$

Encarando o operador nabla como sendo um pseudo vetor e aplicando a regra do termo central para o triplo produto vetorial, dada pela expressão (2.60),

$$\mathbf{A}\times(\mathbf{B}\times\mathbf{C})=(\mathbf{A}\cdot\mathbf{C})\mathbf{B}-(\mathbf{A}\cdot\mathbf{B})\mathbf{C}$$

temos

$$\nabla\times(\mathbf{V}\times\mathbf{A})=(\mathbf{A}\cdot\nabla)\mathbf{V}-\mathbf{A}(\nabla\cdot\mathbf{V})$$

e

$$\iint_S \left[\nabla\times(\mathbf{V}\times\mathbf{A})\right]\cdot d\mathbf{S}=\iint_S \left[(\mathbf{A}\cdot\nabla)\mathbf{V}-\mathbf{A}(\nabla\cdot\mathbf{V})\right]\cdot d\mathbf{S} \tag{iii}$$

Substituindo (ii) e (iii) em (i), obtemos

$$\oint_C \mathbf{A}\cdot(dl\times\mathbf{V})=\iint_S \left[(\mathbf{A}\cdot\nabla)\mathbf{V}-\mathbf{A}(\nabla\cdot\mathbf{V})\right]\cdot d\mathbf{S}=\iint_S (\mathbf{A}\cdot\nabla)\mathbf{V}\cdot d\mathbf{S}-\iint_S \mathbf{A}(\nabla\cdot\mathbf{V})\cdot d\mathbf{S}$$
$$=\iint_S \mathbf{A}\cdot\nabla(\mathbf{V}\cdot d\mathbf{S})-\iint_S \mathbf{A}(\nabla\cdot\mathbf{V})\cdot d\mathbf{S}$$

Sendo $\mathbf{A}$ constante, ele pode ser passado para fora dos sinais de integral, resultando

$$\mathbf{A}\cdot\oint_C dl\times\mathbf{V}=\mathbf{A}\cdot\iint_S \nabla(\mathbf{V}\cdot d\mathbf{S})-\mathbf{A}\cdot\iint_S d\mathbf{S}(\nabla\cdot\mathbf{V})$$

isto é,

$$\mathbf{A}\cdot\oint_C dl\times\mathbf{V}=\mathbf{A}\cdot\iint_S \left[\nabla(\mathbf{V}\cdot d\mathbf{S})-d\mathbf{S}(\nabla\cdot\mathbf{V})\right]$$

Aplicando novamente a regra do termo central do triplo produto vetorial, só que agora na forma da expressão (2.61),

$$(\mathbf{A}\times\mathbf{B})\times\mathbf{C}=(\mathbf{C}\cdot\mathbf{A})\mathbf{B}-(\mathbf{C}\cdot\mathbf{B})\mathbf{A}$$

à grandeza

$$\nabla(\mathbf{V}\cdot d\mathbf{S})-d\mathbf{S}(\nabla\cdot\mathbf{V}),$$

resulta

$$\nabla(\mathbf{V}\cdot d\mathbf{S}) - d\mathbf{S}(\nabla\cdot\mathbf{V}) = (d\mathbf{S}\times\nabla)\times\mathbf{V}$$

e

$$\mathbf{A}\cdot\oint_C dl\times\mathbf{V} = \mathbf{A}\cdot\iint_S (d\mathbf{S}\times\nabla)\times\mathbf{V}$$

ou de outra forma

$$\mathbf{A}\cdot\left[\oint_C dl\times\mathbf{V} - \iint_S (d\mathbf{S}\times\nabla)\times\mathbf{V}\right] = 0$$

Sendo **A** constante e não nulo, implica

$$\oint_C dl\times\mathbf{V} - \iint_S (d\mathbf{S}\times\nabla)\times\mathbf{V} = 0$$

que é equivalente a

$$\oint_C dl\times\mathbf{V} = \iint_S \left[(d\mathbf{S}\times\nabla)\times\mathbf{V}\right]$$

e finalizamos a demonstração.

EXEMPLO 10.6

Calcule $\oint_C \left[(y-\operatorname{sen} x)\,dx + \cos x\,dy\right]$, em que C contorno do triângulo da figura 10.10 **(a)** diretamente e **(b)** empregando o teorema de **Green** no plano.

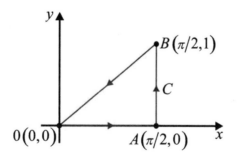

Fig. 10.10

SOLUÇÃO:

(a) Cálculo da integral de linha:

- Ao longo de $\overline{OA}$, temos

$$y = 0 \;\;\rightarrow\;\; dy = 0$$

e a integral é igual a

$$\int_{x=0}^{x=\frac{\pi}{2}}\left[(0-\operatorname{sen} x)\,dx+\cos x\,(0)\right]=\int_{x=0}^{x=\frac{\pi}{2}}(-\operatorname{sen} x)\ dx=\left[\cos x\right]_{x=0}^{x=\frac{\pi}{2}}=-1$$

- Ao longo de $\overline{AB}$, podemos colocar

$$x=\frac{\pi}{2}\ \to dx=0$$

o que acarreta

$$\int_{y=0}^{y=1}\left[(y-1)(0)+(0)\,dy\right]=0$$

- Ao longo de $\overline{BO}$, vale

$$y=\frac{2x}{\pi}\ \to dy=\frac{2}{\pi}dx$$

o que implica

$$\int_{x=\frac{\pi}{2}}^{x=0}\left[\left(\frac{2x}{\pi}-\operatorname{sen} x\right)dx+\frac{2}{\pi}\cos x\,dx\right]=\left[\frac{x^2}{\pi}+\cos x+\frac{2}{\pi}\operatorname{sen} x\right]_{x=\frac{\pi}{2}}^{x=0}=1-\frac{\pi}{4}-\frac{2}{\pi}$$

Logo, a integral de linha ao longo do caminho C é igual a

$$\oint_C\left[(y-\operatorname{sen} x)\,dx+\cos x\,dy\right]=-1+0+1-\frac{\pi}{4}-\frac{2}{\pi}=-\frac{\pi}{4}-\frac{2}{\pi}$$

(b) Cálculo da integral de superfície:

Temos

$$\begin{cases} M=y-\operatorname{sen} x \to \dfrac{\partial M}{\partial y}=1 \\[2mm] N=\cos x \to \dfrac{\partial N}{\partial x}=-\operatorname{sen} x \end{cases}$$

e em decorrência

$$\iint_R\left(\frac{\partial N}{\partial x}-\frac{\partial M}{\partial y}\right)dx\,dy=\iint_R(-\operatorname{sen} x-1)\,dx\,dy=$$

$$= \int_{x=0}^{x=\frac{\pi}{2}} \int_{y=0}^{y=\frac{2x}{\pi}} (-\operatorname{sen} x - 1) dy\, dx = \int_{x=0}^{x=\frac{\pi}{2}} \left[-y \operatorname{sen} x - y \right]_{y=0}^{y=\frac{2x}{\pi}} dx =$$

$$= \int_{x=0}^{x=\frac{\pi}{2}} \left(-\frac{2x}{\pi} \operatorname{sen} x - \frac{2x}{\pi} \right) dx = \left[-\frac{2}{\pi}(-x \cos x + \operatorname{sen} x) - \frac{x^2}{\pi} \right]_{x=0}^{x=\frac{\pi}{2}} =$$

$$= -\frac{2}{\pi} - \frac{\pi}{4}$$

o que verifica o teorema de **Green** no plano.

EXEMPLO 10.7

Verifique o teorema de **Green** no plano para $\oint_C \left[(3x^2 - 8y^2) dx + (4y - 6xy) dy \right]$, em que C é o limite da região definida por:

(a) $y = \sqrt{x}, y = x^2$;

(b) $x = 0, y = 0, x + y = 1$

SOLUÇÃO:

(a)

- Cálculo da integral de linha:

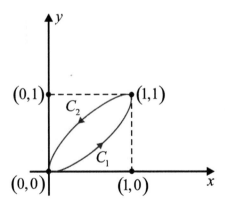

Fig. 10.11

Interseção de $C_1 (y = x^2)$ e $C_2 (y = \sqrt{x})$:

$$x^2 = \sqrt{x} \;\to\; x^4 = x \;\to\; x^4 - x = 0 \;\to\; x(x^3 - 1) = 0 \;\to\; \begin{cases} x = 0 \\ x = 1 \end{cases}$$

Temos, pois,

$$\begin{cases} x = 0 \to y = 0 \\ x = 1 \to y = 1 \end{cases}$$

- Ao longo de C_1,

$$y = x^2 \to dy = 2x\, dx$$

e a integral assume a forma

$$\int_{x=0}^{x=1} \left[\left(3x^2 - 8x^4 \right) dx + \left(4x^2 - 6xx^2 \right)(2x\,dx) \right] = \int_{x=0}^{x=1} \left(-20x^4 + 8x^3 + 3x^2 \right) dx =$$

$$= \left[-4x^5 + 2x^4 + x^3 \right]_{x=0}^{x=1} = -1$$

- Ao longo de C_2,

$$y = \sqrt{x} = x^{\frac{1}{2}} \to dy = \frac{1}{2} x^{-\frac{1}{2}} dx$$

o que implica

$$\int_{x=1}^{x=0} \left(3x^2 - 8x \right) dx + \left(4x^{\frac{1}{2}} - 6xx^{\frac{1}{2}} \right)\left(2x^{-\frac{1}{2}} dx \right) = \int_{x=1}^{x=0} \left(3x^2 - 11x + 2 \right) dx =$$

$$= \left[x^3 - \frac{11}{2} x^2 + 2x \right]_{x=1}^{x=0} = \frac{5}{2}$$

A integral ao longo do caminho C é

$$\oint_C \left[\left(3x^2 - 8y^2 \right) dx + \left(4y - 6xy \right) dy \right] = -1 + \frac{5}{2} = \frac{3}{2}$$

- Cálculo da integral de superfície:

Temos

$$\begin{cases} M = 3x^2 - 8y^2 \to \dfrac{\partial M}{\partial y} = -16y \\[2mm] N = 4y - 6xy \to \dfrac{\partial N}{\partial x} = -6y \end{cases}$$

de modo que

$$\iint_R \left(\frac{\partial N}{\partial x} - \frac{\partial M}{\partial y} \right) dx\, dy = \iint_R (-6y + 16y)\, dx\, dy = \iint_R 10y\, dx\, dy =$$

$$= \int_{x=0}^{x=1} \int_{y=0}^{y=\sqrt{x}} 10y\, dx\, dy = 10 \int_{x=0}^{x=1} \left[\frac{y^2}{2} \right]_{y=x^2}^{y=\sqrt{x}} dx =$$

$$= 5 \int_{x=0}^{x=1} (x - x^4)\, dx = 5 \left[\frac{x^2}{2} - \frac{x^5}{5} \right]_{x=0}^{x=1} = \frac{5}{2} - 1 = \frac{3}{2}$$

o que verifica o teorema.

(b)

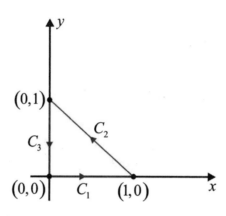

Fig. 10.12

- Cálculo da integral de linha:

    - Ao longo de C_1,
$$y = 0 \to dy = 0$$

e a integral fica sendo

$$\int_{x=0}^{x=1} \left[(3x^2 - 0)\, dx + (0-0)(0) \right] = \int_{x=0}^{x=1} 3x^2\, dx = \left[x^3 \right]_{x=0}^{x=1} = 1$$

    - Ao longo de C_2,
$$y = 1 - x \to dy = -dx$$

o que acarreta

$$\int_{x=1}^{x=0} \left\{ \left[3x^2 - 8(1-x)^2 \right] dx + \left[4(1-x) - 6x(1-x) \right](-dx) \right\} =$$

$$= \int_{x=1}^{x=0} (-11x^2 + 26x - 12)\, dx = \left[\frac{-11x^3}{3} + 13x^2 - 12x \right]_{x=1}^{x=0} = \frac{8}{3}$$

188   **Cálculo e Análise Vetoriais com Aplicações Práticas**

- Ao longo de C_3,

$$x = 0 \rightarrow dx = 0$$

e temos a integral

$$\int_{y=1}^{y=0} \left[\left(0 - 8y^2 \right)(0) + \left(4y - 0 \right) dy \right] = \int_{y=1}^{y=0} 4y\,dy = \left[2y^2 \right]_{y=1}^{y=0} = -2$$

Finalmente, temos o valor da integral de linha, que é

$$\oint_C \left[\left(3x^2 - 8y^2 \right) dx + \left(4y - 6xy \right) dy \right] = 1 + \frac{8}{3} - 2 = \frac{5}{3}$$

- Cálculo da integral de superfície:

$$\iint_R \left(\frac{\partial N}{\partial x} - \frac{\partial M}{\partial y} \right) dx\,dy = \iint_R \left(-6y + 16y \right) dx\,dy = \iint_R 10y\,dx\,dy =$$

$$= 10 \int_{x=0}^{x=1} \int_{y=0}^{y=1-x} y\,dy\,dx = 5 \int_{x=0}^{x=1} \left(1 - x \right)^2 dx =$$

$$= 5 \int_{x=0}^{x=1} \left(1 - 2x + x^2 \right) dx = 5 \left[x - x^2 + \frac{x^3}{3} \right]_{x=0}^{x=1} = \frac{5}{3}$$

o que verifica o teorema em questão.

EXEMPLO 10.8

(a) Mostre que a área da superfície limitada por uma curva simples fechada é dada por

$$\frac{1}{2} \oint_C \left(x\,dy - y\,dx \right)$$

(b) Mostre que em coordenadas polares[6] a área é expressa por

$$\frac{1}{2} \oint_C \rho^2 d\phi$$

(c) Utilizando a fórmula do ítem anterior determine a área de um laço de rosácea de quatro folhas cuja equação polar é $\rho = 3\,\text{sen}\,2\phi$ e o gráfico correspondente está na figura 10.13.

---

[6] coordenadas cilíndricas no plano xy (plano $z = 0$).

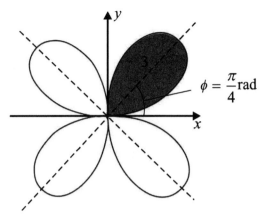

Fig. 10.13

SOLUÇÃO:

(a)

No teorema de **Green**,

$$\oint_C (M\,dx + N\,dy) = \iint_R \left(\frac{\partial N}{\partial x} - \frac{\partial M}{\partial y} \right) dx\,dy,$$

façamos

$$\begin{cases} M = -y \\ N = x \end{cases}$$

o que implica

$$\oint_C (-y\,dx + x\,dy) = \oint_C (x\,dy - y\,dx) = \iint_R \left[\frac{\partial(x)}{\partial x} - \frac{\partial(-y)}{\partial y} \right] dx\,dy = 2\iint_R dx\,dy = 2A$$

em que A é a área procurada. Assim sendo, podemos expressar:

$$A = \frac{1}{2}\oint_C (x\,dy - y\,dx) \qquad (10.11)$$

(b)

As coordenadas polares se relacionam com as coordenadas cartesianas por meio de

$$\begin{cases} x = \rho\cos\phi \\ y = \rho\,\text{sen}\,\phi \end{cases}$$

Assim sendo,

$$A = \oint_C (x\,dy - y\,dx) = \oint_C \left[(\rho\cos\phi)(\rho\cos\phi\,d\phi) - (\rho\,\text{sen}\,\phi)(-\rho\,\text{sen}\,\phi\,d\phi) \right] =$$

$$= \frac{1}{2} \oint_C \left[\rho^2 \cos^2 \phi + \rho^2 \, \text{sen}^2 \, \phi \right] d\phi$$

Finalmente, temos

$$A = \frac{1}{2} \oint_C \rho^2 \, d\phi \qquad\qquad (10.12)$$

(c)

Uma vez que

$$\rho = 3 \, \text{sen} \, 2\phi,$$

podemos expressar

$$A = \frac{1}{2} \int_{\phi=0}^{\phi=\frac{\pi}{2}} \left(3 \, \text{sen} \, 2\phi \right)^2 d\phi = \frac{1}{2} \int_{\phi=0}^{\phi=\frac{\pi}{2}} 9 \, \text{sen}^2 \, 2\phi \, d\phi = \frac{9}{4} \int_{\phi=0}^{\phi=\frac{\pi}{2}} \text{sen}^2 \, 2\phi \left(2 \, d\phi \right)$$

Pela fórmula (An. 9.21) da tabela de integrais do anexo 9, no volume 3, temos

$$\int \text{sen}^2 u \, du = \frac{u}{2} - \frac{\text{sen} \, 2u}{4} + C = \frac{u - \text{sen} \, u \cos u}{2} + C$$

Donde se conclui,

$$A = \frac{9}{4} \left[\phi - \frac{\text{sen} \, 4\phi}{4} \right]_{\phi=0}^{\phi=\frac{\pi}{2}} = \frac{9}{4} \left(\frac{\pi}{2} \right) = \frac{9\pi}{8} \text{ unidades de área}$$

EXEMPLO 10.9*

Determine a área A de uma região R limitada pela elipse C cujos semi-eixos maior e menor são iguais a $2a$ e $2b$, respectivamente, utilizando:

(a) coordenadas cartesianas retangulares e cálculo direto;

(b) a expressão (10.11);

(c) a expressão (10.12).

SOLUÇÃO:

(a)

Sabemos que a elipse é uma curva plana e que se os seus eixos coincidem com os eixos x e y, estando o centro na origem, conforme na figura 10.14, sua equação cartesiana, de acordo com a expressão (5.25) do anexo 5, no volume 3, é

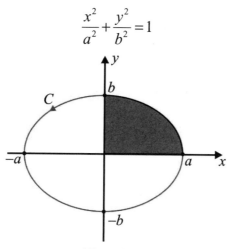

$$\frac{x^2}{a^2}+\frac{y^2}{b^2}=1$$

Fig. 10.14

Em consequência, temos

$$x^2 b^2 + y^2 a^2 = a^2 b^2 \rightarrow y^2 a^2 = a^2 b^2 - x^2 b^2 \rightarrow y^2 = \frac{a^2 b^2 - x^2 b^2}{a^2} \rightarrow$$

$$\rightarrow y^2 = \frac{b^2}{a^2}\left(a^2 - x^2\right) \rightarrow y = \pm \frac{b}{a}\sqrt{a^2 - x^2}$$

A área da elipse é igual a quatro vezes a área sombreada, de modo que

$$A = \iint_S dx\,dy = 4\int_{x=0}^{x=a}\int_{y=0}^{y=\frac{b}{a}\sqrt{a^2-x^2}} dy\,dx = 4\int_{x=0}^{x=a}\frac{b}{a}\sqrt{a^2-x^2}\,dx = \frac{4b}{a}\int_{x=0}^{x=a}\sqrt{a^2-x^2}\,dx$$

Pela expressão (An. 9.29) da tabela de integrais (anexo 9), no volume 3, vem

$$\int \sqrt{a^2-u^2}\,du = \frac{u}{2}\sqrt{a^2-u^2} + \frac{a^2}{2}\operatorname{arc\,sen}\left(\frac{u}{a}\right) + C$$

o que nos conduz a

$$A = \frac{4b}{a}\left[\frac{x}{2}\sqrt{a^2-x^2} + \frac{a^2}{2}\operatorname{arc\,sen}\left(\frac{x}{a}\right)\right]_{x=0}^{x=a} = \frac{4b}{a}\left[\frac{a^2}{2}\operatorname{arc\,sen}(1)\right] = \frac{4b}{a}\left(\frac{a^2}{2}\right)\left(\frac{\pi}{2}\right) = \pi a b$$

(b)

A elipse pode ser representada parametricamente por

$$\begin{cases} x = a\cos\phi \\ y = b\operatorname{sen}\phi \\ 0 \le \phi \le 2\pi \end{cases}$$

192 **Cálculo e Análise Vetoriais com Aplicações Práticas**

Em decorrência, temos

$$\begin{cases} dx = -a\, \text{sen}\, \phi\, d\phi \\ dy = b\cos\phi\, d\phi \end{cases}$$

Logo, pela expressão (10.11), segue-se

$$A = \frac{1}{2}\oint_C (x\, dy - y\, dx) = \frac{1}{2}\int_{\phi=0}^{\phi=2\pi}\Big[(a\cos\phi)(b\cos\phi\, d\phi) - (b\, \text{sen}\, \phi)(-a\, \text{sen}\,\phi\, d\phi)\Big] =$$

$$= \frac{1}{2}\int_{\phi=0}^{\phi=2\pi} ab\left(\cos^2\phi + \text{sen}^2\phi\right)d\phi = \frac{1}{2}ab\int_{\phi=0}^{\phi=2\pi} d\phi = \pi ab \ \text{ unidades de área}$$

(c)

As relações entre coordenadas cartesianas retangulares e polares são

$$\begin{cases} x = \rho\cos\phi \\ y = \rho\, \text{sen}\, \phi \end{cases}$$

que substituídas na equação cartesiana retangular nos levam a

$$\frac{(\rho\cos\phi)^2}{a^2} + \frac{(\rho\, \text{sen}\, \phi)^2}{b^2} = 1$$

ou de outra forma,

$$\rho^2 = \frac{a^2 b^2}{a^2\, \text{sen}^2\phi + b^2\cos^2\phi}$$

que é a equação (An. 5.26) do anexo 5 no volume 3. Pela expressão (10.12),

$$A = \frac{1}{2}\oint_C \rho^2 d\phi,$$

temos

$$A = \frac{1}{2}\oint_C \frac{a^2 b^2 d\phi}{a^2\, \text{sen}^2\phi + b^2\cos^2\phi} = \frac{4a^2 b^2}{2}\int_{\phi=0}^{\phi=\frac{\pi}{2}} \frac{d\phi}{a^2\, \text{sen}^2\phi + b^2\cos^2\phi}$$

Pela expressão (An. 9.31) da tabela de integrais do anexo 9, temos

$$\int \frac{du}{p^2\text{sen}^2 qu + r^2\cos^2 qu} = \frac{1}{pqr}\,\text{arc}\,\text{tg}\left(\frac{p\,\text{tg}\,qu}{r}\right) + C$$

o que nos permite, finalmente, estabelecer

$$A = 2a^2b^2\left(\frac{1}{ab}\right)\left[\text{arc tg}\left(\frac{a\,\text{tg}\phi}{b}\right)\right]_{\phi=0}^{\phi=\frac{\pi}{2}} = 2a^2b^2\left(\frac{1}{ab}\right)\left[\text{arc tg}\left(\frac{a\,\text{tg}\dfrac{\pi}{2}}{b}\right)\right]_{\phi=0}^{\phi=\frac{\pi}{2}} = 2ab\,\text{arc tg}\,\infty = 2ab\left(\frac{\pi}{2}\right) = \pi ab$$

EXEMPLO 10.10

Recalcule as circulações do campo vetorial do exemplo 8.7 utilizando o teorema de **Ampère-Stokes**.

SOLUÇÃO:

Sendo $\mathbf{V} = x\,\mathbf{u}_x + x^2 y\,\mathbf{u}_y + xy^2\mathbf{u}_z$, tiramos

$$\begin{cases} V_x = x \\ V_y = x^2 y \\ V_z = xy^2 \end{cases}$$

Pela expressão (9.25),

$$\nabla \times \mathbf{V} = \left(\frac{\partial V_z}{\partial y} - \frac{\partial V_y}{\partial z}\right)\mathbf{u}_x + \left(\frac{\partial V_x}{\partial z} - \frac{\partial V_z}{\partial x}\right)\mathbf{u}_y + \left(\frac{\partial V_y}{\partial x} - \frac{\partial V_x}{\partial y}\right)\mathbf{u}_z =$$

$$= \left[\frac{\partial}{\partial y}\left(xy^2\right) - \frac{\partial}{\partial z}\left(x^2 y\right)\right]\mathbf{u}_x + \left[\frac{\partial}{\partial z}\left(x\right) - \frac{\partial}{\partial x}\left(xy^2\right)\right]\mathbf{u}_y + \left[\frac{\partial}{\partial x}\left(x^2 y\right) - \frac{\partial}{\partial y}\left(x\right)\right]\mathbf{u}_z =$$

$$= 2xy\,\mathbf{u}_x - y^2\mathbf{u}_y + 2xy\,\mathbf{u}_z$$

Com relação as orientações de contorno ilustradas na figura 8.5 temos um vetor diferencial de área

$$d\mathbf{S} = dx\,dy\,\mathbf{u}_z$$

Assim, pelo teorema de **Ampère-Stokes**,

$$\Gamma = \oint_C \mathbf{V} \cdot d\boldsymbol{l} = \iint_S \left(\nabla \times \mathbf{V}\right) \cdot d\mathbf{S} = \iint_S 2xy\,dx\,dy$$

(a)

$$\Gamma = \int_{x=0}^{x=2} \int_{y=0}^{y=3} 2xy\,dx\,dy = 2\left[\frac{x^2}{2}\right]_{x=0}^{x=2}\left[\frac{y^2}{2}\right]_{y=0}^{y=3} = 18$$

(b)

$$\Gamma = \int_{x=0}^{x=2} \int_{y=0}^{y=-\frac{x}{2}+1} 2xy\, dx\, dy = \int_{x=0}^{x=2} 2x \left[\frac{y^2}{2}\right]_{y=0}^{y=-\frac{x}{2}+1} dx =$$

$$= \int_{x=0}^{x=2} x\left(\frac{x^2}{4} - x + 1\right) dx = \int_{x=0}^{x=2} \left(\frac{x^3}{4} - x^2 + x\right) dx =$$

$$= \left[\frac{x^4}{16} - \frac{x^3}{3} + \frac{x^2}{2}\right]_{x=0}^{x=2} = \frac{1}{3}$$

(c)

$$\Gamma = \int_{x=0}^{x=\sqrt{3}} \int_{y=\frac{\sqrt{3}}{3}x}^{y=\sqrt{4-x^2}} 2xy\, dx\, dy = \int_{x=0}^{x=\sqrt{3}} 2x\left[\frac{y^2}{2}\right]_{y=\frac{\sqrt{3}}{3}x}^{y=\sqrt{4-x^2}} dx =$$

$$= \int_{x=0}^{x=\sqrt{3}} x(4 - \frac{4}{3}x^2) dx = 4\left[\frac{x^2}{2} - \frac{x^4}{12}\right]_{x=0}^{x=\sqrt{3}} = 3$$

EXEMPLO 10.11*

Dado o campo vetorial $\mathbf{V} = K \cotg\theta\, \mathbf{u}_\phi$, em que K é uma constante, verifique a validade do teorema de **Ampère-Stokes** com relação a uma superfície esférica de raio a apoiada no contorno C, conforme ilustrado na figura 10.15.

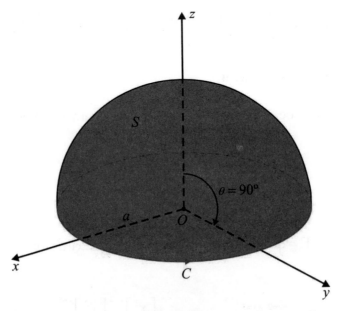

Fig. 10.15

SOLUÇÃO:

Os Teoremas Fundamentais da Análise Vetorial e a Teoria Geral dos Campos 195

A função $\cotg\theta$ é descontínua em $\theta = 0$, que deve ser excluído a fim de garantir a validade do teorema ao longo da superfície em questão. Com tal intenção, construiremos um pequeno círculo C_3, em $\theta = \theta_1$ e $r = a$, conforme representado na figura 10.16, e assim excluir a singularidade.

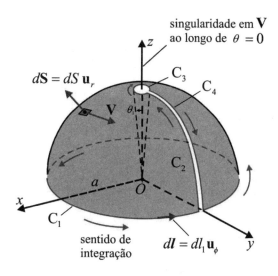

Fig. 10.16

- Cálculo de $\oint_C \mathbf{V} \cdot d\mathbf{l}$:

A expressão (3.114b),

$$d\mathbf{l} = dr\, \mathbf{u}_r + r\, d\theta\, \mathbf{u}_\theta + r\, \sen\theta\, d\phi\, \mathbf{u}_\phi,$$

nos fornece o vetor deslocamento diferencial em coordenadas esféricas, de tal modo que

$$\oint_C \mathbf{V} \cdot d\mathbf{l} = \int_C (K \cotg\theta)(r\, \sen\theta\, d\phi) = K \int_C \left(\frac{\cos\theta}{\sen\theta}\right)(r\, \sen\theta\, d\phi) = Ka \int_C \cos\theta\, d\phi$$

lembrando que ao longo de toda a esfera temos $r = a$ = constante. Se o vetor $d\mathbf{S}$ for considerado positivo apontando para o exterior da superfície esférica S, o contorno C terá a orientação indicada na figura 10.16, com as integrais de linha ao longo de C_2 e C_4 se cancelando quando a largura da faixa de conexão tender a zero, o que propicia a integral de linha

$$\oint_C \mathbf{V} \cdot d\mathbf{l}$$

se reduzir a

$$\oint_C \mathbf{V} \cdot d\mathbf{l} = \int_{C_1} \mathbf{V} \cdot d\mathbf{l} + \int_{C_3} \mathbf{V} \cdot d\mathbf{l}$$

- Caminho C_1 : $\begin{cases} \theta = \dfrac{\pi}{2} \\ 0 \le \phi \le 2\pi \end{cases}$

$$\int_{C_1} \mathbf{V} \cdot d\boldsymbol{l} = Ka \int_{\phi=0}^{\phi=2\pi} \cos\left(\frac{\pi}{2}\right) d\phi = 0$$

- Caminho C_3 : $\begin{cases} \theta = \theta_1 \\ -2\pi \le \phi \le 0 \end{cases}$

$$\int_{C_1} \mathbf{V} \cdot d\boldsymbol{l} = Ka \int_{\phi=0}^{\phi=-2\pi} \cos\theta_1 \, d\phi = -2\pi aK \cos\theta_1$$

Somando os resultados, obtemos

$$\oint_C \mathbf{V} \cdot d\boldsymbol{l} = 0 - 2\pi aK \cos\theta_1 = -2\pi aK \cos\theta_1 ,$$

que converge para $-2\pi aK$ quando $\theta_1 \to 0$

- Cálculo de $\iint_S (\nabla \times \mathbf{V}) \cdot d\mathbf{S}$:

Uma vez que $\mathbf{V} = K \cotg\theta \, \mathbf{u}_\phi$, temos

$$\begin{cases} V_r = 0 \\ V_\theta = 0 \\ V_\phi = K \cotg\theta \end{cases}$$

Pela expressão (9.27),

$$\nabla \times \mathbf{V} = \frac{1}{r \, \mathrm{sen}\,\theta}\left[\frac{\partial}{\partial\theta}\left(\mathrm{sen}\,\theta \, V_\phi\right) - \frac{\partial V_\theta}{\partial\phi} \right]\mathbf{u}_r + \frac{1}{r}\left[\frac{1}{\mathrm{sen}\,\theta}\frac{\partial V_r}{\partial\phi} - \frac{\partial}{\partial r}\left(r\,V_\phi\right) \right]\mathbf{u}_\theta +$$

$$+ \frac{1}{r}\left[\frac{\partial}{\partial r}\left(r\,V_\theta\right) - \frac{\partial V_r}{\partial\theta} \right]\mathbf{u}_\phi = \frac{1}{r\,\mathrm{sen}\,\theta}\left\{ \frac{\partial}{\partial\theta}\left[\mathrm{sen}\,\theta\left(K\cotg\theta\right)\right] - \frac{\partial}{\partial\phi}(0) \right\}\mathbf{u}_r +$$

$$+ \frac{1}{r}\left\{ \frac{1}{\mathrm{sen}\,\theta}\frac{\partial}{\partial\phi}(0) - \frac{\partial}{\partial r}\left[r\left(K\cotg\theta\right)\right] \right\}\mathbf{u}_\theta + \frac{1}{r}\left\{ \frac{\partial}{\partial r}\left[r\left(0\right)\right] - \frac{\partial}{\partial\theta}(0) \right\}\mathbf{u}_\phi =$$

$$= -\frac{K}{r}\mathbf{u}_r - \frac{K}{r}\cotg\theta \, \mathbf{u}_\theta$$

Para a superfície S em questão, $r = a$, o que nos conduz a

$$\nabla \times \mathbf{V} == -\frac{K}{a}\mathbf{u}_r - \frac{K}{a}\cotg\theta\,\mathbf{u}_\theta$$

Ainda para a superfície S em tela, do grupo de expressões (3.107), temos

$$dS_r = r^2 \text{sen}\,\theta\,d\theta\,d\phi$$

No entanto,

$$d\mathbf{S} = dS_r\,\mathbf{u}_r$$

e

$$r = a$$

o que implica

$$d\mathbf{S} = a^2 \text{sen}\,\theta\,d\theta\,d\phi\,\mathbf{u}_r$$

Assim sendo, temos

$$\iint_S (\nabla \times \mathbf{V}) \cdot d\mathbf{S} = \int_{\phi=0}^{\phi=2\pi} \left(-\frac{K}{a}\right)\!\left(a^2 \text{sen}\,\theta\,d\theta\,d\phi\right) = -2\pi aK\cos\theta_1,$$

que igualmente converge para $-2\pi aK$ quando $\theta_1 \to 0$.

Uma vez que

$$\oint_C \mathbf{V} \cdot d\mathbf{l} = \iint_S (\nabla \times \mathbf{V}) \cdot d\mathbf{S} = -2\pi aK,$$

está verificado o teorema de **Ampère-Stokes.**

EXEMPLO 10.12

Recalcule a circulação do campo vetorial do exemplo 8.8, integrando o fluxo do rotacional através da calota esférica ilustrada na figura 8.6.

SOLUÇÃO:

Sendo o campo vetorial $\mathbf{V} = 6\,r\,\text{sen}\,\phi\,\mathbf{u}_r + 18\,r\,\text{sen}\,\theta\cos\phi\,\mathbf{u}_\phi$, tiramos

$$\begin{cases} V_r = 6\,r\,\text{sen}\,\phi \\ V_\theta = 0 \\ V_\phi = 18\,r\,\text{sen}\,\theta\cos\phi \end{cases}$$

Pela expressão (9.27),

$$\nabla \times \mathbf{V} = \frac{1}{r\,\mathrm{sen}\,\theta}\left[\frac{\partial}{\partial\theta}\left(\mathrm{sen}\,\theta\; V_\phi\right) - \frac{\partial V_\theta}{\partial\phi}\right]\mathbf{u}_r + \frac{1}{r}\left[\frac{1}{\mathrm{sen}\,\theta}\frac{\partial V_r}{\partial\phi} - \frac{\partial}{\partial r}\left(r\,V_\phi\right)\right]\mathbf{u}_\theta +$$

$$+\frac{1}{r}\left[\frac{\partial}{\partial r}\left(r\,V_\theta\right) - \frac{\partial V_r}{\partial\theta}\right]\mathbf{u}_\phi = \frac{1}{r\,\mathrm{sen}\,\theta}\left\{\frac{\partial}{\partial\theta}\left[\mathrm{sen}\,\theta\left(18\,r\,\mathrm{sen}\,\theta\cos\phi\right)\right] - \frac{\partial}{\partial\phi}(0)\right\}\mathbf{u}_r +$$

$$+\frac{1}{r}\left\{\frac{1}{\mathrm{sen}\,\theta}\frac{\partial}{\partial\phi}\left(6\,r\,\mathrm{sen}\,\phi\right) - \frac{\partial}{\partial r}\left[r\left(18\,r\,\mathrm{sen}\,\theta\cos\phi\right)\right]\right\}\mathbf{u}_\theta + \frac{1}{r}\left\{\frac{\partial}{\partial r}\left[r\left(0\right)\right] - \frac{\partial}{\partial\theta}\left(6\,r\,\mathrm{sen}\,\phi\right)\right\}\mathbf{u}_\phi =$$

$$=\frac{1}{r\,\mathrm{sen}\,\theta}\left\{36\,r\,\mathrm{sen}\,\theta\cos\theta\cos\phi\right\}\mathbf{u}_r + \frac{1}{r}\left\{\frac{6\,r\cos\phi}{\mathrm{sen}\,\theta} - 36\,r\,\mathrm{sen}\,\theta\cos\phi\right\}\mathbf{u}_\theta =$$

$$=\left(36\cos\theta\cos\phi\right)\mathbf{u}_r + \left(\frac{6\cos\phi}{\mathrm{sen}\,\theta} - 36\,\mathrm{sen}\,\theta\cos\phi\right)\mathbf{u}_\theta$$

Para a superfície em questão, $r = 4$, e do grupo de expressões (3.107), temos

$$dS_r = r^2\mathrm{sen}\,\theta\, d\theta\, d\phi = 16\,\mathrm{sen}\,\theta\, d\theta\, d\phi$$

Entretanto,

$$d\mathbf{S} = dS_r\,\mathbf{u}_r$$

o que acarreta

$$d\mathbf{S} = 16\,\mathrm{sen}\,\theta\, d\theta\, d\phi\,\mathbf{u}_r$$

Assim sendo,

$$\Gamma = \iint_S \left(\nabla\times\mathbf{V}\right)\cdot d\mathbf{S} = \int_{\phi=0}^{\phi=0,3\pi}\int_{\theta=0}^{\theta=0,1\pi}\left(36\cos\theta\cos\phi\right)\left(16\,\mathrm{sen}\,\theta\, d\theta\, d\phi\right) =$$

$$= 576\int_{\phi=0}^{\phi=0,3\pi}\left[\frac{\mathrm{sen}^2\,\theta}{2}\right]_{\theta=0}^{\theta=0,1\pi}\cos\phi\, d\phi = 288\,\mathrm{sen}^2\left(0,1\pi\right)\mathrm{sen}\left(0,3\pi\right) = 22,2$$

EXEMPLO 10.13

Demonstrar que a intensidade de um tubo de vórtice, definida na subseção 5.4.5, pode também assumir a forma alternativa $\Gamma = \oint_C \mathbf{V}\cdot d\boldsymbol{l}$.

SOLUÇÃO:

Seja um tubo de vórtice genérico, construído a partir do campo de vorticidade Ω, conforme já foi retratado na parte (d) da figura 5.20, cuja relação com o campo vetorial **V** é, de acordo com a expressão (5.27), é

$$\Omega = \nabla \times \mathbf{V}$$

A intensidade do tubo é dada pela expressão (5.26),

$$\Gamma = \iint_S \Omega \cdot d\mathbf{S}$$

Desse modo,

$$\Gamma = \iint_S (\nabla \times \mathbf{V}) \cdot d\mathbf{S}$$

Entretanto, pelo teorema de **Ampère-Stokes**,

$$\Gamma = \iint_S (\nabla \times \mathbf{V}) \cdot d\mathbf{S} = \oint_C \mathbf{V} \cdot d\mathbf{l}$$

e finalizamos a demonstração.

EXEMPLO 10.14*

Verifique o teorema de **Ampère-Stokes** para o campo vetorial $\mathbf{V} = (x+y)\mathbf{u}_x + (2x-z)\mathbf{u}_y + (y+z)\mathbf{u}_z$, com relação ao triângulo definido pelas interseções do plano $3x+2y+z=6$ com os planos coordenados.

SOLUÇÃO:

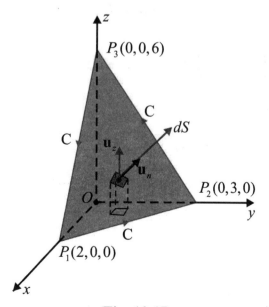

Fig. 10.17

200 **Cálculo e Análise Vetoriais com Aplicações Práticas**

A expressão

$$3x + 2y + z = 6$$

pode ser colocada sob a forma

$$\frac{x}{2} + \frac{y}{3} + \frac{z}{6} = 1,$$

a fim de determinarmos os traços do plano nos eixos coordenados, conforme aparece na figura 10.13. Uma vez determinadas as interseções do plano com os eixos, que são os pontos P_1, P_2 e P_3, e com os planos coordenados, que é o contorno C, arbitramos um sentido para este último, o que nos leva à orientação do vetor $d\mathbf{S}$, conforme na figura 10.17.

Pelo teorema de **Ampère-Stokes**,

$$\Gamma = \oint_C \mathbf{V} \cdot d\mathbf{l} = \iint_S (\nabla \times \mathbf{V}) \cdot d\mathbf{S}$$

- Cálculo de $\oint_C \mathbf{V} \cdot d\mathbf{l}$:

A integral de linha pode ser dividida em três partes:

$$\oint_C \mathbf{V} \cdot d\mathbf{l} = \int_{P_1}^{P_2} \mathbf{V} \cdot d\mathbf{l} + \int_{P_2}^{P_3} \mathbf{V} \cdot d\mathbf{l} + \int_{P_3}^{P_1} \mathbf{V} \cdot d\mathbf{l}$$

O deslocamento diferencial em coordendas cartesianas retangulares é dado pela expressão (3.14b),

$$d\mathbf{l} = dx\,\mathbf{u}_x + dy\,\mathbf{u}_y + dz\,\mathbf{u}_z$$

$$\oint_C \mathbf{V} \cdot d\mathbf{l} = \oint_C \left[(x+y)\,dx + (2x-z)\,dy + (y+z)\,dz \right]$$

- Trecho $P_1 \to P_2$:

$$\begin{cases} 0 \leq x \leq 2 \\ y = -\dfrac{3}{2}x + 3 \to dy = -\dfrac{3}{2}dx \\ z = 0 \to dz = 0 \end{cases}$$

resultando

$$\int_{P_1}^{P_2} \mathbf{V} \cdot d\mathbf{l} = \int_{P_1}^{P_2} (x+y)\,dx + 2x\,dy = \int_{x=2}^{x=0} (-3,5x+3)\,dx = 1$$

- Trecho $P_2 \to P_3$:

$$\begin{cases} x = 0 \to dx = 0 \\ 0 \le y \le 3 \\ z = -2y + 6 \to dz = -2\,dy \end{cases}$$

implicando

$$\int_{P_2}^{P_3} \mathbf{V} \cdot d\mathbf{l} = \int_{P_2}^{P_3} \left[-3dy + (y+z)\,dz \right] = \int_{y=3}^{y=0} (4y - 18)\,dy = 36$$

- Trecho $P_3 \to P_1$:

$$\begin{cases} 0 \le x \le 2 \\ y = 0 \to dy = 0 \\ z = -3x + 6 \to dz = -3\,dx \end{cases}$$

acarretando

$$\int_{P_3}^{P_1} \mathbf{V} \cdot d\mathbf{l} = \int_{P_3}^{P_1} \left[x\,dx + z\,dz \right] = \int_{x=0}^{x=2} (10x - 18)\,dx = -16$$

Somando as parcelas, obtemos

$$\oint_C \mathbf{V} \cdot d\mathbf{l} = 1 + 36 - 16 = 21$$

- Cálculo de $\iint_{S_{\Delta P_1 P_2 P_3}} (\nabla \times \mathbf{V}) \cdot d\mathbf{S}$:

Utilizando a expressão (9.25),

$$\nabla \times \mathbf{V} = \left(\frac{\partial V_z}{\partial y} - \frac{\partial V_y}{\partial z} \right) \mathbf{u}_x + \left(\frac{\partial V_x}{\partial z} - \frac{\partial V_z}{\partial x} \right) \mathbf{u}_y + \left(\frac{\partial V_y}{\partial x} - \frac{\partial V_x}{\partial y} \right) \mathbf{u}_z,$$

temos

$$\nabla \times \mathbf{V} = \left[\frac{\partial}{\partial y}(y+z) - \frac{\partial}{\partial z}(2x-z) \right] \mathbf{u}_x + \left[\frac{\partial}{\partial z}(x+y) - \frac{\partial}{\partial x}(y+z) \right] \mathbf{u}_y +$$

$$+ \left[\frac{\partial}{\partial x}(2x-y) - \frac{\partial}{\partial y}(x+y) \right] \mathbf{u}_z = 2\,\mathbf{u}_x + \mathbf{u}_z$$

Por outro lado,

$$d\mathbf{S} = dS\,\mathbf{u}_n$$

em que o vetor $\mathbf{u}_n$ pode ser obtido a partir do conceito de gradiente. O plano $3x + 2y + z = 6$ é uma superfície isotímica do campo escalar $\Phi(x, y, z) = 3x + 2y + z$, para a qual este campo assume o valor 6. O vetor gradiente associado a tal campo escalar é

$$\nabla\Phi = \frac{\partial\Phi}{\partial x}\mathbf{u}_x + \frac{\partial\Phi}{\partial y}\mathbf{u}_y + \frac{\partial\Phi}{\partial z}\mathbf{u}_z = \left[\frac{\partial}{\partial x}(3x + 2y + z)\right]\mathbf{u}_x + \left[\frac{\partial}{\partial y}(3x + 2y + z)\right]\mathbf{u}_y +$$

$$+\left[\frac{\partial}{\partial z}(3x + 2y + z)\right]\mathbf{u}_z = 3\,\mathbf{u}_x + 2\,\mathbf{u}_y + \mathbf{u}_z$$

O vetor unitário normal ao plano é dado por

$$\mathbf{u}_n = \pm\frac{\nabla\Phi}{|\nabla\Phi|} = \pm\frac{3\,\mathbf{u}_x + 2\,\mathbf{u}_y + \mathbf{u}_z}{\sqrt{3^2 + 2^2 + 1^2}} = \pm\frac{1}{\sqrt{14}}\left(3\,\mathbf{u}_x + 2\,\mathbf{u}_y + \mathbf{u}_z\right)$$

Pela figura 10.17 vemos que as componentes de $\mathbf{u}_n$ são todas positivas, de modo que devemos adotar o sinal positivo na última expressão, quer dizer,

$$\mathbf{u}_n = \frac{1}{\sqrt{14}}\left(3\,\mathbf{u}_x + 2\,\mathbf{u}_y + \mathbf{u}_z\right)$$

Pela expressão (8.26),

$$dS = \frac{dx\,dy}{|\mathbf{u}_z \cdot \mathbf{u}_n|} = \frac{dx\,dy}{\dfrac{1}{\sqrt{14}}} = \sqrt{14}\,dx\,dy$$

o que implica

$$d\mathbf{S} = dS\,\mathbf{u}_n = \left(3\,\mathbf{u}_x + 2\,\mathbf{u}_y + \mathbf{u}_z\right)dx\,dy$$

Finalmente, obtemos

$$\iint_{S_{\Delta P_1 P_2 P_3}} (\nabla\times\mathbf{V})\cdot d\mathbf{S} = 7\underbrace{\iint_{R_{\Delta P_1 P_2 O}} dx\,dy}_{(7)} = 7\int_{x=0}^{x=2}\int_{y=0}^{y=-\frac{3}{2}x+3} dy\,dx = 21$$

Uma vez que

$$\oint_C \mathbf{V}\cdot d\mathbf{l} = \iint_S (\nabla\times\mathbf{V})\cdot d\mathbf{S} = 21,$$

está verificado o teorema de **Ampère-Stokes.**

---

[7] A integral acima poderia ter sido resolvida diretamente: $7R_{\Delta P_1 P_2 O} = 7\left(\frac{3\times 2}{2}\right) = 21$

EXEMPLO 10.15*

Calcule a integral de linha $\oint_C (-y^3 dx + x^3 dy - z^3 dz)$, onde C é a interseção da superfície cilíndrica $x^2 + y^2 = 1$ com o plano $x + y + z = 1$, e a orientação de C no plano xy corresponde ao sentido positivo, utilizando: (**a**) cálculo direto; (**b**) o teorema de **Ampère-Stokes**.

SOLUÇÃO:

(a)

A curva C é a interseção da superfície cilíndrica $x^2 + y^2 = 1$ com o plano $x + y + z = 1$. A curva C' é a projeção de C sobre o plano xy, resultando em uma circunferência de raio unitário cujas equações paramétricas são

$$\begin{cases} x = \cos\phi \\ y = \operatorname{sen}\phi \\ z = 0 \end{cases}$$

sendo $0 \leq \phi \leq 2\pi$.

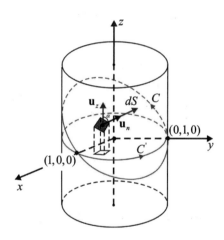

Fig. 10.18

Para a curva C, lembrando que

$$z = 1 - x - y,$$

temos as equações

$$\begin{cases} x = \cos\phi \\ y = \operatorname{sen}\phi \\ z = 1 - \cos\phi - \operatorname{sen}\phi \\ 0 \leq \phi \leq 2\pi \end{cases}$$

Seguindo tal linha de raciocínio, temos

$$\oint_C \left(-y^3 dx + x^3 dy - z^3 dz\right) = \int_{\phi=0}^{\phi=2\pi} \left[\left(-\mathrm{sen}^3\,\phi\right)\left(-\mathrm{sen}\,\phi\right) + \left(\cos^3\phi\right)\left(\cos\phi\right) - \right.$$

$$\left. -\left(1-\cos\phi-\mathrm{sen}\,\phi\right)\left(-\cos\phi+\mathrm{sen}\,\phi\right)\right]d\phi = \int_{\phi=0}^{\phi=2\pi}\cos^4\phi\,d\phi + \int_{\phi=0}^{\phi=2\pi}\mathrm{sen}^4\,\phi\,d\phi -$$

$$-\int_{\phi=0}^{\phi=2\pi}\left(1-\cos\phi-\mathrm{sen}\,\phi\right)^3\left(-\cos\phi+\mathrm{sen}\,\phi\right)d\phi$$

As duas primeiras integrais são resolvidas pelas fórmulas (An 9.25) e (An. 9.26) do anexo 9, no volume 3, a saber

$$\int\cos^4 u\,du = \frac{3u}{8} + \frac{\mathrm{sen}\,2u}{4} + \frac{\mathrm{sen}\,4u}{32} + C$$

$$\int\mathrm{sen}^4\,u\,du = \frac{3u}{8} - \frac{\mathrm{sen}\,2u}{4} + \frac{\mathrm{sen}\,4u}{32} + C$$

A última integral é do tipo $\int u^3 du$, em que

$$u = 1 - \cos\phi - \mathrm{sen}\,\phi$$

Após as devidas substituições, encontramos

$$\oint_C \left(-y^3 dx + x^3 dy - z^3 dz\right) = \frac{3\pi}{2}$$

(b)

Temos que

$$\oint_C (-y^3 dx + x^3 dy - z^3 dz) = \oint_C \mathbf{V}\cdot d\mathbf{l} = \oint_C \left(V_x\,dx + V_y\,dy + V_z\,dz\right)$$

Sendo

$$\mathbf{V} = V_x\,\mathbf{u}_x + V_y\,\mathbf{u}_y + V_z\,\mathbf{u}_z$$

e

$$d\mathbf{l} = dx\,\mathbf{u}_x + dy\,\mathbf{u}_y + dz\,\mathbf{u}_z$$

temos

$$\begin{cases} V_x = -y^3 \\ V_y = x^3 \\ V_z = -z^3 \end{cases}$$

e o campo vetorial é dado por

$$\mathbf{V} = y^3\mathbf{u}_x + x^3\mathbf{u}_y - z^3\mathbf{u}_z$$

Pelo teorema de **Ampère-Stokes**,

$$\oint_C \mathbf{V} \cdot dl = \iint_S (\nabla \times \mathbf{V}) \cdot d\mathbf{S}$$

em que S é a superfície do plano

$$x + y + z = 1$$

que é delimitada pelo contorno C. Utilizando a expressão (9.25),

$$\nabla \times \mathbf{V} = \left(\frac{\partial V_z}{\partial y} - \frac{\partial V_y}{\partial z}\right)\mathbf{u}_x + \left(\frac{\partial V_x}{\partial z} - \frac{\partial V_z}{\partial x}\right)\mathbf{u}_y + \left(\frac{\partial V_y}{\partial x} - \frac{\partial V_x}{\partial y}\right)\mathbf{u}_z,$$

temos

$$\nabla \times \mathbf{V} = \left[\frac{\partial}{\partial y}\left(-z^3\right) - \frac{\partial}{\partial z}\left(x^3\right)\right]\mathbf{u}_x + \left[\frac{\partial}{\partial z}\left(-y^3\right) - \frac{\partial}{\partial x}\left(-z^3\right)\right]\mathbf{u}_y + \left[\frac{\partial}{\partial x}\left(x^3\right) - \frac{\partial}{\partial y}\left(-y^3\right)\right]\mathbf{u}_z$$

$$= (3x^2 + 3y^2)\mathbf{u}_z$$

Temos também

$$d\mathbf{S} = dS\,\mathbf{u}_n,$$

sendo

$$\mathbf{u}_n = \pm\frac{\nabla\Phi}{|\nabla\Phi|}$$

e

$$\Phi = x + y + z$$

Logo,

$$\nabla\Phi = \frac{\partial\Phi}{\partial x}\mathbf{u}_x + \frac{\partial\Phi}{\partial y}\mathbf{u}_y + \frac{\partial\Phi}{\partial z}\mathbf{u}_z = \left[\frac{\partial}{\partial x}\left(x+y+z\right)\right]\mathbf{u}_x + \left[\frac{\partial}{\partial y}\left(x+y+z\right)\right]\mathbf{u}_y +$$

$$+ \left[\frac{\partial}{\partial z}\left(x+y+z\right)\right]\mathbf{u}_z = \mathbf{u}_x + \mathbf{u}_y + \mathbf{u}_z$$

206 **Cálculo e Análise Vetoriais com Aplicações Práticas**

e

$$\mathbf{u}_n = \pm \frac{\nabla \Phi}{|\nabla \Phi|} = \pm \frac{\mathbf{u}_x + \mathbf{u}_y + \mathbf{u}_z}{\sqrt{1^2 + 1^2 + 1^2}} = \pm \frac{1}{\sqrt{3}} \left(\mathbf{u}_x + \mathbf{u}_y + \mathbf{u}_z \right)$$

Pela figura 10.18 vemos que as componentes de $\mathbf{u}_n$ são todas positivas, de modo que devemos adotar o sinal positivo na última expressão, ou seja,

$$\mathbf{u}_n = \frac{1}{\sqrt{3}} \left(\mathbf{u}_x + \mathbf{u}_y + \mathbf{u}_z \right)$$

Pela expressão (8.26), temos

$$dS = \frac{dx\,dy}{|\mathbf{u}_z \cdot \mathbf{u}_n|} = \frac{dx\,dy}{\dfrac{1}{\sqrt{3}}} = \sqrt{3}\,dx\,dy$$

o que implica

$$d\mathbf{S} = dS\,\mathbf{u}_n = \left(\mathbf{u}_x + \mathbf{u}_y + \mathbf{u}_z \right) dx\,dy$$

e nos leva a

$$\iint_S (\nabla \times \mathbf{V}) \cdot d\mathbf{S} = \iint_R 3\left(x^2 + y^2 \right) dx\,dy$$

Fazendo a mudança para coordenadas polares, obtemos

$$\iint_R 3\left(x^2 + y^2 \right) dx\,dy = 3 \int_{\rho=0}^{\rho=1} \int_{\phi=0}^{\phi=2\pi} \left(\rho^2 \right) \left(\rho\,d\rho\,d\phi \right) = \frac{3\pi}{2}$$

10.4 - Taxa de Fluxo de um Campo Vetorial através de uma Superfície Aberta em Movimento

Sejam $\mathbf{A} = \mathbf{A}(x, y, z, t)$ [8] um campo vetorial e S uma superfície aberta, de forma genérica, apoiada em um contorno $C(t)$. A superfície e o seu contorno se deslocam em relação ao laboratório onde estão situadas as fontes que produzem o campo vetorial $\mathbf{A}$, e a notação $C(t)$ indica que as posições do caminho e da superfície variam com o tempo. Assim sendo, consideraremos dois observadores: um no referencial $R(x, y, z)$, solidário ao laboratório, e o outro $R'(x', y', z')$ solidário à superfície S, conforme ilustrado na figura 10.19.

---

[8] Vamos notar o campo vetorial por $\mathbf{A}$ ao invés de $\mathbf{V}$ para não haver confusão com a velocidade, embora esta última seja representada por uma letra vê minúscula ($\mathbf{v}$).

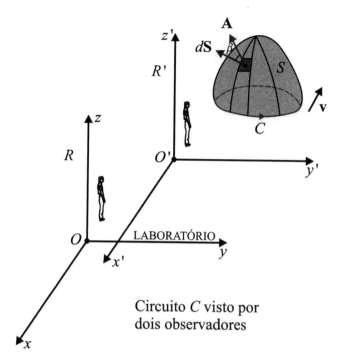

Circuito C visto por dois observadores

Fig. 10.19

Sendo **v** a velocidade, não necessariamente constante, de um ponto qualquer do caminho $C(t)$, queremos demonstrar que a taxa instantânea de fluxo em relação ao tempo, medida por um observador solidário ao referencial R', é dada por

$$\frac{d}{dt}[\Psi]' = \frac{d}{dt}\iint_S (\mathbf{A} \cdot d\mathbf{S})' = \iint_S \left[\frac{\partial \mathbf{A}}{\partial t} + \mathbf{v}(\nabla \cdot \mathbf{A}) + \nabla \times (\mathbf{A} \times \mathbf{v})\right] \cdot d\mathbf{S} \qquad (10.13)$$

e quem primeiro elaborou tal demonstração foi **Helmholtz**[9].

DEMONSTRAÇÃO:

Seja a superfície S em duas posições diferentes com relação ao referencial R, nos instantes genéricos t e $t+\Delta t$. Vamos denominar a superfície S de S_1 no instante t, e de S_2 no instante $t + \Delta t$. Durante o deslocamento entre as duas posições, o contorno $C(t)$ dá origem à superfície S_3, conforme representado na figura 10.20.

O deslocamento da superfície em questão só é percebido por um observador solidário ao referencial R, pois, relativamente ao referencial R' só existem variações temporais, e não de posição. Em relação ao referencial R', podemos exprimir a derivada

$$\frac{d}{dt}[\Psi]' = \frac{d}{dt}\iint_S (\mathbf{A} \cdot d\mathbf{S})' = \lim_{\Delta t \to 0} \frac{\Psi(t+\Delta t) - \Psi(t)}{\Delta t}$$

---

[9] **Helmholtz [Hermann Ludwig Ferdinand von Helmholtz (1821-1894)]** - físico e fisiologista alemão. Enunciou de modo geral o princípio de conservação da energia; interpretou fenômenos físicos como formas de mudanças de energia e definiu a energia potencial. Publicou trabalhos em Eletroquímica, Óptica e Acústica. Em 1881 demonstrou ser necessário atribuir à eletricidade uma estrutura atômica.

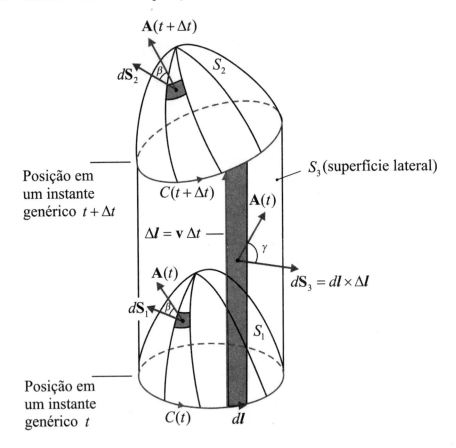

Fig. 10.20

De acordo com a Teoria da Relatividade, dependendo de que tipo de campo vetorial tenhamos e para velocidades muito menores que a da luz, o campo é praticamente o mesmo com relação aos dois referenciais[10], o que acarreta

$$\frac{d}{dt}[\Psi]' = \frac{d}{dt}\iint_S (\mathbf{A} \cdot d\mathbf{S})' = \lim_{\Delta t \to 0} \frac{\iint_{S_2} \mathbf{A}(t+\Delta t) \cdot d\mathbf{S}_2 - \iint_{S_1} \mathbf{A}(t) \cdot d\mathbf{S}_1}{\Delta t} \quad \text{(i)}$$

Aplicando o teorema da divergência ao volume limitado pelas superfícies S_1, S_2 e S_3 da figura 10.20, ficamos com

$$\iiint_V \{\nabla \cdot [\mathbf{A}(t)]\} dv = \oiint_{S=S_1+S_2+S_3} \mathbf{A}(t) \cdot d\mathbf{S} = -\iint_{S_1} \mathbf{A}(t) \cdot d\mathbf{S}_1 + \iint_{S_2} \mathbf{A}(t) \cdot d\mathbf{S}_2 + \quad \text{(ii)}$$
$$+ \iint_{S_3} \mathbf{A}(t) \cdot d\mathbf{S}_3$$

em que o sinal negativo na integral de superfície S_1 se deve à convenção da normal positiva apontar sempre para fora da superfície que envolve o volume, o que não é o caso do vetor $d\mathbf{S}_1$, cuja orientação já estava comprometida com a do contorno $C(t)$.

Para integral relativa à superfície S_3, levando em conta a regra de permutação cíclica do produto misto, apresentada na expressão (2.58),

---

[10] Isto é válido para o campo magnético, mas não para o campo elétrico.

Os Teoremas Fundamentais da Análise Vetorial e a Teoria Geral dos Campos 209

$$(\mathbf{A} \times \mathbf{B}) \cdot \mathbf{C} = \mathbf{A} \cdot (\mathbf{B} \times \mathbf{C}) = (\mathbf{A}, \mathbf{B}, \mathbf{C}) = (\mathbf{B}, \mathbf{C}, \mathbf{A}) =$$
$$= (\mathbf{C}, \mathbf{A}, \mathbf{B}) = -(\mathbf{A}, \mathbf{C}, \mathbf{B}) = -(\mathbf{C}, \mathbf{B}, \mathbf{A}) = -(\mathbf{B}, \mathbf{A}, \mathbf{C})$$

podemos estabelecer

$$\iint_{S_3} \mathbf{A}(t) \cdot d\mathbf{S}_3 = \oint_C \mathbf{A}(t) \cdot d\mathbf{S}_3 = \oint_C \mathbf{A}(t) \cdot (d\boldsymbol{l} \times \Delta\boldsymbol{l}) = \oint_C [\mathbf{A}(t)] \cdot (d\boldsymbol{l} \times \mathbf{v}\Delta t) =$$

$$= -\oint_C [\mathbf{A}(t) \times \mathbf{v}\Delta t] \cdot d\boldsymbol{l} \qquad \textbf{(iii)}$$

Expandindo a função $\mathbf{A}(t + \Delta t)$ em série de **Taylor**, segue-se

$$\mathbf{A}(t + \Delta t) = \mathbf{A}(t) + \frac{\partial \mathbf{A}(t)}{\partial t}\Delta t + \frac{1}{2}\frac{\partial^2 \mathbf{A}(t)}{\partial t^2}(\Delta t)^2 + \dots$$

de onde vem

$$\mathbf{A}(t) = \mathbf{A}(t + \Delta t) - \frac{\partial \mathbf{A}(t)}{\partial t}\Delta t - \frac{1}{2}\frac{\partial^2 \mathbf{A}(t)}{\partial t^2}(\Delta t)^2 - \dots \qquad \textbf{(iv)}$$

No limite quando $\Delta t \to 0$, ficamos com

$$dv = (\mathbf{v}\,\Delta t) \cdot d\mathbf{S}_1 \qquad \textbf{(v)}$$

e

$$d\mathbf{S}_1 = d\mathbf{S}_2 = d\mathbf{S} \qquad \textbf{(vi)}$$

Substituindo (iii), (iv) e (v) em (ii), obtemos

$$\iint_{S_1} \{\nabla \cdot [\mathbf{A}(t)]\}\Delta t\,\mathbf{v} \cdot d\mathbf{S}_1 = -\iint_{S_1} \mathbf{A}(t) \cdot d\mathbf{S}_1 +$$

$$+ \iint_{S_2}\left[\mathbf{A}(t + \Delta t) - \frac{\partial \mathbf{A}(t)}{\partial t}\Delta t - \frac{1}{2}\frac{\partial^2 \mathbf{A}(t)}{\partial t^2}(\Delta t)^2 + \dots\right] \cdot d\mathbf{S}_2 - \oint_C [\mathbf{A}(t) \times \mathbf{v}\Delta t] \cdot d\boldsymbol{l}$$

isto é,

$$\iint_{S_2} \mathbf{A}(t + \Delta t) \cdot d\mathbf{S}_2 - \iint_{S_1} \mathbf{A}(t) \cdot d\mathbf{S}_1 = \iint_{S_2}\left[\frac{\partial \mathbf{A}(t)}{\partial t}\Delta t + \frac{1}{2}\frac{\partial^2 \mathbf{A}(t)}{\partial t^2}(\Delta t)^2 + \dots\right] \cdot d\mathbf{S}_2 +$$

$$+ \iint_{S_1} \{\nabla \cdot [\mathbf{A}(t)]\}\Delta t\,\mathbf{v} \cdot d\mathbf{S}_1 + \oint_C [\mathbf{A}(t) \times \mathbf{v}\,\Delta t] \cdot d\boldsymbol{l} \qquad \textbf{(vii)}$$

Substituindo (vii) em (i), vem

$$\frac{d}{dt}[\Psi]' = \frac{d}{dt}\iint_S (\mathbf{A}\cdot d\mathbf{S})' = \iint_{S_2}\frac{\partial \mathbf{A}(t)}{\partial t}\cdot d\mathbf{S}_2 + \iint_{S_1}\{\nabla\cdot[\mathbf{A}(t)]\}\mathbf{v}\cdot d\mathbf{S}_1 + \oint_C [\mathbf{A}(t)\times\mathbf{v}]\cdot d\mathbf{l} \quad \text{(viii)}$$

Substituindo (vi) em (vii), chegamos a

$$\frac{d}{dt}[\Psi]' = \frac{d}{dt}\iint_S (\mathbf{A}\cdot d\mathbf{S})' = \iint_S \frac{\partial \mathbf{A}(t)}{\partial t}\cdot d\mathbf{S} + \iint_S \{\nabla\cdot[\mathbf{A}(t)]\}\mathbf{v}\cdot d\mathbf{S} + \oint_C [\mathbf{A}(t)\times\mathbf{v}]\cdot d\mathbf{l}$$

Aplicando o teorema de **Ampère-Stokes** à integral de linha, obtemos a expressão

$$\frac{d}{dt}[\Psi]' = \frac{d}{dt}\iint_S (\mathbf{A}\cdot d\mathbf{S})' = \iint_S \frac{\partial \mathbf{A}(t)}{\partial t}\cdot d\mathbf{S} + \iint_S \{\nabla\cdot[\mathbf{A}(t)]\}\mathbf{v}\cdot d\mathbf{S} + \iint_S \{\nabla\times[\mathbf{A}(t)\times\mathbf{v}]\cdot d\mathbf{S}\}$$

Simplificando a notação, chegamos à expressão final

$$\frac{d}{dt}[\Psi]' = \frac{d}{dt}\iint_S (\mathbf{A}\cdot d\mathbf{S})' = \iint_S \left[\frac{\partial \mathbf{A}}{\partial t} + \mathbf{v}(\nabla\cdot\mathbf{A}) + \nabla\times(\mathbf{A}\times\mathbf{v})\right]\cdot d\mathbf{S}$$

e encerramos a demonstração.

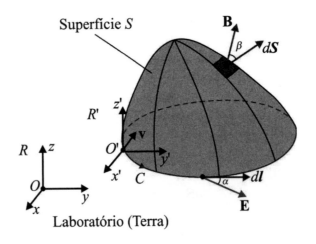

Fig. 10.21

Notas:

(1) A taxa de fluxo observada pelo referencial R é obtida fazendo-se $\mathbf{v}=0$ na expressão (10.13), o que nos leva a

$$\frac{d\Psi}{dt} = \frac{d}{dt}\iint_S \mathbf{A}\cdot d\mathbf{S} = \iint_S \frac{\partial \mathbf{A}}{\partial t}\cdot d\mathbf{S} \quad (10.14)$$

e nos indica que podemos chegar a tal resultado se supusermos a superfície S instantaneamente em repouso.

(2) A taxa de fluxo em relação ao referencial R' é maior do que a taxa em relação ao referencial R,

Os Teoremas Fundamentais da Análise Vetorial e a Teoria Geral dos Campos   211

contrariando algum raciocínio que possa ser feito baseado em adição de velocidades.

(3) A expressão (10.13) tem grande utilidade em Eletromagnetismo quando aplicamos a lei de **Faraday** a um circuito C que se desloca com relação ao laboratório (Terra). O enunciado desta lei é : "O simétrico da taxa de fluxo do campo magnético **B** através de um circuito C, no qual se apoia uma superfície genérica S, é igual a força eletromotriz induzida no circuito."

Em relação ao referencial R', temos

$$(\mathcal{E}_{\text{induzida}})_{R'} = -\frac{d}{dt}\iint_S (\mathbf{B} \cdot d\mathbf{S})' = -\iint_S \left[\frac{\partial \mathbf{B}}{\partial t} + \mathbf{v}(\nabla \cdot \mathbf{B}) + \nabla \times (\mathbf{B} \times \mathbf{v}) \right] \cdot d\mathbf{S}$$

Conforme será visto na subseção 10.13.2 o campo magnético é solenoidal, ou seja, $\nabla \cdot \mathbf{B} = \mathbf{0}$. Assim sendo, podemos expressar

$$(\mathcal{E}_{\text{induzida}})_{R'} = \iint_S \left[-\frac{\partial \mathbf{B}}{\partial t} \cdot d\mathbf{S} \right] + \iint_S \left[-\nabla \times (\mathbf{B} \times \mathbf{v}) \cdot d\mathbf{S} \right]$$

$$= -\iint_S \frac{\partial \mathbf{B}}{\partial t} \cdot d\mathbf{S} + \iint_S \left[\nabla \times (\mathbf{v} \times \mathbf{B}) \cdot d\mathbf{S} \right]$$

Aplicando o teorema de **Ampère-Stokes** à segunda integral de superfície, temos

$$(\mathcal{E}_{\text{induzida}})_{R'} = \underbrace{-\iint_S \frac{\partial \mathbf{B}}{\partial t} \cdot d\mathbf{S}}_{\text{FEM de Faraday}} + \underbrace{\oint_C (\mathbf{v} \times \mathbf{B}) \cdot d\mathbf{l}}_{\text{FEM de Lorentz}}$$

(10.15)

Relativamente ao referencial R, vem

$$(\mathcal{E}_{\text{induzida}})_R = -\iint_S \frac{\partial \mathbf{B}}{\partial t} \cdot d\mathbf{S}$$

(10.16)

Entretanto, pela definição de força eletromotriz em função de um campo elétrico não conservativo, segue-se

$$(\mathcal{E}_{\text{induzida}})_{R'} = \oint_C \mathbf{E}' \cdot d\mathbf{l}$$

(10.17)

e

$$(\mathcal{E}_{\text{induzida}})_R = \oint_C \mathbf{E} \cdot d\mathbf{l}$$

(10.18)

Isto nos permite estabelecer

$$\oint_C \mathbf{E}' \cdot d\mathbf{l} = -\iint_S \frac{\partial \mathbf{B}}{\partial t} \cdot d\mathbf{S} + \oint_C (\mathbf{v} \times \mathbf{B}) \cdot d\mathbf{l}$$

(10.19a)

212 **Cálculo e Análise Vetoriais com Aplicações Práticas**

ou de outra forma,

$$\oint_C \left(\mathbf{E}' - \mathbf{v} \times \mathbf{B} \right) \cdot d\boldsymbol{l} = -\iint_S \frac{\partial \mathbf{B}}{\partial t} \cdot d\mathbf{S} \qquad (10.19b)$$

e

$$\left(\mathcal{E}_{\text{induzida}} \right)_R = \oint_C \mathbf{E} \cdot d\boldsymbol{l} = -\iint_S \frac{\partial \mathbf{B}}{\partial t} \cdot d\mathbf{S} \qquad (10.20)$$

Das equações (10.19) e (10.20), tiramos a relação entre o campo elétrico $\mathbf{E}$, medido no laboratório, e o campo elétrico $\mathbf{E}'$, medido no referencial solidário ao circuito C, quer dizer,

$$\mathbf{E} = \mathbf{E}' - \mathbf{v} \times \mathbf{B} \qquad (10.21a)$$

ou

$$\mathbf{E}' = \mathbf{E} + \mathbf{v} \times \mathbf{B} \qquad (10.21b)$$

Assim sendo, para um observador solidário ao referencial do circuito C, uma carga de prova q, movendo-se com velocidade $\mathbf{v}$ em uma região onde existe um campo magnético $\mathbf{B}$, fica sob a ação de uma força eletromagnética dada por

$$\mathbf{F} = q\mathbf{E}' ,$$

conhecida como força de **Lorentz11**[11], cuja expressão é

$$\mathbf{F} = q \left(\mathbf{E} + \mathbf{v} \times \mathbf{B} \right) = q\,\mathbf{E} + q\,\mathbf{v} \times \mathbf{B} \qquad (10.22)$$

10.5 - Reiteração de Operadores

10.5.1 - Introdução

É possível formar produtos escalares e produtos vetoriais nos quais o operador ∇ apareça mais de uma vez. É este assunto que passaremos a tratar nesta seção, onde serão analisados os casos práticos mais usuais.

10.5.2 - Divergência de um Gradiente ou Laplaciano de um Campo Escalar

(a) Expressão em Coordenadas Cartesianas Retangulares

O resultado do gradiente de um campo escalar é um campo vetorial, sendo, também, possível determinar a divergência do gradiente. A fim de elucidar uma questão polêmica no que concerne às expressões da citada operação em coordenadas cilíndricas circulares e em coordenadas esféricas, conforme mencionado na subseção 7.3.5, vamos proceder a determinação em coordenadas cartesianas

---

[11] **Lorentz [Hendrik Antoon Lorentz (1852-1928)]** - físico e matemático holandês, ganhador do Prêmio Nobel de 1902 por suas pesquisas sobre a influência do magnetismo sobre as radiações. Ele contribuiu notavelmente em outros ramos da Física, e foi, juntamente com o físico inglês **Heaviside**, quem mais propiciou a clarificação da teoria de **Maxwell** entre outras coisas.

retangulares, por dois métodos diferentes, a fim de termos fundamentos estabelecidos que serão empregados para os outros dois sistemas de coordenadas.

- Primeira análise:

O gradiente de um campo escalar para o sistema em questão é dado por

$$\boldsymbol{\nabla}\Phi = \frac{\partial \Phi}{\partial x}\mathbf{u}_x + \frac{\partial \Phi}{\partial y}\mathbf{u}_y + \frac{\partial \Phi}{\partial z}\mathbf{u}_z$$

Para obter a divergência deste campo vetorial vamos utilizar a expressão (9.18),

$$\boldsymbol{\nabla}\boldsymbol{\cdot}\mathbf{V} = \frac{\partial V_x}{\partial x} + \frac{\partial V_y}{\partial y} + \frac{\partial V_z}{\partial z},$$

$$\boldsymbol{\nabla}\boldsymbol{\cdot}(\boldsymbol{\nabla}\Phi) = \frac{\partial}{\partial x}\left(\frac{\partial \Phi}{\partial x}\right) + \frac{\partial}{\partial y}\left(\frac{\partial \Phi}{\partial y}\right) + \frac{\partial}{\partial z}\left(\frac{\partial \Phi}{\partial z}\right) = \frac{\partial^2 \Phi}{\partial x^2} + \frac{\partial^2 \Phi}{\partial y^2} + \frac{\partial^2 \Phi}{\partial z^2}$$

Esta operação se denomina laplaciano do campo escalar Φ, ou seja,

$$\mathrm{div}\left(\mathrm{grad}\ \Phi\right) = \boldsymbol{\nabla}\boldsymbol{\cdot}(\boldsymbol{\nabla}\ \Phi) = \mathrm{lap}\ \Phi$$

Pela expressão diferencial do operador nabla em coordenadas cartesianas retangulares

$$\boldsymbol{\nabla} = \frac{\partial}{\partial x}\mathbf{u}_x + \frac{\partial}{\partial y}\mathbf{u}_y + \frac{\partial}{\partial z}\mathbf{u}_z,$$

fica, então, definido (vide subseção 7.3.5) o operador laplaciano, que já havia sido antecipado na expressão (7.19a), isto é,

$$\mathrm{lap} = \boldsymbol{\nabla}^2 = \frac{\partial^2}{\partial x^2}\mathbf{u}_x + \frac{\partial^2}{\partial y^2}\mathbf{u}_y + \frac{\partial^2}{\partial z^2}\mathbf{u}_z$$

que pode ser entendido como $\mathrm{lap} \triangleq \boldsymbol{\nabla}^2 = \boldsymbol{\nabla}\boldsymbol{\cdot}\boldsymbol{\nabla}$

Assim, em notação abreviada,

$$\boldsymbol{\nabla}^2\Phi = \frac{\partial^2 \Phi}{\partial x^2} + \frac{\partial^2 \Phi}{\partial y^2} + \frac{\partial^2 \Phi}{\partial z^2} \tag{10.23}$$

- Segunda análise:

Temos que

$$\boldsymbol{\nabla}\boldsymbol{\cdot}(\boldsymbol{\nabla}\Phi) = \left(\frac{\partial}{\partial x}\mathbf{u}_x + \frac{\partial}{\partial y}\mathbf{u}_y + \frac{\partial}{\partial z}\mathbf{u}_z\right)\boldsymbol{\cdot}\left(\frac{\partial \Phi}{\partial x}\mathbf{u}_x + \frac{\partial \Phi}{\partial y}\mathbf{u}_y + \frac{\partial \Phi}{\partial z}\mathbf{u}_z\right)$$

214   Cálculo e Análise Vetoriais com Aplicações Práticas

Aplicando a propriedade distributiva, e as expressões das derivadas parciais dos vetores unitários (grupo 6.33), vem

$$\nabla \cdot (\nabla \Phi) = \mathbf{u}_x \cdot \left[\frac{\partial}{\partial x}\left(\frac{\partial \Phi}{\partial x}\mathbf{u}_x \right) \right] + \mathbf{u}_x \cdot \left[\frac{\partial}{\partial x}\left(\frac{\partial \Phi}{\partial y}\mathbf{u}_y \right) \right] + \mathbf{u}_x \cdot \left[\frac{\partial}{\partial x}\left(\frac{\partial \Phi}{\partial z}\mathbf{u}_z \right) \right] + \mathbf{u}_y \cdot \left[\frac{\partial}{\partial y}\left(\frac{\partial \Phi}{\partial x}\mathbf{u}_x \right) \right] +$$

$$+ \mathbf{u}_y \cdot \left[\frac{\partial}{\partial y}\left(\frac{\partial \Phi}{\partial y}\mathbf{u}_y \right) \right] + \mathbf{u}_y \cdot \left[\frac{\partial}{\partial y}\left(\frac{\partial \Phi}{\partial z}\mathbf{u}_z \right) \right] + \mathbf{u}_z \cdot \left[\frac{\partial}{\partial z}\left(\frac{\partial \Phi}{\partial x}\mathbf{u}_x \right) \right] + \mathbf{u}_z \cdot \left[\frac{\partial}{\partial z}\left(\frac{\partial \Phi}{\partial y}\mathbf{u}_y \right) \right] +$$

$$+ \mathbf{u}_z \cdot \left[\frac{\partial}{\partial z}\left(\frac{\partial \Phi}{\partial z}\mathbf{u}_z \right) \right] =$$

$$= \mathbf{u}_x \cdot \left[\frac{\partial^2 \Phi}{\partial x^2}\mathbf{u}_x + \frac{\partial \Phi}{\partial x}\underbrace{\frac{\partial \mathbf{u}_x}{\partial x}}_{=0} \right] + \mathbf{u}_x \cdot \left[\frac{\partial^2 \Phi}{\partial y\, \partial x}\mathbf{u}_y + \frac{\partial \Phi}{\partial y}\underbrace{\frac{\partial \mathbf{u}_y}{\partial x}}_{=0} \right] + \mathbf{u}_x \cdot \left[\frac{\partial^2 \Phi}{\partial z\, \partial x}\mathbf{u}_z + \frac{\partial \Phi}{\partial z}\underbrace{\frac{\partial \mathbf{u}_z}{\partial x}}_{=0} \right] +$$

$$+ \mathbf{u}_y \cdot \left[\frac{\partial^2 \Phi}{\partial x\, \partial y}\mathbf{u}_x + \frac{\partial \Phi}{\partial x}\underbrace{\frac{\partial \mathbf{u}_x}{\partial y}}_{=0} \right] + \mathbf{u}_y \cdot \left[\frac{\partial^2 \Phi}{\partial y^2}\mathbf{u}_y + \frac{\partial \Phi}{\partial y}\underbrace{\frac{\partial \mathbf{u}_y}{\partial y}}_{=0} \right] + \mathbf{u}_y \cdot \left[\frac{\partial^2 \Phi}{\partial z\, \partial y}\mathbf{u}_y + \frac{\partial \Phi}{\partial z}\underbrace{\frac{\partial \mathbf{u}_z}{\partial y}}_{=0} \right] +$$

$$+ \mathbf{u}_z \cdot \left[\frac{\partial^2 \Phi}{\partial x\, \partial z}\mathbf{u}_x + \frac{\partial \Phi}{\partial x}\underbrace{\frac{\partial \mathbf{u}_x}{\partial z}}_{=0} \right] + \mathbf{u}_z \cdot \left[\frac{\partial^2 \Phi}{\partial y\, \partial z}\mathbf{u}_y + \frac{\partial \Phi}{\partial y}\underbrace{\frac{\partial \mathbf{u}_y}{\partial y}}_{=0} \right] + \mathbf{u}_z \cdot \left[\frac{\partial^2 \Phi}{\partial z^2}\mathbf{u}_z + \frac{\partial \Phi}{\partial z}\underbrace{\frac{\partial \mathbf{u}_z}{\partial z}}_{=0} \right] =$$

$$= \frac{\partial^2 \Phi}{\partial x^2} + \frac{\partial^2 \Phi}{\partial y^2} + \frac{\partial^2 \Phi}{\partial z^2}$$

o que verifica a expressão (10.23).

(b) Expressão em Coordenadas Cilíndricas Circulares

- Primeira análise:

De acordo com a expressão (9.9),

$$\nabla \Phi = \frac{\partial \Phi}{\partial \rho}\mathbf{u}_\rho + \frac{1}{\rho}\frac{\partial \Phi}{\partial \phi}\mathbf{u}_\phi + \frac{\partial \Phi}{\partial z}\mathbf{u}_z$$

Pela expressão (9.19),

$$\nabla \cdot \mathbf{V} = \frac{1}{\rho}\frac{\partial}{\partial \rho}\left(\rho V_\rho \right) + \frac{1}{\rho}\frac{\partial V_\phi}{\partial \phi} + \frac{\partial V_z}{\partial z},$$

temos

$$\nabla \cdot (\nabla \Phi) = \frac{1}{\rho}\frac{\partial}{\partial \rho}\left(\rho \frac{\partial \Phi}{\partial \rho}\right) + \frac{1}{\rho}\frac{\partial}{\partial \phi}\left(\frac{1}{\rho}\frac{\partial \Phi}{\partial \phi}\right) + \frac{\partial}{\partial z}\left(\frac{\partial \Phi}{\partial z}\right) = \frac{1}{\rho}\frac{\partial}{\partial \rho}\left(\rho \frac{\partial \Phi}{\partial \rho}\right) + \frac{1}{\rho^2}\frac{\partial^2 \Phi}{\partial \phi^2} + \frac{\partial^2 \Phi}{\partial z^2}$$

de modo que pode parecer, à priori, não ser correto escrever

$$\nabla^2 \Phi = \frac{1}{\rho}\frac{\partial}{\partial \rho}\left(\rho \frac{\partial \Phi}{\partial \rho}\right) + \frac{1}{\rho^2}\frac{\partial^2 \Phi}{\partial \phi^2} + \frac{\partial^2 \Phi}{\partial z^2},$$

em que o operador laplaciano assume, pois, a forma já adiantada na expressão (7.19b),

$$\mathrm{lap} = \nabla^2 = \frac{1}{\rho}\frac{\partial}{\partial \rho}\left(\rho \frac{\partial}{\partial \rho}\right) + \frac{1}{\rho^2}\frac{\partial^2}{\partial \phi^2} + \frac{\partial^2}{\partial z^2}$$

uma vez que, em coordenadas cilíndricas circulares, sendo

$$\nabla = \frac{\partial}{\partial \rho}\mathbf{u}_\rho + \frac{1}{\rho}\frac{\partial}{\partial \phi}\mathbf{u}_\phi + \frac{\partial}{\partial z}\mathbf{u}_z,$$

não parece, inicialmente, que neste sistema tenhamos

$$\mathrm{lap} \triangleq \nabla^2 = \nabla \cdot \nabla$$

Parece que a notação é abreviada apenas **simbolicamente**, em decorrência do que já havia sido feito antes, em coordenadas cartesianas retangulares. Vamos então passar à segunda análise e colocar por terra, mais uma vez, um conceito errado que aparece em vários textos de Análise Vetorial.

- Segunda análise:

Temos que

$$\nabla \cdot (\nabla \Phi) = \left(\frac{\partial}{\partial \rho}\mathbf{u}_\rho + \frac{1}{\rho}\frac{\partial}{\partial \phi}\mathbf{u}_\phi + \frac{\partial}{\partial z}\mathbf{u}_z\right) \cdot \left(\frac{\partial \Phi}{\partial \rho}\mathbf{u}_\rho + \frac{1}{\rho}\frac{\partial \Phi}{\partial \phi}\mathbf{u}_\phi + \frac{\partial \Phi}{\partial z}\mathbf{u}_z\right)$$

Aplicando a propriedade distributiva do produto escalar e as expressões das derivadas parciais dos vetores unitários (grupo 6.33), segue-se

$$\nabla \cdot (\nabla \Phi) = \mathbf{u}_\rho \cdot \left[\frac{\partial}{\partial \rho}\left(\frac{\partial \Phi}{\partial \rho}\mathbf{u}_\rho\right)\right] + \mathbf{u}_\rho \cdot \left[\frac{\partial}{\partial \rho}\left(\frac{1}{\rho}\frac{\partial \Phi}{\partial \phi}\mathbf{u}_\phi\right)\right] + \mathbf{u}_\rho \cdot \left[\frac{\partial}{\partial \rho}\left(\frac{\partial \Phi}{\partial z}\mathbf{u}_z\right)\right] + \mathbf{u}_\phi \cdot \left[\frac{1}{\rho}\frac{\partial}{\partial \phi}\left(\frac{\partial \Phi}{\partial \rho}\mathbf{u}_\rho\right)\right] +$$

$$+\mathbf{u}_\phi\cdot\left[\frac{1}{\rho}\frac{\partial}{\partial\phi}\left(\frac{1}{\rho}\frac{\partial\Phi}{\partial\phi}\mathbf{u}_\phi\right)\right]+\mathbf{u}_\phi\cdot\left[\frac{1}{\rho}\frac{\partial}{\partial\phi}\left(\frac{\partial\Phi}{\partial z}\mathbf{u}_z\right)\right]+\mathbf{u}_z\cdot\left[\frac{\partial}{\partial z}\left(\frac{\partial\Phi}{\partial\rho}\mathbf{u}_\rho\right)\right]+\mathbf{u}_z\cdot\left[\frac{\partial}{\partial z}\left(\frac{1}{\rho}\frac{\partial\Phi}{\partial\phi}\mathbf{u}_\phi\right)\right]+$$

$$+\mathbf{u}_z\cdot\left[\frac{\partial}{\partial z}\left(\frac{\partial\Phi}{\partial z}\mathbf{u}_z\right)\right]=$$

$$=\mathbf{u}_\rho\cdot\left[\mathbf{u}_\rho\frac{\partial^2\Phi}{\partial\rho^2}+\underbrace{\frac{\partial\mathbf{u}_\rho}{\partial\rho}}_{=0}\frac{\partial\Phi}{\partial\rho}\right]+\mathbf{u}_\rho\cdot\left[\mathbf{u}_\phi\left(-\frac{1}{\rho^2}\right)\frac{\partial\Phi}{\partial\phi}+\mathbf{u}_\phi\left(\frac{1}{\rho}\right)\frac{\partial^2\Phi}{\partial\phi\,\partial\rho}+\underbrace{\frac{\partial\mathbf{u}_\phi}{\partial\rho}}_{=0}\left(\frac{1}{\rho}\right)\frac{\partial\Phi}{\partial\phi}\right]+$$

$$+\mathbf{u}_\rho\cdot\left[\mathbf{u}_z\frac{\partial^2\Phi}{\partial z\,\partial\rho}+\frac{\partial\Phi}{\partial z}\underbrace{\frac{\partial\mathbf{u}_z}{\partial\rho}}_{=0}\right]+\frac{\mathbf{u}_\phi}{\rho}\cdot\left[\mathbf{u}_\rho\frac{\partial^2\Phi}{\partial\rho\,\partial\phi}+\underbrace{\left(\frac{\partial\mathbf{u}_\rho}{\partial\phi}\right)}_{=\mathbf{u}_\phi}\frac{\partial\Phi}{\partial z}\right]+$$

$$+\frac{\mathbf{u}_\phi}{\rho}\cdot\left[\left(\underbrace{\frac{\partial\mathbf{u}_\phi}{\partial\phi}}_{=-\mathbf{u}_\rho}\right)\frac{1}{\rho}\frac{\partial\Phi}{\partial\phi}+\mathbf{u}_\phi(0)\frac{\partial\Phi}{\partial\phi}+\frac{\mathbf{u}_\phi}{\rho}\frac{\partial^2\Phi}{\partial\phi^2}\right]+\frac{\mathbf{u}_\phi}{\rho}\cdot\left[\mathbf{u}_z\frac{\partial^2\Phi}{\partial z\,\partial\phi}+\frac{\partial}{\partial z}\left(\underbrace{\frac{\partial\mathbf{u}_z}{\partial\phi}}_{=0}\right)\right]+$$

$$+\mathbf{u}_z\cdot\left[\mathbf{u}_\rho\frac{\partial^2\Phi}{\partial\rho\,\partial z}+\left(\underbrace{\frac{\partial\mathbf{u}_\rho}{\partial z}}_{=0}\right)\frac{\partial\Phi}{\partial\rho}\right]+\mathbf{u}_z\cdot\left[\left(\underbrace{\frac{\partial\mathbf{u}_\phi}{\partial z}}_{=0}\right)\left(\frac{1}{\rho}\right)\frac{\partial\Phi}{\partial\phi}+\mathbf{u}_\phi(0)\frac{\partial\Phi}{\partial\phi}+\frac{\mathbf{u}_\phi}{\rho}\frac{\partial^2\Phi}{\partial\phi\,\partial z}\right]+$$

$$+\mathbf{u}_z\cdot\left[(\mathbf{u}_z)\frac{\partial^2\Phi}{\partial z^2}+\underbrace{\frac{\partial\mathbf{u}_z}{\partial z}}_{=0}\frac{\partial\Phi}{\partial z}\right]=$$

$$=\frac{\partial^2\Phi}{\partial\rho^2}+\frac{1}{\rho}\frac{\partial\Phi}{\partial\rho}+\frac{1}{\rho^2}\frac{\partial^2\Phi}{\partial\phi^2}+\frac{\partial^2\Phi}{\partial z^2}=\frac{1}{\rho}\frac{\partial}{\partial\rho}\left(\rho\frac{\partial\Phi}{\partial\rho}\right)+\frac{1}{\rho^2}\frac{\partial^2\Phi}{\partial\phi^2}+\frac{\partial^2\Phi}{\partial z^2}$$

o que verifica a expressão anteriormente obtida. Finalmente, encontramos

$$\nabla^2\Phi=\frac{1}{\rho}\frac{\partial}{\partial\rho}\left(\rho\frac{\partial\Phi}{\partial\rho}\right)+\frac{1}{\rho^2}\frac{\partial^2\Phi}{\partial\phi^2}+\frac{\partial^2\Phi}{\partial z^2}\qquad(10.24)$$

o que vem a corroborar a forma do operador laplaciano já adiantada na expressão (7.19b),

$$\text{lap}=\nabla^2=\frac{1}{\rho}\frac{\partial}{\partial\rho}\left(\rho\frac{\partial}{\partial\rho}\right)+\frac{1}{\rho^2}\frac{\partial^2}{\partial\phi^2}+\frac{\partial^2}{\partial z^2}$$

Nota: a expressão do laplaciano no sistema cilíndrico circular poderia também ter sido obtida a partir da expressão cartesiana retangular utilizando transformação de coordenadas (vide problema proposto 9.33).

(c) Expressão em Coordenadas Esféricas

Pela expressão (9.10),

$$\nabla\Phi = \frac{\partial\Phi}{\partial r}\mathbf{u}_r + \frac{1}{r}\frac{\partial\Phi}{\partial\theta}\mathbf{u}_\theta + \frac{1}{r\,\text{sen}\,\theta}\frac{\partial\Phi}{\partial\phi}\mathbf{u}_\phi$$

Utilizando a expressão (9.20),

$$\nabla\cdot\mathbf{V} = \frac{1}{r^2}\frac{\partial}{\partial r}\left(r^2\,V_r\right) + \frac{1}{r\,\text{sen}\,\theta}\frac{\partial}{\partial\theta}\left(\text{sen}\,\theta\,V_\theta\right) + \frac{1}{r\,\text{sen}\,\theta}\frac{\partial V_\phi}{\partial\phi},$$

temos

$$\nabla\cdot(\nabla\Phi) = \frac{1}{r^2}\frac{\partial}{\partial r}\left(r^2\frac{\partial\Phi}{\partial r}\right) + \frac{1}{r\,\text{sen}\,\theta}\frac{\partial}{\partial\theta}\left(\frac{\text{sen}\,\theta}{r}\frac{\partial\Phi}{\partial\theta}\right) + \frac{1}{r\,\text{sen}\,\theta}\frac{\partial}{\partial\theta}\left(\frac{1}{r\,\text{sen}\,\theta}\frac{\partial\Phi}{\partial\phi}\right)$$

o que nos conduz à expressão

$$\nabla^2\Phi = \frac{1}{r^2}\frac{\partial}{\partial r}\left(r^2\frac{\partial\Phi}{\partial r}\right) + \frac{1}{r^2\,\text{sen}\,\theta}\frac{\partial}{\partial\theta}\left(\text{sen}\,\theta\frac{\partial\Phi}{\partial\theta}\right) + \frac{1}{r^2\,\text{sen}^2\,\theta}\frac{\partial^2\Phi}{\partial\phi^2} \qquad \textbf{(10.25)}$$

e vem a confirmar a expressão do operador laplaciano em coordenadas esféricas, que já havia sido adiantada na expressão (7.19c), qual seja,

$$\text{lap} = \nabla^2 = \frac{1}{r^2}\frac{\partial}{\partial r}\left(r^2\frac{\partial}{\partial r}\right) + \frac{1}{r^2\,\text{sen}\,\theta}\frac{\partial}{\partial\theta}\left(\text{sen}\,\theta\frac{\partial}{\partial\theta}\right) + \frac{1}{r^2\,\text{sen}^2\,\theta}\frac{\partial^2}{\partial\phi^2}$$

Notas:

(1) A expressão do laplaciano para o sistema esférico poderia também ter sido obtida a partir da expressão cartesiana retangular, utilizando transformação de coordenadas (vide problema proposto 9.33).

(2) Analisando as expressões (9.23), (9.24) e (9.25), concluímos que o laplaciano de um campo escalar é uma forma diferencial, puntual ou local, que depende dos valores das coordenadas e das derivadas parciais segundas no ponto genérico ao qual está referido.

218 **Cálculo e Análise Vetoriais com Aplicações Práticas**

EXEMPLO 10.16

Determine o laplaciano do campo escalar $\Phi = x^2 + 2y^2 + z^3$ no ponto $P(1,3,-2)$.

SOLUÇÃO:

Pela expressão (10.23),

$$\nabla^2\Phi = \frac{\partial^2\Phi}{\partial x^2} + \frac{\partial^2\Phi}{\partial y^2} + \frac{\partial^2\Phi}{\partial z^2}$$

Temos também

$$\begin{cases} \dfrac{\partial\Phi}{\partial x} = 2x \rightarrow \dfrac{\partial^2\Phi}{\partial x^2} = 2 \\[2mm] \dfrac{\partial\Phi}{\partial y} = 4y \rightarrow \dfrac{\partial^2\Phi}{\partial y^2} = 4 \\[2mm] \dfrac{\partial\Phi}{\partial z} = 3z^2 \rightarrow \dfrac{\partial^2\Phi}{\partial z^2} = 6z \end{cases}$$

Substituindo na expressão do lapalciano, obtemos

$$\nabla^2\Phi = 2 + 4 + 6z = 6 + 6z$$

Finalmente, no ponto considerado, temos

$$\nabla^2\Phi\big|_{P(1,3,-2)} = 6 + 6(-2) = -6$$

EXEMPLO 10.17

Determine o laplaciano do campo $\Phi = r^2(\cos\theta)$ no ponto $P(2, \pi/6, \pi/3)$.

SOLUÇÃO:

Pela expressão (10.25),

$$\nabla^2\Phi = \frac{1}{r^2}\frac{\partial}{\partial r}\left(r^2\frac{\partial\Phi}{\partial r}\right) + \frac{1}{r^2\,\mathrm{sen}\,\theta}\frac{\partial}{\partial\theta}\left(\mathrm{sen}\,\theta\frac{\partial\Phi}{\partial\theta}\right) + \frac{1}{r^2\,\mathrm{sen}^2\,\theta}\frac{\partial^2\Phi}{\partial\phi^2}$$

Estabeleçamos, primeiramente, as derivadas

$$\begin{cases} \dfrac{\partial \Phi}{\partial r} = 2r\cos\theta \rightarrow \dfrac{\partial}{\partial r}\left(r^2\dfrac{\partial \Phi}{\partial r}\right) = \dfrac{\partial}{\partial r}\left(2r^3\cos\theta\right) = 6r\cos\theta \\[3mm] \dfrac{\partial \Phi}{\partial \theta} = -r^2\,\mathrm{sen}\,\theta \rightarrow \dfrac{\partial}{\partial \theta}\left(\mathrm{sen}\,\theta\dfrac{\partial \Phi}{\partial \theta}\right) = \dfrac{\partial}{\partial \theta}\left(-r^2\,\mathrm{sen}^2\,\theta\right) = -2r^2\,\mathrm{sen}\,\theta\cos\theta \\[3mm] \dfrac{\partial \Phi}{\partial \phi} = 0 \rightarrow \dfrac{\partial^2 \Phi}{\partial \phi^2} = 0 \end{cases}$$

Substitindo na expressão do laplaciano, obtemos

$$\nabla^2\Phi = \frac{6r\cos\theta}{r^2} + \frac{-2r^2\,\mathrm{sen}\,\theta\cos\theta}{r^2\,\mathrm{sen}\,\theta} + \frac{1}{r^2\,\mathrm{sen}^2\,\theta}(0) = \frac{6\cos\theta}{r} - 2\cos\theta$$

Finalmente, no ponto em questão, temos

$$\nabla^3\,\Phi\Big|_{P(2,\pi/6,\pi/3)} = \frac{6\left(\dfrac{1}{2}\right)}{2} - 2\left(\frac{1}{2}\right) = \frac{1}{2} = 0{,}5$$

(d) Propriedades do Laplaciano e os Dois Primeiros Teoremas ou Identidades de Green

Sendo Φ e Ψ funções representativas de campos escalares, temos as seguintes propriedades:

1ª) $\nabla^2\Phi = 0, \forall \Phi = \text{constante}$ $\qquad\qquad$ **(10.26)**

2ª) $\nabla^2\left(\Phi + \Psi\right) = \nabla^2\Phi + \nabla^2\Psi$ $\qquad\qquad$ **(10.27)**

3ª) $\nabla^2\left(\Phi\Psi\right) = \Phi\nabla^2\Psi + \Psi\nabla^2\Phi + 2\,\nabla\Phi\cdot\nabla\Psi$ $\qquad\qquad$ **(10.28)**

4ª) $\displaystyle\iiint_v \left(\nabla^2\Phi\right)dv = \oiint_S \left(\nabla\Phi\right)\cdot d\mathbf{S} = \oiint_S \left(\nabla\Phi\right)\cdot\mathbf{u}_n dS = \oiint_S \frac{\partial \Phi}{\partial n}\,dS$ $\qquad$ **(10.29)**

5ª) $\displaystyle\iiint_v \left(\nabla\Phi\cdot\nabla\Psi + \Phi\,\nabla^2\Psi\right)dv = \oiint_s \left(\Phi\,\nabla\Psi\right)\cdot d\mathbf{S} = \oiint_s \left(\Phi\,\nabla\Psi\right)\cdot\mathbf{u}_n dS = \oiint_S \Phi\frac{\partial \Psi}{\partial n}\,dS$ $\quad$ **(10.30)**

(Primeiro Teorema ou Primeira Identidade de **Green**)

6ª) $\displaystyle\iiint_v \left(\Phi\,\nabla^2\Psi - \Psi\,\nabla^2\Phi\right)dv = \oiint_S \left(\Phi\,\nabla\Psi - \Psi\,\nabla\Phi\right)\cdot d\mathbf{S} = \oiint_S \left(\Phi\,\nabla\Psi - \Psi\,\nabla\Phi\right)\cdot\mathbf{u}_n dS =$

$$= \oiint_S \left(\Phi\frac{\partial \Psi}{\partial n} - \Psi\frac{\partial \Phi}{\partial n}\right)dS \qquad\qquad \textbf{(10.31)}$$

(Segundo Teorema ou Segunda Identidade de **Green**)

220 **Cálculo e Análise Vetoriais com Aplicações Práticas**

DEMONSTRAÇÕES:

1ª) $\nabla^2 \Phi = 0, \forall \Phi = \text{constante} = C$

Utilizando expansão em coordenadas cartesianas retangulares, obtemos

$$\nabla^2 C = \frac{\partial^2 C}{\partial x^2} + \frac{\partial^2 C}{\partial y^2} + \frac{\partial^2 C}{\partial z^2} = 0$$

uma vez que $C = \text{constante}$.

2ª) $\nabla^2 \left(\Phi + \Psi \right) = \nabla^2 \Phi + \nabla^2 \Psi$

Empregando o mesmo recurso anterior, temos

$$\nabla^2 \left(\Phi + \Psi \right) = \frac{\partial^2}{\partial x^2}\left(\Phi + \Psi \right) + \frac{\partial^2}{\partial y^2}\left(\Phi + \Psi \right) + \frac{\partial^2}{\partial z^2}\left(\Phi + \Psi \right) = \frac{\partial^2 \Phi}{\partial x^2} + \frac{\partial^2 \Phi}{\partial y^2} + \frac{\partial^2 \Phi}{\partial z^2} + \frac{\partial^2 \Psi}{\partial x^2} +$$

$$+ \frac{\partial^2 \Psi}{\partial y^2} + \frac{\partial^2 \Psi}{\partial z^2} = \nabla^2 \Phi + \nabla^2 \Psi$$

3ª) $\nabla^2 \left(\Phi\Psi \right) = \Phi\nabla^2 \Psi + \Psi\nabla^2 \Phi + 2\,\nabla\Phi \cdot \nabla\Psi$

A mesma linha de raciocínio implica

$$\nabla^2 \left(\Phi\Psi \right) = \frac{\partial}{\partial x^2}\left(\Phi\Psi \right) + \frac{\partial}{\partial y^2}\left(\Phi\Psi \right) + \frac{\partial}{\partial z^2}\left(\Phi\Psi \right)$$

Por outro lado,

$$\frac{\partial}{\partial x}\left(\Phi\Psi \right) = \Psi \frac{\partial \Phi}{\partial x} + \Phi \frac{\partial \Psi}{\partial x}$$

Em decorrência, segue-se

$$\frac{\partial^2}{\partial x^2}\left(\Phi\Psi \right) = \frac{\partial}{\partial x}\left(\Psi \frac{\partial \Phi}{\partial x} + \Phi \frac{\partial \Psi}{\partial x} \right) = \frac{\partial \Psi}{\partial x}\frac{\partial \Phi}{\partial x} + \Psi \frac{\partial^2 \Phi}{\partial x^2} + \frac{\partial \Psi}{\partial x} + \Phi \frac{\partial^2 \Psi}{\partial x^2} =$$

$$= \Phi \frac{\partial^2 \Psi}{\partial x^2} + \Psi \frac{\partial^2 \Phi}{\partial x^2} + 2 \frac{\partial \Phi}{\partial x}\frac{\partial \Psi}{\partial x}$$

Analogamente, temos também

$$\frac{\partial^2}{\partial y^2}\left(\Phi\Psi \right) = \Phi \frac{\partial^2 \Psi}{\partial y^2} + \Psi \frac{\partial^2 \Phi}{\partial y^2} + 2 \frac{\partial \Phi}{\partial y}\frac{\partial \Psi}{\partial y}$$

e

$$\frac{\partial^2}{\partial z^2}(\Phi\Psi) = \Phi\frac{\partial^2\Psi}{\partial z^2} + \Psi\frac{\partial^2\Phi}{\partial z^2} + 2\frac{\partial\Phi}{\partial z}\frac{\partial\Psi}{\partial z}$$

Somando membro a membro as três últimas expressões, chegamos a

$$\nabla^2(\Phi\Psi) = \Phi\left(\frac{\partial^2\Psi}{\partial x^2} + \frac{\partial^2\Psi}{\partial y^2} + \frac{\partial^2\Psi}{\partial z^2}\right) + \Psi\left(\frac{\partial^2\Phi}{\partial x^2} + \frac{\partial^2\Phi}{\partial y^2} + \frac{\partial^2\Phi}{\partial z^2}\right) +$$

$$+2\left(\frac{\partial\Phi}{\partial x}\frac{\partial\Psi}{\partial x} + \frac{\partial\Phi}{\partial y}\frac{\partial\Psi}{\partial y} + \frac{\partial\Phi}{\partial z}\frac{\partial\Psi}{\partial z}\right) = \Phi\nabla^2\Psi + \Psi\nabla^2\Phi + 2\,\nabla\Phi\cdot\nabla\Psi$$

4ª) $\iiint_v \left(\nabla^2\Phi\right) dv = \oiint_S (\nabla\Phi)\cdot d\mathbf{S} = \oiint_S (\nabla\Phi)\cdot\mathbf{u}_n dS = \oiint_S \frac{\partial\Phi}{\partial n}\,dS$

Pela expressão (9.8b),

$$\mathbf{G} = \nabla\Phi = \frac{\partial\Phi}{\partial n}\mathbf{u}_n$$

Assim sendo,

$$\oiint_S (\nabla\Phi)\cdot\mathbf{u}_n dS = \oiint_S \frac{\partial\Phi}{\partial n}\,dS \quad \textbf{(i)}$$

Aplicando o teorema da divergência ao primeiro membro da última expressão, obtemos

$$\oiint_S (\nabla\Phi)\cdot\mathbf{u}_n dS = \iiint_v \nabla\cdot(\nabla\Phi)dv = \iiint_v \left(\nabla^2\Phi\right) dv \qquad \textbf{(ii)}$$

Das expressões (i) e (ii), temos

$$\iiint_v \left(\nabla^2\Phi\right) dv = \oiint_S (\nabla\Phi)\cdot d\mathbf{S} = \oiint_S (\nabla\Phi)\cdot\mathbf{u}_n dS = \oiint_S \frac{\partial\Phi}{\partial n}\,dS$$

5ª) $\iiint_v \left(\nabla\Phi\cdot\nabla\Psi + \Phi\,\nabla^2\Psi\right) dv = \oiint_S (\Phi\,\nabla\Psi)\cdot d\mathbf{S} = \oiint_S (\Phi\,\nabla\Psi)\cdot\mathbf{u}_n dS = \oiint_S \Phi\frac{\partial\Psi}{\partial n}\,dS$

Pela expressão (9.43),

$$\nabla\cdot(\Phi\mathbf{A}) = \Phi(\nabla\cdot\mathbf{A}) + \mathbf{A}\cdot(\nabla\Phi)$$

Fazendo $\mathbf{A} = \nabla\Psi$, temos

$$\nabla\cdot(\Phi\,\nabla\Psi) = \Phi(\nabla\cdot\nabla\Psi) + \nabla\Psi\cdot(\nabla\Phi) = \Phi\,\nabla^2\Psi + \nabla\Phi\cdot\nabla\Psi$$

Integrando e expressão anterior ao longo do volume v delimitado por uma superfície fechada S, implica

$$\iiint_v \nabla \cdot (\Phi \nabla \Psi) \, dv = \iiint_v (\Phi \nabla^2 \Psi + \nabla \Phi \cdot \nabla \Psi) \, dv$$

No entanto, pelo teorema da divergência, podemos expressar

$$\iiint_v \nabla \cdot (\Phi \nabla \Psi) \, dv = \oiint_s (\Phi \nabla \Psi) \cdot \mathbf{u}_n \, dS$$

No entanto, pela expressão (9.8b),

$$\nabla \Psi = \frac{\partial \Psi}{\partial n} \mathbf{u}_n \rightarrow \frac{\partial \Psi}{\partial n} \mathbf{u}_n \cdot \mathbf{u}_n = \frac{\partial \Psi}{\partial n}$$

o que resulta

$$\iiint_v (\nabla \Phi \cdot \nabla \Psi + \Phi \nabla^2 \Psi) \, dv = \oiint_s (\Phi \nabla \Psi) \cdot d\mathbf{S} = \oiint_s (\Phi \nabla \Psi) \cdot \mathbf{u}_n dS = \oiint_S \Phi \frac{\partial \Psi}{\partial n} \, dS$$

$6^a) \quad \iiint_v (\Phi \nabla^2 \Psi - \Psi \nabla^2 \Phi) \, dv = \oiint_s (\Phi \nabla \Psi - \Psi \nabla \Phi) \cdot d\mathbf{S} = \oiint_s (\Phi \nabla \Psi - \Psi \nabla \Phi) \cdot \mathbf{u}_n \, dS =$

$$= \oiint_s \left(\Phi \frac{\partial \Psi}{\partial n} - \Psi \frac{\partial \Phi}{\partial n} \right) dS$$

Pela expressão (10.24), temos

$$\iiint_v (\nabla \Phi \cdot \nabla \Psi + \Phi \nabla^2 \Psi) \, dv = \oiint_s (\Phi \nabla \Psi) \cdot \mathbf{u}_n \, dS$$

Intercambiando Φ e Ψ, temos

$$\iiint_v (\nabla \Psi \cdot \nabla \Phi + \Psi \nabla^2 \Phi) \, dv = \oiint_s (\Psi \nabla \Phi) \cdot \mathbf{u}_n \, dS$$

Subtraindo membro a membro as duas últimas expressões, vem

$$\iiint_v (\Phi \nabla^2 \Psi - \Psi \nabla^2 \Phi) \, dv = \oiint_s (\Phi \nabla \Psi - \Psi \nabla \Phi) \cdot \mathbf{u}_n \, dS$$

Entretanto, pela expressão (9.8b),

$$\nabla \Phi = \frac{\partial \Phi}{\partial n} \mathbf{u}_n \rightarrow \frac{\partial \Phi}{\partial n} \mathbf{u}_n \cdot \mathbf{u}_n = \frac{\partial \Phi}{\partial n}$$

e

$$\nabla \Psi = \frac{\partial \Psi}{\partial n} \mathbf{u}_n \rightarrow \frac{\partial \Psi}{\partial n} \mathbf{u}_n \cdot \mathbf{u}_n = \frac{\partial \Psi}{\partial n}$$

o que resulta

$$\iiint_v \left(\Phi \nabla^2 \Psi - \Psi \nabla^2 \Phi \right) dv = \oiint_s \left(\Phi \nabla \Psi - \Psi \nabla \Phi \right) \cdot d\mathbf{S} = \oiint_s \left(\Phi \nabla \Psi - \Psi \nabla \Phi \right) \cdot \mathbf{u}_n \, dS =$$

$$= \oiint_s \left(\Phi \frac{\partial \Psi}{\partial n} - \Psi \frac{\partial \Phi}{\partial n} \right) dS$$

(e) Equação de Laplace

As funções escalares contínuas, de derivadas parciais contínuas, cujo laplaciano é nulo em uma dada região do espaço, são chamadas **funções harmônicas** nessa região, e são soluções da equação

$$\nabla^2 \Phi = 0 , \tag{10.32}$$

conhecida como equação laplace, em todos os pontos da região em questão.

(f) Interpretação Física

Seja um campo escalar Φ e Φ_{P_0} o seu valor em um ponto $P_0(x_0, y_0, z_0)$. Em relação a um cubo de aresta a, centrado no ponto P_0, conforme retratado na figura 10.22.
O valor médio da função, representado por $\overline{\Phi}$, obedece à igualdade

$$\overline{\Phi} \, a^3 = \int_{z=z_o-\frac{a}{2}}^{z=z_o+\frac{a}{2}} \int_{y=y_o-\frac{a}{2}}^{y=y_o+\frac{a}{2}} \int_{x=x_o-\frac{a}{2}}^{x=x_o+\frac{a}{2}} \Phi \, dxdydz \tag{i}$$

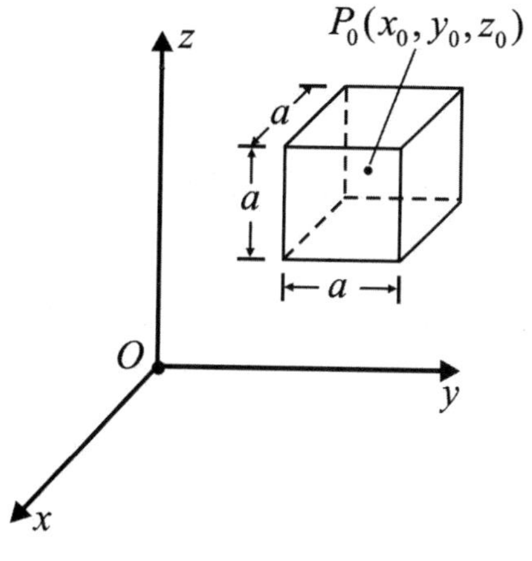

Fig. 10.22

Desenvolvendo a função Φ em série de **Taylor**, nas vizinhanças de P_0, vem

$$\Phi = \Phi_{P_0} + \left(\frac{\partial \Phi}{\partial x} \right)_{P_0} (x - x_0) + \left(\frac{\partial \Phi}{\partial y} \right)_{P_0} (y - y_0) + \left(\frac{\partial \Phi}{\partial z} \right)_{P_0} (z - z_0) +$$

$$+\frac{1}{2}\left[\left(\frac{\partial^2\Phi}{\partial x^2}\right)_{P_0}(x-x_0)^2+\left(\frac{\partial^2\Phi}{\partial y^2}\right)_{P_0}(y-y_0)^2+\left(\frac{\partial^2\Phi}{\partial z^2}\right)_{P_0}(z-z_0)^2\right]+$$

$$+\left(\frac{\partial^2\Phi}{\partial x\,\partial y}\right)_{P_0}(x-x_0)(y-y_0)+\left(\frac{\partial^2\Phi}{\partial y\,\partial z}\right)_{P_0}(y-y_0)(z-z_0)+\left(\frac{\partial^2\Phi}{\partial x\,\partial z}\right)_{P_0}(x-x_0)(z-z_0)+\dots \textbf{ (ii)}$$

Nessa série, a integração das funções ímpares dá resultado nulo, como por exemplo

$$\int_{x=x_0-\frac{a}{2}}^{x=x_0+\frac{a}{2}}\left(\frac{\partial\Phi}{\partial x}\right)_{P_0}(x-x_0)\,dx\int_{y=y_0-\frac{a}{2}}^{y=y_0+\frac{a}{2}}dy\int_{z=z_0-\frac{a}{2}}^{z=z_0+\frac{a}{2}}dz=0$$

Desprezando os termos subsequentes no desenvolvimento de (ii), a integração de (i) nos conduz a

$$\overline{\Phi}\,a^3=\Phi_{P_0}\int_{z=z_0-\frac{a}{2}}^{z=z_0+\frac{a}{2}}\int_{y=y_0-\frac{a}{2}}^{y=y_0+\frac{a}{2}}\int_{x=x_0-\frac{a}{2}}^{x=x_0+\frac{a}{2}}dx\,dy\,dz+\frac{1}{2}\int_{x=x_0-\frac{a}{2}}^{x=x_0+\frac{a}{2}}\left(\frac{\partial^2\Phi}{\partial x^2}\right)_{P_0}(x-x_0)^2\,dx\int_{y=y_0-\frac{a}{2}}^{y=y_0+\frac{a}{2}}dy\int_{z=z_0-\frac{a}{2}}^{z=z_0+\frac{a}{2}}dz+$$

$$+\frac{1}{2}\int_{y=y_0-\frac{a}{2}}^{y=y_0+\frac{a}{2}}\left(\frac{\partial^2\Phi}{\partial y^2}\right)_{P_0}(y-y_0)^2\,dy\int_{x=x_0-\frac{a}{2}}^{x=x_0+\frac{a}{2}}dx\int_{z=z_0-\frac{a}{2}}^{z=z_0+\frac{a}{2}}dz+\frac{1}{2}\int_{z=z_0-\frac{a}{2}}^{z=z_0+\frac{a}{2}}\left(\frac{\partial^2\Phi}{\partial z^2}\right)_{P_0}(z-z_0)^2\,dz\int_{x=x_0-\frac{a}{2}}^{x=x_0+\frac{a}{2}}dx\int_{y=y_0-\frac{a}{2}}^{y=y_0+\frac{a}{2}}dy=$$

$$=\Phi_{P_0}a^3+\frac{1}{2}\frac{a^5}{12}\left[\frac{\partial^2\Phi}{\partial x^2}+\frac{\partial^2\Phi}{\partial y^2}+\frac{\partial^2\Phi}{\partial z^2}\right]_{P_o}=\Phi_{P_0}a^3+\frac{a^5}{24}\left(\nabla^2\Phi\right)\Big|_{P_0}$$

Assim sendo, temos

$$\overline{\Phi}-\Phi_{P_0}=\frac{a^5}{24}\left(\nabla^2\Phi\right)\Big|_{P_0} \tag{10.33}$$

Em palavras: o laplaciano de um campo escalar Φ num ponto P_0 nos dá a indicação de como o valor médio da função, em relação a um elemento de volume centrado no ponto, se afasta do valor da mesma no referido ponto.

Notas:

(1) Se $\nabla^2\Phi=0$ em um ponto P_0, a equação (10.33) assume a forma

$$\overline{\Phi}-\Phi_{P_0}=0,$$

ou seja,

$$\overline{\Phi}=\Phi_{P_0}$$

Os Teoremas Fundamentais da Análise Vetorial e a Teoria Geral dos Campos 225

Daí conclui-se que o campo escalar não apresenta extremos relativos (máximos e mínimos) em P_0. Esta última conclusão é extremamente útil ao Eletromagnetismo para a demonstração do teorema de **Earnshaw**[12].

(2) Para uma demonstração utilizando um elemento de volume esférico vide referência bibliográfica nº 19, no anexo 15 do volume 3 desta obra.

10.5.3 - Laplaciano de um Campo Vetorial

(a) Expressão em Coordenadas Cartesianas Retangulares

A aplicabilidade do conceito de laplaciano a campos vetoriais, neste sistema de coordenadas, é definida como sendo

$$\nabla^2 \mathbf{V} = \left(\nabla^2 V_x\right)\mathbf{u}_x + \left(\nabla^2 V_y\right)\mathbf{u}_y + \left(\nabla^2 V_z\right)\mathbf{u}_z \tag{10.34}$$

Esta operação realizada diretamente sobre as componentes escalares do campo vetorial é possível, neste sistema de coordenadas, porque os vetores unitários têm orientações fixas, independentemente da localização do ponto no espaço, conforme já ressaltado no capítulo 3. Desta definição advém a seguinte identidade

$$\nabla \times (\nabla \times \mathbf{V}) = \nabla (\nabla \cdot \mathbf{V}) - \nabla^2 \mathbf{V} \tag{10.35}$$

Ela serve para definir o laplaciano de **V** em qualquer sistema de coordenadas, sendo de vital importância quando queremos determinar as equações para os campos **E** e **H** associados a uma onda eletromagnética (equações de **Helmholtz**). Sua demonstração encontra-se no anexo 13 do volume 3.

(b) Expressão em Coordenadas Cilíndricas Circulares

Conforme já dito, a identidade

$$\nabla \times (\nabla \times \mathbf{V}) = \nabla (\nabla \cdot \mathbf{V}) - \nabla^2 \mathbf{V}$$

é valida para qualquer sistema de coordenadas. Para o sistema cilíndrico circular, os vetores unitários $\mathbf{u}_\rho$ e $\mathbf{u}_\phi$ têm direções que variam com a localização do ponto e **não é podemos expressar**

$$\nabla^2 \mathbf{V} = \left(\nabla^2 V_\rho\right)\mathbf{u}_\rho + \left(\nabla^2 V_\phi\right)\mathbf{u}_\phi + \left(\nabla^2 V_z\right)\mathbf{u}_z$$

Para obter a expressão do laplaciano de um campo vetorial com relação a este sistema de referência, devemos utilizar a identidade vetorial (10.29), da qual se depreende

$$\nabla^2 \mathbf{V} = \nabla (\nabla \cdot \mathbf{V}) - \nabla \times (\nabla \times \mathbf{V})$$

---

[12] **Earnshaw [Samuel Earnshaw (1805-1888)]** - clérigo e matemático inglês com importantes contribuições para a Física Teórica, especialmente o teorema que leva o seu nome. Publicou trabalhos sobre Óptica, Ondas, Dinâmica, Acústica, Cálculo, Trigonometria e Equações Diferenciais Parciais.

e

$$\nabla^2\mathbf{V} = \left(\nabla^2 V_\rho - \frac{V_\rho}{\rho^2} - \frac{2}{\rho^2}\frac{\partial V_\phi}{\partial \phi}\right)\mathbf{u}_\rho + \left(\nabla^2 V_\phi - \frac{V_\phi}{\rho^2} + \frac{2}{\rho^2}\frac{\partial V_\rho}{\partial \phi}\right)\mathbf{u}_\phi + \left(\nabla^2 V_z\right)\mathbf{u}_z \qquad (10.36)$$

sendo que a demonstração desta última encontra-se também no anexo 13.

(c) Expressão em Coordenadas Esféricas

Com relação a este sistema de coordenadas os três vetores unitários variam de direção de ponto para ponto e **não podemos expressar**

$$\nabla^2\mathbf{V} = \frac{\partial^2 V_r}{\partial r^2}\mathbf{u}_r + \frac{\partial^2 V_\theta}{\partial \theta^2}\mathbf{u}_\theta + \frac{\partial^2 V_\phi}{\partial \phi^2}\mathbf{u}_\phi$$

Também aqui, a obtenção do laplaciano do campo vetorial é levada a termo mediante o emprego da identidade vetorial

$$\nabla^2\mathbf{V} = \nabla\left(\nabla\cdot\mathbf{V}\right) - \nabla\times\left(\nabla\times\mathbf{V}\right),$$

que nos leva a

$$\nabla^2\mathbf{V} = \left[\nabla^2 V_r - \frac{2}{r^2}V_r - \frac{2}{r^2\,\text{sen}\,\theta}\frac{\partial}{\partial\theta}\left(\text{sen}\,\theta\,V_\theta\right) - \frac{2}{r^2\,\text{sen}\,\theta}\frac{\partial V_\phi}{\partial\phi}\right]\mathbf{u}_r +$$

$$+ \left[\nabla^2 V_\theta - \frac{V_\theta}{r^2\,\text{sen}^2\,\theta} + \frac{2}{r^2}\frac{\partial V_r}{\partial\theta} - \frac{2\cos\theta}{r^2\,\text{sen}^2\,\theta}\frac{\partial V_\phi}{\partial\phi}\right]\mathbf{u}_\theta +$$

$$+ \left[\nabla^2 V_\phi - \frac{V_\phi}{r^2\,\text{sen}^2\,\theta} + \frac{2}{r^2\,\text{sen}\,\theta}\frac{\partial V_r}{\partial\phi} + \frac{2\cos\theta}{r^2\,\text{sen}^2\,\theta}\frac{\partial V_\theta}{\partial\phi}\right]\mathbf{u}_\phi \qquad (10.37)$$

cuja demontação também consta no anexo 13.

Nota: as expressões que aparecem nas demonstrações envolvendo o conceito de laplaciano vetorial são grandes. Para que não se perca a noção de conjunto nas diversas passagens operacionais, foi necessário optar pela configuração das páginas com orientação paisagem. A fim de não alterar a configuração adotada no texto, resolvi incluir tais demonstrações no anexo 13 do volume 3 deste livro.

(d) Propriedade do Laplaciano Vetorial, Terceiro Teorema ou Terceira Identidade de Green

$$\iiint_v\left[\mathbf{A}\cdot\nabla^2\mathbf{B} - \mathbf{B}\cdot\nabla^2\mathbf{A}\right]dv = \oiint_S\left[\mathbf{A}\times\left(\nabla\times\mathbf{B}\right) + \mathbf{A}\left(\nabla\cdot\mathbf{B}\right) - \mathbf{B}\times\left(\nabla\times\mathbf{A}\right) - \mathbf{B}\left(\nabla\cdot\mathbf{A}\right)\right]\cdot d\mathbf{S}$$

$$= \oiint_S \left[\mathbf{A} \times (\nabla \times \mathbf{B}) + \mathbf{A}(\nabla \cdot \mathbf{B}) - \mathbf{B} \times (\nabla \times \mathbf{A}) - \mathbf{B}(\nabla \cdot \mathbf{A}) \right] \cdot \mathbf{u}_n \, dS \tag{10.38}$$

em que, pela expressão (10.35), temos

$$\nabla^2 \mathbf{A} = \nabla (\nabla \cdot \mathbf{A}) - \nabla \times (\nabla \times \mathbf{A})$$

e

$$\nabla^2 \mathbf{B} = \nabla (\nabla \cdot \mathbf{B}) - \nabla \times (\nabla \times \mathbf{B})$$

DEMONSTRAÇÃO:

Aplicando o teorema da divergência, ou teorema de **Gauss-Ostrogadsky** aos vetores $\mathbf{A}(\nabla \cdot \mathbf{B})$ e $\mathbf{A} \times (\nabla \times \mathbf{B})$, temos

$$\iiint_v \nabla \cdot \left[\mathbf{A}(\nabla \cdot \mathbf{B}) \right] dv = \oiint_S \mathbf{A}(\nabla \cdot \mathbf{B}) \cdot d\mathbf{S} \tag{i}$$

e

$$\iiint_v \nabla \cdot \left[\mathbf{A} \times (\nabla \times \mathbf{B}) \right] dv = \oiint_S \mathbf{A} \times (\nabla \times \mathbf{B}) \cdot d\mathbf{S} \tag{ii}$$

Entretanto, pela expressão (9.43),

$$\nabla \cdot (\Phi \mathbf{A}) = \Phi (\nabla \cdot \mathbf{A}) + \mathbf{A} \cdot (\nabla \Phi)$$

o que nos conduz a

$$\nabla \cdot \left[\mathbf{A}(\nabla \cdot \mathbf{B}) \right] = (\nabla \cdot \mathbf{B})(\nabla \cdot \mathbf{A}) + \mathbf{A} \cdot \nabla (\nabla \cdot \mathbf{B})$$

e pela expressão (9.44),

$$\nabla \cdot (\mathbf{A} \times \mathbf{B}) = \mathbf{B} \cdot (\nabla \times \mathbf{A}) - \mathbf{A} \cdot (\nabla \times \mathbf{B})$$

o que nos permite expressar

$$\nabla \cdot \left[\mathbf{A} \times (\nabla \times \mathbf{B}) \right] = (\nabla \times \mathbf{B})(\nabla \times \mathbf{A}) - \mathbf{A} \cdot \nabla \times (\nabla \times \mathbf{B})$$

Assim sendo, as integrais (i) e (ii) assumem as formas

$$\iiint_v \nabla \cdot \left[\mathbf{A}(\nabla \cdot \mathbf{B}) \right] dv = \iiint_v \left[(\nabla \cdot \mathbf{B})(\nabla \cdot \mathbf{A}) + \mathbf{A} \cdot \nabla (\nabla \cdot \mathbf{B}) \right] dv \tag{iii}$$

$$\iiint_v \nabla \cdot \left[\mathbf{A} \times (\nabla \times \mathbf{B}) \right] dv = \iiint_v \left[(\nabla \times \mathbf{B})(\nabla \times \mathbf{A}) - \mathbf{A} \cdot \nabla \times (\nabla \times \mathbf{B}) \right] dv \tag{iv}$$

Intercambiando as posições de **A** e **B** e subtraindo as expressões resultantes das anteriores, vem

228 Cálculo e Análise Vetoriais com Aplicações Práticas

$$\iiint_v \left[\mathbf{A} \cdot \nabla (\nabla \cdot \mathbf{B}) - \mathbf{B} \cdot \nabla (\nabla \cdot \mathbf{A}) \right] dv = \oiint_S \left[\mathbf{A} (\nabla \cdot \mathbf{B}) - \mathbf{B} (\nabla \cdot \mathbf{A}) \right] \cdot d\mathbf{S} \qquad \textbf{(v)}$$

$$\iiint_v \left[\mathbf{A} \cdot \nabla \times (\nabla \times \mathbf{B}) - \mathbf{B} \cdot \nabla \times (\nabla \times \mathbf{A}) \right] dv = -\oiint_S \left[\mathbf{A} \times (\nabla \times \mathbf{B}) - \mathbf{B} \times (\nabla \times \mathbf{A}) \right] \cdot d\mathbf{S} \qquad \textbf{(vi)}$$

Somando membro a membro as expressões (v) e (vi) e empregando as expressões

$$\nabla^2 \mathbf{A} = \nabla (\nabla \cdot \mathbf{A}) - \nabla \times (\nabla \times \mathbf{A})$$

e

$$\nabla^2 \mathbf{B} = \nabla (\nabla \cdot \mathbf{B}) - \nabla \times (\nabla \times \mathbf{B}),$$

temos a expressão final

$$\iiint_v \left[\mathbf{A} \cdot \nabla^2 \mathbf{B} - \mathbf{B} \cdot \nabla^2 \mathbf{A} \right] dv = \oiint_S \left[\mathbf{A} \times (\nabla \times \mathbf{B}) + \mathbf{A} (\nabla \cdot \mathbf{B}) - \mathbf{B} \times (\nabla \times \mathbf{A}) - \mathbf{B} (\nabla \cdot \mathbf{A}) \right] \cdot d\mathbf{S}$$

10.5.4 - Divergência de um Rotacional

(a) Via Expansão em Coordenadas Cartesianas Retangulares

Pela expressão (9.25), temos

$$\nabla \times \mathbf{A} = \left(\frac{\partial A_z}{\partial y} - \frac{\partial A_y}{\partial z} \right) \mathbf{u}_x + \left(\frac{\partial A_x}{\partial z} - \frac{\partial A_z}{\partial x} \right) \mathbf{u}_y + \left(\frac{\partial A_y}{\partial x} - \frac{\partial A_x}{\partial y} \right) \mathbf{u}_z$$

Da expressão (9.18), advém

$$\nabla \cdot (\nabla \times \mathbf{A}) = \frac{\partial}{\partial x} \left(\frac{\partial A_z}{\partial y} - \frac{\partial A_y}{\partial z} \right) + \frac{\partial}{\partial y} \left(\frac{\partial A_x}{\partial z} - \frac{\partial A_z}{\partial x} \right) + \frac{\partial}{\partial z} \left(\frac{\partial A_y}{\partial x} - \frac{\partial A_x}{\partial y} \right) =$$

$$= \frac{\partial^2 A_z}{\partial x\, \partial y} - \frac{\partial^2 A_y}{\partial x\, \partial z} + \frac{\partial^2 A_x}{\partial y\, \partial z} - \frac{\partial^2 A_z}{\partial y\, \partial x} + \frac{\partial^2 A_y}{\partial z\, \partial x} - \frac{\partial^2 A_x}{\partial z\, \partial y} =$$

$$= \underbrace{\frac{\partial^2 A_z}{\partial x\, \partial y} - \frac{\partial^2 A_z}{\partial y\, \partial x}}_{= 0} + \underbrace{\frac{\partial^2 A_y}{\partial z\, \partial x} - \frac{\partial^2 A_y}{\partial x\, \partial z}}_{= 0} + \underbrace{\frac{\partial^2 A_x}{\partial y\, \partial z} - \frac{\partial^2 A_x}{\partial z\, \partial y}}_{= 0} = 0$$

(b) Via Teorema Gauss-Ostrogadsky

Aplicando o teorema da divergência ao vetor $\nabla \times \mathbf{A}$ relativamente à superfície fechada S da parte (a) da figura 10.23,

$$\oiint_S (\nabla \times \mathbf{A}) \cdot d\mathbf{S} = \oiint_S (\nabla \times \mathbf{A}) \cdot \mathbf{u}_n \, dS = \iiint_v [\nabla \cdot (\nabla \times \mathbf{A})] \, dv$$

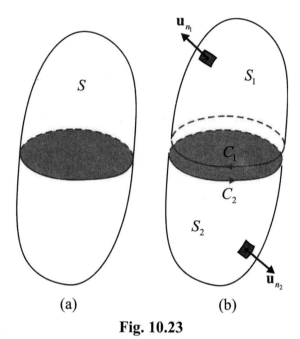

Fig. 10.23

No entanto, a superfície S pode ser dividida em duas partes S_1 e S_2, com as normais apontando para fora do volume, cada uma das quais apoiada em um contorno correspondente, cujo sentido de orientação é coerente com o de cada normal, conforme visto na figura 8.13, e agora representadas na figura 10.23. Em decorrência, vem

$$\iiint_v [\nabla \cdot (\nabla \times \mathbf{A})] \, dv = \iint_{S_1} (\nabla \times \mathbf{A}) \cdot \mathbf{u}_{n_1} \, dS_1 + \iint_{S_2} (\nabla \times \mathbf{A}) \cdot \mathbf{u}_{n_2} \, dS_2$$

As duas integrais de superfície podem, agora, ser transformadas por intermédio do teorema de **Ampère-Stokes**, isto é,

$$\iint_{S_1} (\nabla \times \mathbf{A}) \cdot \mathbf{u}_{n_1} \, dS_1 = \oint_{C_1} \mathbf{A} \cdot d\mathbf{l}_1 \qquad \text{(i)}$$

$$\iint_{S_2} (\nabla \times \mathbf{A}) \cdot \mathbf{u}_{n_2} \, dS_1 = \oint_{C_2} \mathbf{A} \cdot d\mathbf{l}_2 \qquad \text{(ii)}$$

As orientações de C_1 e de C_2 são opostas, de modo que

$$d\mathbf{l}_1 = -d\mathbf{l}_2$$

e

$$\oint_{C_1} \mathbf{A} \cdot d\mathbf{l}_1 = -\oint_{C_2} \mathbf{A} \cdot d\mathbf{l}_2$$

o que implica

230 **Cálculo e Análise Vetoriais com Aplicações Práticas**

$$\iiint_{v}\left[\nabla\cdot\left(\nabla\times\mathbf{A}\right)\right]dv=0$$

e em consequência

$$\nabla\cdot\left(\nabla\times\mathbf{A}\right)=0 \qquad (10.39)$$

Tal equação traduz o seguinte fato:"Se um campo vetorial pode ser expresso como sendo o rotacional de um outro campo vetorial, sua divergência é nula em todos os pontos da região onde ele é definido. Reciprocamente, se a divergência de um campo vetorial é nula em uma região onde ele é definido, esse campo pode ser expresso nessa região como sendo o rotacional de um outro campo vetorial." Sob forma matemática, temos

$$\mathbf{V}=\pm\nabla\times\mathbf{A}\rightleftarrows\nabla\cdot\mathbf{V}=0 \qquad (10.40)$$

Notas:

(1) Ambos os sinais conduzem ao mesmo resultado mas, em nosso curso, por convenção, utilizaremos $\mathbf{V}=\nabla\times\mathbf{A}$ sempre que for necessário.

(2) Um campo vetorial $\mathbf{V}$ com essa propriedade é denominado **campo vetorial solenoidal** e o campo vetorial $\mathbf{A}$ associado é denominado **potencial vetorial** ou **potencial vetor**. Voltaremos a estes conceitos, mais adiante, na subseção 10.7.2.

10.5.5 - Rotacional de um Gradiente

(a) Via Expansão em Coordenadas Cartesianas Retangulares

Pela expressão (9.4),

$$\nabla\Phi=\frac{\partial\Phi}{\partial x}\mathbf{u}_{x}+\frac{\partial\Phi}{\partial y}\mathbf{u}_{y}+\frac{\partial\Phi}{\partial z}\mathbf{u}_{z}$$

Da expressão (9.25), advém

$$\nabla\times(\nabla\Phi)=\left[\frac{\partial}{\partial y}\left(\frac{\partial\Phi}{\partial z}\right)-\frac{\partial}{\partial z}\left(\frac{\partial\Phi}{\partial y}\right)\right]\mathbf{u}_{x}+\left[\frac{\partial}{\partial z}\left(\frac{\partial\Phi}{\partial x}\right)-\frac{\partial}{\partial x}\left(\frac{\partial\Phi}{\partial z}\right)\right]\mathbf{u}_{y}+\left[\frac{\partial}{\partial x}\left(\frac{\partial\Phi}{\partial y}\right)-\frac{\partial}{\partial y}\left(\frac{\partial\Phi}{\partial x}\right)\right]\mathbf{u}_{z}=$$

$$=\underbrace{\left[\frac{\partial^{2}\Phi}{\partial y\,\partial z}-\frac{\partial^{2}\Phi}{\partial z\,\partial y}\right]}_{=0}\mathbf{u}_{x}+\underbrace{\left[\frac{\partial^{2}\Phi}{\partial z\,\partial x}-\frac{\partial^{2}\Phi}{\partial x\,\partial z}\right]}_{=0}\mathbf{u}_{y}+\underbrace{\left[\frac{\partial^{2}\Phi}{\partial x\,\partial y}-\frac{\partial^{2}\Phi}{\partial y\,\partial x}\right]}_{=0}\mathbf{u}_{z}=0$$

(b) Via Teorema de Ampère-Stokes

Aplicando o teorema de **Stokes** ao vetor $\nabla\Phi$, com relação à superfície aberta apoiada no contorno $C=C_{1}+C_{2}$, conforme aparece na figura 10.24,

$$\iint_S [\nabla \times (\nabla \Phi)] \cdot d\mathbf{S} = \oint_C \nabla \Phi \cdot d\mathbf{l} = \int_{C_1} \nabla \Phi \cdot d\mathbf{l}_1 + \int_{C_2} \nabla \Phi \cdot d\mathbf{l}_2$$

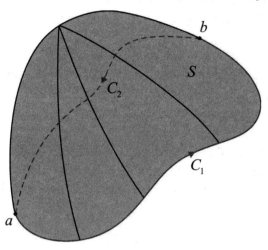

Fig. 10.24

Entretanto, pela expressão (9.7),

$$d\Phi = \nabla \Phi \cdot d\mathbf{l}$$

o que implica

$$\int_{C_1} \nabla \Phi \cdot d\mathbf{l}_1 = \int_{\Phi_a}^{\Phi_b} d\Phi = \Phi_b - \Phi_a$$

e

$$\int_{C_2} \nabla \Phi \cdot d\mathbf{l}_2 = \int_{\Phi_b}^{\Phi_a} d\Phi = \Phi_a - \Phi_b$$

Substituindo na expressão inicial, obtemos

$$\iint_S [\nabla \times (\nabla \Phi)] \cdot d\mathbf{S} = 0$$

o que implica

$$\nabla \times (\nabla \Phi) = 0 \tag{10.41}$$

Tal equação traduz o seguinte fato: "Se um campo vetorial pode ser expresso como o gradiente de um campo escalar, o seu rotacional é nulo em todos os pontos da região onde ele é definido. Reciprocamente, se o rotacional de um dado campo vetorial é identicamente nulo em uma dada região, esse campo vetorial pode ser expresso como o gradiente de um campo escalar nessa região". Sob forma matemática, temos

$$\mathbf{V} = \pm \nabla \Phi \rightleftarrows \nabla \times \mathbf{V} = 0 \tag{10.42}$$

232 Cálculo e Análise Vetoriais com Aplicações Práticas

Notas:

(1) Ambos os sinais conduzem ao mesmo resultado, entretanto, em nosso curso, por convenção, utilizaremos sempre $V = -\nabla\Phi$, o que significa que V aponta sempre no sentido de maior decréscimo de Φ.

(2) Um campo vetorial V com essa propriedade é denominado **campo vetorial conservativo** ou **campo vetorial irrotacional** e o campo escalar Φ associado é denominado **potencial escalar**. Voltaremos a este assunto, mais adiante, na subseção 10.7.3.

(3) Para memorizarmos as expressões (10.39) e (10.41), basta lembrarmo-nos de quanto as drogas, de um modo geral, são nocivas ao ser humano, transformando-o em um ente problemático, um dependente, uma verdadeira nulidade. Sob forma abreviada e considerando uma função "A", que pode ser escalar ou vetorial, temos

$$\overbrace{DRO = 0}^{(10.33)}$$
$$DROGA = 0 \qquad (10.43)$$
$$\underbrace{ROG = 0}_{(10.35)}$$

10.6 - Funções da Distância entre dois Pontos ou Coordenadas Relativas

10.6.1 - Introdução

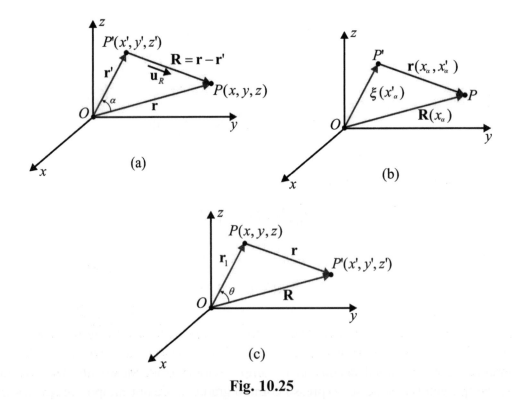

Fig. 10.25

Nos problemas físicos reais, as fontes dos campos vetoriais são contínuas no espaço. Entretanto, é conveniente, mesmo que de um ponto de vista puramente matemático, considerar também as fontes como podendo ser descontínuas, uma vez que essa aproximação será usada na modelagem de vários fenômenos reais. Vamos, então, considerar as características dos campos estabelecidos por fontes **puntuais**[13] ou **puntiformes**. É claro que uma distribuição real extensa pode ser, por superposição, encarada como um conjunto de fontes puntuais.

Neste estudo, é necessário que se faça uma distinção entre as coordenadas de localização da fonte e as coordenadas do ponto onde o campo está sendo determinado.

Em nosso curso, para os três sistemas estudados até então, as coordenadas (x', y', z'), (ρ', ϕ', z') e (r', θ', ϕ'), vão representar as coordenadas de localização da fonte e (x, y, z), (ρ, ϕ, z) e (r, θ, ϕ) vão representar as coordenadas do ponto de observação.

Tendo em vista que os sistemas de coordenadas cilíndricas circulares e de coordenadas esféricas envolvem coordenadas curvilíneas, não podemos representar o vetor distância entre dois pontos com componentes iguais as subtrações das coordenadas correspondentes. Assim sendo, este estudo será elaborado com base no sistema de coordenadas cartesianas retangulares, conforme ilustrado na parte (a) da figura 10.25.

Panofsky, W. K. H. e **Phillips, M. A.** no seu livro "Classical Electricity and Magnetism", 2nd edition, página 17, seção 1.7, que é nossa referência bibliográfica n° 14, institui a notação apresentada na parte (b) da figura 10.25, na qual x'_α representa as coordenadas da fonte e x_α as coordenadas do ponto de observação. No entanto, **J. A. Stratton** no seu livro "Electromagnetic Therory", página 168, seção 3.5, que é nossa referência bibliográfica n° 30, apresenta a mesma notação que a parte (c) da figura 10.25 e que, ao contrário de nossa notação, considera (x, y, z) como sendo as coordenadas da fonte, e (x', y', z') como sendo as coordenadas do ponto de observação. Nesta notação, do mesmo modo que na referência n° 14 e diferentemente da nossa, o vetor **R** une a origem ao ponto de observação.

Estamos fazendo tais ressalvas não só para mostrar que nossa notação não é única, como também para ajudar ao estudante que prosseguir seus estudos, mais tarde, em textos de Mecânica dos Fluidos, Eletromagnetismo, etc, a fazer suas comparações e as necessárias adaptações de notações.

Entretanto, nossa notação, que vem do livro "Principles and Applications of Electromagnetic Fields" de **Plonsey, R.** e **Collin, R.E.**, que é a referência bibliográfica n° 4, apresenta uma vantagem fundamental sobre as outras duas, mantendo a mesma notação para o vetor posição **r,** que une a origem ao ponto de observação, o que evita um sem número de confusões. Temos, então, as seguintes expressões para os vetores **r, r', R** e $\mathbf{u}_R$:

$$\mathbf{r} = x\,\mathbf{u}_x + y\,\mathbf{u}_y + z\,\mathbf{u}_z \tag{10.44}$$

que é o vetor posição do ponto de observação

$$\mathbf{r}' = x'\,\mathbf{u}_x + y'\,\mathbf{u}_y + z'\,\mathbf{u}_z \tag{10.45}$$

que é o vetor posição do ponto (x', y', z') onde está situada a fonte.

$$\mathbf{R} = \mathbf{r} - \mathbf{r}' = (x - x')\mathbf{u}_x + (y - y')\mathbf{u}_y + (z - z')\mathbf{u}_z \tag{10.46}$$

é o vetor que interliga o ponto da fonte ao ponto de observação e o seu modulo, que é uma função da

---

[13] Fontes puntiformes ou puntuais são aquelas que têm forma ou aparência de ponto. Uma outra definição nos diz que são aquelas cujas dimensões são desprezíveis em presença das distâncias que as separam de outras fontes.

234   **Cálculo e Análise Vetoriais com Aplicações Práticas**

distância entre dois pontos, é dado por

$$|\mathbf{R}| = R = \sqrt{\left(x-x'\right)^2 + \left(y-y'\right)^2 + \left(z-z'\right)^2} \tag{10.47}$$

$$\mathbf{u}_R = \frac{\mathbf{R}}{R} = \frac{\left(x-x'\right)\mathbf{u}_x + \left(y-y'\right)\mathbf{u}_y + \left(z-z'\right)\mathbf{u}_z}{\sqrt{\left(x-x'\right)^2 + \left(y-y'\right)^2 + \left(z-z'\right)^2}} \tag{10.48}$$

que é o vetor unitário na direção e sentido do vetor **R.**

10.6.2 - Operações Diferenciais envolvendo Coordenadas Relativas

Em diversos disciplinas, principalmente no Eletromagnetismo, são necessários vários resultados de operações envolvendo funções da distância entre dois pontos. Para obter estes resultados vamos lançar mão de dois operadores sob forma diferencial, a saber

$$\nabla = \frac{\partial}{\partial x}\mathbf{u}_x + \frac{\partial}{\partial y}\mathbf{u}_y + \frac{\partial}{\partial z}\mathbf{u}_z \tag{10.49}$$

e

$$\nabla' = \frac{\partial}{\partial x'}\mathbf{u}_x + \frac{\partial}{\partial y'}\mathbf{u}_y + \frac{\partial}{\partial z'}\mathbf{u}_z \tag{10.50}$$

O primeiro já definido anteriormente, opera apenas sobre as coordenadas do ponto de observação (x, y, z) e o segundo, por sua vez, opera sobre as coordenadas do ponto da fonte (x', y', z'). Em consequência, temos os seguintes resultados:

1°) $\nabla \cdot \mathbf{r}$:

Pela expressão (9.18), temos

$$\nabla \cdot \mathbf{V} = \frac{\partial V_x}{\partial x} + \frac{\partial V_y}{\partial y} + \frac{\partial V_z}{\partial z}$$

de modo que

$$\nabla \cdot \mathbf{r} = \frac{\partial x}{\partial x} + \frac{\partial y}{\partial y} + \frac{\partial z}{\partial z} = 3$$

$$\nabla \cdot \mathbf{r} = 3 \tag{10.51}$$

2°) $\nabla' \cdot \mathbf{r}$:

De forma análoga, temos também

$$\nabla' \cdot \mathbf{r} = \frac{\partial x}{\partial x'} + \frac{\partial y}{\partial y'} + \frac{\partial z}{\partial z'} = 0$$

$$\nabla' \cdot \mathbf{r} = 0 \qquad (10.52)$$

3º) $\nabla \cdot \mathbf{r}'$:

Semelhantemente,

$$\nabla \cdot \mathbf{r}' = \frac{\partial x'}{\partial x} + \frac{\partial y'}{\partial y} + \frac{\partial z'}{\partial z} = 0$$

$$\nabla \cdot \mathbf{r}' = 0 \qquad (10.53)$$

4º) $\nabla' \cdot \mathbf{r}'$:

Prosseguindo, temos

$$\nabla' \cdot \mathbf{r}' = \frac{\partial x'}{\partial x'} + \frac{\partial y'}{\partial y'} + \frac{\partial z'}{\partial z'} = 3$$

$$\nabla' \cdot \mathbf{r}' = 3 \qquad (10.54)$$

5º) $\nabla \cdot \mathbf{R}$:

Neste caso,

$$\nabla \cdot \mathbf{R} = \frac{\partial X}{\partial x} + \frac{\partial Y}{\partial y} + \frac{\partial Z}{\partial z} \quad \begin{cases} \dfrac{\partial X}{\partial x} = \dfrac{\partial}{\partial x}(x - x') = 1 \\[2mm] \dfrac{\partial Y}{\partial y} = \dfrac{\partial}{\partial y}(y - y') = 1 \\[2mm] \dfrac{\partial Z}{\partial z} = \dfrac{\partial}{\partial z}(z - z') = 1 \end{cases}$$

$$\nabla \cdot \mathbf{R} = 3 \qquad (10.55)$$

6º) $\nabla' \cdot \mathbf{R}$:

Podemos expressar

236 **Cálculo e Análise Vetoriais com Aplicações Práticas**

$$\nabla' \cdot \mathbf{R} = \frac{\partial X}{\partial x'} + \frac{\partial Y}{\partial y'} + \frac{\partial Z}{\partial z'} \begin{cases} \dfrac{\partial X}{\partial x'} = \dfrac{\partial}{\partial x'}(x - x') = -1 \\[2mm] \dfrac{\partial Y}{\partial y'} = \dfrac{\partial}{\partial y'}(y - y') = -1 \\[2mm] \dfrac{\partial Z}{\partial z'} = \dfrac{\partial}{\partial z'}(z - z') = -1 \end{cases}$$

$$\nabla' \cdot \mathbf{R} = -3 \qquad\qquad (10.56)$$

6º) ∇R:

Pela expressão (9.4), vem

$$\nabla \Phi = \frac{\partial \Phi}{\partial x}\mathbf{u}_x + \frac{\partial \Phi}{\partial y}\mathbf{u}_y + \frac{\partial \Phi}{\partial z}\mathbf{u}_z$$

de modo que

$$\nabla R = \frac{\partial R}{\partial x}\mathbf{u}_x + \frac{\partial R}{\partial y}\mathbf{u}_y + \frac{\partial R}{\partial z}\mathbf{u}_z$$

Por outro lado, temos também

$$\frac{\partial R}{\partial x} = \frac{\partial R}{\partial X}\frac{\partial X}{\partial x} = \frac{\partial R}{\partial X}\underbrace{\frac{\partial}{\partial x}(x - x')}_{=1} = \frac{\partial R}{\partial X}$$

Aplicando a regra da cadeia, obtemos

$$\frac{\partial R}{\partial X} = \frac{\partial}{\partial X}\left[\left(X^2 + Y^2 + Z^2\right)^{\frac{1}{2}}\right] = \frac{X}{\left(X^2 + Y^2 + Z^2\right)^{\frac{1}{2}}} = \frac{X}{R}$$

Analogamente, vem

$$\begin{cases} \dfrac{\partial R}{\partial y} = \dfrac{Y}{R} \\[2mm] \dfrac{\partial R}{\partial z} = \dfrac{Z}{R} \end{cases}$$

Assim sendo, podemos expressar

$$\nabla R = \frac{X\,\mathbf{u}_x + Y\,\mathbf{u}_y + Z\,\mathbf{u}_z}{R} = \frac{\mathbf{R}}{R} = \mathbf{u}_R$$

quer dizer,

$$\nabla R = \frac{\mathbf{R}}{R} = \mathbf{u}_R \qquad (10.57)$$

7°) $\nabla' R$:

Por analogia, temos

$$\nabla' R = \frac{\partial R}{\partial x'}\mathbf{u}_x + \frac{\partial R}{\partial y'}\mathbf{u}_y + \frac{\partial R}{\partial z'}\mathbf{u}_z$$

Entretanto, pela regra da cadeia, segue-se

$$\frac{\partial R}{\partial x} = \frac{\partial R}{\partial X}\frac{\partial X}{\partial x'} = \frac{\partial R}{\partial X}\underbrace{\frac{\partial}{\partial x'}(x-x')}_{=-1} = -\frac{\partial R}{\partial X} = -\frac{X}{R}$$

bem como,

$$\begin{cases} \dfrac{\partial R}{\partial y'} = -\dfrac{Y}{R} \\[2ex] \dfrac{\partial R}{\partial z'} = -\dfrac{Z}{R} \end{cases}$$

Desse modo, podemos estabelecer

$$\nabla' R = \frac{-X\,\mathbf{u}_x - Y\,\mathbf{u}_y - Z\,\mathbf{u}_z}{R} = -\frac{\mathbf{R}}{R} = -\mathbf{u}_R$$

ou seja,

$$\nabla' R = -\frac{\mathbf{R}}{\mathrm{R}} = -\mathbf{u}_R \qquad (10.58)$$

8°) ∇r :

Fazendo $\mathbf{r}' = 0$ na expressão(10.46), vem

$$\begin{cases} \mathbf{R} = \mathbf{r} \\ R = r \end{cases}$$

que substituídos na expressão (10.57) conduzem a

$$\nabla r = \frac{\mathbf{r}}{r} = \mathbf{u}_r \qquad (10.59)$$

238 **Cálculo e Análise Vetoriais com Aplicações Práticas**

9º) $\nabla' r$:

$$\nabla' r = 0 \qquad\qquad (10.60)$$

10º) $\nabla r'$:

$$\nabla r' = 0 \qquad\qquad (10.61)$$

11º) $\nabla' r'$:

Fazendo $\mathbf{r} = 0$ na expressão (10.46), vem

$$\begin{cases} \mathbf{R} = -\mathbf{r'} \\ R = r' \end{cases}$$

que substituídos na expressão (10.58) nos levam a

$$\nabla' r' = -\frac{-\mathbf{r'}}{r'} = \mathbf{u}_{r'} \qquad\qquad (10.62)$$

12º) $\nabla\left[f(R) \right]$:

Ainda pela expressão (9.4),

$$\nabla\left[f(R) \right] = \frac{\partial f(R)}{\partial x} \mathbf{u}_x + \frac{\partial f(R)}{\partial y} \mathbf{u}_y + \frac{\partial f(R)}{\partial z} \mathbf{u}_z$$

No entanto, pela regra da cadeia,

$$\begin{cases} \dfrac{\partial f(R)}{\partial x} = \dfrac{df(R)}{dR} \dfrac{\partial R}{\partial x} \\[2mm] \dfrac{\partial f(R)}{\partial y} = \dfrac{df(R)}{dR} \dfrac{\partial R}{\partial y} \\[2mm] \dfrac{\partial f(R)}{\partial z} = \dfrac{df(R)}{dR} \dfrac{\partial R}{\partial z} \end{cases}$$

que substituídos na última expressão conduzem a

$$\nabla\left[f(R) \right] = \frac{df(R)}{dR} \underbrace{\left[\frac{\partial R}{\partial x} \mathbf{u}_x + \frac{\partial R}{\partial y} \mathbf{u}_y + \frac{\partial R}{\partial z} \mathbf{u}_z \right]}_{\nabla R} = \frac{df(R)}{dR} \underset{\substack{\frac{\mathbf{R}}{R} = \mathbf{u}_R \\ (10.51)}}{\nabla R} = \frac{df(R)}{dR} \frac{\mathbf{R}}{R} = \frac{df(R)}{dR} \mathbf{u}_R$$

isto é,

$$\nabla\left[f\left(R\right)\right]=\frac{df\left(R\right)}{dR}\frac{\mathbf{R}}{R}=\frac{df\left(R\right)}{dR}\mathbf{u}_R \qquad (10.63)$$

13º) $\nabla'\left[f\left(R\right)\right]$:

Empregando a expressão (9.4),

$$\nabla'\left[f\left(R\right)\right]=\frac{\partial f\left(R\right)}{\partial x'}\mathbf{u}_x+\frac{\partial f\left(R\right)}{\partial y'}\mathbf{u}_y+\frac{\partial f\left(R\right)}{\partial z'}\mathbf{u}_z$$

Entretanto, pela regra da cadeia,

$$\begin{cases}\dfrac{\partial f\left(R\right)}{\partial x'}=\dfrac{df\left(R\right)}{dR}\dfrac{\partial R}{\partial x'}\\[2mm]\dfrac{\partial f\left(R\right)}{\partial y'}=\dfrac{df\left(R\right)}{dR}\dfrac{\partial R}{\partial y'}\\[2mm]\dfrac{\partial f\left(R\right)}{\partial z'}=\dfrac{df\left(R\right)}{dR}\dfrac{\partial R}{\partial z'}\end{cases}$$

que substituídos na última expressão permitem estabelecer

$$\nabla'\left[f\left(R\right)\right]=\frac{df\left(R\right)}{dR}\underbrace{\left[\frac{\partial R}{\partial x'}\mathbf{u}_x+\frac{\partial R}{\partial y'}\mathbf{u}_y+\frac{\partial R}{\partial z'}\mathbf{u}_z\right]}_{\nabla'R}=\frac{df\left(R\right)}{dR}\underset{\substack{-\frac{\mathbf{R}}{R}=-\mathbf{u}_R\\(10.52)}}{\underbrace{\nabla'R}}=-\frac{df\left(R\right)}{dR}\frac{\mathbf{R}}{R}=-\frac{df\left(R\right)}{dR}\mathbf{u}_R$$

ou seja,

$$\nabla'\left[f\left(R\right)\right]=-\frac{df\left(R\right)}{dR}\frac{\mathbf{R}}{R}=-\frac{df\left(R\right)}{dR}\mathbf{u}_R \qquad (10.64)$$

14º) $\nabla\left(\dfrac{1}{R}\right)$:

Sendo $f\left(R\right)=\dfrac{1}{R}$, temos

$$\frac{df\left(R\right)}{dR}=-\frac{1}{R^2}$$

que substituído em (10.63) nos fornece

240 **Cálculo e Análise Vetoriais com Aplicações Práticas**

$$\nabla\left(\frac{1}{R}\right)=\frac{df(R)}{dR}\frac{\mathbf{R}}{R}=\frac{df(R)}{dR}\mathbf{u}_R=-\frac{1}{R^2}\frac{\mathbf{R}}{R}=-\frac{1}{R^2}\mathbf{u}_R$$

que pode assumir a forma

$$\nabla\left(\frac{1}{R}\right)=-\frac{\mathbf{R}}{R^3}=-\frac{\mathbf{u}_R}{R^2}\tag{10.65}$$

15º) $\nabla'\left(\dfrac{1}{R}\right)$:

Pela expressão(10.64), vem

$$\nabla'\big[f(R)\big]=-\frac{df(R)}{dR}\frac{\mathbf{R}}{R}=-\frac{df(R)}{dR}\mathbf{u}_R$$

Conforme ja sabemos, se $f(R)=\dfrac{1}{R}$, decorre

$$\frac{df(R)}{dR}=-\frac{1}{R^2}$$

o que implica

$$\nabla'\left(\frac{1}{R}\right)=\frac{\mathbf{R}}{R^3}=\frac{\mathbf{u}_R}{R^2}\tag{10.66}$$

16º) $\nabla\big[f(r)\big]$:

Fazendo $\mathbf{r}'=0$ na expressão(10.46), vem

$$\begin{cases}\mathbf{R}=\mathbf{r}\\ R=r\end{cases}$$

que substituídos na expressão (10.63) levam a

$$\nabla\big[f(r)\big]=\frac{df(r)}{dr}\frac{\mathbf{r}}{r}=\frac{df(r)}{dr}\mathbf{u}_r\tag{10.67}$$

17º) $\nabla'\big[f(r')\big]$:

Analogamente, temos também

$$\nabla'\left[f\left(r'\right)\right]=\frac{df\left(r'\right)}{dr'}\frac{\mathbf{r}'}{r'}=\frac{df\left(r'\right)}{dr'}\mathbf{u}_{r'}\qquad(10.68)$$

18º) $\nabla\left(\dfrac{1}{r}\right)$:

Sendo $f\left(r\right)=\dfrac{1}{r}$, vem

$$\frac{df\left(r\right)}{dr}=-\frac{1}{r^{2}}$$

Substituindo em (10.67), obtemos

$$\nabla\left(\frac{1}{r}\right)=-\frac{\mathbf{r}}{r^{3}}=-\frac{\mathbf{u}_{r}}{r^{2}}\qquad(10.69)$$

19º) $\nabla'\left(\dfrac{1}{r'}\right)$:

Analogamente, decorre

$$\nabla\left(\frac{1}{r'}\right)=-\frac{\mathbf{r}'}{\left(r'\right)^{3}}=-\frac{\mathbf{u}_{r'}}{\left(r'\right)^{2}}\qquad(10.70)$$

20º) $\nabla\cdot\left[f\left(R\right)\mathbf{R}\right]$:

Pela identidade vetorial dada por (9.43),

$$\nabla\cdot\left(\Phi\mathbf{A}\right)=\Phi\left(\nabla\cdot\mathbf{A}\right)+\mathbf{A}\cdot\left(\nabla\Phi\right)$$

Entretanto, pela expressão (10.55),

$$\nabla\cdot\mathbf{R}=3$$

e pela expressão (10.63),

$$\nabla\left[f\left(R\right)\right]=\frac{df\left(R\right)}{dR}\mathbf{u}_{R}$$

o que implica

$$\nabla \cdot \left[f(R)\mathbf{R} \right] = 3f(R) + \mathbf{R} \cdot \frac{df(R)}{dR}\mathbf{u}_R$$

e é equivalente a

$$\nabla \cdot \left[f(R)\mathbf{R} \right] = 3f(R) + R\frac{df(R)}{dR} \qquad (10.71)$$

21º) $\nabla' \cdot \left[f(R)\mathbf{R} \right]$:

Pela expressão mesma identidade vetorial dada por (9.43),

$$\nabla \cdot (\Phi\mathbf{A}) = \Phi(\nabla \cdot \mathbf{A}) + \mathbf{A} \cdot (\nabla \Phi)$$

No entanto, pela expressão (10.56),

$$\nabla' \cdot \mathbf{R} = -3$$

e pela expressão (10.64),

$$\nabla'\left[f(R) \right] = -\frac{df(R)}{dR}\mathbf{u}_R$$

o que acarreta

$$\nabla' \cdot \left[f(R)\mathbf{R} \right] = -3f(R) + \mathbf{R} \cdot \left[-\frac{df(R)}{dR} \right]\mathbf{u}_R$$

quer dizer,

$$\nabla' \cdot \left[f(R)\mathbf{R} \right] = -3f(R) - R\frac{df(R)}{dR} \qquad (10.72)$$

22º) $\nabla \times \left[f(R)\mathbf{R} \right]$:

Pela identidade vetorial dada por (9.47),

$$\nabla \times (\Phi\mathbf{A}) = \Phi(\nabla \times \mathbf{A}) + (\nabla \Phi) \times \mathbf{A}$$

Por outro lado, a expressão (10.63) nos fornece

$$\nabla\left[f(R) \right] = \frac{df(R)}{dR}\mathbf{u}_R$$

e a expressão (9.25),

$$\nabla \times \mathbf{V} = \left[\frac{\partial V_z}{\partial y} - \frac{\partial V_y}{\partial z}\right]\mathbf{u}_x + \left[\frac{\partial V_x}{\partial z} - \frac{\partial V_z}{\partial x}\right]\mathbf{u}_y + \left[\frac{\partial V_y}{\partial x} - \frac{\partial V_x}{\partial y}\right]\mathbf{u}_z$$

implica

$$\nabla \times \mathbf{R} = \left(\frac{\partial Z}{\partial y} - \frac{\partial Y}{\partial z}\right)\mathbf{u}_x + \left(\frac{\partial X}{\partial z} - \frac{\partial Z}{\partial x}\right)\mathbf{u}_y + \left(\frac{\partial Y}{\partial x} - \frac{\partial X}{\partial y}\right)\mathbf{u}_z =$$

$$= \left[\underbrace{\frac{\partial}{\partial y}(z-z')}_{=0} - \underbrace{\frac{\partial}{\partial z}(y-y')}_{=0}\right]\mathbf{u}_x + \left[\underbrace{\frac{\partial}{\partial z}(x-x')}_{=0} - \underbrace{\frac{\partial}{\partial x}(z-z')}_{=0}\right]\mathbf{u}_y + \left[\underbrace{\frac{\partial}{\partial x}(y-y')}_{=0} - \underbrace{\frac{\partial}{\partial y}(x-x')}_{=0}\right]\mathbf{u}_z = 0$$

Assim sendo, temos

$$\nabla \times \left[f(R)\mathbf{R}\right] = f(R)(0) + \left[\frac{df(R)}{dR}\mathbf{u}_R\right] \times \mathbf{R} = 0$$

quer dizer,

$$\nabla \times \left[f(R)\mathbf{R}\right] = 0 \tag{10.73}$$

23º) $\nabla \times \left[f(r)\mathbf{r}\right]$:

Fazendo $\mathbf{r}' = 0$ na expressão(10.46), vem

$$\begin{cases} \mathbf{R} = \mathbf{r} \\ R = r \end{cases}$$

que substituídos na expressão (10.73) conduzem a

$$\nabla \times \left[f(r)\mathbf{r}\right] = 0 \tag{10.74}$$

24º) $\nabla^2\left(\dfrac{1}{R}\right)$:

- Primeiro método (mais simples):

O laplaciano é a divergência de um gradiente, logo podemos expressar

244 Cálculo e Análise Vetoriais com Aplicações Práticas

$$\nabla^2\left(\frac{1}{R}\right)=\nabla\cdot\left[\nabla\left(\frac{1}{R}\right)\right]$$

Pela expressão (10.65), vem

$$\nabla\left(\frac{1}{R}\right)=-\frac{\mathbf{R}}{R^3}=-\frac{\mathbf{u}_R}{R^2}$$

o que nos leva a

$$\nabla^2\left(\frac{1}{R}\right)=\nabla\cdot\left[-\frac{\mathbf{R}}{R^3}\right]$$

No entanto, pela expressão (10.71), temos

$$\nabla\cdot\left[f(R)\mathbf{R}\right]=3f(R)+R\frac{df(R)}{dR}$$

o que acarreta

$$\nabla^2\left(\frac{1}{R}\right)=\nabla\cdot\left[-\frac{\mathbf{R}}{R^3}\right]=3\left(-\frac{1}{R^3}\right)+R\frac{d}{dR}\left(-\frac{1}{R^3}\right)=-\frac{3}{R^3}+R\frac{d}{dR}\left(-R^{-3}\right)=-\frac{3}{R^3}+R\left(3R^{-4}\right)=$$

$$=-\frac{3}{R^3}+\frac{3}{R^3}=0$$

Finalmente,

$$\nabla^2\left(\frac{1}{R}\right)=0 \tag{10.75}$$

- Segundo método:

Pela expressão (10.23),

$$\nabla^2\Phi=\frac{\partial^2\Phi}{\partial x^2}+\frac{\partial^2\Phi}{\partial y^2}+\frac{\partial^2\Phi}{\partial z^2}$$

o que implica

$$\nabla^2\left(\frac{1}{R}\right)=\frac{\partial^2}{\partial x^2}\left(\frac{1}{R}\right)+\frac{\partial^2}{\partial y^2}\left(\frac{1}{R}\right)+\frac{\partial^2}{\partial z^2}\left(\frac{1}{R}\right)$$

Pela expressão (10.47),

$$R = \sqrt{\left(x-x'\right)^2 + \left(y-y'\right)^2 + \left(z-z'\right)^2} = \left[\left(x-x'\right)^2 + \left(y-y'\right)^2 + \left(z-z'\right)^2\right]^{\frac{1}{2}}$$

e em consequência

$$\frac{1}{R} = \left[\left(x-x'\right)^2 + \left(y-y'\right)^2 + \left(z-z'\right)^2\right]^{-\frac{1}{2}}$$

Calculemos, inicialmente, as derivadas parciais em relação a x

$$\frac{\partial}{\partial x}\left(\frac{1}{R}\right) = -\frac{1}{2}\left[\left(x-x'\right)^2 + \left(y-y'\right)^2 + \left(z-z'\right)^2\right]^{-\frac{3}{2}}\left[2\left(x-x'\right)\right] = -\left(x-x'\right)\left[\left(x-x'\right)^2 + \left(y-y'\right)^2 + \left(z-z'\right)^2\right]^{-\frac{3}{2}}$$

$$\frac{\partial^2}{\partial x^2}\left(\frac{1}{R}\right) = -\left[\left(x-x'\right)^2 + \left(y-y'\right)^2 + \left(z-z'\right)^2\right]^{-\frac{3}{2}} + \frac{3}{2}\left(x-x'\right)\left[\left(x-x'\right)^2 + \left(y-y'\right)^2 + \left(z-z'\right)^2\right]^{-\frac{5}{2}} =$$

$$= \left[\left(x-x'\right)^2 + \left(y-y'\right)^2 + \left(z-z'\right)^2\right]^{-\frac{5}{2}}\left\{-\left[\left(x-x'\right)^2 + \left(y-y'\right)^2 + \left(z-z'\right)^2\right] + 3\left(x-x'\right)^2\right\}$$

Analogamente, temos

$$\frac{\partial^2}{\partial y^2}\left(\frac{1}{R}\right) = \left[\left(x-x'\right)^2 + \left(y-y'\right)^2 + \left(z-z'\right)^2\right]^{-\frac{5}{2}}\left\{-\left[\left(x-x'\right)^2 + \left(y-y'\right)^2 + \left(z-z'\right)^2\right] + 3\left(y-y'\right)^2\right\}$$

e

$$\frac{\partial^2}{\partial z^2}\left(\frac{1}{R}\right) = \left[\left(x-x'\right)^2 + \left(y-y'\right)^2 + \left(z-z'\right)^2\right]^{-\frac{5}{2}}\left\{-\left[\left(x-x'\right)^2 + \left(y-y'\right)^2 + \left(z-z'\right)^2\right] + 3\left(z-z'\right)^2\right\}$$

Finalmente, obtemos

$$\nabla^2\left(\frac{1}{R}\right) = \frac{\partial^2}{\partial x^2}\left(\frac{1}{R}\right) + \frac{\partial^2}{\partial y^2}\left(\frac{1}{R}\right) + \frac{\partial^2}{\partial z^2}\left(\frac{1}{R}\right) = 0$$

conforme já havia sido demonstrado anteriormente.

25º) $\nabla'^2\left(\dfrac{1}{R}\right)$:

Desmembrando, obtemos

$$\nabla'^2\left(\frac{1}{R}\right) = \nabla'\cdot\left[\nabla'\left(\frac{1}{R}\right)\right] = -\nabla\cdot\left[-\nabla\left(\frac{1}{R}\right)\right] = \nabla\cdot\left[\nabla\left(\frac{1}{R}\right)\right] = \nabla^2\left(\frac{1}{R}\right) = 0$$

246 **Cálculo e Análise Vetoriais com Aplicações Práticas**

Finalmente,

$$\nabla'^2\left(\frac{1}{R}\right) = 0 \qquad (10.76)$$

10.6.3 - A Função Delta de Dirac[14]

(a) Definição

Cumpre ressaltar que os resultados incluindo a função inverso da distância $(1/R)$, não são válidos para $R = 0$, pois a mesma apresenta uma singularidade para este valor de R. Em relação ao laplaciano, que é nulo para todos os pontos nos quais $R \neq 0$, isto é, para

$$P \neq P' \rightleftarrows \mathbf{r} \neq \mathbf{r}'$$

a indeterminação pode ser levantada mediante a função delta de **Dirac**, designada pelo símbolo

$$\delta(\mathbf{R}) = \delta(\mathbf{r} - \mathbf{r}') \qquad (10.77)$$

Na verdade não temos propriamente uma função, mas aqui ela será tratada como tal e definiremos, a seguir, suas propriedades funcionais.

(b) Propriedades

Temos as seguintes propriedades fundamentais:

$$1^{\text{a}})\ \delta(\mathbf{r} - \mathbf{r}') = \begin{cases} 1 \rightleftarrows \mathbf{r} = \mathbf{r}' \\ 0 \rightleftarrows \mathbf{r} \neq \mathbf{r}' \end{cases} \qquad (10.78)$$

$$2^{\text{a}})\ \iiint_v \delta(\mathbf{r} - \mathbf{r}')\,dv' = \begin{cases} 1 \rightleftarrows \text{ponto } \mathbf{r} = \mathbf{r}' \text{ está incluído em } v \\ 0 \rightleftarrows \text{ponto } \mathbf{r} = \mathbf{r}' \text{ não está incluído em } v \end{cases} \qquad (10.79)$$

$$3^{\text{a}})\ \iiint_v f(\mathbf{r}')\,\delta(\mathbf{r} - \mathbf{r}')\,dv' = \begin{cases} f(\mathbf{r}) \rightleftarrows \text{ponto } \mathbf{r} = \mathbf{r}' \text{ está incluído em } v \\ 0 \rightleftarrows \text{ponto } \mathbf{r} = \mathbf{r}' \text{ não está incluído em } v \end{cases} \qquad (10.80)$$

em que $f(\mathbf{r}')$ pode ser uma função escalar ou uma função vetorial.

DEMONSTRAÇÕES:

Tendo em vista as expressões (10.78) e (10.79), vamos mostrar que é possível expressar

---

[14] **Dirac [Paul Adrien Maurice Dirac (1902-1974)]** - físico inglês que compatibilizou a Mecânica com a Teoria da Relatividade Restrita. As equações de Dirac da Mecânica Quântica Relativista previram o spin e o momento magnético do elétron, bem como a existência do pósitron.

$$\nabla^2\left(\frac{1}{R}\right) = -4\pi\,\delta(\mathbf{r}-\mathbf{r}') \quad (10.81)$$

Com efeito, a propriedade traduzida pela expressão (10.72) está automaticamente satisfeita, porque, conforme vimos, $\nabla^2(1/R)$ se anula em todos os pontos do espaço exceto naquele para o qual $R=0$, ou seja o ponto para o qual $\mathbf{r}=\mathbf{r}'$. Devemos, pois, demonstrar a expressão

$$\iiint_v \nabla^2\left(\frac{1}{R}\right)dv' = -4\pi \quad (10.82)$$

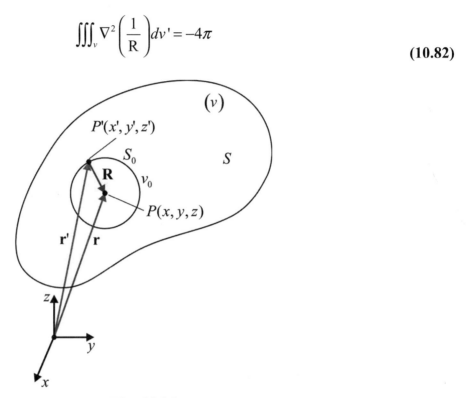

Fig. 10.26

Vamos, então, envolver o ponto $P(x,y,z)$ por uma esfera de raio R, tão pequeno quanto se possa imaginar a fim de estudar a singularidade que existe em $R=0$. A área dessa esfera será denotada por S_0 e seu volume por v_0, conforme na figura 10.26. Em consequência, segue-se

$$\iiint_v \nabla^2\left(\frac{1}{R}\right)dv' = \iiint_{v_0} \nabla^2\left(\frac{1}{R}\right)dv' = \iiint_{v_0} \nabla'^2\left(\frac{1}{R}\right)dv'$$

uma vez que, pela subseção anterior,

$$\nabla^2\left(\frac{1}{R}\right) = \nabla'^2\left(\frac{1}{R}\right)$$

Já que que o laplaciano é a divergência de um gradiente, podemos expressar

$$\iiint_{v_0} \nabla'^2 \left(\frac{1}{R} \right) dv' = \iiint_{v_0} \nabla' \cdot \left[\nabla' \left(\frac{1}{R} \right) \right] dv'$$

Entretanto, pela expressão (10.60), vem

$$\nabla' \left(\frac{1}{R} \right) = \frac{\mathbf{u}_R}{R^2}$$

o que nos conduz a

$$\iiint_{v_0} \nabla' \cdot \left[\nabla' \left(\frac{1}{R} \right) \right] dv' = \iiint_{v_0} \nabla' \cdot \left(\frac{\mathbf{u}_R}{R^2} \right) dv'$$

Aplicando o teorema da divergência,

$$\iiint_v (\nabla \cdot \mathbf{V}) \, dv = \oiint_S \mathbf{V} \cdot d\mathbf{S}$$

a integral de volume se transforma em uma integral de superfície. Em nosso caso, ficamos com

$$\iiint_{v_0} \nabla' \cdot \left(\frac{\mathbf{u}_R}{R^2} \right) dv' = \oiint_{S_0} \frac{\mathbf{u}_R}{R^2} \cdot d\mathbf{S} = \oiint_{S_0} \frac{d\mathbf{S} \cdot \mathbf{u}_R}{R^2}$$

Adaptando a expressão (8.37), que nos fornece o ângulo sólido, vem

$$d\Omega = \frac{dS \cos \beta}{R^2} = \frac{d\mathbf{S} \cdot \mathbf{u}_R}{R^2}$$

No presente caso, ao contrário do que é usado na definição de ângulo sólido, o vetor $\mathbf{u}_R$ aponta radialmente para dentro, e somos levados a utilizar o sinal menos, ou seja,

$$\oiint_{S_0} \frac{d\mathbf{S} \cdot \mathbf{u}_R}{R^2} = \oiint_{S_0} (-d\Omega) = -4\pi$$

e fica demonstrada a expressão (10.82). Por ela somos levados a admitir que, embora o laplaciano de $1/R$ assuma um valor infinito para $R = 0$, isso não torna infinito o valor da integral ao longo do volume finito v_0, uma vez que tal volume tende para zero.

Resta demonstrar a expressão (10.80), o que pode ser feito agora de modo muito simples. Seja a integral

$$\iiint_v f(\mathbf{r}') \delta(\mathbf{r} - \mathbf{r}') dv' = \iiint_{v_0} f(\mathbf{r}') \delta(\mathbf{r} - \mathbf{r}') dv'$$

Sendo o volume v_0 infinitesimal, o valor de $f(\mathbf{r}')$ é essencialmente igual ao seu valor no ponto

$\mathbf{r} = \mathbf{r}'$ ($R = 0$), ou seja, $f(\mathbf{r}) = f(\mathbf{r}')$, e ela pode ser passada para fora da integral, nos conduzindo a

$$f(\mathbf{r})\iiint_{v_0} \delta(\mathbf{r}-\mathbf{r}')dv' = f(\mathbf{r}),$$

também em acordância com a equação (10.79). Fica assim também demonstrada a equação (10.80).

10.6.4 - Convergência de algumas Integrais envolvendo Coordenadas Relativas

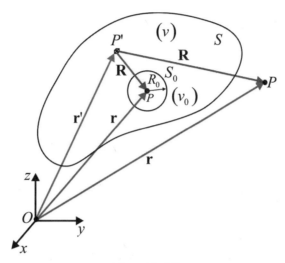

Fig. 10.27

Por vezes somos levados a nos defrontar com integrais do tipo

$$\iiint_v \frac{f(\mathbf{r}')}{R^n}dv',$$

sendo n um número inteiro. Vamos mostrar que, se $f(\mathbf{r})$ é limitada em , essas integrais convergem se $n = 1$ ou $n = 2$ e divergem se $n \geq 3$.

Quando o ponto P é exterior ao volume da figura 10.27, a integral é, obviamente, convergente, uma vez que o integrando é finito em qualquer ponto do volume . No entanto, quando P é interior ao volume, o integrando tem uma singularidade em $R = 0$. Seja, pois, um ponto P interior ao volume, envolvido por uma pequena esfera de raio R_0. Os pontos de exteriores a ela dão contribuições finitas para a integral, restanto apenas analisar a convergência da integral

$$\iiint_{v_0} \frac{f(\mathbf{r}')}{R^n}dv'$$

em que v_o é o volume da esfera de raio R_0.

Uma vez que $f(\mathbf{r}')$ é limitada, ela passa necessariamente por um valor máximo $f_{máx}$ na pequena esfera, e temos

$$\iiint_{v_0} \frac{f(\mathbf{r}')}{R^n}dv' \leq f_{máx}\iiint_{v_0} \frac{dv'}{R^n}$$

250 **Cálculo e Análise Vetoriais com Aplicações Práticas**

A função $1/R^n$ é esfericamente simétrica em torno de P, assumindo portanto valores constantes ao longo de superfícies esféricas centradas em P. Assim, podemos utilizar como elemento de integração uma camada esférica de raio R e espessura dR, quer dizer,

$$dv' = 4\pi R^2 dR$$

Assim sendo, ficamos com

$$\iiint_{v_0} \frac{dv'}{R^n} = \int_{R=0} \frac{4\pi R^2 dR}{R^n} = 4\pi \int_{R=0}^{R=R_0} R^{2-n} dR$$

Para $n=1$ e $n=2$, a integral vale, respectivamente, $2\pi R_0^2$ e $4\pi R_0$, tendendo portanto a zero no limite $R_0 \to 0$. Para $n=3$ advém um logaritmo neperiano, que é infinito para $R=0$. O mesmo fato ocorre para valores de n superiores a 3, e em todos esses casos a integral diverge. Reunindo os resultados, temos

$$\iiint_v \frac{f(\mathbf{r'})}{R^n} dv' \begin{cases} \text{converge para } n=1 \text{ e } n=2 \\ \text{diverge para n} \geq 3 \end{cases} \tag{10.83}$$

10.6.5 - Aplicação do Teorema Binomial às Coordenadas Relativas

Por vezes encontramos, mormente em Eletromagnetismo, expressões da forma

$$|\mathbf{R}|^m = R^m = |\mathbf{r}-\mathbf{r'}|^m$$

para m inteiro, positivo ou negativo, nas quais se tem $\mathbf{r'} \ll \mathbf{r}$. Então, é conveniente desenvolver tal expressão em série de potências, da qual se desprezarão termos a partir de uma certa ordem, de acordo com o grau de aproximação que se deseje. Para tal desenvolvimento em série, utilizaremos a expressão do teorema binomial

$$(1+x)^n = 1 + nx + \frac{n(n-1)x^2}{2!} + \frac{n(n-1)(n-2)x^3}{3!} + \dots \tag{10.84}$$

Aplicando a lei dos cossenos à parte (a) da figura 10.25, temos

$$R = |\mathbf{r}-\mathbf{r'}| = r^2 - 2\,rr'\cos\alpha + r'^2 = r^2 - 2\,\mathbf{r}\cdot\mathbf{r'} + r'^2$$

Em consequência, segue-se

$$R^m = |\mathbf{r}-\mathbf{r'}|^m = \left(r^2 - 2\,\mathbf{r}.\mathbf{r'} + r'^2\right)^{\frac{m}{2}} = r^m \left(1 - \frac{2\,\mathbf{r}\cdot\mathbf{r'}}{r^2} + \frac{r'^2}{r^2}\right)^{\frac{m}{2}}$$

Fazendo

$$\begin{cases} n = \dfrac{m}{2} \\ e \\ x = -\left(\dfrac{2\,\mathbf{r}\cdot\mathbf{r'}}{r^2} - \dfrac{r'^2}{r^2} \right) \end{cases}$$

na expressão (10.78), obtemos

$$\left(1 - \frac{2\,\mathbf{r}\cdot\mathbf{r'}}{r^2} + \frac{r'^2}{r^2} \right)^{\frac{m}{2}} = 1 + \frac{m}{2}\left(-\frac{2\,\mathbf{r}\cdot\mathbf{r'}}{r^2} + \frac{r'^2}{r^2} \right) + \frac{\frac{m}{2}\left(\frac{m}{2}-1\right)}{2}\left(-\frac{2\,\mathbf{r}\cdot\mathbf{r'}}{r^2} + \frac{r'^2}{r^2} \right) + \ldots =$$

$$= 1 - m\frac{\mathbf{r}\cdot\mathbf{r'}}{r^2} + \frac{m}{2}\left(\frac{r'}{r}\right)^2 + m\left(\frac{m}{2}-1\right)\frac{\left(\mathbf{r}\cdot\mathbf{r'}\right)^2}{r^4} + \ldots$$

o que nos leva finalmente a

$$R^m = \left| \mathbf{r} - \mathbf{r'} \right|^m = r^m - mn^{m-2}\left(\mathbf{r}\cdot\mathbf{r'} \right) + \frac{m}{2}r^{m-4}\left[r^2\left(r'\right)^2 + \left(m-2\right)\left(\mathbf{r}\cdot\mathbf{r'}\right)^2 \right] + \ldots =$$

$$= r^m - mn^{m-2}\left(rr'\cos\alpha \right) + \frac{m}{2}r^{m-4}\left[r^2(r')^2 + \left(m-2\right)\left(rr'\cos\alpha\right)^2 \right] + \ldots \tag{10.85}$$

10.7 - Teoria Geral dos Campos

10.7.1 - Introdução

Todos os campos vetoriais pertencem a um ou a ambos os tipos fundamentais: **campos solenoidais, adivergentes, rotacionais ou turbilhonários**[15], cuja divergência é idênticamente nula em todo o campo de definição, e **campos irrotacionais, gradientes, conservativos** ou **lamelares**, cujo rotacional é idênticamente nulo na região onde o campo é definido.

O campo vetorial mais geral tem divergência e rotacional não nulos na região de definição. Vamos mostrar que este **campo geral** pode ser encarado como a **soma de um campo solenoidal e de um campo irrotacional**. Aliás, esse é o cerne do teorema de **Helmholtz,** cuja essência é que a determinação unívoca de um campo vetorial está ligada diretamente ao conhecimento da divergência e do rotacional do mesmo, nos pontos da região onde ele é definido. Antes do caso mais geral, abordado no citado teorema, vamos analisar em separado os dois casos particulares: **solenoidal** e **irrotacional**, porque as propriedades de muitos campos vetoriais conhecidos tais como o campo eletrostático, o campo magnetostático, o campo gravitacional, o campo de vorticidade, etc., apoiam-se nas características **solenoidais** ou **irrotacionais** dos mesmos.

---

[15] um campo rotacional é, às vezes, denominado turbilhonário, conforme já explicado anteriormente.

10.7.2 - Campos Vetoriais Solenoidais, Adivergentes, Rotacionais ou Turbilhonári-os

Para este tipo de campo, conforme já foi posto anteriormente, temos

$$\nabla \cdot \mathbf{V} = 0$$

ao longo da região onde ele é definido e, de acordo com o grupo (10.40),

$$\mathbf{V} = \pm \nabla \times \mathbf{A} \rightleftarrows \nabla \cdot \mathbf{V} = 0$$

e temos um campo potencial vetorial associado **A**. Conforme já ressaltado na subseção 10.5.4, ambos os sinais conduzem ao mesmo resultado mas, em nosso curso, por convenção, utilizaremos $\mathbf{V} = \nabla \times \mathbf{A}$ sempre que for necessário.

O fluxo destes campos vetoriais através de uma superfície fechada qualquer é nulo. Isto é fácil de ser verificado determinando o fluxo através de uma superfície fechada de forma genérica e aplicando o teorema da divergência. Com relação ao volume da parte (a) da figura 10.28, podemos expressar

$$\Psi = \oiint_S \mathbf{V} \cdot d\mathbf{S} = \oiint_S \mathbf{V} \cdot \mathbf{u}_n \, dS = \iiint_v \underbrace{(\nabla \cdot \mathbf{V})}_{=0} dv = 0$$

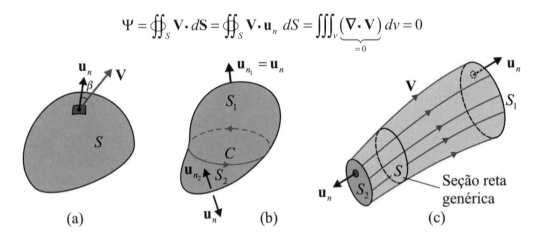

Fig. 10.28

Reciprocamente, se o fluxo de um campo vetorial **V** através de uma superfície fechada é nulo, sendo nulo em particular para uma superfície elementar tomada em um ponto qualquer da região de definição, concluímos que não podem existir nem fontes nem sumidouros em ponto algum da citada região, quer dizer,

$$\nabla \cdot \mathbf{V} = 0$$

e com isso concluímos também que as linhas vetoriais deste tipo de campo devem, necessariamente, ser fechadas, isto é, devem fechar-se sobre si mesmas. Se isto não ocorresse, onde elas iniciassem haveria fonte positiva de fluxo e onde terminassem fonte negativa.

Seja, agora, um contorno fechado C qualquer sobre S, conforme na parte (b) da figura 10.28, que divide S em duas superfícies S_1 e S_2 ambas "apoiadas" em C. Escolhendo um sentido de percurso para C, e orientando as normais $\mathbf{u}_{n_1}$ e $\mathbf{u}_{n_2}$ coerentemente com o percurso em questão, segue-se

$$\oint\!\!\!\!\!\oint_S \mathbf{V} \cdot \mathbf{u}_n \, dS = \iint_{S_1} \mathbf{V} \cdot \mathbf{u}_{n_1} dS_1 - \iint_{S_2} \mathbf{V} \cdot \mathbf{u}_{n_2} dS_2 = 0$$

pois,

$$\mathbf{u}_{n_1} = \mathbf{u}_n \text{ e } \mathbf{u}_{n_2} = -\mathbf{u}_{n_1}$$

o que acarreta

$$\Psi = \iint_{S_1} \mathbf{V} \cdot \mathbf{u}_{n_1} dS_1 = \iint_{S_2} \mathbf{V} \cdot \mathbf{u}_{n_2} dS_2 \rightleftarrows \nabla \cdot \mathbf{V} = 0 \qquad (10.86)$$

e significa que o fluxo de um campo vetorial solenoidal através de qualquer superfície aberta "apoiada" em um mesmo contorno C genérico é constante.

Para um tubo de campo qualquer, ilustrado na parte (c) da figura 10.28, temos

$$\Psi_{total} = \Psi_{S_1} + \Psi_{S_2} + \Psi_{S_{lateral}} = 0$$

Pela própria definição de tubo de campo o campo é normal à superfície lateral, e isto implica

$$\Psi_{S_{lateral}} = 0$$

e ficamos com

$$\Psi_{S_1} = -\Psi_{S_2}$$

Em módulo, temos

$$\left|\Psi_{S_1}\right| = \left|\Psi_{S_2}\right| = \left|\Psi_{S_{genérica}}\right|$$

ou seja, o fluxo através de qualquer seção reta do tubo é constante. De um modo geral, as superfícies S_1 e S_2 não precisam ser, necessariamente, planas o que nos leva a encarar a parte (b) da última figura como sendo um caso particular da parte (c) da mesma figura, na qual S_1 e S_2 se apoiam no mesmo contorno C.

Se agora escolhermos uma desses linhas para caminho C de integração, a circulação de um campo vetorial solenoidal $\mathbf{V}$ ao longo do mesmo será, necessariamente, não nula. Pelo teorema de **Ampère-Stokes**, concluímos que em alguma parte, pelo menos, de uma superfície S apoiada em C, existem fontes de circulação, isto é, $\nabla \times \mathbf{V} \neq 0$. Consequentemente, um campo solenoidal não pode ser ao mesmo tempo irrotacional em todos os pontos do espaço (um campo nessa condições seria idênticamente nulo). Um **campo uniforme** numa dada região do espaço (isto é, de mesmo valor em todos os seus pontos) **é irrotacional e solenoidal** nessa região, mas, certamente, é gerado por fontes externas[16]. Em particular, **as fontes podem estar situadas no infinito**.

---

[16] A recíproca não é verdadeira, uma vez que podemos ter uma campo ao mesmo tempo irrotacional e solenoidal em uma região sem que o mesmo seja constante (vide problema 10.53).

254 Cálculo e Análise Vetoriais com Aplicações Práticas

Seja $\mathbf{J}(\mathbf{r})$ a densidade de fontes de circulação em um ponto $P(x,y,z)$, definido pelo vetor posição

$$\mathbf{r} = x\,\mathbf{u}_x + y\,\mathbf{u}_y + z\,\mathbf{u}_z,$$

de um campo vetorial solenoidal. Podemos, então, estabelecer

$$\nabla \times \mathbf{V} = \mathbf{J} \qquad (10.87)$$

Substituindo $\mathbf{V} = \nabla \times \mathbf{A}$ na expressão (10.87) e empregando a identidade vetorial (10.35), temos

$$\nabla \times (\nabla \times \mathbf{A}) = \nabla(\nabla \cdot \mathbf{A}) - \nabla^2 \mathbf{A} = \mathbf{J} \qquad (10.88)$$

Se pudermos fazer

$$\nabla \cdot \mathbf{A} = 0$$

a última expressão assumirá a forma

$$\nabla^2 \mathbf{A} = -\mathbf{J} \qquad (10.89)$$

e $\mathbf{A}$ deve ser o vetor solução desta equação vetorial, denominada equação vetorial de **Poisson**[17], ou seja, cada componente de $\mathbf{A}$ deve satisfazer uma equação escalar conforme a seguir:

$$\begin{cases} \nabla^2 A_x = -J_x \\ \nabla^2 A_y = -J_y \\ \nabla^2 A_z = -J_z \end{cases} \qquad (10.90)$$

É também importante notar que, sendo $\mathbf{V} = \nabla \times \mathbf{A}$, o vetor $\mathbf{A}$ não é univocamente determinado por esta operação diferencial. Seja, pois, Ψ uma função escalar arbitrária de tal sorte que

$$\mathbf{A}' = \mathbf{A} + \nabla\Psi$$

o que implica

$$\nabla \times \mathbf{A}' = \nabla \times (\mathbf{A} + \nabla\Psi) = \nabla \times \mathbf{A} + \underbrace{\nabla \times (\nabla\Psi)}_{=0\,[\text{expressão}(10.41)]}$$

Como exemplos de campos vetoriais solenoidais, temos:

1º) O campo magnético $\mathbf{B}$, quer seja estático quer dinâmico, temos sempre $\nabla \cdot \mathbf{B} = 0$, de modo que temos sempre associado um potencial vetorial magnético ou potencial vetor magnético $\mathbf{A}$, de tal

---

[17] **Poisson [Simeon Denis Poisson (1781-1840)]** - matemático e físico francês com trabalhos notáveis em Teoria do Potencial, Equações Diferenciais Parciais e Probabilidade entre outros.

Os Teoremas Fundamentais da Análise Vetorial e a Teoria Geral dos Campos   255

forma que $\mathbf{B} = \nabla \times \mathbf{A}$.

2º) O campo eletrodinâmico $\mathbf{E}$, quando ele só tiver realmente fonte de circulação, pois , conforme veremos mais adiante (questões 10.28 e 10.29) , existem campos eletrodinâmicos que são solenoidais e outros que têm tanto fontes de fluxo quanto de circulação.

3º) A vorticidade $\mathbf{\Omega} = \nabla \times \mathbf{V}$, cujo potencial vetorial associado é o campo vetorial $\mathbf{V}$ (vide subseção 5.4.5).

Para finalizar, vamos listar as características dos campos vetoriais solenoidais:

1ª) Para este tipo de campo vetorial há sempre um campo vetorial $\mathbf{A}$ (potencial vetorial) associado de tal modo que

$$\nabla \cdot \mathbf{V} = 0 \rightleftarrows \mathbf{V} = \nabla \times \mathbf{A},$$

sendo que $\mathbf{A}$ não fica univocamente determinado desta forma.

2ª) O fluxo dos campos desta natureza através de uma superfície fechada qualquer é nulo.

3ª) O fluxo através de uma seção reta genérica (qualquer) de um tubo de fluxo é constante.

4ª) As linhas de campo fecham-se sobre si mesmas, ou seja, formam anéis fechados.

5ª) Estes campos só possuem fontes de circulação ao longo da sua região de definição, já que eles não podem ter fontes de fluxo, pois, se isso acontecesse, a divergência não seria nula nos pontos onde houvesse fontes de fluxo.

EXEMPLO 10.18

Com relação a um referencial triortogonal as linhas do campo $\mathbf{V}$ obedecem à equação $x^2 + y^2 = \rho^2$ e apontam na direção e sentido do vetor unitário $\mathbf{u}_\phi$. A intensidade deste campo é regida pela equação $V = C/\rho^n$, na qual C é uma constante e n é um número inteiro.

(a) Determine a expressão vetorial do campo e represente-o em um esboço.

(b) Mostre que ele é um campo solenoidal.

SOLUÇÃO:

(a)

$$\begin{cases} V = \dfrac{C}{\rho^n} \\ x^2 + y^2 = \rho^2 \end{cases}$$

sendo ρ a coordenada radial cilíndrica circular. As linhas de campo têm a forma de arco de circunferência e situam-se em planos paralelos ao plano $z=0$, de modo que a expressão vetorial do campo é

$$\mathbf{V} = V_\phi \mathbf{u}_\phi = \frac{C}{\rho^n} \mathbf{u}_\phi$$

Graficamente, temos

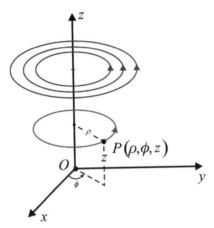

Fig. 10.29

(b)

Pela expressão (9.19), temos

$$\nabla \cdot \mathbf{V} = \frac{1}{\rho}\frac{\partial}{\partial \rho}(\rho V_\rho) + \frac{1}{\rho}\frac{\partial V_\phi}{\partial \phi} + \frac{\partial V_z}{\partial z}$$

No caso presente,

$$\begin{cases} V_\rho = V_z = 0 \\ V_\phi = \dfrac{C}{\rho^n} \end{cases}$$

o que implica

$$\nabla \cdot \mathbf{V} = \frac{1}{\rho}\frac{\partial}{\partial \phi}\left(\frac{C}{\rho^n}\right) = 0$$

o que evidencia a natureza solenoidal do campo.

EXEMPLO 10.19

Sabendo-se que o campo magnético **B** é solenoidal, demonstre que as componentes normais à superfície de separação de dois meios magnéticos diferentes são iguais em ambos os lados da superfície, isto é, são contínuas.

DEMONSTRAÇÃO:

Estamos interessados em estudar o comportamento da componente normal de **B** em relação à superfície F, fronteiriça aos aos meios 1 e 2. Uma vez que o campo **B** é solenoidal, temos

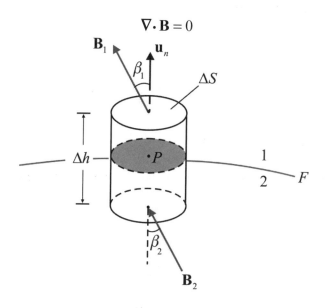

Fig. 10.30

A divergência de um campo vetorial é definida como fluxo do mesmo por unidade de volume coincidente com o ponto. Portanto, vamos construir, centrado em um ponto P da fronteira, um cilindro reto de altura Δh e bases ΔS paralelas à fronteira de separação dos meios, resguardadas as condições $\Delta S \to 0$ e $\Delta h \to 0$, $\Delta l \to 0$ e $\Delta h \to 0$, uma vez que estamos interessados em estudar o comportamento do campo em vizinhanças infinitesimais do ponto P.

Integrando a divergência de **B** ao longo do volume do cilindro, segue-se

$$\iiint_v \underbrace{(\nabla \cdot \mathbf{B})}_{=0} dv = 0$$

ou pelo teorema da divergência,

$$\iiint_v (\nabla \cdot \mathbf{B}) dv = \oiint_S \mathbf{B} \cdot d\mathbf{S} = 0$$

em que S é a superfície do cilindro.

Consideremos, primeiramente, apenas o limite $\Delta h \to 0$. Isto nos permite desprezar o fluxo através da superfície lateral do cilindro. Uma vez que ΔS também é um infinitésimo, podemos considerar o campo como sendo aproximadamente constante ao longo das bases e expressar

$$\oiint_S \mathbf{B} \cdot d\mathbf{S} = (B_1 \cos \beta_1) \Delta S - (B_2 \cos \beta_2) \Delta S = 0$$

258 **Cálculo e Análise Vetoriais com Aplicações Práticas**

Sendo a divergência definida como fluxo por umidade de volume, se o fluxo permanecer finito e o volume tender para zero, a divergência tenderá para infinito. Entretanto, a divergência é nula, o que implica

$$B_1 \cos \beta_1 - B_2 \cos \beta_2 = 0$$

ou em função das componentes normais

$$B_{1_n} - B_{2_n} = 0$$

que é equivalente a

$$B_{1_n} = B_{2_n} ,$$

evidenciando o fato de que as componentes normais de **B** são contínuas.

Nota: as duas últimas equações podem ser colocadas em função do vetor unitário $\mathbf{u}_n$ conforme a seguir:

$$\begin{cases} \left(\mathbf{B}_1 - \mathbf{B}_2 \right) \cdot \mathbf{u}_n = 0 \\ \mathbf{B}_1 \cdot \mathbf{u}_n = \mathbf{B}_2 \cdot \mathbf{u}_n \end{cases}$$

EXEMPLO 10.20*

Dado o campo vetorial $\mathbf{V} = 3x^2 z \, \mathbf{u}_x - 4xyz \, \mathbf{u}_y - xz^2 \mathbf{u}_z$, verifique que ele é solenoidal e determine um campo potencial vetorial que lhe seja associado.

SOLUÇÃO:

Pela expressão (9.18), decorre

$$\nabla \cdot \mathbf{V} = \frac{\partial V_x}{\partial x} + \frac{\partial V_y}{\partial y} + \frac{\partial V_z}{\partial z} = \frac{\partial}{\partial x} \left(3x^2 z \right) + \frac{\partial}{\partial y} \left(-4xyz \right) + \frac{\partial}{\partial z} \left(-xz^2 \right) =$$

$$= 6xz - 4xz - 2xz = 0$$

o que evidencia a natureza solenoidal do campo vetorial. Sendo $\mathbf{V} = \nabla \times \mathbf{A}$, pela expressão (9.25), segue-se

$$\mathbf{V} = \nabla \times \mathbf{A} = \left(\frac{\partial A_z}{\partial y} - \frac{\partial A_y}{\partial z} \right) \mathbf{u}_x + \left(\frac{\partial A_x}{\partial z} - \frac{\partial A_z}{\partial x} \right) \mathbf{u}_y + \left(\frac{\partial A_y}{\partial x} - \frac{\partial A_x}{\partial y} \right) \mathbf{u}_z$$

Assumindo $A_z = V_z = 0$, ficamos com

$$\mathbf{V} = \nabla \times \mathbf{A} = \left(-\frac{\partial A_y}{\partial z} \right) \mathbf{u}_x + \left(\frac{\partial A_x}{\partial z} \right) \mathbf{u}_y + \left(\frac{\partial A_y}{\partial x} - \frac{\partial A_x}{\partial y} \right) \mathbf{u}_z$$

Portanto, temos

$$\frac{\partial A_y}{\partial z} = -3x^2 z; \quad \frac{\partial A_x}{\partial z} = -4xyz; \quad \frac{\partial A_y}{\partial x} = \frac{\partial A_x}{\partial y}$$

donde se conclui

$$A_y = -\frac{3x^2 z^2}{2} + f(x, y); \quad A_x = -2xyz^2 + g(x, y)$$

Fazendo, por simplicidade, $f(x, y) = g(x, y) = 0$, temos

$$A_y = -\frac{3x^2 z^2}{2}; \quad A_x = -2xyz^2$$

Finalmente, obtemos

$$\mathbf{A} = -2xyz^2 \mathbf{u}_x - \frac{3x^2 z^2}{2} \mathbf{u}_y$$

Entretanto, pela expressão (10.41),

$$\nabla \times (\nabla \Psi) = 0$$

de modo que o potencial vetorial poderia também ser expresso como

$$\mathbf{A} = -2xyz^2 \mathbf{u}_x - \frac{3x^2 z^2}{2} \mathbf{u}_y + \nabla \Psi,$$

sendo Ψ uma função arbitrária.

Nota: devemos notar que foram feitas diversas escolhas arbitrárias , tais como $A_z = = V_z = 0$ e $f(x, y) = g(x, y) = 0$. Por isso, no enunciado, foi pedido "um" potencial vetorial associado, e não "o" potencial vetorial associado.

10.7.3 - Campos Vetoriais Irrotacionais, Gradientes, Conservativos ou Lamelares

Para este tipo de campo, conforme já foi definido anteriormente, temos

$$\nabla \times \mathbf{V} = 0$$

ao longo da região onde ele é definido e, de acordo com o grupo (10.42),

$$\mathbf{V} = \pm \nabla \Phi \rightleftarrows \nabla \times \mathbf{V} = 0$$

e temos um campo potencial escalar Φ. Conforme já abordado na subseção 10.5.5, ambos os sinais conduzem ao mesmo resultado; entretanto, em nosso curso, por convenção, utilizaremos sempre $\mathbf{V} = -\nabla\Phi$, o que significa que $\mathbf{V}$ aponta sempre no sentido de maior decréscimo de Φ.

Lembrando que o gradiente de um campo potencial é um cada ponto das superfícies equipotenciais um vetor normal às mesmas, temos que $\mathbf{V}$ é um campo normal às superfícies Φ = constante. Uma vez que $\mathbf{V} = -\nabla\Phi$, este tipo de campo vetorial será dirigido sempre dos potenciais mais altos para os mais baixos.

Podemos também afirmar que a circulação de um campo irrotacional ao longo de um contorno genérico C é nula.

Isto pode ser facilmente verificado determinando a circulação de um campo vetorial desta natureza ao longo de um caminho C genérico, no qual se apoia um superfície S também de forma qualquer. Em relação à superfície da parte (a) da figura 10.31, podemos expressar

$$\iint_S \underbrace{(\nabla \times \mathbf{V})}_{=0} \cdot d\mathbf{S}$$

ou pelo teorema de **Ampère-Stokes**,

$$\oint_C \mathbf{V} \cdot d\mathbf{l} = \iint_S (\nabla \times \mathbf{V}) \cdot d\mathbf{S} = 0$$

o que evidencia a natureza conservativa do campo $\mathbf{V}$.

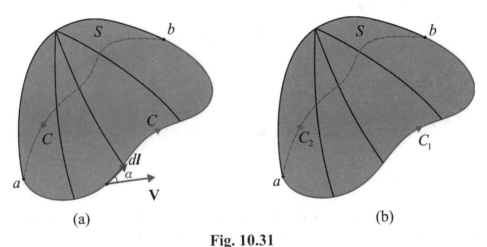

Fig. 10.31

Reciprocamente, se a circulação de um dado campo vetorial é sempre nula, sendo nula em particular para um contorno elementar tomado em torno de um ponto qualquer da região de definição do campo, concluímos que não podem existir fontes de circulação em nenhum ponto da região em questão, quer dizer, $\nabla \times \mathbf{V} = 0$.

Sejam, agora, as duas partes do contorno anteriormente definido e ilustradas na parte (b) da figura 10.31, o que acarreta

$$\oint_C \mathbf{V} \cdot d\mathbf{l} = \underbrace{\int_a^b \mathbf{V} \cdot d\mathbf{l}_1}_{C_1} + \underbrace{\int_b^a \mathbf{V} \cdot d\mathbf{l}_2}_{-C_2} = \underbrace{\int_a^b \mathbf{V} \cdot d\mathbf{l}_1}_{C_1} - \underbrace{\int_a^b \mathbf{V} \cdot d\mathbf{l}_2}_{C_2} = 0$$

ou de outra forma

$$\Gamma_{ab} = \int_a^b \mathbf{V} \cdot d\mathbf{l}_1 = \int_a^b \mathbf{V} \cdot d\mathbf{l}_2 = 0$$
$$C_1 \qquad C_2$$

e evidencia o fato da integral de linha independer do caminho de integração para este tipo de campo. Podemos, também, estabelecer

$$\Gamma_{ab} = \int_a^b \mathbf{V} \cdot d\mathbf{l} = \int_a^b \left(-\nabla\Phi\right) \cdot d\mathbf{l}$$
$$C \qquad C$$

Entretanto, pela expressão (9.7),

$$d\Phi = \nabla\Phi \cdot d\mathbf{l}$$

o que implica

$$\Gamma_{ab} = \int_a^b \mathbf{V} \cdot d\mathbf{l} = \int_a^b \left(-d\Phi\right) = \Phi_a - \Phi_b$$
$$C \qquad C$$

e evidencia que, além de independer do caminho de integração, a integral de linha depende apenas dos valores do campo potencial escalar associado nos extremos do referido caminho. Reunindo as duas últimas propriedades em um mesmo grupo, vem

$$\Gamma_{ab} = \int_a^b \mathbf{V} \cdot d\mathbf{l} = \Phi_a - \Phi_b \rightleftarrows \mathbf{V} = -\nabla\Phi \qquad \textbf{(10.91)}$$
$$C$$

Também é fácil mostrar que as linhas de um campo irrotacional são, necessariamente, abertas. Com efeito, suponhamos que uma das linhas de $\mathbf{V}$ fosse fechada. Neste caso, a circulação de $\mathbf{V}$ ao longo desta linha não seria nula, fato que se apoia no caráter irrotacional do campo. Uma linha aberta tem extremidades: ela se origina em um ponto e termina em outro. Nestes pontos, situam-se, respectivamente, nascedouros de fluxo e sumidouros de fluxo, e os fluxos que divergem ou convergem para pequenas superfícies fechadas que envolvem os pontos são, respectivamente, positivo e negativo. Isto significa que nestes pontos a divergência do campo vetorial é, correspondentemente, positiva e negativa e, portanto, um campo irrotacional não pode ser também solenoidal em todos os pontos de sua região de definição, valendo aqui as considerações que fizemos anteriormente sobre campos uniformes.

Seja $\rho_v(\mathbf{r})$ a densidade de fontes de fluxo em um ponto $P(x, y, z)$ definido pelo vetor posição

$$\mathbf{r} = x\,\mathbf{u}_x + y\,\mathbf{u}_y + z\,\mathbf{u}_z,$$

da região onde o campo é definido. Assim sendo, temos

262   **Cálculo e Análise Vetoriais com Aplicações Práticas**

$$\nabla \cdot \mathbf{V} = \rho_v \qquad (10.92)$$

No entanto, para campos irrotacionais,

$$\mathbf{V} = -\nabla\Phi$$

o que nos leva a

$$\nabla \cdot \left(-\nabla\Phi\right) = -\nabla^2\Phi = \rho_v$$

ou de outra forma

$$\nabla^2\Phi = -\rho_v \qquad (10.93)$$

em que Φ é a função escalar solução desta equação, conhecida como equação escalar de **Poisson**, sendo que ρ_v não deve ser confundido com a coordenada radial cilíndrica ρ. No entanto, cumpre ressaltar que Φ não é univocamente determinado por $\mathbf{V} = -\nabla\Phi$, pois, pela expressão (9.7),

$$d\Phi = \nabla\Phi \cdot d\mathbf{l} = -\mathbf{V} \cdot d\mathbf{l}$$

o implica

$$\Phi = \int -\mathbf{V} \cdot d\mathbf{l} + C \qquad (10.94)$$

em que C é uma constante de integração arbitrária, denominada referência de potencial.

Como exemplos de campos vetoriais irrotacionais temos:

1º) O campo eletrostático **E**, cujo campo escalar associado é o campo potencial eletrostático.

2º) O campo gravitacional **g**, cujo campo escalar associado é o campo potencial gravitacional.

3º) Qualquer campo do tipo $\mathbf{V} = \dfrac{K}{r^n}\mathbf{u}_r$, sendo K uma constante.

Finalmente, vamos resumir as características dos campos irrotacionais:

1ª) Para este tipo de campo vetorial há sempre um campo potencial escalar Φ associado de tal sorte que

$$\nabla \times \mathbf{V} = 0 \rightleftarrows \mathbf{V} = -\nabla\Phi,$$

sendo que Φ não fica univocamente determinado desta forma. Sendo $\mathbf{V} = -\nabla\Phi$, este campo vetorial é normal em cada ponto às superfícies equipotenciais, sendo dirigido sempre dos potenciais mais altos para os mais baixos.

2ª) A circulação de um campo vetorial dessa natureza é nula ao longo de um percurso de forma qualquer.

3ª) A integral de linha escalar deste tipo de campo entre dois pontos quaisquer de um caminho de integração independe da forma deste último, dependendo apenas dos valores do campo potencial escalar associado nos referidos pontos.

4ª) As linhas de campo são necessariamente abertas.

5ª) Estes campos só possuem fontes de fluxo ao longo da região de definição, já que não podem ter fontes de circulação, pois, se assim fosse, nos pontos onde isso ocorresse, o rotacional seria não nulo.

EXEMPLO 10.21

Sabendo-se que o campo eletrostático **E** é irrotacional, demonstre que as componentes tangenciais à superfície de separação de dois meios diferentes são iguais em ambos os lados da superfície, ou seja, são contínuas.

SOLUÇÃO:

Seja um ponto P nas vizinhanças do qual estamos interessados em estudar o comportamento da componente tangencial de **E** com relação à superfície de separação F entre os dois meios 1 e 2. Sabemos que o campo eletrostático é irrotacional, ou seja, $\nabla \times \mathbf{E} = 0$.

Uma das interpretações físicas do rotacional de um campo vetorial envolve o conceito de circulação por unidade de área coincidindo com o ponto. Por isso, vamos construir um retângulo de base Δl e comprimento Δh, paralelo à fronteira e centrado no ponto P, resguardadas as condições $\Delta l \to 0$ e $\Delta h \to 0$, visto que estamos interessados em estudar o comportamento do campo em vizinhanças infinitesimais do ponto P.

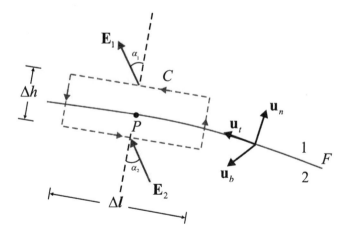

Fig. 10.32

Integrando o fluxo do rotacional do campo ao longo da superfície delimitada pelo contorno orientado C, vem

$$\iint_S \underbrace{(\nabla \times \mathbf{V})}_{=0} \cdot d\mathbf{S} = 0$$

ou, de acordo com o teorema de **Ampère-Stokes**,

$$\oint_C \mathbf{E} \cdot d\mathbf{l} = \iint_S (\nabla \times \mathbf{E}) \cdot d\mathbf{S} = 0$$

Consideremos, primeiramente, apenas o limite . Isto nos garante não haver integral de linha ao longo das partes do contorno perpendiculares à fronteira.

Uma vez que Δl também é um infinitésimo podemos considerar o campo como sendo aproximadamente constante ao longo dos trajetos paralelos à fronteira, o que nos leva a

$$\oint_C \mathbf{E} \cdot d\mathbf{l} = (E_1 \operatorname{sen} \alpha_1) \Delta l - (E_2 \operatorname{sen} \alpha_2) \Delta l = 0$$

Podemos encarar o rotacional como sendo a circulação por unidade de área de modo que, se a circulação permanecer finita e a área tender a zero o rotacional tenderá para infinito. Entretanto, o rotacional é nulo , o que acarreta

$$E_1 \operatorname{sen} \alpha_1 - E_2 \operatorname{sen} \alpha_2 = 0$$

ou em função de componentes tangenciais,

$$E_{1_t} - E_{2_t} = 0$$

que é equivalente a

$$E_{1_t} = E_{2_t},$$

o que significa que as componentes tangenciais de **E** são contínuas.

Notas:

(1) Em termos do vetor unitário tangente as duas últimas equações podem ser expressas como

$$\begin{cases} \left(\mathbf{E}_{1_t} - \mathbf{E}_{2_t}\right) \times \mathbf{u}_t = 0 \\ \mathbf{E}_{1_t} \times \mathbf{u}_t = \mathbf{E}_{2_t} \times \mathbf{u}_t \end{cases}$$

(2) Também podemos escrever a segunda equação na forma vetorial

$$\mathbf{E}_1 \times \mathbf{u}_n = \mathbf{E}_2 \times \mathbf{u}_n$$

Entretanto, convém destacar que $\mathbf{E}_1 \times \mathbf{u}_n$ é um vetor de mesmo módulo que o vetor $\mathbf{E}_{1_t} \mathbf{u}_t$, porém, de direção perpendicular a ele, o mesmo correndo em relação aos vetores $\mathbf{E}_2 \times \mathbf{u}_n$ e $\mathbf{E}_{2_t} \mathbf{u}_t$.

Os Teoremas Fundamentais da Análise Vetorial e a Teoria Geral dos Campos 265

EXEMPLO 10.22*

Dado o campo de força $\mathbf{F} = (x+2y+az)\mathbf{u}_x + (bx-3y-z)\mathbf{u}_y + (4x+cy+2z)\mathbf{u}_z$, empresso em newtons (N), determine:

(a) as constantes a, b e c para que ele seja irrotacional;

(b) um campo potencial escalar associado;

(c) o trabalho realizado pela força quando uma partícula animada de uma determinada velocidade penetra no campo de força campo e se desloca entre os pontos $A(2,-1,3)\,\text{m}$ e $B(3,-2,1)\,\text{m}$, considerando a força expressa em newtons e as coordenadas dos pontos em metros. Interprete o sinal do trabalho.

SOLUÇÃO:

(a)

Adaptando a expressão (9.25),

$$\nabla \times \mathbf{F} = \left(\frac{\partial F_z}{\partial y} - \frac{\partial F_y}{\partial z}\right)\mathbf{u}_x + \left(\frac{\partial F_x}{\partial z} - \frac{\partial F_z}{\partial x}\right)\mathbf{u}_y + \left(\frac{\partial F_y}{\partial x} - \frac{\partial F_x}{\partial y}\right)\mathbf{u}_z$$

o que acarreta

$$\nabla \times \mathbf{F} = \left[\frac{\partial}{\partial y}(4x+cy+2z) - \frac{\partial}{\partial z}(bx-3y-z)\right]\mathbf{u}_x + \left[\frac{\partial}{\partial z}(x+2y+az) - \frac{\partial}{\partial x}(4x+cy+2z)\right]\mathbf{u}_y +$$

$$+ \left[\frac{\partial}{\partial x}(bx-3y-z) - \frac{\partial}{\partial y}(x+2y+az)\right]\mathbf{u}_z = (c+1)\mathbf{u}_x + (a-4)\mathbf{u}_y + (b-2)\mathbf{u}_z$$

Para que $\nabla \times \mathbf{F} = 0$, devemos ter $a = 4$, $b = 2$ e $c = -1$, ficando então

$$\mathbf{F} = (x+2y+4z)\mathbf{u}_x + (2x-3y-z)\mathbf{u}_y + (4x-y+2z)\mathbf{u}_z$$

(b)

- Primeiro método:

Façamos

$$\mathbf{F} = -\nabla\Phi = -\frac{\partial \Phi}{\partial x}\mathbf{u}_x - \frac{\partial \Phi}{\partial y}\mathbf{u}_y - \frac{\partial \Phi}{\partial z}\mathbf{u}_z$$

Assim sendo, temos

$$\frac{\partial \Phi}{\partial x} = -x - 2y - 4z \qquad\qquad \textbf{(i)}$$

$$\frac{\partial \Phi}{\partial y} = -2x + 3y + z \qquad \textbf{(ii)}$$

$$\frac{\partial \Phi}{\partial z} = -4x + y - 2z \qquad \textbf{(iii)}$$

Integrando (i) com relação à variável x, mantendo y e z constantes, chegamos a

$$\Phi = -\frac{x^2}{2} - 2xy - 4xz + f(y,z) \qquad \textbf{(iv)}$$

em que $f(x,y)$ é uma função arbitrária de y e de z. Integrando (ii) com relação à variável y, mantendo x e z constantes, temos

$$\Phi = -2xy + \frac{3y^2}{2} + yz + g(x,z) \qquad \textbf{(v)}$$

em que $g(x,z)$ é uma função arbitrária de x e de z.

Integrando (iii) com relação à variável z, mantendo x e y constantes, segue-se

$$\Phi = -4xz + yz - z^2 + h(x,y) \qquad \textbf{(vi)}$$

Comparando (iv), (v) e (vi), verificamos que haverá uma expressão comum para Φ se escolhermos

$$\begin{cases} f(y,z) = \dfrac{3y^2}{2} - z^2 + yz \\[2mm] g(x,z) = -\dfrac{x^2}{2} - z^2 - 4xz \\[2mm] h(x,y) = -\dfrac{x^2}{2} + \dfrac{3y^2}{2} - 2xy \end{cases}$$

Se você tiver alguma dificuldade de concluir isto diretamente, basta agrupar as expressões (iv), (v) e (vi), ordenando os termos, e concluir o que está faltando em cada uma, o que vai corresponder a cada uma das funções procuradas.

$$\begin{cases} \Phi = -\dfrac{x^2}{2} \qquad\quad -2xy - 4xz + \quad + f(y,z) \to f(y,z) = \dfrac{3y^2}{2} - z^2 + yz \\[3mm] \Phi = \qquad +\dfrac{3y^2}{2} \quad -2xy \qquad + yz + g(x,z) \to g(x,z) = -\dfrac{x^2}{2} - z^2 - 4xz \\[3mm] \Phi = \qquad\qquad\quad -z^2 \qquad -4xz + yz + h(x,y) \to h(x,y) = -\dfrac{x^2}{2} - z^2 - 2xy \end{cases}$$

Os Teoremas Fundamentais da Análise Vetorial e a Teoria Geral dos Campos   267

Deste modo, obtemos

$$\Phi = -\frac{x^2}{2} + \frac{3y^2}{2} - z^2 - 2xy - 4xz + yz$$

Devemos notar que podemos, também, somar uma constante qualquer à função Φ sem alterar o campo vetorial $\mathbf{F}$ associado, ou seja,

$$\Phi = -\frac{x^2}{2} + \frac{3y^2}{2} - z^2 - 2xy - 4xz + yz + C, \text{ cuja unidade é o joule (J).}$$

- Segundo método(mais simples!):

Temos que

$$\mathbf{F} \cdot d\mathbf{l} = -\nabla \Phi \cdot d\mathbf{l} = -\frac{\partial \Phi}{\partial x} dx - \frac{\partial \Phi}{\partial y} dy - \frac{\partial \Phi}{\partial z} dz = -d\Phi$$

Em decorrência, vem

$$d\Phi = -\mathbf{F} \cdot d\mathbf{l} = \left(-x - 2y - 4z\right) dx + \left(-2x + 3y + z\right) dy + \left(-4x + y - 2z\right) dz =$$

$$= -x\,dx + 3y\,dy - 2z\,dz - 2y\,dx - 2x\,dy - 4z\,dx - 4x\,dz + zdy + ydz =$$

$$= d\left(-\frac{x^2}{2}\right) + d\left(\frac{3y^2}{2}\right) - d\left(z^2\right) - d\left(2xy\right) - d\left(4xz\right) + d\left(yz\right) =$$

$$= d\left(-\frac{x^2}{2} + \frac{3y^2}{2} - z^2 - 2xy - 4xz + yz\right)$$

Finalmente, chegamos a

$$\Phi = -\frac{x^2}{2} + \frac{3y^2}{2} - z^2 - 2xy - 4xz + yz + C, \text{ cuja unidade é o joule (J).}$$

(c)

Adaptando a expressão (10.91),

$$W_{AB} = \int_A^B \mathbf{F} \cdot d\mathbf{l} = \Phi_A - \Phi_B$$

Sendo $A\left(2, -1, 3\right)$ e $B\left(3, -2, 1\right)$, segue-se

$$\Phi_A = -\frac{(2)^2}{2} + \frac{3(-1)^2}{2} - (3)^2 - 2(2)(-1) - 4(2)(3) + (-1)(3) + C = -\frac{65}{2} + C$$

e

$$\Phi_B = -\frac{(3)^2}{2} + \frac{3(-2)^2}{2} - (1)^2 - 2(3)(-2) - 4(3)(1) + (-2)(1) + C = -\frac{3}{2} + C$$

Finalmente, obtemos

$$W_{AB} = \int_A^B \mathbf{F} \cdot d\mathbf{l} = \Phi_A - \Phi_B = -\frac{65}{2} + C + \frac{3}{2} - C = -31 \text{ joules} = -31\,\text{J},$$

o sinal negativo significando que o campo de força descelera a partícula, ou seja, diminui sua velocidade.

10.7.4 - Carta do Campo

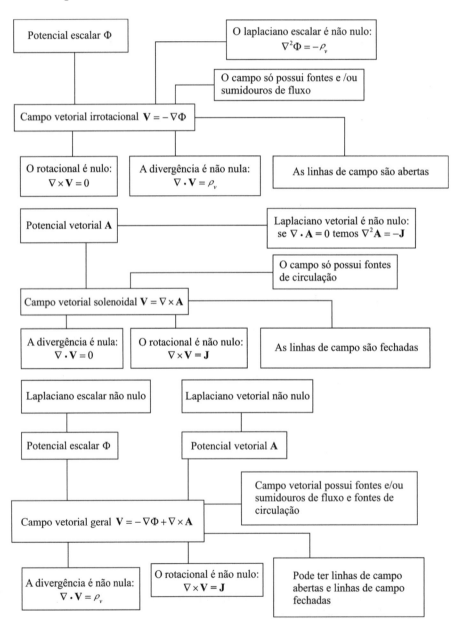

Fig 10.33 - Carta do Campo

As propriedades dos campos irrotacionais, solenoidais e combinações de ambos os tipos, serão resumidas em um esquema apresentado a seguir e denominado **Carta do Campo**. Isto vai ajudar ao estudante a vislumbrar, de forma sintética, as principais características de ambos os tipos básicos de campos: irrotacionais e solenoidais. A combinação de ambos é uma extensão ou generalização do raciocínio. Tal ideia é baseada em um pensamento do **Mestre Confúcio**[18], segundo o qual uma imagem vale por mil palavras. Em nosso caso, um esquema que vale, não por mil palavras, mas, pelo menos, por muitas palavras!

Nota: um exemplo de campo vetorial geral, que pode ter tanto fontes de fluxo, quanto de vórtice, bem como ter linhas de campo abertas e linhas de campo fechadas, será apresentado no problema 10.53, onde na resposta aparece um esboço possível para a situação. Um outro exemplo disso foi apresentado na resposta da questão 9.12.

10.7.5 - Teorema de Helmholtz

(a) Primeiro enfoque: região infinita $\left(\mathbb{R}^3 \right)$

Todos os campos vetoriais tridimensionais estarão univocamente determinados em todos os pontos do espaço $\left(\mathbb{R}^3 \right)$, se a divergência (associada às fontes fluxo) e o rotacional (associado às fontes de circulação) são funções de coordenadas de valor conhecido em todos os pontos do $\mathbb{R}^3$ e se a totalidade das fontes, bem como suas densidades, anulam-se no infinito.

DEMONSTRAÇÃO:

Conforme já foi anteriormente mencionado, o caso mais geral de um campo vetorial é aquele em que há a superposição de efeitos de ambos os tipos básicos: o solenoidal e o irrotacional.

Primeiramente, devemos demonstrar que um campo vetorial **V** pode ser expresso como sendo a soma de um campo irrotacional com um campo solenoidal, o que é equivalente a soma do simétrico do gradiente de um campo potencial escalar com o rotacional de um campo potencial vetorial associado. Então, devemos definir um campo veto-rial **V** que satisfaça, simultaneamente, às equações

$$\nabla \cdot \mathbf{V} = \rho_v \left(\mathbf{r} \right) \tag{i}$$

$$\nabla \times \mathbf{V} = \mathbf{J} \left(\mathbf{r} \right) \tag{ii}$$

nas quais $\rho_v(\mathbf{r})$ e $\mathbf{J}(\mathbf{r})$ são funções densidades de fontes em um ponto genérico P definido pelo vetor posição **r,** conforme aparece na figura (10.33).

A fim de atender à identidade

$$\nabla \cdot \left(\nabla \times \mathbf{V} \right) = 0$$

devemos ter também em todo o espaço

---

[18] **Confúcio [551 a.C. - 479 a.C.]** - sábio chinês que embora tenha nascido em família nobre, viveu na pobreza. Seus ensinamentos retratavam uma moral de conduta que exortava o esforço constante para cultivar a própria pessoa e estabelecer assim a harmonia no corpo social. Foi um dos mais notáveis mestres da arte de viver, e exerceu o seu magistério com singeleza insuperável. **Confúcio** resumiu a sua doutrina num preceito, uma norma fundamental de conduta que tem o seu equivalente no Evangelho: "Não façais aos outros o que não queres que te façam a ti".

$$\nabla \cdot \mathbf{J}(\mathbf{r}) = 0 \qquad \text{(iii)}$$

Para incluir todos os pontos do espaço, a superfície S apresentada na figura (10.34) deve ter dimensões infinitas. Seja pois o campo vetorial **V**, solução do sistema de equações (i) e (ii), campo esse que pode ser decomposto em duas parcelas $\mathbf{V}_1$ e $\mathbf{V}_2$, ou seja,

$$\mathbf{V} = \mathbf{V}_1 + \mathbf{V}_2 \qquad \text{(iv)}$$

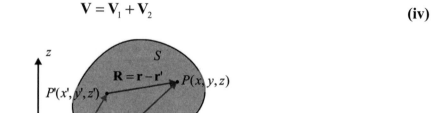

Fig. 10.34

Assumindo a parcela $\mathbf{V}_1$ como sendo solenoidal e a parcela $\mathbf{V}_2$ como sendo irrotacional, podemos estabelecer

$$\nabla \times \mathbf{V}_1 = 0 \;;\; \nabla \cdot \mathbf{V}_1 = \rho_v(\mathbf{r}) \qquad \text{(v)}$$

$$\nabla \times \mathbf{V}_2 = \mathbf{J}(\mathbf{r}) \;;\; \nabla \cdot \mathbf{V}_2 = \rho_v(\mathbf{r}) \qquad \text{(vi)}$$

As propriedades de $\mathbf{V}_1$ e $\mathbf{V}_2$ permitem expressá-los nas formas

$$\mathbf{V}_1 = -\nabla \Phi, \text{ sendo } \Phi \triangleq \frac{1}{4\pi} \iiint_v \frac{\rho_v(\mathbf{r}')}{R} dv' \qquad \text{(vii)}$$

$$\mathbf{V}_2 = \nabla \times \mathbf{A}, \text{ em que } \mathbf{A} \triangleq \frac{1}{4\pi} \iiint_v \frac{\mathbf{J}(\mathbf{r}')}{R} dv' \qquad \text{(viii)}$$

Seja, pois,

$$\mathbf{V} = -\nabla \Phi + \nabla \times \mathbf{A} \qquad \text{(ix)}$$

que deverá satisfazer, simultaneamente, (i) e (ii). Substituindo (ix) em (i), obtemos

$$\nabla \cdot \mathbf{V} = \nabla \cdot \left(-\nabla \Phi + \nabla \times \mathbf{A}\right) = -\nabla^2 \Phi + \nabla \cdot \left(\nabla \times \mathbf{A}\right)$$

Levando em conta que, pela expressão (10.39),

$$\nabla \cdot (\nabla \times \mathbf{A}) = 0$$

e substituindo a expressão de Φ, segue-se

$$\nabla \cdot \mathbf{V} = -\nabla^2 \left[\frac{1}{4\pi} \iiint_v \frac{\rho_v(\mathbf{r'})}{R} dv' \right]$$

O operador ∇^2 só se aplica às coordenadas do ponto de observação, o que nos permite reduzir a expressão acima à forma

$$\nabla \cdot \mathbf{V} = -\frac{1}{4\pi} \iiint_v \rho_v(\mathbf{r'}) \nabla^2 \left(\frac{1}{R} \right) dv'$$

Entretanto, pela expressão (10.81),

$$\nabla^2 \left(\frac{1}{R} \right) = -4\pi \, \delta(\mathbf{r} - \mathbf{r'})$$

e pela expressão (10.80),

$$\iiint_v f(\mathbf{r'}) \, \delta(\mathbf{r} - \mathbf{r'}) dv' = \begin{cases} f(\mathbf{r}) \rightleftarrows \text{ ponto } \mathbf{r} = \mathbf{r'} \text{ está incluído em } v \\ 0 \rightleftarrows \text{ ponto } \mathbf{r} = \mathbf{r'} \text{ não está incluído em } v \end{cases}$$

No caso,

$$\iiint_v f(\mathbf{r'}) \, \delta(\mathbf{r} - \mathbf{r'}) dv' = f(\mathbf{r})$$

e concluímos

$$\nabla \cdot \mathbf{V} = \rho_v(\mathbf{r})$$

o que verifica a expressão (i).

Vamos agora substituir (ix) em (ii), o que propicia o seguinte desenvolvimento:

$$\nabla \times \mathbf{V} = \nabla \times (-\nabla \Phi + \nabla \times \mathbf{A}) = -\nabla \times (\nabla \Phi) + \nabla \times (\nabla \times \mathbf{A})$$

No entanto, pela expressão (10.41),

$$\nabla \times (\nabla \Phi) = 0$$

e pela identidade vetorial (10.35),

$$\nabla \times (\nabla \times \mathbf{A}) = \nabla (\nabla \cdot \mathbf{A}) - \nabla^2 \mathbf{A}$$

de modo que

$$\nabla \times \mathbf{V} = \nabla(\nabla \cdot \mathbf{A}) - \nabla^2 \mathbf{A}$$

Vamos, agora, substituir a expressão de $\mathbf{A}$ e efetuar as duas parcelas em separado:

- $\nabla \cdot \mathbf{A} = \nabla \cdot \left[\dfrac{1}{4\pi} \iiint_v \dfrac{\mathbf{J}(\mathbf{r}')}{R} dv' \right]$

O operador ∇ só opera sobre as coordenadas do ponto de observação. Assim sendo, podemos estabelecer

$$\nabla \cdot \mathbf{A} = \dfrac{1}{4\pi} \iiint_v \mathbf{J}(\mathbf{r}') \nabla \cdot \left(\dfrac{1}{R} \right) dv'$$

Pela identidade vetorial (9.43),

$$\nabla \cdot (\Phi \mathbf{A}) = \Phi(\nabla \cdot \mathbf{A}) + \mathbf{A} \cdot (\nabla \Phi)$$

fazendo $\Phi = \dfrac{1}{R}$ e $\mathbf{A} = \mathbf{J}$, temos

$$\nabla \cdot \left[\dfrac{\mathbf{J}(\mathbf{r}')}{R} \right] = \dfrac{1}{R} \left[\nabla \cdot \mathbf{J}(\mathbf{r}') \right] + \mathbf{J}(\mathbf{r}') \cdot \left[\nabla \left(\dfrac{1}{R} \right) \right]$$

Porém,

$$\nabla \cdot \mathbf{J}(\mathbf{r}') = 0$$

já que o operador ∇ só se aplica às coordenadas do ponto de observação. Deste modo, temos

$$\nabla \cdot \mathbf{A} = \dfrac{1}{4\pi} \iiint_v \nabla \cdot \left[\dfrac{\mathbf{J}(\mathbf{r}')}{R} \right] dv'$$

A aplicação do teorema da divergência,

$$\iiint_v (\nabla \cdot \mathbf{V}) \, dv = \oiint_S \mathbf{V} \cdot d\mathbf{S},$$

nos conduz a

$$\nabla \cdot \mathbf{A} = \dfrac{1}{4\pi} \iiint_v \nabla \cdot \left[\dfrac{\mathbf{J}(\mathbf{r}')}{R} \right] dv' = \dfrac{1}{4\pi} \oiint_S \left[\dfrac{\mathbf{J}(\mathbf{r}')}{R} \right] \cdot d\mathbf{S} = \dfrac{1}{4\pi} \oiint_S \left[\dfrac{\mathbf{J}(\mathbf{r}')}{R} \right] \cdot \mathbf{u}_n \, dS =$$

$$= \frac{1}{4\pi} \oiint_{S} \frac{\mathbf{J}_{n}(\mathbf{r'})}{R} dS$$

Uma vez as distâncias entre as fontes são finitas e S está situada no infinito, a fim de abranger todo o espaço, temos $\mathbf{J}_{n}(\mathbf{r'}) = 0$ ao longo dessa superfície, o que acarreta $\nabla \cdot \mathbf{A} = 0$. Assim sendo,

$$\nabla(\nabla \cdot \mathbf{A}) = 0$$

• $$-\nabla^{2}\mathbf{A} = -\nabla^{2}\left[\frac{1}{4\pi}\iiint_{v} \frac{\mathbf{J}(\mathbf{r'})}{R} dv'\right]$$

Uma vez que o operador ∇^{2} só se aplica às coordenadas do ponto de observação, vem

$$-\nabla^{2}\mathbf{A} = -\frac{1}{4\pi}\left[\iiint_{v} \mathbf{J}(\mathbf{r'})\nabla^{2}\left(\frac{1}{R}\right)dv'\right]$$

Entretanto, pela expressão (10.81),

$$\nabla^{2}\left(\frac{1}{R}\right) = -4\pi\,\delta(\mathbf{r}-\mathbf{r'})$$

e pela expressão (10.80),

$$\iiint_{v} f(\mathbf{r'})\,\delta(\mathbf{r}-\mathbf{r'})dv' = \begin{cases} f(\mathbf{r}) \rightleftarrows \text{ponto } \mathbf{r} = \mathbf{r'} \text{ está incluído em } v \\ 0 \rightleftarrows \text{ponto } \mathbf{r} = \mathbf{r'} \text{ não está incluído em } v \end{cases}$$

No caso,

$$\iiint_{v} f(\mathbf{r'})\,\delta(\mathbf{r}-\mathbf{r'})dv' = f(\mathbf{r})$$

e concluímos

$$-\nabla^{2}\mathbf{A} = \mathbf{J}(\mathbf{r})$$

Finalmente,

$$\nabla \times \mathbf{V} = \nabla(\nabla \cdot \mathbf{A}) - \nabla^{2}\mathbf{A} = \mathbf{J}(\mathbf{r})$$

e $\mathbf{V}$ também satisfaz à expressão (ii). Assim sendo, está demonstrada a primeira parte do teorema.

Sejam, agora, duas funções vetoriais $\mathbf{V'}$ e $\mathbf{V''}$ que, por hipótese, satisfazem simultaneamente às expressões (i) e (ii). Assim, dentro deste raciocícnio, sua diferença

$$\mathbf{W} = \mathbf{V'} - \mathbf{V''}$$

deve satisfazer às condições

$$\nabla \cdot \mathbf{W} = 0 \qquad \text{(x)}$$

$$\nabla \times \mathbf{W} = 0 \qquad \text{(xi)}$$

em cada ponto do espaço e anular-se no infinito. Se provarmos que $\mathbf{W}$ se anula em todos os pontos, provamos também que, para fontes finitas, há somente uma solução para o sistema composto por (i) e (ii). Sob forma matemática, temos

$$\mathbf{W} = 0 \rightleftarrows \mathbf{V}' - \mathbf{V}'' = 0 \rightleftarrows \mathbf{V}' = \mathbf{V}''$$

Pela expressão (xi) vemos que $\mathbf{W}$ pode ser escrito sob a forma

$$\mathbf{W} = -\nabla \Phi \qquad \text{(xii)}$$

que substituído na expressão (x) nos conduz a

$$\nabla \cdot (-\nabla \Phi) = 0$$

quer dizer,

$$\nabla^2 \Phi = 0 \qquad \text{(xiii)}$$

De acordo com a expressão (10.30), que é o primeiro teorema ou primeira identidade de **Green**, temos

$$\iiint_v \left(\nabla \Phi \cdot \nabla \Psi + \Phi \, \nabla^2 \Psi \right) dv = \oiint_s \left(\Phi \, \nabla \Psi \right) \cdot d\mathbf{S}$$

Fazendo $\Psi = \Phi$, vem

$$\iiint_v \left(\nabla \Phi \cdot \nabla \Psi + \Phi \, \nabla^2 \Psi \right) dv = \iiint_v \left(\nabla \Phi \cdot \nabla \Phi + \Phi \, \nabla^2 \Phi \right) dv = \iiint_v \left(|\nabla \Phi|^2 + \Phi \, \nabla^2 \Phi \right) dv =$$

$$= \oiint_s \left(\Phi \, \nabla \Psi \right) \cdot d\mathbf{S}$$

A superfície S que engloba o volume v está situada no infinito, ou seja, a distância infinita das fontes e o potencial Φ cai zero pelo menos na razão $1/R$, o que implica

$$\oiint_s \left(\Phi \, \nabla \Psi \right) \cdot d\mathbf{S} = 0$$

Por outro lado, pela expressão (xiii),

$$\nabla^2 \Phi = 0$$

o que acarreta

$$\iiint_v |\nabla\Phi|^2 \, dv = \iiint_v |\mathbf{W}|^2 \, dv = 0$$

Assim sendo, ficamos com

$$\mathbf{W} = \mathbf{V}' - \mathbf{V}'' = 0$$

em todo o espaço, isto é,

$$\mathbf{V} = \mathbf{V}' = \mathbf{V}''$$

e a solução V, conforme especificada em (ix), é única, estando demonstrado o teorema.

Por conveniência, vamos agora reunir todas as conclusões sobre os campos vetoriais com base no teorema de **Helmholtz**:

1ª) Se a divergência $\rho_v(\mathbf{r})$ e o rotacional $\mathbf{J}(\mathbf{r})$ de um campo vetorial **V** são especificados para uma região finita do espaço e não existem fontes no infinito, **V** está univocamente determinado em todo o espaço.

2ª) Se **V** tem fonte de fluxo $\rho_v(\mathbf{r})$, mas não possui fonte de circulação $\mathbf{J}(\mathbf{r})$, ele deriva de um potencial escalar. Em caso contrário, **V** deriva de um potencial vetorial.

3ª) No caso mais geral, **V** é derivado de um potencial escalar e de um potencial vetorial.

4ª) Se $\rho_v(\mathbf{r})$ e $\mathbf{J}(\mathbf{r})$ são identicamente nulos em todo o espaço, **V** também é identicamente nulo em todos os pontos do espaço (ausência de campo em todo o espaço $\rightleftarrows$ ausência de fontes em todo o espaço).

5ª) O único campo **V** solução de (i) e (ii) é dado por (ix), na qual os potenciais são definidos, respectivamente, por (vii) e (viii).

(b) Segundo enfoque: região finita

"Todos os campos vetoriais tridimensionais estarão univocamente determinados em todos os pontos de uma região finita do espaço se a divergência e o rotacional são funções de coordenadas de valor conhecido em todos os pontos da região e se as densidades superficiais das fontes, ao longo da superfície fechada que delimita a região, são também funções conhecidas."

DEMONSTRAÇÃO:

No primeiro enfoque do teorema temos fontes separadas por distâncias finitas e o campo produzido pelas mesmas em todo o espaço. Vamos agora acrescentar as informações suplementares para definir, univocamente, o campo vetorial genérico **V** quando a região de interesse não abrange todo o espaço.

Também aqui o campo vetorial é assumido como sendo a soma de uma parcela irrotacional com uma parcela solenoidal, ou seja,

$$\mathbf{V} = -\nabla\Phi + \nabla\times\mathbf{A} \tag{i}$$

Entretanto, os campos potenciais associados são agora definidos pelas expressões

$$\begin{cases} \Phi \triangleq \dfrac{1}{4\pi}\iiint_v \dfrac{\nabla'\cdot\mathbf{V}(\mathbf{r}')}{R}dv' + \dfrac{1}{4\pi}\oiint_S \dfrac{-\mathbf{V}(\mathbf{r}')\cdot\mathbf{u}_n}{R}dS & \text{(ii)} \\ \mathbf{A} \triangleq \dfrac{1}{4\pi}\iiint_v \dfrac{\nabla'\times\mathbf{V}(\mathbf{r}')}{R}dv' + \dfrac{1}{4\pi}\oiint_S \dfrac{\mathbf{V}(\mathbf{r}')\times\mathbf{u}_n}{R}dS & \text{(iii)} \end{cases}$$

nas quais as fontes do campo vetorial são

$$\begin{cases} \nabla'\cdot\mathbf{V}(\mathbf{r}') = \rho_v(\mathbf{r}') \to \text{fonte de fluxo} \\ -\mathbf{V}(\mathbf{r}')\cdot\mathbf{u}_n = \rho_S(\mathbf{r}') \to \text{fonte superficial de fluxo} \\ \nabla'\times\mathbf{V}(\mathbf{r}') = \mathbf{J}(\mathbf{r}') \to \text{fonte de circulação} \\ \mathbf{V}(\mathbf{r}')\times\mathbf{u}_n = \mathbf{J}_S(\mathbf{r}') \to \text{fonte superficial de circulação} \end{cases}$$

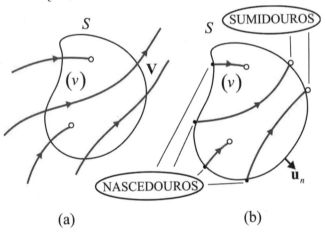

Fig. 10.35

A diferença básica com relação ao primeiro enfoque do teorema é que, agora, temos uma região finita, daí aparecerem as fontes superficiais. O significado das mesmas pode ser entendido se considerarmos, primeiramente, as linhas do campo $\mathbf{V}$ na parte (a) da figura 10.35. Se quisermos analisar o comportamento do campo vetorial ao longo do volume v, delimitado por S, e cortarmos as linhas do campo nos pontos em que as mesmas interceptam a superfície, devemos levar em conta as fontes superficiais, que têm como função substituir as fontes externas ao volume, a fim de mantermos o campo inalterado ao longo do volume. A intensidade de uma fonte superficial de fluxo, por exemplo, deve ser igual ao fluxo original, por unidade de área, através de S, e é dada por $-\mathbf{V}\cdot\mathbf{u}_n$. O sinal menos advém do fato de que $\mathbf{V}\cdot\mathbf{u}_n$ é uma medida do fluxo, por unidade de área, deixando o volume, enquanto que a fonte superficial deve ser igual ao fluxo, por unidade de área, penetrando no volume. A outra fonte superficial, $\mathbf{V}(\mathbf{r}')\times\mathbf{u}_n$, aparece por razões similares, e é a fonte de circulação superficial que deve ser considerada sobre a superfície a fim de manter inalterada a circulação do campo vetorial ao longo do volume em questão.

Prosseguindo, de acordo com as expressões (10.80) e (10.81), temos

$$\mathbf{V}(\mathbf{r}) = \iiint_v \mathbf{V}(\mathbf{r}') \, \delta(\mathbf{r} - \mathbf{r}') \, dv' = \iiint_v \frac{-\mathbf{V}(\mathbf{r}')}{4\pi} \nabla^2 \left(\frac{1}{R}\right) dv'$$

Uma vez que o operador ∇^2 só opera sobre as coordenadas do ponto de observação, segue-se

$$\mathbf{V}(\mathbf{r}) = -\nabla^2 \left[\frac{1}{4\pi} \iiint_v \frac{\mathbf{V}(\mathbf{r}')}{R} dv' \right] \qquad \textbf{(iv)}$$

Pela identidade vetorial apresentada na expressão (10.35),

$$\nabla \times (\nabla \times \mathbf{A}) = \nabla(\nabla \cdot \mathbf{A}) - \nabla^2 \mathbf{A}$$

o que implica

$$-\nabla^2 \mathbf{A} = -\nabla(\nabla \cdot \mathbf{A}) + \nabla \times (\nabla \times \mathbf{A})$$

Substituindo em (iv), obtemos

$$\mathbf{V}(\mathbf{r}) = -\nabla \left[\nabla \cdot \left(\frac{1}{4\pi} \iiint_v \frac{\mathbf{V}(\mathbf{r}')}{R} dv' \right) \right] + \nabla \times \left[\nabla \times \left(\frac{1}{4\pi} \iiint_v \frac{\mathbf{V}(\mathbf{r}')}{R} dv' \right) \right] \qquad \textbf{(v)}$$

na qual vamos desenvolver cada parcela em separado:

- $\nabla \cdot \left(\dfrac{1}{4\pi} \iiint_v \dfrac{\mathbf{V}(\mathbf{r}')}{R} dv' \right)$

Uma vez que o operador ∇ só opera sobre as coordendas do ponto de observação, podemos estabelecer

$$\nabla \cdot \left(\frac{1}{4\pi} \iiint_v \frac{\mathbf{V}(\mathbf{r}')}{R} dv' \right) = \frac{1}{4\pi} \iiint_v \nabla \cdot \left[\frac{\mathbf{V}(\mathbf{r}')}{R} \right] dv'$$

Entretanto, pela identidade vetorial apresentada por (9.43), temos

$$\nabla \cdot (\Phi \mathbf{A}) = \Phi(\nabla \cdot \mathbf{A}) + \mathbf{A} \cdot (\nabla \Phi)$$

o que acarreta

$$\nabla \cdot \left[\frac{\mathbf{V}(\mathbf{r}')}{R} \right] = \frac{1}{R} \left[\nabla \cdot \mathbf{V}(\mathbf{r}') \right] + \mathbf{V}(\mathbf{r}') \cdot \left[\nabla \left(\frac{1}{R} \right) \right]$$

Já que o operador ∇ só opera sobre as coordendas do ponto de observação, temos

$$\nabla \cdot \mathbf{V}(\mathbf{r}') = 0$$

o que implica

$$\nabla \cdot \left[\frac{\mathbf{V}(\mathbf{r}')}{R} \right] = \mathbf{V}(\mathbf{r}') \cdot \left[\nabla \left(\frac{1}{R} \right) \right]$$

No entanto, pelas expressões (10.65) e (10.66),

$$\nabla \left(\frac{1}{R} \right) = -\frac{\mathbf{R}}{R^3} = -\frac{\mathbf{u}_R}{R^2}$$

e

$$\nabla' \left(\frac{1}{R} \right) = \frac{\mathbf{R}}{R^3} = \frac{\mathbf{u}_R}{R^2}$$

o que nos leva a

$$\nabla \cdot \left[\frac{\mathbf{V}(\mathbf{r}')}{R} \right] = \mathbf{V}(\mathbf{r}') \cdot \left[\nabla \left(\frac{1}{R} \right) \right] = -\mathbf{V}(\mathbf{r}') \cdot \left[\nabla' \left(\frac{1}{R} \right) \right]$$

Aplicando novamente a identidade vetorial (9.43), vem

$$\nabla' \cdot \left[\frac{\mathbf{V}(\mathbf{r}')}{R} \right] = \frac{1}{R} \left[\nabla' \cdot \mathbf{V}(\mathbf{r}') \right] + \mathbf{V}(\mathbf{r}') \cdot \left[\nabla' \left(\frac{1}{R} \right) \right]$$

e

$$-\mathbf{V}(\mathbf{r}') \cdot \left[\nabla' \left(\frac{1}{R} \right) \right] = \frac{1}{R} \left[\nabla' \cdot \mathbf{V}(\mathbf{r}') \right] - \nabla' \cdot \left[\frac{\mathbf{V}(\mathbf{r}')}{R} \right]$$

Assim sendo,

$$\nabla \cdot \left[\frac{\mathbf{V}(\mathbf{r}')}{R} \right] = \mathbf{V}(\mathbf{r}') \cdot \left[\nabla \left(\frac{1}{R} \right) \right] = -\mathbf{V}(\mathbf{r}') \cdot \left[\nabla' \left(\frac{1}{R} \right) \right] = \frac{1}{R} \left[\nabla' \cdot (\mathbf{r}') \right] - \nabla' \cdot \left[\frac{\mathbf{V}(\mathbf{r}')}{R} \right]$$

e a expressão inicial assume a forma

$$\nabla \cdot \left(\frac{1}{4\pi} \iiint_v \frac{\mathbf{V}(\mathbf{r}')}{R} dv' \right) = \frac{1}{4\pi} \iiint_v \nabla \cdot \left[\frac{\mathbf{V}(\mathbf{r}')}{R} \right] dv' = \frac{1}{4\pi} \iiint_v \left\{ \frac{1}{R} \left[\nabla' \cdot \mathbf{V}(\mathbf{r}') \right] - \nabla' \cdot \left[\frac{\mathbf{V}(\mathbf{r}')}{R} \right] \right\} dv' =$$

$$= \frac{1}{4\pi} \iiint_v \frac{\nabla' \cdot \mathbf{V}(\mathbf{r}')}{R} dv' + \frac{1}{4\pi} \iiint_v \left\{ -\nabla' \cdot \left[\frac{\mathbf{V}(\mathbf{r}')}{R} \right] \right\} dv'$$

Aplicando o teorema da divergência ao segundo termo do lado direito da igualdade, vem

$$\nabla \cdot \left(\frac{1}{4\pi} \iiint_v \frac{\mathbf{V}(\mathbf{r}')}{R} dv' \right) = \frac{1}{4\pi} \iiint_v \frac{\nabla' \cdot \mathbf{V}(\mathbf{r}')}{R} dv' + \frac{1}{4\pi} \oiint_S \frac{-\mathbf{V}(\mathbf{r}')}{R} \cdot \mathbf{u}_n dS =$$

$$= \frac{1}{4\pi} \iiint_v \frac{\nabla' \cdot \mathbf{V}(\mathbf{r}')}{R} dv' + \frac{1}{4\pi} \oiint_S \frac{-\mathbf{V}(\mathbf{r}') \cdot \mathbf{u}_n}{R} dS \qquad \textbf{(vi)}$$

De (ii) e (vi), temos

$$\nabla \cdot \left(\frac{1}{4\pi} \iiint_v \frac{\mathbf{V}(\mathbf{r}')}{R} dv' \right) = \Phi \qquad \textbf{(vii)}$$

- $\nabla \times \left(\dfrac{1}{4\pi} \iiint_v \dfrac{\mathbf{V}(\mathbf{r}')}{R} dv' \right)$

Uma vez que o operador ∇ só opera sobre as coordendas do ponto de observação, podemos expressar

$$\nabla \times \left(\frac{1}{4\pi} \iiint_v \frac{\mathbf{V}(\mathbf{r}')}{R} dv' \right) = \frac{1}{4\pi} \iiint_v \nabla \times \left[\frac{\mathbf{V}(\mathbf{r}')}{R} \right] dv'$$

No entanto, pela identidade vetorial apresentada por (9.47), temos

$$\nabla \times (\Phi \mathbf{A}) = \Phi(\nabla \times \mathbf{A}) + (\nabla \Phi) \times \mathbf{A}$$

o que implica

$$\nabla \times \left[\frac{\mathbf{V}(\mathbf{r}')}{R} \right] = \frac{1}{R} [\nabla \times \mathbf{V}(\mathbf{r}')] + \left[\nabla \left(\frac{1}{R} \right) \right] \times \mathbf{V}(\mathbf{r}')$$

Já que o operador ∇ só opera sobre as coordendas do ponto de observação, temos

$$\nabla \times \mathbf{V}(\mathbf{r}') = 0$$

e

$$\nabla \times \left[\frac{\mathbf{V}(\mathbf{r}')}{R} \right] = \left[\nabla \left(\frac{1}{R} \right) \right] \times \mathbf{V}(\mathbf{r}')$$

280 **Cálculo e Análise Vetoriais com Aplicações Práticas**

Mais uma vez, pelas expressões (10.65) e (10.66),

$$\nabla\left(\frac{1}{R}\right)=-\frac{\mathbf{R}}{R^3}=-\frac{\mathbf{u}_R}{R^2}$$

e

$$\nabla'\left(\frac{1}{R}\right)=\frac{\mathbf{R}}{R^3}=\frac{\mathbf{u}_R}{R^2}$$

o que nos conduz a

$$\nabla\times\left[\frac{\mathbf{V}(\mathbf{r}')}{R}\right]=\left[\nabla\left(\frac{1}{R}\right)\right]\times\mathbf{V}(\mathbf{r}')=-\left[\nabla'\left(\frac{1}{R}\right)\right]\times\mathbf{V}(\mathbf{r}')$$

Aplicando novamente a identidade vetorial (9.47), vem

$$\nabla'\times\left[\frac{\mathbf{V}(\mathbf{r}')}{R}\right]=\frac{1}{R}\left[\nabla'\times\mathbf{V}(\mathbf{r}')\right]+\left[\nabla'\left(\frac{1}{R}\right)\right]\times\mathbf{V}(\mathbf{r}')$$

e

$$-\left[\nabla'\left(\frac{1}{R}\right)\right]\times\mathbf{V}(\mathbf{r}')=\frac{1}{R}\left[\nabla'\times\mathbf{V}(\mathbf{r}')\right]-\nabla'\times\left[\frac{\mathbf{V}(\mathbf{r}')}{R}\right]$$

Em decorrência,

$$\nabla\times\left[\frac{\mathbf{V}(\mathbf{r}')}{R}\right]=\left[\nabla\left(\frac{1}{R}\right)\right]\times\mathbf{V}(\mathbf{r}')=-\left[\nabla'\left(\frac{1}{R}\right)\right]\times\mathbf{V}(\mathbf{r}')=\frac{1}{R}\left[\nabla'\times\mathbf{V}(\mathbf{r}')\right]-\nabla'\times\left[\frac{\mathbf{V}(\mathbf{r}')}{R}\right]$$

e a expressão inicial assume a forma

$$\nabla\times\left(\frac{1}{4\pi}\iiint_v\frac{\mathbf{V}(\mathbf{r}')}{R}dv'\right)=\frac{1}{4\pi}\iiint_v\nabla\times\left[\frac{\mathbf{V}(\mathbf{r}')}{R}\right]dv'=\frac{1}{4\pi}\iiint_v\left\{\frac{1}{R}\left[\nabla'\times\mathbf{V}(\mathbf{r}')\right]-\nabla'\times\left[\frac{\mathbf{V}(\mathbf{r}')}{R}\right]\right\}dv'=$$

$$=\frac{1}{4\pi}\iiint_v\frac{\nabla'\times\mathbf{V}(\mathbf{r}')}{R}dv'+\frac{1}{4\pi}\iiint_v\left\{-\nabla'\times\left[\frac{\mathbf{V}(\mathbf{r}')}{R}\right]\right\}dv'=$$

Pela expressão (10.3), vem

$$\iiint_v(\nabla\times\mathbf{V})\,dv=\oiint_S dS\,\mathbf{u}_n\times\mathbf{V}=-\oiint_S\mathbf{V}\times\mathbf{u}_n dS$$

que aplicado ao segundo termo do lado direito da igualdade, acarreta

$$\nabla \times \left(\frac{1}{4\pi} \iiint_v \frac{\mathbf{V}(\mathbf{r'})}{R} dv' \right) = \frac{1}{4\pi} \iiint_v \frac{\nabla' \times \mathbf{V}(\mathbf{r'})}{R} dv' + \frac{1}{4\pi} \oiint_S \frac{\mathbf{V}(\mathbf{r'})}{R} \times \mathbf{u}_n dS =$$

$$= \frac{1}{4\pi} \iiint_v \frac{\nabla' \times \mathbf{V}(\mathbf{r'})}{R} dv' + \frac{1}{4\pi} \oiint_S \frac{\mathbf{V}(\mathbf{r'}) \times \mathbf{u}_n}{R} dS \qquad \textbf{(viii)}$$

De (iii) e (viii), temos

$$\nabla \times \left(\frac{1}{4\pi} \iiint_v \frac{\mathbf{V}(\mathbf{r'})}{R} dv' \right) = \mathbf{A} \qquad \textbf{(ix)}$$

Substituindo (vii) e (ix) em (v), encontramos

$$\mathbf{V}(\mathbf{r}) = -\nabla \Phi + \nabla \times \mathbf{A}$$

que nada mais é que a própria expressão (i), e fica assim demonstrado o segundo enfoque do citado teorema. A unicidade da solução é demonstrada de modo análogo ao que foi feito para o caso da região de interesse abranger todo o espaço, e fica como exercício ao estudante.

10.8 – Fluidodinâmica

10.8.1- Introdução

Antes de iniciar a presente seção é conveniente reeditar alguns conceitos já abordados na seção 9.10 e acrescentar alguns novos, quais sejam:

1º) Um fluido é uma substância líquida ou gasosa que se deforma continuamente sob uma tensão cizalhante aplicada. A tensão em um determinado ponto é igual à força por unidade de área diferencial no ponto considerado. A força pode ser decomposta em uma componente normal ao elemento considerado e em uma componente tangencial ou de cizalhamento. A relação entre a componente normal e a área chama-se tensão normal e a razão entre a componente tangencial e a área denomina-se tensão tangencial ou de cizalhamento.

2º) A pressão é a intensidade da força distribuída devido à ação de fluidos, e é medida como força por unidade de área.

3º) Consideremos um elemento diferencial de volume dv em um fluido e seja dm a sua massa correspondente. Sua massa específica[19], ou densidade absoluta, é definida como sendo a massa por

---

19 Alguns autores preferem usar o símbolo ρ para a massa específica. Optamos pelo símbolo μ, pois ρ já é utilizado para a coordenada radial no sistema de coordenadas cilíndricas circulares.

unidade de volume, quer dizer,

$$\mu = \frac{dm}{dv}$$

4º) A condutividade térmica de um fluido é uma medida do calor trocado entre suas diferentes partes por unidade de área, por unidade de tempo e por unidade de gradiente de temperatura.

5º) A viscosidade de um fluido é uma medida de sua resistência à deformação. Um fluido perfeito ou ideal tem viscosidade nula. Portanto, **não pode ser imposta ao mesmo nenhuma tensão de cizalhamento** e nem pode ocorrer atrito interno. Nos fluidos reais gaseificados a viscosidade aumenta com a temperatura enquanto que nos fluidos liquefeitos ela diminui com a temperatura. Uma constatação disso é que os ar frio circula com mais facilidade do que o aquecido, enquanto a lava escoa mais facilmente quanto maior for sua temperatura.

6º) Um ponto de estagnação em um fluido é aquele para o qual a velocidade do mesmo é nula.

7º) Uma linha de fluxo é a trajetória de uma única partícula do fluido e uma linha de corrente é uma curva tal que a tangente à mesma, em qualquer ponto, fornece a direção da velocidade nesse ponto e é determinada num certo instante de tempo. No escoamento uniforme (velocidade invariante no tempo), as linhas de corrente não variam com o tempo e coincidem com as linhas de fluxo.

10.8.2- Equação da Continuidade

O estado de um fluido em movimento fica completamente determinado se a distribuição de velocidades **v** do mesmo, a pressão p e a massa específica μ são conhecidas. Todas essas grandezas são, em geral, funções das coordenadas do espaço tridimensional (x, y e z, para o sistema cartesiano retangular) e do tempo t, isto é,

$\mathbf{v}(\mathbf{r},t) = \mathbf{v}(x,y,z,t) \rightarrow$ velocidade do fluido na posição **r** e tempo t.
$p(\mathbf{r},t) = p(x,y,z,t) \rightarrow$ massa específica do fluido na posição **r** e tempo t.
$\mu(\mathbf{r},t) = \mu(x,y,z,t) \rightarrow$ massa específica do fluido na posição **r** e tempo t.

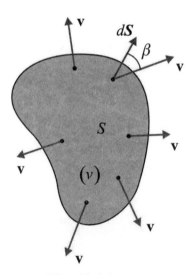

Fig. 10.36

Seja pois um fluido **compressível** de massa específica μ, cujo campo de velocidades é uma função vetorial do tipo $\mathbf{v} = \mathbf{v}(x, y, z, t)$. Consideremos uma superfície fechada e estacionária S, encerrando um determinado volume v do fluido, representada na figura 10.36.

Sendo a massa específica

$$\mu = \frac{dm}{dv},$$

a massa do fluido encerrada pela superfície fechada fechada S é

$$m = \iiint_v \mu \, dv$$

Uma vez que

$$\mathbf{v} \cdot d\mathbf{S}$$

é igual ao volume de fluido que atravessa um elemento diferencial de superfície na unidade de tempo, concluimos que

$$\mu \mathbf{v} \cdot d\mathbf{S}$$

mede sua massa, e a massa total do fluido divergindo da superfície fechada S é dada por

$$\oiint_S (\mu \mathbf{v}) \cdot d\mathbf{S},$$

e deve ser igual à taxa pela qual a massa do fluido envolvido está decrescendo, ou seja, deve ser igual a

$$-\frac{\partial}{\partial t} \iiint_v \mu \, dv$$

Assim sendo, temos a igualdade

$$\oiint_S (\mu \mathbf{v}) \cdot d\mathbf{S} = -\frac{\partial}{\partial t} \iiint_v \mu \, dv$$

Uma vez que a superfície e o volume são estacionários, podemos passar a derivada para dentro do sinal de integral, qual seja,

$$\oiint_S (\mu \mathbf{v}) \cdot d\mathbf{S} = \iiint_v \left(-\frac{\partial}{\partial t} \mu \right) dv$$

Pelo teorema da divergência, dado por (10.1),

$$\oiint_S \mathbf{V} \cdot d\mathbf{S} = \iiint_v (\nabla \cdot \mathbf{V}) \, dv,$$

temos

$$\oiint_S (\mu \mathbf{v}) \cdot d\mathbf{S} = \iiint_v [\nabla \cdot (\mu \mathbf{v})] dv,$$

o que implica

$$\iiint_v [\nabla \cdot (\mu \mathbf{v})] dv = \iiint_v \left(-\frac{\partial \mu}{\partial t}\right) dv$$

Em consequência, segue-se

$$\nabla \cdot (\mu \mathbf{v}) = -\frac{\partial \mu}{\partial t} \qquad (10.95a)$$

que é equivalente a

$$\nabla \cdot (\mu \mathbf{v}) + \frac{\partial \mu}{\partial t} = 0 \qquad (10.95b)$$

conhecida como **equação da continuidade da dinâmica dos fluidos**.

Se o fluido é incompressível, a massa que penetra na superfície fechada S também deixa a mesma, quer dizer, não há acúmulo ou rarefação de massa em nenhum ponto, o que acarreta uma massa específica constante e daí

$$\frac{\partial \mu}{\partial t} = 0,$$

e faz com que a equação da continuidade se reduza à forma

$$\nabla \cdot \mathbf{v} = 0, \qquad (10.95c)$$

bem como evidencia o caráter solenoidal do campo de velocidades de um fluido incompressível.

Entretanto, os livros de Física costumam apresentar uma outra versão da equação da continuidade para fluidos incompressíveis. Consideremos, então, o tubo de fluxo da figura 10.37, e apliquemos o teorema da divergência ao campo solenoidal de velocidades, obtendo

$$\Psi_{total} = \oiint_S \mathbf{v} \cdot d\mathbf{S} = \iiint_v \underbrace{(\nabla \cdot \mathbf{v})}_{=0} dv = 0$$

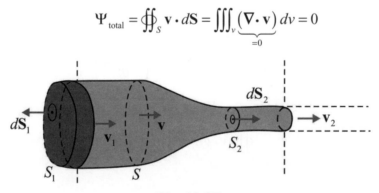

Fig. 10.37

Por outro lado, o fluxo total pode ser dividido em três parcelas,

$$\Psi_{total} = \Psi_{S_1} + \Psi_{S_2} + \Psi_{S_{lateral}} = 0$$

Pela própria definição de tubo de fluxo, o campo de velocidades do fluido é normal à superfície lateral, e isto implica

$$\Psi_{S_{lateral}} = 0$$

e ficamos com

$$\Psi_{S_1} + \Psi_{S_2} = 0$$

ou de outra forma,

$$-v_1 S_1 + v_2 S_2 = 0$$

que é equivalente a

$$v_1 S_1 = v_2 S_2 \qquad (10.95d)$$

ou seja, o fluxo através de qualquer seção reta do tubo é constante.

De um modo geral, o fluxo ou vazão volumétrica é dado por

$$Q_v = \frac{dv}{dt} = v\, S \qquad (10.96)$$

A partir desta última expressão podemos também definir a vazão mássica, que é o produto da massa específica pela vazão volumétrica, isto é,

$$Q_m = \frac{dm}{dt} = \mu Q_v = \mu\, v\, S \qquad (10.97)$$

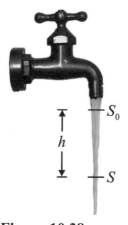

Figura 10.38

286   Cálculo e Análise Vetoriais com Aplicações Práticas

Fica, então, fácil entender a razão pela qual no escoamento de uma torneira em velocidades baixas (escoamento lamelar), o escoamento de água vai se estreitanto. Quando a água sai da torneira, sua velocidade vai aumentando pela ação da gravidade. Como a vazão deve ser a mesma em todas as seções transversais horizontais, o escoamento vai se estreitando, conforme na figura 10.38.

EXEMPLO 10.23

Em relação à figura 10.38, as áreas das seções retas indicadas são $S_0 = 1,5 \, \text{cm}^2$ e $S = 0,50 \, \text{cm}^2$. Os níveis das seções estão separados pela distância vertical $h = 5,0 \, \text{cm}$. Qual é a vazão da torneira?

SOLUÇÃO:

Aplicando a expressão (10.95d),

$$v_0 \, S_0 = v \, S \tag{i}$$

em que v_0 e v são as velocidades da água correspondentes às seções S_0 e S. Uma vez que a água cai em queda livre,

$$v^2 = v_0^2 + 2gh \tag{ii}$$

Eliminando a velocidade v entre (i) e (ii) e explicitando para v_0, encontramos

$$v_0 = \sqrt{\frac{2ghS^2}{S_0^2 - S^2}}$$

Substituindo os valores numéricos, obtemos

$$v_0 = \sqrt{\frac{2\left(9,8\,\text{m/s}^2\right)\left(0,050\,\text{m}\right)\left(0,50\,\text{cm}^2\right)^2}{\left(1,5\,\text{cm}^2\right)^2 - \left(0,50\,\text{cm}^2\right)^2}} = 0,35\,\text{m/s} = 35\,\text{cm/s}$$

De acordo com a expressão (10.95e), a vazão Q_v é igual a

$$Q_v = v_0 \, S_0 = \left(35\,\text{cm/s}\right)\left(1,5\,\text{cm}^2\right) = 53\,\text{cm}^3/\text{s}$$

EXEMPLO 10.24*

Um jato líquido com seção transversal S e massa específica μ, tem suas partículas deslocando-se para a direita com uma velocidade constante $\mathbf{v}_1 = v_J \, \mathbf{u}_x$, indo incidir sobre uma lâmina L perfeitamente polida (sem atrito). Conforme se depreende da figura 10.39, a lâmina deflete o jato mas não o desacelera, de tal sorte que, após a incidência a velocidade do mesmo é $\mathbf{v}_2 = v_J \, \mathbf{u}_y$. Se a lâmina for mantida estacionária, demonstre que: **(a)** A taxa com que a massa de líquido atinge a lâmina é $\Delta m/\Delta t = \mu \, v_J$. **(b)** Se o teorema do impulso e da variação da quantidade de movimento for aplicado à uma pequena massa Δm do jato, a componente x da força atuando sobre esta massa, durante o intervalo de tempo Δt, é dada por $F_x = -\mu S v_J^2$. **(c)** A componente x da força atuando na lâmina é $F_x = \mu S v_J^2$. Se a lâmina se move para a direita com uma velocidade $\mathbf{v}_L = v_L \mathbf{u}_x$ ($v_L < v_J$), obtenha as expressões para: **(d)** A taxa com que a massa do líquido atinge a lâmina. **(e)** A componente x da força sobre a lâmina. **(f)** A potência transferida para a lâmina, determinando sob que circustância ela será máxima.

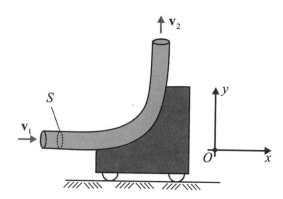

Figura 10.39

SOLUÇÃO:

(a)

Pela definição de massa específica,

$$\mu = \frac{\Delta m}{\Delta v} \rightarrow \Delta m = \mu \Delta v = \mu S \Delta x = \mu S v_J \Delta t$$

de tal sorte que

$$\frac{\Delta m}{\Delta t} = \mu S v_J$$

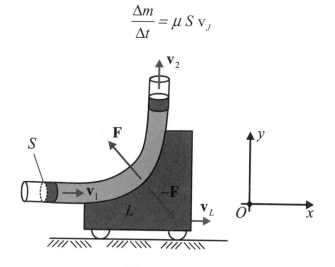

Figura 10.40

(b)

Temos

$$\left.\begin{array}{l} \mathbf{v}_L = 0 \\ \mathbf{v}_1 = v_J\, \mathbf{u}_x \\ \mathbf{v}_2 = v_J\, \mathbf{u}_y \end{array}\right\} \rightarrow \left|\mathbf{v}_1\right| = \left|\mathbf{v}_2\right| = v_J$$

Aplicando o teorema do impulso e da variação da quantidade de movimento,

$$\Delta m\, \mathbf{v}_1 + \mathbf{F}\, \Delta t = \Delta m\, \mathbf{v}_2$$

isto é,

$$\left(\mu\, S\, v_J\, \Delta t\right)\left(v_J\, \mathbf{u}_x\right) + \mathbf{F}\, \Delta t = \left(\mu\, S\, v_J\, \Delta t\right)\left(v_J\, \mathbf{u}_y\right)$$

donde se conclui

$$\mathbf{F} = \mu\, S\, v_J^2 \left(-\mathbf{u}_x + \mathbf{u}_y\right)$$

e finalmente

$$F_x = -\mu\, S\, v_J^2$$

(c)

Pela terceira lei de **Newton**,

$$-F_x = \mu\, S\, v_J^2$$

(d)

Sendo $v_L < v_J$, o módulo da velocidade relativa com que o jato incide sobre a lâmina é

$$v_J - v_L$$

e a taxa de massa incidente é

$$\frac{\Delta m}{\Delta t} = \mu\, S \left(v_J - v_L\right)$$

(e)

Agora temos

$$\left.\begin{array}{l} \mathbf{v}_1 = \left(v_J - v_L\right)\mathbf{u}_x \\ \mathbf{v}_2 = \left(v_J - v_L\right)\mathbf{u}_y \end{array}\right\} \rightarrow \left|\mathbf{v}_1\right| = \left|\mathbf{v}_2\right| = v_J - v_L$$

Aplicando novamente o teorema do impulso e da variação da quantidade de movimento,

$$\Delta m\, \mathbf{v}_1 + \mathbf{F}\, \Delta t = \Delta m\, \mathbf{v}_2$$

isto é,

$$\left[\mu\, S\left(v_J - v_L\right)\ \Delta t\right]\left[\left(v_J - v_L\right)\mathbf{u}_x\right] + \mathbf{F}\,\Delta t = \left[\mu\, S\left(v_J - v_L\right)\ \Delta t\right]\left[\left(v_J - v_L\right)\mathbf{u}_y\right]$$

de onde vem

$$\mathbf{F} = \mu\, S\left(v_J - v_L\right)^2\left(-\mathbf{u}_x + \mathbf{u}_y\right)$$

e em decorrência

$$F_x = -\mu\, S\left(v_J - v_L\right)^2$$

e

$$-F_x = \mu\, S\left(v_J - v_L\right)^2$$

(f)

$$P = -F_x v_L = \mu\, S\left(v_J - v_L\right)^2 v_L$$

Vamos desenvolver a expressão a fim de pesquisar os extremantes da função potência transferida à lâmina:

$$P = \mu\, S\left(v_J^2 - 2v_J v_L + v_L^2\right)v_L = \mu\, S\left(v_L^3 - 2v_J v_L^2 + v_J^2 v_L\right)$$

Mantendo a velocidade do jato líquido constante e derivando em relação à velocidade da lâmina,

$$\frac{dP}{dv_L} = \mu\, S\left(3v_L^2 - 4v_J v_L + v_J^2\right)$$

Igualando a derivada primeira a zero, temos

$$3v_L^2 - 4v_J v_L + v_J^2 = 0$$

que nos fornece duas raízes: $v_L = v_J$ e $v_L = \dfrac{v_J}{3}$. Calculando a derivada segunda, vem

$$\frac{d^2 P}{dv_L^2} = \mu\, S\left(6v_L - 4v_J\right)$$

Substituindo na derivada segunda os valores que anulam a derivada primeira, encontramos

- $\left(\dfrac{d^2 P}{dv_L^2}\right)_{v_L = v_J} = 2\mu\, S\, v_J > 0 \rightarrow \text{mínimo} \rightarrow P_{\min} = 0$

290 Cálculo e Análise Vetoriais com Aplicações Práticas

- $$\left(\frac{d^2 P}{dv_L^2}\right)_{v_L=\frac{v_J}{3}} = -2\mu\, S\, v_J < 0 \to \text{máximo} \to P_{max} = \frac{4\mu\, S\, v_J^3}{9}$$

e verificamos que a potência transferida é máxima para $v_L = \dfrac{v_J}{3}$.

10.8.3- Equação do Movimento ou Equação de Euler

Seja um fluido em movimento atravessando uma superfície estacionária S, que encerra um volume v, conforme já ilustrado na figura 10.36. Se $\mathbf{f}(\mathbf{r})$ é a força externa por unidade de massa que atua no fluido, a força externa resultante que atua sobre todo o volume de fluido interior à superfície S é

$$\sum \mathbf{F}_e = \iiint_v (\mathbf{f})\,\mu\, dv = \iiint_v (\mu\,\mathbf{f})\, dv \qquad \textbf{(i)}$$

Se $p(\mathbf{r},t)$ é a pressão exercida pelo fluido externo à superfície S, deduzimos que a força resultante devido à mesma é dada por

$$\sum \mathbf{F}_p = -\oiint_S p\, d\mathbf{S} \qquad \textbf{(ii)}$$

Pelo teorema do gradiente para superfícies fechadas, dado por (10.2),

$$\oiint_S \Phi\, d\mathbf{S} = \iiint_v (\nabla\,\Phi)\, dv$$

e a integral anterior assume a forma

$$\sum \mathbf{F}_p = -\oiint_S p\, d\mathbf{S} = -\iiint_v (\nabla p)\, dv$$

Aplicando a segunda lei de **Newton** à massa encerrada pela superfície S,

$$\sum \mathbf{F}_e + \sum \mathbf{F}_p = m\frac{d\mathbf{v}}{dt} = \iiint_v \mu\, dv\left(\frac{d\mathbf{v}}{dt}\right) = \iiint_v \left(\mu\frac{d\mathbf{v}}{dt}\right) dv \qquad \textbf{(iii)}$$

De (i), (ii) e (iii), vem

$$\iiint_v (\mu\,\mathbf{f})\, dv - \iiint_v (\nabla p)\, dv = \iiint_v \left(\mu\frac{d\mathbf{v}}{dt}\right) dv$$

ou, por simplificação,

$$\iiint_v \left(\mu\frac{d\mathbf{v}}{dt} - \mu\,\mathbf{f} + \nabla p\right) dv = 0$$

Sendo v uma região genérica do fluido, temos

$$\mu \frac{d\mathbf{v}}{dt} - \mu\, \mathbf{f} + \nabla p = 0$$

que é quivalente a

$$\frac{d\mathbf{v}}{dt} = \mathbf{f} - \frac{1}{\mu}\nabla p \qquad\qquad (10.98\text{a})$$

conhecida como equação de **Euler**. Visto que função $\mathbf{v}(\mathbf{r},\,t)$, representativa do campo de velocidades das partículas do fluido dependem tanto da posição quanto do tempo, de acordo com a expressão (9.41), deduzida no exemplo 9.25,

$$\frac{d\mathbf{A}}{dt} = \frac{\partial \mathbf{A}}{\partial t} + (\mathbf{v} \cdot \nabla)$$

Fazendo $\mathbf{A} = \mathbf{v}$, obtemos

$$\frac{d\mathbf{v}}{dt} = \frac{\partial \mathbf{v}}{\partial t} + (\mathbf{v} \cdot \nabla)\mathbf{v}$$

que substituída em (10.90a) conduz à uma nova forma da equação de **Euler**

$$\frac{\partial \mathbf{v}}{\partial t} + (\mathbf{v} \cdot \nabla)\mathbf{v} = \mathbf{f} - \frac{1}{\mu}\nabla p \qquad\qquad (10.98\text{b})$$

Entretanto, pela expressão (9.46),

$$\nabla(\mathbf{A} \cdot \mathbf{B}) = \mathbf{A} \times (\nabla \times \mathbf{B}) + \mathbf{B} \times (\nabla \times \mathbf{A}) + (\mathbf{B} \cdot \nabla)\mathbf{A} + (\mathbf{A} \cdot \nabla)\mathbf{B}$$

Fazendo $\mathbf{A} = \mathbf{B} = \mathbf{v}$ na expressão anterior, chegamos a

$$\nabla(\mathbf{v} \cdot \mathbf{v}) = \nabla(v^2) = 2\mathbf{v} \times (\nabla \times \mathbf{v}) + 2(\mathbf{v} \cdot \nabla)\mathbf{v}$$

ou, por simplificação,

$$(\mathbf{v} \cdot \nabla)\mathbf{v} = \frac{1}{2}\nabla(v^2) - \mathbf{v} \times (\nabla \times \mathbf{v})$$

que levada à forma (10.90b) da equação de **Euler** nos permite determinar mais uma forma da mesma, ou seja,

$$\frac{\partial \mathbf{v}}{\partial t} + \frac{1}{2}\nabla(v^2) - \mathbf{v} \times (\nabla \times \mathbf{v}) = \mathbf{f} - \frac{1}{\mu}\nabla p \qquad\qquad (10.98\text{c})$$

Se o fluido for incompressível e a força externa atuante sobre o mesmo for conservativa, a força poderá ser expressa em função de uma função potencial escalar Φ, conforme já estabelecido na subseção 10.7.3,

$$\mathbf{f} = -\nabla\Phi$$

e sua densidade é constante, o que acarreta

$$\frac{1}{\mu}\nabla p = \nabla\left(\frac{p}{\mu}\right)$$

e que substituída na expressão (10.92c) conduz a

$$\frac{\partial \mathbf{v}}{\partial t} - \mathbf{v}\times(\nabla\times\mathbf{v}) = -\nabla\left(\Phi + \frac{p}{\mu} + \frac{\mathbf{v}^2}{2}\right) \qquad \textbf{(10.98d)}$$

Nota: as equações do movimento podem ser suplementadas por condições de contorno que devem ser satisfeitas na superfície limítrofe do fluido. Para um fluido ideal e uma superfície sólida, a condição de contorno é simplesmente que o fluido não possa penetrar na superfície. Assim, se a superfície for estacionária,

$$\mathbf{v}_n = 0,$$

sendo $\mathbf{v}_n$ a componente normal da velocidade do fluido na superfície. Se a superfície estiver em movimento, $\mathbf{v}_n$ deverá ser igual à componente normal da velocidade da superfície.

10.8.4- Escoamento Invariante no Tempo e e o Conceito de Linhas de Corrente

Um escoamento invariante no tempo é aquele no qual a velocidade não varia com o tempo para qualquer ponto do fluido, mas pode variar com a posição, isto é,

$$\frac{\partial \mathbf{v}}{\partial t} = 0$$

e a equação (10.92d) assume a forma

$$\mathbf{v}\times(\nabla\times\mathbf{v}) = \nabla\left(\Phi + \frac{p}{\mu} + \frac{\mathbf{v}^2}{2}\right) \qquad \textbf{(10.98e)}$$

O vetor $\mathbf{v}\times(\nabla\times\mathbf{v})$ é perpendicular à velocidade $\mathbf{v}$, de modo que se efetuarmos o produto escalar de ambos os membros da expressão anterior por $\mathbf{v}$, encontraremos

$$\mathbf{v}\cdot\left[\nabla\left(\Phi + \frac{p}{\mu} + \frac{\mathbf{v}^2}{2}\right)\right] = 0$$

Assim sendo, temos

$$\nabla\left(\Phi + \frac{p}{\mu} + \frac{v^2}{2}\right)$$

é normal ao campo de velocidades **v** em toda a extensão do mesmo. Logo, **v** é aparalelo à superfície

$$\Phi + \frac{p}{\mu} + \frac{v^2}{2} = \text{constante} = C \qquad (10.99a)$$

e, portanto,

$$\Phi + \frac{p}{\mu} + \frac{v^2}{2}$$

é constante ao longo de uma linha de corrente. Os valores da constante são, em geral, diferentes para cada linha de corrente. Se a velocidade permanece constante, então esta última expressão evidencia que a mesma é inversamente proporcional à pressão.

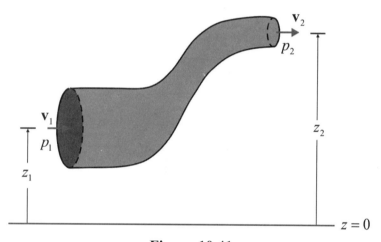

Figura 10.41

Se a força externa por unidade de massa for o próprio campo gravitacional, temos $\Phi = gz$, e a expressão (10.93a) fica sendo

$$gz + \frac{p}{\mu} + \frac{v^2}{2} = \text{constante} \qquad (10.99b)$$

que é mais conhecida nas formas

$$p + \frac{1}{2}\mu v^2 + \mu gz = \text{constante} \qquad (10.99c)$$

e

$$p_1 + \frac{1}{2}\mu v_1^2 + \mu gz_1 = p_2 + \frac{1}{2}\mu v_2^2 + \mu gz_2 \qquad (10.99d)$$

e denomina-se equação de **Bernoulli**.

Para um um fluido em escoamento, conforme já fora adiantado no problema 5.13, o campo das velocidades de suas partículas é função de ponto e do tempo $\mathbf{v} = \mathbf{v}(P,t)$. As linhas de fluxo são expressas por

$$\frac{dx}{\mathbf{v}_x(x,y,z,t_k)} = \frac{dy}{\mathbf{v}_y(x,y,z,t_k)} = \frac{dz}{\mathbf{v}_z(x,y,z,t_k)} \qquad (10.100)$$

em que t_k é um instante genérico afixado arbitrariamente.

Uma linha de fluxo é a trajetória de uma única partícula do fluido e uma linha de corrente é uma curva tal que a tangente à mesma, em qualquer ponto, fornece a direção da velocidade nesse ponto e é determinada num certo instante de tempo. Da Cinemática, temos

$$\begin{cases} dx = \mathbf{v}_x \, dt \\ dy = \mathbf{v}_y \, dt \\ dz = \mathbf{v}_z \, dt \end{cases} \qquad (10.101)$$

de modo que e a trajetória de cada partícula (linha da corrente) obedece a um conjunto de equações diferenciais da forma

$$\frac{dx}{\mathbf{v}_x} = \frac{dy}{\mathbf{v}_y} = \frac{dz}{\mathbf{v}_z} = dt \qquad (10.102)$$

No escoamento uniforme (velocidade invariante no tempo), as linhas de corrente não variam com o tempo, e coincidem com as linhas de fluxo.

Levando em conta a vorticidade ou vetor vórtice, que já havia sido introduzida na expressão (5.27),

$$\boldsymbol{\Omega} = \nabla \times \mathbf{v} \qquad (10.103)$$

e tomando o rotacional de ambos os membros da expressão (10.98e),

$$\mathbf{v} \times (\nabla \times \mathbf{v}) = \nabla\left(\Phi + \frac{p}{\mu} + \frac{\mathbf{v}^2}{2}\right) \qquad (10.104)$$

chegamos a

$$\nabla \times \left[\mathbf{v} \times (\nabla \times \mathbf{v})\right] = 0 \qquad (10.105)$$

uma vez que

$$\nabla \times \left[\nabla\left(\Phi + \frac{p}{\mu} + \frac{\mathbf{v}^2}{2}\right)\right] = 0 \qquad (10.106)$$

de acordo com a expressão (10.41).

Substituindo (10.103) em (10.105), vem

$$\nabla \times [\mathbf{v} \times \mathbf{\Omega}] = 0 \qquad (10.107)$$

Entretanto, pela expressão (9.48), temos

$$\nabla \times (\mathbf{A} \times \mathbf{B}) = \mathbf{A}(\nabla \cdot \mathbf{B}) - \mathbf{B}(\nabla \cdot \mathbf{A}) + (\mathbf{B} \cdot \nabla)\mathbf{A} - (\mathbf{A} \cdot \nabla)\mathbf{B}$$

o que implica

$$\mathbf{v}(\nabla \cdot \mathbf{\Omega}) - \mathbf{\Omega}(\nabla \cdot \mathbf{v}) + (\mathbf{\Omega} \cdot \nabla)\mathbf{v} - (\mathbf{v} \cdot \nabla)\mathbf{\Omega} = 0 \qquad (10.108)$$

Sendo o fluido incompressível, pela expressão (10.95c),

$$\nabla \cdot \mathbf{v} = 0$$

e de acordo com a expressão (10.39),

$$\nabla \cdot \mathbf{\Omega} = \nabla \cdot (\nabla \times \mathbf{v}) = 0$$

o que faz com que a expressão (10.108) assuma a seguinte forma

$$(\mathbf{\Omega} \cdot \nabla)\mathbf{v} - (\mathbf{v} \cdot \nabla)\mathbf{\Omega} = 0 \qquad (10.109)$$

EXEMPLO 10.25

A figura 10.42 representa, esquematicamente, a captação de água para acionar um grupo turbina-gerador. A entrada da tubulação (tomada d'água) tem uma seção reta de $0,80 \text{ m}^2$ e a água flui a $5,0 \text{ m/s}$. Na saída, a uma distância $h = 3,0 \times 10^2 \text{ m}$ abaixo da entrada, a área da seção reta é menor e a água flui a 15 m/s. Qual é diferença de pressão entre a entrada e a saída? Adote a massa específica da água como sendo igual a $\mu = 1,0 \times 10^3 \text{ kg/m}^3$.

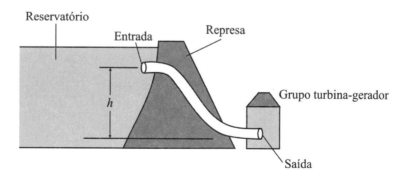

Fig. 10.42

SOLUÇÃO:

Pela equação de **Bernoulli,**

$$p_1 + \frac{1}{2}\mu v_1^2 + \mu g z_1 = p_2 + \frac{1}{2}\mu v_2^2 + \mu g z_2$$

o que nos leva a

$$p_2 - p_1 = \frac{1}{2}\mu\left(v_1^2 - v_2^2\right) + \mu g\left(z_1 - z_2\right) =$$

$$= \frac{1}{2}\left(1,0\times10^3\right)\left[\left(15\right)^2 - \left(5,0\right)^2\right] + \left(1,0\times10^3\right)\left(9,8\right)\left(3,0\times10^2\right) =$$

$$= 3,0\times10^6\,\mathrm{Pa} = 3,0\,\mathrm{MPa}$$

10.8.5 - Escoamento Irrotacional e o Conceito de Potencial Velocidade

Um escoamento irrotacional ou potencial é aquele para o qual a vorticidade é nula em toda a extensão do escoamento, ou seja,

$$\Omega = \nabla \times \mathbf{v} = 0 \tag{10.110}$$

e a velocidade do fluido pode ser expressa em função de um potencial velocidade

$$\mathbf{v} = -\nabla\Phi \tag{10.111}$$

10.8.6 - Escoamento de Vórtice e o Conceito de Circulação

Um escoamento rotacional ou de vórtice é aquele para o qual a vorticidade não é nula em toda a sua extensão.

Uma linha de vórtice é uma linha que é, ao longo de sua extensão, paralela à vorticidade, e um tubo de vórtice é uma superfície S gerada pelas linhas de vórtice através de uma curva fechada C. As linhas e os tubos de vórtice podem variar com o tempo, uma vez que, geralmente, o campo de vorticidade Ω é um campo dinâmico. As ilustrações destes conceitos estão na figura 5.20 da subseção 5.4.5. Também na citada subseção, foi definida a intensidade do tubo de vórtice como sendo

$$\Gamma = \iint_S \Omega \cdot d\mathbf{S} \tag{10.112}$$

Porém, uma vez que

$$\Omega = \nabla \times \mathbf{v},$$

ficamos com

$$\Gamma = \iint_S \left(\nabla \times \mathbf{v}\right) \cdot d\mathbf{S}$$

Entretanto, pelo teorema de **Ampère-Stokes**,

$$\Gamma = \iint_S \left(\nabla \times \mathbf{v}\right) \cdot d\mathbf{S} = \oint_C \mathbf{v} \cdot d\mathbf{l},$$

quer dizer,

$$\Gamma = \oint_C \mathbf{v} \cdot d\mathbf{l} \qquad (10.113)$$

demonstração esta que já havia sido levada a cabo no exemplo 10.13, para um campo genérico $\mathbf{V}$. Aqui a demonstração foi particularizada para o campo de velocidades $\mathbf{v}$ ao longo do escoamento rotacional de um fluido.

EXEMPLO 10.26

Se um fluido gira como um corpo rígido, com velocidade angular constante ω em relação a algum eixo, mostre que a vorticidade Ω é duas vezes a velocidade angular ω.

SOLUÇÃO:

Do exemplo 9.15,

$$\nabla \times \mathbf{v} = 2\,\omega$$

Logo, por (10.103),

$$\Omega = \nabla \times \mathbf{v} = 2\,\omega$$

10.9 - Teoria Eletromagnética e Equações de Maxwell

10.9.1 - Introdução

Todas as equações da Física que permitem, a exemplo das equações de **Maxwell**, unificar os resultados experimentais relativos a uma ampla área da ciência, e que levam, simultaneamente, à previsão de novos resultados, possuem uma beleza intrínseca que conduz os que as compreendem a apreciá-las sob a estética da Matemática. É o caso das leis da Mecânica, das leis da Termodinâmica, da Teoria da Relatividade, da Mecânica Quântica, etc. Com relação às equações de **Maxwell**, o físico austríaco **Ludwig Boltzman** (citando um verso de **Goethe**) escreveu: "Foi mesmo um deus que escreveu essas linhas...?" Mais recentemente, em um capitulo intitulado "As Maravilhosas Equações de Maxwell", **J.R.Pierce**[20] afirma: "Para qualquer um que sinta motivação por algo além do estritamente pragmático, vale a pena entender as equações de **Maxwell**, simplesmente para o bem de sua alma." O alcance e a generalidade de tais equações são incríveis: elas vão abranger os princípios operacionais básicos de todos os grandes aparelhos elétricos, tais como geradores, motores, transformadores, cíclotrons, síncrotons, bétatrons, computadores, televisões e radares.

Algumas pessoas sugerem que as equações de **Maxwell** têm a mesma relação com o Eletromagnetismo que as leis do movimento de **Newton** têm com a Mecânica. No entanto, existe uma diferença fundamental: **Einstein** apresentou sua Teoria da Relatividade Restrita em 1905, mais ou menos 200 anos após o aparecimento das leis de **Newton** e cerca de 40 anos após as equações de **Maxwell**. Acontece que as leis de **Newton** tiveram que ser radicalmente alteradas nos casos em que as velocidades relativas se aproximavam da velocidade da luz, enquanto que não se verificou

---

[20] Electrons, Waves and Messages, Hanover House, 1956.

298 Cálculo e Análise Vetoriais com Aplicações Práticas

nenhuma alteração nas equações de **Maxwell**. Em linguagem da Física: "as equações de **Maxwell** são invariantes com respeito a uma transformação de **Lorentz**, mas as leis de **Newton** para o movimento não são."[21]

10.9.2 - Isolantes ou Dielétricos, Condutores, Semicondutores, Supercondutores, Corrente Elétrica e Densidade de Corrente Elétrica

(a) Conceitos Básicos

Para um material ser um condutor elétrico é necessário que ele tenha um grande quantidade de portadores de carga elétrica (elétrons, íons positivos e íons negativos) e que estes possuam mobilidade no interior do material. Em caso contrário, ele será um isolante elétrico ou dielétrico. Quando dissermos que um material é condutor, ficará implícito que ele é um bom condutor. Igualmente, um corpo será isolante se for um bom isolante. Tantos os condutores quanto os isolantes podem ser encontrados nos estados sólido, líquido ou gasoso. Como principais isolantes temos a mica, a borracha, a madeira seca, o vidro o ar e o hexafluoreto de enxofre[22] (SF_6). Os óleos, tanto de origem mineral[23] quanto de origem vegetal[24] são, em princípio, isolantes, porém, dependendo dos aditivos que recebam, podem se tornar mais isolantes ainda ou até condutores. Os óleos isolantes são empregados em muitos equipamentos elétricos, tais como transformadores, disjuntores, etc.

Devemos também acrescentar, que relativamente aos portadores de carga elétrica, os condutores são classificados em três classes ou espécies:

(b) Condutores de Primeira Classe, de Primeira Espécie ou Condutores Metálicos

Estudos utilizando raios X mostraram que os metais possuem estrutura cristalina. Isto significa que eles são um arranjo espacial de átomos ou moléculas (para ser mais exato, de íons[25]), distribuídos com uma repetição uniforme nas três dimensões de um sistema coordenado. Dependendo do metal, pelo menos um, às vezes dois, e em alguns poucos casos três elétrons por átomo, são quase livres para se deslocarem pelo interior do material sob a ação de forças aplicadas. Eles são denominado, comumente, "elétrons quase livres", por uns autores, e "elétrons livres" por outros,. Isto se deve ao fato deles estarem localizados perifericamente nos átomos, estando, pois, fracamente ligados aos núcleos dos mesmos. Então, um metal pode ser encarado como sendo uma região contendo uma estrutura tridimensional e periódica de íons fortemente ligados e circundados por uma verdadeira nuvem de elétrons mais ou menos livres. Já num material isolante os elétrons estão fortemente ligados aos átomos e não podem mover-se com facilidade. Entretanto, a densidade volumétrica de cargas média é nula ao longo do metal. Este é o modelo de um metal como sendo um gás de elétrons. Os

---

[21] Applied Eectromagnetics, by **Martin A. Plonus**, Mc Graw Hill Book Company, Inc., 1978, páginas 458 a 470.

[22] É um gás sintético, utilizado principalmente pela indústria elétrica, como meio isolante e extintor de arco elétrico, tanto em disjuntores como em subestações blindadas. Por ser um isolante bem mais eficiente do que o ar, tais subestações têm como vantagem o espaço reduzido, podendo chegar a até 10% de uma subestação convencional.

[23] Derivados do petróleo.

[24] Derivados das plantas. Apesar de, em princípio, outras partes das plantas poderem ser utilizadas na extração de óleo, na prática este é extraído na sua maioria (quase exclusivamente) das sementes.

[25] Íons são átomos ou grupo de átomos que, por terem perdido ou recebido elétrons, passaram a ter o número de prótons diferente do número de elétrons e, em consequência, carga elétrica líquida não nula.

elétrons estão em um movimento incessante, devido ao fato de que os íons estão em um estado de agitação devido à agitação térmica dos átomos, e os elétrons participam o movimento randômico face a tal agitação dos íons. No entanto, a velocidade média de arrastamento dos elétrons é zero relativamente à agitação térmica.

São esses elétrons quase livres os portadores de cargas nos metais em geral, como, por exemplo, a manganina, o aço, o ferro, o níquel, o tungstênio, o cromo, o alumínio, o cobre, a prata, o ouro e a platina. Embora a grafita ou grafite não seja metálica, ela também se inclui nesta classe.

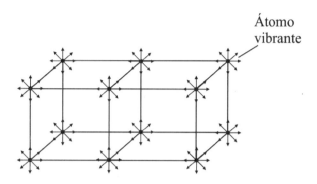

Fig. 10.43- Rede cristalina e átomos vibrantes

Fig. 10.44 - Átomo e sua nuvem eletrônica

(c) Condutores de Segunda Classe, de Segunda Espécie ou Condutores Eletrolíticos

São aqueles em que os portadores de carga são os íons positivos e íons negativos. Tais íons são oriundos da dissociação iônica (compostos iônicos) e da ionização (compostos moleculares) de compostos ácidos, básico ou salinos em um solvente que, normalmente, é a água.

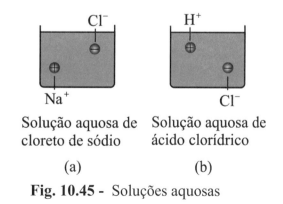

Fig. 10.45 - Soluções aquosas

(d) Condutores de Terceira Classe, de Terceira Espécie ou Condutores Gasosos

De um modo geral um gás é isolante. Entretanto, a ação de um campo elétrico intenso pode ionizá-lo, tornando portadores de carga os elétrons quase livres, os íons positivos e os íons negativos.

Fig. 10.46 - O vapor de mercúrio encerrado no tubo emite radiação ultravioleta, a qual é convertida em luz pela camada fluorescente que reveste o tubo internamente. A imagem, concebida por **Volker Steger-Siemes,** foi cedida por **SPL-Stock Photos/Latin Stock Brasil Produções Ltda.** (www. latinstock.com.br).

(e) Semicondutores

Numa classificação intermediária entre os condutores e os isolantes temos os materiais semicondutores. São exemplos deste tipo de material o silício e o germânio, pertencentes ao grupo A4 da tabela periódica de elementos. Quando o grau de pureza destes elementos é alto, eles são isolantes. No entanto, a inclusão de quantidades infinitesimais de gálio, arsênico ou fósforo, num processo denominado "dopagem", cria "buracos" ou "lacunas" não preenchidas pelos elétrons quase livres, tornando o material resultante condutor. Tal processo é fundamental para a eletrônica a partir de 1947, quando **Bardeen** e **Brattain** inventaram o transistor nos laboratórios da **Bell Telephone Company**.

Num semicondutor puro ou intrínseco, como o silício, os elétrons de valência estão emparelhados e compartilhados entre átomos formando ligações covalentes na estrutura cristalina do sólido. Estes elétrons de valência não estão livres para dar origem a uma corrente elétrica. Para produzir elétrons de condução, o aumento da temperatura ou a incidência de luz são usadas para excitar os elétrons de valência de modo que atinjam níveis mais altos de energia, libertando-os da ligação covalente. Cada elétron liberado da ligação covalente deixa atrás de si um **buraco** ou **lacuna**, que por sua vez será preenchido por outro elétron, contribuindo assim para o estabelecimento da corrente elétrica. A energia dos elétrons é quantizada. Portanto, há números discretos de energia que um elétron pode absorver ou emitir, ou ainda, níveis discretos de energia onde ele pode estar num átomo. Para excitá-lo, ele deve receber uma quantidade suficiente de energia para que ele "salte" de um nível quântico para outro. Do mesmo modo, ao descer um nível quântico, um elétron emite uma quantidade discreta ou quântica de energia: um fóton de energia.

Na estrutura cristalina de um sólido, a interação entre elétrons dos átomos próximos cria outros níveis possíveis de energia para cada elétron. A soma destes vários níveis possível resulta em **bandas amplas**, no interior das quais um elétron pode assumir vários valores de energia. Entre as bandas possíveis, há as bandas proibidas, região onde um elétron não pode estar (ou nível energético impossível, pela Física Quântica). Desse modo, na estrutura cristalina de um sólido, não há camadas de valência, mas sim bandas de valência. Ao excitar elétrons da banda de valência, estes podem ganhar energia e passar para a **banda de condução**. A figura 10.47 apresenta as bandas para as três classificações de material. O principal processo, entretanto, e o que dá aos semicondutores

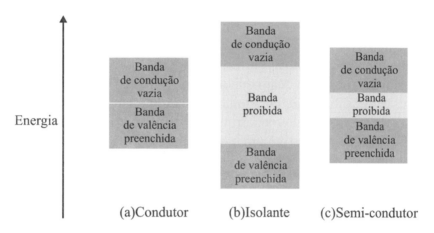

Fig. 10.47 - Bandas de energia

as características que os tornaram a principal matéria prima da eletrônica em larga escala, é a **dopagem.** O processo consiste em, através de processos químicos, introduzir no retículo cristalino do semicondutor um átomo de outra substância, que virá a substituir o átomo original da substância semicondutora. A diferença no número de elétrons de valência entre o material dopante (sejam doadores ou receptores de elétrons) e o material semicondutor, resultará em portadores negativos (semicondutor tipo n) ou positivos (semicondutor tipo p) de eletricidade. A dopagem pode ser efetuada por quatro processos diferentes: durante o crescimento do cristal, por ligadura, por implantação iônica e por difusão. Vamos detalhar, a seguir, cada um deles.

1º) Durante o crescimento do cristal:

O material de base sofre um aquecimento até que se transforme em uma massa cristalina fundente, estado no qual ocorre, então, o acréscimo do material dopante. Durante esse processo térmico, o cristal cresce, e os átomos dopantes posicionam-se na própria cadeia cristalina que se forma.

2º) Por ligadura:

O material de base é levado à fusão, conjuntamente com o de dopagem, formando-se assim uma liga. Após essa formação e esfriamento, os dois materiais estão agregados entre si.

3º) Por implantação iônica:

Átomos eletricamente carregados com íons de material dopante em estado gasoso são acelerados por um campo elétrico e injetados na cadeia cristalina do semicondutor. O método da implantação iônica é o mais preciso e o mais sofisticado entre os mencionados, permitindo um ótimo controle tanto de posicionamento quanto de concentração da dopagem feita.

4º) Por difusão:

Na difusão, vários discos do semicondutor tetravalente básico, como o silício, são elevados a temperaturas da ordem de 1 000 ºC e, nessas condições, colocados na presença de metais em estado gasoso, como o boro. Os átomos do metal em estado gasoso difundem-se no cristal sólido. Sendo o material sólido do tipo *n*, cria-se, assim, uma zona *p*.

Este conceito é ilustrado nas duas partes da figura seguinte, que representam um cristal de silício dopado. Cada cristal de silício tem quatro elétrons de valência. Dois são necessários para formar uma ligação covalente. No silício tipo *n*, um átomo de fósforo, com cinco elétrons de valência, substitui alguns átomos de silício e provê elétrons extras. Num silício tipo *p*, um átomo de boro ou alumínio, com três elétrons de valência, substitui um átomo de silício, resultando numa deficiência de elétrons ou lacuna, que atuam como cargas positivas ou portadores de carga positiva.

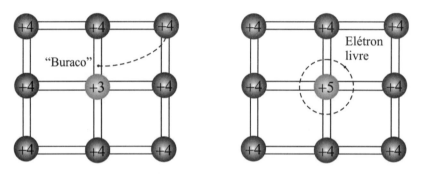

(a) Dopagem com alumínio (semicondutor tipo p)
(b) Dopagem com fósforo (semicondutor tipo n)

Fig. 10.48 - Dopagem de um material

(f) Supercondutores

Material	Tipo	$T_c(K)$
Zinco	metal	0,88
Alumínio	metal	1,19
Estanho	metal	3,72
Mercúrio	metal	4,15
$YBa_2Cu_3O_7$	cerâmica	90
TlBaCaCuO	cerâmica	125

Tab. 10.1

Os Teoremas Fundamentais da Análise Vetorial e a Teoria Geral dos Campos 303

No início do século XX já havia sido observado que em temperaturas próximas ao zero absoluto ($0 \text{ K} = -273\,°\text{C}$), o mercúrio apresentava resistência elétrica nula. Nos dias atuais, a **supercondutividade** é um fenômeno observado em diversos metais e materiais cerâmicos. Quando esses materiais são resfriados às temperaturas que vão do zero absoluto à temperatura do nitrogênio líquido ($77 \text{ K} = -196$ °C), não apresentam resistência elétrica. A temperatura na qual a resistência elétrica é nula é chamada de **temperatura crítica** (T_c) e varia de acordo com o material. As temperaturas críticas são atingidas por meio do resfriamento do material com hélio ou nitrogênio líquidos. A tabela a seguir mostra as temperaturas críticas para diversos supercondutores.

Uma vez que esses materiais não possuem resistência elétrica, os elétrons podem se deslocar livremente através dos mesmos, e eles podem transmitir grandes intensidades de corrente elétrica, por longos períodos, sem perda de energia sob forma de calor (efeito **Joule**). Foi provado que sistemas de fios supercondutores podem conduzir correntes elétricas por centenas de anos com perdas desprezíveis. Essa propriedade tem aplicabilidade na transmissão de grandes quantidades de energia elétrica, desde que os condutores das linhas de transmissão e dos demais equipamentos do sistema possam ser confeccionados de cerâmicas supercondutoras.

Outra propriedade importante de um supercondutor diz respeito à blindagem magnética: tão logo acontece a transição do estado normal para o estado supercondutor, os campos magnéticos externos não conseguem mais penetrar no material. Isto é conhecido como **efeito Meissner-Ochsenfeld**[26] e tem implicações na fabricação de trens de alta velocidade com levitação magnética (Maglev). Isso também tem implicações na fabricação dos pequenos e potentes magnetos supercondutores utilizados na geração de imagens pelo processo de ressonância magnética.

---

[26] **Meissner** **[Fritz Walther Meissner (1882-1974)]** - físico alemão que estudou engenharia mecânica e física na **Technische Universität Berlin** (Instituto Tecnológico de Berlim) tendo sido orientado por **Max Planck**, que foi um o pai da **Física Quântica.** Depois entrou para o **Physikalisch-Technische Bundesanstal** (Instituto de Metrologia), também em Berlim. De 1922 a 1925 estabeleceu a terceira maior fábrica mundial em produção de hélio liquefeito. Em 1933, juntamente com **Robert Ochsenfeld,** descobriu o **efeito Meissner-Ochsenfeld,** que está relacionado à geração de correntes ao longo da superfície de um supercondutor, capazes de anular o campo magnético aplicado. Notadamente, o citado efeito nem sempre é observado. Quando um campo magnético externo é muito forte, um material pode ser incapaz de entrar no estado de supercondutividade e, consequentemente, nenhum efeito ocorrer. Além disso, o fenômeno pode acontecer apenas parcialmente, com o campo magnético do interior sendo reduzido, mas não completamente zerado, quando o campo magnético aplicado tem valor intermediário. O material supercondutor particular em questão, sua forma, tamanho e a presença de impurezas são fatores que podem afetar a extensão do **efeito Meissner-Ochsenfeld.** Visualmente, tal efeito pode ser demonstrado colocando-se um ímã sobre um material supercondutor, verificando-se a levitação do primeiro.

Após a Segunda Guerra Mundial, **Meissner** tornou-se o presidente da **Academia Bávara de Ciências e Humanidades** e fundou o **Instituto de Pesquisa da Baixa Temperatura**. No início de 1952, ele foi oficialmente aposentado, mas continuou a realização de pesquisas por muitos anos. No aniversário de cem anos de seu nascimento, em 1982, o **Instituto de Pesquisa da Baixa Temperatura** foi rebatizado em sua homenagem.

Ochsenfeld [Robert Ochsenfeld (1901-1993)] – físico alemão que descobriu, juntamente com **Fritz Walther Meissner**, o **efeito Meissner-Ochsenfeld.** Depois de seus estudos de graduação em física, ele obteve seu doutorado em 1932. Logo depois veio a trabalhar no **Physikalisch-Technische Bundesanstal,** laboratório onde também trabalhava **Meissner** e juntos descobriram o efeito já citado.

Após a Segunda Guerra Mundial, **Ochsenfeld** empreendeu um grande trabalho na construção do laboratório de materiais magnéticos do **Physikalisch-Technische Bundesanstal,** até sua aposentadoria em 1966.

(a) Demonstração clássica: um bloco supercondutivo na parte inferior, resfriado por nitrogênio líquido, causa a levitação do magneto acima. O magneto flutuante induz uma corrente e, portanto, um campo magnético no supercondutor, ocorrendo, em consequência, a repulsão entre os campos magnéticos, o que faz com que o magneto levite. A imagem é uma cortesia do **Dresden High Magnetic Field Laboratory**, e foi gentilmente cedida pela **Dra. Christine Bohnet**, através da intervenção do **Dr. Manfred Helm**.

(b) Outra demonstração: foto tirada no dia da inauguração do **Helmholtz-Zentrum Dresden-Rossendorf** (www.hzdr.de): **Dresden High Magnetic Field Laboratory**, e também cedida pela **Dra. Christine Bohnet** e pelo **Dr. Manfred Helm**.

Fig. 10.49 - Efeito **Meissner-Ochsenfeld**

A fim de produzir um semicondutor que apresente propriedades supercondutoras, torna-se necessário adicionar uma quantidade muito grande átomos dopantes, mais até do que a quantidade que a substância receptora seria capaz de absorver.

Os cientistas alemães adicionaram seis átomos de gálio para cada 100 átomos de germânio. O esperado seria que a supercondutividade acontecesse apenas nos aglomerados dos átomos da substância dopante, mas não foi isto que aconteceu. Dopada dessa forma, uma camada de germânio de 60 nanômetros de espessura tornou-se inteiramente supercondutora.

A inserção de tantos átomos espúrios danifica sobremaneira a estrutura do germânio, mas os cientistas utilizaram uma técnica chamada recozimento (annealing) para conseguirem refazer sua rede cristalina. Esta operação exigiu o desenvolvimento de um equipamento totalmente novo, capaz de emitir os pulsos de luz na intensidade e no comprimento de onda adequados.

Pela ótica científica, o novo material é muito promissor. Ele apresenta um campo magnético crítico surpreendentemente elevado em relação à temperatura na qual ele se torna supercondutor.

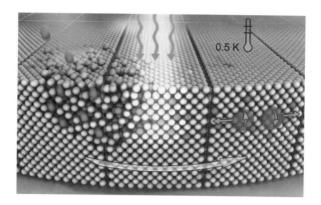

Fig. 10.50 - Visão artística do implante de íons de gálio (azuis) nas pastilhas de germânio. Pulsos de luz são usados para o recozimento do material, com a finalidade de reconstruir sua estrutura atômica danificada pela implantação dos íons dopantes. A imagem é uma cortesia do **Helmholtz-Zentrum Dresden-Rossendorf** (www.hzdr.de) [**Institute of Ion Beam Physics and Materials Research** e **Dresden High Magnetic Field Laboratory**], foi concebida por Münster (www.kunstkosmos.de) e cedida pela **Dra. Christine Bohnet** e pelo **Dr. Manfred Helm**.

(g) Corrente Elétrica

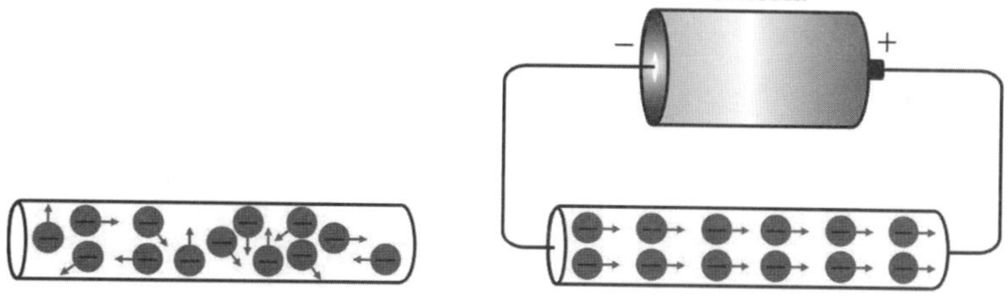

(a) elétrons em movimento desordenado (b) elétrons em movimento ordenado

Fig. 10.51 - Movimento de elétrons em um condutor metálico

Imaginemos um pedaço isolado de um fio de cobre. Neste material os "elétrons quase livres" não estão repouso: eles têm um movimento totalmente randômico (caótico, desordenado), sem nenhuma direção ou sentido preferenciais. Entretanto, se aplicarmos uma diferença de potencial entre os extremos do fio, teremos, associada à mesma, um campo elétrico, que agindo sobre os elétrons vai dar aos mesmos uma direção preferencial, do menor para o maior potencial, dando origem ao que denominamos **corrente elétrica**.

De um modo mais geral, a corrente elétrica é o movimento ordenado de portadores de carga, pela ação de um campo elétrico aplicado. Dissemos portadores de carga, ao invés de, simplesmente, elétrons visto que, dependendo do tipo de condutor (sólido, líquido ou gasoso) eles podem ser tanto os elétrons quantos os íons positivos e negativos.

Naturalmente que o movimento dos portadores de carga fica restrito aos limites físicos determinados pelo condutor, mas ele pode ocorrer em dois sentidos. Desse modo, fica evidente que a corrente elétrica é uma grandeza unidirecional que pode, evidentemente, ter dois sentidos, obedecendo às regras que norteiam as grandezas escalares.

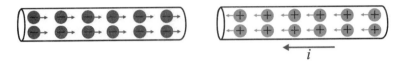

(a) Sentido real da corrente: movimento dos elétrons
(b) Sentido convencional da corrente: movimento de cargas elementares positivas fictícias

Fig. 10.52 - Movimento de elétrons em um condutor metálico

Além da corrente eletrônica já abordada, podemos também ter uma corrente iônica tanto nos condutores eletrolíticos quanto nos gasosos.

Quando uma substância eletrolítica é dissolvida (ou fundida), a sua estrutura cristalina original é "quebrada", havendo uma separação de íons positivos e negativos, sendo que, sob certas condições, conforme a ilustrada na figura 10.53, eles entram em movimento ordenado, constituindo duas correntes iônicas de sentidos opostos.

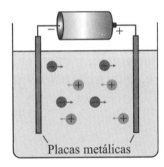

Fig. 10.53 - Movimento de íons em um condutor eletrolítico: duas correntes iônicas de sentidos contrários

Os gases rarefeitos, previamente ionizados, também podem sediar correntes iônicas. A ionização pode ser levada a cabo por meio de raios X, raios ultravioleta, raios infravermelho, etc. Um exemplo disto são as lâmpadas fluorescentes, nas quais temos corrente iônica em um gás rarefeito.

Todas as vezes em que o movimento de elétrons ou íons é feito em um meio condutor, seja ele líquido, sólido ou gasoso, temos o que se chama de **corrente de condução**. Entretanto, é também possível que elétrons ou íons transportem correntes elétricas em um meio que não seja condutor. Está espantado? Pois é, isto ocorre, por exemplo, em um tubo de raios catódicos, no qual os elétrons, após emitidos pelo canhão eletrônico, se deslocam em um ambiente de vácuo, que é isolante, e constituem uma corrente elétrica. Este dispositivo também denominado cinescópio foi largamente usado nas televisões, monitores de PCs e osciloscópios analógicos. Depois passou-se a utilização de LCD (liquid cristal display = tela ou mostrador de cristal líquido), que é um dispositivo digital, onde não existe mais o cinescópio. Atualmente, tanto as televisões, quanto os monitores de PCs e os osciloscópios, se utilizam de telas ou displays de plasma, que também são dispositivos digitais.

Os Teoremas Fundamentais da Análise Vetorial e a Teoria Geral dos Campos 307

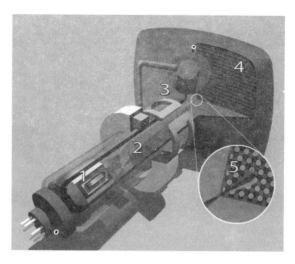

Fig. 10.54 - Diagrama em corte de um tubo de raios catódicos de deflexão eletromagnética, usado em televisões e monitores coloridos: 1- Canhões de elétrons e lentes eletrônicas de focalização; 2 - Bobinas de deflexão eletromagnética; 3 - Anodo de alta tensão; 4 - Máscara de sombra; 5 - Detalhe da matriz de pontos coloridos RGB (vermelho, verde e azul).

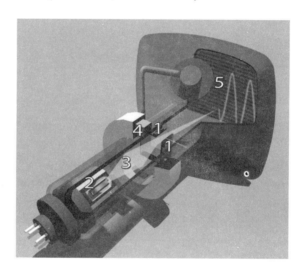

Fig. 10.55 - Diagrama em corte de um tubo de raios catódicos de deflexão eletrostática de um osciloscópio típico: 1 - Placas defletoras horizontais e verticais; 2 - Canhão de elétrons; 3 - Feixe de elétrons; 4 - Bobina de centralização do feixe; 5 - Face interna da tela, revestida de fósforo.

Também ocorre movimento de cargas, só que agora através do deslocamento do próprio meio não condutor, em um gerador de **Van de Graaff**[27], no qual cargas elétricas — separadas por atrito

---
[27] Este gerador foi idealizado por Lord Kelvin em 1890 e realizado, com sucesso, na prática, pelo pesquisador **Robert Jemison Van de Graaff**, em 1931.

Van de Graaff [Robert Jemison Van de Graaff (1901-1967)] - engenheiro e físico americano, descendente de holandeses, que realizou na prática o gerador eletrostático que leva o seu nome. Seu invento foi logo empregado em Física Nuclear, devido à necessidade de altas tensões nos aceleradores de partículas.

Kelvin [William Thomson (1824 - 1907)] - físico irlandês mais tarde conhecido como **Lord Kelvin**, é um dos cientistas mais notáveis e ecléticos da segunda revolução industrial, do período de apogeu do Império Britânico. Na tradição de **Newton**, como filósofo natural, contribuiu para as teorias do calor, da eletricidade e do magnetismo. Desde muito

— são transportadas por uma correia de material isolante e vão provocar a eletrificação da esfera superior. Repare que, neste caso as cargas não se deslocam relativamente à correia. Não, elas ficam estacionárias em relação à mesma e esta é que se desloca pela ação de um motor.

O deslocamento de cargas em meio não condutor é denominado **corrente de convecção**.

Fig. 10.56 - Gerador de **Van de Graaff**- Quando um corpo eletrizado é colocado em contato com a superfície interna de um condutor oco – uma esfera oca, por exemplo – toda a carga dele é transferida para o condutor. Em princípio, a quantidade de carga do condutor e seu respectivo potencial podem aumentar sem limites. Neste equipamento, o domo ou cúpula é carregado por uma correia de material isolante – borracha, por exemplo – que é eletrizada, por atrito, ao ser atritada com um pente existente na parte inferior. Quando estas cargas chegam ao interior do domo, são retiradas da correia por intermédio de um outro pente e vão eletrizar a cúpula de alta voltagem. Quando uma pessoa toca a mesma, em geral os seus cabelos ficam eriçados. Isto ocorre pelo fato de nas pontas dos cabelos se acumularem cargas de mesmo sinal às existentes no domo, provocando a repulsão eletrostática. Quando uma haste metálica é aproximada da cúpula negativamente carregada, serão induzidas na haste cargas positivas, na extremidade mais próxima ao domo do gerador, e cargas negativas na outra extremidade. Assim sendo, pessoa que a segura sentirá um pequeno choque elétrico, pois as cargas positivas induzidas na haste ficarão atreladas à atração das cargas negativas da cúpula do gerador, mas as negativas (elétrons) migrarão em direção à terra, passando pelo corpo da pessoa que segura a haste. Neste modelo de gerador, o domo fica negativamente carregado, mas dependendo do material

---

jovem era um gênio matemático, conhecedor da obra de **Fourier**, estabelecendo relações entre as teorias do calor e da eletricidade, explicando ao próprio **Maxwell** o caráter das linhas de força de **Faraday**. Após uma permanência na França, reconheceu a importância do trabalho de **Carnot**, promovendo a sua reconciliação com as ideias de conservação de energia, e explicando magistralmente a segunda lei da termodinâmica. A escala **Kelvin** de temperaturas é baseada no ciclo de **Carnot**, que não depende de nenhuma substância ou de hipóteses desnecessárias sobre a natureza do calor. Interessou-se por problemas aplicados, em particular na área da telegrafia, participando do lançamento do primeiro cabo telegráfico transoceânico, e transformando-se num engenheiro elétrico e empreendedor de muito sucesso. Era escritor prolífico e polêmico; envolveu-se num debate famoso, com geólogos e evolucionistas, sobre a idade da terra. No final da vida, chegou a vislumbrar pequenas dificuldades na Física Clássica.

dos roletes por onde passa a correia de eletrização e do material desta última, podemos também ter um equipamento cuja cúpula se carregue positivamente. A foto nos foi gentilmente cedida pelo **Cidepe - Centro Industrial de Equipamentos de Ensino e Pesquisa Ltda.** (www.cidepe.com.br), através da **Sra. Eunice Teresinha Valmorbida** e do **Prof. Luiz Antonio Macedo Ramos,** por intervenção da **Sra. Iara Regina Meneghetti.**

Vamos agora estabelecer a regra para o sentido convencional da corrente elétrica. Conforme já sabemos, nos condutores eletrolíticos podemos ter íons positivos movendo-se em um sentido e íons negativos deslocando-se em sentido oposto. Devemos, pois, optar por um deles para referenciar a corrente elétrica. É convenção internacionalmente aceita que o sentido da corrente elétrica é o dos portadores de carga positiva, ou seja, o sentido oposto ao deslocamento dos portadores de carga negativa. Na verdade, tal opção é adequada tanto para condutores eletrolíticos como para os demais, assegurando a consistência da regra. No que respeita aos condutores metálicos, a regra pode parecer totalmente artificial à princípio, visto que os elétrons estarão sempre se movimentado no sentido oposto ao convencional. Esta aparente artificialidade some quando atentamos para o fato de que os elétrons possuem carga elétrica negativa e o sinal de menos apóia a ideia de que se movem no sentido oposto ao convencional. No entanto, a clarificação total da convenção só ocorrerá em nota logo após a expressão (10.136).

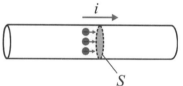

Fig. 10.57 - Através da seção transversal S passam as cargas elementares, durante um intervalo de tempo Δt

Consideremos um determinado condutor e uma seção transversal S do mesmo. Admitamos que através dessa seção passem, durante um intervalo de tempo Δt, n portadores de cargas elementares, correspondendo a uma carga elétrica total de valor absoluto (módulo) Δq. A grandeza escalar intensidade de corrente elétrica média (i_m) é o fluxo dos portadores de cargas que atravessa a seção transversal na unidade de tempo, ou seja,

$$i_m = \frac{\Delta q}{\Delta t} \qquad (10.114)$$

Sendo e o módulo de cada uma das n cargas elementares que atravessam a seção S na unidade de tempo, temos também

$$\Delta q = n\, e \qquad (10.115)$$

bem como

$$i_m = \frac{\Delta q}{\Delta t} = \frac{n\, e}{\Delta t} \qquad (10.116)$$

A intensidade da corrente elétrica instantânea i através da seção S é expressa pelo limite da taxa média quando o intervalo de tempo tende para zero, isto é, pela derivada da carga em relação a tempo, isto é,

$$i = \lim_{\Delta t \to 0} \frac{\Delta q}{\Delta t} = \frac{dq}{dt} \tag{10.117}$$

Quando uma corrente elétrica tem sentido invariável, ela é chamada de **corrente contínua** (CC)[28]. Quando além de ter sentido invariante, a corrente tem também intensidade invariante no tempo, quer dizer, é constante, ela é denominada corrente contínua constante. Nesse caso, a intensidade instantânea da corrente é igual à intensidade média da mesma, ou seja: $i = i_m$. A figura 10.58 apresenta duas situações de corrente contínua.

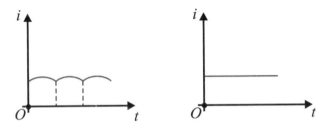

(a) Corrente contínua   (b) Corrente contínua constante

Fig. 10.58 - Corrente contínua

Quando o sentido da corrente se alterna periodicamente, ela é chamada de corrente alternada (CA)[29]. A figura 10.59 mostra uma situação de corrente alternada senoidal.

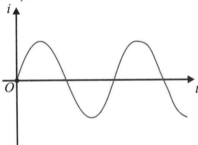

Fig. 10.59 - Corrente alternada senoidal

A unidade da intensidade de corrente elétrica é uma das unidades fundamentais do Sistema Internacional de Medidas (SI), denominando-se ampère[30] (símbolo A)[31]. Desse modo, unidade de carga elétrica é definida a partir do ampère. Uma vez que

---

[28] Em Inglês DC (direct current)

[29] Em Inglês AC (alternating current)

[30] Em homenagem a **André-Marie Ampère**.

[31] As outras unidades fundamentais são o metro (símbolo m), o quilograma (símbolo kg), o segundo (símbolo s), o kelvin (símbolo K), o mol (símbolo mol), a candela (símbolo cd), o radiano (símbolo rad) e o esferorradiano (símbolo sr).

$$i_m = \frac{\Delta q}{\Delta t}$$

e

$$\Delta q = i_m \Delta t$$

temos

$$U(\Delta q) = U(i_m) U(\Delta t)$$

o que implica

$$1 \text{ coulomb} = (1 \text{ ampère})(1 \text{ segundo})$$

isto é,

$$1C = 1A \cdot s$$

Assim sendo, concluímos que um **coulomb** é a quantidade de carga elétrica que atravessa por **segundo** a seção transversal e um condutor percorrido por uma corrente contínua constante, de intensidade igual a um **ampère**.

Na eletrônica é comum trabalharmos com correntes muito menores do que o valor 1 A, de modo que é comum o emprego de submúltiplos tais como:

- miliampère (mA): $1\,mA = 1 \times 10^{-3}\,A$

- microampère (μA): $1\,\mu A = 1 \times 10^{-6}\,A$

Já na parte de sistemas de potência, pára-raios, sistemas de aterramento, etc., é comum lidarmos com correntes muito elevadas, sendo usual os seguintes múltiplos:

- quiloampère (kA): $1\,kA = 1 \times 10^{3}\,A$

- mega-ampère (MA): $1\,MA = 1 \times 10^{6}\,A$

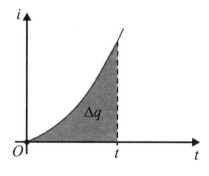

Fig. 10.60

Existem alguns problemas na prática em que se deseja determinar a corrente média durante um

Cálculo e Análise Vetoriais com Aplicações Práticas

certo intervalo de tempo a partir da expressão de uma corrente variável ou até mesmo do gráfico dessa corrente variável, conforme ilustrado na figura 10.60.

Da expressão (10.117), vem

$$dq = i \, dt$$

Integrando ambos os membros, temos

$$\Delta q = \int_0^{\Delta q} dq = \int_0^t i \, dt$$

ou seja,

$$\Delta q = \int_0^t i \, dt \qquad \qquad \textbf{(10.118)}$$

que é área sob a curva $i \times t$, que está hachurada na figura em questão.

EXEMPLO 10.27

Um fio metálico é percorrido por uma corrente contínua e constante. Sabe-se que uma carga elétrica de 64 C atravessa uma seção transversal do fio em 8,0 s. Sendo o módulo da carga do elétron dado por $e = 1,6 \times 10^{-19} \, C$, determine:

(a) a intensidade da corrente elétrica;

(b) o número de elétrons que atravessam uma seção transversal do fio no intervalo de tempo citado.

SOLUÇÃO:

(a)

Sendo $\Delta q = 64 \, C$ e $\Delta t = 8,0 \, s$, pela expressão (10.114),

$$i = i_{m} = \frac{\Delta q}{\Delta t} = \frac{64}{8,0} = 8,0 \, A$$

(b)

Pela expressão (10.115),

$$\Delta q = n \, e$$

logo,

$$n = \frac{\Delta q}{e} = \frac{64}{1,6 \times 10^{-19}} = 4,0 \times 10^{20} \, \text{elétrons}$$

EXEMPLO 10.28

Quando uma diferença de potencial suficientemente alta é aplicada entre dois eletrodos no interior de um tubo que contém um gás em baixa pressão (tubo de raios catódicos) estabelece-se, em decorrência, uma descarga elétrica. O gás se ioniza, com os elétrons movendo-se para o terminal positivo (de maior potencial) e os íons positivos para o terminal negativo. Qual é a intensidade e o sentido da corrente se, a cada segundo, atravessam uma seção transversal do tubo $3,1\times 10^{18}$ elétrons e $1,1\times 10^{18}$ prótons? Assuma a carga elétrica fundamental como sendo $e = 1,6\times 10^{-19}$ C.

SOLUÇÃO:

A intensidade da corrente total é a soma algébrica das correntes de íons positivos e de elétrons. Dessa maneira, temos

$$i = i_{\text{elétrons}} + i_{\text{prótons}} = \frac{\Delta q}{\Delta t} = \frac{(3,1\times 10^{18} + 1,1\times 10^{18})\times 1,6\times 10^{-19}}{1,0} = 0,67 \text{ A}$$

EXEMPLO 10.29

No interior de um condutor homogêneo, a intensidade da corrente elétrica varia com o tempo conforme ilustrado na figura 10.61. Determine o valor médio da corrente entre os instantes 1 min. e 2 min.

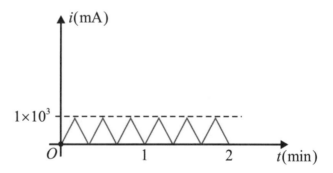

Fig. 10.61

SOLUÇÃO:

A carga entre os instantes de tempo 1 min. e 2 min. é igual à área de três triângulos de base $\frac{1}{3}$ min = 20 s e altura 1×10^3 mA = 1A. Logo,

$$\Delta q = 3\times \frac{20\times 1}{2} = 30 \text{ C}$$

O intervalo de tempo é $\Delta t = 2\min - 1\min = 1\min = 60$ s, de tal forma que, pela expressão (10.114),

$$i_m = \frac{\Delta q}{\Delta t} = \frac{30}{60} = 0,50 \text{ A}$$

(h) Densidade de Corrente Elétrica

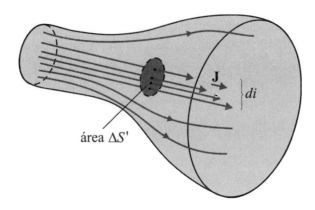

Fig. 10.62

Existe uma outra grandeza relacionada com o fluxo de cargas elétricas, além da intensidade de corrente elétrica: trata-se da densidade de corrente elétrica, a qual expressa a concentração do fluxo de cargas em um ponto genérico do condutor. A densidade de corrente é um vetor representado por **J**, na direção da corrente elétrica — ou fluxo de cargas — no ponto considerado. Sua intensidade é determinada tomando-se o limite da corrente por unidade de área transversal à corrente, quando esta área tende para zero. Sendo esta área, podemos expressar

$$J = \lim_{\Delta S' \to 0} \frac{\Delta i}{\Delta S'} = \frac{di}{dS'} \qquad (10.119)$$

de onde, é claro,

$$di = J\, dS' \qquad (10.120)$$

De (10.119) fica claro que a unidade da densidade de corrente é a unidade de corrente pela unidade de área, isto é,

$$U(J) = \frac{U(i)}{U(S)}$$

o que implica

$$U(J) = \text{ampère/metro quadrado, símbolo A/m}^2$$

No caso de um fluxo de cargas para o qual a velocidade dos portadores é a mesma em todos os pontos do fluxo, conforme na figura 10.63, a densidade de corrente **J** é a mesma em todos os pontos. A relação entre a corrente total i e a densidade de corrente J pode ser determinada integrando-se a expressão (10.120) ao longo da área transversal hachurada. Desse modo, obtemos

$$i = \int di = \int_S J\, dS' = J\, S$$

quer dizer,

$$i = J S \qquad (10.121)$$

de onde

$$J = \frac{i}{S} \qquad (10.122)$$

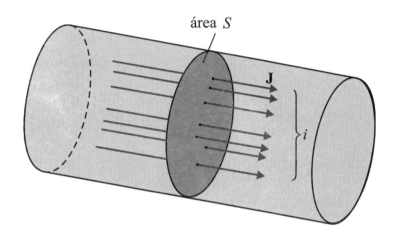

Fig. 10.63

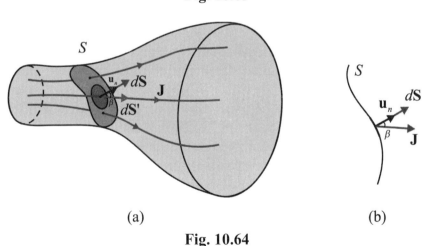

Fig. 10.64

Quando a densidade de corrente varia de um ponto a outro no interior do fluxo de portadores de carga, conforme pode ocorrer, por exemplo, num tubo de descarga de gás ou no material semicondutor de um componente eletrônico, a relação entre a densidade de corrente e a corrente total é mais complexa.. A figura 10.64 representa uma situação deste tipo. Seja agora uma superfície aberta S, de forma qualquer, cortada pelo fluxo de cargas. Repare que o fluxo não é, neste caso, perpendicular à superfície S em cada ponto da mesma. Consideremos um elemento diferencial dS desta superfície e o seu vetor correspondente $d\mathbf{S}$. Verificamos que o vetor densidade de corrente $\mathbf{J}$ não é perpendicular ao elemento dS, formando um ângulo β com o vetor $d\mathbf{S}$. No entanto, a definição de densidade de corrente pode ser aplicada ao elemento dS', que é perpendicular ao movimento de cargas, ou seja,

$$di = J\,dS'$$

sendo que a relação entre os elementos dS e dS' é

$$dS' = dS\cos\beta$$

o que acarreta

$$di = J\,dS\cos\beta = \mathbf{J}\cdot d\mathbf{S} = \mathbf{J}\cdot\mathbf{u}_n dS \tag{10.123}$$

a qual pode ser integrada ao longo da superfície total S para que cheguemos a

$$i = \int di = \iint_S J\,dS\cos\beta = \iint_S \mathbf{J}\cdot d\mathbf{S} = \iint_S \mathbf{J}\cdot\mathbf{u}_n dS$$

isto é,

$$i = \iint_S \mathbf{J}\cdot d\mathbf{S} = \iint_S \mathbf{J}\cdot\mathbf{u}_n dS \tag{10.124}$$

O modelo do vetor densidade de corrente ao longo do meio no qual a corrente está fluindo pode ser usado para construir mapas de linhas de corrente, semelhantemente ao modo pelo qual o padrão dos vetores campo elétrico leva a mapas das linhas de força para um campo eletrostático. As linhas de corrente elétrica são muito semelhantes às linhas de fluxo em um fluido e as linhas de força, por seu turno, se assemelham às linhas de corrente em um fluido. É evidente, portanto, que a densidade de corrente deve ser tratada como um campo vetorial. Também é importante entender que, de um modo geral, as linhas de fluxo são distintas das linhas de corrente em um fluido, da mesma forma que linhas de corrente elétrica geralmente são distintas das linhas de força do campo elétrico (vide questão 10.17 e sua respectiva resposta).

É também importante considerar que, por vezes, a corrente elétrica se distribui ao longo de películas condutoras, não necessariamente planas, cuja espessura h é desprezível em comparação ao comprimento l e a largura w das mesmas, conforme retratado na figura 10.65.

Nestas situações, define-se o vetor densidade de corrente superficial $\mathbf{J}_S$, cuja intensidade é a corrente por unidade de comprimento transversal, quer dizer,

$$J_S = \frac{di}{dw} \tag{10.125}$$

Em consequência, temos

$$di = J_S\,dw \tag{10.126}$$

que pode ser integrada ao longo do comprimento w, para que obtenhamos

$$i = \int di = \int_w J_S \, dw \qquad (10.127)$$

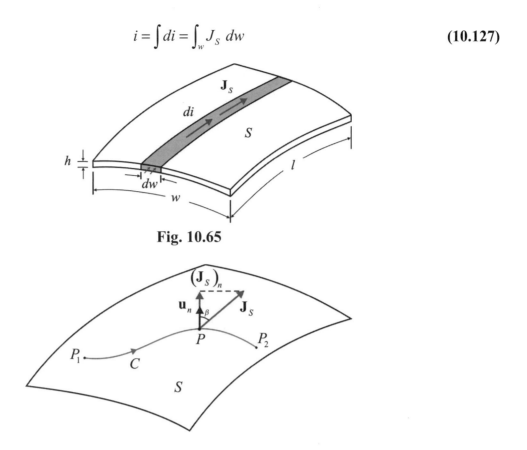

Fig. 10.65

Fig. 10.66

Para determinar a corrente total atravessando uma curva orientada C, pertencente à superfície da película condutora, entre os pontos P_1 e P_2, conforme na figura 10.66, basta trabalhar com a componente de $\mathbf{J}_S$ perpendicular à curva C em um ponto genérico P, e expressar

$$di = (J_S)_n \, dw \qquad (10.128)$$

que também pode ser integrada ao longo da curva C a fim de determinar a corrente total,

$$i = \int di = \int_{P_1}^{P_2} (J_S)_n \, dw = \int_{P_1}^{P_2} (J_S)_n \, dw = \int_{P_1}^{P_2} J_S \cos\beta \, dw = \int_{P_1}^{P_2} (\mathbf{J}_S \cdot \mathbf{u}_n) \, dw$$

ou seja,

$$i = \int di = \int_{P_1}^{P_2} J_S \cos\beta \, dw = \int_{P_1}^{P_2} (\mathbf{J}_S \cdot \mathbf{u}_n) \, dw \qquad (10.129)$$

Se a distribuição for uniforme e a película for plana de largura w, a situação reduz-se a

$$i = J_S \, w \qquad (10.130)$$

EXEMPLO 10.30

Um condutor de alumínio de 0,25 cm de diâmetro tem uma de suas extremidades soldada a um condutor de cobre cujo diâmetro é igual a 0,16 cm. Por esse fio composto, mostrado na figura 10.67, passa uma corrente de 10 A. Qual é o valor da densidade de corrente em cada condutor?

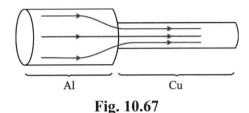

Fig. 10.67

SOLUÇÃO:

A corrente está uniformemente distribuída em uma seção transversal qualquer desse condutor composto, exceto na junção, de forma que podemos considerar uma densidade de corrente constante dentro de cada condutor. A área da seção transversal do condutor de alumínio é

$$S_{Al} = \frac{\pi (0,25 \times 10^{-2})^2}{4} = 4,9 \times 10^{-6} \, m^2$$

donde obtemos, da expressão (10.122),

$$J_{Al} = \frac{i}{S_{Al}} = \frac{10}{4,9 \times 10^{-6}} = 2,0 \times 10^6 \, A/m^2 = 2,0 \, MA/m^2$$

Sendo a área da seção transversal do cobre dada por

$$S_{Cu} = \frac{\pi (0,16 \times 10^{-2})^2}{4} = 2,0 \times 10^{-6} \, m^2$$

obtemos

$$J_{Cu} = \frac{i}{S_{Cu}} = \frac{10}{2,0 \times 10^{-6}} = 5,0 \times 10^6 \, A/m^2 = 5,0 \, MA/m^2$$

EXEMPLO 10.31*

Uma barra de cristal semicondutor, feita de germânio, tem seção transversal quadrada de 0,10 cm de lado, conforme na figura 10.68. Devido às propriedades semicondutoras da substância, a densidade de corrente não é uniforme ao longo da seção transversal, mas varia de ponto para ponto de acordo com a lei

$$\mathbf{J} = J_0 \left[\operatorname{sen}\left(\frac{\pi x}{a}\right) \operatorname{sen}\left(\frac{\pi y}{a}\right) \right] \mathbf{u}_z$$

na qual a representa o lado de 0,10 cm da seção transversal. Tal expressão estabelece que a densidade de corrente cai a zero nas extremidades da barra, em $x = 0$, $x = a$ e $y = 0$, $y = h$; tem valor máximo J_0 no centro, em $x = y = a/2$; e varia senoidalmente como uma função de x e y ao longo do cristal. O sentido de **J** é o sentido positivo do eixo z, ou seja, ele é paralelo ao comprimento da barra. Assumindo $J_0 = 8,0 \times 10^2 \text{ A/m}^2$, determine a corrente total através da amostra.

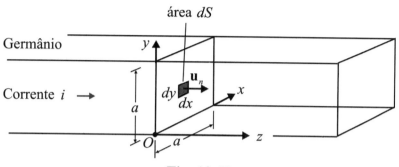

Fig. 10.68

SOLUÇÃO:

A situação está esquematizada na figura 10.69. Uma vez que a densidade de corrente é variável, devemos utilizar a expressão (10.124), sendo $\mathbf{u}_n = \mathbf{u}_z$, ou seja,

$$i = \iint_S \mathbf{J} \cdot d\mathbf{S} = \iint_S \mathbf{J} \cdot \mathbf{u}_n dS = \int_{y=0}^{y=a} \int_{x=0}^{x=a} J_0 \left[\text{sen}\left(\frac{\pi x}{a}\right) \text{sen}\left(\frac{\pi y}{a}\right) \right] dx\, dy$$

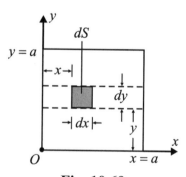

Fig. 10.69

Integrando em relação a x, temos

$$i = J_0 \int_{y=0}^{y=a} \frac{a}{\pi} \left[-\cos\left(\frac{\pi x}{a}\right) \right]_{x=0}^{x=a} \text{sen}\left(\frac{\pi y}{a}\right) dy = \frac{2J_0 a}{\pi} \int_{y=0}^{y=a} \text{sen}\left(\frac{\pi y}{a}\right) dy$$

Integrando em relação y, obtemos

$$i = \frac{2J_0 a^2}{\pi^2} \left[-\cos\left(\frac{\pi y}{a}\right) \right]_{y=0}^{y=a} = \frac{4J_0 a^2}{\pi^2}$$

Substituindo valores, segue-se

$$i = \frac{4J_0 a^2}{\pi^2} = \frac{4(8,0 \times 10^2)(0,10 \times 10^{-2})^2}{\pi^2} = 3,2 \times 10^{-4} \, A$$

10.9.3 - Lei Vetorial de Ohm e Condutores

Uma outra relação importante é a que combina densidade de corrente com a velo-cidade dos portadores de carga que contribuem para a corrente elétrica. Seja, pois, um tubo elementar de corrente, cujas dimensões infinitesimais foram grandemente exageradas na figura 10.70 a fim de facilitar a visualização dos conceitos. Uma vez que as linhas de corrente são paralelas à superfície lateral do tubo, nenhuma corrente flui através desta parte, só havendo fluxo através das tampas. Sendo di a corrente contida no tubo e dS' a área das tampas, que é a mesma área da seção transversal, podemos expressar

$$J = \frac{di}{dS'}$$

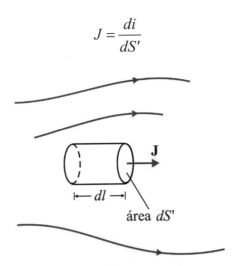

Fig. 10.70 - Tubo elementar de corrente

Num intervalo e tempo dt, as cargas no interior do tubo se deslocam com uma velocidade v^{32}, ao longo da distância $dl = v \, dt$. Pelo conceito de densidade volumétrica de cargas, vem

$$dq = \rho_v \, dv = \rho_v \left(dS' \, dl\right) = \rho_v \left(dS' \, v \, dt\right)$$

ou seja,

$$di = \frac{dq}{dt} = \rho_v \, v \, dS'$$

o que nos leva a

$$J = \frac{di}{dS'} = \rho_v \, v$$

---

[32] Esta velocidade é, na realidade, uma velocidade média, conhecida como velocidade de arrastamento ou velocidade de deriva dos portadores de carga, que será melhor abordada logo a seguir.

isto é,

$$J = \rho_v \, v \qquad (10.131)$$

Uma vez que o vetor densidade de corrente e o vetor velocidade têm o mesmo sentido, esta expressão se mantém também como uma expressão vetorial da forma

$$\mathbf{J} = \rho_v \, \mathbf{v} \qquad (10.132)$$

Em palavras: a densidade de corrente é igual a densidade de cargas vezes a velocidade das mesmas, em todos os pontos do fluxo.

Se as cargas dentro do condutor existem, conforme sempre ocorre, na forma e um número muito elevado de partículas elementares carregadas, então, a carga por unidade de volume será dada por

$$\rho_v = n \, q \qquad (10.133)$$

em que n é o número de partículas elementares carregadas por unidade de volume e q é a carga associada à cada uma delas. A expressão (10.126) assume, agora, a forma

$$\mathbf{J} = n \, q \, \mathbf{v} \qquad (10.134)$$

Se as cargas elementares forem elétrons, a carga elementar será $-e$, sendo que $e = 1,6 \times 10^{-19}\,\mathrm{C}$. Neste caso,

$$\mathbf{J} = -n \, e \, \mathbf{v}_e \qquad (10.135)$$

Vamos, então, nos ater ao caso em que portadores de carga positivos e negativos estejam presentes, para o qual a expressão (10.134) assume a forma generalizada

$$\mathbf{J} = \rho_{v+}\mathbf{v}_+ + \rho_{v-}\mathbf{v}_- \qquad (10.136)$$

Nota: repare que se ρ_v é positiva e a carga está se deslocando no sentido x positivo, sob a ação de um campo elétrico da forma $\mathbf{E} = E_x \, \mathbf{u}_x$, com o sentido x positivo, a densidade de corrente é da forma $\mathbf{J} = J_x \, \mathbf{u}_x$, apontando também no sentido x positivo. Entretanto, se ρ_v é negativa, e a carga está se deslocando no sentido x negativo, sob a ação de um campo elétrico da forma $\mathbf{E} = E_x \, \mathbf{u}_x$, com o sentido x positivo, a densidade de corrente é da forma $\mathbf{J} = J_x \, \mathbf{u}_x$, apontando também no sentido x positivo, uma vez que tanto a densidade de cargas quanto a velocidade são negativas, dando um produto positivo. Isto justifica sobremaneira a nossa convenção de que o sentido convencional da corrente elétrica é sempre o sentido de deslocamento dos portadores de carga positiva.

Conforme já colocado, as correntes de condução compõem-se de um movimento ordenado de portadores de carga, com o material condutor permanecendo neutro como um todo. Pode-se justificar analiticamente, conforme faremos mais adiante para os elétrons, que para a maioria dos condutores a velocidade média de deslocamento dos portadores de carga é diretamente proporcional ao campo elétrico externo aplicado. Para os condutores metálicos temos

$$\mathbf{v}_e = -\mu_e \, \mathbf{E} \qquad (10.137)$$

322 **Cálculo e Análise Vetoriais com Aplicações Práticas**

sendo μ_e a mobilidade dos elétrons e sua unidade o metro quadrado por volt e por segundo (símbolo $m^2/V.s$). A tabela 10.2 seguinte apresenta valores de mobilidade dos elétrons para três materiais condutores. Pelas expressões (10.132) e (10.137), segue-se

$$\mathbf{J} = -\rho_{v_e}\mu_e\,\mathbf{E} \tag{10.138}$$

na qual $\rho_{v_e} = -ne$ é a densidade volumétrica dos elétrons em movimento, que é uma grandeza negativa. A expressão (10.138) pode, então, ser reescrita na forma

$$\mathbf{J} = \sigma\,\mathbf{E} \tag{10.139}$$

conhecida como lei vetorial de Ohm, cuja constante de proporcionalidade,

$$\sigma = -\rho_{v_e}\mu_e \tag{10.140}$$

é um parâmetro macroscópico constitutivo do meio, denominado **condutividade elétrica** (símbolo σ), cuja unidade é 1/(ohm - metro) = mho/metro (símbolo $\mho/m$). Atualmente, no Sistema Internacional de Medidas, o mho (símbolo $\mho$) é conhecido como simens, e a unidade de condutividade é siemens por metro (símbolo S/m). O inverso da condutividade elétrica é a **resistividade elétrica** (símbolo g), e sua unidade é ohm-metro (símbolo $\Omega.m$).

$$g = \frac{1}{\sigma} \tag{10.141}$$

o que permite que a lei vetorial de **Ohm** assuma também a forma

$$\mathbf{J} = \frac{1}{g}\mathbf{E} \tag{10.142}$$

Mobilidade dos elétrons à temperatura de 20ºC = 293K	
Material	$\mu_e\left(m^2/V.s\right)$
Cobre	$3,2\times10^{-3}$
Alumínio	$1,4\times10^{-4}$
Prata	$5,2\times10^{-3}$

Tab. 10.2

As tabelas 10.3 e 10.4 apresentam, respectivamente, a condutividade e a resistividade para diversos materiais.

Devemos também ressaltar que a expressões (10.139) e (10.142), que são diferentes maneiras de se apresentar a lei vetorial de **Ohm**, são formas puntuais ou locais, e tanto a condutividade (σ) quanto a resistividade (g), podem ser funções de coordenadas espaciais.

Nota: Neste ponto é interessante chamar sua atenção para a questão teórica 10.16. Muitas pessoas nem dão importância para tais questões, no que cometem um erro, visto que , somente um conhecimento profundo da teoria habilita uma pessoa a respondê-las. Aliás, tais questões, não foram idealizadas para sempre produzirem respostas curtas e objetivas, mas sim suscitar dúvidas, motivar o raciocínio e até a discussão de temas em sala de aula. O primeiro livro a seguir tal modelo foi o livro de Física de **David Halliday** e **Robert Resnick**, que em sua primeira edição americana, em 1960, já apresentava tal tipo de questões. Só muitos anos mais tarde é que tal modelo foi seguido pelo livro de Física de **Paul A. Tipler** e pelo livro de Física de **John P. Mc Kelvey e Howard Grotch**.

Condutividade à temperatura de 20°C = 293K		
Material		$\sigma\,(\text{S/m})$
Condutores	Prata	$6,2 \times 10^7$
	Cobre	$5,8 \times 10^7$
	Ouro	$4,2 \times 10^7$
	Alumínio	$3,8 \times 10^7$
	Latão	$1,6 \times 10^7$
	Níquel	$1,5 \times 10^7$
	Ferro	$1,0 \times 10^7$
	Platina	$9,7 \times 10^6$
	Mercúrio	$1,0 \times 10^6$
	Grafite	$3,0 \times 10^4$
	Água do mar	$4,0$
Semicondutores	Germânio puro	$2,2$
	Ferrite	$1,0 \times 10^{-2}$
	Silício puro	$0,45 \times 10^{-3}$
Isolantes	Água destilada	$1,0 \times 10^{-4}$
	Baquelite	$1,0 \times 10^{-9}$
	Vidro	$1,0 \times 10^{-12}$
	Mica	$1,0 \times 10^{-15}$
	Quartzo	$1,0 \times 10^{-17}$

Tab. 10.3

Material		$g\,(\Omega.\text{m})$
Condutores	Prata	$1,6\times10^{-8}$
	Cobre	$1,7\times10^{-8}$
	Ouro	$2,4\times10^{-8}$
	Alumínio	$2,6\times10^{-8}$
	Latão	$6,3\times10^{-8}$
	Níquel	$6,7\times10^{-8}$
	Ferro	$9,7\times10^{-8}$
	Platina	$1,0\times10^{-7}$
	Mercúrio	$1,0\times10^{-6}$
	Grafite	$0,33\times10^{-4}$
	Água do mar	$0,25$
Semicondutores	Germânio puro	$0,45$
	Ferrite	$1,0\times10^{2}$
	Silício puro	$2,2\times10^{3}$
Isolantes	Água destilada	$1,0\times10^{4}$
	Baquelite	$1,0\times10^{9}$
	Vidro	$1,0\times10^{12}$
	Mica	$1,0\times10^{15}$
	Quartzo	$1,0\times10^{17}$

Tab. 10.4

Agora vamos analisar, em caráter microscópico, o que foi afirmado anteriormente, quanto ao movimento de elétrons em um condutor metálico. Sem nenhum campo externo aplicado os elétrons livres têm um movimento totalmente randômico (caótico, desordenado), sem nenhuma direção ou sentido preferenciais. No entanto, se aplicarmos um campo elétrico externo, ele vai dar aos mesmos uma direção preferencial de movimento.

Seja, então, a figura 10.71. Em (a), vislumbramos a trajetória aleatória de um elétron quase livre numa substância condutora em equilíbrio. Não existe força externa atuando sobre ele, e sua trajetória assemelha-se à de uma molécula em um gás monoatômico. Os diversos segmentos da trajetória são retilíneos, já que entre as colisões do elétron com a rede cristalina do condutor, que afetam a trajetória e a velocidade, a força resultante sobre o elétron é nula. Inicialmente, pode-se supor que o elétron esteja no ponto A. Embora seu deslocamento randômico algumas vezes o leve a uma distância considerável deste ponto, é bastante provável que ele tenha estado tanto à direita quanto à esquerda do referido ponto. Seu deslocamento médio, e portanto sua velocidade média, são nulos. Durante um longo período de tempo, em média, ele não apresenta nenhum deslocamento resultante. Em (b), está esquematizado o que acontece quando um campo elétrico externo está presente. O campo elétrico $\mathbf{E}$ aponta em um sentido e a força elétrica $\mathbf{F} = q\mathbf{E} = -e\mathbf{E}$ aponta no sentido contrário. Durante cada segmento da trajetória do elétron, esta força comunica ao mesmo uma pequena velocidade que somada à velocidade de agitação térmica dá origem à **velocidade de deriva**[33] ou **velocidade de arrastamento**, resultando em segmentos que não são mais retilíneos, mas sim ligeiramente encurvados para a direita. Assim sendo, o elétron "se arrasta" sistematicamente para a direita durante cada segmento da trajetória. Seu movimento pode ser considerado como um movimento térmico puramente aleatório, ao qual é superposto um impulso periódico e sistemático no sentido da corrente elétrica.

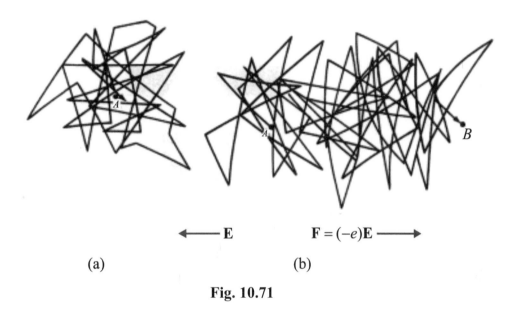

Fig. 10.71

Suponhamos, agora, que um campo elétrico externo seja aplicado. O efeito é o de aceleração dos elétrons no sentido oposto ao do campo elétrico. Entretanto, não ocorre um aumento indefinido da velocidade das partículas eletrônicas, devido às colisões das mesmas com os íons da rede cristalina do material. Como efeito resultante, os elétrons adquirem, rapidamente, uma velocidade constante de arrastamento. Vamos, neste ponto, analisar analiticamente a situação. Consideremos um elétron em separado e nomeemos $\mathbf{E}q$ a força devido ao campo elétrico externo, $\mathbf{F}$ a resultante das forças devido a interação de um elétron com os íons que lhe sejam adjacentes — embora a verdadeira natureza destas forças ainda nos seja desconhecida — e t_0 o intervalo de tempo entre duas colisões consecutivas de um elétron com os íons, intervalo este denominado **tempo de relaxação** do condutor. A força média entre colisões pode se expressa por

$$\overline{\mathbf{F}} = \frac{1}{t_0}\int_0^{t_0} \mathbf{F}\, dt \tag{i}$$

---

[33] Em Inglês drift.

326 **Cálculo e Análise Vetoriais com Aplicações Práticas**

Uma vez que a aceleração resultante é nula,

$$\mathbf{E}q + \frac{1}{t_0}\int_0^{t_0} \mathbf{F}\, dt = 0 \qquad \text{(ii)}$$

Vamos, agora, dividir o intervalo entre duas colisões consecutivas em duas partes: o tempo efetivo de duração de uma colisão t e o tempo restante $t_0 - t$, o que permite expressar

$$\frac{1}{t_0}\int_0^{t_0} \mathbf{F}\, dt = \frac{1}{t_0}\int_{t=0}^{t_0-t} \mathbf{F}\, dt + \frac{1}{t_0}\int_{t_0-t}^{t_0} \mathbf{F}\, dt \qquad \text{(iii)}$$

Substituindo (iii) em (ii), temos

$$\oint_C d\mathbf{l} \times \mathbf{V} - \iint_S (d\mathbf{S} \times \nabla) \times \mathbf{V} = 0 \qquad \text{(iv)}$$

Entretanto, considerando que as forças de colisão só atuem efetivamente durante o tempo de colisão, temos

$$\frac{1}{t_0}\int_{t=0}^{t_0-t} \mathbf{F}\, dt = 0 \qquad \text{(v)}$$

e a substituição de (iv) em (v) implica

$$\mathbf{E}q = -\frac{1}{t_0}\int_{t_0-t}^{t_0} \mathbf{F}\, dt \qquad \text{(vi)}$$

Vamos agora considerar que:

1º) todos os elétrons tenham o mesmo livre percurso médio l_0 (distância média entre colisões consecutivas);

2º) todos os elétrons tenham a mesma velocidade média de arrastamento;

3º) Os movimentos de todos os elétrons após as colisões sejam totalmente independentes dos movimentos antes das mesmas, e que os movimentos dos mesmos sejam anulados, instantaneamente, por ocasião de cada colisão.

Pelo teorema do impulso e da variação a quantidade de movimento, sendo m a massa de um elétron, $\mathbf{v}_1$ a velocidade antes do impacto e $\mathbf{v}_2$ a velocidade após o impacto, vem

$$\int_{t_0-t}^{t_0} \mathbf{F}\, dt = m\left(\mathbf{v}_2 - \mathbf{v}_1\right) \qquad \text{(vii)}$$

De (vi) e (vii), segue-se

$$\mathbf{E}q = -\frac{1}{t_0} m \left(\mathbf{v}_2 - \mathbf{v}_1 \right) \qquad \textbf{(viii)}$$

No entanto, pela 3ª consideração, $\mathbf{v}_2 = 0$, e a expressão (viii) assume a forma

$$\mathbf{E}q = \frac{1}{t_0} m \, \mathbf{v}_1 \qquad \textbf{(ix)}$$

Pela definição de livre percurso médio,

$$l_0 = \mathrm{v}_{ter} \, t_0 \qquad \textbf{(x)}$$

em que v_{ter} é velocidade de agitação térmica dos elétrons. Assim sendo,

$$t_0 = \frac{l_0}{\mathrm{v}_{ter}} \qquad \textbf{(xi)}$$

Substituindo (xi) em (ix), segue-se

$$\mathbf{v}_1 = \frac{q l_0}{m \mathrm{v}_{ter}} \mathbf{E} \qquad \textbf{(xii)}$$

Obviamente que a velocidade do elétron antes de cada colisão varia desde zero até o valor final $\mathbf{v}_1$, de modo que podemos adotar, sem erro apreciável, que a velocidade média de arrastamento do elétron seja

$$\mathbf{v} = \mathbf{v}_{1_m} = \frac{1}{2} \mathbf{v}_1 \qquad \textbf{(xiii)}$$

De (xii) e (xiii), vem

$$\mathbf{v} = \frac{1}{2} \frac{q l_0}{m \mathrm{v}_{ter}} \mathbf{E} \qquad \textbf{(xiv)}$$

Mas, pela expressão (10.128),

$$\mathbf{J} = n \, q \, \mathbf{v}$$

o que permite obter

$$\mathbf{J} = \left(\frac{1}{2} \frac{n q^2 l_0}{m \mathrm{v}_{ter}} \right) \mathbf{E} \qquad \textbf{(10.143)}$$

e que se comparada à expressão (10.139),

328 **Cálculo e Análise Vetoriais com Aplicações Práticas**

$$J = \sigma\, E$$

nos leva a concluir que a condutividade também pode ser expressa por

$$\sigma = \frac{1}{2}\frac{nq^2 l_0}{m v_{\text{ter}}}$$

ou, lembrando que a carga do elétron é dada por $q = -e$,

$$\sigma = \frac{1}{2}\frac{ne^2 l_0}{m v_{\text{ter}}} \qquad\qquad (10.144)$$

e essa é uma expressão dependente da temperatura, uma vez que o livre percurso médio do elétron e sua velocidade de agitação térmica também o são. Devemos também reparar que nenhum dos fatores que constam na expressão em tela é função do campo elétrico, o que nos leva a concluir que a condutividade é um parâmetro que independe deste último.

EXEMPLO 10.32

Um condutor de cobre, de seção transversal $S = 1,0\,\text{cm}^2$, está sob a ação de um campo elétrico uniforme $E = 1,0\,\text{V/m}$, que provoca uma corrente elétrica no mesmo. Determine:

(a) A densidade de corrente.

(b) A intensidade de corrente elétrica.

(c) A densidade volumétrica de cargas.

(d) A velocidade de arrastamento dos elétrons.

(e) A concentração de elétrons por unidade de volume.

SOLUÇÃO:

(a)

Para o cobre, temos $\sigma = 5,8\times10^7\,\text{S/m}$ e $\oint_C \left[\left(3x^2-8y^2\right)dx + \left(4y-6xy\right)dy \right]$, de tal forma que, pela lei de **Ohm**,

$$J = \sigma\, E = \left(5,8\times10^7\right)\left(1,0\right) = 5,8\times10^7\,\text{A/m}^2 = 58\,\text{MA/m}^2$$

(b)

Pela expressão (10.121),

$$i = J\,S = \left(5,8\times10^{7}\right)\left(1,0\times10^{-4}\right) = 5,8\times10^{3}\,\text{A} = 5,8\,\text{kA}$$

(c)

De acordo com a expressão (10.140),

$$\sigma = -\rho_{v_e}\mu_e$$

logo,

$$\rho_{v_e} = -\frac{\sigma}{\mu_e} = -\frac{5,8\times10^{7}}{3,2\times10^{-3}} = -18\times10^{9}\,\text{C/m}^{3}$$

(d)

Pela expressão (10.137),

$$\mathbf{v}_e = -\mu_e\,\mathbf{E}$$

e em módulo

$$v_e = \mu_e\,E$$

o que nos leva a

$$v_e = \mu_e\,E = \left(3,2\times10^{-3}\right)\left(1,0\right) = 3,2\times10^{-3}\,\text{m/s} = 3,2\,\text{mm/s}$$

(e)

Uma vez que

$$\rho_{v_e} = n\left(-e\right),$$

$$n = \frac{\rho_{v_e}}{-e} = \frac{-18\times10^{9}}{-1,6\times10^{-19}} = 1,1\times10^{29}\,\text{elétrons/m}^{3} = 1,1\times10^{20}\,\text{elétrons/mm}^{3}$$

EXEMPLO 10.33

Qual é o valor da velocidade de arrastamento dos elétrons para o condutor de cobre do exemplo 10.30? Considere $N_A = 6,02\times10^{23}\,\text{mol}^{-1}$ (constante ou número de **Avogadro**[34] = número de átomos ou de moléculas em um mol ou molécula grama de uma substância) e a carga fundamental como sendo

---

[34] **Avogadro [Lorenzo Romano Amedeo Carlo Avogadro(1776-1856)]** - advogado e físico italiano. Foi também um dos primeiros cientistas a distinguir átomos e moléculas e o primeiro a conceber a ideia de que em uma amostra de um elemento, com massa em gramas numericamente igual à sua massa atômica, existe sempre o mesmo número de átomos. Ele não conseguiu determinar esse número. Ao longo do século XX, muitos experimentos — bastante engenhosos — foram executados para determiná-lo e passou a ser conhecido como **Número de Avogadro** e, atualmente é denominado, **Constante de Avogadro**, em homenagem ao cientista em tela. Seu valor aceito hoje em dia é $N_A = 6,02\times10^{23}\,\text{mol}^{-1}$. Em 1809 passou a lecionar Física no Realle Collegio de Varcelli. Em 1820 ingressa na Universidade de Turim como responsável pela cadeira de Física. Trabalhou lá por 30 anos, período em que boa parte de sua obra foi publicada.

$e = 1{,}6 \times 10^{-19}\,C$, bem como os seguintes valores para o cobre:

$$\begin{cases} \mu_{Cu} = 8{,}96 \times 10^{3}\ \text{kg/m}^{3}\ (\text{massa específica ou densidade absoluta}) \\ M_{Cu} = 63{,}54 \times 10^{-3}\ \text{kg/mol}\,(\text{massa molecular}) \end{cases}$$

SOLUÇÃO:

Seja a expressão (10.135),

$$\mathbf{J} = -n\,e\,\mathbf{v}_{e}$$

de forma que, em módulo, temos

$$v_{e} = \frac{J}{n\,e}$$

No entanto, para utilizar a mesma devemos conhecer o número de elétrons por unidade de volume. Para tanto vamos supor que cada átomo de cobre contribua com um elétron livre para a corrente. Deste modo, o número de elétrons de condução por unidade de volume é igual ao número de átomos por unidade de volume. Podemos, então, estabelecer a seguinte proporção:

$$\frac{N}{N_{A}} = \frac{m}{M}$$

em que N é o número de átomos em um determinado volume do cobre, N_{A} é número de **Avogadro**, m é a massa do condutor de cobre e M é a massa molecular (ou massa molar) do cobre. Supondo constante a densidade do material,

$$m = \mu\,v$$

que substituída na proporção anterior nos leva a

$$\frac{N}{N_{A}} = \frac{\mu\,v}{M}$$

Assim, o número de átomos por unidade de volume, que no caso elétrons de condução por unidade de volume, é dado por

$$n = \frac{N}{v} = \frac{N_{A}\mu}{M}$$

Note que também poderíamos também ter raciocinado da seguinte maneira:

$$n = \begin{pmatrix} \text{átomos} \\ \text{por unidade} \\ \text{de volume} \end{pmatrix} = \begin{pmatrix} \text{átomos} \\ \text{por} \\ \text{mol} \end{pmatrix}\begin{pmatrix} \text{mols por} \\ \text{unidade} \\ \text{de massa} \end{pmatrix}\begin{pmatrix} \text{massa} \\ \text{por unidade} \\ \text{de volume} \end{pmatrix} = \frac{\begin{pmatrix} \text{átomos} \\ \text{por} \\ \text{mol} \end{pmatrix}\begin{pmatrix} \text{massa} \\ \text{por unidade} \\ \text{de volume} \end{pmatrix}}{(\text{massa por mol})} =$$

$$= \frac{(\text{número de Avogadro})(\text{massa específica ou densidade absoluta})}{\text{massa molecular}} = \frac{N_A \mu}{M}$$

Substituindo valores, obtemos

$$n = \frac{\left(6,02 \times 10^{23}\right)\left(8,96 \times 10^{3}\right)}{\left(63,54 \times 10^{-3}\right)} = 8,49 \times 10^{28} \text{ elétrons/m}^3 = 8,49 \times 10^{19} \text{ elétrons/mm}^3$$

Finalmente,

$$v_e = \frac{J}{n\,e} = \frac{5,0 \times 10^6}{\left(8,49 \times 10^{28}\right)\left(1,6 \times 10^{-19}\right)} = 3,6 \times 10^{-4} \text{ m/s} = 3,6 \times 10^{-2} \text{ cm/s} = 0,36 \text{ mm/s}$$

São necessários, portanto, quase 28 segundos para que os elétrons do condutor sofram um deslocamento de 1,0 cm. Certamente você não esperava um valor tão pequeno para a velocidade de arrastamento dos elétrons, não é? Não devemos, entretanto, confundir a velocidade de arrastamento ou de deriva dos elétrons, com a velocidade de propagação das variações do campo elétrico no fio, a qual se aproxima bastante da velocidade da luz. Este é um fenômeno análogo ao que ocorre quando aumentamos a pressão em uma das extremidades de um cano cheio de água: a onda de pressão que se forma propaga-se muito mais rapidamente do que lhe permitiria o simples escoamento de água ao longo do cano. Um outro bom exemplo é o de várias bolas de bilhar alinhadas, encostadas umas nas outras. Se comunicarmos um movimento à bola de uma das extremidades, a bola da outra extremidade será também deslocada quase que instantaneamente. Lembre-se que a concentração de elétrons livres por unidade de volume em um condutor é muito alta, portanto...

EXEMPLO 10.34*

Um elétron em um tubo de raios catódicos parte do repouso e é acelerado por uma diferença de potencial $\Delta V = V_B - V_A = 1,0 \times 10^3 \text{ V}$. Sabendo-se que sua massa de repouso é $m = 9,1 \times 10^{-31} \text{kg}$ e que sua carga é $q_0 = -e = -1,6 \times 10^{-19} \text{C}$, pede-se determinar sua velocidade final.

SOLUÇÃO:

Vamos aproveitar este exemplo para chamar a atenção de um ponto que costuma causar confusão, não só entre estudantes mas também entre professores.

No Ensino Médio, a diferença de potencial entre dois pontos é definida pela razão entre o trabalho realizado **pelo** campo elétrico (pela força associada ao campo elétrico) sobre uma carga de prova q_0 e a própria carga de prova. Imaginemos que a carga de prova é deslocada desde um ponto inicial A até um ponto B pela citada força do campo elétrico. Temos pois

$$V_A - V_B = \frac{W_{AB}^*}{q_0}$$

Entretanto, em nível universitário, todos os livros de Física e de Eletromagnetismo que conheço, definem a diferença de potencial entre dois pontos como sendo a razão entre o trabalho realizado **contra** o campo elétrico (por uma força equilibrante da força exercida pelo campo elétrico) para deslocar uma carga de prova q_0 e o valor da mesma, quer dizer,

$$V_B - V_A = \frac{W_{AB}}{q_0} \tag{i}$$

Obviamente que a força equilibrante daquela exercida pelo campo elétrico é dada por $\mathbf{F} = -\mathbf{F}^*$, o que implica em $W_{AB} = -W_{AB}^*$, e explica o porquê dos primeiros membros das duas últimas expressões serem simétricos. Em realidade, temos duas definições diferentes só que este ponto, normalmente, escapa aos estudantes e até mesmo a alguns professores.

Em nosso caso presente, o trabalho é realizado pelo campo elétrico, após os elétrons deixarem o conhecido canhão de elétrons, e vamos empregar a primeira expressão

$$V_A - V_B = \frac{W_{AB}^*}{q_0} \tag{ii}$$

ou de outra forma,

$$W_{AB}^* = q_0 \left(V_A - V_B \right) \tag{iii}$$

Entretanto, pelo teorema da energia cinética, o trabalho realizado pela resultante das forças que agem sobre uma partícula é igual à variação da energia cinética da mesma, o que permite expressar

$$W_{AB}^* = \Delta E_c = \frac{1}{2} m \mathrm{v}_B^2 - \frac{1}{2} m \mathrm{v}_A^2 \tag{iv}$$

e podemos igualar as expressões (iii) e (iv), resultando

$$\frac{1}{2} m \mathrm{v}_B^2 - \frac{1}{2} m \mathrm{v}_A^2 = q_0 \left(V_A - V_B \right)$$

Finalmente, temos

$$\mathrm{v}_B = \sqrt{\frac{2 q_0 \left(V_A - V_B \right)}{m}} = \sqrt{\frac{2 \left(-1,6 \times 10^{-19} \right) \left(-1,0 \times 10^3 \right)}{9,1 \times 10^{-31}}} = 1,9 \times 10^7 \ \mathrm{m/s}$$

que é igual a $6,3\%$ da velocidade da luz ($c = 3,0 \times 10^8 \ \mathrm{m/s}$), o que sustenta a hipótese clássica utilizada, em detrimento do formalismo relativista. Repare que isto é muito maior do que a velocidade média de arrastamento dos elétrons em um condutor metálico (da ordem de $10^{-4} \ \mathrm{m/s}$).

10.9.4- Lei Escalar de Ohm e Resistência

As experiências de **Ohm,** para muitos condutores sólidos, nos mostraram que **se a temperatura for mantida constante e o material for linear (ou ôhmico)**, conforme o são a grande maioria dos condutores, a razão entre a tensão (voltagem) entre os seus terminais e a corrente que o percorre é uma constante, sendo esta razão denominada **resistência elétrica** do condutor, ou seja,

$$\frac{V}{i} = \frac{V_b - V_a}{i} = R = \text{constante}, \tag{10.145}$$

isto é,

$$V = Ri \tag{10.146}$$

conhecida como lei escalar de **Ohm**, e que não é uma forma puntual ou local conforme as expressões (1.26) e (1.29), uma vez que é válida para uma região material que é o próprio condutor em questão.

Em consequência, podemos ter também

$$i = \frac{V}{R} \tag{10.147}$$

e

$$R = \frac{V}{i} \tag{10.148}$$

A figura 10.72 apresenta um esquema para auxiliar na memorização das diversas formas de apresentação da lei escalar de **Ohm**.

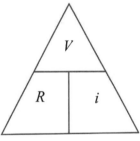

Fig. 10.72

A unidade de tensão, voltagem ou diferença de potencial é o volt (símbolo V), conforme já havia sido antecipado no exemplo 10.34, sendo usuais os seguintes múltiplos e submúltiplos:

- microvolt (μ V): $1\,\mu\text{V} = 1 \times 10^{-6}\,\text{V}$

- milivolt (mV): $1\,\text{mV} = 1 \times 10^{-3}\,\text{V}$

- quilovolt (kV): $1\,\text{kV} = 1 \times 10^{3}\,\text{V}$

- megavolt (MV): $1\,\text{MV} = 1\times10^6\,\text{V}$

A unidade de resistência elétrica é o ohm (símbolo Ω), sendo comuns os seguintes múltiplos e submúltiplos:

- micro-ohm ($\mu\Omega$): $1\,\mu\Omega = 1\times10^{-6}\,\Omega$

- miliohm (mΩ): $1\,\text{m}\Omega = 1\times10^{-3}\,\Omega$

- quilo-ohm (kΩ): $1\,\text{k}\Omega = 1\times10^{3}\,\Omega$

- megaohm (MΩ): $1\,\text{M}\Omega = 1\times10^{6}\,\Omega$ (é o popular "megohm")

Mesmo os melhores condutores apresentam sempre resistência elétrica em condições normais de operação. A figura 10.73 ilustra a representação esquemática de um componente eletroeletrônico condutor, denominado resistor, e sua respectiva resistência elétrica.

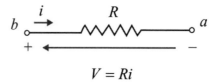

$$V = Ri$$

Fig. 10.73

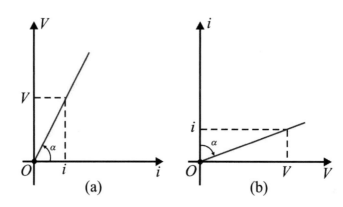

Fig. 10.74

Para um material ôhmico ou linear, se realizarmos um ensaio variando a tensão aplicada, a corrente observada também variará, mas a tensão será proporcional à corrente, sendo tal constante, conforme já dito, chamada de resistência elétrica da amostra de material, e o gráfico será uma reta iniciando na origem, conforme aparece na figura 10.74, tanto para a característica $V\times i$ quanto para a $i\times V$.

$$R = \frac{V}{i} = \text{tg}\,\alpha = \text{constante} \tag{10.149}$$

imaginando a mesma escala tanto para o eixo vertical quanto para o horizontal.

De um modo mais geral, existe o que se chama de **resistência estática** e **resistência dinâmica**, que serão definidas logo a seguir, para componentes não lineares ou não ôhmicos. Para os componentes lineares,

$$R = R_e = R_d = \frac{V}{i} = k \operatorname{tg}\alpha = \text{constante} \tag{10.150}$$

em que

$$k = \frac{\lambda_V}{\lambda_i} \tag{10.151}$$

sendo λ_V o parâmetro de graduação da escala de tensões (voltagens) e λ_i o parâmetro de graduação da escala de correntes.

Entretanto, alguns componentes eletroeletrônicos passivos (que não contêm fontes de energia), mesmo sendo constituídos de material ôhmico, operam em regiões de tensão e corrente que produzem um grande aquecimento dos mesmos, o que faz com que a resistência elétrica varie com a temperatura, e que eles apresentem gráficos $V \times i$ ou $i \times V$ não lineares, conforme são os casos representados na figura 10.75.

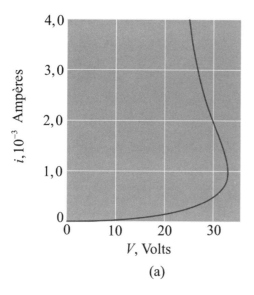
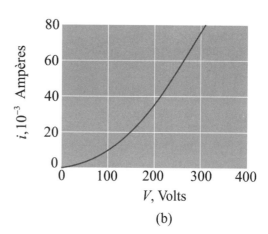

Fig. 10.75 - (a) gráfico $i \times V$ para uma válvula tipo 2A3; (b) gráfico $i \times V$ para um termistor Western Electric 1-B.

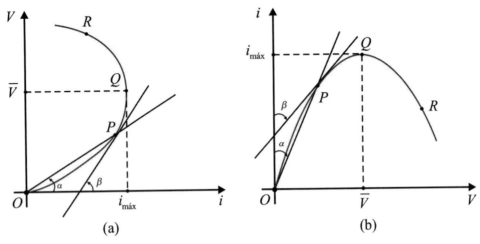

Fig. 10.76

Para este tipo de componente não linear ou não ôhmico, ainda assim a razão tensão corrente continua sendo valida como definição de sua resistência que, entretanto, não será constante. É comum nestes casos definirmos duas resistências: a **resistência estática** e a **resistência dinâmica**, quer dizer,

$$R_e = \frac{V}{i} = \text{tg}\alpha \tag{10.152}$$

e

$$R_d = \lim_{\Delta i \to 0} \frac{\Delta V}{\Delta i} = \frac{dV}{di} = \frac{1}{\frac{di}{dV}} = \text{tg}\beta \tag{10.153}$$

Em relação às curvas características da figura 10.76, temos

$$\begin{cases} 0 < V < \overline{V} \to R_e > 0,\ R_d > 0 \\ e \\ V > \overline{V} \to R_e > 0,\ R_d < 0 \end{cases}$$

Considerando os parâmetros de graduação das escalas,

$$R_e = \frac{V}{i} = k\,\text{tg}\alpha \tag{10.154}$$

$$R_d = \lim_{\Delta i \to 0} \frac{\Delta V}{\Delta i} = \frac{dV}{di} = \frac{1}{\frac{di}{dV}} = k\,\text{tg}\beta \tag{10.155}$$

Seja agora uma amostra de material condutor linear, de comprimento l, seção transversal uniforme S, percorrida por uma corrente elétrica i contínua e constante, uniformemente distribuída ao longo da seção transversal, devida a ação de um campo elétrico **E** agindo sobre os portadores de carga. Pela definição de diferença de potencial,

$$V = V_b - V_a = -\int_a^b \mathbf{E} \cdot d\mathbf{l}$$

Uma vez que o campo elétrico é uniforme, ficamos com

$$V = V_b - V_a = E\,l \qquad \text{(i)}$$

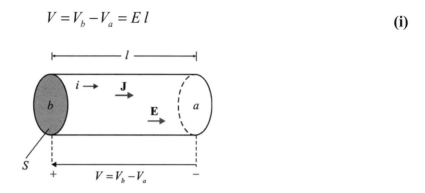

Fig. 10.77

Da expressão (10.139),

$$\mathbf{J} = \sigma\,\mathbf{E}$$

o que implica

$$E = \frac{J}{\sigma} \qquad \text{(ii)}$$

que substituída em (i) nos leva a

$$V = V_b - V_a = \frac{J}{\sigma}\,l \qquad \text{(iii)}$$

Mas, pela definição de densidade de corrente,

$$J = \frac{i}{S} \qquad \text{(iv)}$$

Logo temos

$$V = V_b - V_a = \frac{\frac{i}{S}}{\sigma}\,l = \frac{i\,l}{\sigma\,S} \qquad \text{(v)}$$

de onde tiramos

$$\frac{V}{i} = \frac{V_b - V_a}{i} = \frac{l}{\sigma\,S} \qquad \text{(vi)}$$

338 **Cálculo e Análise Vetoriais com Aplicações Práticas**

Entretanto, pela expressão (10.145),

$$\frac{V}{i} = \frac{V_b - V_a}{i} = R = \text{constante}$$

o que, por comparação, nos conduz a

$$R = \frac{l}{\sigma S} \qquad \textbf{(vii)}$$

Mas, pela expressão (10.141),

$$g = \frac{1}{\sigma}$$

o que nos dá

$$R = \frac{l}{\sigma S} = \frac{g\, l}{S} \qquad \textbf{(10.156)}$$

que é a resistência elétrica do condutor em questão.

As associações de resistores obedecem às leis deduzidas nos livros de eletricidade, que são:

- Associação de n resistores em série:

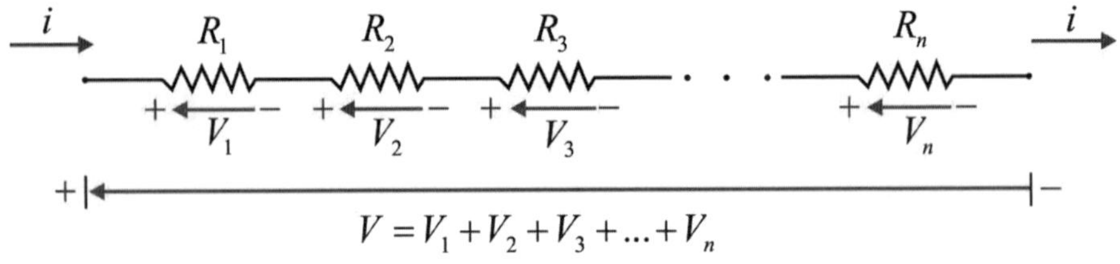

$$V = V_1 + V_2 + V_3 + ... + V_n$$

Fig. 10.78

A corrente é a mesma em todos os elementos e a tensão total é a soma das tensões nos elementos. A resistência equivalente é

$$R_{eq} = R_1 + R_2 + R_3 + ... + R_n \qquad \textbf{(10.157)}$$

e é fácil verificar que a resistência equivalente é maior do que a maior das resistências.

Casos particulares:

- 1º) Apenas dois resistores:

$$R_{eq} = R_1 + R_2 \qquad \textbf{(10.158)}$$

- **2º)** Todos os resistores iguais a R:

$$R_{eq} = nR \qquad (10.159)$$

Associação em paralelo de n resistores:

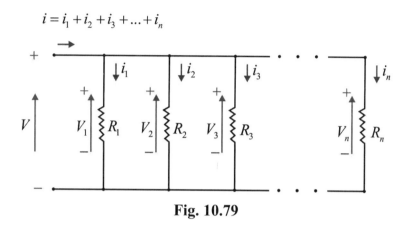

Fig. 10.79

A tensão é a mesma em todos os elementos e a corrente total é a soma das correntes nos elementos. A resistência equivalente é

$$\frac{1}{R_{eq}} = \frac{1}{R_1} + \frac{1}{R_2} + \frac{1}{R_3} + \ldots + \frac{1}{R_n} \qquad (10.160)$$

e é fácil verificar que a resistência equivalente é menor do que a menor das resistências.

Casos particulares:

- **1º)** Apenas dois resistores:

$$R_{eq} = \frac{R_1 R_2}{R_1 + R_2} \qquad (10.161)$$

- **2º)** Todos os resistores iguais a R:

$$R_{eq} = \frac{R}{n} \qquad (10.162)$$

EXEMPLO 10.35

Um elemento não linear tem uma característica $i \times V$ definida pela expressão $i = aV + bV^3$, na qual $a = 8,0 \times 10^{-3}\,\Omega^{-1}$ e $b = 5,0 \times 10^{-4}\,\Omega^{-1}V^{-2}$.

(a) Construa o gráfico $i \times V$ da função $i = f(V)$ para os valores do intervalo de tensões $0 \leq V \leq 8,0$ V.

(b) Determine as expressões para as resistências estática e dinâmica do elemento. Quais são os valores dessas grandezas para $V = 4,0\,\text{V}$.

(c) Construa o gráfico da razão R_e/R_d em função de V.

SOLUÇÃO:

(a)

A característica $i \times V$ do elemento é uma parábola cúbica que está representada na figura 10.80, e que foi traçada com o auxílio dos pontos listados na tabela 10.5, e determinados com o auxílio da equação dada.

$i(\text{A})$	0	0,0085	0,020	0,038	0,064	0,10	0,16	0,23	0,32
$V(\text{V})$	0	1,0	2,0	3,0	4,0	5,0	6,0	7,0	8,0

Tab. 10.5

Adotaremos os seguintes parâmetros de graduação das escalas:

$$\lambda_V = 0,20\,\text{V/mm} \text{ e } \lambda_i = 0,0050\,\text{A/mm}$$

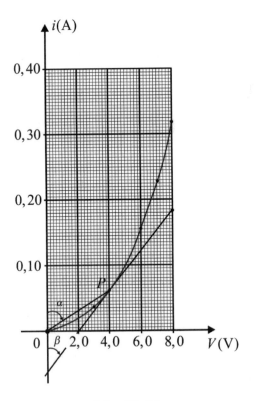

Fig. 10.80

(b)

Pela expressão (10.152),

$$R_e = \frac{V}{i} = \frac{V}{aV + bV^3} = \frac{1}{a + bV^2} = \frac{1}{8,0\times10^{-3} + 5,0\times10^{-4}V^2}$$

Da expressão (10.153),

$$R_d = \frac{dV}{di} = \frac{1}{\dfrac{di}{dV}} = \frac{1}{\dfrac{d}{dV}\left(aV + bV^3\right)} = \frac{1}{a + 3bV^2} = \frac{1}{8,0\times10^{-3} + 1,5\times10^{-3}V^2}$$

Substituindo o valor $V = 4,0$ V nas expressões anteriores, vem

$$R_e = 63\,\Omega \ \text{ e } \ R_d = 31\,\Omega$$

Os mesmos valores podem ser obtidos, de forma aproximada, a partir do gráfico apresentado na figura 10.80. Temos, inicialmente, de acordo com a expressão (10.151),

$$k = \frac{\lambda_V}{\lambda_i} = \frac{0,20\,\text{V/mm}}{0,0050\,\text{A/mm}} = 40\,\Omega$$

Da figura em questão, temos para o ponto P,

$$R_e = k\,\text{tg}\,\alpha = 40\,\Omega\left(\frac{20\,\text{mm}}{13\,\text{mm}}\right) = 62\,\Omega$$

$$R_d = k\,\text{tg}\,\beta = 40\,\Omega\left(\frac{20\,\text{mm}}{26\,\text{mm}}\right) = 31\,\Omega$$

(c)

A razão procurada é

$$\frac{R_e}{R_d} = \frac{\dfrac{1}{a + bV^2}}{\dfrac{1}{a + 3bV^2}} = \frac{a + 3bV^2}{a + bV^2}$$

Para $V = 0$, temos

$$\frac{R_e}{R_d} = 1$$

No limite quando V tende para infinito, com o auxílio da regra de **L'Hôpital**[35], podemos levantar a indeterminação do mesmo, isto é,

$$\lim_{V \to \infty} \frac{R_e}{R_d} = \lim_{V \to \infty} \frac{a+3bV^2}{a+bV^2} = \frac{\dfrac{d}{dV}(a+3bV^2)}{\dfrac{d}{dV}(a+bV^2)} = \frac{6bV}{2bV} = 3$$

Graficamente,

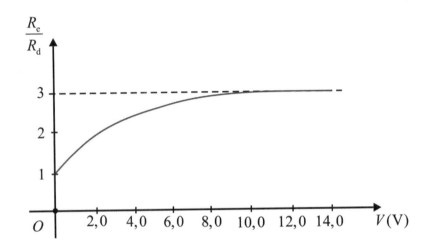

Fig. 10.81

EXEMPLO 10.36*

Um condutor de resistividade g tem a forma de um tronco de cone circular reto, conforme mostra a figura 10.82. Os raios das bases são a e b, e o comprimento (altura do tronco) l. Se a inclinação for suficientemente pequena, podemos supor que a densidade de corrente seja uniforme ao longo de qualquer seção transversal.

(a) Determine a expressão da resistência elétrica do condutor.

(b) Mostre que o resultado se reduz à expressão (10.156) para o caso especial $a = b$, ou seja, para um cilindro.

---

[35] **L'Hôpital [Guillaume François Antoine, Marquês de l'Hôpital (1661-1704)]** - matemático francês que escreveu o primeiro livro de Cálculo no ano de 1696, intitulado "Analyse des infiniment petits pour l'intelligence des lignes courbes" no qual consta a regra que agora se conhece como **Regra de L'Hopital**, para calcular o limite de uma função racional nos casos em que há indeterminações do tipo $0/0$ ou ∞/∞. Foi um matemático competente, grandemente influenciado pelas leituras que realizava de seus professores, **Jean Bernoulli (Jean I)**, **Jacques Bernoulli (Jacques I)** e **Leibniz**. Serviu como oficial de cavalaria, mas teve que retirar-se por problemas de visão. Desde essa época já dirigia sua atenção para a Matemática.

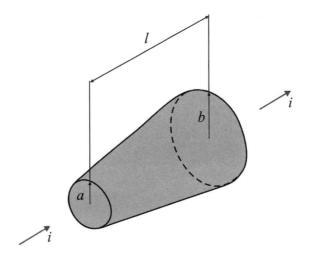

Fig. 10.82

SOLUÇÃO:

(a)

Seja um elemento diferencial de comprimento dx, conforme esquematizado na figura 10.83.

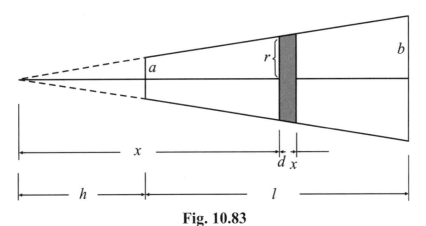

Fig. 10.83

Pela expressão (10.156), vem a resistência do elemento de comprimento diferencial, isto é,

$$dR = \frac{g\,dx}{S} = \frac{g\,dx}{\pi r^2} \tag{i}$$

A Geometria nos garante

$$\frac{h^2}{\pi a^2} = \frac{x^2}{\pi r^2} \tag{ii}$$

de onde tiramos

$$r^2 = \frac{a^2 x^2}{h^2} \tag{iii}$$

344 **Cálculo e Análise Vetoriais com Aplicações Práticas**

que substituída em (i) nos conduz a

$$dR = \frac{g\,dx}{\pi\,\dfrac{a^2 x^2}{h^2}} = \frac{gh^2\,dx}{\pi\,a^2 x^2} \qquad \textbf{(iv)}$$

Uma vez que o condutor inteiro é uma associação em série de elementos diferenciais, vem

$$R = \int dR = \int_{x=h}^{x=h+l} \frac{gh^2\,dx}{\pi\,a^2 x^2} = \frac{gl}{\pi\,a^2}\frac{h}{h+l} \qquad \textbf{(v)}$$

Entretanto, por semelhança de triângulos,

$$\frac{h}{h+l} = \frac{a}{b} \qquad \textbf{(vi)}$$

Substituindo (vi) em (v), obtemos

$$R = \frac{g\,l}{\pi\,a\,b}$$

(b)

Para o caso especial no qual $a = b$, isto é, para um cilindro, temos

$$R = \frac{g\,l}{\pi\,a^2}$$

10.9.5- Efeito Joule

Dois fenômenos podem ser associados ao fluxo de cargas, ou seja, à corrente elétrica:

1º) Se tivermos correntes de condução, isto é, se o movimento de cargas se fizer presente em meios condutores, vai ocorrer o aquecimento dos mesmos.

2º) Tanto para correntes de condução quanto para correntes de convecção vão ocorrer campos magnéticos associados.

Nesta subseção somente analisaremos o primeiro fenômeno, cujo estudo inicial se deveu a **James Prescott Joule**.

O aquecimento se deve à dissipação da energia recebida pelos portadores de carga pela ação de um campo elétrico externo, e ocorre devido à interação (choque) dos portadores com os núcleos dos átomos que compõem o condutor.

Já foi dito no exemplo 10.34 que a diferença de potencial é igual ao trabalho realizado pelo campo elétrico dividido pela carga, de modo que o trabalho sobre uma carga diferencial é

$$dW = V\,dq$$

No entanto, pela definição de potência,

$$P = \frac{dW}{dt} = V \frac{dq}{dt}$$

sendo que a derivada da carga em relação ao tempo é a própria corrente elétrica, o que nos permite expressar

$$P = V i \qquad (10.163)$$

Uma vez que temos também

$$V = Ri$$

e

$$i = \frac{V}{R}$$

a expressão (10.163) pode também assumir as seguintes formas alternativas

$$P = R i^2 \qquad (10.164)$$

e

$$P = \frac{V^2}{R} \qquad (10.165)$$

A unidade de potência no Sistema internacional de Unidades (SI) é o watt (símbolo W), em honra a **James Watt**[36].

A energia dissipada sob forma de calor pode ser obtida de

$$W = \int_0^t P dt$$

o que implica

$$W = \int_0^t V i \, dt \qquad (10.166a)$$

$$W = \int_0^t R i^2 dt \qquad (10.167a)$$

---

[36] **Watt [James Watt (1736-1819)]** - matemático e engenheiro escocês que foi o construtor de diversos instrumentos científicos. Destacou-se pelos melhoramentos que introduziu no motor a vapor que se constituíram num passo fundamental para a Revolução Industrial. Foi um importante membro da Lunar Society e muitos dos seus textos estão atualmente na Biblioteca Central de Birmingham, na Inglaterra.

$$W = \int_0^t \frac{V^2}{R} dt \qquad \textbf{(10.168a)}$$

Se V e i forem constantes, a resistência R também o será, e as três últimas equações assumem, respectivamente, as formas

$$W = V\,i\,t \qquad \textbf{(10.166b)}$$

$$W = R\,i^2 t \qquad \textbf{(10.167b)}$$

$$W = \frac{V^2}{R} t \qquad \textbf{(10.168b)}$$

A lei de **Joule** também pode sob ser colocada na forma puntual. Para um elemento conforme mostrado na figura 10.70, a diferença de potencial é

$$dV = \mathbf{E} \cdot d\boldsymbol{l} = \mathbf{E} \cdot \frac{\mathbf{J}\,dl}{J}$$

e a potência dissipada no mesmo

$$dP = dV\,di = \left(\mathbf{E} \cdot \frac{\mathbf{J}\,dl}{J} \right)\left(J\,dS' \right) = \left(\mathbf{E} \cdot \mathbf{J} \right) dv$$

o que nos conduz à potência dissipada no elemento por unidade de volume

$$\frac{dP}{dv} = \mathbf{E} \cdot \mathbf{J} \,, \qquad \textbf{(10.169)}$$

expressa em watt por metro cúbico (símbolo W/m^3).

Muitos materiais práticos são isotrópicos[37] e homogêneos[38] e para esses $\mathbf{E}$ e $\mathbf{J}$ têm a mesma direção em um dado ponto, e a expressão (10.169) pode assumir as seguintes formas:

$$\frac{dP}{dv} = \sigma E^2 = \frac{J^2}{\sigma} = \frac{E^2}{\rho} = \rho J^2 \qquad \textbf{(10.170)}$$

EXEMPLO 10.37

Uma diferença de potencial de $2,0 \times 10^2\,V$ é aplicada entre dois eletrodos em um tubo à vácuo, resultando em uma corrente de $1,0\,mA$. Qual é a potência elétrica dissipada?

SOLUÇÃO:

---

[37] Um meio é dito isotrópico quando apresenta propriedades físicas que independem da direção em que são observadas.

[38] Um meio é dito homogêneo quando sua massa específica ou densidade absoluta é constante em todos os pontos.

Pela expressão (10.163),

$$P = V\,i = \left(2,0\times10^2\right)\left(1,0\times10^{-3}\right) = 0,20\text{ W}$$

EXEMPLO 10.38

Um aquecedor elétrico eleva de 100 ºC a temperatura de 1,0 kg de água ao longo de 1,0 h. Determine a resistência elétrica do aquecedor sabendo-se que a corrente que o percorre é de 5,0 A. Dados: $c_{\text{água}} = 1,0\text{ cal/g}\,^\circ\text{C}$ (calor específico da água) e $1\text{cal} = 4,18$ J.

SOLUÇÃO:

Da calorimetria sabemos que a energia necessária é

$$W = Q = m\,c\,\Delta T = \left(1,0\times10^3\right)\left(1,0\right)\left(100\right) = 1,0\times10^5\text{cal} = 1,0\times10^5\times4,18 = 4,2\times10^5\text{J}$$

No entanto, pela expressão (10.167b),

$$W = R\,i^2 t = R\left(5,0\right)^2\left(3600,0\right) = 9,0\times10^4\,R$$

Igualando as duas expressões e tirando o valor de R, obtemos

$$R = 4,7\,\Omega$$

10.9.6- Lei Vetorial de Ohm e Semicondutores

Para os semicondutores, a lei vetorial de **Ohm** assume a forma

$$\mathbf{J} = \left(-\rho_{v_e}\,\mu_e + \rho_{v_b}\mu_b\right)\mathbf{E} = \sigma\,\mathbf{E} \tag{10.171}$$

e a condutividade depende da concentração e da mobilidade tanto dos elétrons quanto dos buracos, sendo que, em geral, $\mu_e \neq \mu_b$.

$$\sigma = -\rho_{v_e}\,\mu_e + \rho_{v_b}\mu_b = -n_e\,q_e\,\mu_e + n_b\,q_b\,\mu_b \tag{10.172}$$

Uma vez que $q_e = -e$, $q_b = e$, e $n_e = n_b = n$, temos

$$\sigma = -n\left(-e\right)\mu_e + n\left(e\right)\mu_b = ne\left(\mu_e + \mu_b\right)$$

isto é,

$$\sigma = ne\left(\mu_e + \mu_b\right) \tag{10.173}$$

A tabela 10.6 apresenta alguns parâmetros para o germânio e o silício puros.

Semicondutores à temperatura de 20°C = 293K					
Material	$\mu_e\,(m^2/V.s)$	$\mu_b\,(m^2/V.s)$	$n_e\,(m^{-3})$	$n_b\,(m^{-3})$	$\sigma\,(S/m)$
Germânio puro	0,39	0,19	$2,4\times10^{19}$	$2,4\times10^{19}$	2,2
Silício puro	0,14	0,048	$1,5\times10^{16}$	$1,5\times10^{16}$	$0,45\times10^{-3}$

Tab. 10.6

EXEMPLO 10.39

Utilizando os dados apropriados da tabela 10.6, cheque os valores apresentados na mesma para a condutividade do germânio e do silício puros. Utilize $e = 1,6\times10^{-19}\,C$.

SOLUÇÃO:

Pela expressão (10.173),

$$\sigma = ne(\mu_e + \mu_b)$$

de modo que

$$\sigma_{Ge} = (2,4\times10^{19})(1,6\times10^{-19}\,C)(0,39+0,19) = 2,2\ S/m$$

e

$$\sigma_{Si} = (1,5\times10^{16})(1,6\times10^{-19}\,C)(0,14+0,048) = 0,45\times10^{-3}\ S/m$$

10.9.7- Equação da Continuidade da Carga

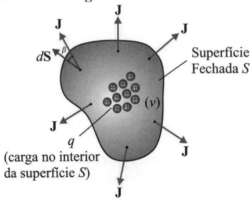

Fig. 10.84

O princípio de conservação da carga elétrica estabelece, simplesmente, que as cargas não podem ser criadas e nem destruídas, embora quantidades simétricas de cargas positivas e negativas possam ser obtidas por separação, utilizando-se os processos de eletrização por atrito e por indução. Estas mesmas cargas simétricas podem ser neutralizadas se houver uma recombinação das mesmas ou se houver uma eletrização por contato. Dentro deste princípio de que a carga elétrica é conservada, ou seja, não pode ser criada nem destruída, consideremos uma região confinada por uma superfície fechada S em repouso, dentro da qual existe uma carga elétrica q.

A corrente através da superfície fechada é

$$\oiint_S \mathbf{J} \cdot d\mathbf{S}$$

e este é o fluxo de cargas para fora da superfície, fluxo de cargas positivas, que deve ser igual à taxa temporal de decréscimo de cargas positivas (ou acréscimo de cargas negativas) no interior da superfície, qual seja, $-\partial q / \partial t$, em que a derivada é parcial, uma vez que a superfície S é estacionária. Seguindo este raciocínio, temos

$$\oiint_S \mathbf{J} \cdot d\mathbf{S} = -\frac{\partial q}{\partial t} \tag{10.174}$$

que é a forma integral desta equação. Sua interpretação física é que a corrente que atravessa uma superfície fechada S é igual à taxa temporal de decréscimo de cargas no interior da mesma.

Para obter a forma diferencial dessa equação, temos que utilizar o conceito de densidade volumétrica de cargas, isto é,

$$\rho_v = \frac{dq}{dv}$$

o que implica

$$dq = \rho_v \, dv$$

Integrando para encontrar a carga total interna à superfície, vem

$$q = \iiint_v \rho_v \, dv$$

e ficamos com

$$\oiint_S \mathbf{J} \cdot d\mathbf{S} = -\frac{\partial}{\partial t} \iiint_v \rho_v \, dv = \iiint_v \left(-\frac{\partial \rho_v}{\partial t} \right) dv$$

Aplicando o teorema da divergência, podemos estabelecer

$$\oiint_S \mathbf{J} \cdot d\mathbf{S} = \iiint_v (\nabla \cdot \mathbf{J}) \, dv = \iiint_v \left(-\frac{\partial \rho_v}{\partial t} \right) dv$$

quer dizer,

$$\iiint_v (\nabla \cdot \mathbf{J})\,dv = \iiint_v \left(-\frac{\partial \rho_v}{\partial t}\right) dv$$

e acarreta

$$d\mathbf{S} = dS\,\mathbf{u}_n \qquad\qquad (10.175)$$

Sua interpretação física é que a taxa temporal de diminuição da densidade volumétrica de cargas é fonte de fluxo para o vetor densidade de corrente.

Para voltar à forma integral, basta integrar ambos os membros da forma diferencial ao longo do volume v confinado pela superfície fechada S,

$$\iiint_v (\nabla \cdot \mathbf{J})\,dv = \iiint_v \left(-\frac{\partial \rho_v}{\partial t}\right) dv$$

Pelo teorema da divergência,

$$\oiint_S \mathbf{J} \cdot d\mathbf{S} = \iiint_v (\nabla \cdot \mathbf{J})\,dv = \iiint_v \left(-\frac{\partial \rho_v}{\partial t}\right) dv$$

ou seja,

$$\oiint_S \mathbf{J} \cdot d\mathbf{S} = \iiint_v \left(-\frac{\partial \rho_v}{\partial t}\right) dv = -\frac{\partial}{\partial t}\iiint_v \rho_v\,dv$$

No entanto, pela definição de densidade volumétrica de cargas,

$$\rho_v = \frac{dq}{dv}$$

que é equivalente a

$$dq = \rho_v\,dv$$

e conduz a

$$q = \iiint_v \rho_v\,dv$$

implicando

$$\oiint_S \mathbf{J} \cdot d\mathbf{S} = -\frac{\partial q}{\partial t}$$

Reunindo as duas formas, temos

$$\oiint_S \mathbf{J} \cdot d\mathbf{S} = -\frac{\partial q}{\partial t} \rightleftarrows \nabla \cdot \mathbf{J} = -\frac{\partial \rho_v}{\partial t} \qquad (10.176)$$

Esta equação descreve o fluxo de cargas para o exterior de uma superfície fechada S confinando um volume v, e interrelaciona a corrente elétrica à taxa de diminuição da carga elétrica no interior da superfície fechada.

Consideremos agora a junção ou nó[39] de 5 condutores, por exemplo, conforme ilustrado a seguir. Repare que algumas correntes estão divergindo do nó e outras convergindo para o mesmo.

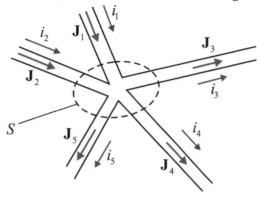

Fig. 10.85

Uma vez que o nó não é fonte ou sumidouro de cargas elétricas, e desprezando a corrente de deslocamento, que será abordada mais adiante, pois supomos estar tratando com bons condutores e em regime de baixas frequências, podemos tratar apenas com as correntes de condução e estabelecer

$$\oiint_S \mathbf{J} \cdot d\mathbf{S} = 0 \rightleftarrows \nabla \cdot \mathbf{J} = 0, \qquad (10.177)$$

Já que, por convenção, o vetor diferencial de superfície aponta para fora da superfície fechada, o fluxo de cargas (corrente) para fora da mesma será positivo, sendo negativo quando a corrente estiver entrando na superfície, o que nos leva a

$$-i_1 - i_2 + i_3 + i_4 + i_5 = 0$$

ou seja, convencionamos como sendo positivas as correntes deixando o nó genérico e como sendo negativas aquelas que chegam ao mesmo, o que permite uma forma alternativa para a última equação, qual seja

$$i_1 + i_2 = i_3 + i_4 + i_5$$

Generalizando para um nó de n condutores, cada um deles conduzindo uma corrente elétrica i_k,

$$\sum_{k=1}^{k=n} i_k = 0 \qquad (10.178)$$

ou sob forma alternativa,

---

[39] É a reunião de três ou mais condutores em um ponto de um circuito elétrico.

352 **Cálculo e Análise Vetoriais com Aplicações Práticas**

$$\sum i_{chegam} = \sum i_{saem} ,$$
(10.179)

conhecida como lei dos nós e devida a **Kirchhoff**[40].

Assim, a mais simples experiência comprovante da equação da continuidade da carga, para bons condutores e em baixas frequências, é a lei dos nós estabelecida por **Kirchhoff**.

10.9.8- Equações Constitutivas do Campo Elétrico e do Campo Magnético

(a) Os Três Vetores Elétricos e a Equação Constitutiva do Campo Elétrico

Este é um assunto polêmico, uma vez que, em algumas partes, nem todos os autores concordam entre si.

Em um meio isolante ou dielétrico, quando aplicamos um campo externo, não há estabelecimento de uma corrente elétrica, salvo se for quebrada a condição de isolamento do meio. Os isolantes não têm elétrons quase livres. O que acontece é uma deformação das moléculas e o aparecimento de dipolos elétricos, no caso de dielétricos apolares (não polares), cujos dipolos elétrico induzidos são realinhados pelo campo externo. Existem também substâncias que já apresentam polarização natural. São os isolantes polares, como é o caso da água pura, por exemplo. Nestes casos, o campo externo só re-alinha os momentos de dipolo já existentes. Da interação do campo excitador com o campo dos dipolos ocorre um campo resultante. Tal efeito pode ser entendido como sendo a superposição do efeito das cargas livres (não confundir com elétrons livres), que produzem o campo excitador, com o das cargas de polarização e aparecem, então, os três vetores elétricos: **D**, **E** e **P**.

D → associado apenas às cargas livres; denominado por uns vetor deslocamento elétrico e por outros vetor densidade de fluxo elétrico, e eu fico com a primeira.

E → associado às cargas livres e às cargas de polarização; é unanimemente chamado de vetor campo elétrico.

P → associado apenas às cargas de polarização; é chamado por uns de vetor polarização elétrica e por outros de vetor densidade volumétrica de momentos de dipolo elétrico, e eu também prefiro a denominação inicial.

A relação entre eles é

$$\mathbf{D} = \varepsilon_0 \mathbf{E} + \mathbf{P}$$
(10.180)

ou

$$\mathbf{E} = \frac{\mathbf{D}}{\varepsilon_0} - \frac{\mathbf{P}}{\varepsilon_0} = \frac{1}{\varepsilon_0}(\mathbf{D} - \mathbf{P})$$
(10.181)

em que ε_0 é a permissividade elétrica do vácuo, cujo valor exato é

---

[40] **Kirchhoff [Gustav Robert Kirchhoff (1824 – 1887)]** - físico alemão com contribuições científicas principalmente no campo dos circuitos elétricos, na espectroscopia, na emissão de radiação dos corpos negros e na teoria da elasticidade (modelo de placas de **Kirchhoff**). Ele propôs a adoção do termo "radiação do corpo negro" em 1862. É o autor de duas leis fundamentais da teoria clássica dos circuitos elétricos e uma da emissão térmica.

$$\varepsilon_0 = 8,85418781762 \times 10^{-12} \text{ F/m}$$

e o valor adotado na prática é

$$\varepsilon_0 = 8,85 \times 10^{-12} \text{ F/m}$$

Verifica-se experimentalmente que o vetor polarização pode ser relacionado ao campo elétrico resultante no interior do dielétrico por

$$\mathbf{P} = \varepsilon_0 \, \chi_e \, \mathbf{E} \tag{10.182}$$

em que χ_e é uma grandeza adimensional denominada **susceptibilidade elétrica do material.** Para materiais isotrópicos[41], χ_e é uma grandeza escalar. Além disso, se o meio for também linear[42], χ_e não será função de $\mathbf{E}$ e haverá uma proporcionalidade constante entre $\mathbf{P}$ e $\mathbf{E}$. Finalmente, conforme o meio seja ou não homogêneo[43], teremos a susceptibilidade elétrica dependendo ou não da posição. Em nosso trabalho suporemos sempre dielétricos homogêneos, lineares e isotrópicos.

Substituindo (10.182) em (10.180), temos

$$\mathbf{D} = \varepsilon_0 \mathbf{E} + \varepsilon_0 \, \chi_e \, \mathbf{E} = \varepsilon_0 \left(1 + \chi_e \right) \mathbf{E} \tag{10.183}$$

Por definição, denominamos denominamos **permissividade do dielétrico** à grandeza

$$\varepsilon = \varepsilon_0 \left(1 + \chi_e \right) \tag{10.184}$$

resultando

$$\mathbf{D} = \varepsilon \, \mathbf{E}$$

---

[41] Já definido na nota de rodapé nº 31.

[42] Seja uma excitação x e sua resposta correspondente y. Sejam também duas excitações independentes x_1 e x_2 e suas respectivas respostas y_1 e y_2. Se o meio for linear, temos:

1º) Se a excitação for multiplicada por um valor constante a resposta também o será, isto é

$$\begin{cases} x \to y \\ e \\ kx \to ky \end{cases}$$

2º) Se tivermos duas excitações independentes superpostas, a resposta será a soma das respostas independentes, isto é

$$\begin{cases} x_1 \to y_1; \; x_2 \to y_2 \\ e \\ x_1 + x_2 \to y_1 + y_2 \end{cases}$$

[43] Já definido na nota de rodapé nº 32.

(10.185)

relação esta conhecida como **equação constitutiva do campo elétrico**. Sua interpretação física é que, para um meio isolante, linear, isotrópico e homogêneo, o vetor deslocamento elétrico e o vetor campo elétrico são grandezas diretamente proporcionais.

Algumas vezes costuma-se também caracterizar um dielétrico pela razão

$$k = \varepsilon_r = \frac{\varepsilon}{\varepsilon_0} = \left(1 + \chi_e\right)$$

(10.186)

denominada **constante dielétrica, permissividade elétrica relativa** ou, simplesmente, **permissividade relativa.**

Permissividades Relativas (Constantes Dielétricas)	
Material	$\varepsilon_r\left(k\right)$
Ar	1,0
Baquelite	5,0
Vidro	4,0-10,0
Mica	6,0
Óleo	2,3
Papel	2,0-4,0
Parafina	2,2
Quartzo	3,0
Polietileno	2,3
Poliestireno	2,6
Porcelana	5,7
Borracha	2,3-4,0
Solo seco	3,0-4,0
Teflon	2,1
Água destilada	80
Água do mar	72

Tab. 10.7

(b) Os Três Vetores Magnéticos e a Equação Constitutiva do Campo Magnético

Também aqui existe divergência de opiniões, pelo que ao terminar esta parte será apresentado um arrazoado tentando aplainar as diferenças. Para os meios magnéticos a situação é um pouco mais complexa do que para os meios isolantes, uma vez que existem agora dois momentos de dipolo magnético: o orbital, devido ao movimento dos elétrons em torno dos núcleos e o de spin, associado ao giro dos elétrons sobre si mesmos. Também existem diversos tipos de substâncias magnéticas, cada uma apresentando um tipo de resposta ao campo excitador: diamagnéticas, paramagnéticas, ferromagnéticas, ferrimagnéticas, antiferromagnéticas e superparamagnéticas. Da interação do campo dos dipolos magnéticos com o campo excitador, temos um campo resultante. Temos, então, as correntes livres, que ocasionam o campo excitador e as correntes de magnetização, que são a resposta do meio à solicitação externa. São, agora, definidos os três vetores magnéticos: **H**, **B** e **M**.

H → associado apenas às correntes reais[44] (ou correntes livres); denominado por uns vetor intensidade magnética, por outros campo magnético auxiliar, e por um terceiro grupo, com o qual não concordo, de campo magnético.

B → associado às correntes reais e às correntes de magnetização; é chamado de densidade de fluxo magnético, de indução magnética e de campo magnético, sendo que sou plenamente favorável à última denominação.

M → associado apenas às correntes de magnetização; é chamado por uns de vetor polarização magnética, e por outros de vetor densidade volumétrica de momentos de dipolo magnético, e eu sou mais afeiçoado à primeira denominação.

A relação entre eles é

$$\mathbf{H} = \frac{\mathbf{B}}{\mu_0} - \mathbf{M}$$

(10.187)

ou

$$\mathbf{B} = \mu_0\,\mathbf{H} + \mu_0\,\mathbf{M} = \mu_0\left(\mathbf{H} + \mathbf{M}\right)$$

(10.188)

em que μ_0 é a permeabilidade do vácuo, cujo valor exato é

$$\mu_0 = 1,25663706143 \times 10^{-6}\ \mathrm{H/m}$$

e o valor adotado na prática é

$$\mu_0 = 4\pi \times 10^{-7}\ \mathrm{H/m}$$

No entanto, a experiência mostra que para muitos materiais magnéticos existe um relacionamento entre **H** e **M**, funcionando **H** como excitação e **M** como resposta, isto é, quanto maior for o campo associado às correntes reais, mais dipolos magnéticos serão orientados, criando mais correntes de magnetização.

$$\mathbf{M} = \chi_{\mathrm{m}}\,\mathbf{H}$$

(10.189)

em que χ_{m} é uma grandeza adimensional denominada **susceptibilidade magnética do material.** Para materiais isotrópicos, lineares e homogêneos, χ_{e} é constante e ocorre uma proporcionalidade

---

[44] Nesta classificação incluem-se as correntes de condução e as correntes de convecção.

constante entre **M** e **H**. Neste caso, substituindo (10.189) em (10.188), obtemos

$$\mathbf{B} = \mu_0\,\mathbf{H} + \mu_0\,\chi_m\,\mathbf{H} = \mu_0\left(1 + \chi_m\right)\mathbf{H} \qquad (10.190)$$

Por definição, denominamos **permeabilidade do material magnético** à grandeza

$$\mu = \mu_0\left(1 + \chi_m\right) \qquad (10.191)$$

resultando

$$\mathbf{B} = \mu\,\mathbf{H} \qquad (10.192)$$

relação esta conhecida como **equação constitutiva do campo magnético**.

Sua interpretação física é que, para um meio magnético, linear, isotrópico e homogêneo, o vetor campo magnético e o vetor intensidade magnética são grandezas diretamente proporcionais.

Algumas vezes costuma-se também caracterizar um meio magnético pela razão

$$k_m = \mu_r = \frac{\mu}{\mu_0} = \left(1 + \chi_m\right) \qquad (10.193)$$

denominada **constante magnética, permeabilidade magnética** ou, simplesmente, **permeabilidade relativa.**

Permeabilidades Relativas (Constantes Magnéticas)		
Material		$\mu_r\left(k_m\right)$
Grupo ferromagnético (não linear)	Níquel	250
	Cobalto	600
	Ferro	4000
	Mumetal	100000
Grupo paramagnético	Alumínio	1,000021
	Magnésio	1,000012
	Paládio	1,00082
	Titânio	1,00018
Grupo diamagnético	Bismuto	0,99983
	Ouro	0,99996
	Prata	0,99998
	Cobre	0,99999

Tab. 10.8

(c) Analogias entre os Vetores Elétricos e os Vetores Magnéticos

Repare que a simples observação das equações constitutivas apresentadas anteriormente,

$$\begin{cases} \mathbf{D} = \varepsilon\, \mathbf{E} \\ \mathbf{B} = \mu\, \mathbf{H} \end{cases}$$

indica claramente o objetivo de tornar **B** e **D** análogos, da mesma forma que **E** e **H**. Quando a Teoria da Eletricidade e do Magnetismo foi inicialmente desenvolvida, acreditava-se que os vetores **E** e **H** eram análogos. Por isso a permeabilidade elétrica do vácuo na lei de **Coulomb**[45], foi adotada no denominador e a permeabilidade magnética do vácuo no numerador da equação de força de **Ampère**.

- **Coulomb:**

$$\mathbf{F}_{21} = \frac{1}{4\pi\varepsilon_0} \frac{q_1 q_2}{R_{12}^2} \mathbf{u}_{R_{12}} = \frac{1}{4\pi\varepsilon_0} \frac{q_1 q_2}{R_{12}^3} \mathbf{R}_{12} \qquad (10.194)$$

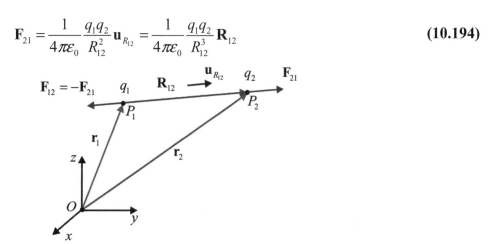

Fig. 10.86

- **Ampère:**

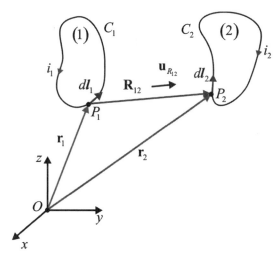

Fig. 10.87

---
[45] **Coulomb [Charles Augustin de Coulomb (1736-1806)]** - engenheiro militar francês com numerosos trabalhos sobre Magnetismo Terrestre, Mecânica Aplicada e Eletrostática, com os quais recebeu diversos prêmios e homenagens. É famosa a lei de interação entre cargas eletrostáticas que leva o seu nome.

$$\mathbf{F}_{21} = \frac{\mu_0}{4\pi} i_1 i_2 \oint_{C_2} \oint_{C_1} \frac{d\boldsymbol{l}_2 \times \left(d\boldsymbol{l}_1 \times \mathbf{u}_{R_{12}}\right)}{R_{12}^2} = \frac{\mu_0}{4\pi} i_1 i_2 \oint_{C_2} \oint_{C_1} \frac{d\boldsymbol{l}_2 \times \left(d\boldsymbol{l}_1 \times \mathbf{R}_{12}\right)}{R_{12}^3} \qquad \textbf{(10.195)}$$

Suponhamos que a constante ε_0 seja substituída por $\varepsilon_0' = 1/\varepsilon_0$ na expressão (10.194) (lei de **Coulomb**), ficando

$$\mathbf{F}_{21} = \frac{\varepsilon_0'}{4\pi} \frac{q_1 q_2}{R_{12}^2} \mathbf{u}_{R_{12}} = \frac{\varepsilon_0'}{4\pi} \frac{q_1 q_2}{R_{12}^3} \mathbf{R}_{12} \qquad \textbf{(10.196)}$$

bem como nas expressões (10.180) e (10.181),

$$\mathbf{D} = \varepsilon_0 \mathbf{E} + \mathbf{P}$$

e

$$\mathbf{E} = \frac{\mathbf{D}}{\varepsilon_0} - \frac{\mathbf{P}}{\varepsilon_0} = \frac{1}{\varepsilon_0}\left(\mathbf{D} - \mathbf{P}\right)$$

temos

$$\mathbf{D} = \frac{\mathbf{E}}{\varepsilon_0'} + \mathbf{P} \qquad \textbf{(10.197)}$$

e

$$\mathbf{E} = \varepsilon_0' \, \mathbf{D} - \varepsilon_0' \, \mathbf{P} = \varepsilon_0' \left(\mathbf{D} - \mathbf{P}\right) \qquad \textbf{(10.198)}$$

Fazendo

$$\mathbf{P} = \frac{\chi_e \mathbf{E}}{\varepsilon_0'} \qquad \textbf{(10.199)}$$

e substituindo em (10.197), obtemos

$$\mathbf{D} = \frac{\mathbf{E}}{\varepsilon_0'} + \frac{\chi_e \mathbf{E}}{\varepsilon_0'} = \frac{\left(1 + \chi_e\right)}{\varepsilon_0'} \mathbf{E} = \frac{\varepsilon_r}{\varepsilon_0'} \mathbf{E} = \frac{\mathbf{E}}{\varepsilon'}$$

quer dizer,

$$\mathbf{E} = \varepsilon' \mathbf{D} \qquad \textbf{(10.200)}$$

Comparando as equações (10.200) e (10.192),

$$\begin{cases} \mathbf{E} = \varepsilon' \mathbf{D} \\ \mathbf{B} = \mu \, \mathbf{H} \end{cases}$$

Fica evidente a analogia entre e **E** e **B**, da mesma forma que entre **D** e **H**, e também entre $\varepsilon_0' = 1/\varepsilon_0$ e μ_0. Entretanto, comparando as expressões (10.198) e (10.188),

$$\begin{cases} \mathbf{E} = \varepsilon_0' \left(\mathbf{D} - \mathbf{P} \right) \\ \mathbf{B} = \mu_0 \left(\mathbf{H} + \mathbf{M} \right) \end{cases}$$

não parece, inicialmente, haver analogia entre **P** e **M**, uma vez que no meio dielétrico o efeito é subtrativo (sinal menos) e no meio magnético o efeito é aditivo (sinal mais). Para verificar o porquê da diferença de sinais, devemos atentar para o aspecto das linhas tanto de um dipolo elétrico quanto de um dipolo magnético bem como a interação de ambos com os campos externos excitadores, o que pode ser encontrado nos bons livros de Eletromagnetismo, e existem vários deles listados na parte de referências bibliográficas (anexo 15 do volume 3). Uma recomendação é a referência nº 60.

- **Dipolo elétrico:**

A figura 10.88 apresenta um dipolo elétrico na parte (a) e o aspecto das linhas de campo elétrico na parte (b).

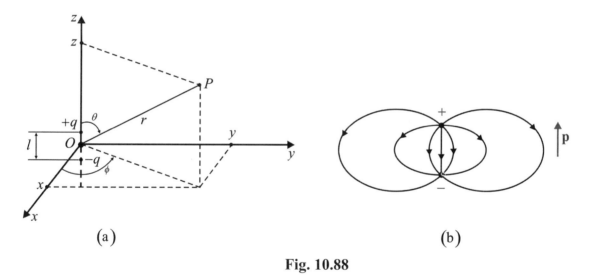

Fig. 10.88

O momento de dipolo elétrico é definido como sendo um vetor de módulo

$$p = ql, \qquad (10.201)$$

cujo sentido está indicado na parte (b) da figura em tela. A referência bibliográfica nº 60 apresenta as equações do campo do dipolo, tanto para pontos muito próximos ao centro do mesmo $(r \ll l)$ quanto para pontos muito distantes $(r \gg l)$, que são, respectivamente,

$$\mathbf{E} = \left(\frac{-2p}{\pi \varepsilon_0 l^3} \right) \cos\theta \, \mathbf{u}_r + \left(\frac{2p}{\pi \varepsilon_0 l^3} \right) \text{sen}\,\theta \, \mathbf{u}_\theta \qquad (10.202)$$

e

$$E = \left(\frac{p}{4\pi\varepsilon_0}\right)\frac{2\cos\theta}{r^3}\mathbf{u}_r + \left(\frac{p}{4\pi\varepsilon_0}\right)\frac{\sin\theta}{r^3}\mathbf{u}_\theta \qquad (10.203)$$

Quando age sobre o dipolo um campo elétrico externo, que é o campo excitador, vai ocorrer um torque, expresso por

$$\boldsymbol{\tau} = \mathbf{p} \times \mathbf{E}_{ext} \qquad (10.204)$$

cuja tendência é alinhar o momento de dipolo com o campo excitador, conforme aparece na parte (a) da figura 10.89. Na parte (b) da mesma figura, temos o dipolo elétrico já com o seu momento de dipolo alinhado com o campo externo. Em um meio isolante temos muitos dipolos por unidade de volume, e na região próxima a cada um deles o que se nota é que vai haver um efeito subtrativo entre o campo externo e o campo de cada dipolo, justificando o sinal negativo que aparece não só na expressão (10.198) com também na (10.181).

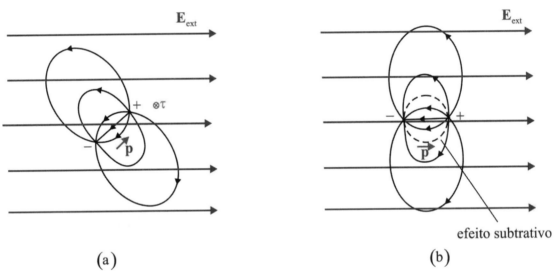

Fig. 10.89

- **Dipolo magnético:**

A figura 10.90 apresenta um dipolo magnético na parte (a) e o aspecto das linhas de campo magnético na parte (b). O momento de dipolo magnético é definido como sendo um vetor de módulo

$$m = iS = i(\pi a^2), \qquad (10.205)$$

cujo sentido está indicado na parte (b) da figura em questão. A referência bibliográfica nº 60 também apresenta as equações do campo do dipolo magnético, tanto para pontos muito próximos do mesmo $(r \ll a)$ quanto para pontos muito distantes $(r \gg a)$, que são, respectivamente,

$$\mathbf{B} = \left(\frac{\mu_0 m}{2\pi a^3}\right)\cos\theta\,\mathbf{u}_r - \left(\frac{\mu_0 m}{2\pi a^3}\right)\sin\theta\,\mathbf{u}_\theta \qquad (10.206)$$

e

$$\mathbf{B} = \left(\frac{\mu_0 m}{4\pi}\right)\frac{2\cos\theta}{r^3}\mathbf{u}_r + \left(\frac{\mu_0 m}{4\pi}\right)\frac{\mathrm{sen}\,\theta}{r^3}\mathbf{u}_\theta \qquad (10.207)$$

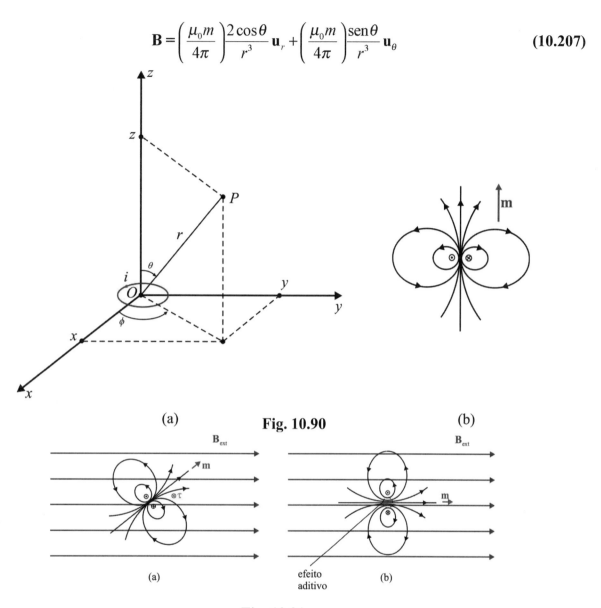

(a)   Fig. 10.90   (b)

Fig. 10.91

Quando age sobre o dipolo um campo elétrico externo, que é o campo excitador, vai ocorrer um torque, expresso por

$$\boldsymbol{\tau} = \mathbf{m} \times \mathbf{B}_{\mathrm{ext}}, \qquad (10.208)$$

cuja tendência é alinhar o momento de dipolo com o campo excitador, conforme mostrado na parte (a) da figura 10.91. Na parte (b) da mesma figura, temos o dipolo magnético já com o seu momento de dipolo alinhado com o campo externo. Em um meio magnético temos muitos dipolos por unidade de volume, e na região próxima a cada um deles o que se nota é que vai haver um efeito aditivo entre o campo externo e o campo de cada dipolo, justificando o sinal positivo que aparece na expressão (10.188).

Hoje em dia, com o desenvolvimento da ciência, sabe-se que a analogia é completa: **E** e **B**, **D** e **H**, **P** e **M**, $\varepsilon_0' = 1/\varepsilon_0$ e μ_0.

362   **Cálculo e Análise Vetoriais com Aplicações Práticas**

Nota: teríamos chegado às mesmas conclusões sobre as analogias citadas se tivéssemos mantido a permissividade original ε_0, situada no denominador da lei de **Coulomb**, e trabalhado com uma nova permeabilidade $\mu_0' = 1/\mu_0$, que ficaria situada no denominador da expressão de **Ampère**. Tente e verá!

10.9.9 - Força de Lorentz

Lorentz deduziu através das transformações que ele postulou, que se uma carga elétrica q se desloca em uma região do espaço com uma velocidade **v**, onde existem um campo elétrico **E** e um campo magnético **B**, então a força eletromagnética que age sobre a carga é dada por

$$F = q(E + v \times B) = q\,E + q\,v \times B \tag{10.209}$$

conhecida como força de **Lorentz**, e que já havia sido abordada na seção 10.4.

10.9.10 – O Desenvolvimento da Teoria Eletromagnética de Maxwell e a Corrente de Deslocamento

Antes de **Maxwell** publicar, em 1873, o seu famoso trabalho "A Treatise on Electricity and Magnetism", o conhecimento científico sobre Eletricidade e Magnetismo, baseado nos trabalhos, principalmente, de **Gauss, Biot**[46]**, Savart**[47]**, Ampère, Laplace, Gilbert**[48]**, Oersted**[49]**, Faraday, Henry** e

---

[46] **Biot [Jean-Baptiste Biot (1774-1862)]** - físico, matemático e astrônomo francês que estudou, no início do século XIX, a polarização da luz passando através de soluções químicas, bem como as relações entre a corrente elétrica e o magnetismo. A lei de **Biot-Savart**, que descreve o campo magnético gerado por uma corrente estacionária, leva esse nome graças a sua colaboração juntamente com **Félix Savart.**

[47] **Savart [Félix Savart(1791-1841)]** - médico e físico francês, conhecido pelo seu trabalho em conjunto com **Biot**, que resultou na criação da lei de **Biot-Savart**. Formado em medicina no Colegio de Francia (1828), em Paris, começou com uma carreira de médico, mas rapidamente se virou para a experimentação. Tornou-se professor de Física (1836) no Colegio de Francia. No Eletromagnetismo, juntamente com **Jean Baptiste Biot**, formulou (1820) a famosa lei de **Biot-Savart**, sobre a intensidade de um campo magnético produzido por uma corrente estacionária. Apesar de este ser este o seu feito mais famoso, a maior parte do seu trabalho versou sobre Acústica. Estudou ainda a acústica do ar, da voz humana, do canto das aves, de sólidos em vibração e das ondas sonoras em líquidos em movimento. Inventou o ressonador de **Savart** para medição de vibrações sonoras e o quartzo de **Savart** para estudar a polarização da luz. Produziu também neste área uma primeira explicação para o funcionamento do violino, fazendo uso do seu ressonador. Em sua honra, foi criada na Física uma unidade de intervalo logarítmico de frequência com a denominação de **Savart** de freqüência. Uma oitava é aproximadamente 301 **Savart**.

[48] **Gilbert [William Gilbert (ou William Gylberde) (1544-1603)]** - médico e físico inglês que foi pesquisador nos campos do magnetismo e da eletricidade. Seu principal trabalho foi "De Magnete, Magneticisme Corporibus, et de Magno Magnete Tellure" [Sobre os magnetos (imãs), os corpos magnéticos e o grande magneto terrestre]. Neste são descritas diversas experiências por ele executadas com seu modelo de Terra denominado Terrela. Das experiências ele concluiu que a Terra era magnética e que esse era o motivo pelo qual as bússolas apontam para o Norte (anteriormente era dito que isto se devia à estrela polar). Em seu trabalho ele também estudou a eletricidade estática usando âmbar. Em grego, âmbar é elektron, daí **Gilbert** decidiu chamar o fenômeno de eletricidade. Ele foi o primeiro a usar os termos força elétrica, atração elétrica, pólo elétrico, força magnética e pólo magnético. Ele também foi o primeiro intérprete na Inglaterra da mecânica celestial copérnica, e postulou que estrelas fixas não estão todas a mesma distância da Terra.
A unidade de força magnetomotriz, também conhecida como potencial magnético, no antigo sistema CGS de unidades, foi nomeada de gilbert (símbolo G) em sua homenagem.

[49] **Oersted [Hans Christian Oersted (1777 - 1851)]** - físico dinamarquês que estudou Filosofia na universidade de

Lenz, abrangia o que, em notação atual, se conhece como sendo:

1º) Campos eletrostáticos caracterizados por

$$\oint_C \mathbf{E} \cdot d\mathbf{l} = 0 \rightleftarrows \nabla \times \mathbf{E} = 0 \qquad \textbf{(i)}$$

e

$$\oiint_S \mathbf{D} \cdot d\mathbf{S} = \sum q_{int} \rightleftarrows \nabla \cdot \mathbf{D} = \rho_v \quad \text{(lei de \textbf{Gauss} para o campo elétrico)} \qquad \textbf{(ii)}$$

Levando em conta a expressão (10.185),

$$\mathbf{D} = \varepsilon \, \mathbf{E}$$

podemos também exprimir a lei de **Gauss** para o campo elétrico como sendo

$$\oiint_S \mathbf{E} \cdot d\mathbf{S} = \frac{\sum (q)_{int}}{\varepsilon} \rightleftarrows \nabla \cdot \mathbf{E} = \frac{\rho_v}{\varepsilon} \qquad \textbf{(iii)}$$

conforme já tinha sido adiantado no exemplo 8.13 para o caso das cargas elétricas estarem situadas no vácuo.

2º) Campos magnetostáticos caracterizados por

$$\oiint_S \mathbf{B} \cdot d\mathbf{S} = 0 \rightleftarrows \nabla \cdot \mathbf{B} = 0 \quad \text{(lei de \textbf{Gauss} para o campo magnético)} \qquad \textbf{(iv)}$$

e

$$\oint_C \mathbf{H} \cdot d\mathbf{l} = \sum (i)_{env} \rightleftarrows \nabla \times \mathbf{H} = \mathbf{J} \quad \text{(lei de \textbf{Ampère})} \qquad \textbf{(v)}$$

Tendo em mente a expressão (10.192),

$$\mathbf{B} = \mu \, \mathbf{H}$$

podemos colocar a lei de **Ampère** sob a forma

$$\oint_C \mathbf{B} \cdot d\mathbf{l} = \mu \sum (i)_{env} \rightleftarrows \nabla \times \mathbf{H} = \mu \, \mathbf{J} \qquad \textbf{(vi)}$$

Copenhague. Depois de viajar pela Europa, retornou àquela universidade e ali trabalhou como professor e pesquisador, desenvolvendo várias pesquisas no campo da Física e da Química.

Em um ensaio publicado em 1813 ele previu que deveria existir uma ligação entre a eletricidade e o magnetismo. Em 1819, durante uma aula de eletricidade, aproximou uma bússola de um fio percorrido por corrente. Com surpresa, observou que a agulha se movia, até se posicionar num plano perpendicular ao fio. Quando a corrente era invertida, a agulha girava 180º, continuando a se manter nesse plano. Esta foi a primeira demonstração de que havia uma relação entre eletricidade e magnetismo. A descoberta do efeito **Oersted** levou à fabricação dos primeiros galvanômetros. O galvanômetro compõe-se de uma agulha imantada, circundada por uma bobina de fio metálico. Quando a corrente elétrica atravessa a bobina, a agulha se desvia, evidenciando a passagem da corrente. O desvio para um lado ou para o outro, indica o sentido em que a corrente está fluindo pelo fio. Dependendo da intensidade da corrente este desvio pode ser maior ou menor.

A unidade de intensidade magnética **H**, no antigo sistema CGS de unidades, foi nomeada oersted (símbolo Oe) em sua homenagem. 1 oersted equivale a aproximadamente 79,6 ampères/metro.

3º) Campos de correntes caracterizados por

$$\oiint_S \mathbf{J} \cdot d\mathbf{S} = -\frac{\partial q}{\partial t} \rightleftarrows \nabla \cdot \mathbf{J} = -\frac{\partial \rho_v}{\partial t} \text{ (equação da continuidade da carga)} \qquad \textbf{(vii)}$$

que se reduzem a

$$\oiint_S \mathbf{J} \cdot d\mathbf{S} = 0 \rightleftarrows \nabla \cdot \mathbf{J} = 0 \qquad \textbf{(viii)}$$

no caso de correntes estacionárias.

4º) Campos elétricos induzidos pela variação do fluxo magnético, caracterizados por

$$\oint_C \mathbf{E} \cdot d\boldsymbol{l} = -\frac{\partial}{\partial t} \iint_S \mathbf{B} \cdot d\mathbf{S} \rightleftarrows \nabla \times \mathbf{E} = -\frac{\partial \mathbf{B}}{\partial t} \quad \text{(lei de \textbf{Faraday})} \qquad \textbf{(ix)}^{\,50}$$

Maxwell verificou que tal conjunto de equações não podia ser considerado geral, ou seja, nem todas as equações podiam ser aplicadas aos campos dinâmicos (variantes no tempo).

Aplicando o conceito de divergência a ambos os membros da forma diferencial da lei de **Faraday**,

$$\nabla \times \mathbf{E} = -\frac{\partial \mathbf{B}}{\partial t},$$

temos

Entretanto, a expressão (10.29) nos garante que é nula a divergência de um rotacional, ou seja,

$$\nabla \cdot (\nabla \times \mathbf{A}) = 0$$

Assim sendo, podemos expressar

$$\nabla \cdot (\nabla \times \mathbf{E}) = \nabla \cdot \left(-\frac{\partial \mathbf{B}}{\partial t} \right) = -\frac{\partial}{\partial t} (\nabla \cdot \mathbf{B}) = 0$$

notando que as duas operações diferenciais são comutativas (variação temporal $\partial/\partial t$ e variação espacial $\partial/\partial x_i$, $i = 1, 2, 3$).

Isto obriga a divergência de **B** a ser constante no tempo. No entanto, é fato comprovado experimentalmente que, até hoje, não se conseguiu isolar um monopolo magnético, conforme já mencionado na nota de rodapé nº 2 do início deste capítulo. Isto implica em divergência nula para o campo magnético **B**, mesmo sendo ele variante no tempo, isto é,

$$\nabla \cdot \mathbf{B} = 0$$

---

[50] Assim sendo, um campo eletrodinâmico tem fonte de circulação ($\nabla \times \mathbf{E} = -\partial \mathbf{B}/\partial t$) e poderá ter ou não também fonte de fluxo ($\nabla \cdot \mathbf{E} = \rho_v/\varepsilon$), pois, conforme será visto logo adiante, a lei de **Gauss** é válida tanto para um campo elétrico estático quanto para um dinâmico.

e a lei de **Gauss** para o campo magnético é válida também para campos dinâmicos[51].
Já para a lei de **Ampère**,

$$\nabla \times \mathbf{H} = \mathbf{J},$$

a situação não é semelhante, uma vez que

$$\nabla \cdot (\nabla \times \mathbf{H}) = \nabla \cdot \mathbf{J} = 0$$

contraria a forma diferencial da equação da continuidade da carga, já que, pela mesma, temos

$$\nabla \cdot \mathbf{J} = -\frac{\partial \rho_v}{\partial t} \neq 0$$

só sendo nula quando tratamos com correntes invariantes no tempo.

Isto ocorre, por exemplo, quando tentamos aplicar a lei de **Ampère** à análise da descarga de um capacitor através de um resistor, conforme ilustrado na figura 10.92.

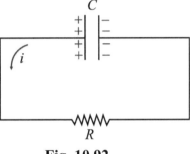

Fig. 10.92

No presente caso, o campo $\mathbf{J}$ não é mais solenoidal, pois as placas (armaduras) do capacitor se constituem em nascedouros ou sumidouros para este campo.

Objetivando manter a forma básica da lei de **Ampère** para campos dinâmicos, **Maxwell** concluiu que à densidade de corrente real[52] (ou corrente livre) $\mathbf{J}$ deveria ser acrescentado um outro termo, de forma a ter-se uma soma solenoidal que se reduzisse a $\mathbf{J}$ sob condições estacionárias. A partir da formas diferenciais da equação da continuidade e da lei de **Gauss** para o campo elétrico[53], verificamos que

$$\nabla \cdot \mathbf{J} = -\frac{\partial \rho_v}{\partial t} = -\frac{\partial}{\partial t}(\nabla \cdot \mathbf{D}) = -\nabla \cdot \left(\frac{\partial \mathbf{D}}{\partial t}\right)$$

que é equivalente a

$$\nabla \cdot \left(\mathbf{J} + \frac{\partial \mathbf{D}}{\partial t}\right) = 0$$

---

[51] Isto nos garante que tanto um campo magnetostático quanto um magnetodinâmico são solenoidais.

[52] Nesta classificação incluem-se a densidade de corrente de correntes de condução e a densidade de corrente de convecção, mas não se incluem nem a densidade de corrente de polarização e nem a densidade de corrente de magnetização.

[53] Isto nos mostra que a lei **Gauss** para o campo elétrico é válida tanto para campos estáticos quanto para campos dinâmicos.

A grandeza vetorial entre parênteses é solenoidal e se reduz a **J** sob condições estáticas. Uma vez que, conforme já anteriormente colocado, devemos ter

$$\nabla \cdot (\nabla \times \mathbf{H}) = 0,$$

Maxwell fez, então, a suposição de que a lei de **Ampère** pudesse ser escrita, para campos dinâmicos, sob a seguinte forma diferencial:

$$\nabla \times \mathbf{H} = \mathbf{J} + \frac{\partial \mathbf{D}}{\partial t} = \mathbf{J} + \mathbf{J}_d \qquad (\mathbf{x})$$

O termo $\partial \mathbf{D}/\partial t$, pelo fato de ser homogêneo a uma densidade de corrente e ser derivado do vetor **D**, normalmente tratado como sendo o vetor deslocamento elétrico, foi, denominado **densidade de corrente de deslocamento**. De qualquer modo, é importante ressaltar que $\partial \mathbf{D}/\partial t$ não representa um movimento de cargas livres. Ficamos então com

$$\mathbf{J}_d = \frac{\partial \mathbf{D}}{\partial t} \qquad (10.210)$$

A necessidade de introdução da corrente de deslocamento pode também ser verificada se considerarmos um capacitor de placas planas e paralelas, com um dielétrico ideal (perfeito, sem fugas) ou tendo o vácuo entre as placas, ligado a uma fonte de tensão alternada, conforme representado na figura 10.93.

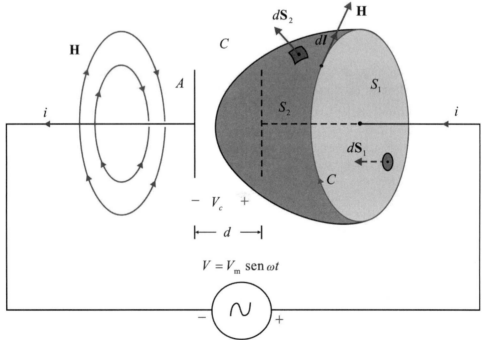

Fig. 10.93

Aplicando o teorema de **Ampère-Stokes** à lei de **Ampère** (equação v) relativamente ao contorno

Os Teoremas Fundamentais da Análise Vetorial e a Teoria Geral dos Campos   367

C e à superfície S_1 mostradas na figura 10.93, temos

$$\oint_C \mathbf{H} \cdot dl = \iint_{S_1} \mathbf{J} \cdot d\mathbf{S} \qquad \textbf{(xi)}$$

Considerando agora o mesmo contorno C, porém com a superfície S_2 associada, podemos expressar

$$\oint_C \mathbf{H} \cdot dl = \iint_{S_2} \mathbf{J} \cdot d\mathbf{S} = 0 \qquad \textbf{(xii)}$$

uma vez que S_2 não é atravessada por nenhuma corrente livre.

Por outro lado, aplicando o teorema de **Ampère-Stokes** à expressão (x), em relação à mesma superfície S_2, temos

$$\oint_C \mathbf{H} \cdot dl = \iint_{S_2} \frac{\partial \mathbf{D}}{\partial t} \cdot d\mathbf{S} \qquad \textbf{(xiii)}$$

Além do mais, a corrente livre, que no caso é uma corrente de condução, fluindo no circuito da figura 10.93, relaciona-se com a tensão entre os terminais do capacitor através de

$$i = \frac{dq}{dt} = \frac{d}{dt}\left(CV_c\right) = C\frac{dV_c}{dt} \qquad \textbf{(xiv)}$$

Entretanto, para um capacitor de placas planas e paralelas, desprezando os efeitos de bordas,

$$\begin{cases} V_c = Ed \\ C = \dfrac{\varepsilon A}{d} \end{cases}$$

resultados estes que substituídos na equação (xiv) conduzem a

$$i = \left(\frac{\varepsilon A}{d}\right)\frac{d\left(Ed\right)}{dt} = A\frac{d}{dt}\left(\varepsilon E\right) = A\frac{\partial D}{\partial t} = A J_d = i_d$$

o que nos indica a igualdade entre a corrente de condução e a corrente de deslocamento no interior do capacitor, quer dizer,

$$\iint_{S_1} \mathbf{J} \cdot d\mathbf{S} = \iint_{S_2} \frac{\partial \mathbf{D}}{\partial t} \cdot d\mathbf{S} \qquad \textbf{(xv)}$$

Rigorosamente falando, a equação (xi) encerra uma aproximação pela não consideração da corrente de deslocamento através de S_1. Da mesma forma, (xiii) não considera a parcela correspondente à corrente de condução através de S_2. Na verdade, conforme os exemplos seguintes vão evidenciar, para todos os casos práticos, as aproximações feitas até o presente ponto são plenamente justificáveis.

Obviamente, a situação da figura 10.93, embora confirme a necessidade da introdução da corrente de deslocamento neste caso particular, não nos respalda a estender a forma generalizada da lei de **Ampère** a qualquer caso dinâmico. Somente a experimentação é realmente capaz de fazer isso. Realmente, um teste da hipótese de **Maxwell** só pode ser realizada com sucesso com campos de frequência elevada e em materiais para os quais $\omega\varepsilon \gg \sigma$, de tal forma que, em decorrência, tenhamos

$$\left|\mathbf{J}_d\right| = \left|\frac{\partial \mathbf{D}}{\partial t}\right| \gg |\mathbf{J}|$$

o que é equivalente a dizer que as forças magnéticas produzidas pela corrente de deslocamento sejam muito maiores que as forças elétricas associadas ao campo **E**. Este é o caso das ondas eletromagnéticas, cuja "existência" é tão somente possível por causa da corrente de deslocamento, constituindo-se em uma demonstração da exatidão da hipótese de **Maxwell**, o que só ocorreu, primeiramente, quinze anos após a publicação do trabalho deste, através das experiências públicas efetuadas, em 1888, por **Hertz**.

Para que possamos ter uma certa noção de ordem de grandeza, é interessante adiantar alguns conceitos que serão abordados no curso de Eletromagnetismo. Se a condutividade σ for não nula, podemos, arbitrariamente, definir três condições, como se segue:

$$\omega\varepsilon \gg \sigma \qquad\qquad \textbf{(xvi)}$$

$$\omega\varepsilon \cong \sigma \qquad\qquad \textbf{(xvii)}$$

$$\omega\varepsilon \ll \sigma \qquad\qquad \textbf{(xviii)}$$

Quando a corrente de deslocamento é muito maior do que a corrente de condução, conforme na condição (xvi), o meio se comporta predominantemente como um dielétrico (isolante). Se $\sigma = 0$ o meio é um dielétrico perfeito (sem perdas). Quando $\sigma \neq 0$ o meio é um dielétrico imperfeito (com perdas). No entanto, se $\omega\varepsilon \gg \sigma$, ele se comporta predominantemente como um **dielétrico**. Já na condição (xviii), em que a corrente de condução é muito maior do que a corrente de deslocamento, o meio é predominantemente **condutor**. Na condição intermediária entre estas duas, quando a corrente de condução é da mesma ordem de grandeza que a corrente de deslocamento, o meio é enquadrado como sendo **quase condutor** ou **um mal condutor e mal dielétrico**. Alguns autores classificam os meios de acordo com a razão $\sigma/\omega\varepsilon$, da seguinte forma:

- Dielétricos:
$$\frac{\sigma}{\omega\varepsilon} < \frac{1}{100} \qquad\qquad \textbf{(xix)}$$

- Quase condutores:
$$\frac{1}{100} < \frac{\sigma}{\omega\varepsilon} < 100 \qquad\qquad \textbf{(xx)}$$

- Condutores:
$$100 < \frac{\sigma}{\omega\varepsilon} \qquad\qquad \textbf{(xxi)}$$

em que

$$\omega = 2\pi f \qquad (xxii)$$

é a frequência angular, expressa em radianos por segundo (símbolo rad/s) e f é a frequência em hertz (símbolo Hz). A razão $\sigma/\omega\varepsilon$ é adimensional.

Devemos notar que a frequência é um fator relevante para que possamos determinar se um meio age como condutor ou como dielétrico. Por exemplo, consideremos o solo rural típico do interior do Estado do Rio de Janeiro, para o qual $\varepsilon_r = 14$ (a baixas frequências) e $\sigma = 1,0\times 10^{-2}$ S/m. Admitindo que tais valores não variem com a frequência, apenas para estabelecer ideias, listemos na tabela seguinte a razão $\sigma/\omega\varepsilon$ para três valores distintos de frequência:

f (Hz)	$\sigma/\omega\varepsilon$
$1,0\times 10^3$	$1,3\times 10^4$
$1,0\times 10^7$	$1,3$
$3,0\times 10^{10}$	$4,3\times 10^{-4}$

Tab. 10.9

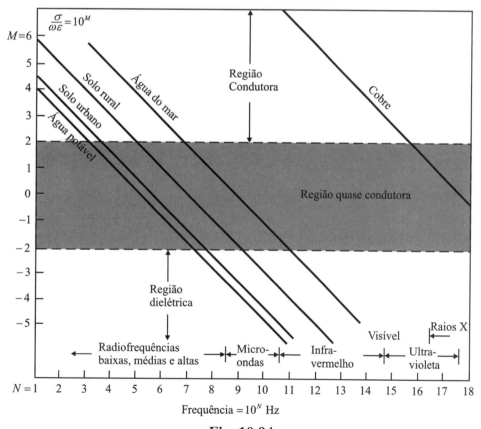

Fig. 10.94

Verificamos que em 1,0 kHz o solo se comporta como condutor, enquanto que na frequência de 30 GHz ele se comporta como um dielétrico. Em 10 MHz seu comportamento é o de um quase condutor.

Na figura 10.94, a razão $\sigma/\omega\varepsilon$ está representada graficamente em função da frequência para vários meios comuns. No entanto, tais gráficos não devem ser considerados exatos acima da frequência de 1,0 GHz, uma vez que a permissividade e a condutividade variam com a frequência.

Pela figura 10.94, constatamos que o cobre se comporta como condutor em frequências bem acima da região de microondas. No entanto, a água potável age como um dielétrico em frequências acima de 10 MHz. As razões $\sigma/\omega\varepsilon$ para a água do mar, solo rural e solo urbano estão entre os limites do cobre e da água potável.

Para que possamos ter uma ideia melhor das faixas de frequências do espectro eletromagnético, foi elaborada a tabela 10.10.

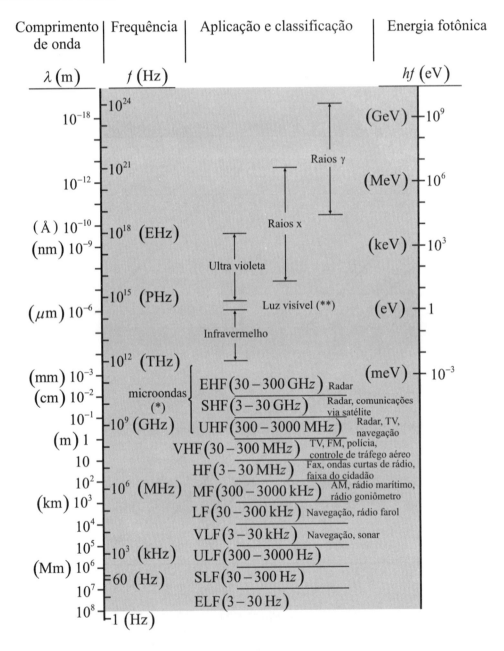

Tab. 10.10 - Espectro Eletromagnético, para o qual a faixa de microondas (*) é aceita como estando

Os Teoremas Fundamentais da Análise Vetorial e a Teoria Geral dos Campos 371

situada entre os limites 10^9 Hz (GHz) e 10^{12} Hz (THz). Espectro de luz visível (**): vermelho (700 nm), laranja (650 nm), amarelo (600 nm), verde (550 nm), azul (450 nm) e violeta (400 nm).

EXEMPLO 10.40*

(a) Mostre que, na prática, em pontos internos de um condutor metálico sob regime de corrente alternada, a corrente de deslocamento é desprezível em presença da corrente de condução.
Sugestão: considere um condutor de cobre ($\sigma = 5,8 \times 10^7$ S/m; $\varepsilon = \varepsilon_0 = 8,85 \times 10^{-12}$ F/m).

(b) Do item anterior podemos concluir que a corrente de deslocamento não tenha nenhuma importância? Verifique também a possibilidade de extensão da lei nos nós de **Kirchhoff** para condutores metálicos trabalhando sob regime de corrente alternada.

(c) Determine a frequência para qual são iguais as amplitudes das correntes de condução e de deslocamento na água do mar, para a qual temos $\sigma = 4,0$ S/m e $\varepsilon_r = 72$. Assuma que estes parâmetros permaneçam fixos.

SOLUÇÃO:

(a)

Seja um condutor percorrido por corrente alternada de tal forma que a densidade de corrente de condução seja dada por

$$J = J_m \operatorname{sen} \omega t$$

Pela lei de **Ohm**,

$$E = \frac{J}{\sigma} = \frac{J_m}{\sigma} \operatorname{sen} \omega t$$

Mas, pela equação constitutiva do campo elétrico,

$$D = \varepsilon E = \frac{\varepsilon J_m}{\sigma} \operatorname{sen} \omega t$$

Mas, pela expressão (10.210),

$$J_d = \frac{\partial D}{\partial t} = \frac{\partial}{\partial t} \left(\frac{\varepsilon J_m}{\sigma} \operatorname{sen} \omega t \right) = \frac{\omega \varepsilon J_m}{\sigma} \cos \omega t$$

e verificamos que a densidade de corrente de deslocamento está adiantada de 90° com relação à corrente de condução e que sua amplitude aumenta com a frequência. Deste modo, temos a razão

$$\frac{J_{d_m}}{J_m} = \frac{\dfrac{\omega \varepsilon J_m}{\sigma}}{J_m}$$

372 **Cálculo e Análise Vetoriais com Aplicações Práticas**

isto é,

$$\frac{J_{d_m}}{J_m} = \frac{\omega\varepsilon}{\sigma} = \frac{2\pi f \varepsilon}{\sigma}$$

Substituindo os valores correspondentes ao cobre, obtemos

$$\frac{J_{d_m}}{J_m} = \frac{2\pi f \varepsilon}{\sigma} = \frac{2\pi f \left(8,85\times10^{-12}\right)}{5,8\times10^7} \cong 1\times10^{-18} f$$

Verificamos, pois, que somente para frequências acima do espectro eletromagnético visível[54], ou seja, acima de 1×10^{15} Hz $= 1$ PHz (1 petahertz), quando já não são usados condutores, é que a corrente de deslocamento começaria a ser considerável nas condições de condutividade e permissividade citadas. Para os demais condutores, além do cobre, a situação é semelhante, visto que a permissividade é a mesma do vácuo e a condutividade tem a mesma ordem de grandeza 10^7 S/m.

(b)

Não, de modo nenhum! O fato da corrente de deslocamento ser desprezível no interior dos condutores, realmente justifica a extensão da lei dos nós aos circuitos de corrente alternada, uma vez que

$$\nabla\cdot\left(\mathbf{J} + \mathbf{J}_d\right) \cong \nabla\cdot\mathbf{J} = 0$$

---

[54] O intervalo do espectro eletromagnético correspondente à luz visível, em termos de comprimento de onda, se estende desde $\lambda = 4,00\times10^3$ Å $= 400\,\text{nm}$ (violeta) até $\lambda = 7,00\times10^3$ Å $= 700\,\text{nm}$. Em Ótica, frequentemente, utiliza-se como unidades de comprimento de onda, o mícron (símbolo μ), atualmente denominado micrômetro, (símbolo μm), o milimícron (símbolo $m\mu$), que atualmente é chamado de nanômetro (símbolo nm) e o angströn (símbolo Å). São definidos em relação ao metro por

$$\begin{cases} 1\mu = 1\mu\text{m} = 1\times10^{-6}\,\text{m} \\ 1m\mu = 1\text{nm} = 1\times10^{-9}\,\text{m} \\ 1\text{Å} = 1\times10^{-10}\,\text{m} \end{cases}$$

Entretanto,

$$c = \lambda f$$

sendo $c \cong 3,00\times10^8$ m/s, a velocidade da luz no vácuo.

Concluímos então que, em termos de frequência, o espectro visível se estende desde $0,42\times10^{15}$ Hz $= = 0,42$ PHz até $0,75\times10^{15}$ Hz $= 0,75$ PHz, conforme pode ser observado na tabela 10.9.

O angströn foi uma unidade de comprimento estabelecida em homenagem a **Anders Jonas Angström**.

Angström [Anders Jonas Angström (1814 - 1874)] - físico e astrônomo sueco que foi o fundador da ciência da espectroscopia e descobridor da presença de hidrogênio na atmosfera solar. Também escreveu sobre Calor, Magnetismo e Óptica.

e a situação recai naquela já descrita na figura (10.85) e regimentada pela expressão (10.177),

$$\oiint_S \mathbf{J} \cdot d\mathbf{S} = 0 \rightleftarrows \nabla \cdot \mathbf{J} = 0$$

que em termos de correntes de condução pode ser expressa pelas formas apresentadas na expressão (10.178) ou na (10.179), que são, respectivamente,

$$\sum_{k=1}^{k=n} i_k = 0$$

e

$$\sum i_{\text{chegam}} = \sum i_{\text{saem}}$$

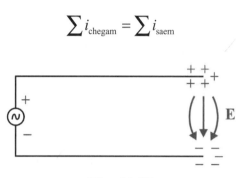

Fig. 10.95

No entanto, em um circuito aberto, conforme apresentado na figura 10.95, a fonte de tensão, retira elétrons de uma das extremidades, que fica positiva, e os envia para a outra extremidade, que fica negativa, até que as repulsões coulombianas entre cargas de mesmo sinal permitam tais concentrações de cargas, cujas densidades variam com o tempo. As linhas de corrente de deslocamento vão nascer onde estiver havendo acúmulo de cargas positivas, por que neste ponto estão terminando as linhas de corrente de condução, ou seja,

$$\nabla \cdot (\mathbf{J} + \mathbf{J}_d) = 0 \rightarrow \nabla \cdot \mathbf{J} + \nabla \cdot \mathbf{J}_d = 0 \rightarrow \begin{cases} \nabla \cdot \mathbf{J} = -\dfrac{\partial \rho_v}{\partial t} \\ \nabla \cdot \mathbf{J}_d = \dfrac{\partial \rho_v}{\partial t} \end{cases}$$

De um outro modo,

$$\rho_v(t) \rightarrow E(t) \rightarrow D(t) \rightarrow J_d = \frac{\partial D}{\partial t} \neq 0$$

A corrente de condução no fio é, em intensidade, igual à corrente de deslocamento nas extremidades, que funcionam como placas de um capacitor. Em baixas frequências, para tal situação, ambas as correntes são desprezíveis ($\partial/\partial t$ desprezível). Em altas frequências (faixa de kHz e além), ambas devem ser consideradas.

Generalizando: a corrente de deslocamento só é considerável quando houver uma situação de um grande acúmulo de cargas, conforme ocorre, por exemplo, em um capacitor, ou quando mesmo pequenas concentrações de cargas resultarem em grandes derivadas das mesmas em relação ao tempo, como nas antenas, linhas de transmissão e guias de onda.

No vácuo e no ar, nas aplicações práticas de um modo geral, só existe a corrente de deslocamento, sendo nula a corrente de condução É o caso da onda eletromagnética viajante, que se propaga no vácuo devido à corrente de deslocamento, que gera campo magnético e a variação temporal deste último, em acordância com a lei de **Faraday**, induz campo elétrico.

Semelhantemente, a luz ao se propagar em uma fibra ótica, também o faz sem que haja corrente de condução, o que é uma grande vantagem, pois que, sem esta última, não existe dissipação de energia por efeito **Joule**, o que possibilita ao sinal deslocar-se por uma extensão de muitos quilômetros com uma atenuação muito pequena da amplitude inicial, e evita a necessidade de amplificação. As pequenas perdas nas fibras óticas devem-se às reorientações dos dipolos elétricos das mesmas tentando acompanhar a vibração do sinal transmitido. Fenômeno análogo, denominado magnetoestricção, ocorre nos materiais magnéticos, com os dipolos magnéticos tentando acompanhar a vibração do campo excitador.

(c)

Utilizando a expressão deduzida anteriormente,

$$\frac{J_{d_m}}{J_m} = \frac{\omega \varepsilon}{\sigma} = \frac{2\pi f \varepsilon}{\sigma} = \frac{2\pi f \left(72 \times 8,85 \times 10^{-12}\right)}{4,0} = 1$$

de onde tiramos

$$f = 1,0 \times 10^9 \, \text{Hz} = 1,0 \, \text{GHz}$$

frequência essa que pertence à faixa de microondas.

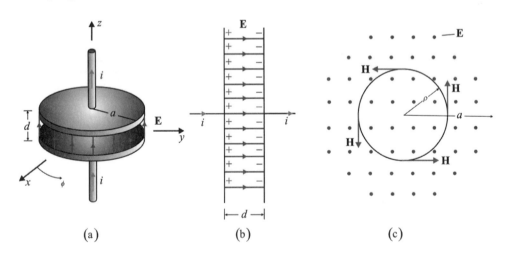

Fig. 10.96

EXEMPLO 10.41*

Em 1929, **M. R. Van Cauwenberghe**[55] conseguiu medir, diretamente, pela primeira vez, a

---

[55] A delicadeza destas medidas é tamanha que elas só foram efetuadas 56 anos após **Maxwell** haver publicado seu trabalho onde constava o conceito de corrente de deslocamento. A referência é o Journal de Physique, 8, 303 (1929).

Os Teoremas Fundamentais da Análise Vetorial e a Teoria Geral dos Campos 375

corrente de deslocamento entre as placas de um capacitor de placas abalá-las, submetido a uma tensão alternada, conforme ilustrado na figura 10.96. Para tanto, ele utilizou placas circulares, com raio efetivo de 40 cm e capacitância de $1,0 \times 10^{-10}$ F. A amplitude da tensão aplicada foi 174 kV, à frequência de 50 Hz.

(a) Qual é a amplitude da corrente de deslocamento entre as placas?

(b) Por que foi escolhida uma tensão tão elevada? Se a experiência fosse ser realizada hoje em dia, você teria alguma sugestão para facilitar a execução da mesma?

SOLUÇÃO:

Temos

$$\begin{cases} C = 1,0 \times 10^{-10} \, \text{F} \\ V = V_{\text{m}} \text{sen} \, \omega t \\ V_{\text{m}} = 174 \, \text{kV} = 1,74 \times 10^{5} \, \text{V} \\ \omega = 2\pi f = 2\pi (50) = 3,14 \times 10^{2} \, \text{rad/s} \end{cases}$$

(a)

Pela expressão (10.210),

$$J_{\text{d}} = \frac{\partial D}{\partial t} = \frac{\partial}{\partial t} (\varepsilon E)$$

Se os efeitos de bordas forem desprezados, o campo elétrico entre as placas pode ser considerado uniforme e dado por

$$E = \frac{V}{d}$$

o que implica

$$J_{\text{d}} = \frac{\partial D}{\partial t} = \frac{\partial}{\partial t} \left(\frac{\varepsilon V}{d} \right) = \frac{\varepsilon}{d} \frac{\partial V}{\partial t}$$

Pela definição de densidade de corrente,

$$i_{\text{d}} = J_{\text{d}} \, S = \frac{\varepsilon S}{d} \frac{\partial V}{\partial t}$$

Para um capacitor de placas planas e paralelas,

376 **Cálculo e Análise Vetoriais com Aplicações Práticas**

$$C = \frac{\varepsilon S}{d}$$

de sorte que

$$i_d = C\frac{\partial V}{\partial t} = C\frac{\partial}{\partial t}\left(V_m \mathrm{sen}\,\omega t\right) = \omega\,C\,V_m \cos \omega t$$

Finalmente, encontramos

$$i_{d_m} = \omega\,C\,V_m = \left(3,14\times10^2\right)\left(1,0\times10^{-10}\right)\left(1,74\times10^5\right) = 5,5\times10^{-3}\,\mathrm{A} = 5,5\,\mathrm{mA}$$

(b)

Na última expressão pode-se reparar que a amplitude da corrente de deslocamento é diretamente proporcional à tensão. Assim sendo, quanto maior for esta última, mais fácil será a medição da corrente de deslocamento, pois trabalharemos com valores mais elevados, evitando o emprego de aparelhos mais precisos e delicados. Uma outra alternativa é utilizar uma tensão mais baixa, o que facilita as condições de isolamento, e aumentar a frequência, tendo em vista que a amplitude da grandeza em questão também é diretamente proporcional à frequência.

EXEMPLO 10.42*

Em um capacitor as placas são planas, paralelas e quadradas, de 0,10 m de lado, distando 1,0 mm entre si. Entre as mesmas existe o vácuo e um resistor de $1,0\times10^3\,\Omega$. Uma tensão alternada, de valor eficaz 10 V, é aplicada entre as placas do capacitor e os efeitos de bordas são desprezados.

(A) Determine:

(a) o valor eficaz da corrente de deslocamento através do capacitor;

(b) o valor eficaz da corrente de condução através do resistor;

(c) a corrente total;

(d) a potência dissipada no resistor para cada uma das seguintes frequências: 1,0Hz, 1,0 kHz, 1,0 MHz e 1,0 GHz.

(B) Construa uma tabela de quatro colunas para as grandezas determinadas nos itens (a), (b), (c) e (d), e quatro linhas, uma para cada frequência.

SOLUÇÃO:

(A)

Na disciplina Circuitos Elétricos aprende-se a trabalhar com circuitos no domínio do tempo, bem como no domínio da frequência quando temos o regime permanente senoidal devido às excitações do tipo $V = V_m \mathrm{sen}\,\omega t$ e $V = V_m \mathrm{sen}\left(\omega t + \alpha\right)$.

No domínio da frequência temos um ente denominado fasor, que é um segmento orientado girante com uma velocidade angular ω, de tal forma que a sua projeção em um eixo vertical é o valor instantâneo da grandeza V. Observemos as correspondências entre os conceitos através da figura 10.97.

Domínio do tempo	Domínio da frequência (fasor)
$V = V_m \operatorname{sen} \omega t$	$\dot{V} = V_m \angle 0$
$V = V_m \operatorname{sen}(\omega t + \alpha)$	$\dot{V} = V_m \angle \alpha$

Tab. 10.11

Tais fasores podem ter uma amplitude (módulo) igual ao valor máximo da grandeza correspondente ou igual ao valor eficaz da referida grandeza. Demonstra-se que a relação entre o valor eficaz e o valor máximo de uma grandeza em corrente alternada senoidal é

$$V_{ef} = \frac{V_m}{\sqrt{2}} \rightleftarrows V_m = \sqrt{2} \; V_{ef}$$

Assim, se os fasores estiverem com as amplitudes referidas a valores eficazes,

Domínio do tempo	Domínio da frequência (fasor)
$V = \sqrt{2} \; V_{ef} \operatorname{sen} \omega t$	$\dot{V} = V_{ef} \angle 0$
$V = V_m \operatorname{sen}(\omega t + \alpha) = \sqrt{2} \; V_{ef} \operatorname{sen}(\omega t + \alpha)$	$\dot{V} = V_{ef} \angle \alpha$

Tab. 10.12

Para sermos um pouco mais abrangentes, diremos que os fasores são representados por números complexos, que podem estar em qualquer uma de suas formas (retangular ou cartesiana, polar ou de **Steinmetz**, e exponencial ou de **Euler**).

Temos também outras correspondências entre o domínio do tempo e o domínio da frequência, que estão listadas na tabela 10.13.

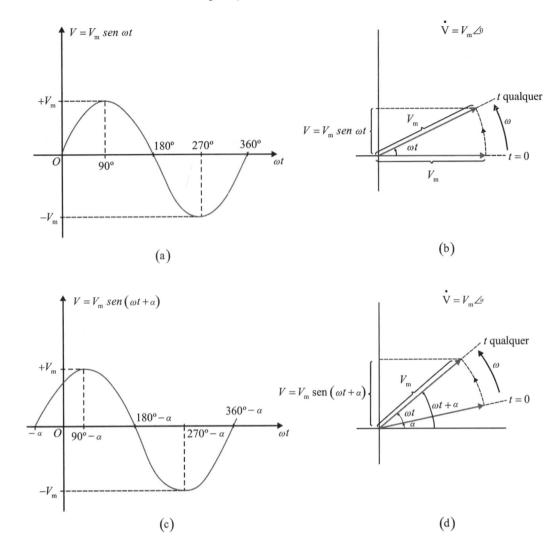

Fig. 10.97 – Fasores

Domínio do tempo	Domínio da frequência
Grandeza escalar	Fasor
Grandeza vetorial	Vetor fasor
d/dt	$j\omega$
d^n/dt^n	$(j\omega)^n$
$\int (\ )\, dt$	$\dfrac{1}{j\omega} = \dfrac{j}{j^2\omega} = -\dfrac{j}{\omega}$

Tab. 10.13

(a)

A situação do nosso exemplo encontra-se esquematizada de formas equivalentes na figura 10.98.

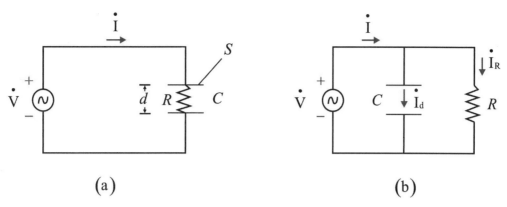

Fig. 10.98

Adotaremos

$$V = \sqrt{2}\, V_{ef}\, \text{sen}\, \omega t,$$

sendo

$$V_{ef} = 10\, \text{V}$$

logo temos

$$\dot{V} = V_{ef} \angle 0 = 10 \angle 0$$

No domínio do tempo

$$J_d = \frac{\partial D}{\partial t} = \frac{\partial}{\partial t}(\varepsilon_0 E)$$

Passando para o domínio da frequência,

$$\dot{J}_d = j\omega \dot{D} = j\omega\left(\varepsilon_0 \dot{E}\right)$$

Se os efeitos de bordas forem desprezados, o campo elétrico entre as placas pode ser considerado uniforme e dado por

$$\dot{E} = \frac{\dot{V}}{d}$$

o que implica

$$\dot{J}_d = j\omega\left(\varepsilon_0 \dot{E}\right) = j\omega\left(\varepsilon_0 \frac{\dot{V}}{d}\right) = j\omega \varepsilon_0 \frac{\dot{V}}{d}$$

Entretanto,

$$\dot{I}_d = \dot{J}_d\, S$$

o que acarreta

$$\dot{I}_d = j\frac{\omega\,\varepsilon_0\,S\,\dot{V}}{d}$$

Finalmente, lembrando que

$$\omega = 2\pi f$$

encontramos

$$\dot{I}_d = j\frac{2\pi f\varepsilon_0\,S\,\dot{V}}{d}$$

Substituindo os valores

$$\begin{cases} \varepsilon_0 = 8{,}85\times10^{-12}\ \text{F/m} \\ S = \left(0{,}10\text{m}\right)^2 = 1{,}0\times10^{-2}\,\text{m}^2 \\ d = 1{,}0\times10^{-3}\,\text{m} \\ \dot{V} = 10\angle 0 \end{cases}$$

chegamos a

$$\dot{I}_d = j\frac{2\pi f\left(8{,}85\times10^{-12}\right)\left(1{,}0\times10^{-2}\right)\left(10\angle 0\right)}{1{,}0\times10^{-3}} = j\,f\left(5{,}6\times10^{-9}\right)$$

(b)

Temos que

$$\dot{I}_R = \frac{\dot{V}}{R} = \frac{\left(10\angle 0\right)}{1{,}0\times10^{3}} = 0{,}010\text{A} = 10\times10^{-3}\,\text{A} = 10\ \text{mA}$$

(c)

A corrente total é

$$\dot{I} = \dot{I}_R + \dot{I}_d = 0{,}010 + j\,f\left(5{,}6\times10^{-9}\right)$$

(d)

A potência dissipada no resistor independe da frequência e é dada por

$$P = \left|\dot{I}_R\right|^2 R = (10 \times 10^{-3})^2 (1,0 \times 10^3) = 0,10 \text{W}$$

(B)

A tabela solicitada vem a seguir:

f	$\dot{I}_R(A)$	$\dot{I}_d(A)$	$\dot{I}(A)$	$P(W)$
1,0 Hz	0,010A	$j(5,6 \times 10^{-9})$	$0,010A + j(5,6 \times 10^{-9}) \cong 0,010A$	0,10
1,0 kHz	0,010A	$j(5,6 \times 10^{-6})$	$0,010A + j(5,6 \times 10^{-6}) \cong 0,010A$	0,10
1,0 MHz	0,010A	$j(5,6 \times 10^{-3})$	$0,010(1 + 0,56)$	0,10
1,0 GHz	0,010A	$j(5,6)$	$0,010(1 + j560)$	0,10

Tab. 10.14

10.9.11 - Primeira Equação de Maxwell - Lei de Gauss para o Campo Elétrico

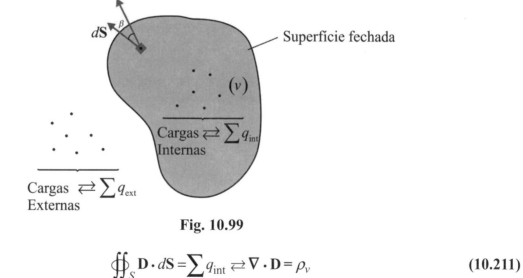

Fig. 10.99

$$\oiint_S \mathbf{D} \cdot d\mathbf{S} = \sum q_{int} \rightleftarrows \nabla \cdot \mathbf{D} = \rho_v \qquad (10.211)$$

Esta equação descreve a carga e o campo deslocamento elétrico **D**, e interrelaciona o fluxo elétrico às cargas elétricas envolvidas. Suas experiências comprovantes são:

1ª) Cargas elétricas estáticas de mesmo sinal se repelem, e de sinais contrários se atraem, proporcionalmente ao quadrado da distância entre elas.

2ª) As cargas de um condutor isolado e em equilíbrio eletrostático situam-se dentro do condutor, mas junto à sua superfície externa.

(a) Interpretação Física da Forma Integral

O fluxo elétrico através de uma superfície fechada S de forma qualquer (superfície gaussiana) é igual ao somatório das cargas livres[56] encerradas pela mesma.

(b) Interpretação Física da Forma Diferencial

A densidade volumétrica de cargas livres é fonte de fluxo para o deslocamento elétrico, isto é, a densidade em questão é fonte ou sumidouro para as linhas do campo deslocamento elétrico **D**.

(c) Passagem da Forma Integral para a forma Diferencial

$$\oiint_S \mathbf{D} \cdot d\mathbf{S} = \sum q_{\text{int}}$$

Pela definição de densidade volumétrica de cargas, temos

$$\rho_v = \frac{dq}{dv}$$

o que implica

$$dq = \rho_v \, dv$$

Integrando para encontrar a carga total interna à superfície, vem

$$\sum q_{\text{int}} = \iiint_v \rho_v \, dv$$

e ficamos com

$$\oiint_S \mathbf{D} \cdot d\mathbf{S} = \iiint_v \rho_v \, dv$$

Aplicando o teorema da divergência, podemos estabelecer

$$\oiint_S \mathbf{D} \cdot d\mathbf{S} = \iiint_v (\nabla \cdot \mathbf{D}) \, dv = \iiint_v \rho_v \, dv$$

isto é,

$$\iiint_v (\nabla \cdot \mathbf{D}) \, dv = \iiint_v \rho_v \, dv$$

o que acarreta

---

[56] Nesta classificação não estão incluídas as cargas de polarização.

$$\nabla \cdot \mathbf{D} = \rho_v$$

(d) Passagem da Forma Diferencial para a Forma Integral

$$\nabla \cdot \mathbf{D} = \rho_v$$

Integrando ambos os membros da equação ao longo de um volume v delimitado por uma superfície fechada S, obtemos

$$\iiint_v (\nabla \cdot \mathbf{D})\, dv = \iiint_v \rho_v\, dv$$

Pela definição de densidade volumétrica de cargas, temos

$$\rho_v = \frac{dq}{dv}$$

o que implica

$$dq = \rho_v\, dv$$

Integrando para encontrar a carga total interna à superfície, vem

$$\sum q_{\text{int}} = \iiint_v \rho_v\, dv$$

Entretanto, pelo teorema da divergência, temos

$$\iiint_v (\nabla \cdot \mathbf{D})\, dv = \oiint_S \mathbf{D} \cdot d\mathbf{S}$$

o que nos conduz a

$$\oiint_S \mathbf{D} \cdot d\mathbf{S} = \sum q_{\text{int}}$$

10.9.12 - Segunda Equação de Maxwell - Lei de Gauss para o Campo Magnético

$$\oiint_S \mathbf{B} \cdot d\mathbf{S} = 0 \rightleftarrows \nabla \cdot \mathbf{B} = 0 \qquad\qquad (10.212)[57]$$

Esta equação descreve o campo magnético, e interrelaciona o fluxo magnético às cargas magnéticas envolvidas.

O campo magnético $\mathbf{B}$ é um campo solenoidal e sua experiência comprovante é o fato de não se conseguir manter, até a presente data, o isolamento de cargas magnéticas (pólos magnéticos). Assim, as linhas magnéticas não têm começo ou fim, quer dizer, fecham-se sobre si mesmas. Conforme já

---

[57] Isto nos garante, conforme já havia sido adiantado anteriormente, que um campo magnético em geral, tanto no caso estático quanto no dinâmico, é um campo solenoidal.

mencionado anteriormente, na natureza ainda não foram encontrados pólos magnéticos isolados.

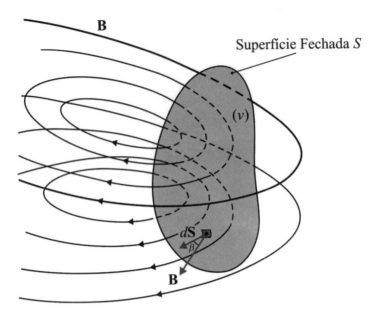

Fig. 10.100

(a) Interpretação Física da Forma Integral

É nulo o fluxo magnético através de uma superfície fechada S de forma qualquer (superfície gaussiana).

(b) Interpretação Física da Forma Diferencial

Como não se encontram cargas magnéticas isoladas na natureza, as linhas de campo magnético formam anéis fechados, ou seja, fecham-se sobre si mesmas.

(c) Passagem da Forma Integral para a forma Diferencial

$$\oiint_S \mathbf{B} \cdot d\mathbf{S} = 0$$

Pelo teorema da divergência, podemos expressar

$$\oiint_S \mathbf{B} \cdot d\mathbf{S} = \iiint_v (\nabla \cdot \mathbf{B}) \, dv = 0$$

o que nos conduz a

$$\nabla \cdot \mathbf{B} = 0$$

(d) Passagem da Forma Diferencial para a Forma Integral

$$\nabla \cdot \mathbf{B} = 0$$

Integrando ambos os membros da equação ao longo de um volume v delimitado por uma superfície fechada S, obtemos

$$\iiint_v (\nabla \cdot \mathbf{B})\, dv = \iiint_v (0)\, dv = 0$$

Entretanto, pelo teorema da divergência, temos

$$\iiint_v (\nabla \cdot \mathbf{B})\, dv = \oiint_S \mathbf{B} \cdot d\mathbf{S}$$

o que nos conduz a

$$\oiint_S \mathbf{B} \cdot d\mathbf{S} = 0$$

10.9.13- Terceira Equação de Maxwell - Lei da Indução de Faraday-Henry[58]

As experiências que resultaram na lei de indução eletromagnética foram realizadas na Inglaterra, em 1831, por **Michael Faraday** e, nos Estados Unidos, por **Joseph Henry**, em 1830. Embora **Faraday** tenha publicado primeiramente seus trabalhos, o que lhe confere a primazia da descoberta, a unidade de indutância no Sistema internacional de Unidades (SI) é o henry (símbolo H), pelo reconhecimento ao trabalho de **Henry**. Foi algo semelhante ao que já havia acontecido no século XVII com **Newton** e **Leibniz** no estabelecimento do Cálculo Diferencial e Integral, que tam-bém trabalharam independentemente e na mesma época, porém, **Newton** ficou com a prioridade da descoberta.

As experiências comprovantes mais conhecidas são:

1ª) Uma barra imantada, ao cruzar uma espira fechada induz nesta uma corrente elétrica.

2ª) Em um condutor em movimento, cortando linhas de campo magnético, verifica-se uma força eletromotriz induzida entre os seus terminais.

Embora a lei tenha sido instituída, independentemente, por **Faraday** e por **Henry**, o sinal de

---

[58] Alguns preferem chamá-la de lei de **Faraday-Henry-Lenz**, visto que, **Henry** também chegou, na mesma época, aos resultados de **Faraday**. Entretanto o sinal de menos é devido a uma outra lei, descoberta independente por **Lenz**, e que foi incorporado à lei de **Faraday**.

Henry [Joseph Henry (1797-1878)] - cientista norte-americano que, ainda em vida, foi considerado o maior desde **Benjamin Franklin**. Em 1830, enquanto construía eletroímãs, descobriu o fenômeno chamado indução. O seu trabalho foi desenvolvido independentemente do trabalho de **Michael Faraday**, mas é a este último que se atribuí a honra da descoberta, por ter publicado primeiro as suas conclusões. A **Henry** também é creditada a invenção do motor elétrico, embora mais uma vez, não tenha sido o primeiro a registrar a patente. Seus estudos acerca do relé eletromagnético foram a base do telégrafo, inventado por **Morse** e **Wheatstone**. Mais tarde provou que as correntes podem ser induzidas à distância, magnetizando uma agulha com a ajuda de um relâmpago a treze quilômetros de distância. Em 1832, **Henry** tornou-se professor de Física no College of New Jersey, que mais tarde veio a tornar-se a Princeton University. Foi Professor na Albany Academy e o primeiro diretor do Smithsonian Institute, de 1846 até à sua morte, 32 anos depois. À frente deste Instituto, desempenhou importantíssimo papel no desenvolvimento da ciência norte-americana. Após a sua morte, a unidade de indutância ou no Sistema Internacional (SI), foi batizada de henry (símbolo H), em reconhecimento ao seu trabalho.

Franklin [Benjamin Franklin (1706-1790)] - foi um jornalista, editor, autor, maçom, filantropo, abolicionista, funcio-nário público, cientista, diplomata, inventor e enxadrista norte-americano, que foi também um dos líderes da Revolução Americana, e é muito conhecido pelas suas muitas citações e pelas experiências em eletricidade, mormente a invenção do pára-raios.

menos foi introduzido devido a uma lei estabelecida, de forma independente, por **Lenz**[59], em 1833.

Ele observou que a corrente elétrica induzida produzia efeitos opostos às suas causas. Mais especificamente, **Lenz** estabeleceu: "O sentido da corrente elétrica induzida é tal que o campo magnético criado por ela opõe-se à variação do campo magnético que a produziu. Em outras palavras: para gerar uma corrente induzida é necessário despender energia.

Existem dois casos que precisam se analisados: quando o circuito no qual ocorre a indução eletromagnética está em repouso em relação ao laboratório onde está sendo realizada a experiência e quando o circuito está em movimento relativamente ao laboratório. Este é um detalhamento que não é encontrado em todos os livros. Um outro ponto importante é que o circuito fechado C não precisa ter existência física real, como é o caso, por exemplo, de uma espira condutora. Não, ele pode ser simplesmente uma curva imaginária do espaço, na qual vai existir um "link" de força eletromotriz induzida. Um exemplo disso é o das ondas eletromagnéticas que se propagam mesmo na ausência de matéria, conhecida como espaço livre ou vácuo. O efeito da indução eletromagnética se propaga desde a antena transmissora até a receptora, mesmo não havendo um meio material interligando-as! Não fosse assim, não receberíamos, por exemplo, os sinais enviados por sondas espaciais ou pelo **Telescópio Espacial Hubble**, que é um satélite astronômico, artificial, não tripulado e que transporta um grande telescópio para a luz visível e infravermelha.

Ainda com relação aos dois casos citados no início do parágrafo anterior, em ambos as equações descrevem o efeito elétrico de um fluxo magnetodinâmico, e interrelacionam o campo elétrico induzido à variação de fluxo magnético.

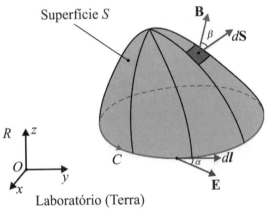

Fig. 10.101

- **Primeiro enfoque: circuito em repouso no laboratório**

$$\oint_C \mathbf{E} \cdot d\mathbf{l} = -\frac{\partial}{\partial t}\iint_S \mathbf{B} \cdot d\mathbf{S} \rightleftarrows \nabla \times \mathbf{E} = -\frac{\partial \mathbf{B}}{\partial t} \qquad (10.213)^{60}$$

---

[59] **Lenz [Heinrich Friedrich Emil Lenz (1804-1865)]** - foi um físico russo de descendência alemã que ganhou fama por ter formulado, em 1833, a lei que leva o seu nome. Ele também formulou, independentemente de **Joule**, em 1842, a lei que leva o nome desse último. Pesquisou a condutividade de vários materiais sujeitos a corrente elétrica e o efeito da temperatura sobre a condutividade. Também descobriu a reversibilidade das máquinas elétricas. Foi nomeado professor de Física na Academia de Ciências de São Petersburgo em 1836. Em 1864 foi para a Itália por razões médicas, vindo a falecer no ano seguinte.

[60] Lembrar que, conforme já tinha sido adiantado na nota de rodapé nº 46, um campo eletrodinâmico tem fonte de circulação ($\nabla \times \mathbf{E} = -\partial \mathbf{B}/\partial t$) e poderá ter ou não também fonte de fluxo ($\nabla \cdot \mathbf{E} = \rho_v/\varepsilon$)., diferentemente de um campo eletrostático que só tem fonte de fluxo ($\nabla \cdot \mathbf{E} = \rho_v/\varepsilon$) e não tem fonte de circulação ($\nabla \times \mathbf{E} = 0$), sendo, pois, do tipo conservativo.

Sua experiência comprovante: uma barra imantada, ao cruzar uma espira fechada produz nesta uma corrente elétrica.

(a) Interpretação Física da Forma Integral

A força eletromotriz induzida em um circuito C, fechado e **estacionário**, é igual ao simétrico da taxa de variação parcial temporal do fluxo magnético através do circuito em questão.

(b) Interpretação Física da Forma Diferencial

O simétrico da taxa de variação parcial temporal do campo magnético é fonte de circulação para o campo elétrico.

(c) Passagem da Forma Integral para a forma Diferencial

$$\oint_C \mathbf{E} \cdot dl = -\frac{\partial}{\partial t} \iint_S \mathbf{B} \cdot d\mathbf{S}$$

Uma vez que a superfície S e o circuito C no qual ela se apóia são estacionários, podemos expressar

$$\oint_C \mathbf{E} \cdot dl = -\frac{\partial}{\partial t} \iint_S \mathbf{B} \cdot d\mathbf{S} = \iint_S \left(-\frac{\partial \mathbf{B}}{\partial t} \right) \cdot d\mathbf{S}$$

Aplicando o teorema de **Ampère-Sokes** ao membro esquerdo igualdade, obtemos

$$\oint_C \mathbf{E} \cdot dl = \iint_S (\nabla \times \mathbf{E}) \cdot d\mathbf{S} = \iint_S \left(-\frac{\partial \mathbf{B}}{\partial t} \right) \cdot d\mathbf{S}$$

o que carreta

$$\nabla \times \mathbf{E} = -\frac{\partial \mathbf{B}}{\partial t}$$

(d) Passagem da Forma Diferencial para a Forma Integral

$$\nabla \times \mathbf{E} = -\frac{\partial \mathbf{B}}{\partial t}$$

Determinando o fluxo de ambos o membros da equação anterior através da superfície S, temos

$$\iint_S (\nabla \times \mathbf{E}) \cdot d\mathbf{S} = \iint_S \left(-\frac{\partial \mathbf{B}}{\partial t} \right) \cdot d\mathbf{S}$$

Aplicando o teorema de **Ampère-Sokes** ao membro esquerdo igualdade, obtemos

$$\oint_C \mathbf{E} \cdot d\boldsymbol{l} = \iint_S (\boldsymbol{\nabla} \times \mathbf{E}) \cdot d\mathbf{S} = \iint_S \left(-\frac{\partial \mathbf{B}}{\partial t} \right) \cdot d\mathbf{S}$$

o que nos permite colocar

$$\oint_C \mathbf{E} \cdot d\boldsymbol{l} = \iint_S \left(-\frac{\partial \mathbf{B}}{\partial t} \right) \cdot d\mathbf{S}$$

Uma vez que a superfície S e o circuito C no qual ela se apóia são estacionários, podemos expressar

$$\oint_C \mathbf{E} \cdot d\boldsymbol{l} = \iint_S \left(-\frac{\partial \mathbf{B}}{\partial t} \right) \cdot d\mathbf{S} = -\frac{\partial}{\partial t} \iint_S \mathbf{B} \cdot d\mathbf{S}$$

ou seja,

$$\oint_C \mathbf{E} \cdot d\boldsymbol{l} = -\frac{\partial}{\partial t} \iint_S \mathbf{B} \cdot d\mathbf{S}$$

- **Segundo enfoque: circuito em movimento no laboratório**

Esta situação já foi retratada na figura 10.21.

$$\oint_C \mathbf{E'} \cdot d\boldsymbol{l} = -\frac{d}{dt} \iint_S \mathbf{B} \cdot d\mathbf{S} \rightleftarrows \boldsymbol{\nabla} \times \mathbf{E} = -\frac{\partial \mathbf{B}}{\partial t} \qquad (10.214)$$

Sua experiência comprovante: em uma barra condutora em movimento, cortando linhas de campo magnético, verifica-se uma força eletromotriz induzida entre os seus terminais.

(a) Interpretação Física da Forma Integral

A força eletromotriz induzida em um circuito C, fechado e **em movimento** com relação ao laboratório, e medida em um referencial solidário ao circuito em movimento, é igual ao simétrico da taxa de variação temporal do fluxo magnético através do circuito em tela. Lembrar que tal observador sendo solidário ao circuito, move-se com a mesma velocidade deste, isto é, para ele circuito está parado. Assim sendo, tal observador só verifica variações temporais.

(b) Interpretação Física da Forma Diferencial

O simétrico da taxa de variação parcial temporal do campo magnético é fonte de circulação para o campo elétrico.

(c) Passagem da Forma Integral para a forma Diferencial

$$\oint_C \mathbf{E'} \cdot d\boldsymbol{l} = -\frac{d}{dt} \iint_S \mathbf{B} \cdot d\mathbf{S}$$

De acordo com o que já foi estabelecido na seção 10.4,

$$\oint_C \mathbf{E'} \cdot dl = -\frac{d}{dt}\iint_S \mathbf{B} \cdot d\mathbf{S} = -\iint_S \frac{\partial \mathbf{B}}{\partial t} \cdot d\mathbf{S} + \oint_C (\mathbf{v} \times \mathbf{B}) \cdot dl \qquad \textbf{(10.19a)}$$

ou equivalentemente

$$\oint_C (\mathbf{E'} - \mathbf{v} \times \mathbf{B}) \cdot dl = -\iint_S \frac{\partial \mathbf{B}}{\partial t} \cdot d\mathbf{S} \qquad \textbf{(10.19b)}$$

No entanto, pela expressão (10.21a),

$$\mathbf{E} = \mathbf{E'} - \mathbf{v} \times \mathbf{B}$$

que substituído na expressão anterior conduz a

$$\oint_C \mathbf{E} \cdot dl = -\iint_S \frac{\partial \mathbf{B}}{\partial t} \cdot d\mathbf{S} = \iint_S \left(-\frac{\partial \mathbf{B}}{\partial t} \right) \cdot d\mathbf{S}$$

Aplicando o teorema de **Ampère-Stokes** ao membro esquerdo da igualdade, obtemos

$$\oint_C \mathbf{E} \cdot dl = \iint_S (\boldsymbol{\nabla} \times \mathbf{E}) \cdot d\mathbf{S} = \iint_S \left(-\frac{\partial \mathbf{B}}{\partial t} \right) \cdot d\mathbf{S}$$

o que nos permite expressar

$$\boldsymbol{\nabla} \times \mathbf{E} = -\frac{\partial \mathbf{B}}{\partial t}$$

(d) Passagem da Forma Diferencial para a Forma Integral

$$\boldsymbol{\nabla} \times \mathbf{E} = -\frac{\partial \mathbf{B}}{\partial t}$$

Determinando o fluxo de ambos o membros da equação anterior através da superfície S onde apóia o circuito C, temos

$$\iint_S (\boldsymbol{\nabla} \times \mathbf{E}) \cdot d\mathbf{S} = \iint_S \left(-\frac{\partial \mathbf{B}}{\partial t} \right) \cdot d\mathbf{S}$$

Aplicando o teorema de **Ampère-Sokes** ao membro esquerdo igualdade, ficamos com

$$\oint_C \mathbf{E} \cdot dl = \iint_S (\boldsymbol{\nabla} \times \mathbf{E}) \cdot d\mathbf{S} = \iint_S \left(-\frac{\partial \mathbf{B}}{\partial t} \right) \cdot d\mathbf{S}$$

o que nos permite colocar

$$\oint_C \mathbf{E} \cdot d\mathbf{l} = \iint_S \left(-\frac{\partial \mathbf{B}}{\partial t} \right) \cdot d\mathbf{S}$$

No entanto, pela expressão (10.21a),

$$\mathbf{E} = \mathbf{E}' - \mathbf{v} \times \mathbf{B}$$

o que nos leva a

$$\oint_C (\mathbf{E}' - \mathbf{v} \times \mathbf{B}) \cdot d\mathbf{l} = -\iint_S \frac{\partial \mathbf{B}}{\partial t} \cdot d\mathbf{S}$$

que é a expressão (10.19b) anteriormente deduzida e que pode também ser colocada sob a forma (10.19a),

$$\oint_C \mathbf{E}' \cdot d\mathbf{l} = -\frac{d}{dt} \iint_S \mathbf{B} \cdot d\mathbf{S} = -\iint_S \frac{\partial \mathbf{B}}{\partial t} \cdot d\mathbf{S} + \oint_C (\mathbf{v} \times \mathbf{B}) \cdot d\mathbf{l}$$

quer dizer,

$$\oint_C \mathbf{E}' \cdot d\mathbf{l} = -\frac{d}{dt} \iint_S \mathbf{B} \cdot d\mathbf{S}$$

10.9.14- Quarta Equação de Maxwell - Lei de Ampère-Maxwell

$$\oint_C \mathbf{H} \cdot d\mathbf{l} = \sum (i + i_d)_{env} \rightleftarrows \nabla \times \mathbf{H} = \mathbf{J} + \frac{\partial \mathbf{D}}{\partial t} \qquad (10.215)$$

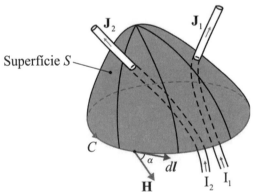

Fig. 10.102

Esta lei foi instituída por **Ampère**, mas a extensão da mesma, com a postulação da existência da corrente de deslocamento, se deve a **Maxwell**. Ela descreve o efeito magnético de um campo eletrodinâmico ou de uma corrente, e interrelaciona o campo magnético induzido à variação de fluxo elétrico. Suas experiências comprovantes são:

1ª) A velocidade da luz pode ser calculada através de grandezas puramente eletromagnéticas.

2ª) Uma corrente elétrica dá origem a um campo magnético nas vizinhanças do fio que a conduz.

(a) Interpretação Física da Forma Integral

A força magnetomotriz ao longo de um circuito C fechado e estacionário é igual ao somatório das correntes reais[61] (ou correntes livres) e de deslocamento envolvidas pelo circuito.

(b) Interpretação Física da Forma Diferencial

As densidades de correntes reais (ou de correntes livres) e de deslocamento são fontes de circulação para o campo magnético **H**.

(c) Passagem da Forma Integral para a Forma Diferencial

$$\oint_C \mathbf{H} \cdot d\mathbf{l} = \sum (i + i_\mathrm{d})_\mathrm{env}$$

Pela definição de densidade de corrente, segue-se

$$\begin{cases} \sum (i)_\mathrm{env} = \iint_S \mathbf{J} \cdot d\mathbf{S} \\ \sum (i_\mathrm{d})_\mathrm{env} = \iint_S \mathbf{J}_\mathrm{d} \cdot d\mathbf{S} = \iint_S \dfrac{\partial \mathbf{D}}{\partial t} \cdot d\mathbf{S} \end{cases}$$

de tal sorte que

$$\sum (i + i_\mathrm{d})_\mathrm{env} = \iint_S \mathbf{J} \cdot d\mathbf{S} + \iint_S \frac{\partial \mathbf{D}}{\partial t} \cdot d\mathbf{S}$$

$$= \iint_S \left(\mathbf{J} + \frac{\partial \mathbf{D}}{\partial t} \right) \cdot d\mathbf{S}$$

e nos permite expressar

$$\oint_C \mathbf{H} \cdot d\mathbf{l} = \iint_S \left(\mathbf{J} + \frac{\partial \mathbf{D}}{\partial t} \right) \cdot d\mathbf{S}$$

Aplicando o teorema de **Ampère-Stokes** ao membro esquerdo da igualdade, temos

$$\oint_C \mathbf{H} \cdot d\mathbf{l} = \iint_S (\nabla \times \mathbf{H}) \cdot d\mathbf{S} = \iint_S \left(\mathbf{J} + \frac{\partial \mathbf{D}}{\partial t} \right) \cdot d\mathbf{S}$$

e por comparação das integrais

---

[61] Nesta classificação incluem-se as correntes de condução e as correntes de convecção, mas não se incluem nem as correntes de polarização e nem as de magnetização.

$$\nabla \times \mathbf{H} = \mathbf{J} + \frac{\partial \mathbf{D}}{\partial t}$$

(d) Passagem da Forma Diferencial para a Forma Integral

$$\nabla \times \mathbf{H} = \mathbf{J} + \frac{\partial \mathbf{D}}{\partial t}$$

Determinando o fluxo de ambos o membros da equação anterior através da superfície S onde apóia o caminho C, temos

$$\iint_S (\nabla \times \mathbf{H}) \cdot d\mathbf{S} = \iint_S \left(\mathbf{J} + \frac{\partial \mathbf{D}}{\partial t} \right) \cdot d\mathbf{S}$$

Aplicando o teorema de **Ampère-Stokes** ao membro esquerdo da igualdade, temos

$$\oint_C \mathbf{H} \cdot d\mathbf{l} = \iint_S (\nabla \times \mathbf{H}) \cdot d\mathbf{S} = \iint_S \left(\mathbf{J} + \frac{\partial \mathbf{D}}{\partial t} \right) \cdot d\mathbf{S}$$

o que nos leva a

$$\oint_C \mathbf{H} \cdot d\mathbf{l} = \iint_S \left(\mathbf{J} + \frac{\partial \mathbf{D}}{\partial t} \right) \cdot d\mathbf{S} = \iint_S \mathbf{J} \cdot d\mathbf{S} + \iint_S \frac{\partial \mathbf{D}}{\partial t} \cdot d\mathbf{S}$$

Entretanto, pela definição de densidade de corrente, temos

$$\begin{cases} \sum (i)_{env} = \iint_S \mathbf{J} \cdot d\mathbf{S} \\ \sum (i_d)_{env} = \iint_S \mathbf{J}_d \cdot d\mathbf{S} = \iint_S \frac{\partial \mathbf{D}}{\partial t} \cdot d\mathbf{S} \end{cases}$$

o que implica

$$\iint_S \mathbf{J} \cdot d\mathbf{S} + \iint_S \frac{\partial \mathbf{D}}{\partial t} \cdot d\mathbf{S} = \sum (i + i_d)_{env}$$

e finalmente

$$\oint_C \mathbf{H} \cdot d\mathbf{l} = \sum (i + i_d)_{env}$$

10.9.15- Tabelas-Resumo

Os Teoremas Fundamentais da Análise Vetorial e a Teoria Geral dos Campos

Equações e Leis Fundamentais					
Número de ordem	**Nome**	**Forma e interpretação física**	**Descreve**	**Interrelaciona**	**Experiências comprovantes**
1ª	Lei Vetorial de Ohm para Condutores	$\mathbf{J} = \sigma\,\mathbf{E}$ A densidade de corrente elétrica em um meio condutor e o campo elétrico são grandezas diretamente proporcionais	A densidade de corrente elétrica em um meio condutor como função da condutividade elétrica e do campo elétrico	Os vetores densidade de cor-rente elétrica e campo elétrico em um meio condutor	As próprias experiências executadas por Georg Simon Ohm
2ª	Lei Escalar de Ohm para Condutores	$V = Ri$ A tensão aplicada em um meio condutor e a cor-rente nele observada são grandezas diretamente proporcionais	A tensão aplicada em um meio condutor como função da resistência de meio e da corrente nele observada	A tensão aplicada e a corrente observada em um elemento condutor	As próprias experiências executadas por Georg Simon Ohm
3ª	Lei Vetorial de Ohm para Semicondutores	$\mathbf{J} = \left(-\rho_{_v}\,\mu_{_e} + \rho_{_v}\,\mu_{_h}\right)\mathbf{E} = \sigma\,\mathbf{E}$ A densidade de corrente elétrica em um meio semicondutor e o campo elétrico são grandezas diretamente proporcionais	A densidade de corrente elétrica em um meio semicondutor como função da condutividade elétrica e do campo elétrico	Os vetores densidade de cor-rente elétrica e campo elétrico em um meio semicondutor	As próprias experiências executadas por **Bardeen e Brattain,** quando inventaram o transistor nos laboratórios da Bell Telephone Company
4ª	Equação da Continuidade da Carga	$\oiint_S \mathbf{J} \cdot d\mathbf{S} = -\dfrac{\partial q}{\partial t}$ A corrente que atravessa uma superfície fechada S é igual à taxa temporal de decréscimo de cargas no interior da mesma $\nabla \cdot \mathbf{J} = -\dfrac{\partial \rho_v}{\partial t}$ A taxa temporal de diminuição da densidade volumétrica de cargas é fonte de fluxo para o vetor densidade de corrente	A corrente deixando uma superfície fechada em função da taxa temporal de diminuição de cargas no interior da superfície, e evidencia que a taxa temporal de diminuição da densidade volumétrica de cargas elétricas no interior da superfície é fonte de fluxo para a densidade de corrente elétrica	A corrente deixando uma superfície fechada e a taxa temporal de diminuição da carga no interior da mesma	1ª) A experiência para a comprovação da lei dos nós para circuitos de corrente contínua constante 2ª) A experiência da gaiola de Faraday
5ª	Equação Constitutiva do Campo Elétrico; Parte linear da curva $D \times E$	$\mathbf{D} = \varepsilon\,\mathbf{E}$ Para um meio isolante, linear, isotrópico e homogêneo, o vetor deslocamento elétrico e o vetor campo elétrico são grandezas diretamente proporcionais	O vetor deslocamento elétrico em função da permissividade do dielétrico e do vetor campo elétrico	Os vetores deslocamento elétrico e campo elétrico em um meio isolante	A experiência de histerese dielétrica na parte linear do material situada antes do ponto de saturação
6ª	Equação Constitutiva do campo Magnético; Parte linear da curva $B \times H$	$\mathbf{B} = \mu\,\mathbf{H}$ Para um meio magnético, linear, isotrópico e homogêneo, o vetor campo magnético e o vetor intensidade magnética são grandezas diretamente proporcionais	O vetor campo magnético em função da permeabilidade do meio magnético e do vetor intensidade magnética	Os vetores campo magnético e intensidade magnética em um meio magnético	A experiência de histerese magnética na parte linear do material antes do ponto de saturação
7ª	Equação da Força de **Lorentz**	$\mathbf{F} = q\left(\mathbf{E} + \mathbf{v} \times \mathbf{B}\right) = q\,\mathbf{E} + q\,\mathbf{v} \times \mathbf{B}$ O campo eletromagnético existente na região de deslocamento de uma carga elétrica dá origem à uma força eletromagnética sobre a carga.	A força eletromagnética atuante sobre uma carga elétrica q deslocando-se em uma região onde existem um campo elétrico e um campo magnético	A força eletromagnética atuando sobre uma carga elétrica e os campos existentes na região onde ela se desloca	As experiências realizadas em câmaras de bolhas e em aceleradores de partículas

Tab. 10.15 - Equações e leis fundamentais

Cálculo e Análise Vetoriais com Aplicações Práticas

Equações de Maxwell						
Número de ordem	Nome	Forma integral e interpretação física	Forma diferencial e interpretação física	Descreve	Interrelaciona	Experiências comprovantes
1ª	Lei de **Gauss** para o Campo Elétrico	$\oiint_S \mathbf{D} \cdot d\mathbf{S} = \sum q_{int}$ O fluxo elétrico através de uma superfície fechada S de forma qualquer (superfície gaussiana) é igual ao somatório das cargas livres encerradas pela mesma	$\nabla \cdot \mathbf{D} = \rho_v$ A densidade volumétrica de cargas livres é fonte de fluxo para o deslocamento elétrico, isto é, a densidade em questão é fonte ou sumidouro para as linhas do campo deslocamento elétrico $\mathbf{D}$	A carga e o campo deslocamento elétrico $\mathbf{D}$.	O fluxo elétrico e as cargas elétricas envolvidas	1a) Cargas elétricas estáticas de mesmo sinal se repelem, e de sinais contrários se atraem, proporcionalmente ao inverso do quadrado da distância entre elas 1b) As cargas de um condutor isolado e em equilíbrio eletrostático situam-se dentro do condutor, mas junto à sua superfície externa
2ª	Lei de **Gauss** para o Campo Magnético	$\oiint_S \mathbf{B} \cdot d\mathbf{S} = 0$ É nulo o fluxo magnético através de uma superfície fechada S de forma qualquer (superfície gaussiana)	$\nabla \cdot \mathbf{B} = 0$ Como não se encontram cargas magnéticas isoladas na natureza, as linhas de campo magnético formam anéis fechados, ou seja, fecham-se sobre si mesmas	O campo magnético.	O fluxo magnético e as cargas magnéticas envolvidas	2) Não foi possível, até o presente momento, verificar a existência de pólos magnéticos isolados (monopolos) na natureza
3ª	Lei de Indução de **Faraday-Henry-Lenz**	$\oint_C \mathbf{E} \cdot d\boldsymbol{l} = -\dfrac{\partial}{\partial t} \iint_S \mathbf{B} \cdot d\mathbf{S}$ A força eletromotriz induzida em um circuito C, fechado e estacionário, é igual ao simétrico da taxa de variação parcial temporal do fluxo magnético através do circuito em questão	$\nabla \times \mathbf{E} = -\dfrac{\partial \mathbf{B}}{\partial t}$ O simétrico da taxa de variação parcial temporal do campo magnético é fonte de circulação para o campo elétrico	O efeito elétrico de um fluxo magneto dinâmico.	O campo elétrico induzido e a variação de fluxo magnético	3a) Uma barra imantada, ao cruzar uma espira fechada induz nesta uma corrente elétrica 3b) Em um condutor em movimento, cortando linhas de campo magnético, verifica-se uma força eletromotriz induzida entre os seus terminais
		$\oint_C \mathbf{E}' \cdot d\boldsymbol{l} = -\dfrac{d}{dt} \iint_S \mathbf{B} \cdot d\mathbf{S}$ A força eletromotriz induzida em um circuito C, fechado e em movimento com relação ao laboratório, e medida em um referencial solidário ao circuito em movimento, é igual ao simétrico da taxa de variação temporal do fluxo magnético através do circuito em tela	$\nabla \times \mathbf{E} = -\dfrac{\partial \mathbf{B}}{\partial t}$ O simétrico da taxa de variação parcial temporal do campo magnético é fonte de circulação para o campo elétrico			
4ª	Lei de **Ampère-Maxwell** (lei de **Ampère** generalizada por **Maxwell**)	$\oint_C \mathbf{H} \cdot d\boldsymbol{l} = \sum (i + i_d)_{em}$ A força magnetomotriz ao longo de um circuito C fechado e estacionário é igual ao somatório das correntes reais (ou correntes livres) e de deslocamento envolvidas pelo circuito	$\nabla \times \mathbf{H} = \mathbf{J} + \dfrac{\partial \mathbf{D}}{\partial t}$ As densidades de correntes reais (ou de correntes livres) e de deslocamento são fontes de circulação para o campo magnético $\mathbf{H}$	O efeito magnético de um campo eletrodinâmico ou de uma corrente.	O campo magnético induzido e a variação de fluxo elétrico	4a) A velocidade da luz pode ser calculada através de grandezas puramente eletromagnéticas 4b) Uma corrente elétrica dá origem a um campo magnético nas vizinhanças do fio que a conduz

Tab. 10.16 - Equações de **Maxwell**

EXEMPLO 10.43

(a) Empregando as expressões dadas a seguir, mostre que, para um material condutor obedecendo à lei de **Ohm**, se inicialmente houver uma densidade volumétrica de cargas em um ponto interior, então, a expressão da densidade volumétrica de cargas após um determinado tempo t é

$$\rho_v = \rho_{v_0} e^{-\frac{t}{\tau}}$$

na qual a constante

$$\tau = \frac{\varepsilon}{\sigma}$$

é conhecida como **constante de tempo do material, tempo de rearrumação das cargas** ou **tempo de rearrumação do material**[62].

$$\begin{cases} \nabla \cdot \mathbf{J} = -\dfrac{\partial \rho_v}{\partial t} \text{ (forma diferencial da equação da continuidade da carga)}; \\[2mm] \mathbf{J} = \sigma \mathbf{E} \text{ (lei de Ohm)}; \quad \mathbf{D} = \varepsilon \mathbf{E} \text{ (equação constitutiva)} \\[2mm] \nabla \cdot \mathbf{D} = \rho_v \text{ (forma diferencial da lei de Gauss)} \end{cases}$$

Dados:

(b) Plote a função $\rho_v \times t$, indicando no gráfico a interpretação física da constante de tempo.

(c) Determine a constante de tempo para os seguintes materiais:

(c.1) prata $\left(\sigma = 6,2 \times 10^7 \text{ S/m}, \varepsilon = \varepsilon_0 = 8,85 \times 10^{-12} \text{ F/m} \right)$;

(c.2) cobre $\left(\sigma = 5,8 \times 10^7 \text{ S/m}, \varepsilon = \varepsilon_0 = 8,85 \times 10^{-12} \text{ F/m} \right)$;

(c.3) ouro $\left(\sigma = 4,2 \times 10^7 \text{ S/m}, \varepsilon = \varepsilon_0 = 8,85 \times 10^{-12} \text{ F/m} \right)$;

(c.4) alumínio $\left(\sigma = 3,8 \times 10^7 \text{ S/m}, \varepsilon = \varepsilon_0 = 8,85 \times 10^{-12} \text{ F/m} \right)$;

(c.5) latão $\left(\sigma = 1,6 \times 10^7 \text{ S/m}, \varepsilon = \varepsilon_0 = 8,85 \times 10^{-12} \text{ F/m} \right)$;

(c.6) água destilada $\left(\sigma = 1,0 \times 10^{-4} \text{ S/m}, \varepsilon = 80\varepsilon_0 = 708,00 \times 10^{-12} \text{ F/m} \right)$;

(c.7) vidro $\left(\sigma = 1,0 \times 10^{-12} \text{ S/m}, \varepsilon = 7,0\varepsilon_0 = 61,95 \times 10^{-12} \text{ F/m} \right)$;

---

[62] Foram escolhidos, propositalmente, os termos **constante de tempo do material, tempo de rearrumação das cargas** e **tempo de rearrumação do material**, para não haver confusão com o **tempo de relaxação do material**, que é o tempo médio entre duas colisões sucessivas dos elétrons com os íons da rede cristalina do material, abordado na subseção 10.9.3. Entretanto, muitos autores denominam, erradamente, esta constante, de **tempo de relaxação do material.**

(c.8) mica $\left(\sigma = 1,0 \times 10^{-15} \text{ S/m}, \varepsilon = 6,0\varepsilon_0 = 53,10 \times 10^{-12} \text{ F/m}\right)$;

(c.9) quartzo $\left(\sigma = 1,0 \times 10^{-17} \text{ S/m}, \varepsilon = 3,0\varepsilon_0 = 26,55 \times 10^{-12} \text{ F/m}\right)$.

SOLUÇÃO:

(a)

A equação da continuidade da carga é

$$\nabla \cdot \mathbf{J} = -\frac{\partial \rho_v}{\partial t}$$

Substituindo a expressão de $\mathbf{J}$ da lei de **Ohm** na equação da continuidade da carga, vem

$$\nabla \cdot (\sigma \mathbf{E}) = \sigma (\nabla \cdot \mathbf{E}) = -\frac{\partial \rho_v}{\partial t}$$

e pela equação constitutiva,

$$\sigma \left[\nabla \cdot \left(\frac{\mathbf{D}}{\varepsilon} \right) \right] = \frac{\sigma}{\varepsilon} (\nabla \cdot \mathbf{D}) = -\frac{\partial \rho_v}{\partial t}$$

Substituindo a lei de **Gauss** na expressão anterior, vem

$$\frac{\sigma}{\varepsilon} \rho_v = -\frac{\partial \rho_v}{\partial t}$$

que é equivalente a

$$\frac{\partial \rho_v}{\rho_v} = -\frac{\sigma}{\varepsilon} \partial t$$

Integrando ambos os membros entre os limites apropriados, obtemos

$$\int_{\rho_{v_0}}^{\rho_v} \frac{\partial \rho_v}{\rho_v} = \int_0^t \left(-\frac{\sigma}{\varepsilon} \right) \partial t$$

e a integração nos conduz a

$$\left[\ln \rho_v \right]_{\rho_{v_0}}^{\rho_v} = -\frac{\sigma}{\varepsilon} \left[t \right]_0^t$$

ou seja,

$$\ln \left(\frac{\rho_v}{\rho_{v_0}} \right) = -\frac{\sigma}{\varepsilon} t$$

o que implica

$$\frac{\rho_v}{\rho_{v_0}} = e^{-\frac{\sigma}{\varepsilon}t}$$

e finalmente

$$\rho_v = \rho_{v_0} e^{-\frac{\sigma}{\varepsilon}t} = \rho_{v_0} e^{-\frac{t}{\varepsilon/\sigma}} = \rho_{v_0} e^{-\frac{t}{\tau}}$$

na qual a constante

$$\tau = \frac{\varepsilon}{\sigma}$$

é conhecida como **constante de tempo do material.**

(b)

Construamos uma tabela com os valores da densidade volumétrica de carga, em função do seu valor inicial e de alguns valores de tempo:

ρ_v	ρ_{v_0}	$0{,}3678\rho_{v_0}$	$0{,}1353\rho_{v_0}$	$0{,}0498\rho_{v_0}$	$0{,}0183\rho_{v_0}$	$0{,}0067\rho_{v_0}$
t	0	τ	2τ	3τ	4τ	5τ

Tab. 10.17

Verificamos que a constante do material é igual ao tempo para o qual a densidade volumétrica de cargas cai a um valor que é 36,78% do seu valor inicial.
Graficamente temos:

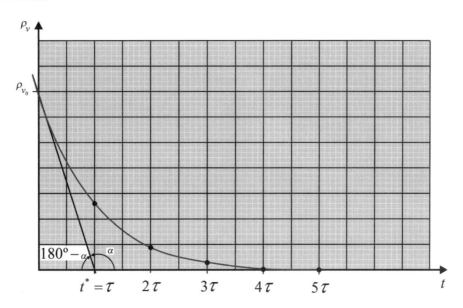

Fig. 10.103

A derivada da função $\rho_v \times t$ em relação ao tempo é dada por

$$\frac{d\rho_v}{dt} = -\frac{\rho_{v_0}}{\tau} e^{-\frac{t}{\tau}}$$

No instante de tempo $t = 0$ temos

$$\left(\frac{d\rho_v}{dt}\right)_{t=0} = -\frac{\rho_{v_0}}{\tau} = \operatorname{tg}\alpha$$

Entretanto, da figura , temos também

$$\begin{cases} \operatorname{tg}(180° - \alpha) = -\operatorname{tg}\alpha = \dfrac{\rho_{v_0}}{\tau} \\[3mm] \operatorname{tg}(180° - \alpha) = \dfrac{\rho_{v_0}}{t^*} \end{cases}$$

o que nos leva a concluir que

$$t^* = \tau$$

(c)

Temos que $\tau = \dfrac{\varepsilon}{\sigma}$, logo:

(c.1) prata: $\tau = \dfrac{8,85 \times 10^{-12}}{6,2 \times 10^{7}} = 1,4 \times 10^{-19}\,\text{s};$

(c.2) cobre: $\tau = \dfrac{8,85 \times 10^{-12}}{5,8 \times 10^{7}} = 1,5 \times 10^{-19}\,\text{s};$

(c.3) ouro: $\tau = \dfrac{8,85 \times 10^{-12}}{4,2 \times 10^{7}} = 2,1 \times 10^{-19}\,\text{s};$

(c.4) alumínio: $\tau = \dfrac{8,85 \times 10^{-12}}{3,8 \times 10^{7}} = 2,3 \times 10^{-19}\,\text{s};$

(c.5) latão: $\tau = \dfrac{8,85 \times 10^{-12}}{1,6 \times 10^{7}} = 5,5 \times 10^{-19}\,\text{s};$

(c.6) água destilada: $\tau = \dfrac{708,00 \times 10^{-12}}{1,0 \times 10^{-4}} = 7,1 \times 10^{-6}\,\text{s}.$

(c.7) vidro: $\tau = \dfrac{61,95 \times 10^{-12}}{1,0 \times 10^{-12}} = 62\mathrm{s} \cong 1\,\mathrm{min};$

(c.8) mica: $\tau = \dfrac{53,10 \times 10^{-12}}{1,0 \times 10^{-15}} = 5,3 \times 10^4 \ \mathrm{s} = 8,9 \times 10^2 \ \mathrm{min} = 15\,\mathrm{h};$

(c.9) quartzo: $\tau = \dfrac{26,55 \times 10^{-12}}{1,0 \times 10^{-17}} = 2,7 \times 10^6 \mathrm{s} = 4,5 \times 10^4 \ \mathrm{min} = 7,5 \times 10^2 \ \mathrm{h} = 31\,\mathrm{dias}$

QUESTÕES

10.1*- Mostre como se transforma o teorema da divergência no caso do campo vetorial **V** apresentar descontinuidade nos pontos de uma superfície aberta Σ que intercepta uma superfície fechada S.

10.2- De que forma o teorema de **Green** no plano pode ser estendido às regiões multiplamente conexas?

10.3- Por que para o teorema de **Green** no plano o sentido positivo do contorno foi adotado como sendo o anti-horário?

10.4- No teorema de **Green** no plano,

$$\oint_C (M\,dx + N\,dy) = \iint_R \left(\frac{\partial N}{\partial x} - \frac{\partial M}{\partial y} \right) dx\,dy$$

permutando-se M e N do mesmo modo que x e y, obtemos

$$\oint_C (N\,dy + M\,dx) = \iint_R \left(\frac{\partial M}{\partial y} - \frac{\partial N}{\partial x} \right) dx\,dy$$

e verificamos que o primeiro membro não se alterou, enquanto que o segundo mudou de sinal. Explique o aparente paradoxo.

10.5- Podemos aplicar o teorema de **Ampère-Stokes** às superfícies cujas projeções sobre os planos coordenados não sejam limitadas por curvas simples fechadas?

10.6- Podemos aplicar o teorema da divergência à superfícies que sejam furadas em mais de dois pontos por paralelas aos eixos coordenados?

10.7- Como poderíamos exprimir os teoremas das integrais correspondentes às expressões (10.1), (10.2) e (10.3) em uma forma única?

10.8- Idem para os teoremas correspondentes às expressões (10.8), (10.9) e (10.10).

10.9- Por que não é válido escrever diretamente a expressão

$$\nabla^2 \mathbf{V} = \left(\nabla^2 V_\rho\right)\mathbf{u}_\rho + \left(\nabla^2 V_\phi\right)\mathbf{u}_\phi + \left(\nabla^2 V_z\right)\mathbf{u}_z$$

para o laplaciano vetorial em coordenadas cilíndricas circulares, semelhantemente ao que se fez com relação às coordenadas cartesianas ?

10.10- Para os campos solenoidais, temos:

$$\nabla \cdot \mathbf{V} = 0, \ \nabla \times \mathbf{V} = \mathbf{J} \ \text{e} \ \mathbf{V} = \nabla \times \mathbf{A}$$

Podemos concluir que necessariamente **A** e **J** são paralelos?

10.11- Um campo vetorial cujas linhas vetoriais são todas radiais não pode ser solenoidal. Isto é verdadeiro ou falso? Explique.

10.12- Um campo vetorial que possui somente linhas vetoriais curvas pode ter uma divergência não nula. Isto é verdadeiro ou falso? Explique.

10.13- Um campo vetorial cujas linhas vetoriais são todas curvas pode ser irrotacional. Isto é verdadeiro ou falso? Explique.

10.14- Um campo vetorial que possui somente linhas vetoriais retas pode ser solenoidal. Isto é verdadeiro ou falso? Explique.

10.15- A figura 10.104 representa o esquema de uma tubulação e indica a vazão em cm³/s de um fluido incompressível, bem como o sentido de escoamento para todas as seções menos uma. Quais são a vazão e o sentido de escoamento para a mesma?

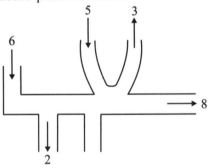

Fig. 10.104 - Questão 10.15

10.16- Por que nos livros de Física ou de Eletromagnetismo, ou mesmo nos manuais de Eletricidade, são tabeladas as resistividades ou as condutividades elétricas dos materiais e não as resistências elétricas dos mesmos?

10.17- A lei de **Ohm** na sua forma vetorial $\mathbf{J} = \sigma \mathbf{E}$ interrelaciona os vetores densidade de corrente elétrica e campo elétrico. Devemos, então, concluir que as linhas de corrente elétrica coincidam com a linhas de força do campo elétrico?

10.18- Se a velocidade de arrastamento dos elétrons em um condutor é tão baixa, como se explica que um barbeador elétrico comece a funcionar tão logo ele seja ligado?

10.19- Cite pelo menos três diferenças entre as correntes de condução e as correntes de convecção.

10.20- Discuta a dificuldade de verificar se o filamento de uma lâmpada obedece à lei escalar de **Ohm**.

10.21- A lei escalar de **Ohm** se expressa da seguinte maneira: "Mantendo-se constante a temperatura de um elemento passivo de um circuito, o material do elemento é dito ôhmico (isto é, segue a lei de **Ohm**) se a razão entre a diferença de potencial entre os terminais do elemento, por um lado, e a intensidade da corrente que o percorre, por outro lado, tiver um valor constante."

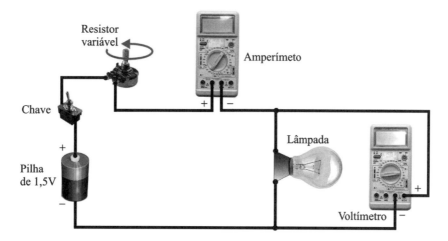

Fig. 10.105 - Questão 10.21

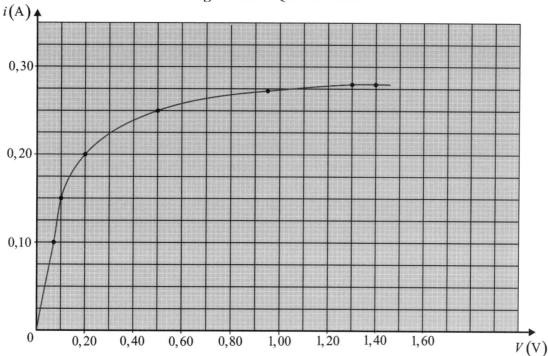

Fig. 10.106 - Questão 10.21

402   **Cálculo e Análise Vetoriais com Aplicações Práticas**

Com a montagem experimental ilustrada na figura 10.105, estuda-se como varia a intensidade da corrente através de uma lâmpada de lanterna (de 1,5 V) em função da diferença de potencial entre seus terminais, obtendo-se o gráfico $i \times V$ reproduzido na figura 10.106.

Tendo-se em vista as informações fornecidas e os resultados da experiência, qual (quais) das seguintes afirmações está (ão) certa (s)?

(I) O material do filamento da lâmpada não é um material ôhmico.

(II) A potência máxima dissipada na lâmpada, nessa experiência, foi aproximadamente 0,40 W.

(III) Para uma diferença de potencial de 0,50 V, a resistência da lâmpada é $2,0\ \Omega$.

(a) I, II e III

(b) somente I

(c) somente II

(d) somente I e II

(e) somente II e III

(CESGRANRIO-1979)

10.22- A relação $R = V/i$ é válida para resistores não ôhmicos?

10.23- A expressão (10.164), $P = Ri^2$, parece indicar que a dissipação de calor em um resistor, pelo efeito **Joule**, é menor quando a resistência diminui. Entretanto, a expressão (10.165), $P = V^2/R$, evidencia exatamente o oposto. Como explicar este aparente paradoxo?

10.24- Que características especiais devem ter os condutores usados em **(a)** resistências de aquecimento, **(b)** filamentos de lâmpadas incandescentes e **(c)** fusíveis.

10.25- Uma corrente i atravessa uma esfera de latão de raio r, entrando e saindo, respectivamente, por dois pontos opostos. A dissipação de calor, pelo efeito **Joule**, é a mesma em todos os pontos da esfera?

10.26- Observando as equações de **Maxwell**, justifique o emprego do termo onda eletromagnética.

10.27*- Quais das seguintes estão ou não incluídas entre as equações de **Maxwell**: lei de **Biot-Savart**, lei de **Ampère**, lei de **Coulomb**, lei de **Lenz**, lei de **Faraday**, lei de **Gauss** para o campo elétrico e lei de **Gauss** para o campo magnético?

10.28*- Qual é a principal diferença entre um campo eletrostático e um campo eletrodinâmico?

10.29*- Qual é a principal diferença entre um campo elétrico e um campo magnético?

10.30*- Qual é o papel desempenhado pela corrente de deslocamento na teoria das ondas eletromagnéticas?

10.31*- Muitos rádios usam um fio em forma de anel como antena receptora. Como deve ser orientado este aparato com relação à estação emissora do sinal?

RESPOSTAS DAS QUESTÕES

10.1-

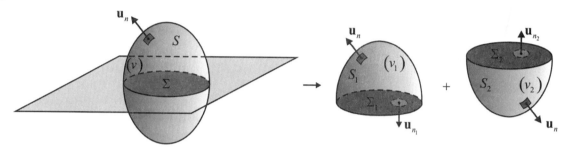

Fig. 10.107 - Resposta da questão 10.1

Sejam uma superfície fechada S e uma superfície aberta, não necessariamente plana. A superfície divide a superfície fechada em duas partes S_1 e S_2, de modo que o volume v limitado por S fica também dividido em dois volumes: v_1, delimitado pela superfície fechada $\Sigma_1 + S_1$, e v_2, delimitado pela superfície fechada $\Sigma_2 + S_2$, já que estamos considerando Σ_1 e Σ_2 superfícies infinitesimalmente próximas de Σ. Ademais vamos assumir que ao longo das superfícies $\Sigma_1 + S_1$ e $\Sigma_2 + S_2$ não existam descontinuidades do campo $\mathbf{V}$, cujos valores nas vizinhanças de são $\mathbf{V}_1$, no interior do volume v_1, e $\mathbf{V}_2$ no interior do volume v_2.

Aplicando o teorema da divergência aos conjuntos $(v_1, \Sigma_1 + S_1)$ e $(v_2, \Sigma_2 + S_2)$, obtemos

$$\iiint_{v_1} (\nabla \cdot \mathbf{V}) dv_1 = \oiint_{\Sigma_1 + S_1} \mathbf{V} \cdot \mathbf{u}_n \, d(\Sigma_1 + S_1) = \iint_{\Sigma_1} \mathbf{V}_1 \cdot \mathbf{u}_{n_1} \, d\Sigma_1 + \iint_{S_1} \mathbf{V} \cdot \mathbf{u}_n \, dS_1 \quad \text{(i)}$$

$$\iiint_{v_2} (\nabla \cdot \mathbf{V}) dv_2 = \oiint_{\Sigma_2 + S_2} \mathbf{V} \cdot \mathbf{u}_n \, d(\Sigma_2 + S_2) = \iint_{\Sigma_2} \mathbf{V}_2 \cdot \mathbf{u}_{n_2} \, d\Sigma_2 + \iint_{S_2} \mathbf{V} \cdot \mathbf{u}_n \, dS_2 \quad \text{(ii)}$$

nas quais $\mathbf{V}_1$ e $\mathbf{V}_2$ evidenciam a descontinuidade do campo $\mathbf{V}$ com relação à superfície.

De (i) e (ii), vem

$$\iiint_v (\nabla \cdot \mathbf{V}) dv = \iiint_{v_1} (\nabla \cdot \mathbf{V}) dv_1 + \iiint_{v_2} (\nabla \cdot \mathbf{V}) dv_2 =$$
$$= \iint_{\Sigma_1} \mathbf{V}_1 \cdot \mathbf{u}_{n_1} \, d\Sigma_1 + \iint_{S_1} \mathbf{V} \cdot \mathbf{u}_n \, dS_1 + \iint_{\Sigma_2} \mathbf{V}_2 \cdot \mathbf{u}_{n_2} \, d\Sigma_2 + \iint_{S_2} \mathbf{V} \cdot \mathbf{u}_n \, dS_2$$

Uma vez que

$$\mathbf{u}_{n_2} = -\mathbf{u}_{n_1}, \, S = S_1 + S_2 \text{ e } \Sigma = \Sigma_1 + \Sigma_2$$

podemos expressar o teorema da divergência na forma

$$\iiint_v (\nabla \cdot \mathbf{V})\, dv = \oiint_S \mathbf{V} \cdot \mathbf{u}_n \, dS + \iint_\Sigma (\mathbf{V}_1 - \mathbf{V}_2) \cdot \mathbf{u}_{n_1} \, d\Sigma$$

em que $\mathbf{u}_n$ é um vetor unitário normal à S, apontando para o exterior do volume v, $\mathbf{u}_{n_1}$ é um vetor unitário normal à Σ, apontando do volume v_1 para o volume v_2, conforme aparece na figura 10.107.

10.2-

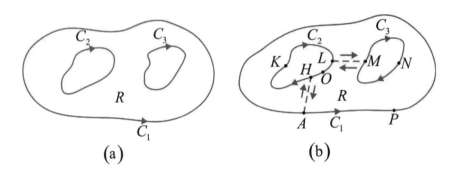

Fig. 10.108 - Resposta da questão 10.2

Seja uma região multiplamente conexa como na parte (a) da figura 10.108. Conforme já visto anteriormente, a região R da parte (a) da figura pode ser tornada simplesmente conexa se traçarmos as retas $\overline{AH}$, interligando o contorno C_1 ao contorno v_0, e $\overline{LM}$ interligando os contornos C_2 e C_3. Assim o teorema de **Green** é válido, e podemos expressar

$$\oint_{AHKLMNMLOHPA} (M\, dx + N\, dy) = \iint_R \left(\frac{\partial N}{\partial x} - \frac{\partial M}{\partial y} \right) dx\, dy$$

Porém a integral da esquerda, deixando de lado o integrando, é igual a

$$\int_{AH} + \int_{HKL} + \int_{LM} + \int_{MNM} + \int_{ML} + \int_{LOH} + \int_{HA} + \int_{APA}$$

Uma vez que as integrais ao longo de $\overline{AH}$ e $\overline{HA}$, $\overline{LM}$ e $\overline{ML}$, se cancelam aos pares, ficamos com

$$\int_{APA} + \left(\int_{HKL} + \int_{LOH} \right) + \int_{MNM} = \int_{C_1} + \int_{C_2} + \int_{C_3} = \oint_C$$

em que C é o contorno composto de C_1, C_2 e C_3. Assim sendo, temos

$$\oint_C (M\, dx + N\, dy) = \iint_R \left(\frac{\partial N}{\partial x} - \frac{\partial M}{\partial y} \right) dx\, dy$$

conforme pretendíamos.

Os Teoremas Fundamentais da Análise Vetorial e a Teoria Geral dos Campos   405

10.3- O teorema de **Green** no plano pode ser encarado como um caso particular do teorema de **Ampère-Stokes**. Assim, o contorno é orientado no sentido anti-horário a fim de que o vetor unitário normal à área seja o próprio vetor $\mathbf{u}_z$ e haja coerência de sinais.

10.4- A orientação do plano é a responsável pela mudança de sinal do segundo membro.

10.5- Sim, pois é só admitir que S possa ser dividida em outras superfícies $S_1, S_2, ... S_n$, limitadas pelas curvas C_1, C_2,...,C_n, cujas projeções sobre os planos coordenados sejam regiões limitadas por curvas simples e fechadas.

10.6- Sim, bastando dividir a região limitada pela superfície fechada S em outras cujas superfícies satisfaçam à condição do teorema. O processo é semelhante ao usado no teorema de **Green** no plano.

10.7- Sejam os citados teoremas:

$$\iiint_v (\nabla \cdot \mathbf{V})\, dv = \oiint_S \mathbf{V} \cdot d\mathbf{S} = \oiint_S d\mathbf{S} \cdot \mathbf{V} \tag{i}$$

$$\iiint_v (\nabla \Phi)\, dv = \oiint_s \Phi\, d\mathbf{S} = \oiint_S d\mathbf{S}\, \Phi \tag{ii}$$

$$\iiint_v (\nabla \times \mathbf{V})\, dv = \oiint_S d\mathbf{S} \times \mathbf{V} \tag{iii}$$

Notamos que tais teoremas podem ser estabelecidos como

$$\iiint_v (\nabla * \alpha)\, dv = \oiint_S d\mathbf{S} * \alpha$$

em que $_{1/R^n}$ é uma função que tanto pode ser escalar como vetorial e o asterisco * representa qualquer forma aceitável de multiplicação, isto é, escalar, vetorial ou produto simples.

10.8- Seja o primeiro dos teoremas em questão:

$$\oint_C \mathbf{V} \cdot d\mathbf{l} = \oint_C d\mathbf{l} \cdot \mathbf{V} = \iint_S (\nabla \times \mathbf{V}) \cdot d\mathbf{S} = \iint_S d\mathbf{S} \cdot (\nabla \times \mathbf{V}) = \iint_S (d\mathbf{S} \times \nabla) \cdot \mathbf{V}$$

em que foi aplicada a regra de permutação do produto misto, dada pela expressão (2.58), encarando o operador ∇ como sendo um vetor. Assim sendo, ficamos com

$$\oint_C d\mathbf{l} \cdot \mathbf{V} = \iint_S (d\mathbf{S} \times \nabla) \cdot \mathbf{V} \tag{i}$$

Para o segundo teorema,

$$\oint_C \Phi\, d\mathbf{l} = \oint_C d\mathbf{l}\, \Phi = \iint_S d\mathbf{S} \times \nabla \Phi \tag{ii}$$

Para o terceiro teorema,

$$\oint_C d\mathbf{l} \times \mathbf{V} = \iint_S \left[(d\mathbf{S} \times \nabla) \times \mathbf{V} \right] \tag{iii}$$

Notamos, finalmente, que os teoremas em tela podem ser sintetizados por

$$\oint_C d\boldsymbol{l} * \alpha = \iint_S (d\mathbf{S} \times \nabla) * \alpha$$

em que α é qualquer função escalar ou vetorial e o asterisco * representa qualquer forma de multiplicação, isto é, escalar, vetorial ou produto simples.

10.9- Porque para este sistema os vetores unitários $\mathbf{u}_\rho$ e $\mathbf{u}_\phi$ têm direções que dependem da localização do ponto no espaço, não sendo, portanto, vetores constantes.

10.10- Os vetores $\mathbf{A}$ e $\mathbf{J}$ não são necessariamente paralelos, isto porque o rotacional de um campo vetorial não é necessariamente perpendicular ao campo vetorial (vide questão 9.7). No entanto, atenção estudantes de Eletromagnetismo: Para os campos magnéticos $\mathbf{B}$ encontrados em nosso mundo físico, teremos sempre $\nabla \times \mathbf{B}$ e $\mathbf{B}$ perpendiculares, valendo a regra de envolver as linhas de $\mathbf{B}$ com os dedos da mão direita e obter a orientação de $\nabla \times \mathbf{B}$ através do polegar da mesma mão. O mesmo acontece com a intensidade magnética $\mathbf{H}$ e $\nabla \times \mathbf{H}$, que também são perpendiculares. Assim, o potencial vetor magnético $\mathbf{A}$ é paralelo ao vetor densidade de corrente $\mathbf{J}$. Para tais campos, temos

$$\mathbf{B} = \nabla \times \mathbf{A}$$

e

$$\nabla \times \mathbf{B} = \nabla \times \nabla \times \mathbf{A} = \mu_0 \mathbf{J}$$

10.11- É falso. Pela expressão (9.20),

$$\nabla \cdot \mathbf{V} = \frac{1}{r^2} \frac{\partial}{\partial r} \left(r^2 V_r \right) + \frac{1}{r\,\mathrm{sen}\,\theta} \frac{\partial}{\partial \theta} (\mathrm{sen}\,\theta\ V_\theta) + \frac{1}{r\,\mathrm{sen}\,\theta} \frac{\partial V_\phi}{\partial \phi}$$

concluímos que quando

$$V_\theta = V_\phi = 0$$

teremos divergência nula se $r^2 V_r$ não for uma função de r ou se tivermos

$$V_r = \frac{\text{constante}}{r^2}$$

10.12- É verdadeiro. Assumindo $V_z = 0$, por simplicidade, vemos pela expressão (9.19),

$$\nabla \cdot \mathbf{V} = \frac{1}{\rho} \frac{\partial}{\partial \rho} \left(\rho V_\rho \right) + \frac{1}{\rho} \frac{\partial V_\phi}{\partial \phi} + \frac{\partial V_z}{\partial z},$$

que existem muitas formas de V_ρ e de V_ϕ que conduzem ao resultado $\mathbf{\nabla \cdot V} = 0$.

10.13- É falso. Consideremos, por simplicidade, um campo vetorial bidimensional no plano $z=0$, para o qual temos

$$\begin{cases} V_z = 0 \\ \text{e} \\ \dfrac{\partial}{\partial z} = 0 \end{cases}$$

e a expressão (9.26),

$$\mathbf{\nabla \times V} = \left(\frac{1}{\rho}\frac{\partial V_z}{\partial \phi} - \frac{\partial V_\phi}{\partial z}\right)\mathbf{u}_\rho + \left(\frac{\partial V_\rho}{\partial z} - \frac{\partial V_z}{\partial \rho}\right)\mathbf{u}_\phi + \frac{1}{\rho}\left[\frac{\partial}{\partial \rho}(\rho V_\phi) - \frac{\partial V_\rho}{\partial \phi}\right]\mathbf{u}_z$$

se reduz a

$$\mathbf{\nabla \times V} = \frac{1}{\rho}\left[\frac{\partial}{\partial \rho}(\rho V_\phi) - \frac{\partial V_\rho}{\partial \phi}\right]\mathbf{u}_z$$

que pode anular-se com uma escolha apropriada de V_ρ e de V_ϕ.

10.14- É verdadeiro. Veja resposta da questão 10.9.

10.15-

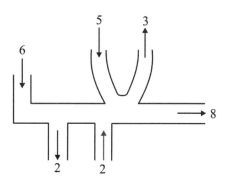

Fig. 10.109 - Resposta da questão 10.15

Uma vez que não pode haver acúmulo ou rarefação do fluido em nenhum ponto, a quantidade que entra no sistema (tubulação) é a mesma que sai, logo temos

$$\text{entrando} \to 6+5 = 11\,\text{cm}^3/\text{s}$$
$$\text{saindo} \to 2+3+8 = 13\,\text{cm}^3/\text{s}$$

408 **Cálculo e Análise Vetoriais com Aplicações Práticas**

A diferença é $2\,cm^3/s$ e deve estar entrando, conforme indicado a seguir

10.16- Porque a resistividade e a condutividade elétricas são propriedades específicas de cada material, e não amostras particulares dos mesmos, como no caso da resistência elétrica.

10.17- É importante compreender que, apesar de um campo elétrico poder estabelecer um dado fluxo de cargas elétricas, isto é, uma corrente elétrica, as linhas de corrente não são necessariamente coincidentes com as linhas de campo elétrico, ou linhas de força que atuam nas cargas elétricas. A razão disto é que as linhas de corrente apontam no sentido da velocidade das cargas individuais, enquanto que as linhas de força apontam no sentido da força elétrica experimentada por elas — portanto, de acordo com a segunda lei de **Newton** $(\mathbf{F} = m\,\mathbf{a})$, no sentido de suas acelerações. Mas, como temos visto muitas vezes no estudo da Mecânica, os vetores velocidade e aceleração de uma partícula não têm necessariamente a mesma direção e o mesmo sentido. O exemplo mais simples disto é o movimento circular uniforme, no qual o vetor velocidade é tangencial à trajetória circular, enquanto que os vetores força e aceleração centrípeta são normais à mesma, sendo dirigidos radialmente para o centro da circunferência. Assim sendo, as linhas de corrente e as linhas e força podem, em geral, ter orientações diversas.

10.18- A explicação foi apresentada no final do exemplo 10.33; basta que você retorne ao mesmo e verifique qual é!

10.19-

1ª) As velocidades de deslocamento médio (velocidades de deriva ou de arrastamento) dos portadores de carga nas correntes de condução são muito menores do que nas correntes de convecção.

2ª) As correntes de condução ocorrem pelo deslocamento de portadores de carga em meios condutores e as de convecção pelo deslocamento de portadores em meios isolantes (feixe de elétrons em um cinescópio), quer pelo deslocamento de portadores em relação ao meio, quer pelo deslocamento do meio, levando junto os portadores (íons positivos na correia de um gerador de **Van de Graaff**).

3ª) A corrente de condução não dá origem a nenhum campo elétrico externamente ao condutor, uma vez que há um cancelamento entre o efeito dos elétrons e dos íons. No entanto, o mesmo não corre com relação à corrente de convecção. Entretanto, ambas as correntes dão origem à campos magnéticos.

10.20- Conforme já foi estabelecido, a resistência do filamento depende da tensão entre seus terminais. No entanto, isto ocorre porque filamento é projetado para aquecer-se até temperaturas muito elevadas $(\cong 3,0 \times 10^3\,{}^\circ C)$. Se tirarmos o filamento da lâmpada e o testarmos isoladamente, **mantendo constante a temperatura** e medindo sua resistência, encontraremos, certamente, um valor para a mesma sensivelmente constante, dentro da precisão das medidas efetuadas.

10.21- Pela montagem experimental representada, é obvio que não se previu nenhum dispositivo para manter a temperatura do filamento constante. Tem-se como certo que a temperatura variou do valor da temperatura ambiente até a temperatura de operação normal. $(\cong 3,0 \times 10^3\,{}^\circ C)$, já que a tensão aplicada (ver figura 10.106) vai até 1,40 V (a lâmpada acende). Em consequência, a característica $i \times V$ fornecida não permite concluir nada a respeito do caráter ôhmico ou não do material do filamento.

Os Teoremas Fundamentais da Análise Vetorial e a Teoria Geral dos Campos 409

A afirmação (I) não pode, a rigor, ser avaliada pelas informações fornecidas. No entanto, observa-se que para valores muito baixos de tensão, na situação em que a lâmpada ainda não acendeu, e que a temperatura do filamento é praticamente constante, o gráfico $i \times V$ é linear, indicando que o material é provavelmente ôhmico.

Pela característica, a potência máxima é

$$P_{max} = V_{max} \; i_{max} = 1,40 \times 0,28 = 0,39 \cong 0,40 \text{ W}$$

e conclui-se que a afirmação (II) está certa.

A resistência é definida como sendo

$$R = \frac{V}{i}$$

Da característica vê-se que para $V = 0,50$ V, temos $i = 0,25$ A. Portanto, nesse ponto de operação, a resistência do filamento é

$$R = \frac{0,50}{0,25} = 2,0 \; \Omega$$

e conclui-se que a afirmação (III) está certa. Assim sendo, opção (e).

10.22- Sim, a relação continua válida, só que o valor da resistência não é uma constante.

10.23- A conclusão de que mantendo-se fixa a tensão V e diminuindo-se a resistência aumenta-se a dissipação de calor, a partir da expressão $P = V^2/R$, é correta. A afirmativa de que a dissipação de calor em um resistor, pelo efeito **Joule**, é menor quando a resistência diminui baseada na expressão $P = Ri^2$, é inconsistente. Realmente, se diminuirmos a resistência, pela lei escalar de **Ohm**, $i = V/R$, a corrente aumentará, de forma que nada podemos afirmar quanto à variação de potência dissipada somente pela expressão $P = Ri^2$, uma vez que um fator aumenta enquanto o outro diminui.

10.24- Tanto em (a) quanto em (b), os condutores devem ter alto ponto de fusão, uma vez que vão trabalhar em temperaturas muito elevadas. O filamento de uma lâmpada incandescente, por exemplo, trabalha em torno de $3,0 \times 10^{3\,\circ}$C, de modo que é constituído por um fio de tungstênio, cuja temperatura de fusão é $3,4 \times 10^{3\,\circ}$C. Já em (c), os condutores devem ter baixo ponto de fusão, como o chumbo e o estanho, que, ao serem atravessados por uma corrente elétrica de uma certa intensidade, se fundem. Nas instalações elétricas residenciais os fusíveis já foram quase que totalmente substituídos pelos disjuntores magnéticos, mas eles continuam sendo utilizados em aparelhos eletroeletrônicos.

10.25- A esfera pode ser encarada como sendo a associação de um número muito grande de resistores em paralelo, de modo que a tensão entre os dois pontos opostos é a mesma para todos eles. Quanto maior for o caminho, maior será a resistência e, pela lei de **Ohm**, $V = Ri$, menor será a corrente. Logo a menor resistência é ao longo da linha que une os dois pontos opostos de entrada e saída da corrente na esfera, e ao longo desta linha teremos a maior corrente. Uma vez que $P = Vi$, a maior dissipação de calor ocorre ao longo desta linha, e vai diminuindo à medida que nos afastamos da mesma. A figura

10.110 ilustra a situação, e o tamanho das setas, associadas ao vetor densidade de corrente, indica a diminuição de corrente quando nos afastamos da citada linha diametral.

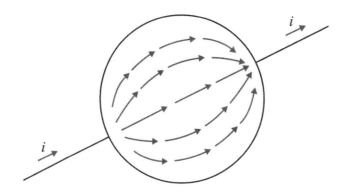

Fig. 10.110 - Resposta da questão 10.25

10.26- Com relação às formas diferenciais da terceira e quarta equações de **Maxwell**,

$$\begin{cases} \nabla \times \mathbf{E} = -\dfrac{\partial \mathbf{B}}{\partial t} \\ \nabla \times \mathbf{H} = \mathbf{J} + \dfrac{\partial \mathbf{D}}{\partial t} \end{cases}$$

observamos que elas têm em comum o fato de que a variação do campo elétrico induz um campo magnético e vice-versa, ou seja, não é possível criar uma onda elétrica sem existir também a onda magnética que lhe é associada e a recíproca é verdadeira. Daí advém o termo onda eletromagnética.

10.27- As quatro equações de **Maxwell** são, respectivamente, a lei de **Gauss** para o campo elétrico, a lei de **Gauss** para o campo magnético, a lei de **Faraday** e a lei de **Ampère** (com a inclusão da corrente de deslocamento para que lei de **Ampére** fosse válida também para campos dinâmicos). A lei de **Lenz** está incluída na lei de **Faraday**, sob a forma do sinal de menos que aparece nesta última (**Faraday**, originalmente, não incluiu tal sinal), mas ela não é, por si só, uma das equações de **Maxwell**. As leis de **Coulomb** e de **Biot-Savart** são as leis básicas para as determinações, respectivamente, do campo elétrico e do campo magnético, mas elas não são equações de **Maxwell**, embora a lei de **Coulomb** e a lei de **Gauss** sejam equivalentes, quer dizer, podemos obter a lei de **Gauss** a partir da lei de **Coulomb** e vice-versa.

10.28- Para um campo eletrostático temos

$$\oint_C \mathbf{E} \cdot d\mathbf{l} = 0 \rightleftarrows \nabla \times \mathbf{E} = 0$$

e

$$\nabla \cdot \mathbf{E} = \frac{\rho_v}{\varepsilon}$$

sendo a densidade volumétrica de carga não nula nos pontos onde houver cargas elétricas. Exemplos clássicos de situações envolvendo campos deste tipo aparecem na figura 10.111.

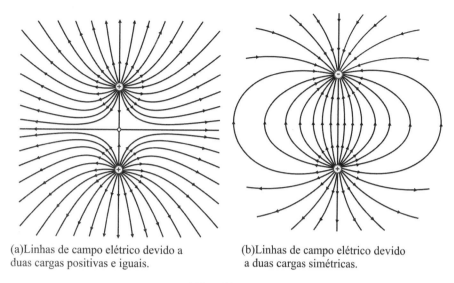

(a) Linhas de campo elétrico devido a duas cargas positivas e iguais.

(b) Linhas de campo elétrico devido a duas cargas simétricas.

Fig. 10.111

enquanto que para um campo eletrodinâmico temos

$$\oint_C \mathbf{E} \cdot dl = -\frac{\partial}{\partial t} \iint_S \mathbf{B} \cdot d\mathbf{S} \rightleftarrows \nabla \times \mathbf{E} = -\frac{\partial \mathbf{B}}{\partial t},$$

bem como

$$\nabla \cdot \mathbf{E} = \frac{\rho_v}{\varepsilon}$$

Isto significa que o campo eletrostático é do tipo irrotacional, enquanto que o eletrodinâmico pode ser tanto puramente solenoidal, quanto uma combinação destes dois tipos básicos, possuindo tanto fonte de fluxo quanto de circulação.

As figuras de 10.112 a 10.115 ilustram diversas situações de campos eletrodinâmicos que possuem ambos os tipos de fontes e, deste modo, podem ter somente linhas de campo abertas ou linhas de campo abertas e também linhas fechadas[63]. Devemos, no entanto reparar que as cargas elétricas, que são as fontes de fluxo e estão situadas nas superfícies, não são aquelas cargas estáticas e de valores invariantes no tempo que deram origem aos campos ilustrados na figura 10.111. Não, agora teremos cargas cujas distribuições variam com a posição e com o tempo.

Existe também a possibilidade de um campo eletrodinâmico só possuir fonte de circulação, sendo, portanto, solenoidal. É o caso das linhas de campo circulares do vetor **E** produzidas pelo aumento da intensidade de um campo magnético **B** perpendicular ao plano da figura 10.116, com uma

---

[63] Se você está estranhando o fato do campo eletrodinâmico, em alguns casos, ter fonte de circulação e não ter somente linhas de campo fechadas, deve voltar á subseção 9.5.1, onde se lê: ... Da figura 9.13 pode-se concluir, erroneamente, que o aspecto das linhas de um campo vetorial **V**, nas imediações de um ponto genérico, deve ser turbilhonário ou ciclônico – linhas vetoriais fechadas, sem começo ou fim, isto é, formando links – a fim de que exista o rotacional do campo **V** no ponto em questão. Não, isto não é verdade, conforme será verificado na subseção 9.5.5, no exemplo 9.20 e no problema 9.34 entre outros.
O aspecto das linhas do campo **V** na figura 9.13 foi, propositalmente, escolhido na forma turbilhonária a fim de facilitar a visualização da circulação de **V** ao longo do caminho C.

taxa dB/dt que seja uma função crescente do tempo.

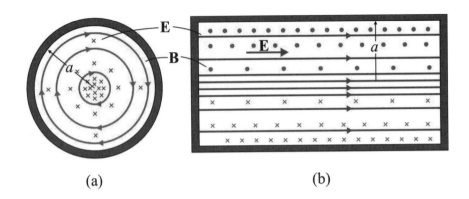

Fig. 10.112 - Configuração de campos **E** e **B** em uma cavidade eletromagnética cilíndrica, na fase do ciclo de oscilação em que a energia total está igualmente dividida entre os campos elétrico e magnético.

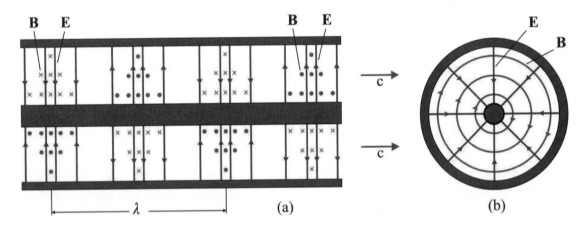

Fig. 10.113 - Campos **E** e **B** em um cabo coaxial indicando uma onda viajante propagando-se para a direita com a velocidade da luz.

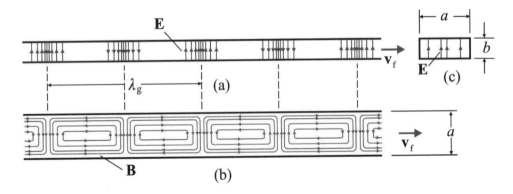

Fig. 10.114 - Campos **E** e **B** em um guia de ondas

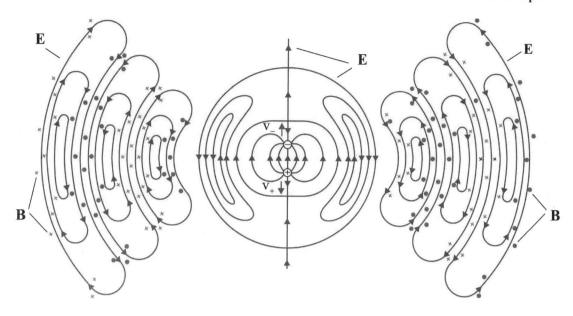

Fig. 10.115 - Campos **E** e **B** associados a um dipolo oscilante (adaptado do livro Electric and Magnetic Fields, de **Stephen S. Attwood,** publicado em 1965 por John Wiley and Sons, Inc., New York, N.Y., U.S.A.)

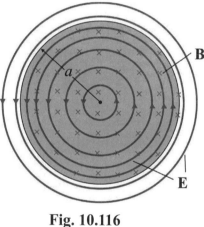

Fig. 10.116

Deste modo, somente as linhas do campo eletrostático é que são abertas, começando nas cargas elétricas estáticas positivas e terminando nas negativas. As linhas do campo eletrodinâmico podem formar links, fechando-se sobre si mesmas, ou não.

10.29- O campo magnético é, **obrigatoriamente,** um campo do tipo solenoidal, conforme aparece nas diversas configurações ilustradas no presente livro, e suas linhas vetoriais são sempre fechadas, uma vez que

$$\oiint_S \mathbf{B} \cdot d\mathbf{S} = 0 \rightleftarrows \nabla \cdot \mathbf{B} = 0$$

Para o campo elétrico estático só podemos ter linhas de campo abertas, e ele é, **obrigatoriamente**, um campo conservativo, que só tem fonte de fluxo, não tendo de circulação. Em relação ao campo elétrico dinâmico, podemos ter somente linhas abertas, quando teremos dois tipos de fontes presentes, de fluxo e de circulação, bem como somente linhas fechadas, quando existem apenas fontes de circulação e um campo do tipo solenoidal. No caso dinâmico, podemos ter também tanto linhas abertas quanto linhas fechadas em uma mesma configuração, quando ocorrerem simultaneamente os dois tipos de fontes: de fluxo e de circulação.

10.30- Um papel crucial. No espaço livre a corrente de deslocamento é a única fonte para o campo magnético, que por sua vez vai induzir o campo elétrico e vice-versa. Sem a corrente de deslocamento não poderia haver a propagação de ondas eletromagnéticas.

10.31- A antena em anel, da mesma forma que as demais, funciona pela indução eletromagnética estabelecida pela lei de **Faraday**: O campo magnético variante no tempo induz uma corrente no anel. Assim sendo é desejável que o campo magnético seja perpendicular ao plano do anel, a fim de que o fluxo magnético seja máximo. Consequentemente, a melhor direção para alinhamento transmissor-receptor deve ser no mesmo plano da antena em anel.

PROBLEMAS

10.1- Mesmo enunciado que o exemplo 10.2 só que o cilindro tem raio igual a dois e bases situadas nos planos $z = 5$ e $z = 10$.

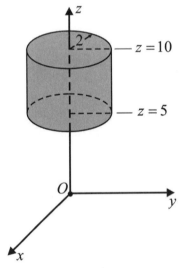

Fig. 10.117 - Problema 10.1

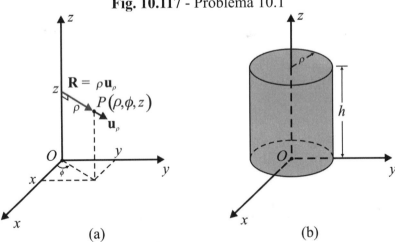

Fig. 10.118 - Problema 10.2

10.2*- Seja $P(\rho,\phi,z)$ um ponto do espaço no sistema de coordenadas cilíndricas circulares. Consideremos o campo vetorial $\mathbf{R} = \rho\,\mathbf{u}_\rho$, cuja orientação é sempre perpendicular ao eixo z, qualquer que seja a localização do ponto P. Pede-se determinar:

(a) o fluxo deste campo vetorial através da superfície de um cilindro circular reto de raio ρ e altura h;

(b) usando o teorema da divergência, a razão entre o volume do cilindro e sua superfície lateral;

(c) a razão entre o perímetro e a área da base.

10.3*- **(a)** Com relação à função vetorial $\mathbf{V} = (k_1/\rho)\mathbf{u}_\rho + k_2 z\,\mathbf{u}_z$ do problema 8.14, calcule $\iiint_v (\nabla\cdot\mathbf{V})\,dv$ ao longo do volume especificado. **(b)** Explique porque o teorema da divergência falha neste caso. **(c)** Utilize uma superfície adequada para excluir a singularidade apresentada pelo campo vetorial e aplique novamente o teorema da divergência. Qual é a nova expressão para o fluxo do campo vetorial e para qual expressão a mesma converge?

10.4- Um campo vetorial $\mathbf{V} = \left(\cos^2\phi/r^3\right)\mathbf{u}_r$ existe na região entre as superfícies esféricas definidas por $r = 1$ e $r = 2$. Calcule: **(a)** $\oiint_S \mathbf{V}\cdot d\mathbf{S}$; **(b)** $\iiint_v (\nabla\cdot\mathbf{V})\,dv$.

10.5- A distribuição estática de valores de uma grandeza escalar Φ é definida pela família de cilindros $\Phi = \left(x^2/2\right) + \left(y^2/2\right)$. Determine o fluxo do campo gradiente associado a essa distribuição, através da superfície de um cilindro circular reto, de raio unitário, coaxial com o eixo z, ponto médio coincidente com a origem cartesiana, e comprimento $(N/2\pi)$ = constante, utilizando:

(a) o cálculo direto de $\oiint_S \nabla\Phi\cdot d\mathbf{S}$;

(b) a integral $\iiint_v [\nabla\cdot(\nabla\Phi)]\,dv$.

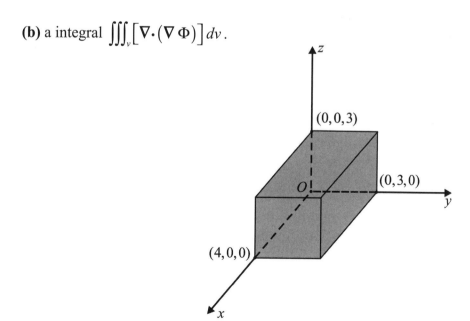

Fig. 10.119 - Problema 10.6

10.6- Verifique o teorema de **Gauss-Ostrogadsky** para o campo vetorial $V = xy^2z\,u_x + xyz\,u_y - xy^3z^2\,u_z$ em relação ao paralelepípedo retangular representado na figura 10.119.

10.7*- Determine o fluxo do campo vetorial $V = (x-2z)u_x + (3z-4x)u_y + (5x+y)u_z$ através da superfícies da pirâmide ilustrada na figura 10.120, utilizando:

(a) o cálculo direto de $\oiint_S V \cdot dS$;

(b) o teorema da divergência.

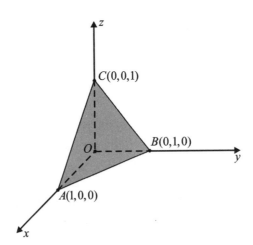

Fig. 10.120 - Problema 10.7

10.8- Calcule o fluxo do campo vetorial

$$V = (2x + xy^2)u_x - 3y\,u_y + [(z^2/2) - y^2z]u_z$$

através da superfície cilíndrica fechada limitada pelos planos $z=0$ e $z=1$, cuja base, situada no plano $z=0$, é dada pelas equações

$$\begin{cases} x^2 + (y-1)^2 = 4, & 1 \leq y \leq 3 \\ x^2 + (y+1)^2 = 4, & -3 \leq y \leq -1 \\ (x-2)^2 + y^2 = 1, & 2 \leq x \leq 3 \\ (x+2)^2 + y^2 = 1, & -3 \leq x \leq -2 \end{cases}$$

(MAT-UFRJ - 2° sem 1986)

10.9- Verifique o teorema da divergência para $V = 4x\,u_x - 2y^2\,u_y + z^2\,u_z$ efetuado sobre a região limitada pela superfície cilíndrica $x^2 + y^2 = 4$ e pelos planos $z=0$ e $z=3$.

Os Teoremas Fundamentais da Análise Vetorial e a Teoria Geral dos Campos 417

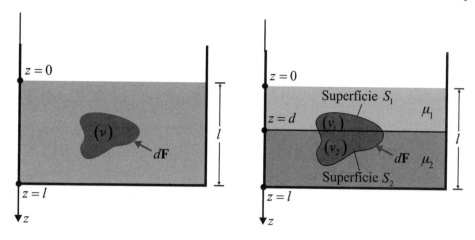

Fig. 10.121 - Problema 10.10(a)   **Fig. 10.122** - Problema 10.10(b)

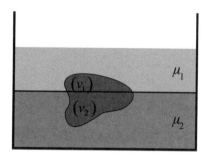

Fig. 10.123 - Problema 10.10(c)

10.10*- **(a)** Considere um corpo sólido imerso em um líquido incompressível (massa específica $\mu =$ constante) e em repouso, dentro de um recipiente aberto, conforme ilustrado na figura 10.121. Estando o eixo z posicionado verticalmente, com $z = 0$ na superfície livre do líquido, podemos dizer que a pressão total em cada ponto $P(x, y, z)$, da região $0 \leq z \leq l$, é dada por $p = p_0 + \mu g z$. Assim sendo, a força total exercida pelo líquido em um elemento diferencial de superfície do corpo é dada pela seguinte expressão:

$$d\mathbf{F} = p(-\mathbf{u}_n)dS = (p_0 + \mu g z)(-\mathbf{u}_n)dS,$$

na qual $\mathbf{u}_n$ é um vetor unitário normal apontando para fora do volume delimitado pela superfície S, enquanto que a força devido à pressão aponta para o interior do referido volume. Utilizando o teorema do gradiente para superfícies fechadas (expressão 10.2), demonstre que a força resultante exercida pelo líquido sobre o corpo, denominada empuxo, está dirigida de baixo para cima e seu módulo $E = \mu v g$ é igual ao peso do líquido deslocado. Aliás, este é o enunciado do famoso teorema de **Arquimedes**[64].
(MAT-UFRJ - 1º sem 1983 - adaptado)

(b) Considere agora que o corpo do item (a) esteja imerso entre dois líquidos imiscíveis, de massas específicas constantes, μ_1 e μ_2, conforme ilustrado na figura 10.122. demonstre que o empuxo resultante, dirigido de baixo para cima, é agora dado pela soma de dois empuxos: $E = E_1 + E_2 = \mu_1 v_1 g + \mu_2 v_2 g$, sendo, mais uma vez, igual ao peso do líquido deslocado.

---
[64] Biografia resumida já abordada na Introdução Histórica.

418 **Cálculo e Análise Vetoriais com Aplicações Práticas**

(c) Um corpo de massa específica constante $\mu = 8,4\,\text{g/cm}^3$, flutua na superfície de separação de dois líquidos imiscíveis, 1 e 2, de massas específicas constantes, respectivamente, $\mu_1 = 5,8\,\text{g/cm}^3$ e $\mu_2 = 13,6\,\text{g/cm}^3$, de acordo com a figura10. 123 Pede-se calcular a razão v_1/v_2 entre os volumes v_1 e v_2 imersos nos dois líquidos.
(EPUSP – 1937)

10.11- Calcule $\oint_C \left[\left(x^2 - 2xy \right) dx + \left(x^2 y + 3 \right) dy \right]$ ao longo do limite da região definida por $y^2 = 8x$ e $x = 2$, utilizando:

(a) Cálculo direto;

(b) O teorema de **Green** no plano.

10.12- Calcule $\oint_C \left[\left(3x^2 + 2y \right) dx - \left(x + 3 \cos y \right) dy \right]$ ao longo do contorno do paralelogramo que tem vértices em (0,0), (2,0), (3,1) e (1,1), utilizando:

(a) Cálculo direto;

(b) O teorema de **Green** no plano.

10.13- Verifique o teorema de **Green** no plano relativamente à integral de linha $\oint_C \left[\left(2x - y^3 \right) dx - xy\, dy \right]$, em que C é o limite da região compreendida entre as circunferências $x^2 + y^2 = 1$ e $x^2 + y^2 = 9$.

10.14-

(a) Calcule $\oint_C \left[\dfrac{-y\, dx + x\, dy}{x^2 + y^2} \right]$ em que C é a circunferência $x^2 + y^2 = R^2$.

(b) Explique porque o teorema de **Green** no plano falha neste caso.

10.15- Calcule as seguintes integrais ao longo do contorno C orientado no sentido positivo:

(a) $\oint_C \left[y^2 dx + x^2 dy \right]$; C é o perímetro do quadrado $-1 \le x \le 1$, $-1 \le y \le 1$.

(b) $\oint_C \left[\left(3x^2 + y \right) dx + 4y^2 dy \right]$; C é o perímetro do triângulo de vértices $(0,0)$, $(1,0)$ e $(0,2)$.

(c) $\oint_C \left[\left(e^x - 3y \right) dx + \left(e^y - 6x \right) dy \right]$; C é a elipse $x^2 + 4y^2 = 1$.

(d) $\oint_C \left[x^{-1} e^y dx + \left(e^y \ln x + 2x \right) dy \right]$; C é a fronteira da região delimitada por $x = y^4 + 1$ e $\mathbf{v} = -\nabla\Phi$

(e) $\oint_C \left[\left(2xy - x^2 \right) dx + \left(x - y^2 \right) dy \right]$; C é fronteira da região delimitada por $y = x^2$ e $y^2 = x$.

(f) $\oint_C \left[e^x \cos y\, dx + e^x \,\text{sen}\, y\, dy \right]$; C é o perímetro do triângulo de vértices $(0,0), (1,0)$ e $(1, \pi/2)$.

(g) $\oint_C \left[\left(x + y \right) dx + \left(y - x \right) dy \right]$; C é a circunferência $x^2 + y^2 - 2ax = 0$.

(h) $\oint_C \left[(2x - y^3) dx - xy\, dy \right]$; C é a fronteira da região delimitada pelas curvas $x^2 + y^2 = 4$ e $x^2 + y^2 = 9$.

(i) $\oint_C [3y\, dx - 5x\, dy]$; C é a curva $x = 5\cos\phi$, $y = 4\,\text{sen}\,\phi$, $0 \leq \phi \leq 2\pi$.

(MAT-UFRJ - 1º sem 1987)

10.16- Usando o teorema de **Green**, calcule o trabalho realizado pelo campo de força

$$\mathbf{F}(x,y) = \left(\frac{x^2 - y^2}{2} \right) \mathbf{u}_x + \left(\frac{x^2}{2} + y^4 \right) \mathbf{u}_y,$$

ao deslocar uma partícula, no sentido positivo, ao longo da região do plano xy tal que $1 \leq x^2 + y^2 \leq 4, x \geq 0, y \geq 0$.
(MAT-UFRJ - 1º sem 1987)

10.17*- Calcular o trabalho realizado pelo campo de força

$$\mathbf{F}(x,y) = (2y + x^3) \mathbf{u}_x + (\text{sen}\, y + 8x) \mathbf{u}_y$$

ao deslocar uma partícula no sentido positivo ao longo do contorno da região sombreada na figura 10.124, sendo

$$\begin{cases} C_1 : x^2 + y^2 = 2y \\ C_2 : x^2 + y^2 = 1 \end{cases}$$

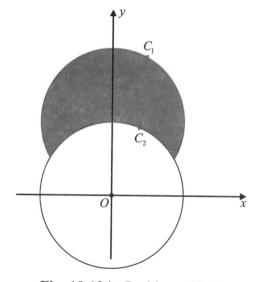

Fig. 10.124 - Problema 10.17

(MAT-UFRJ - 2º sem 1986)

10.18* - **(a)** Sejam M e N campos escalares, não definidos nos pontos A e B, tais que

$$\frac{\partial M}{\partial y} = \frac{\partial N}{\partial x}$$

em todo o plano xy, exceto nos pontos A e B onde as mesmas são descontínuas. Sendo C_1, C_2 e C_3 as curvas indicadas na figura 10.125. Sabendo-se também que

$$\underbrace{\oint_{C_1} (M\,dx + N\,dy) = 12}_{\text{(sentido horário)}} \text{ e } \underbrace{\oint_{C_2} (M\,dx + N\,dy) = 15}_{\text{(sentido horário)}},$$

pede-se calcular

$$\underbrace{\oint_{C_3} (M\,dx + N\,dy)}_{\text{(sentido anti-horário)}}$$

(b) Explique porque neste caso podemos aplicar o teorema de **Green** no plano, ao contrário do problema 10.14.

(MAT-UFRJ - 1º sem 1987).

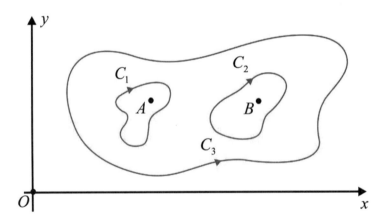

Fig. 10.125 - Problema 10.18

10.19* - Seja $\mathbf{V} = M\,\mathbf{u}_x + N\,\mathbf{u}_y$ um campo vetorial contínuo, com derivadas parciais contínuas no plano, exceto na origem, de tal forma que

$$\frac{\partial N}{\partial x} = \frac{\partial M}{\partial y} + 4,$$

exceto na origem, conforme já afirmado. Sabendo-se que

$$\underbrace{\oint_{C_1} (M\,dx + N\,dy) = 6\pi}_{\text{(sentido horário)}}, \ C_1 : x^2 + y^2 = 1,$$

pede-se calcular

$$\underbrace{\oint_{C_2}(Mdx+Ndy)}_{(\text{sentido anti-horário})}, C_2: \frac{x^2}{4}+\frac{y^2}{25}=1$$

(MAT-UFRJ - 1º sem 1987)

10.20* - Sejam M e N funções contínuas, com derivadas parciais contínuas, de tal forma que $\dfrac{\partial M}{\partial y}=\dfrac{\partial N}{\partial x}$, exceto nos pontos $(-4,0),(-2,0),(0,0),(2,0)$ e $(4,0)$. Sabendo-se que

$$\underbrace{\oint_{C_1}(M\,dx+N\,dy)=11}_{(\text{sentido anti-horário})}, C_1:(x-2)^2+y^2=9, \underbrace{\oint_{C_2}(M\,dx+N\,dy)=9}_{(\text{sentido anti-horário})}, C_2:(x+2)^2+y^2=9$$

e

$$\underbrace{\oint_{C_3}(M\,dx+N\,dy)=13}_{(\text{sentido anti-horário})}, C_3: x^2+y^2=25$$

pede-se calcular

$$\underbrace{\oint_{C_4}(M\,dx+N\,dy)}_{(\text{sentido anti-horário})}, C_4: x^2+y^2=1$$

(MAT-FRJ - 1º sem 1987).

10.21- Determine a área de ambos os laços da lemniscata de **Bernoulli** $\rho^2 = a^2\cos 2\phi$ apresentada na figura 10.126.

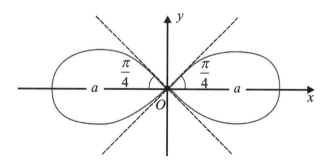

Fig. 10.126 - Problema 10.21

10.22- Determine a área da cardióide $\rho = a(1+\cos\phi)$ ilustrada na figura 10.127.

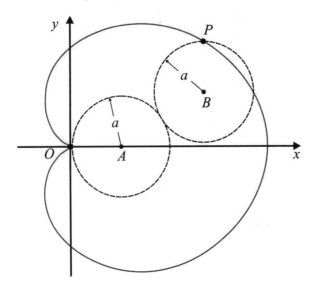

Fig. 10.127 - Problema 10.22

10.23- Determine a área de folium de **Descartes** $x^3 + y^3 = 3axy$, sabendo que suas equações paramétricas, obtidas fazendo $y = \lambda x$, são

$$\begin{cases} x = \dfrac{3a\lambda}{1+\lambda^3} \\ y = \dfrac{3a\lambda^2}{1+\lambda^3} \end{cases}$$

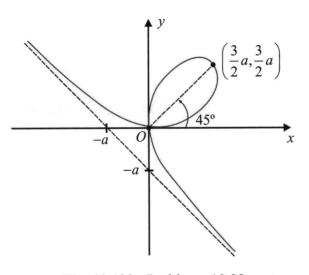

Fig. 10.128 - Problema 10.23

10.24*- Determine a área delimitada por um arco de ciclóide e pelo eixo x, conforme ilustrado na figura 10.129, sabendo que as equações paramétricas da ciclóide são

$$\begin{cases} x = a(\phi - \operatorname{sen}\phi) \\ y = a(1 - \cos\phi) \end{cases}$$

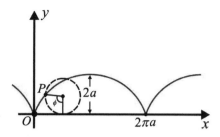

Fig. 10.129 - Problema 10.24

10.25- Determine a área da hipociclóide $x^{2/3} + y^{2/3} = a^{2/3}$, representada na figura 10.130, sabendo-se que suas equações paramétricas são:

$$\begin{cases} x = a\cos^3\phi \\ y = a\operatorname{sen}^3\phi \end{cases}$$

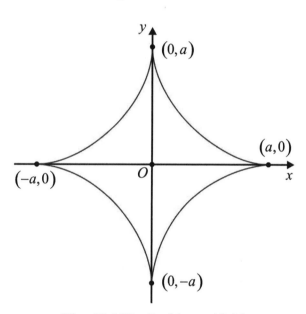

Fig. 10.130 - Problema 10.25

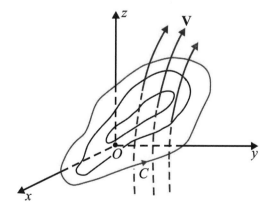

Fig. 10.131 - Problema 10.26

10.26- Se através de uma superfície aberta S, delimitada pelo contorno C da figura 10.131, o fluxo do campo vetorial $\mathbf{V}$ é igual a N (sendo N = constante) e $\mathbf{V} = \nabla \times \mathbf{A}$, qual é a circulação do campo vetorial $\mathbf{A}$ no contorno C?

(MAT-UERJ - 1º sem 1973)

10.27- Verificar o teorema de **Ampère-Stokes** para o campo vetorial $\mathbf{V} = 3y\,\mathbf{u}_x + xz\,\mathbf{u}_y + yz^2\mathbf{u}_z$, em relação à superfície do parabolóide $2z = x^2 + y^2$ apoiada no contorno definido por $x^2 + y^2 = 4$ e $z = 2$.

10.28- Entre o vetor intensidade de campo magnético $\mathbf{H}$ e o vetor densidade de corrente elétrica $\mathbf{J}$, existe a relação $\oint_C \mathbf{H} \cdot d\mathbf{l} = \iint_S \mathbf{J} \cdot d\mathbf{S}$, conhecida como lei de **Ampère**, em que a superfície aberta S apóia-se no contorno C.

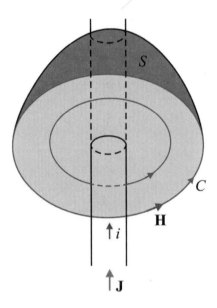

Fig. 10.132 - Problema 10.28

(a) Qual é a taxa de circulação do campo $\mathbf{H}$ por unidade de área?

(b) Que grandeza é a circulação do campo magnético $\mathbf{H}$?

(c) Se um condutor transporta através de sua seção reta, de área $1,0 \text{ mm}^2$, uma densidade de corrente uniforme igual a 30 A/cm^2, qual é a circulação do campo $\mathbf{H}$ em torno do condutor?

(d) Existe produção ou absorção de linhas do campo vetorial $\mathbf{J}$?

(e) O que significaria a produção ou absorção de linhas do campo vetorial $\mathbf{J}$ em um condutor com cargas elétricas em movimento?

(MAT-UERJ - 1º sem 1973).

10.29- Verifique o teorema de **Ampère-Stokes** para o campo vetorial $\mathbf{V} = \left(x^2 + 2y\right)\mathbf{u}_x + \left(x - 5y^2\right)\mathbf{u}_y$, em relação à área plana, delimitada pelas retas $x = 0$, $y = 3$ e $x = \dfrac{y}{3}$, e o seu respectivo contorno, ilustrados na figura 10.133.

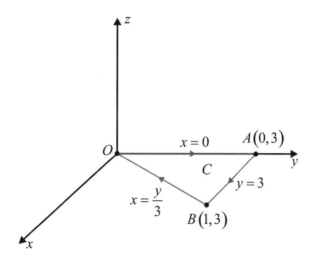

Fig. 10.133 - Problema 10.29

10.30- Verifique o teorema de **Ampère-Stokes** para o campo vetorial $\mathbf{V} = \operatorname{sen}(\phi/2)\mathbf{u}_\phi$, em relação à superfície hemisférica da figura 10.134 e seu contorno C correspondente.

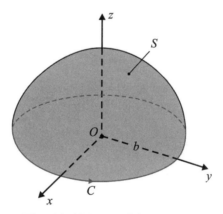

Fig. 10.134 - Problema 10.30

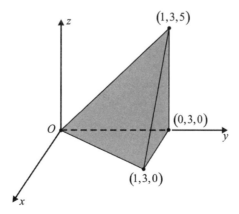

Fig. 10.135 - Problema 10.31

426 **Cálculo e Análise Vetoriais com Aplicações Práticas**

10.31 * - Calcule $\iint_S (\nabla \times \mathbf{V}) \cdot d\mathbf{S}$ em que $\mathbf{V} = y\,\mathbf{u}_x + 2x\,\mathbf{u}_y + xyz\,\mathbf{u}_z$ e S é a superfície lateral da pirâmide da figura 10.135.

10.32 * - Sendo $\mathbf{V} = zy\,\mathbf{u}_x + (x + xz - z)\mathbf{u}_y + (z + xy)\mathbf{u}_z$, determine:

(a) $\iint_S (\nabla \times \mathbf{V}) \cdot d\mathbf{S}$;

(b) $\oint_C \mathbf{V} \cdot d\boldsymbol{l}$

em que S é uma superfície aberta definida por

$$\begin{cases} z = 1 - \sqrt{\dfrac{x^2}{4} + \dfrac{y^2}{9}}, & z \geq 0 \\[3mm] \dfrac{x^2}{4} + \dfrac{y^2}{9} = 1, & -2 \leq z \leq 0 \end{cases}$$

e C é a curva interseção da superfície S com o plano $z = -2$.

(MAT-UFRJ - 2º sem 1986).

10.33 * - Obtenha, utilizando transformações de coordenadas, as expressões do laplaciano de um campo escalar Φ nos sistemas de coordenadas **(a)** cilíndricas circulares e **(b)** esféricas.

10.34- Mostre que a operação laplaciano de uma função escalar Φ é invariante sob as transformações de coordenadas cartesianas envolvendo translação e rotação.

10.35- Mostre que as seguintes funções satisfazem a equação de **Laplace** nos seus respectivos sistemas de coordenadas:

(a) $\Phi = \operatorname{sen}(kx)\operatorname{sen}(ly)e^{-hz}$, sendo $h^2 = l^2 + k^2$;

(b) $\Phi = \rho^n (A \cos n\phi + B \operatorname{sen} n\phi)$;

(c) $\Phi = \rho^{-n} \cos n\phi$;

(d) $\Phi = r \cos \theta$;

(e) $\Phi = r^{-2} \cos \theta$

10.36 J(−

(a) Demonstre que se P é um ponto qualquer de uma elipse cujos focos situam-se nos pontos A e B, conforme indicado na figura 10.136, os segmentos $\overline{AP}$ e $\overline{BP}$ fazem ângulos iguais com a tangente à elipse no ponto P.

(b) Dê uma interpretação física para este problema.

Sugestão: vide referência bibliográfica n° 1, problema 14, página 89.

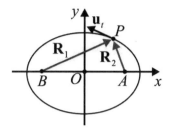

Fig. 10.136 - Problema 10.36

10.37- Determine os resultados das seguintes operações:

(a) $\nabla \cdot (r^3 \mathbf{r})$;

(b) $\nabla^2 \left[\nabla \cdot \left(\dfrac{\mathbf{r}}{r^2} \right) \right]$;

(c) $\nabla \cdot \left[r \nabla \left(\dfrac{1}{r^3} \right) \right]$

10.38*- Determine $\nabla \left(3r^2 - 4\sqrt{r} + \dfrac{6}{\sqrt[3]{r}} \right)$.

Sugestão: demonstre, primeiramente, que $\nabla(r^n) = n\, r^{n-2}\, \mathbf{r}$, e depois substitua para cada parcela da expressão, ou empregue diretamente a expressão (10.67) em cada uma das parcelas.

10.39- Determinar o valor da constante a para que o campo vetorial $\mathbf{V} = (x+3y)\mathbf{u}_x + (y-2z)\mathbf{u}_y + (x+az)\mathbf{u}_z$ seja solenoidal.

10.40*- Determine a condição para que o um campo vetorial esférico, cuja forma é $\mathbf{V} = f(R)\mathbf{R}$, seja solenoidal.

10.41*- Demonstre que se $\boldsymbol{\omega}$ é um vetor constante e $\mathbf{v} = \boldsymbol{\omega} \times \mathbf{r}$, temos $\nabla \cdot \mathbf{v} = 0$.

10.42*- Demonstre que se Φ e Ψ são campos escalares diferenciáveis, então, $\nabla\Phi \times \nabla\Psi$ é solenoidal.

10.43- Demonstre que os campos vetoriais seguintes são solenoidais e determine potenciais vetoriais associados aos mesmos:

(a) $\mathbf{V} = 2y\,\mathbf{u}_x + 2z\,\mathbf{u}_y$

(b) $\mathbf{V} = \cos z\, \mathbf{u}_x + \left(e^{y+z} + y\right)\mathbf{u}_y + \left(-e^{y+z} - z\right)\mathbf{u}_z$

428   **Cálculo e Análise Vetoriais com Aplicações Práticas**

10.44*- A equação que relaciona os campos elétrico e magnético variantes no tempo é $\nabla \times \mathbf{E} = -\partial \mathbf{B}/\partial t$, também conhecida como forma diferencial da lei de **Faraday**. Mostre que para $\partial \mathbf{B}/\partial t$ finita, as componentes de **E** tangenciais à superfície de separação de dois meios diferentes são contínuas.

10.45-

(a) Mostre que $\mathbf{F} = \left(2xy + z^3\right)\mathbf{u}_x + x^2\mathbf{u}_y + 3xz^2\mathbf{u}_z$, expresso em newtons (N), é um campo de força conservativo;

(b) Ache um campo potencial escalar associado;

(c) Determine o trabalho necessário para se deslocar uma partícula nesse campo desde o ponto A $(1,-2,1)$ m até o ponto $B(3,1,4)$ m.

10.46- Demonstre que todo campo do tipo do tipo $\mathbf{V} = f(r)\mathbf{r} = \left[f(r)\right]r\,\mathbf{u}_r$ é conservativo.

10.47-

(a) O campo gravitacional produzido pela Terra obedece à lei do inverso do quadrado da distância,

$$\mathbf{g} = -\frac{G\,M_T}{r^2}\mathbf{u}_r = \frac{G\,M_T}{r^3}\mathbf{r}\,,$$

em que G é a constante de gravitação universal, M_T é a massa da Terra e r é a distância radial do centro da mesma até o ponto considerado. Pelo problema precedente, concluímos que o mesmo é conservativo. Pede-se determinar o campo potencial gravitacional associado.

(b) O campo eletrostático produzido, no vácuo, por uma carga puntiforme estática e isolada, situada na origem, também obedece à lei do inverso do quadrado da distância,

$$\mathbf{E} = \frac{1}{4\pi\varepsilon_0}\frac{q}{r^2}\mathbf{u}_r = \frac{1}{4\pi\varepsilon_0}\frac{q}{r^3}\mathbf{r}\,,$$

na qual ε_0 é a permissividade do vácuo, q é o valor da carga e r é a distância radial da origem até o ponto considerado. Determine o campo potencial eletrostático associado.

10.48- De acordo com o problema 10.46, um campo de força $\mathbf{F} = r^2\mathbf{r} = r^3\mathbf{u}_r$ é do tipo conservativo. Determine um potencial escalar associado.

10.49- Demonstre que, se **A** e **B** são irrotacionais, então, $\mathbf{A} \times \mathbf{B}$ é solenoidal.

10.50*- Verifique se há alguma função vetorial **A** diferenciável tal que

(a) $\nabla \times \mathbf{A} = \mathbf{r}$;

(b) $\nabla \times \mathbf{A} = 2\mathbf{u}_x + \mathbf{u}_y + 3\mathbf{u}_z$

Se houver, determine-a.

Sugestão: Se existir **A** tal que $\nabla \times \mathbf{A} = \mathbf{V}$, devemos ter $\nabla \cdot \mathbf{V} = 0$.

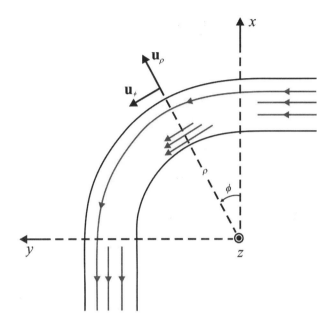

Fig. 10.137 - Problema 10.51

10.51 *- Em um canal de irrigação de lados paralelos temos dois trechos retos e um trecho de formato circular. Neste canal existe um fluxo de água, conforme aparece na figura 10.137, e as setas representam a velocidade da água. Nos trechos retilíneos a velocidade é uniforme, e no trecho curvo a velocidade é maior na margem mais próxima do centro de curvatura, mas o campo de velocidades é irrotacional em todo o canal. Determine a lei de variação do campo de velocidades no trecho circular e defina as superfícies equipotenciais do campo escalar associado ao campo vetorial em questão.

10.52 *- Descubra o erro, se houver, na seguinte demonstração:

"Seja **B** o campo magnético, de sorte que

$$\begin{cases} \nabla \cdot \mathbf{B} = 0 \\ \nabla \times \mathbf{B} = \mu_0 \mathbf{J} \end{cases}$$

em que μ_0 é a permeabilidade do vácuo e **J** é o vetor densidade de corrente elétrica, representando a densidade de fontes de circulação associadas ao campo magnético em todo o espaço. Então, existe um campo potencial vetorial magnético tal que

$$\mathbf{B} = \nabla \times \mathbf{A}$$

Entretanto, pelo teorema de **Gauss-Ostrogadsky** (teorema da divergência),

$$0 = \iiint_v (\nabla \cdot \mathbf{B})\, dv = \oiint_S \mathbf{B} \cdot d\mathbf{S}$$

e pelo teorema de **Ampère-Stokes**,

$$0 = \iint_S \mathbf{B} \cdot d\mathbf{S} = \iint_S (\nabla \times \mathbf{A}) \cdot d\mathbf{S} = \oint_C \mathbf{A} \cdot d\mathbf{l}$$

o que permite expressar

$$\oint_C \mathbf{A} \cdot d\mathbf{l} = 0$$

e isto implica

$$\mathbf{A} = \nabla \Phi \rightleftarrows \nabla \times \mathbf{A} = 0$$

Portanto, $\mathbf{B} \equiv 0$, isto é, $\mathbf{B} = 0$ em todo o espaço."

(ELET-PUC-RJ - 1974).

10.53* - Demonstrar que $\mathbf{B} = B_0 \mathbf{u}_z$, sendo $B_0 =$ constante, e se $\mathbf{A}$ é um vetor tal que

$$\begin{cases} \nabla \cdot \mathbf{A} = 0 \\ \nabla \times \mathbf{A} = \mathbf{B} \end{cases}$$

então,

$$\mathbf{A} = \frac{1}{2} \mathbf{B} \times \mathbf{R} + \mathbf{C}$$

em que $\mathbf{R} = \rho\, \mathbf{u}_\rho$ é um vetor com origem no eixo z, extremidade em um ponto genérico $P(\rho, \phi, z)$ e perpendicular ao eixo Oz, e $\mathbf{C}$ é um vetor constante, é a solução do sistema de equações diferenciais em questão.

(ELET-PUC-RJ - 1974).

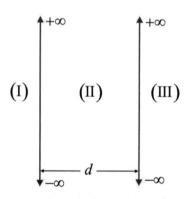

Fig. 10.138 - Problema 10.54

10.54 - Suponha o espaço dividido em três regiões por intermédio de dois planos paralelos conforme indicado na figura 10.138. Um certo campo vetorial **V** é solenoidal na região I, irrotacional na região III e ambas as coisas na região II e essas regiões não incluem os planos. Diga tudo o que for possível dizer sobre as fontes do campo vetorial e suas linhas, tendo em mente que a distância d é finita e que os planos são imateriais.

(ELET-PUC-RJ - 1974).

10.55- Em uma parte do sistema de lubrificação de um maquinário pesado, um óleo considerado ideal, tendo massa específica $8,0\times10^2$ kg/m^3, é bombeado através de uma tubulação cilíndrica, cujo diâmetro interno é 10 cm, a uma taxa de 10 litros por segundo. **(a)** Qual a velocidade do óleo? **(b)** Qual é sua vazão mássica? **(c)** Se o diâmetro do tubo for reduzido à metade, quais serão os novos valores para a velocidade e a vazão volumétrica?

10.56*- Um jato de fluido perfeito (incompressível e sem viscosidade), aberto na atmosfera, incide com velocidade v e descarga $\dot{m} = dm/dt$ sobre uma parede lisa, conforme representado na figura 10.139.

(a) À luz da equação de **Bernouilli**, desprezando a gravidade, demonstre que a velocidade em todos os pontos do escoamento é a mesma e é igual a v ($v_1 = v_2 = v$).

(b) À luz da conservação da massa e do momentum, determine $\dot{m}_1$, $\dot{m}_2$ e a força exercida pelo jato sobre a parede em função de m, v e θ supostos conhecidos.

(Concurso para professor efetivo da Escola Naval-1971)

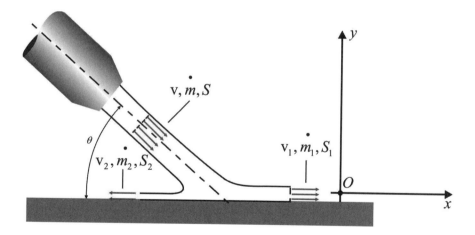

Fig. 10.139 - Problema 10.56

10.57*- Um recipiente aberto contém 15 copos de mate. Abrindo-se a torneira na parte de baixo, gasta-se 12,0 s para encher um copo de mate. Se a torneira permanecer aberta, em quanto tempo se encherão os outros 14 copos e o recipiente ficará vazio? **Sugestão:** considere a velocidade de descida do nível superior do mate como sendo muito menor do que a velocidade de saída do mate pela torneira.

10.58- Determine a intensidade média da corrente elétrica em um condutor, sabendo-se que pela seção transversal do mesmo passam $4,0 \times 10^{14}$ elétrons em 10 s. Adote a carga elementar como sendo $e = 1,6 \times 10^{-19}\, C$.

10.59- Seja uma solução eletrolítica de ácido sulfúrico (H_2SO_4), conforme ilustrado na figura 10.53. Determine a intensidade média da corrente elétrica sabendo-se que temos em movimento $1,0 \times 10^{18}$ íons sulfato (SO_4^{-2}) e $2,0 \times 10^{18}$ íons hidroxônio (H_3O^+) a cada segundo, sabendo-se que a carga elétrica fundamental é dada por $e = 1,6 \times 10^{-19}\, C$.

Obs.: cada íon hidroxônio (H_3O^+) tem uma carga elétrica equivalente à carga de um próton e cada íon sulfato (SO_4^{-2}) tem uma carga correspondente à carga de dois elétrons.

10.60- A intensidade da corrente elétrica em um condutor varia com o tempo de acordo com a figura 10.140. Determine:

(a) a carga elétrica que atravessa uma seção transversal do condutor nos seguintes intervalos: $0 \le t \le 5,0\, s$ e $5,0 \le t \le 10,0\, s$;

(b) a intensidade média da corrente o intervalo $0 \le t \le 10,0\, s$.

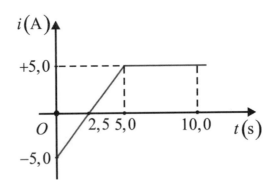

Fig. 10.140 - Problema 10.60

10.61- A intensidade da corrente contínua em um condutor é dada pela seguinte equação: $i = 1,0 + 2,0\, t$, na qual i está expresso em ampères e t em segundos. Determine a carga elétrica que atravessa uma seção transversal do condutor no intervalo $0 \le t \le 3,0\, s$.

10.62- Um condutor de seção transversal uniforme transporta uma corrente de $1,0$ A. Qual é o número de elétrons por segundo atravessando uma seção transversal do mesmo?

10.63- Um condutor de prata, de seção transversal uniforme, com diâmetro $d = 0,10$ cm, transporta uma corrente de $1,0 \times 10^2$ A. Pergunta-se: qual é o valor da velocidade de arrastamento dos elétrons para este condutor? Considere $N_A = 6,02 \times 10^{23}\, mol^{-1}$ (constante ou número de Avogadro = número de átomos ou de moléculas em um mol ou molécula grama de uma substância) e a carga fundamental como sendo $e = 1,6 \times 10^{-19}\, C$, bem como os seguintes valores para a prata:

$$\begin{cases} \mu_{Ag} = 10{,}49\times 10^{3} \text{ kg/m}^{3} \text{ (massa específica ou densidade absoluta)} \\ M_{Ag} = 107{,}870\times 10^{-3} \text{ kg/mol (massa molecular)} \end{cases}$$

10.64- A corrente em um diodo, em função da tensão de placa (tensão de filamento constante), segue a lei de **Child**,

$$i = K V^{3/2} \qquad V$$

na qual K é uma constante que depende das características geométricas dos eletrodos, sendo que para o presente diodo temos $K = 7{,}0\times 10^{-5}\,\Omega^{-1}\text{V}^{-1/2}$.

(a) Construa o gráfico $i\times V$ da função $i = f(V)$ para os valores do intervalo de tensões $0 \leq V \leq 6{,}0\times 10^{2}$ V.

(b) Determine as expressões para as resistências estática e dinâmica do elemento. Quais são os valores dessas grandezas para $V = 2{,}0\times 10^{2}$ V.

(c) Construa o gráfico da razão R_e/R_d em função de V.

10.65- Determine a resistência elétrica entre as superfícies $\phi = 0$ e $\phi = \pi/2$ do quadrante de anel representado na figura 10.141, sabendo-se que a condutividade é dada por $\sigma = 4{,}0\times 10^{7}$ S/m, e o campo elétrico por $\mathbf{E} = \left(-\dfrac{1}{\rho}\right)\mathbf{u}_{\phi}$.

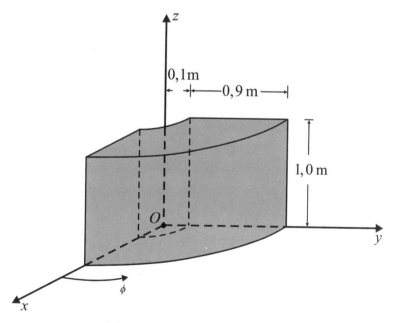

Fig. 10.141 - Problema 10.65

10.66- Determine a corrente máxima permitida em um resistor especificado para os valores nominais 0,10 kΩ e 2,0 W.

10.67- O catodo de um tubo à vácuo emite elétrons a uma taxa constante de $1,0 \times 10^{18}$ elétrons/segundo. Se eles são coletados por um anodo que está a um potencial $1,0 \times 10^2$ V acima do catodo, determine a corrente coletada bem como a potência elétrica dissipada.

10.68- Em um ponto genérico no interior de um condutor onde flui uma corrente contínua e constante, temos as seguintes componentes do vetor densidade de corrente elétrica: $J_x = 3azeJ_y = 2by$. Determine uma expressão genérica para a componente z do vetor em questão.

10.69- Um capacitor de placas planas e paralelas tem uma tensão elétrica em volts dada por $V = (1,0 \times 10^3) \operatorname{sen}(2\pi f t)$, aplicada entre os centros das placas. Desprezando os efeitos de bordas, determine a amplitude da densidade de corrente de deslocamento no vácuo entre as placas, sabendo-se que a distância entre as mesmas é igual a 1,0 mm e que $f = 16$ kHz.

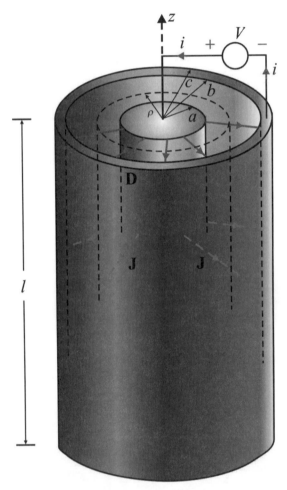

Fig. 10.142 - Problema 10.70

10.70*- O capacitor cilíndrico mostrado na figura 10.142 tem uma tensão alternada $V = V_m \operatorname{sen} \omega t$ aplicada entre suas armaduras, sendo que o comprimento l é muito maior que a diferença $b-a$, o que nos permite desprezar os efeitos de bordas. assumindo $(2\pi c/\omega) \gg l$, em que c é a velocidade da luz no espaço livre (vácuo), podemos considerar a distribuição de campo elétrico entre as armaduras como sendo praticamente estática. A região entre as armaduras é contém um dielétrico perfeito (sem perdas), linear, isotrópico, homogêneo e de permissividade ε.

(A) Determine:

(a) a densidade de corrente de deslocamento entre as armaduras;

(b) a corrente de deslocamento total que atravessa uma superfície cilíndrica de raio ρ, sendo $a < \rho < b$, coaxial com o capacitor;

(B) Mostre que a corrente de deslocamento entre as armaduras é igual em intensidade a corrente de condução nos terminais do capacitor.

10.71- Um capacitor de placas planas e paralelas, conforme ilustrado na figura 10.96, tem uma tensão $V = V_\mathrm{m} \operatorname{sen} \omega t$ aplicada entre os centros das placas.

(A) Sabendo-se que entre as placas existe um dielétrico perfeito (sem perdas), linear, isotrópico homogêneo, de permissividade ε, considerando $d \ll a$, e utilizando coordenadas cilíndricas circulares, determine:

(a) o vetor densidade de corrente de deslocamento;

(b) o vetor intensidade de campo magnético **H**;

(B) Repetir as determinações do item (A) para o caso da tensão entre as placas ser dada por $V = k\,t$.

10.72 *-

(a) Utilizando as equações e expressões apropriadas, conforme indicado em cada caso, obter:

(a-1) $\mathbf{B} = \nabla \times \mathbf{A}$;

(a-2) $\mathbf{E} = -\nabla \Phi - \dfrac{\partial \mathbf{A}}{\partial t}$;

(a-3) $\nabla^2 \Phi - \mu \varepsilon \dfrac{\partial^2 \Phi}{\partial t^2} = -\dfrac{\rho_v}{\varepsilon}$;

(a-4) $\nabla^2 \mathbf{A} - \mu \varepsilon \dfrac{\partial^2 \mathbf{A}}{\partial t^2} = -\mu\,\mathbf{J}$;

(a-5) $\nabla^2 \mathbf{H} - \mu \varepsilon \dfrac{\partial^2 \mathbf{H}}{\partial t^2} = -\nabla \times \mathbf{J}$;

(a-6) $\nabla \cdot \left(\mathbf{E} \times \mathbf{H} \right) = -\dfrac{\partial}{\partial t} \left(\dfrac{1}{2} \mu H^2 + \dfrac{1}{2} \varepsilon E^2 \right) - \dfrac{1}{g} E^2$;

(a-7) $\nabla^2 \mathbf{E} - \mu \varepsilon \dfrac{\partial^2 \mathbf{E}}{\partial t^2} = 0$, assumindo $\mathbf{J} = 0$ e $\rho_v = 0$;

436   **Cálculo e Análise Vetoriais com Aplicações Práticas**

(a-8) $\nabla \times \mathbf{H} = -j\,\mathbf{k} \times \mathbf{H}$, supondo $\mathbf{H} = \mathbf{H}_0\, e^{-j\,\mathbf{k} \cdot \mathbf{r}}$ em que $\mathbf{H}_0$ é um vetor constante, e $\mathbf{r} = x\,\mathbf{u}_x +$
$+\, y\,\mathbf{u}_y + z\,\mathbf{u}_z$ é o vetor posição de um ponto genérico $P(x, y, z)$ do espaço.

(b) Demonstre que os vetores $\mathbf{H}$ e $\mathbf{k}$ do item (a-8) são perpendiculares.

(c) Supondo campos estáticos, quer dizer,

$$\frac{\partial \mathbf{B}}{\partial t} = \frac{\partial \mathbf{D}}{\partial t} = 0$$

reescreva as equações dos itens (a-1) até (a-4).

Dados:

$$\text{Equações de } \mathbf{Maxwell} \rightarrow \begin{cases} \nabla \cdot \mathbf{D} = \rho_v & \textbf{(I)} \\[2mm] \nabla \cdot \mathbf{B} = 0 & \textbf{(II)} \\[2mm] \nabla \times \mathbf{E} = -\dfrac{\partial \mathbf{B}}{\partial t} & \textbf{(III)} \\[4mm] \nabla \times \mathbf{H} = \mathbf{J} + \dfrac{\partial \mathbf{D}}{\partial t} & \textbf{(IV)} \end{cases}$$

$$\text{Equações constitutivas} \rightarrow \begin{cases} \mathbf{D} = \varepsilon\,\mathbf{E} & \textbf{(V)} \\[2mm] \mathbf{B} = \mu\,\mathbf{H} & \textbf{(VI)} \end{cases}$$

$$\text{Lei Vetorial de } \mathbf{Ohm} \rightarrow \mathbf{J} = \sigma\mathbf{E} = \frac{1}{g}\mathbf{E} \qquad \textbf{(VII)}$$

$$\text{Equação de } \mathbf{Lorentz} \rightarrow \mathbf{F} = q\left(\mathbf{E} + \mathbf{v} \times \mathbf{B}\right) \qquad \textbf{(VIII)}$$

$$\text{Calibre de } \mathbf{Lorentz} \rightarrow \nabla \cdot \mathbf{A} = -\mu\varepsilon\frac{\partial \Phi}{\partial t} \qquad \textbf{(IX)}$$

Sugestão: utilize as expressões a seguir a fim de solucionar cada um dos itens.

(a)

(a-1) (II) e (10.39);

(a-2) (III), (10.41) e (a-1);

(a-3) (a-2), (IX), (I) e (V);

(a-4) (IV), (V), (VI), (a-1), (10.35), (a-2) e (IX);

(a-5) (IV), (V), (10.35), (VI), (III) e (II);

(a-6) (9.44), (III), (IV), (VI), (VII) e (V);

(a-7) (III), (10.35), (IV), (VI), (V), (I) e (V);

(a-8) (9.47)

(b) (II), (VI), (a-8), (9.43) e (a-8);

(c) Sendo $\dfrac{\partial \mathbf{B}}{\partial t} = \dfrac{\partial \mathbf{D}}{\partial t} = 0$, não deverão constar variações temporais nas equações.

RESPOSTAS DOS PROBLEMAS

10.1- $\Psi = \oiint_{S} \mathbf{r} \cdot d\mathbf{S} = \iiint_{v} (\nabla \cdot \mathbf{r})\, dv = 60\pi$

10.2-

(a) $\Psi = 2\pi\rho^2 h$

(b) $\dfrac{v}{S_{\text{lateral}}} = \dfrac{\rho}{2}$

(c) $\dfrac{l_{\text{base}}}{S_{\text{base}}} = \dfrac{2}{\rho}$

10.3-

(a) $\iiint_{v} (\nabla \cdot \mathbf{V})\, dv = 24\pi k_{2}$

(b) Porque o campo vetorial apresenta singularidade em $\rho = 0$.

(c) Escolhendo uma superfície cilíndrica de raio a e altura l, coaxial com o eixo z, a fim de excluir a singularidade do campo vetorial, o fluxo passa a ser $6k_{2}\pi\left(4 - a^2\right)$, que converge para $24\,k_{2}\pi$ quando $a \to 0$.

10.4-

(a) $\oiint_{S} \mathbf{V} \cdot d\mathbf{S} = -\pi$ unidades de fluxo

(b) $\iiint_{v} (\nabla \cdot \mathbf{V})\, dv = -\pi$ unidades de fluxo

10.5-

438   **Cálculo e Análise Vetoriais com Aplicações Práticas**

(a) $\oiint_S \nabla\Phi \cdot d\mathbf{S} = N$ unidades de fluxo

(b) $\iiint_v \left[\nabla\cdot(\nabla\Phi) \right] dv = N$ unidades de fluxo

10.6- $\Psi = \oiint_S \mathbf{V}\cdot d\mathbf{S} = \iiint_v (\nabla\cdot\mathbf{V})\, dv = -1188$ unidades de fluxo

10.7-

(a) $\Psi = \oiint_S \mathbf{V}\cdot d\mathbf{S} = 1/6$ unidade de fluxo

(b) $\Psi = \iiint_v (\nabla\cdot\mathbf{V})\, dv = 1/6$ unidade de fluxo

10.8- $10\pi + 16$ unidades de fluxo

10.9- $\Psi = \oiint_S \mathbf{V}\cdot d\mathbf{S} = \iiint_v (\nabla\cdot\mathbf{V})\, dv = 84\pi$

10.10-

(c) 2

10.11- 128/5

10.12- -6

10.13- 60π

10.14-

(a) 2π

(b) O teorema falha, pois as funções $-y/\left(x^2 + y^2\right)$ e $x/\left(x^2 + y^2\right)$, bem como suas derivadas, apresentam descontinuidades no ponto (0,0), e este ponto faz parte da região R delimitada pelo contorno C.

10.15-

(a) 0; **(b)** -1; **(c)** $-\dfrac{3\pi}{2}$; **(d)** $\dfrac{16}{5}$; **(e)** $\dfrac{1}{30}$; **(f)** $\dfrac{8e + 2e\pi^2 - 2\pi^2 - 4e\pi}{4 + \pi^2}$;

(g) $-2\pi a^2$; **(h)** $\dfrac{195\pi}{4}$; **(i)** -160π

10.16- 14/3 unidades de trabalho

10.17- $2\pi + 3\sqrt{3}$ unidades de trabalho

10.18-

(a) -27

(b) O teorema se aplica, pois os pontos A e B, onde existem descontinuidades, não estão na região R delimitada pelos contornos C_1, C_2 e C_3.

10.19- 30π

10.20- 7

10.21- a^2

10.22- $3\pi a^2/2$

10.23- $3a^2/2$

10.24- $3\pi a^2$

10.25- $3\pi a^2/8$

10.26- N

10.27- $\Gamma = \oint_C \mathbf{V} \cdot dl = \iint_S (\nabla \times \mathbf{V}) \cdot d\mathbf{S} = 20\pi$ unidades de circulação

10.28-

(a) $\nabla \times \mathbf{H} = \mathbf{J}$

(b) $\oint_C \mathbf{H} \cdot dl =$ corrente que atravessa a seção reta do condutor

(c) $\oint_C \mathbf{H} \cdot dl = 0,30$ A

(d) Não, pois sendo $\mathbf{J}$ uniforme (não varia com a posição), temos $\nabla \cdot \mathbf{J} = 0$ e não existe produção ou absorção de linhas do campo em questão.

(e) Significaria acúmulo ou neutralização de cargas elétricas nos pontos onde ocorresse produção ou absorção de linhas de campo $\mathbf{J}$.

10.29- $3/2$

10.30- $4b$

10.31- $3/2$

10.32- 6π

10.36-

(b) Os raios luminosos (ou ondas sonoras) emitidos do foco **A**, por exemplo, quando refletidos pela elipse, passarão pelo foco B.

10.37-

$$\mathbf{F} = \mu\, S\, \mathrm{v}_J^2 \left(-\mathbf{u}_x + \mathbf{u}_y \right)$$

10.38- $\left(6 - 2r^{-3/2} - 2r^{-7/3} \right) \mathbf{r}$

10.39- $a = -2$

10.40- O campo deve ser da forma $\mathbf{V} = \left(C/R^3 \right) \mathbf{R} = \left(C/R^2 \right) \mathbf{u}_R$, isto é, devemos ter um campo coulombiano.

10.43-

(a) $\mathbf{A} = z^2 \mathbf{u}_x - 2yz\, \mathbf{u}_y + \nabla \Psi$, sendo Ψ uma função arbitrária.

(b) $\mathbf{A} = \left(e^{y+z} + yz \right) \mathbf{u}_x - \operatorname{sen} z\, \mathbf{u}_y + \nabla \Psi$, sendo Ψ uma função arbitrária.

10.45-

(a) Basta verificar que $\nabla \times \mathbf{F} = 0$.

(b) $\Phi = -x^2 y - xz^3 + C$, em que C é uma constante arbitrária e a unidade do potencial é o joule (J).

(c) 202 J.

10.47-

(a) $\Phi = -\dfrac{GM_\mathrm{T}}{r} + C$, em que C é uma constante arbitrária. Se adotarmos o infinito como sendo referência de potenciais, quer dizer, considerando nulo o potencial do infinito, teremos $C = 0$ e $\Phi = -\dfrac{GM_\mathrm{T}}{r}$.

(b) $\Phi = \dfrac{1}{4\pi\varepsilon_0} \dfrac{q}{r} + C$, em que C é uma constante arbitrária. Se adotarmos o infinito como sendo referência de potenciais, teremos $C = 0$ e $\Phi = \dfrac{1}{4\pi\varepsilon_0} \dfrac{q}{r}$.

10.48- $\Phi = -\dfrac{r^4}{4} + C$, em que C é uma constante arbitrária.

10.50-

(a) Não.

(b) $\mathbf{A} = 3x\,\mathbf{u}_y + (2y - x)\mathbf{u}_z + \nabla\Phi$, em que Φ é uma função escalar arbitrária duas vezes diferenciável, é uma solução possível.

10.51- As superfícies equipotenciais são perpendiculares às linhas do campo de velocidade. Para os trechos retilíneos temos uniforme e as superfícies equipotenciais são equiespaçadas entre si.. Para o trecho de formato circular temos

$$\mathbf{v} = \mathrm{v}_\phi \mathbf{u}_\phi = \frac{C}{\rho}\mathbf{u}_\phi,$$

sendo C uma constante e as superfícies equipotenciais estão situadas ao longo de planos $\phi = $ constante.

10-52- As integrais de superfície que aparecem nos teoremas de **Gauss-Ostrogadsky** e de **Ampère-Stokes** são de naturezas diferentes. A do primeiro teorema se refere a uma superfície fechada enquanto que a do segundo se reporta a uma superfície aberta. Ao igualar as duas, indevidamente, introduziu-se um erro que, ao ser propagado, conduziu ao absurdo de se obter um campo identicamente nulo associado a uma densidade de fontes de circulação não nula.

10.54- Repare que foi dito que na região II temos $\nabla\cdot\mathbf{V} = 0$ e $\nabla\times\mathbf{V} = 0$. Isto pode levar a um raciocínio superficial e errado de que, nesta região, tenhamos um campo vetorial uniforme, do tipo $\mathbf{V} = \mathbf{C}$, em que $\mathbf{C}$ é um vetor que não varia com a posição, podendo, entretanto, variar com o tempo, e assumir, inclusive, valor nulo. Isto é falso! Só seria verdade se o sinal fosse de identidade, ou seja, $\equiv$, significando nulidade em todo o espaço. Consideremos, por exemplo, o campo de uma carga puntiforme. Ele não é, obviamente, uniforme, mas as igualdades acima são verdadeiras em todos os pontos, exceto para aquele onde a carga está situada. Note, também, que não foi dito que o efeito das fontes em uma região não se faça sentir nas outras. Não há, portanto, blindagem! Então, o nosso raciocínio deve ser mais abrangente:

- Região I: Campo solenoidal $\rightarrow \nabla\cdot\mathbf{V} = 0$ em todos os pontos da região e não existe fonte de fluxo em nenhum ponto da mesma (se houvesse teríamos $\nabla\cdot\mathbf{V} \neq 0$), havendo, necessariamente, fonte de circulação.

- Região II: Campo irrotacional e solenoidal $\rightarrow \nabla\cdot\mathbf{V} = 0$ e $\nabla\times\mathbf{V} = 0$ em todos os pontos da região e não existe fonte de fluxo nem fonte de circulação na mesma.

- Região III: Campo irrotacional $\rightarrow \nabla\times\mathbf{V} = 0$ em todos os pontos da região e não existe fonte de circulação nesta região (se houvesse, teríamos $\nabla\times\mathbf{V} \neq 0$), devendo haver, necessariamente, fonte de fluxo.

Sendo a distância d finita e os planos imateriais (não têm existência física real), as linhas de campo podem, eventualmente, atravessar as três regiões. O campo deve ser, no entanto, contínuo em cada plano já que eles são imateriais. A figura 10.143 apresenta o esboço de um campo vetorial do tipo em questão.

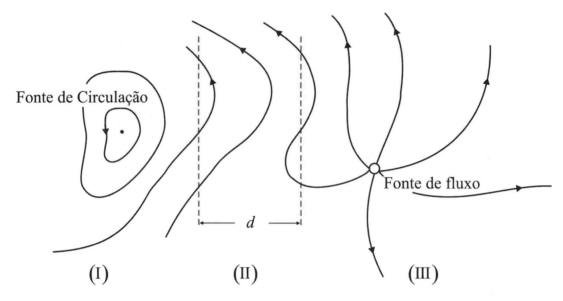

Fig. 10.143- Resposta do problema 10.54

10.55-

(a) $1,3\,\text{m/s}$

(b) $8,0\,\text{kg/s}$

(c) A vazão volumétrica continua a mesma, mas a velocidade aumenta para $5,2\,\text{m/s}$.

10.56-

(b) $\dot{m}_1 = \frac{1}{2}(1+\cos\theta)\dot{m}$; $\dot{m}_2 = \frac{1}{2}(1-\cos\theta)\dot{m}$; a parede exerce sobre o jato uma força $\mathbf{F}$ e o jato exerce uma força $-\mathbf{F} = -\dot{m}\,v\,\text{sen}\,\theta\,\mathbf{u}_y$ sobre a parede.

10.57- 5min 42,0 s

10-58- $6,4\,\mu\text{A}$

10.59- $0,64\,\text{A}$

10.60-

(a) 0; 25 C

(b) 2,5 A

10.61- 12 C

10.62- $6,3 \times 10^{18}$ elétrons

10.63- $1,4 \times 10^{-2}$ m/s $= 1,4$ cm/s $= 14$ mm/s

10.64-

(a) A característica $i \times V$ do elemento é a parábola cúbica que está representada na figura 10.144, que foi traçada com o auxílio dos pontos listados na tabela 10.18, determinados com o auxílio da equação dada $i = K V^{3/2} = 7,0 \times 10^{-5} V^{3/2}$, tendo sido utilizados os seguintes parâmetros para as escalas:

$$\begin{cases} \lambda_V = 20 \, \text{V/mm} \\ e \\ \lambda_i = 0,020 \, \text{A/mm} \end{cases}$$

$i(\text{A})$	0	0,070	0,20	0,36	0,56	0,78	1,0
$h = 3,0 \times 10^2$ m	0	1,0	2,0	3,0	4,0	5,0	6,0

Tab. 10.18

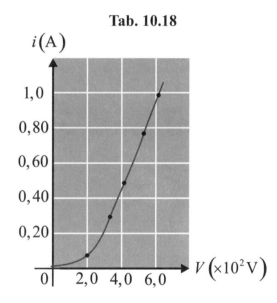

Fig. 10.144 - Resposta do problema 10.64 (a)

(b) $R_e = 1,0 \times 10^3 \, \Omega$ e $R_d = 6,7 \times 10^2 \, \Omega$

(c)

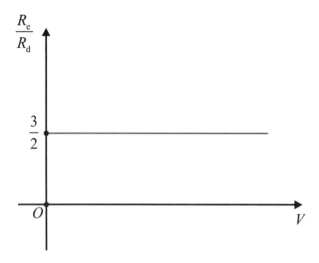

Fig. 10.145 - Resposta do problema 10.64 (c).

10.65- $0,017\,\mu\Omega$

10.66- $1,4\,\text{A}$

10.67- $i = 0,16\,\text{A}$; $P = 16\,\text{W}$

10.68- $J_z = -2\,b\,z + f(x,y)$

10.69- $0,90\,\text{A}/\text{m}^2$

10.70-

(A)

(a) $\mathbf{J}_d = \dfrac{\varepsilon\,\omega V_m \cos\omega t}{\rho \ln\left(\dfrac{b}{a}\right)}\mathbf{u}_\rho$

(b) $i_d = \dfrac{2\pi\varepsilon l \omega\,V_m \cos\omega t}{\ln\left(\dfrac{b}{a}\right)}$

10.71-

(A)

(a) $\mathbf{J}_d = \left(\dfrac{\varepsilon\,\omega V_m}{d}\cos\omega t\right)\mathbf{u}_z$

(b) $\mathbf{H} = \left(\dfrac{\rho\varepsilon\,\omega V_m}{2d}\cos\omega t\right)\mathbf{u}_\phi$

(B)

(a) $\mathbf{J}_d = \dfrac{\varepsilon\,k}{d}\mathbf{u}_z$

(b) $\mathbf{H} = \left(\dfrac{\rho\,\varepsilon\,k}{2d}\right)\mathbf{u}_\phi$

10.72

(c) A expressão (a-1) permanece inalterada e as expressões (a-2), (a-3) e (a-4) assumem,

respectivamente, as formas $\mathbf{E} = -\nabla\Phi$, $\nabla^2\Phi = -\dfrac{\rho_v}{\varepsilon}$ e $\nabla^2\mathbf{A} = -\mu\mathbf{J}$.

CAPÍTULO 11

Coordenadas Curvilíneas Generalizadas

11.1 - Introdução

Até o presente capítulo, nossa abordagem foi em sua totalidade baseada nos sistemas de coordenadas cartesianas retangulares (oferece a vantagem dos vetores unitários do terno fundamental serem constantes), cilíndricas circulares e esféricas. Todavia, frequentemente, é útil empregarmos outros sistemas de coordenadas. Estamos, pois, nos propondo a realizar um estudo mais geral, que vai tratar das coordenadas curvilíneas generalizadas, úteis na solução de problemas que praticamente nunca admitem soluções exatas, e as técnicas de solução aproximadas geralmente envolvem a utilização de sistemas de coordenadas ortogonais.

Mudanças de variáveis em integrais de superfície e de volume feitas, até então, de modo lógico, porém, quase intuitivo e visando simplificações, serão, agora, plenamente justificadas.

11.2 - Definição

A fim de especificar a localização de um ponto no espaço tridimensional, precisamos de três coordenadas u_1, u_2, u_3.

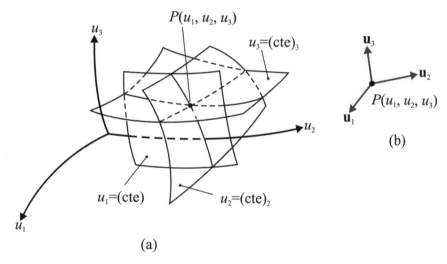

Fig. 11.1

Conforme já visto no capítulo 3, a determinação de um ponto P pode ser feita pela interseção de três superfícies não necessariamente planas. Aliás, tais superfícies não necessitam sequer serem mutuamente ortogonais, conforme ilustrado na figura 11.1, na qual as superfícies $u_1 = (cte)_1$, $u_2 = (cte)_2$ e $u_3 = (cte)_3$ são as superfícies coordenadas genéricas do sistema.

Os vetores unitários do sistema são $\mathbf{u}_1, \mathbf{u}_2, \mathbf{u}_3$. Para este terno fundamental, temos

$$\mathbf{u}_1 \cdot \mathbf{u}_1 = \mathbf{u}_2 \cdot \mathbf{u}_2 = \mathbf{u}_3 \cdot \mathbf{u}_3 = 1 \tag{11.1}$$

$$\mathbf{u}_1 \times \mathbf{u}_1 = \mathbf{u}_2 \times \mathbf{u}_2 = \mathbf{u}_3 \times \mathbf{u}_3 = 0 \tag{11.2}$$

448   **Cálculo e Análise Vetoriais com Aplicações Práticas**

11.3 - Coordenadas Curvilíneas Ortogonais

Se as superfícies coordenadas são mutuamente ortogonais no ponto genérico P, o terno unitário fundamental, satisfaz também às relações

$$\mathbf{u}_1 \cdot \mathbf{u}_2 = \mathbf{u}_2 \cdot \mathbf{u}_3 = \mathbf{u}_3 \cdot \mathbf{u}_1 = 0 \tag{11.3}$$

e

$$\begin{cases} \mathbf{u}_1 \times \mathbf{u}_2 = \mathbf{u}_3; \ \mathbf{u}_2 \times \mathbf{u}_3 = \mathbf{u}_1; \ \mathbf{u}_3 \times \mathbf{u}_1 = \mathbf{u}_2 \\ \mathbf{u}_2 \times \mathbf{u}_1 = -\mathbf{u}_3; \ \mathbf{u}_3 \times \mathbf{u}_2 = -\mathbf{u}_1; \ \mathbf{u}_1 \times \mathbf{u}_3 = -\mathbf{u}_2 \end{cases} \tag{11.4}$$

Se além de ser ortogonal o sistema é dextrógiro, temos também

$$\left(\mathbf{u}_1 \times \mathbf{u}_2 \right) \cdot \mathbf{u}_3 = \left(\mathbf{u}_1 \mathbf{u}_2 \mathbf{u}_3 \right) = +1 \tag{11.5}$$

11.4 - Representação de uma Função em Coordenadas Curvilíneas Generalizadas

11.4.1 - Função Escalar

Em função das três coordenadas u_1, u_2, u_3, temos

$$\Phi = \Phi\left(u_1, u_2, u_3 \right) \tag{11.6}$$

11.4.2 - Função Vetorial

As três componentes das funções vetoriais são funções escalares, de tal forma que

$$\mathbf{V} = V_1\left(u_1, u_2, u_3 \right)\mathbf{u}_1 + V_2\left(u_1, u_2, u_3 \right)\mathbf{u}_2 + V_3\left(u_1, u_2, u_3 \right)\mathbf{u}_3 \tag{11.7}$$

Podemos, inclusive, definir o vetor unitário

$$\mathbf{u}_V = \frac{\mathbf{V}}{\pm |\mathbf{V}|} = \frac{V_1\,\mathbf{u}_1 + V_2\,\mathbf{u}_2 + V_3\,\mathbf{u}_3}{\pm\sqrt{V_1^2 + V_2^2 + V_3^2}} \tag{11.8}$$

11.5 - Coordenadas Curvilíneas Generalizadas e Coordenadas Cartesianas Retangulares

11.5.1 - Introdução

Antes de estabelecermos as relações entre as coordenadas em título temos que tratar, brevemente, de um assunto denominado funções implícitas. Daí advirá o conceito de jacobiano e poderemos, mais adiante, impor a condição de possibilidade de relacionamento entre as citadas variáveis.

11.5.2 - Funções Implícitas

(a) Um Problema Simples

Um exemplo simples de relação fundamental é aquela sob a forma

$$F(x,y) = 0 \tag{11.9}$$

na qual é definido um conjunto de valores reais de y correspondentes a um curto intervalo real de valores de x. Consideremos em particular um par ordenado (x_0, y_0) que satisfaça à equação (11.9), ou seja,

$$F(x_0, y_0) = 0,$$

e representa a totalidade de valores de y correspondentes a um dado intervalo de valores de x, nas vizinhanças de $x = x_0$, de tal forma que $y = f(x)$. Temos, pois, uma questão de interesse prático: sob que condições podemos obter uma solução para (11.9) em termos de x e nas vizinhanças de (x_0, y_0)?

Se a função $y = f(x)$ puder ser expandida em série de **Taylor** nas vizinhanças de $x = x_0$, teremos

$$y = f(x) = f(x_0) + f'(x_0)(x - x_0) + \ldots + \frac{f^k(x_0)}{k!}(x - x_0)^k + \ldots \tag{11.10}$$

em que os coeficientes

$$\frac{f^k(x_0)}{k!}(k = 1, 2, \ldots) \tag{11.11}$$

podem ser calculados, a partir de (11.9), por meio da regra de derivação para funções implícitas. A derivação de (11.9) com relação a x conduz a

$$\frac{\partial F}{\partial x} + \frac{\partial F}{\partial y}\frac{dy}{dx} = 0$$

Se $\dfrac{\partial F}{\partial y} = F_y \neq 0$, no ponto (x_0, y_0), então,

$$\left(\frac{dy}{dx}\right)_{x=x_0} = f'(x_0) = -\frac{F_x(x_0, y_0)}{F_y(x_0, y_0)}$$

O valor de $f''(x_0)$ pode ser calculado a partir da fórmula

$$\frac{dy}{dx} = -\frac{F_x(x,y)}{F_y(x,y)} \tag{11.12}$$

o que implica em que F_y não deve se anular nas vizinhanças de (x_0, y_0). Assim sendo,

450   **Cálculo e Análise Vetoriais com Aplicações Práticas**

$$\frac{d^2y}{dx^2} = -\frac{F_y\left(F_{xx}+F_{xy}\dfrac{dy}{dx}\right)-F_x\left(F_{yx}+F_{yy}\dfrac{dy}{dx}\right)}{F_y^{\,2}}$$

e utilizando (11.12),

$$\frac{d^2y}{dx^2} = -\frac{F_y^{\,2}F_{xx}-2F_xF_yF_{xy}+F_x^{\,2}F_{yy}}{F_y^{\,3}} \tag{11.13}$$

o que evidencia que a ordem de derivação é irrelevante.

A fórmula (11.13) pode ser usada para calcular a derivada $f''(x_0)$ que aparece em (11.11), uma vez que os valores das derivadas parciais segundas no ponto (x_0, y_0) podem ser calculadas a partir da função $F(x,y)$. O valor de $f''(x_0)$ pode ser calculado com a ajuda de (11.13), e assim por diante. Desse modo podemos construir a solução de (11.9) para y, nas vizinhanças de (x_0, y_0), na forma de (11.11). No entanto, o principal ponto desta discussão é evidenciar a necessidade de $F_y(x,y)$ não se anular nas cercanias do ponto (x_0, y_0).

EXEMPLO 11.1

Obter a solução da equação $x^2 + y^2 - 5 = 0$, do tipo $y = f(x)$, nas vizinhanças do ponto $P(2,1)$, utilizando:

(a) Álgebra elementar;

(b) expansão em série de **Taylor**.

SOLUÇÃO:

(a)

Temos

$$x^2 + y^2 = 5 \rightarrow y = \sqrt{5-x^2}$$

(b)

Derivando a equação $x^2 + y^2 = 5$, vem

$$2x + 2y\frac{dy}{dx} = 0$$

Assim sendo,

$$\frac{dy}{dx} = -\frac{x}{y}$$

Derivando novamente,

$$\frac{d^2 y}{dx^2} = -\frac{y - y'x}{y^2} = -\frac{x^2 + y^2}{y^3}$$

Derivando mais uma vez,

$$\frac{d^3 y}{dx^3} = -\frac{2y^4 y' + 2xy^3 - 3y^2 y' \left(x^2 + y^2\right)}{y^6} = -\frac{3x \left(x^2 + y^2\right)}{y^5}$$

É claro que o processo de derivação sucessiva pode ser levado adiante tantas vezes quantas forem desejadas. Substituindo $x = 2$ e $y = 1$ nas expressões das derivadas, obtemos

$$\begin{cases} f'(2) = -2 \\ f''(2) = -5 \\ f'''(2) = -30 \end{cases}$$

de tal sorte que a equação (11.11) assume a forma

$$y = 1 - 2(x-2) - \frac{5}{2!}(x-2)^2 - \frac{30}{3!}(x-2)^3 + \dots$$

(b) Generalização do Problema Simples

A discussão anterior pode ser generalizada de duas maneiras:

1ª) Um número maior de variáveis pode ser introduzido na relação funcional (11.9).

2ª) O número de funções pode também ser aumentado.

Como um exemplo de generalização do primeiro modo, vamos considerar uma função da forma

$$F(x, y, z) = 0 \tag{11.14}$$

Considerando também que para um certo conjunto de valores de x e de y nas proximidades do ponto (x_0, y_0) a equação (11.14) define uma função z tal que,

$$z = f(x, y) \tag{11.15}$$

É evidente que (11.15) é uma solução de (11.14), quer dizer,

$$F(x_0, y_0, z_0) \equiv 0$$

Assumindo que $z = f(x, y)$ possa ser desenvolvida em série de **Taylor** nas vizinhanças do ponto

$\left(x_0, y_0\right)$, podemos expressar

$$z = f\left(x_0, y_0\right) + \left(\frac{\partial f}{\partial x}\right)\Bigg|_{\left(x_0, y_0\right)} \left(x - x_0\right) + \left(\frac{\partial f}{\partial y}\right)\Bigg|_{\left(x_0, y_0\right)} \left(y - y_0\right) + \dots \qquad \textbf{(11.16)}$$

As derivadas parciais podem ser calculadas a partir de (11.14), isto é,

$$dF = \frac{\partial F}{\partial x}dx + \frac{\partial F}{\partial y}dy + \frac{\partial F}{\partial z}dz = 0$$

e uma vez que x e y são consideradas variáveis independentes, segue-se

$$\begin{cases} \dfrac{\partial z}{\partial x} = -\dfrac{\dfrac{\partial F}{\partial x}}{\dfrac{\partial F}{\partial z}}; & \dfrac{\partial z}{\partial y} = -\dfrac{\dfrac{\partial F}{\partial y}}{\dfrac{\partial F}{\partial z}} \end{cases} \qquad \textbf{(11.17)}$$

a menos que $\partial F/\partial z$ se anule nas vizinhanças de $\left(x_0, y_0, z_0\right)$.

A substituição de $x = x_0, y = y_0$ e $z = z_0$ em (11.17) nos conduz aos coeficientes dos termos lineares de (11.16).

Os coeficientes das potências superiores de $x - x_0$ e $y - y_0$ podem ser sucessivamente calculados com o emprego das fórmulas do grupo (11.17). O sucesso do método depende da derivada $\partial F/\partial z$ não se anular nas vizinhanças do ponto $\left(x_0, y_0, z_0\right)$.

Como um exemplo de generalização do segundo tipo consideremos o par de equações

$$\begin{cases} F\left(x, y, u_1, u_2\right) = 0 \\ G\left(x, y, u_1, u_2\right) = 0 \end{cases} \qquad \textbf{(11.18)}$$

que relacionam as quatro variáveis x, y, u_1 e u_2. Vamos também considerar que exista um conjunto de quatro números reais $\left(x_0, y_0, u_{1_0}, u_{2_0}\right)$, de tal forma que

$$\begin{cases} F\left(x_0, y_0, u_{1_0}, u_{2_0}\right) = 0 \\ G\left(x_0, y_0, u_{1_0}, u_{2_0}\right) = 0 \end{cases}$$

Além do mais, vamos assumir que as equações do grupo (11.18) possam ser resolvidas nas imediações do ponto $\left(x_0, y_0, u_{1_0}, u_{2_0}\right)$, de tal modo que

$$\begin{cases} u_1 = f\left(x, y\right) \\ u_2 = g\left(x, y\right) \end{cases} \qquad \textbf{(11.19)}$$

o que implica

$$\begin{cases} u_{1_0} = f\left(x_0, y_0\right) \\ u_{2_0} = g\left(x_0, y_0\right) \end{cases}$$

Se as funções $f(x,y)$ e $g(x,y)$ admitirem expansões em série, teremos

$$\begin{cases} u_1 = f(x_0, y_0) + \left(\dfrac{\partial f}{\partial x}\right)_{(x_0,y_0)} (x - x_0) + \left(\dfrac{\partial f}{\partial y}\right)_{(x_0,y_0)} (y - y_0) + ... \\[4mm] u_2 = g(x_0, y_0) + \left(\dfrac{\partial g}{\partial x}\right)_{(x_0,y_0)} (x - x_0) + \left(\dfrac{\partial g}{\partial y}\right)_{(x_0,y_0)} (y - y_0) + ... \end{cases} \tag{11.20}$$

Os valores das funções $f(x_0, y_0)$ e $g(x_0, y_0)$ são conhecidos, e os coeficientes de $x - x_0$ e $y - y_0$ podem ser calculados pela derivação da equação (11.18), onde u_1 e u_2 são entendidas como funções das variáveis independentes x e y. Assim, diferenciando as equações do grupo (11.18) com relação a x, obtemos

$$\begin{cases} \dfrac{\partial F}{\partial x} + \dfrac{\partial F}{\partial u_1} \dfrac{\partial u_1}{\partial x} + \dfrac{\partial F}{\partial u_2} \dfrac{\partial u_2}{\partial x} = 0 \\[4mm] \dfrac{\partial G}{\partial x} + \dfrac{\partial G}{\partial u_2} \dfrac{\partial u_2}{\partial x} + \dfrac{\partial G}{\partial u_2} \dfrac{\partial u_2}{\partial x} = 0 \end{cases}$$

Resolvendo o sistema de equações para $\partial u_1 / \partial x$ e $\partial u_2 / \partial x$ pela regra de **Cramer**[1], temos

$$\begin{cases} \dfrac{\partial u_1}{\partial x} = - \dfrac{\begin{vmatrix} \dfrac{\partial F}{\partial x} & \dfrac{\partial F}{\partial u_2} \\[3mm] \dfrac{\partial G}{\partial x} & \dfrac{\partial G}{\partial u_2} \end{vmatrix}}{\begin{vmatrix} \dfrac{\partial F}{\partial u_1} & \dfrac{\partial F}{\partial u_2} \\[3mm] \dfrac{\partial G}{\partial u_1} & \dfrac{\partial G}{\partial u_2} \end{vmatrix}} ; \quad \dfrac{\partial u_2}{\partial x} = - \dfrac{\begin{vmatrix} \dfrac{\partial F}{\partial u_1} & \dfrac{\partial F}{\partial x} \\[3mm] \dfrac{\partial G}{\partial u_1} & \dfrac{\partial G}{\partial x} \end{vmatrix}}{\begin{vmatrix} \dfrac{\partial F}{\partial u_1} & \dfrac{\partial F}{\partial u_2} \\[3mm] \dfrac{\partial G}{\partial u_1} & \dfrac{\partial G}{\partial u_2} \end{vmatrix}} \end{cases} \tag{11.21}$$

Então, se o denominador

$$J = \begin{vmatrix} \dfrac{\partial F}{\partial u_1} & \dfrac{\partial F}{\partial u_2} \\[3mm] \dfrac{\partial G}{\partial u_1} & \dfrac{\partial G}{\partial u_2} \end{vmatrix} \tag{11.22}$$

---

[1] **Cramer [Gabriel Cramer (1704-1752)]** - matemático suíço que foi professor da Universidade de Genebra, membro da Academia de Berlim e da London Royal Society. Dedicou especial atenção à Teoria das Curvas. Sua obra mais importante foi Introdução à Análise das Curvas Algébricas, publicada em 1750. Ocupou-se também da origem, da forma e dos movimentos dos planetas. É famosa a regra que permite a resolução dos sistemas de equações lineares que tem o seu nome, a regra de **Cramer**.

454   **Cálculo e Análise Vetoriais com Aplicações Práticas**

não se anular para o conjunto $\left(x_0, y_0, u_{1_0}, u_{2_0}\right)$, os valores de

$$\left(\frac{\partial u_1}{\partial x}\right)_{(x_0,y_0)} = \left(\frac{\partial f}{\partial x}\right)_{(x_0,y_0)} \quad \text{e} \quad \left(\frac{\partial u_2}{\partial x}\right)_{(x_0,y_0)} = \left(\frac{\partial g}{\partial x}\right)_{(x_0,y_0)}$$

podem ser calculados e partir do grupo (11.21).

Similarmente, a derivação das equações do grupo (11.18) em relação à veriável y conduzem às fórmulas para $\partial u_1/\partial y$ e $\partial u_2/\partial y$, análogas as do grupo (11.21) e tendo o mesmo determinante (11.22) no denominador.

O coeficientes das potenciais mais elevadas de $x - x_0$ e $y - y_0$ em (11.20) podem ser calculados com a ajuda das expressões para as derivadas parciais primeiras.

É claro que o sucesso do processo depende de que o determinante (11.22) não se anule nas vizinhanças de $\left(x_0, y_0, u_{1_0}, u_{2_0}\right)$.

Uma consideração similar, relativa ao grupo de três equações

$$\begin{cases} F\left(x, y, z, u_1, u_2, u_3\right) = 0 \\ G\left(x, y, z, u_1, u_2, u_3\right) = 0 \\ H\left(x, y, z, u_1, u_2, u_3\right) = 0 \end{cases} \tag{11.23}$$

mostra que o determinante

$$J = \begin{vmatrix} \dfrac{\partial F}{\partial u_1} & \dfrac{\partial F}{\partial u_2} & \dfrac{\partial F}{\partial u_3} \\[2mm] \dfrac{\partial G}{\partial u_1} & \dfrac{\partial G}{\partial u_2} & \dfrac{\partial G}{\partial u_3} \\[2mm] \dfrac{\partial H}{\partial u_1} & \dfrac{\partial H}{\partial u_2} & \dfrac{\partial H}{\partial u_3} \end{vmatrix} \tag{11.24}$$

segue a mesma regra no problema de resolver (11.23) para u_1, u_2, u_3 em termos de x, y, z, como (11.22) o fez para o caso mais simples.

Os determinantes apresentados em (11.22) e (11.24) são chamados de jacobianos[2], e são fundamentais para diversas investigações do presente capítulo.

(c) Transformação Inversa

Há uma variante da relação funcional (11.18) que é muito comum em coordenadas curvilíneas. Tratam-se das formas

$$\begin{cases} x = x\left(u_1, u_2\right) \\ y = y\left(u_1, u_2\right) \end{cases} \tag{11.25}$$

---

[2] Nome dado em homenagem ao matemático alemão **Carl Gustav Jacob Jacobi**.

entendidas como as equações de transformação que estabelecem as relações entre um conjunto de pontos de uma certa região do plano xy com um conjunto de pontos correspondentes em um plano $u_1\, u_2$. É claro que se considera uma correspondência biunívoca entre os pontos nos dois planos. Desejamos, pois, a transformação inversa, a saber

$$\begin{cases} u_1 = u_1(x, y) \\ u_2 = u_2(x, y) \end{cases}$$
(11.26)

As equações do grupo (11.25) podem ser postas sob a forma (11.18) escrevendo-as como

$$\begin{cases} F(x, y, u_1, u_2) = x(u_1, u_2) - x = 0 \\ G(x, y, u_1, u_2) = y(u_1, u_2) - y = 0 \end{cases}$$

Então, se o esquema anteriormente traçado for seguido para a obtenção da transformação inversa, é necessário que o determinante

$$J = \begin{vmatrix} \dfrac{\partial x}{\partial u_1} & \dfrac{\partial x}{\partial u_2} \\ \dfrac{\partial y}{\partial u_2} & \dfrac{\partial y}{\partial u_2} \end{vmatrix}$$
(11.27)

não se anule. Evidentemente que orientações similares se aplicam a um conjunto de n equações de transformação, do tipo

$$\begin{cases} x_1 = x_1(u_1, u_2, ..., u_n) \\ x_2 = x_2(u_1, u_2, ..., u_n) \\ .... \\ x_n = x_n(u_1, u_2, ..., u_n) \end{cases}$$
(11.28)

e as equações de transformações inversas

$$\begin{cases} u_1 = u_1(x_1, x_2, ..., x_n) \\ u_2 = u_2(x_1, x_2, ..., x_n) \\ .... \\ u_n = u_n(x_1, x_2, ..., x_n) \end{cases}$$
(11.29)

que nos levam a considerar o determinante seguinte, e a sua consequente não anulação, a fim de que as transformações inversas sejam admissíveis.

456   **Cálculo e Análise Vetoriais com Aplicações Práticas**

$$J = \begin{vmatrix} \dfrac{\partial x_1}{\partial u_1} & \dfrac{\partial x_1}{\partial u_2} & \cdots\cdots & \dfrac{\partial x_1}{\partial u_n} \\[2mm] \dfrac{\partial x_2}{\partial u_1} & \dfrac{\partial x_2}{\partial u_2} & \cdots\cdots & \dfrac{\partial x_2}{\partial u_n} \\[2mm] \cdots\cdots\cdots\cdots\cdots\cdots \\[2mm] \dfrac{\partial x_n}{\partial u_1} & \dfrac{\partial x_n}{\partial u_2} & \cdots\cdots & \dfrac{\partial x_n}{\partial u_n} \end{vmatrix} \tag{11.30}$$

11.5.3 - Relações entre Coordenadas Curvilíneas Generalizadas e Coordenadas Cartesianas Retangulares

Consideremos um ponto P do espaço tridimensional cujas coordenadas cartesianas retangulares são (x, y, z) e as coordenadas curvilíneas generalizadas (u_1, u_2, u_3), conforme apresentado na figura 11.1. Vamos estabelecer as condições para que possamos relacionar as coordenadas curvilíneas com as coordenadas cartesianas retangulares e vice-versa. Temos as relações

$$x = x(u_1, u_2, u_3); \; y = y(u_1, u_2, u_3); \; z = z(u_1, u_2, u_3) \tag{11.31}$$

e

$$u_1 = u_1(x, y, z); \; u_2 = u_2(x, y, z); \; u_3 = u_3(x, y, z) \tag{11.32}$$

Ficamos, pois, com duas classes de problemas:

1ª) Dado o conjunto (11.31) queremos saber se é possível instituir um conjunto da forma (11.32).

2ª) Dado o conjunto (11.32) queremos saber se é possível instituir um conjunto da forma (11.31).

Face ao que já analisamos anteriormente, podemos afirmar que para a solução do primeiro problema é necessário que o determinante funcional[3]

$$J\left(\frac{x, y, z}{u_1, u_2, u_3} \right) = \begin{vmatrix} \dfrac{\partial x}{\partial u_1} & \dfrac{\partial x}{\partial u_2} & \dfrac{\partial x}{\partial u_3} \\[2mm] \dfrac{\partial y}{\partial u_1} & \dfrac{\partial y}{\partial u_2} & \dfrac{\partial y}{\partial u_3} \\[2mm] \dfrac{\partial z}{\partial u_1} & \dfrac{\partial z}{\partial u_2} & \dfrac{\partial z}{\partial u_3} \end{vmatrix} \tag{11.33}$$

---

3 Alguns autores utilizam também a notação $\dfrac{\partial(x, y, z)}{\partial(u_1, u_2, u_3)}$.

seja não nulo. Com relação ao segundo problema, devemos ter o jacobiano

$$J\left(\frac{u_1,u_2,u_3}{x,y,z}\right)=\begin{vmatrix}\frac{\partial u_1}{\partial x} & \frac{\partial u_1}{\partial y} & \frac{\partial u_1}{\partial z} \\ \frac{\partial u_2}{\partial x} & \frac{\partial u_2}{\partial y} & \frac{\partial u_2}{\partial z} \\ \frac{\partial u_3}{\partial x} & \frac{\partial u_3}{\partial y} & \frac{\partial u_3}{\partial z}\end{vmatrix} \quad (11.34)$$

também diferente de zero. Não é, inclusive, difícil provar[4] que

$$\left[J\left(\frac{x,y,z}{u_1,u_2,u_3}\right)\right]\left[J\left(\frac{u_1,u_2,u_3}{x,y,z}\right)\right]=1 \quad (11.35)$$

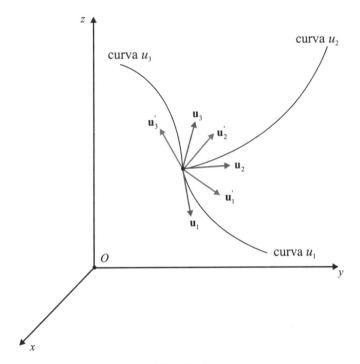

Fig. 11.2

Com relação às superfícies coordenadas, já definidas na seção 11.2, elas são obtidas, no sistema cartesiano ertangular fazendo-se as coordenadas iguais a uma constante genérica. Por exemplo, se C_1, C_2 e C_3 são constantes, então, as três famílias de superfícies são

$$u_1(x,y,z)=C_1;\ u_2(x,y,z)=C_2;\ u_3(x,y,z)=C_3 \quad (11.36)$$

Assim, se u_2 e u_3 são constantes, o conjunto (11.32) representa a curva u_1; similarmente temos curvas u_2 e u_3, e as três são as curvas coordenadas. Visto que as mes-mas não são, geralmente, linhas retas, conforme como no sistema cartesiano retangular, tais sistemas são denominados sistemas de

---
[4] Vide referência bibliográfica n° 24, página 205, listada no anexo 15 deste livro.

458   **Cálculo e Análise Vetoriais com Aplicações Práticas**

coordenadas curvilíneas.

Sejam pois as curvas u_1, u_2, u_3 e os dois conjuntos de vetores fundamentais a seguir:

1°) $\mathbf{u}_1', \mathbf{u}_2', \mathbf{u}_3'$ tangentes às curvas coordenadas que passam pelo ponto P.

2°) $\mathbf{u}_1, \mathbf{u}_2, \mathbf{u}_3$ normais às superfícies coordenadas que passam pelo ponto P.

Os dois ternos fundamentais se acham representados na figura 11.2..

EXEMPLO 11.2

Verificar se o sistema de equações

$$\begin{cases} u_1 = x\,\mathrm{sen}\,z \\ u_2 = x\cos z \\ u_3 = x\,y\,z \end{cases}$$

pode ser explicitado em x, y, z, como funções de u_1, u_2, u_3, **(a)** em todo o espaço; **(b)** no primeiro octante.

SOLUÇÃO:

Para que seja admissível a transformação inversa devemos ter, em acordância com a expressão (11.34),

$$J\left(\frac{u_1, u_2, u_3}{x, y, z}\right) = \begin{vmatrix} \dfrac{\partial u_1}{\partial x} & \dfrac{\partial u_1}{\partial y} & \dfrac{\partial u_1}{\partial z} \\[2mm] \dfrac{\partial u_2}{\partial x} & \dfrac{\partial u_2}{\partial y} & \dfrac{\partial u_2}{\partial z} \\[2mm] \dfrac{\partial u_3}{\partial x} & \dfrac{\partial u_3}{\partial y} & \dfrac{\partial u_3}{\partial z} \end{vmatrix} \neq 0$$

Deste modo, temos

$$J\left(\frac{u_1, u_2, u_3}{x, y, z}\right) = \begin{vmatrix} \mathrm{sen}\,z & 0 & x\cos z \\ \cos z & 0 & -x\,\mathrm{sen}\,z \\ yz & xz & xy \end{vmatrix} = x^2 z$$

Assim sendo, o sistema não é inversível em todo o espaço, uma vez que, na origem $\left(x = y = z = 0\right)$, por exemplo, temos $J = 0$. No eixo $y\left(x = 0\right)$, como segundo exemplo, também temos $J = 0$. Ao longo do plano $xy\left(z = 0\right)$, como terceiro exemplo, também ficamos com $J = 0$. No primeiro octante, os pontos têm as três coordenadas positivas, ou seja, temos $0 < x < +\infty$, $0 < y < +\infty$, $0 < z < +\infty$, de modo que $J \neq 0$ e o sistema é inversível.

Coordenadas Curvilíneas Generalizadas 459

EXEMPLO 11.3

(a) Verificar se o sistema de equações

$$\begin{cases} x = u + v \\ y = 3u + 2v \end{cases}$$

pode ser explicitado em u e v como funções de x e y em todo o plano xy. **(b)** Em caso afirmativo, faça a inversão do sistema.

SOLUÇÃO:

(a)

Para que seja admissível a transformação inversa devemos ter, em acordância com a expressão (11.33),

$$J\left(\frac{x, y}{u, v}\right) = \begin{vmatrix} \dfrac{\partial x}{\partial u} & \dfrac{\partial x}{\partial v} \\ \dfrac{\partial y}{\partial u} & \dfrac{\partial y}{\partial v} \end{vmatrix} = \begin{vmatrix} 1 & 1 \\ 3 & 2 \end{vmatrix} = 2 - 3 = -1 \neq 0$$

e o sistema é inversível em todo o plano xy.

(b)

Coloquemos o sistema sob a forma

$$\begin{cases} u + v = x \\ 3u + 2v = y \end{cases}$$

Pela regra de **Cramer**, temos

$$u = \frac{\Delta u}{\Delta} = \frac{\begin{vmatrix} x & 1 \\ y & 2 \end{vmatrix}}{\begin{vmatrix} 1 & 1 \\ 3 & 2 \end{vmatrix}} = \frac{2x - y}{-1} = -2x + y$$

e

$$v = \frac{\Delta v}{\Delta} = \frac{\begin{vmatrix} 1 & x \\ 3 & y \end{vmatrix}}{\begin{vmatrix} 1 & 1 \\ 3 & 2 \end{vmatrix}} = \frac{y - 3x}{-1} = 3x - y$$

460 **Cálculo e Análise Vetoriais com Aplicações Práticas**

o que nos leva a

$$\begin{cases} u = -2x + y \\ v = 3x - y \end{cases}$$

EXEMPLO 11.4 *

Dado o sistema de equações

$$\begin{cases} u^2 - v^2 + 2x = 0 \\ uv - y = 0 \end{cases}$$

determine $\dfrac{\partial^2 u}{\partial x^2}$.

SOLUÇÃO:

Derivando parcialmente a primeira equação do sistema com relação a x, temos

$$2u \frac{\partial u}{\partial x} - 2v \frac{\partial v}{\partial x} + 2 = 0$$

Derivando parcialmente a segunda equação do sistema com relação a x, obtemos

$$\frac{\partial u}{\partial x} v + u \frac{\partial v}{\partial x} = 0$$

Podemos, agora, montar o sistema

$$\begin{cases} u \dfrac{\partial u}{\partial x} - v \dfrac{\partial v}{\partial x} = -1 \\ v \dfrac{\partial u}{\partial x} + u \dfrac{\partial v}{\partial x} = 0 \end{cases}$$

Pela regra de **Cramer**, vem

$$\frac{\partial u}{\partial x} = \frac{\begin{vmatrix} -1 & -v \\ 0 & u \end{vmatrix}}{\begin{vmatrix} u & -v \\ v & u \end{vmatrix}} = -\frac{u}{u^2 + v^2}$$

e

$$\frac{\partial v}{\partial x} = \frac{\begin{vmatrix} u & -1 \\ v & 0 \end{vmatrix}}{\begin{vmatrix} u & -v \\ v & u \end{vmatrix}} = \frac{v}{u^2 + v^2}$$

Derivando parcialmente com relação a x o primeiro destes resultados, segue-se

$$\frac{\partial^2 u}{\partial x^2} = \frac{-\dfrac{\partial u}{\partial x}\left(u^2 + v^2\right) + u\left(2u\dfrac{\partial u}{\partial x} + 2v\dfrac{\partial v}{\partial x}\right)}{\left(u^2 + v^2\right)^2} = \frac{-\dfrac{\partial u}{\partial x}\left(u^2 + v^2\right) + 2u^2\dfrac{\partial u}{\partial x} + 2uv\dfrac{\partial v}{\partial x}}{\left(u^2 + v^2\right)^2} =$$

$$= \frac{\left(\dfrac{u}{u^2 + v^2}\right)\left(u^2 + v^2\right) + 2u^2\left(-\dfrac{u}{u^2 + v^2}\right) + 2uv\left(\dfrac{v}{u^2 + v^2}\right)}{\left(u^2 + v^2\right)^2} = \frac{u^3 + uv^2 - 2u^3 + 2uv^2}{\left(u^2 + v^2\right)^3} =$$

$$= \frac{u^3 + uv^2 - 2u^3 + 2uv^2}{\left(u^2 + v^2\right)^3} = \frac{3uv^2 - u^3}{\left(u^2 + v^2\right)^3} = \frac{3u\left(v^2 - u^2\right)}{\left(u^2 + v^2\right)^3}$$

EXEMPLO 11.5

Sendo $w = uv$ e

$$\begin{cases} u^2 + v + x = 0 \\ v^2 - u - y = 0 \end{cases}$$

determine $\partial w / \partial x$ e $\partial w / \partial y$.

SOLUÇÃO:

Derivando parcialmente a primeira equação com relação a x, vem

$$\frac{\partial w}{\partial x} = \frac{\partial u}{\partial x}v + u\frac{\partial v}{\partial x} \tag{i}$$

Derivando parcialmente a segunda equação do sistema com relação a x, obtemos

$$2u\frac{\partial u}{\partial x} + \frac{\partial v}{\partial x} + 1 = 0$$

Derivando parcialmente a terceira equação do sistema com relação a x, temos

462   **Cálculo e Análise Vetoriais com Aplicações Práticas**

$$2v\frac{\partial v}{\partial x} - \frac{\partial u}{\partial x} = 0$$

Podemos, pois, montar o sistema

$$\begin{cases} 2u\dfrac{\partial u}{\partial x} + \dfrac{\partial v}{\partial x} = -1 \\[3mm] -\dfrac{\partial u}{\partial x} + 2v\dfrac{\partial v}{\partial x} = 0 \end{cases}$$

Pela regra de **Cramer**, temos

$$\frac{\partial u}{\partial x} = \frac{\begin{vmatrix} -1 & 1 \\ 0 & 2v \end{vmatrix}}{\begin{vmatrix} 2u & 1 \\ -1 & 2v \end{vmatrix}} = -\frac{2v}{4uv+1} = -\frac{2v}{1+4uv} \tag{ii}$$

e

$$\frac{\partial v}{\partial x} = \frac{\begin{vmatrix} 2u & -1 \\ -1 & 0 \end{vmatrix}}{\begin{vmatrix} 2u & 1 \\ -1 & 2v \end{vmatrix}} = -\frac{1}{4uv+1} = -\frac{1}{1+4uv} \tag{iii}$$

Substituindo (ii) e (iii) em (i), resulta

$$\frac{\partial w}{\partial x} = \left(-\frac{2v}{1+4uv}\right)v + u\left(-\frac{1}{1+4uv}\right) = -\frac{u+2v^2}{1+4uv}$$

Derivando parcialmente a primeira equação com relação a y, segue-se

$$\frac{\partial w}{\partial y} = \frac{\partial u}{\partial y}v + u\frac{\partial v}{\partial y} \tag{iv}$$

Derivando parcialmente a segunda equação do sistema com relação a y, obtemos

$$2u\frac{\partial u}{\partial y} + \frac{\partial v}{\partial y} = 0$$

Derivando parcialmente a terceira equação do sistema com relação a y, temos

$$2v\frac{\partial v}{\partial y} - \frac{\partial u}{\partial y} - 1 = 0$$

Podemos, então, montar o sistema

$$\begin{cases} 2u\dfrac{\partial u}{\partial y} + \dfrac{\partial v}{\partial y} = 0 \\[3mm] -\dfrac{\partial u}{\partial x} + 2v\dfrac{\partial v}{\partial x} = 1 \end{cases}$$

Pela regra de **Cramer**, temos

$$\frac{\partial u}{\partial y} = \frac{\begin{vmatrix} 0 & 1 \\ 1 & 2v \end{vmatrix}}{\begin{vmatrix} 2u & 1 \\ -1 & 2v \end{vmatrix}} = -\frac{1}{4uv+1} = -\frac{1}{1+4uv} \tag{v}$$

e

$$\frac{\partial v}{\partial y} = \frac{\begin{vmatrix} 2u & 0 \\ -1 & 1 \end{vmatrix}}{\begin{vmatrix} 2u & 1 \\ -1 & 2v \end{vmatrix}} = \frac{2u}{4uv+1} = \frac{2u}{1+4uv} \tag{vi}$$

Substituindo (v) e (vi) em (iv), resulta

$$\frac{\partial w}{\partial y} = \left(-\frac{1}{1+4uv}\right)v + u\left(\frac{2u}{1+4uv}\right) = \frac{2u^2 - v}{1+4uv}$$

EXEMPLO 11.6 *

Sendo

$$\begin{cases} x = \rho\cos\phi \\ y = \rho\,\text{sen}\,\phi \end{cases}$$

(a) Determine $\dfrac{\partial \rho}{\partial x}$, $\dfrac{\partial \theta}{\partial x}$, $\dfrac{\partial \rho}{\partial y}$ e $\dfrac{\partial \theta}{\partial y}$.

(b) Mostre que para uma função $f(\rho,\phi)$, temos $\dfrac{\partial^2 f}{\partial x\,\partial y} = \dfrac{\partial^2 f}{\partial y\,\partial x}$.

464   **Cálculo e Análise Vetoriais com Aplicações Práticas**

SOLUÇÃO:

(a)

Derivando parcialmente a primeira equação com relação a x, vem

$$1 = \frac{\partial \rho}{\partial x}\cos\phi + \rho\left(-\text{sen }\phi\right)\frac{\partial \phi}{\partial x}$$

Derivando parcialmente a segunda equação com relação a x, temos

$$0 = \frac{\partial \rho}{\partial x}\text{sen }\phi + \rho\cos\phi\frac{\partial \phi}{\partial x}$$

Podemos, em consequência, montar o sistema

$$\begin{cases} \cos\phi\dfrac{\partial \rho}{\partial x} - \rho\,\text{sen }\phi\dfrac{\partial \phi}{\partial x} = 1 \\[2mm] \text{sen }\phi\dfrac{\partial \rho}{\partial x} + \rho\cos\phi\dfrac{\partial \phi}{\partial x} = 0 \end{cases}$$

Pela regra de **Cramer**, temos

$$\frac{\partial \rho}{\partial x} = \frac{\begin{vmatrix} 1 & -\rho\,\text{sen }\phi \\ 0 & \rho\cos\phi \end{vmatrix}}{\begin{vmatrix} \cos\phi & -\rho\,\text{sen }\phi \\ \text{sen }\phi & \rho\cos\phi \end{vmatrix}} = \frac{\rho\cos\phi}{\rho\cos^2\phi + \rho\,\text{sen}^2\,\phi} = \frac{\rho\cos\phi}{\rho} = \cos\phi$$

e

$$\frac{\partial \phi}{\partial x} = \frac{\begin{vmatrix} \cos\phi & 1 \\ \text{sen }\phi & 0 \end{vmatrix}}{\begin{vmatrix} \cos\phi & -\rho\,\text{sen }\phi \\ \text{sen }\phi & \rho\cos\phi \end{vmatrix}} = \frac{-\text{sen }\phi}{\rho\cos^2\phi + \rho\,\text{sen}^2\,\phi} = -\frac{\text{sen }\phi}{\rho}$$

Derivando parcialmente a primeira equação com relação a y, segue-se

$$0 = \frac{\partial \rho}{\partial y}\cos\phi + \rho\left(-\text{sen }\phi\right)\frac{\partial \phi}{\partial y}$$

Derivando parcialmente a segunda equação com relação a y, obtemos

$$1 = \frac{\partial \rho}{\partial y}\text{sen }\phi + \rho\cos\phi\frac{\partial \phi}{\partial y}$$

Coordenadas Curvilíneas Generalizadas 465

Podemos, em decorrência, montar o sistema

$$\begin{cases} \cos\phi \dfrac{\partial\rho}{\partial y} - \rho\,\text{sen}\,\phi \dfrac{\partial\phi}{\partial y} = 0 \\[3mm] \text{sen}\,\phi \dfrac{\partial\rho}{\partial y} + \rho\cos\phi \dfrac{\partial\phi}{\partial y} = 1 \end{cases}$$

Pela regra de **Cramer**, temos

$$\frac{\partial\rho}{\partial y} = \frac{\begin{vmatrix} 0 & -\rho\,\text{sen}\,\phi \\ 1 & \rho\cos\phi \end{vmatrix}}{\begin{vmatrix} \cos\phi & -\rho\,\text{sen}\,\phi \\ \text{sen}\,\phi & \rho\cos\phi \end{vmatrix}} = \frac{\rho\,\text{sen}\,\phi}{\rho\cos^2\phi + \rho\,\text{sen}^2\phi} = \frac{\rho\,\text{sen}\,\phi}{\rho} = \text{sen}\,\phi$$

e

$$\frac{\partial\phi}{\partial y} = \frac{\begin{vmatrix} \cos\phi & 0 \\ \text{sen}\,\phi & 1 \end{vmatrix}}{\begin{vmatrix} \cos\phi & -\rho\,\text{sen}\,\phi \\ \text{sen}\,\phi & \rho\cos\phi \end{vmatrix}} = \frac{\cos\phi}{\rho\cos^2\phi + \rho\,\text{sen}^2\phi} = \frac{\cos\phi}{\rho}$$

(b)

Sendo $f = f(\rho,\phi)$, $\rho = \rho(x,y)$ e $\phi = \phi(x,y)$, temos

- Determinação de $\dfrac{\partial^2 f}{\partial x\,\partial y}$:

Pela regra da cadeia, temos

$$\frac{\partial f}{\partial y} = \frac{\partial f}{\partial \rho}\frac{\partial \rho}{\partial y} + \frac{\partial f}{\partial \phi}\frac{\partial \phi}{\partial y} \tag{i}$$

Aplicando a regra do produto, obtemos a seguinte expressão para a derivada segunda:

$$\frac{\partial^2 f}{\partial x\,\partial y} = \frac{\partial}{\partial x}\left[\frac{\partial f}{\partial \rho}\frac{\partial \rho}{\partial y} + \frac{\partial f}{\partial \phi}\frac{\partial \phi}{\partial y}\right] = \left[\frac{\partial}{\partial x}\left(\frac{\partial f}{\partial \rho}\right)\right]\frac{\partial \rho}{\partial y} + \frac{\partial f}{\partial \rho}\left[\frac{\partial}{\partial x}\left(\frac{\partial \rho}{\partial y}\right)\right] + \left[\frac{\partial}{\partial x}\left(\frac{\partial f}{\partial \phi}\right)\right]\frac{\partial \phi}{\partial y} + \frac{\partial f}{\partial \phi}\left[\frac{\partial}{\partial x}\left(\frac{\partial \phi}{\partial y}\right)\right] \tag{ii}$$

Para determinar as expressões $\partial/\partial x(\partial\rho/\partial y), \partial/\partial x(\partial\rho/\partial y), \partial/\partial x(\partial f/\partial\phi)$ e $\partial/\partial x(\partial\phi/\partial y)$, empregamos novamente a regra da cadeia, isto é,

466   **Cálculo e Análise Vetoriais com Aplicações Práticas**

$$\frac{\partial}{\partial x}\left(\frac{\partial f}{\partial \rho}\right)=\left[\frac{\partial}{\partial \rho}\left(\frac{\partial f}{\partial \rho}\right)\right]\frac{\partial \rho}{\partial x}+\left[\frac{\partial}{\partial \phi}\left(\frac{\partial f}{\partial \rho}\right)\right]\frac{\partial \phi}{\partial x}=\frac{\partial^2 f}{\partial \rho^2}\underbrace{\frac{\partial \rho}{\partial x}}_{=\cos\phi}+\frac{\partial^2 f}{\partial \phi \partial \rho}\underbrace{\frac{\partial \phi}{\partial x}}_{=-\frac{\operatorname{sen}\phi}{\rho}}=\frac{\partial^2 f}{\partial \rho^2}\cos\phi+\frac{\partial^2 f}{\partial \phi \partial \rho}\left(-\frac{\operatorname{sen}\phi}{\rho}\right)$$

$$\text{(iii)}$$

$$\frac{\partial}{\partial x}\left(\frac{\partial \rho}{\partial y}\right)=\left[\underbrace{\frac{\partial}{\partial \rho}\left(\underbrace{\frac{\partial \rho}{\partial y}}_{=\operatorname{sen}\phi}\right)}_{=0}\right]\underbrace{\frac{\partial \rho}{\partial x}}_{=\cos\phi}+\left[\underbrace{\frac{\partial}{\partial \phi}\left(\underbrace{\frac{\partial \rho}{\partial y}}_{=\operatorname{sen}\phi}\right)}_{=\cos\phi}\right]\underbrace{\frac{\partial \phi}{\partial x}}_{-\frac{\operatorname{sen}\phi}{\rho}}=-\frac{\operatorname{sen}\phi\cos\phi}{\rho}$$

$$\text{(iv)}$$

$$\frac{\partial}{\partial x}\left(\frac{\partial f}{\partial \phi}\right)=\left[\frac{\partial}{\partial \rho}\left(\frac{\partial f}{\partial \phi}\right)\right]\frac{\partial \rho}{\partial x}+\left[\frac{\partial}{\partial \phi}\left(\frac{\partial f}{\partial \phi}\right)\right]\frac{\partial \phi}{\partial x}=\frac{\partial^2 f}{\partial \rho \partial \phi}\underbrace{\frac{\partial \rho}{\partial x}}_{=\cos\phi}+\frac{\partial^2 f}{\partial \phi^2}\underbrace{\frac{\partial \phi}{\partial x}}_{=-\frac{\operatorname{sen}\phi}{\rho}}=\frac{\partial^2 f}{\partial \rho \partial \phi}\cos\phi+\frac{\partial^2 f}{\partial \phi^2}\left(-\frac{\operatorname{sen}\phi}{\rho}\right)$$

$$\text{(v)}$$

$$\frac{\partial}{\partial x}\left(\frac{\partial \phi}{\partial y}\right)=\left[\underbrace{\frac{\partial}{\partial \rho}\left(\underbrace{\frac{\partial \phi}{\partial y}}_{=\frac{\cos\phi}{\rho}}\right)}_{=-\frac{\cos\phi}{\rho^2}}\right]\underbrace{\frac{\partial \rho}{\partial x}}_{=\cos\phi}+\left[\underbrace{\frac{\partial}{\partial \phi}\left(\underbrace{\frac{\partial \phi}{\partial y}}_{=\frac{\cos\phi}{\rho}}\right)}_{=-\frac{\operatorname{sen}\phi}{\rho}}\right]\underbrace{\frac{\partial \phi}{\partial x}}_{=-\frac{\operatorname{sen}\phi}{\rho}}=\frac{\operatorname{sen}^2\phi}{\rho^2}-\frac{\cos^2\phi}{\rho^2}$$

$$\text{(vi)}$$

Substituindo (iii), (iv), (v) e (vi) em (ii), obtemos

$$\frac{\partial^2 f}{\partial x \partial y}=\left[\frac{\partial^2 f}{\partial \rho^2}\cos\phi+\frac{\partial^2 f}{\partial \phi \partial \rho}\left(-\frac{\operatorname{sen}\phi}{\rho}\right)\right]\underbrace{\frac{\partial \rho}{\partial y}}_{=\operatorname{sen}\phi}+\frac{\partial f}{\partial \rho}\left(-\frac{\operatorname{sen}\phi\cos\phi}{\rho}\right)+\left[\frac{\partial^2 f}{\partial \rho \partial \phi}\cos\phi+\frac{\partial^2 f}{\partial \phi^2}\left(-\frac{\operatorname{sen}\phi}{\rho}\right)\right]\underbrace{\frac{\partial \phi}{\partial y}}_{=\frac{\cos\phi}{\rho}}+\frac{\partial f}{\partial \phi}\left[\frac{\operatorname{sen}^2\phi}{\rho^2}-\frac{\cos^2\phi}{\rho^2}\right]=$$

$$=\frac{\partial^2 f}{\partial \rho^2}\operatorname{sen}\phi\cos\phi-\frac{\partial^2 f}{\partial \phi \partial \rho}\frac{\operatorname{sen}^2\phi}{\rho}-\frac{\partial f}{\partial \rho}\frac{\operatorname{sen}\phi\cos\phi}{\rho}+\frac{\partial^2 f}{\partial \rho \partial \phi}\frac{\cos^2\phi}{\rho}-\frac{\partial^2 f}{\partial \phi^2}\frac{\operatorname{sen}\phi\cos\phi}{\rho^2}+\frac{\partial f}{\partial \phi}\left[\frac{\operatorname{sen}^2\phi}{\rho^2}-\frac{\cos^2\phi}{\rho^2}\right]$$

$$\text{(vii)}$$

- Determinação de $\dfrac{\partial^2 f}{\partial y \partial x}$:

Pela regra da cadeia, temos

$$\frac{\partial f}{\partial x}=\frac{\partial f}{\partial \rho}\frac{\partial \rho}{\partial x}+\frac{\partial f}{\partial \phi}\frac{\partial \phi}{\partial x}$$

$$\text{(viii)}$$

Coordenadas Curvilíneas Generalizadas   467

Aplicando a regra do produto, obtemos a seguinte expressão para a derivada segunda:

$$\frac{\partial^2 f}{\partial y\,\partial x}=\frac{\partial}{\partial y}\left[\frac{\partial f}{\partial \rho}\frac{\partial \rho}{\partial x}+\frac{\partial f}{\partial \phi}\frac{\partial \phi}{\partial x}\right]=\left[\frac{\partial}{\partial y}\left(\frac{\partial f}{\partial \rho}\right)\right]\frac{\partial \rho}{\partial x}+\frac{\partial f}{\partial \rho}\left[\frac{\partial}{\partial y}\left(\frac{\partial \rho}{\partial x}\right)\right]+\left[\frac{\partial}{\partial y}\left(\frac{\partial f}{\partial \phi}\right)\right]\frac{\partial \phi}{\partial x}+\frac{\partial f}{\partial \phi}\left[\frac{\partial}{\partial y}\left(\frac{\partial \phi}{\partial x}\right)\right]$$

$$(\textbf{ix})$$

Para calcular as expressões $\partial/\partial y\,(\partial\rho/\partial x)$, $\partial/\partial y\,(\partial\rho/\partial x)$, $\partial/\partial y\,(\partial f/\partial\phi)$ e $\partial/\partial y\,(\partial\phi/\partial x)$, empregamos novamente a regra da cadeia, isto é,

$$\frac{\partial}{\partial y}\left(\frac{\partial f}{\partial \rho}\right)=\left[\frac{\partial}{\partial \rho}\left(\frac{\partial f}{\partial \rho}\right)\right]\frac{\partial \rho}{\partial y}+\left[\frac{\partial}{\partial \phi}\left(\frac{\partial f}{\partial \rho}\right)\right]\frac{\partial \phi}{\partial y}=\frac{\partial^2 f}{\partial \rho^2}\underbrace{\frac{\partial \rho}{\partial y}}_{=\,\text{sen}\,\phi}+\frac{\partial^2 f}{\partial \phi\,\partial \rho}\underbrace{\frac{\partial \phi}{\partial y}}_{=\frac{\cos\phi}{\rho}}=\frac{\partial^2 f}{\partial \rho^2}\,\text{sen}\,\phi+\frac{\partial^2 f}{\partial \phi\,\partial \rho}\frac{\cos\phi}{\rho}$$

$$(\textbf{x})$$

$$\frac{\partial}{\partial y}\left(\frac{\partial \rho}{\partial x}\right)=\underbrace{\left[\frac{\partial}{\partial \rho}\left(\underbrace{\frac{\partial \rho}{\partial x}}_{=\,\cos\phi}\right)\right]}_{=0}\underbrace{\frac{\partial \rho}{\partial y}}_{=\,\cos\phi}+\underbrace{\left[\frac{\partial}{\partial \phi}\left(\underbrace{\frac{\partial \rho}{\partial x}}_{=\,\cos\phi}\right)\right]}_{=-\,\text{sen}\,\phi}\underbrace{\frac{\partial \phi}{\partial y}}_{=\frac{\cos\phi}{\rho}}=-\frac{\text{sen}\,\phi\cos\phi}{\rho}$$

$$(\textbf{xi})$$

$$\frac{\partial}{\partial y}\left(\frac{\partial f}{\partial \phi}\right)=\left[\frac{\partial}{\partial \rho}\left(\frac{\partial f}{\partial \phi}\right)\right]\frac{\partial \rho}{\partial y}+\left[\frac{\partial}{\partial \phi}\left(\frac{\partial f}{\partial \phi}\right)\right]\frac{\partial \phi}{\partial y}=\frac{\partial^2 f}{\partial \rho\,\partial \phi}\underbrace{\frac{\partial \rho}{\partial y}}_{=\,\text{sen}\,\phi}+\frac{\partial^2 f}{\partial \phi^2}\underbrace{\frac{\partial \phi}{\partial y}}_{=\frac{\cos\phi}{\rho}}=\frac{\partial^2 f}{\partial \rho\,\partial \phi}\,\text{sen}\,\phi+\frac{\partial^2 f}{\partial \phi^2}\frac{\cos\phi}{\rho}$$

$$(\textbf{xii})$$

$$\frac{\partial}{\partial y}\left(\frac{\partial \phi}{\partial x}\right)=\underbrace{\left[\frac{\partial}{\partial \rho}\left(\underbrace{\frac{\partial \phi}{\partial x}}_{=-\frac{\text{sen}\,\phi}{\rho}}\right)\right]}_{=\frac{\text{sen}\,\phi}{\rho^2}}\underbrace{\frac{\partial \rho}{\partial y}}_{=\,\text{sen}\,\phi}+\underbrace{\left[\frac{\partial}{\partial \phi}\left(\underbrace{\frac{\partial \phi}{\partial x}}_{=-\frac{\text{sen}\,\phi}{\rho}}\right)\right]}_{=-\frac{\cos\phi}{\rho}}\underbrace{\frac{\partial \phi}{\partial y}}_{=\frac{\cos\phi}{\rho}}=\frac{\text{sen}^2\phi}{\rho^2}-\frac{\cos^2\phi}{\rho^2}$$

$$(\textbf{xiii})$$

Substituindo (x), (xi), (xii) e (xiii) em (ix), obtemos

$$\frac{\partial^2 f}{\partial y\,\partial x}=\left[\frac{\partial^2 f}{\partial \rho^2}\,\text{sen}\,\phi+\frac{\partial^2 f}{\partial \phi\,\partial \rho}\frac{\cos\phi}{\rho}\right]\underbrace{\frac{\partial \rho}{\partial x}}_{=\,\cos\phi}+\frac{\partial f}{\partial \rho}\left(-\frac{\text{sen}\,\phi\cos\phi}{\rho}\right)+\left[\frac{\partial^2 f}{\partial \rho\,\partial \phi}\,\text{sen}\,\phi+\frac{\partial^2 f}{\partial \phi^2}\frac{\cos\phi}{\rho}\right]\underbrace{\frac{\partial \phi}{\partial x}}_{=-\frac{\text{sen}\,\phi}{\rho}}+\frac{\partial f}{\partial \phi}\left[\frac{\text{sen}^2\phi}{\rho^2}-\frac{\cos^2\phi}{\rho^2}\right]=$$

$$= \frac{\partial^2 f}{\partial \rho^2} \operatorname{sen} \phi \cos \phi + \frac{\partial^2 f}{\partial \phi \partial \rho} \frac{\cos^2 \phi}{\rho} - \frac{\partial f}{\partial \rho} \frac{\operatorname{sen} \phi \cos \phi}{\rho} - \frac{\partial^2 f}{\partial \rho \partial \phi} \frac{\operatorname{sen}^2 \phi}{\rho} - \frac{\partial^2 f}{\partial \phi^2} \frac{\operatorname{sen} \phi \cos \phi}{\rho^2} + \frac{\partial f}{\partial \phi} \left[\frac{\operatorname{sen}^2 \phi}{\rho^2} - \frac{\cos^2 \phi}{\rho^2} \right]$$

(xiv)

De (vii) e (xiv) vem que $\dfrac{\partial^2 f}{\partial x\, \partial y} = \dfrac{\partial^2 f}{\partial y\, \partial x}$

11.6 - Propriedades dos Ternos Unitários Fundamentais

Os ternos unitários fundamentais, anteriormente descritos, gozam das seguintes propriedades:

1ª) Se $\mathbf{r} = x\,\mathbf{u}_x + y\,\mathbf{u}_y + z\,\mathbf{u}_z$, os vetores $\mathbf{u}_1', \mathbf{u}_2', \mathbf{u}_3'$, podem ser expressos como

$$\mathbf{u}_1' = \frac{1}{h_1} \frac{\partial \mathbf{r}}{\partial u_1};\ \mathbf{u}_2' = \frac{1}{h_2} \frac{\partial \mathbf{r}}{\partial u_2};\ \mathbf{u}_3' = \frac{1}{h_3} \frac{\partial \mathbf{r}}{\partial u_3} \qquad (11.37)$$

para os quais

$$h_1 = \left| \frac{\partial \mathbf{r}}{\partial u_1} \right|;\ h_2 = \left| \frac{\partial \mathbf{r}}{\partial u_2} \right|;\ h_3 = \left| \frac{\partial \mathbf{r}}{\partial u_3} \right| \qquad (11.38)$$

2ª) Os vetores $\mathbf{u}_1, \mathbf{u}_2, \mathbf{u}_3$, podem ser expressos por

$$\mathbf{u}_1 = \frac{1}{H_1} \nabla \mathbf{u}_1;\ \mathbf{u}_2 = \frac{1}{H_2} \nabla \mathbf{u}_2;\ \mathbf{u}_3 = \frac{1}{H_3} \nabla \mathbf{u}_3 \qquad (11.39)$$

sendo que

$$H_1 = \left| \nabla \mathbf{u}_1 \right|;\ H_2 = \left| \nabla \mathbf{u}_2 \right|;\ H_3 = \left| \nabla \mathbf{u}_3 \right| \qquad (11.40)$$

3ª) Se as coordenadas curvilíneas são ortogonais, então

$$\mathbf{u}_1' = \mathbf{u}_1;\ \mathbf{u}_2' = \mathbf{u}_2;\ \mathbf{u}_3' = \mathbf{u}_3 \qquad (11.41)$$

DEMONSTRAÇÕES:

1ª)

De acordo com os conceitos do capítulo 6, o vetor $\partial \mathbf{r}/\partial u_1$ é um vetor tangente à curva $u_1 = \text{constante}$. Se $\mathbf{u}_1'$ é o vetor unitário tangente à curva em um ponto, temos

$$\mathbf{u}_1' = \frac{\dfrac{\partial \mathbf{r}}{\partial u_1}}{\left|\dfrac{\partial \mathbf{r}}{\partial u_1}\right|} = \frac{1}{h_1}\frac{\partial \mathbf{r}}{\partial u_1}, \text{ em que } h_1 = \left|\frac{\partial \mathbf{r}}{\partial u_1}\right|$$

Similarmente,

$$\mathbf{u}_2' = \frac{\dfrac{\partial \mathbf{r}}{\partial u_2}}{\left|\dfrac{\partial \mathbf{r}}{\partial u_2}\right|} = \frac{1}{h_2}\frac{\partial \mathbf{r}}{\partial u_2}, \text{ sendo que } h_2 = \left|\frac{\partial \mathbf{r}}{\partial u_2}\right|$$

e

$$\mathbf{u}_3' = \frac{\dfrac{\partial \mathbf{r}}{\partial u_3}}{\left|\dfrac{\partial \mathbf{r}}{\partial u_3}\right|} = \frac{1}{h_3}\frac{\partial \mathbf{r}}{\partial u_3}, \text{ para o qual } h_3 = \left|\frac{\partial \mathbf{r}}{\partial u_3}\right|$$

2^a)

Da definição de vetor gradiente, decorre que ∇u_1 é normal em P à superfície $f_1(x,y,z) = C_1$. Similarmente, ∇u_2 e ∇u_3 são normais às superfícies u_2 e u_3, respectivamente. Logo, se

$$H_1 = |\nabla u_1|, H_2 = |\nabla u_2| \text{ e } H_3 = |\nabla u_3|,$$

temos, em consequência,

$$\mathbf{u}_1 = \frac{1}{H_1}\nabla u_1, \mathbf{u}_2 = \frac{1}{H_2}\nabla u_2, \mathbf{u}_3 = \frac{1}{H_3}\nabla u_3$$

3^a)

Se o sistema é ortogonal, pelo conjunto (11.4), temos

$$\mathbf{u}_1 = \mathbf{u}_2 \times \mathbf{u}_3, \mathbf{u}_2 = \mathbf{u}_3 \times \mathbf{u}_1, \mathbf{u}_3 = \mathbf{u}_1 \times \mathbf{u}_2 \qquad \textbf{(i)}$$

Vamos, inicialmente, provar que para um sistema ortogonal os conjuntos $\mathbf{u}_1, \mathbf{u}_2, \mathbf{u}_3$ e $\mathbf{u}_1', \mathbf{u}_2', \mathbf{u}_3'$ são recíprocos, ou seja, $\mathbf{u}_m \cdot \mathbf{u}_n' = \delta_{mn}$, é o delta de **Kronecker**, sendo que

$$\delta_{mn} = \begin{cases} 0 \rightleftarrows m \neq n \\ 1 \rightleftarrows m = n \end{cases}$$

Visto que

$$u_1 = f_1(x,y,z) = f_1\left[g_1(u_1,u_2,u_3), g_2(u_1,u_2,u_3), g_3(u_1,u_2,u_3)\right] \qquad \textbf{(ii)}$$

470   **Cálculo e Análise Vetoriais com Aplicações Práticas**

diferenciando em relação a u_1, obtemos

$$\frac{\partial f_1}{\partial g_1}\frac{\partial g_1}{\partial u_1} + \frac{\partial f_1}{\partial g_2}\frac{\partial g_2}{\partial u_1} + \frac{\partial f_1}{\partial g_3}\frac{\partial g_3}{\partial u_1} = 1 \qquad \textbf{(iii)}$$

Uma vez que

$$\frac{\partial \mathbf{r}}{\partial u_1} = \frac{\partial x}{\partial u_1}\mathbf{u}_x + \frac{\partial y}{\partial u_1}\mathbf{u}_y + \frac{\partial z}{\partial u_1}\mathbf{u}_z = \frac{\partial g_1}{\partial u_1}\mathbf{u}_x + \frac{\partial g_2}{\partial u_1}\mathbf{u}_y + \frac{\partial g_3}{\partial u_1}\mathbf{u}_z$$

e

$$\nabla u_1 = \frac{\partial u_1}{\partial x}\mathbf{u}_x + \frac{\partial u_1}{\partial y}\mathbf{u}_y + \frac{\partial u_1}{\partial z}\mathbf{u}_z = \frac{\partial f_1}{\partial g_1}\mathbf{u}_x + \frac{\partial f_1}{\partial g_2}\mathbf{u}_y + \frac{\partial f_1}{\partial g_3}\mathbf{u}_z$$

podemos colocar a equação (iii) sob a forma

$$\frac{\partial \mathbf{r}}{\partial u_1} \cdot \nabla u_1 = 1 \qquad \textbf{(iv)}$$

Similarmente,

$$\frac{\partial \mathbf{r}}{\partial u_2} \cdot \nabla u_2 = 1 \qquad \textbf{(v)}$$

e

$$\frac{\partial \mathbf{r}}{\partial u_3} \cdot \nabla u_3 = 1 \qquad \textbf{(vi)}$$

Por outro lado, diferenciando (ii) com relação a u_2, segue-se

$$\frac{\partial f_1}{\partial g_1}\frac{\partial g_1}{\partial u_2} + \frac{\partial f_1}{\partial g_2}\frac{\partial g_2}{\partial u_2} + \frac{\partial f_1}{\partial g_3}\frac{\partial g_3}{\partial u_2} = 0$$

ou seja,

$$\frac{\partial \mathbf{r}}{\partial u_2} \cdot \nabla u_1 = 0$$

Do mesmo modo, temos também

$$\frac{\partial \mathbf{r}}{\partial u_3} \cdot \nabla u_1 = 0 \ ; \ \frac{\partial \mathbf{r}}{\partial u_1} \cdot \nabla u_2 = 0 \ ; \ \frac{\partial \mathbf{r}}{\partial u_3} \cdot \nabla u_2 = 0 \ ; \ \frac{\partial \mathbf{r}}{\partial u_1} \cdot \nabla u_3 = 0 \ ; \ \frac{\partial \mathbf{r}}{\partial u_2} \cdot \nabla u_3 = 0$$

e isto nos permite sintetizar os resultados na forma

$$\frac{\partial \mathbf{r}}{\partial u_m} \cdot \nabla u_n = \delta_{mn}$$

sendo δ_{mn} o delta de **Kronecker**. Assim sendo, concluímos que os conjuntos

$$\frac{\partial \mathbf{r}}{\partial u_1}, \frac{\partial \mathbf{r}}{\partial u_2}, \frac{\partial \mathbf{r}}{\partial u_3}$$

e

$$\nabla u_1, \nabla u_2, \nabla u_3$$

são recíprocos.

Tendo em vista que, pela primeira e segunda propriedades, temos, respectivamente,

$$\mathbf{u}_1' = \frac{\dfrac{\partial \mathbf{r}}{\partial u_1}}{\left|\dfrac{\partial \mathbf{r}}{\partial u_1}\right|}, \mathbf{u}_2' = \frac{\dfrac{\partial \mathbf{r}}{\partial u_2}}{\left|\dfrac{\partial \mathbf{r}}{\partial u_2}\right|}, \mathbf{u}_3' = \frac{\dfrac{\partial \mathbf{r}}{\partial u_3}}{\left|\dfrac{\partial \mathbf{r}}{\partial u_3}\right|}$$

e

$$\mathbf{u}_1 = \frac{\nabla u_1}{\left|\nabla u_1\right|}, \mathbf{u}_2 = \frac{\nabla u_2}{\left|\nabla u_2\right|}, \mathbf{u}_3 = \frac{\nabla u_3}{\left|\nabla u_3\right|}$$

ficando demonstrado que os conjuntos $\mathbf{u}_1, \mathbf{u}_2, \mathbf{u}_3$ e $\mathbf{u}_1', \mathbf{u}_2', \mathbf{u}_3'$ são recíprocos. Não é difícil demonstrar[5] que para conjuntos recíprocos de vetores temos também

$$\mathbf{u}_1' = \frac{\mathbf{u}_2 \times \mathbf{u}_3}{\left(\mathbf{u}_1 \mathbf{u}_2 \mathbf{u}_3\right)}, \quad \mathbf{u}_2' = \frac{\mathbf{u}_3 \times \mathbf{u}_1}{\left(\mathbf{u}_1 \mathbf{u}_2 \mathbf{u}_3\right)}, \quad \mathbf{u}_3' = \frac{\mathbf{u}_1 \times \mathbf{u}_2}{\left(\mathbf{u}_1 \mathbf{u}_2 \mathbf{u}_3\right)} \tag{vii}$$

Substituindo (i) em (vii), e lembrando que $\left(\mathbf{u}_1 \mathbf{u}_2 \mathbf{u}_3\right) = 1$, obtemos

$$\mathbf{u}_1' = \mathbf{u}_1; \ \mathbf{u}_2' = \mathbf{u}_2; \ \mathbf{u}_3' = \mathbf{u}_3$$

11.7 - Interpretação Física dos Fatores (h_1, h_2, h_3)

Sejam, respectivamente, l_1, l_2, l_3 os comprimentos de arcos infinitesimais ao longo das curvas u_1, u_2, u_3, constantes, e dl o comprimento de arco infinitesimal entre os pontos P e P' em relação a

---

[5] Vide problema 1.35 da referência bibliográfica nº 3, página 16, ou a seção 7.2 da referência bibliográfica nº 24, página 204, ou então o problema 2.19 do capítulo 2 do presente trabalho.

um sistema ortogonal (u_1, u_2, u_3).

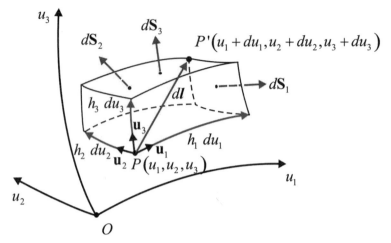

Fig. 11.3

Então, temos

$$dl_1 = \sqrt{(dx)^2 + (dy)^2 + (dz)^2} = \sqrt{\left(\frac{\partial x}{\partial u_1} du_1\right)^2 + \left(\frac{\partial y}{\partial u_1} du_1\right)^2 + \left(\frac{\partial z}{\partial u_1} du_1\right)^2} =$$

$$= \sqrt{\left(\frac{\partial x}{\partial u_1}\mathbf{u}_x + \frac{\partial y}{\partial u_1}\mathbf{u}_y + \frac{\partial z}{\partial u_1}\mathbf{u}_z\right) \cdot \left(\frac{\partial x}{\partial u_1}\mathbf{u}_x + \frac{\partial y}{\partial u_1}\mathbf{u}_y + \frac{\partial z}{\partial u_1}\mathbf{u}_z\right)} du_1 =$$

$$= \sqrt{\left(\frac{\partial \mathbf{r}}{\partial u_1}\right) \cdot \left(\frac{\partial \mathbf{r}}{\partial u_1}\right)} du_1 = \sqrt{\left|\frac{\partial \mathbf{r}}{\partial u_1}\right|^2} du_1 = \left|\frac{\partial \mathbf{r}}{\partial u_1}\right| du_1 = h_1 \, du_1$$

quer dizer,

$$dl_1 = \left|\frac{\partial \mathbf{r}}{\partial u_1}\right| du_1 = h_1 \, du_1 \qquad (11.42)$$

Semelhantemente,

$$dl_2 = \left|\frac{\partial \mathbf{r}}{\partial u_2}\right| du_2 = h_2 \, du_2 \qquad (11.43)$$

e

$$dl_3 = \left|\frac{\partial \mathbf{r}}{\partial u_3}\right| du_3 = h_3 \, du_3 \qquad (11.44)$$

Assim sendo, h_1, h_2, h_3 são fatores de escala ou coeficientes métricos, cuja finalidade é obter comprimentos de arcos a partir das diferenciais de coordenadas.

11.8 - Elementos Diferenciais de Comprimento, Superfície e Volume em Coordenadas Curvilíneas Ortogonais

Seja o paralelepípedo de arestas infinitesimais mostrado na figura 11.3. As arestas coincidem com as curvas u_1, u_2, u_3, constantes, e as faces com as superfícies u_1, u_2, u_3, constantes. Assim sendo, temos

$$dl = \sqrt{\left(dl_1\right)^2 + \left(dl_2\right)^2 + \left(dl_3\right)^2} = \sqrt{\left(h_1 \ du_1\right)^2 + \left(h_2 \ du_2\right)^2 + \left(h_3 \ du_3\right)^2} \qquad (11.45)$$

$$d\boldsymbol{l} = dl_1 \ \mathbf{u}_1 + dl_2 \ \mathbf{u}_2 + dl_3 \ \mathbf{u}_3 = h_1 \ du_1 \ \mathbf{u}_1 + h_2 \ du_2 \ \mathbf{u}_2 + h_3 \ du_3 \ \mathbf{u}_3 \qquad (11.46)$$

$$\begin{cases} dS_1 = h_2 \ h_3 \ du_2 \ du_3 \\ dS_2 = h_1 \ h_3 \ du_1 \ du_3 \\ dS_3 = h_1 \ h_2 \ du_1 \ du_2 \end{cases} \qquad (11.47)$$

$$\begin{cases} d\mathbf{S}_1 = \left(h_2 \ h_3 \ du_2 \ du_3\right)\mathbf{u}_1 \\ d\mathbf{S}_2 = \left(h_1 \ h_3 \ du_1 \ du_3\right)\mathbf{u}_2 \\ d\mathbf{S}_3 = \left(h_1 \ h_2 \ du_1 \ du_2\right)\mathbf{u}_3 \end{cases} \qquad (11.48)$$

$$dv = h_1 \ h_2 \ h_3 \ du_1 \ du_2 \ du_3 \qquad (11.49)$$

11.9 - Expressões Analíticas para a Álgebra Vetorial

Se os pontos iniciais dos vetores são coincidentes, podemos referi-los a um mesmo terno unitário fundamental. Sejam os vetores

$$\begin{cases} \mathbf{A} = A_1 \ \mathbf{u}_1 + A_2 \ \mathbf{u}_2 + A_3 \ \mathbf{u}_3 \\ \mathbf{B} = B_1 \ \mathbf{u}_1 + B_2 \ \mathbf{u}_2 + B_3 \ \mathbf{u}_3 \\ \mathbf{C} = C_1 \ \mathbf{u}_1 + C_2 \ \mathbf{u}_2 + C_3 \ \mathbf{u}_3 \end{cases}$$

11.9.1 - Soma e Subtração de Vetores

Temos que

$$\mathbf{A} \pm \mathbf{B} = \left(A_1 \pm B_1\right)\mathbf{u}_1 + \left(A_2 \pm B_2\right)\mathbf{u}_2 + \left(A_3 \pm B_3\right)\mathbf{u}_3 \qquad (11.50)$$

474 **Cálculo e Análise Vetoriais com Aplicações Práticas**

11.9.2 - Multiplicação de um Vetor por um Escalar

Esta operação é um caso particular da soma vetorial e sua expressão é

$$\lambda\mathbf{V} = \lambda V_1\,\mathbf{u}_1 + \lambda V_2\,\mathbf{u}_2 + \lambda V_3\,\mathbf{u}_3 \tag{11.51}$$

11.9.3 - Produto Escalar

Para os vetores $\mathbf{A}$ e $\mathbf{B}$, temos

$$\mathbf{A}\cdot\mathbf{B} = \left(A_1\,\mathbf{u}_1 + A_2\,\mathbf{u}_2 + A_3\,\mathbf{u}_3\right)\cdot\left(B_1\,\mathbf{u}_1 + B_2\,\mathbf{u}_2 + B_3\,\mathbf{u}_3\right)$$

De acordo com a propriedade distributiva do produto escalar,

$$\mathbf{A}\cdot\mathbf{B} = \left(\mathbf{u}_1\cdot\mathbf{u}_1\right)A_1\,B_1 + \left(\mathbf{u}_1\cdot\mathbf{u}_2\right)A_1\,B_2 + \left(\mathbf{u}_1\cdot\mathbf{u}_3\right)A_1\,B_3 + \left(\mathbf{u}_2\cdot\mathbf{u}_1\right)A_2\,B_1 + \left(\mathbf{u}_2\cdot\mathbf{u}_2\right)A_2\,B_2 +$$
$$+\left(\mathbf{u}_2\cdot\mathbf{u}_3\right)A_2\,B_3 + \left(\mathbf{u}_3\cdot\mathbf{u}_1\right)A_3\,B_1 + \left(\mathbf{u}_3\cdot\mathbf{u}_2\right)A_3\,B_2 + \left(\mathbf{u}_3\cdot\mathbf{u}_3\right)A_3\,B_3$$

Se o sistema é ortogonal, podemos utilizar, além do grupo de equações (11.1), também o grupo (11.3), o que resulta

$$\mathbf{A}\cdot\mathbf{B} = A_1\,B_1 + A_2\,B_2 + A_3\,B_3 \tag{11.52}$$

11.9.4 - Produto Vetorial

Para os vetores $\mathbf{A}$ e $\mathbf{B}$, segue-se

$$\mathbf{A}\times\mathbf{B} = \left(A_1\,\mathbf{u}_1 + A_2\,\mathbf{u}_2 + A_3\,\mathbf{u}_3\right)\times\left(B_1\,\mathbf{u}_1 + B_2\,\mathbf{u}_2 + B_3\,\mathbf{u}_3\right) =$$
$$= \left(\mathbf{u}_1\times\mathbf{u}_1\right)A_1\,B_1 + \left(\mathbf{u}_1\times\mathbf{u}_2\right)A_1\,B_2 + \left(\mathbf{u}_1\times\mathbf{u}_3\right)A_1\,B_3 + \left(\mathbf{u}_2\times\mathbf{u}_1\right)A_2\,B_1 + \left(\mathbf{u}_2\times\mathbf{u}_2\right)A_2\,B_2 +$$
$$+\left(\mathbf{u}_2\times\mathbf{u}_3\right)A_2\,B_3 + \left(\mathbf{u}_3\times\mathbf{u}_1\right)A_3\,B_1 + \left(\mathbf{u}_3\times\mathbf{u}_2\right)A_3\,B_2 + \left(\mathbf{u}_3\times\mathbf{u}_3\right)A_3\,B_3$$

Se o sistema é ortogonal podemos utilizar o grupo de equações (11.4), além do grupo (11.2), é claro. Assim sendo, ficamos com

$$\mathbf{A}\times\mathbf{B} = \left(A_2\,B_3 - A_3\,B_2\right)\mathbf{u}_1 + \left(A_3\,B_1 - A_1\,B_3\right)\mathbf{u}_2 + \left(A_1\,B_2 - A_2\,B_1\right)\mathbf{u}_3 \tag{11.53a}$$

ou na forma de determinante

$$\mathbf{A}\times\mathbf{B} = \begin{vmatrix} \mathbf{u}_1 & \mathbf{u}_2 & \mathbf{u}_3 \\ A_1 & A_2 & A_3 \\ B_1 & B_2 & B_3 \end{vmatrix} \tag{11.53b}$$

Coordenadas Curvilíneas Generalizadas   475

EXEMPLO 11.7

Determinar as equações das linhas de um campo vetorial em coordenadas curvilíneas ortogonais.

SOLUÇÃO:

Sejam

$$\begin{cases} \mathbf{V} = V_1\,\mathbf{u}_1 + V_2\,\mathbf{u}_2 + V_3\,\mathbf{u}_3 \\ d\mathbf{l} = h_1\,du_1\,\mathbf{u}_1 + h_2\,du_2\,\mathbf{u}_2 + h_3\,du_3\,\mathbf{u}_3 \end{cases}$$

respectivamente, a função vetorial representativa do campo e um vetor diferencial de comprimento, tangente à uma linha de campo em um ponto genérico. Deste modo, podemos escrever, a partir da expressão (5.14),

$$d\mathbf{l} \times \mathbf{V} = 0$$

o que acarreta

$$\frac{h_1\,du_1}{V_1} = \frac{h_2\,du_2}{V_2} = \frac{h_3\,du_3}{V_3} \tag{11.54}$$

11.9.5 - Produto Misto

Seguindo raciocínio semelhante aos da subseções anteriores,

$$(\mathbf{A} \times \mathbf{B}) \cdot \mathbf{C} = \left[(A_2\,B_3 - A_3\,B_2)\mathbf{u}_1 + (A_3\,B_1 - A_1\,B_3)\mathbf{u}_2 + (A_1\,B_2 - A_2\,B_1)\mathbf{u}_3 \right] \cdot (C_1\,\mathbf{u}_1 + C_2\,\mathbf{u}_2 + C_3\,\mathbf{u}_3)$$

Para um sistema ortogonal, temos então

$$(\mathbf{A} \times \mathbf{B}) \cdot \mathbf{C} = A_2\,B_3\,C_1 - A_3\,B_2\,C_1 + A_3\,B_1\,C_2 - A_1\,B_3\,C_2 + A_1\,B_2\,C_3 - A_2\,B_1\,C_3 \tag{11.55a}$$

ou na forma de determinante,

$$(\mathbf{A} \times \mathbf{B}) \cdot \mathbf{C} = \begin{vmatrix} A_1 & A_2 & A_3 \\ B_1 & B_2 & B_3 \\ C_1 & C_2 & C_3 \end{vmatrix} \tag{11.55b}$$

11.9.6 - Triplo Produto Vetorial

Também aqui, da mesma forma que na seção 4.6, não é conveniente deduzir uma equação específica, pois a mesma teria forma bastante complicada. O mais conveniente é observar a expressão $\mathbf{A} \times (\mathbf{B} \times \mathbf{C})$ e efetuar as operações em sequência.

11.10 - Sistemas de Coordenadas Curvilíneas Ortogonais

11.10.1 – Generalidades

Já foi enfatizado na seção 3.1 que a escolha de um determinado sistema de coordenadas, visando a solução de um problema específico, deve estar, preferencialmente, de acordo com as condições de simetria do problema a ser resolvido. Assim, é conveniente listar os quatorze sistemas de coordenadas ortogonais classificando-os em grupos de simetria relativa a um eixo de translação (perpendicular à família de superfícies coordenadas), a um eixo de rotação ou, então, nenhuma simetria.

Simetria de translação	Simetria de rotação	Nenhuma simetria
Cartesianas Retangulares (3 eixos)		Elipsoidais
Cilíndricas Circulares	Cilíndricas Circulares	
	Esféricas (3 eixos)	
Cilíndricas Elípticas	Esferoidais Oblongas	
	Esferoidais Achatadas	
Cilíndricas Parabólicas	Parabólicas	
Bipolares	Toroidais	
	Biesféricas	
		Cônicas
		Paraboloidais

Tab. 11.1 - Simetrias dos Sistemas de Coordenadas

A tabela 11.1 contém quinze entradas e as coordenadas cilíndricas circulares admitem um eixo de simetria translacional (eixo z) que também é um eixo de simetria rotacional. A disposição dos sistemas na referida tabela foi escolhida de modo a indicar as relações entre os diversos sistemas. Se considerarmos a versão bidimensional ($z = 0$) de um sistema com um eixo de translação (coluna da esquerda) e girarmos tal sistema em torno de um eixo de simetria, nós geraremos os sistemas correspondentes à direita, listados na coluna central. Por exemplo, girando o plano ($z = 0$) do sistema de coordenadas cilíndricas elípticas em torno do eixo maior, geramos o sistema de coordenadas esferoidais oblongas; girando em torno do eixo menor obteremos o sistema de coordenadas esferoidais achatadas.

Consideramos três sistemas que não possuem simetria translacional ou simetria rotacional. Devemos ressaltar que neste grupo assimétrico, o sistema de coordenadas elipsoidais é, muitas vezes, considerado como o sistema coordenado mais geral, e quase todos os outros são derivados do mesmo, excluindo as coordenadas bipolares e suas duas formas rotacionais, que são as coordenadas toroidais e as biesféricas.

Embora os sistemas cartesiano retangular, cilíndrico circular e esférico já tenham sido estudados, eles serão reapresentados para que possam ser ressaltados alguns novos aspectos.

Não nos preocupamos diretamente com a aplicabilidade dos diversos sistemas por não ser este um curso de Métodos Matemáticos. Tal assunto pode, no entanto, ser encontrado em profundidade nos capítulos 5 da referência bibliográfica nº 28, e 2 da referência nº 48 (vide anexo 15 do volume 3).

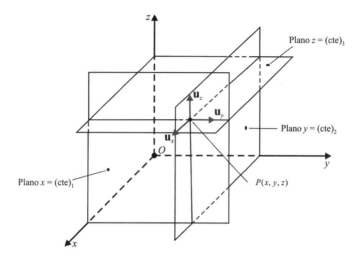

Fig. 11.4 - Coordenadas Cartesianas Retangulares

11.10.2 - Coordenadas Cartesianas Retangulares (x, y, z)

Tratando u_1, u_2, u_3 por x, y, z, estas coordenadas são associadas às seguintes superfícies:

- Planos paralelos ao plano $x = 0$ (plano yz), ou seja, planos x = constante, sendo que

$$-\infty < x < +\infty$$

- Planos paralelos ao plano $y = 0$ (plano xz), isto é, planos y = constante, para os quais

$$-\infty < y < +\infty$$

- Planos paralelos ao plano $z = 0$ (plano xy), quer dizer, planos z = constante, no domínio

$$-\infty < z < +\infty$$

Os fatores de escala são:

$$\begin{cases} h_1 = h_x = 1 \\ h_2 = h_y = 1 \\ h_3 = h_z = 1 \end{cases} \qquad (11.56)$$

478   **Cálculo e Análise Vetoriais com Aplicações Práticas**

EXEMPLO 11.8

Deduzir, via conjunto de equações (11.38), os coeficientes métricos apresentados no grupo de equações (11.56).

SOLUÇÃO:

Do grupo de equações (11.38) depreende-se]

$$h_i = \left| \frac{\partial \mathbf{r}}{\partial u_i} \right|$$

Para o sistema cartesiano retangular, de acordo com a expressão (3.10),

$$\mathbf{r} = x\,\mathbf{u}_x + y\,\mathbf{u}_y + z\,\mathbf{u}_z$$

o que implica

- $\dfrac{\partial \mathbf{r}}{\partial u_1} = \dfrac{\partial \mathbf{r}}{\partial x} = \mathbf{u}_x \to h_1 = h_x = 1$

- $\dfrac{\partial \mathbf{r}}{\partial u_2} = \dfrac{\partial \mathbf{r}}{\partial y} = \mathbf{u}_y \to h_2 = h_y = 1$

- $\dfrac{\partial \mathbf{r}}{\partial u_3} = \dfrac{\partial \mathbf{r}}{\partial z} = \mathbf{u}_z \to h_3 = h_z = 1$

11.10.3 - Coordenadas Cilíndricas Circulares (ρ, ϕ, z)

Para estas coordenadas, u_1, u_2, u_3, são, respectivamente, ρ, ϕ, z, e temos as seguintes relações com as coordenadas cartesianas retangulares:

$$\begin{cases} x = \rho \cos \phi \\ y = \rho \operatorname{sen} \phi \\ z = z \end{cases} \tag{11.57}$$

As famílias de superfícies coordenadas são definidas por:

- Superfícies cilíndricas circulares tendo o eixo z como eixo comum, de tal forma que

$$\rho = \sqrt{x^2 + y^2} \ , \ 0 \le \rho < +\infty$$

- Semi-planos contendo o eixo z, definidos por

$$\phi = \operatorname{arc\,tg}\left(\frac{y}{x}\right), \ 0 \leq \phi \leq 2\pi \,(360°)$$

- Planos paralelos ao plano $z = 0$ (plano xy), definidos por

$$z = \text{constante}, \ -\infty < z < +\infty$$

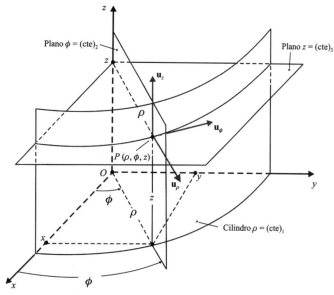

Fig. 11.5 - Coordenadas Cilíndricas Circulares

Os fatores de escala são:

$$\begin{cases} h_1 = h_\rho = 1 \\ h_2 = h_\phi = \rho \\ h_3 = h_z = 1 \end{cases} \tag{11.58}$$

EXEMPLO 11.9

Deduzir, via conjunto de equações (11.38), os coeficientes métricos apresentados no grupo de equações (11.58).

SOLUÇÃO:

Do grupo de equações (11.38) depreende-se

$$h_i = \left|\frac{\partial \mathbf{r}}{\partial u_i}\right|$$

Pela expressão (3.10),

$$\mathbf{r} = x\,\mathbf{u}_x + y\,\mathbf{u}_y + z\,\mathbf{u}_z = \rho\cos\phi\,\mathbf{u}_x + \rho\,\text{sen}\,\phi\,\mathbf{u}_y + z\,\mathbf{u}_z$$

o que acarreta

- $\dfrac{\partial \mathbf{r}}{\partial u_1} = \dfrac{\partial \mathbf{r}}{\partial \rho} = \cos\phi\,\mathbf{u}_x + \text{sen}\,\phi\,\mathbf{u}_y \rightarrow h_1 = h_\rho = \sqrt{\cos^2\phi + \text{sen}^2\phi} = 1$

- $\dfrac{\partial \mathbf{r}}{\partial u_2} = \dfrac{\partial \mathbf{r}}{\partial \phi} = -\rho\,\text{sen}\,\phi\,\mathbf{u}_x + \rho\cos\phi\,\mathbf{u}_y \rightarrow h_2 = h_\phi = \sqrt{\rho^2\,\text{sen}^2\phi + \rho^2\cos^2\phi} = \rho$

- $\dfrac{\partial \mathbf{r}}{\partial u_3} = \dfrac{\partial \mathbf{r}}{\partial z} = \mathbf{u}_z \rightarrow h_3 = h_z = 1$

11.10.4 - Coordenadas Esféricas (r,θ,ϕ)

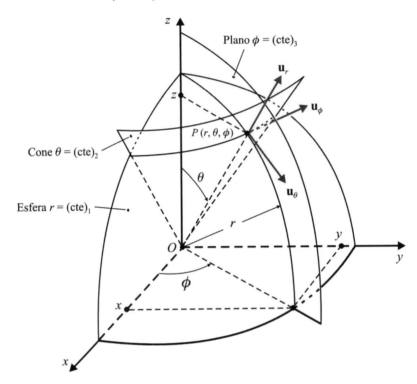

Fig 11.6- Coordenadas Esféricas

Nomeando u_1, u_2, u_3, como sendo, respectivamente, r, θ, ϕ, temos as relações com as coordenadas cartesianas retangulares, que são:

$$\begin{cases} x = r\,\text{sen}\,\theta\cos\phi \\ y = r\,\text{sen}\,\theta\,\text{sen}\,\phi \\ z = r\cos\theta \end{cases} \qquad (11.59)$$

As famílias de superfícies coordenadas são as que se seguem:

- Superfícies esféricas centradas na origem, sendo

$$r = \sqrt{x^2 + y^2 + z^2} = \text{constante}, \quad 0 \le r < +\infty$$

- Superfícies cônicas coaxiais com o eixo z e vértice na origem, de tal sorte que

$$\theta = \text{arc} \cos\left(\frac{z}{\sqrt{x^2 + y^2 + z^2}} \right) = \text{constante}, \quad 0 \le \theta \le \pi \ \text{rad}(180°)$$

- Semi-planos contendo o eixo polar (eixo z), tais que

$$\phi = \text{arc tg}\left(\frac{y}{x} \right) = \text{constante}, \quad 0 \le \phi \le 2\pi \ \text{rad}(360°)$$

Os fatores de escala são:

$$\begin{cases} h_1 = h_r = 1 \\ h_2 = h_\theta = r \\ h_3 = h_\phi = r\,sen\theta \end{cases} \tag{11.60}$$

EXEMPLO 11.10

Deduzir, via conjunto de equações (11.38), os fatores de escala apresentados no grupo de equações (11.60).

SOLUÇÃO:

Do grupo de equações (11.38) depreende-se

$$h_i = \left| \frac{\partial \mathbf{r}}{\partial u_i} \right|$$

Pela expressão (3.10),

$$\mathbf{r} = x\,\mathbf{u}_x + y\,\mathbf{u}_y + z\,\mathbf{u}_z = r\,sen\,\theta\,\cos\phi\,\mathbf{u}_x + r\,sen\,\theta\,sen\,\phi\,\mathbf{u}_y + r\cos\theta\,\mathbf{u}_z$$

o que nos conduz a

- $\dfrac{\partial \mathbf{r}}{\partial u_1} = \dfrac{\partial \mathbf{r}}{\partial r} = sen\,\theta\cos\phi\,\mathbf{u}_x + sen\,\theta\,sen\,\phi\,\mathbf{u}_y + \cos\theta\,\mathbf{u}_z \to h_1 = h_r =$

$$= \sqrt{sen^2\,\theta\cos^2\phi + sen^2\,\theta\,sen^2\,\phi + \cos^2\theta} = \sqrt{sen^2\,\theta\,\underbrace{\left(\cos^2\phi + sen^2\phi\right)}_{=1} + \cos^2\theta} =$$

$$= \sqrt{\underbrace{\operatorname{sen}^2\theta + \cos^2\theta}_{=1}} = 1$$

- $\dfrac{\partial \mathbf{r}}{\partial u_2} = \dfrac{\partial \mathbf{r}}{\partial \theta} = r\cos\theta\cos\phi\,\mathbf{u}_x + r\cos\theta\operatorname{sen}\phi\,\mathbf{u}_y - r\operatorname{sen}\theta\,\mathbf{u}_z \to h_2 = h_\theta =$

$$= \sqrt{r^2\cos^2\theta\cos^2\phi + r^2\cos^2\theta\operatorname{sen}^2\phi + r^2\operatorname{sen}^2\theta} = r\sqrt{\cos^2\theta\underbrace{(\cos^2\phi + \operatorname{sen}^2\phi)}_{=1} + \operatorname{sen}^2\theta} =$$

$$= \sqrt{\underbrace{\cos^2\theta + \operatorname{sen}^2\theta}_{=1}} = r$$

- $\dfrac{\partial \mathbf{r}}{\partial u_3} = \dfrac{\partial \mathbf{r}}{\partial \phi} = -r\operatorname{sen}\theta\operatorname{sen}\phi\,\mathbf{u}_x + r\operatorname{sen}\theta\cos\phi\,\mathbf{u}_y \to h_3 = h_\phi =$

$$= \sqrt{r^2\operatorname{sen}^2\theta\operatorname{sen}^2\phi + r^2\operatorname{sen}^2\theta\cos^2\phi} = r\operatorname{sen}\theta\sqrt{\underbrace{\operatorname{sen}^2\phi + \cos^2\phi}_{=1}} = r\operatorname{sen}\theta$$

11.10.5 - Coordenadas Cilíndricas Elípticas (u,v,z)

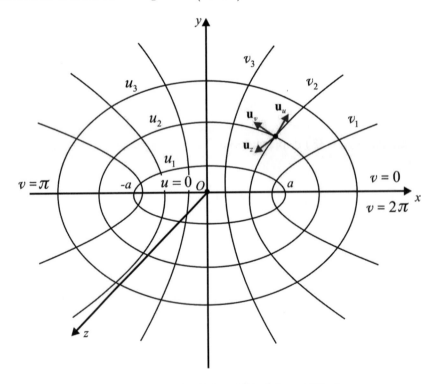

Fig. 11.7 - Coordenadas Cilíndricas Elípticas

Para estas coordenadas, u_1, u_2, u_3, são, respectivamente, u, v, z, e temos as relações com as coordenadas cartesianas:

Coordenadas Curvilíneas Generalizadas   483

$$\begin{cases} x = a \cosh u \cos v \\ y = a \operatorname{senh} u \operatorname{sen} v \\ z = z \end{cases} \tag{11.61}$$

Temos as seguintes superfícies coordenadas:

- Superfícies cilíndricas elíticas, $u = $ constante, $0 \leq u < +\infty$

- Superfícies cilíndricas hiperbólicas, $v = $ constante, $0 \leq v \leq 2\pi \, \mathrm{rad}(360°)$

- Superfícies planas paralelas ao plano xy (plano $z = 0$), $z = $ constante, $-\infty < z < +\infty$

A natureza dos traços das superfícies curvas no plano $z = $ constante pode ser verificada partindo do grupo (11.61). Elevando ao quadrado ambos os membros das duas primeiras equações, obtemos

$$\begin{cases} x^2 = a^2 \cosh^2 u \, \cos^2 v \\ y^2 = a^2 \operatorname{senh}^2 u \, \operatorname{sen}^2 v \end{cases}$$

das quais, concluímos

$$\begin{cases} \dfrac{x^2}{a^2 \cosh^2 u} + \dfrac{y^2}{a^2 \operatorname{senh}^2 u} = 1 \\ \dfrac{x^2}{a^2 \cos^2 v} - \dfrac{y^2}{a^2 \operatorname{sen}^2 v} = 1 \end{cases}$$

Mantendo-se u constante, temos uma família de elipses cujo eixo maior é o eixo x. Para $v = $ constante, temos hipérboles com focos sobre o eixo x, focos estes coincidentes com os das elipses. Os traços das superfícies coordenadas no plano xy estão ilustradas na figura 10.7.

Os fatores métricos para este sistema são:

$$\begin{cases} h_1 = h_u = a\sqrt{\operatorname{senh}^2 u + \operatorname{sen}^2 v} \\ h_2 = h_v = a\sqrt{\operatorname{senh}^2 u + \operatorname{sen}^2 v} \\ h_3 = h_z = 1 \end{cases} \tag{11.62}$$

11.10.6 - Coordenadas Esferoidais Oblongas (u, v, ϕ)

Partindo das coordenadas elípticas da subseção anterior com um sistema bidimensional, vamos gerar um sistema tridimensional girando em torno do eixo maior da elipse e introduzindo um ângulo azimutal ϕ. Permutando nossos eixos cartesianos a fim de que o eixo z seja o eixo de simetria rotacional[6], temos as relações com as coordenadas cartesianas retangulares:

---

[6] Vide parte (a) da figura 11.8.

$$\begin{cases} x = a\ \text{senh}\ u\ \text{sen}\ v\ \cos\phi \\ y = a\ \text{senh}\ u\ \text{sen}\ v\ \text{sen}\ \phi \\ z = a\ \cosh u\ \cos v \end{cases} \quad (11.63)$$

A correspondência entre as variáveis é $u_1 = u, u_2 = v, u_3 = \phi$, e as seguintes superfícies coordenadas:

- Superfícies elipsoidais (alongadas) de revolução, u = constante, $0 \le u < \infty$
- Superfícies hiperboloidais de duas folhas, v = constante, $0 \le v \le \pi$ rad(180°)
- Semi-planos contendo o eixo z, ϕ = constante, $0 \le \phi \le 2\pi$ rad(360°)

Evidentemente, os hiperbolóides e os elipsóides são confocais.

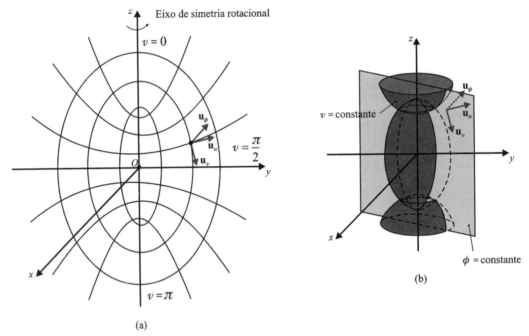

Fig. 11.8 - Coordenadas Esferoidais Oblongas

Os fatores de escala são:

$$\begin{cases} h_1 = h_u = a\sqrt{\text{senh}^2 u + \text{sen}^2 v} = a\sqrt{\cosh^2 u - \cos^2 v} \\ h_2 = h_v = a\sqrt{\text{senh}^2 u + \text{sen}^2 v} \\ h_3 = h_\phi = a\ \text{senh} u\ \text{sen} v \end{cases} \quad (11.64)$$

Nota: esta configuração referencial é bastante importante em Física, mais particularmente em Eletromagnetismo, devido a sua aplicação aos problemas em que aparecem dois centros. Eles correspondem aos pontos focais $(0,0,a)$ e $(0,0,-a)$, correspondentes aos elipsóides e parabolóides de revolução. Conforme apresentado na figura 11.9, notamos a distância do ponto focal à direita até o ponto (z,x) como sendo R_1, e a distância correspondente ao ponto focal da esquerda como sendo R_2.

O ponto (z, x) é descrito em termos de u e v por meio do grupo de equações (11.38). O azimute é aqui irrelevante e, a partir das propriedades da elipse e da hipérbole, temos

$$\begin{cases} R_1 + R_2 = \text{constante, para } u \text{ fixo} \\ R_2 - R_1 = \text{constante, para } v \text{ fixo} \end{cases}$$

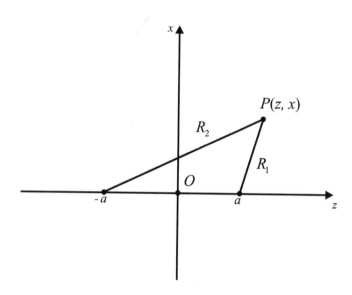

Fig. 11.9

Pela figura 11.9, segue-se

$$\begin{cases} R_1 = \sqrt{(z-a)^2 + x^2} \\ R_2 = \sqrt{(z+a)^2 + x^2} \end{cases}$$

e a partir do grupo (11.63)

$$\begin{cases} R_1 = a(\cosh u - \cos v) \\ R_2 = a(\cosh u + \cos v) \end{cases}$$

que é equivalente a

$$\begin{cases} \dfrac{R_1 + R_2}{2a} = \cosh u \\ \dfrac{R_2 - R_1}{2a} = \cos v \end{cases}$$

Isto significa que u é função da soma das distâncias aos dois "centros", enquanto que v é função da diferença das distâncias aos dois referidos centros.

Para facilitar a aplicação deste sistema de coordenadas é, às vezes, conveniente fazer uma mudança de variáveis introduzindo,

$$\begin{cases} \xi_1 = \cosh u, 1 \leq \xi_1 < \infty \\ \xi_2 = \cos v, -1 \leq \xi_2 \leq 1 \\ \xi_3 = \phi, 0 \leq \xi_3 \leq 2\pi \text{ rad}(360°) \end{cases}$$

No entanto, é interessante notar que

$$h_{\xi_1} = h_{\cosh u} \neq h_u$$

pois novas variáveis envolvem novos fatores de escala.

11.10.7 - Coordenadas Esferoidais Achatadas (u, v, ϕ)

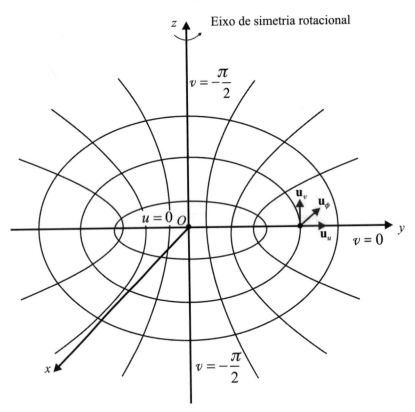

Fig.11.10 - Coordenadas Esferoidais Achatadas

Quando as coordenadas elíticas da subseção 11.10.5 são giradas em torno do eixo menor da elipse, nós geramos um outro sistema esferoidal tridimensional, no qual introduzimos um ângulo azimutal ϕ. Temos, pois, as relações com as coordenadas cartesianas retangulares:

$$\begin{cases} x = a \cosh u \cos v \cos \phi \\ y = a \cosh u \cos v \operatorname{sen} \phi \\ z = a \operatorname{senh} u \operatorname{sen} v \end{cases} \qquad (11.65)$$

As variáveis u_1, u_2, u_3 correspondem a u, v, ϕ.

Temos as seguintes superfícies coordenadas:

- Superfícies elipsoidais (achatadas) de revolução, $u = \text{constante}, 0 \le u < +\infty$

- Superfícies hiperboloidais de uma folha, $v = \text{constante}$[7],

$$(-90°) - \frac{\pi}{2}\,\mathrm{rad} \le v \le \frac{\pi}{2}\,\mathrm{rad}\,(90°)$$

- Semi-planos contendo o eixo z, $\phi = \text{constante}$, $0 \le \phi \le 2\pi\,\mathrm{rad}\,(360°)$.

Pela figura 11.10,

$$\mathbf{u}_u \times \mathbf{u}_v = -\mathbf{u}_\phi$$

o que indica que este sistema é levógiro. Os coeficientes métricos são:

$$\begin{cases} h_1 = h_u = a\sqrt{\operatorname{senh}^2 u + \operatorname{sen}^2 v} = a\sqrt{\cosh^2 u - \cos^2 v} \\ h_2 = h_v = a\sqrt{\operatorname{senh}^2 u + \operatorname{sen}^2 v} \\ h_3 = h_\phi = a \cosh u \cos v \end{cases} \qquad (11.66)$$

Uma vez que mantendo u constante resulta em um elipsóide achatado, que é uma boa aproximação para a superfície do planeta, este sistema é útil na descrição do campo gravitacional terrestre.

11.10.8 - Coordenadas Cilíndricas Parabólicas (ξ, η, z)

As variáveis u_1, u_2, u_3 correspondem a ξ, η, z, e as equações que relacionam estas variáveis com as cartesianas são:

$$\begin{cases} x = \xi\eta \\ y = \dfrac{1}{2}\left(\eta^2 - \xi^2\right) \\ z = z \end{cases} \qquad (11.67)$$

---

[7] Reparar que v tem um intervalo de variação de π rad em contraste com a faixa de 2π rad das coordenadas cilíndricas elíticas. Os valores negativos de v geram valores negativos de z.

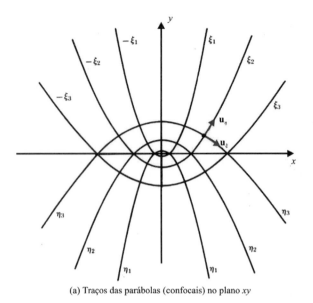

(a) Traços das parábolas (confocais) no plano xy

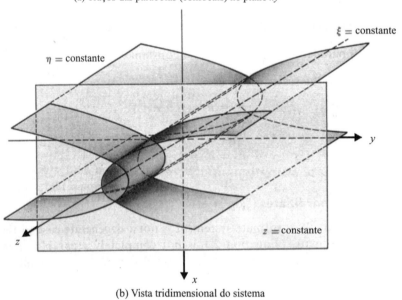

(b) Vista tridimensional do sistema

Fig. 11.11 - Coordenadas Cilíndricas Parabólicas

Temos, em consequência, as superfícies coordenadas seguintes:

- Superfícies cilíndricas parabólicas, ξ = constante[8], $-\infty < \xi < +\infty$

- Superfícies cilíndricas parabólicas, η = constante, $0 \leq \eta < +\infty$

- Superfícies planas paralelas ao plano xy (plano $z = 0$), z = constante, sendo $-\infty < z < +\infty$

Os coeficientes métricos são:

---

[8] O cilindro parabólico ξ=constante é invariante para o sinal de ξ. Devemos tomar ξ ou η negativos a fim de obtermos valores negativos de x.

$$\begin{cases} h_1 = h_\xi = \sqrt{\xi^2 + \eta^2} \\ h_2 = h_\eta = \sqrt{\xi^2 + \eta^2} \\ h_3 = h_z = 1 \end{cases} \quad (11.68)$$

11.10.9 - Coordenadas Parabólicas (ξ, η, ϕ)

Girando as parábolas confocais descritas na subseção anterior temos um sistema tridimensional de revolução, baseado em um conjunto ortogonal de paraboloides de revolução confocais. Permutando ciclicamente as coordenadas, de modo a que z seja o eixo de revolução, temos as seguintes relações com as coordenadas cartesianas retangulares:

$$\begin{cases} x = \xi\,\eta\cos\phi \\ y = \xi\,\eta\,\text{sen}\,\phi \\ z = \dfrac{1}{2}\left(\eta^2 - \xi^2\right) \end{cases} \quad (11.69)$$

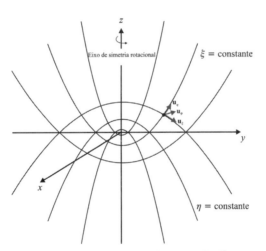

Fig. 11.12 - Coordenadas Parabólicas

As superfícies coordenadas são as que se seguem:

- Superfícies de paraboloides de revolução com eixo coincidente com o eixo z (parte positiva), ξ = constante, $0 \leq \xi < +\infty$

- Superfícies de paraboloides de revolução com eixo coincidente com o eixo z (parte negativa), η = constante, $0 \leq \eta < +\infty$

- Semi-planos contendo o eixo z, ϕ = constante, $0 \leq \phi \leq 2\pi\,\text{rad}\,(360°)$

Da figura 11.12, concluímos

$$\mathbf{u}_\xi \times \mathbf{u}_\eta = -\mathbf{u}_\phi$$

490   **Cálculo e Análise Vetoriais com Aplicações Práticas**

o que indica que o presente sistema é levógiro. Os coeficientes métricos são:

$$\begin{cases} h_1 = h_\xi = \sqrt{\xi^2 + \eta^2} \\ h_2 = h_\eta = \sqrt{\xi^2 + \eta^2} \\ h_3 = h_\phi = \xi\,\eta \end{cases} \tag{11.70}$$

11.10.10 - Coordenadas Bipolares (ξ, η, z)

As variáveis u_1, u_2, u_3 correspondem a ξ, η, z. Este é um sistema ímpar e muito pouco utilizado. Entretanto, no exemplo 11.16 poderemos ver o quanto um sistema não usual é útil na solução de um problema. As equações de transformação são as seguintes:

$$\begin{cases} x = \dfrac{a\,\operatorname{senh}\eta}{\cosh\eta - \cos\xi} \\ y = \dfrac{a\,\operatorname{sen}\xi}{\cosh\eta - \cos\xi} \\ z = z \end{cases} \tag{11.71}$$

Dividindo a primeira equação do grupo pela segunda, obtemos

$$\frac{x}{y} = \frac{\operatorname{senh}\eta}{\operatorname{sen}\xi} \tag{11.72}$$

Utilizando (11.72) para eliminar ξ de primeira equação do grupo (11.71), temos

$$\left(x - a\operatorname{cotgh}\eta\right)^2 + y^2 = a^2\operatorname{cossech}^2\eta \tag{11.73}$$

Utilizando (11.72) para eliminar η da segunda equação do grupo (11.71), segue-se

$$x^2 + \left(y - a\operatorname{cotg}\xi\right)^2 = a^2\operatorname{cossec}^2\xi \tag{11.74}$$

A partir das duas últimas equações obtidas, podemos identificar as superfícies coordenadas, que são:

- Superfícies cilíndricas circulares centradas em $y = a\operatorname{cotg}\xi$, sendo $\xi = $ constante, $0 \le \xi \le 2\pi\,\mathrm{rad}\,(360°)$

- Superfícies cilíndricas circulares centradas em $x = a\operatorname{cotgh}\eta$, tais que $\eta = $ constante, $-\infty < \eta < \infty$

- Superfícies planas paralelas ao plano xy ($z = 0$), $z = $ constante, $-\infty < z < +\infty$

Quando $\eta \to +\infty$, $\operatorname{cotgh}\eta \to 1$ e $\operatorname{cossech}\eta \to 0$ e a equação (11.73) tem uma solução $x = a$,

$y = 0$. Similarmente, quando $\eta \to -\infty$ ela tem solução $x = -a, y = 0$, o círculo degenerando em um ponto, e o cilindro em uma reta. A família de círculos (no plano $z = = 0$) descritos pela equação (11.74) passa através destes pontos $(a,0)$ e $(-a,0)$. Isto decorre do fato de que as coordenadas destes pontos são soluções da equação (11.74) para qualquer valor de ξ.

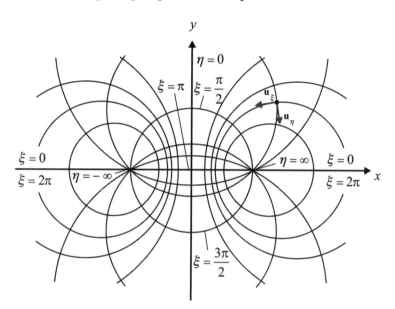

Fig. 11.13 - Coordenadas Bipolares

Os fatores de escala são:

$$\begin{cases} h_1 = h_\xi = \dfrac{a}{\cosh\eta - \cos\xi} \\ h_2 = h_\eta = \dfrac{a}{\cosh\eta - \cos\xi} \\ h_3 = h_z = 1 \end{cases} \qquad (11.75)$$

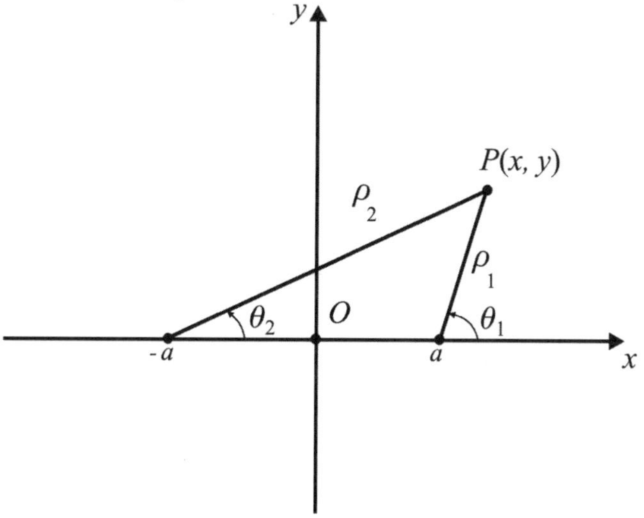

Fig. 11.14

492 **Cálculo e Análise Vetoriais com Aplicações Práticas**

A fim de verificar a utilidade deste sistema, consideremos os pontos $(a,0),(-a,0),(x,y)$ e as distâncias entre dois pontos, ρ_1 e ρ_2, conforme indicado na figura 11.14. Então, temos

$$\begin{cases} \rho_1^{\,2} = (x-a)^2 + y^2 \\ \rho_2^{\,2} = (x+a)^2 + y^2 \end{cases} \tag{11.76}$$

e

$$\begin{cases} \operatorname{tg}\theta_1 = \dfrac{y}{x-a} \\ \operatorname{tg}\theta_2 = \dfrac{y}{x+a} \end{cases} \tag{11.77}$$

Sejam

$$\begin{cases} \eta_{12} = \ln\dfrac{\rho_2}{\rho_1} \\ \xi_{12} = \theta_1 - \theta_2 \end{cases} \tag{11.78}$$

Da trigonometria e do grupo (11.76), temos

$$\operatorname{tg}\xi_{12} = \operatorname{tg}\left(\theta_1 - \theta_2\right) = \frac{\operatorname{tg}\theta_1 - \operatorname{tg}\theta_2}{1 + \operatorname{tg}\theta_1 \operatorname{tg}\theta_2} = \frac{\dfrac{y}{x-a} - \dfrac{y}{x+a}}{1 + \dfrac{y^2}{(x-a)(x+a)}} \tag{11.79}$$

Verificamos, pois, que a expressão (11.73) é deduzida a partir da expressão (11.79), bastando identificar ξ como $\xi_{12} = \theta_1 - \theta_2$. Resolvendo a primeira equação do grupo (11.78) para a razão ρ_2/ρ_1 e combinando com o grupo (11.76), segue-se

$$e^{2\eta_{12}} = \frac{\rho_2^{\,2}}{\rho_1^{\,2}} = \frac{(x+a)^2 + y^2}{(x-a)^2 + y^2} \tag{11.80}$$

Multiplicando por $e^{-\eta_{12}}$ e usando as definições de seno e cosseno hiperbólicos, chegamos à expressão (11.73), na qual η é $\eta_{12} = \ln\left(\rho_2/\rho_1\right)$.

11.10.11 - Coordenadas Toroidais (ξ,η,ϕ)

As variáveis u_1, u_2, u_3 correspondem a ξ, η, ϕ. Este sistema é formado girando o plano xy do sistema bipolar da subseção anterior em torno do eixo y da figura 11.13. Mudando ciclicamente as variáveis de modo a que o eixo de rotação seja o eixo x, temos as seguintes equações de transformações:

$$\begin{cases} x = \dfrac{a\operatorname{senh}\eta\cos\phi}{\cosh\eta - \cos\xi} \\ y = \dfrac{a\operatorname{senh}\eta\operatorname{sen}\phi}{\cosh\eta - \cos\xi} \\ z = \dfrac{a\operatorname{sen}\xi}{\cosh\eta - \cos\xi} \end{cases} \qquad (11.81)$$

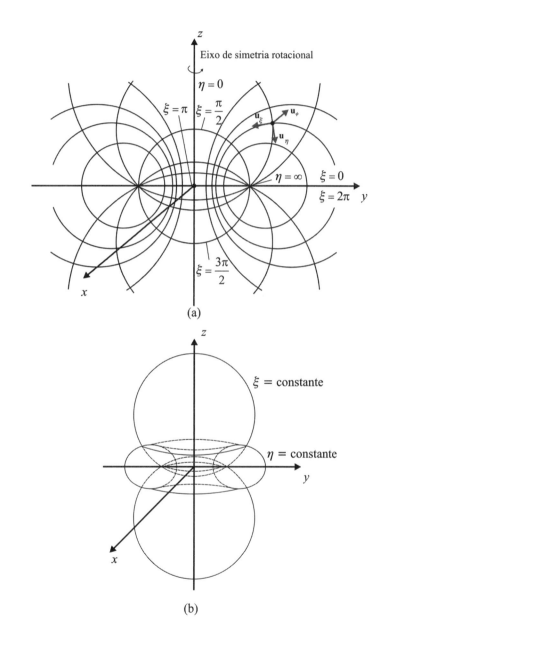

Fig. 11.15 - Coordenadas Toroidais

As superfícies coordenadas são:

- Superfícies esféricas centradas em $(0, 0, \operatorname{cotg}\xi)$ e raio $a\left|\operatorname{cossec}\xi\right|$, ξ = constante, $0 \leq \xi \leq 2\pi$

494   **Cálculo e Análise Vetoriais com Aplicações Práticas**

rad (360^0), sendo que

$$2az \cotg \xi = x^2 + y^2 + z^2 - a^2 \tag{11.82}$$

- Superfícies toroidais, $\eta = $ constante , $0 \leq \eta < \infty$, sendo que as seções retas são círculos cujos centros distam $a \cotgh \eta$ do eixo z, e cujo raio é $a \cossec h \eta$, de tal forma que

$$4a^2 \left(x^2 + y^2 \right) \cotgh^2 \eta = \left(x^2 + y^2 + z^2 + a^2 \right)^2 \tag{11.83}$$

- Semi-planos contendo o eixo $z, \phi = $ constante , $0 \leq \phi \leq 2\pi \, rad \left(360° \right)$

Pela figura 11.15,

$$\mathbf{u}_\xi \times \mathbf{u}_\eta = -\mathbf{u}_\phi$$

o que indica que este sistema é levógiro. Os coeficientes métricos são os seguintes:

$$\begin{cases} h_1 = h_\xi = \dfrac{a}{\cosh \eta - \cos \xi} \\[3mm] h_2 = h_\eta = \dfrac{a}{\cosh \eta - \cos \xi} \\[3mm] h_3 = h_\phi = \dfrac{a \, \senh \eta}{\cosh \eta - \cos \xi} \end{cases} \tag{11.84}$$

11.10.12 - Coordenadas Biesféricas $\left(\xi, \eta, \phi \right)$

Mais uma vez temos u_1, u_2, u_3 correspondendo a ξ, η, ϕ. Girando o sistema bipolar da subseção 11.10.10, só que agora em torno do eixo x, obtemos duas famílias de esferas ortogonais se interceptando. Juntando a isto planos azimutais constantes temos o nosso sistema biesférico, cujas equações de transformação são:

$$\begin{cases} x = \dfrac{a \, \sen \xi \cos \phi}{\cosh \eta - \cos \xi} \\[3mm] y = \dfrac{a \, \sen \xi \, \sen \phi}{\cosh \eta - \cos \xi} \\[3mm] z = \dfrac{a \, \senh \eta}{\cosh \eta - \cos \xi} \end{cases} \tag{11.85}$$

e mais uma vez houve uma troca de variáveis para que z ficasse sendo o eixo rotacional.

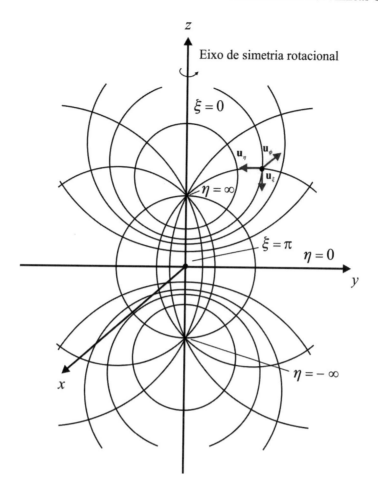

Fig. 11.16 - Coordenadas Biesféricas

Temos as seguintes superfícies coordenadas:

- Uma superfície de revolução, de 4ª ordem, em torno do eixo z,

$$\xi = \text{constante}, \begin{cases} 0 < \xi < \text{rad}(90°), \text{"ondula" sobre o eixo } z \\ \xi = \pi/2 \, \text{rad}(90°), \text{ esfera} \\ \pi/2 < \xi < \pi, \text{ "ponteia" sobre o eixo } z \end{cases}$$

- Superfícies esféricas de raio $a|\text{cossech}\,\eta|$, centradas em $(0, 0, a\,\text{cotgh}\,\eta)$, $\eta = \text{constante}$, $-\infty < \eta < +\infty$

- Semi-planos contendo o eixo z, $\phi = \text{constante}, 0 \leq \phi \leq 2\pi \, \text{rad}(360°)$

Os fatores métricos são:

496   **Cálculo e Análise Vetoriais com Aplicações Práticas**

$$\begin{cases} h_1 = h_\xi = \dfrac{a}{\cosh\eta - \cos\xi} \\[3mm] h_2 = h_\eta = \dfrac{a}{\cosh\eta - \cos\xi} \\[3mm] h_3 = h_\phi = \dfrac{a}{\cosh\eta - \cos\xi} \end{cases} \tag{11.86}$$

11.10.13 - Coordenadas Elipsoidais $\left(\xi_1, \xi_2, \xi_3\right)$

Neste caso u_1, u_2, u_3 correspondem a ξ_1, ξ_2, ξ_3. As equações de transformação são:

$$\begin{cases} x^2 = \dfrac{\left(a^2 - \xi_1\right)\left(a^2 - \xi_2\right)\left(a^2 - \xi_3\right)}{\left(a^2 - b^2\right)\left(a^2 - c^2\right)} \\[4mm] y^2 = \dfrac{\left(b^2 - \xi_1\right)\left(b^2 - \xi_2\right)\left(\xi_3 - b^2\right)}{\left(a^2 - b^2\right)\left(b^2 - c^2\right)} \\[4mm] z^2 = \dfrac{\left(c^2 - \xi_1\right)\left(\xi_2 - c^2\right)\left(\xi_3 - c^2\right)}{\left(a^2 - c^2\right)\left(b^2 - c^2\right)} \end{cases} \tag{11.87}$$

As superfícies coordenadas utilizadas para localizar um ponto neste mui genérico sistema de coordenadas são as famílias de superfícies quádricas definidas por:

- Elipsóides (três eixos desiguais), $\xi_1 = $ constante

$$\frac{x^2}{a^2 - \xi_1} + \frac{y^2}{b^2 - \xi_1} + \frac{z^2}{c^2 - \xi_1} = 1$$

- Hiperbolóides de uma folha, $\xi_2 = $ constante

$$\frac{x^2}{a^2 - \xi_2} + \frac{y^2}{b^2 - \xi_2} - \frac{z^2}{\xi_2 - c^2} = 1$$

- Hiperbolóides de duas folhas, $\xi_3 = $ constante

$$\frac{x^2}{a^2 - \xi_3} - \frac{y^2}{\xi_3 - b^2} - \frac{z^2}{\xi_3 - c^2} = 1, \text{ sendo que } a^2 > \xi_3 > b^2 > \xi_2 > c^2 > \xi_1$$

Os coeficientes métricos são:

$$\begin{cases} h_1 = h_{\xi_1} = \dfrac{1}{2}\sqrt{\dfrac{(\xi_2-\xi_1)(\xi_3-\xi_1)}{(a^2-\xi_1)(b^2-\xi_1)(c^2-\xi_1)}} \\[3mm] h_2 = h_{\xi_2} = \dfrac{1}{2}\sqrt{\dfrac{(\xi_3-\xi_2)(\xi_2-\xi_1)}{(a^2-\xi_2)(b^2-\xi_2)(c^2-\xi_2)}} \\[3mm] h_3 = h_{\xi_3} = \dfrac{1}{2}\sqrt{\dfrac{(\xi_3-\xi_1)(\xi_3-\xi_2)}{(a^2-\xi_3)(\xi_3-b^2)(\xi_3-c^2)}} \end{cases} \tag{11.88}$$

11.10.14 - Coordenadas Cônicas (ξ_1,ξ_2,ξ_3)

Este é uma das formas degeneradas menos usuais do sistema de coordenadas elipsoidais. Uma de suas poucas, ou talvez únicas, aplicações seja para descrever as autofunções momento angular de um rotor[9]. As equações de transformação são:

$$\begin{cases} x^2 = \left(\dfrac{\xi_1\,\xi_2\,\xi_3}{bc}\right)^2 \\[3mm] y^2 = \dfrac{\xi_1^2\left(\xi_2^2-b^2\right)\left(b^2-\xi_3\right)}{b^2\left(c^2-b^2\right)} \\[3mm] z^2 = \dfrac{\xi_1^2\left(c^2-\xi_2^2\right)\left(c^2-\xi_3^2\right)}{c^2\left(c^2-b^2\right)} \end{cases} \tag{11.89}$$

Para estes sistema, temos as superfícies coordenadas seguintes:

- Superfícies esféricas centradas na origem, raio $\xi_1 = \text{constante}$,

$$x^2 + y^2 + z^2 = \xi_1^2$$

- Superfícies cônicas com vértice na origem, eixo coincidente com o eixo z, seção reta elíptica, $\xi_2 = \text{constante}$,

$$\frac{x^2}{\xi_2^2} + \frac{y^2}{\xi_2^2-b^2} = \frac{z^2}{c^2-\xi_2^2}$$

- Superfícies cônicas com vértice na origem, eixo coincidente com o eixo x, seção reta elpítica, $\xi_3 = \text{constante}$,

$$\frac{x^2}{\xi_3^2} = \frac{y^2}{b^2-\xi_3^2} + \frac{z^2}{c^2-\xi_3^2},$$

---

[9] Vide **R. D. Spencer**, Am. J. Phys. 27, 329 (1959)

498 **Cálculo e Análise Vetoriais com Aplicações Práticas**

com os parâmetros satisfazendo as seguintes restrições:

$$c^2 > \xi_2^{\,2} > b^2 > \xi_3^{\,2}$$

Os coeficientes métricos são:

$$\begin{cases} h_1 = h_{\xi_1} = 1 \\[2ex] h_2 = h_{\xi_2} = \sqrt{\dfrac{\xi_1^{\,2}\left(\xi_2^{\,2}-\xi_3^{\,2}\right)}{\left(\xi_2^{\,2}-b^2\right)\left(c^2-\xi_2^{\,2}\right)}} \\[3ex] h_3 = h_{\xi_3} = \sqrt{\dfrac{\xi_1^{\,2}\left(\xi_2^{\,2}-\xi_3^{\,2}\right)}{\left(b^2-\xi_3^{\,2}\right)\left(c^2-\xi_3^{\,2}\right)}} \end{cases} \qquad (11.90)$$

11.10.15 - Coordenadas Paraboloidais (ξ_1,ξ_2,ξ_3)

Conforme já mencionado na subseção 11.10.1, os únicos sistemas de coordenadas que não derivam do sistema elipsoidal são os sistemas bipolar, toroidal e biesférico. Assim temos a seguir o último dos sistemas derivados do elipsoidal. As equações de transformação são:

$$\begin{cases} x^2 = \dfrac{\left(a^2-\xi_1\right)\left(a^2-\xi_2\right)\left(\xi_3-a^2\right)}{a^2-b^2} \\[3ex] y^2 = \dfrac{\left(b^2-\xi_1\right)\left(\xi_2-b^2\right)\left(\xi_3-b^2\right)}{a^2-b^2} \\[3ex] z^2 = \dfrac{1}{2}\left(a^2+b^2-\xi_1-\xi_2-\xi_3\right) \end{cases} \qquad (11.91)$$

As seguintes superfícies coordenadas definem o sistema em questão:

- Parabolóides elíticos, se extendendo ao longo do eixo z negativo, $\xi_1 = \text{constante}$,

$$\frac{x^2}{a^2-\xi_1} + \frac{y^2}{b^2-\xi_1} + 2z + \xi_1 = 0$$

- Parabolóides hiperbólicos, $\xi_2 = \text{constante}$,

$$\frac{x^2}{a^2-\xi_2} - \frac{y^2}{\xi_2-b^2} + 2z + \xi_2 = 0$$

- Parabolóides elíticos se extendendo ao longo do eixo z positivo, $\xi_3 = \text{constante}$,

$$\frac{x^2}{\xi_3 - a^2} + \frac{y^2}{\xi_3 - b^2} - 2z - \xi_3 = 0$$

em que temos as restrições $\xi_3 > a^2 > \xi_2 > b^2 > \xi_1$

Os fatores métricos para este sistema são

$$\begin{cases} h_1 = h_{\xi_1} = \dfrac{1}{2}\sqrt{\dfrac{(\xi_2 - \xi_1)(\xi_3 - \xi_1)}{(a^2 - \xi_1)(b^2 - \xi_1)}} \\[4mm] h_2 = h_{\xi_2} = \dfrac{1}{2}\sqrt{\dfrac{(\xi_3 - \xi_2)(\xi_2 - \xi_1)}{(a^2 - \xi_2)(\xi_2 - b^2)}} \\[4mm] h_3 = h_{\xi_3} = \dfrac{1}{2}\sqrt{\dfrac{(\xi_3 - \xi_1)(\xi_3 - \xi_2)}{(\xi_3 - a^2)(\xi_3 - b^2)}} \end{cases} \qquad (11.92)$$

EXEMPLO 11.11

Utilizando a equação (11.49) e os fatores métricos adequados, deduzir a expressão do volume diferencial em coordenadas (a) cilíndricas circulares; (b) cilíndricas elípticas. Compare o resultado do ítem (a) com a expressão (3.83).

SOLUÇÃO:

Pela expressão (11.49), temos

$$dv = h_1\ h_2\ h_3\ du_1\ du_2\ du_3$$

(a)

Do grupo (11.58), advém

$$\begin{cases} h_1 = h_p = 1 \\ h_2 = h_\phi = \rho \\ h_3 = h_z = 1 \end{cases}$$

o que implica

$$dv = \rho\ d\rho\ d\phi\ dz$$

que é a própria expressão (3.83).

(b)

Do grupo (11.62), segue-se

$$\begin{cases} h_1 = h_u = a\sqrt{\operatorname{sen} \operatorname{h}^2 u + \operatorname{sen}^2 v} \\ h_2 = h_v = a\sqrt{\operatorname{sen} \operatorname{h}^2 u + \operatorname{sen}^2 v} \\ h_3 = h_z = 1 \end{cases}$$

o que acarreta

$$dv = a^2 \left(\operatorname{senh}^2 u + \operatorname{sen}^2 v \right) du\, dv\, dz$$

EXEMPLO 11.12 *

Determinar o comprimento da cardióide cuja equação no sistema de coordenadas cartesiana é .

$$\left(x^2 + y^2 - ax \right)^2 - a^2 \left(x^2 + y^2 \right) = 0$$

SOLUÇÃO:

Transformando as coordenadas cartesianas para coordenadas polares[10], temos

$$\begin{cases} x = \rho \cos \phi \\ y = \rho \operatorname{sen} \phi \end{cases}$$

Uma vez que, pela expressão (11.38),

$$h_i = \left| \frac{\partial \mathbf{r}}{\partial u_i} \right|$$

e que o vetor posição

$$\mathbf{r} = x\, \mathbf{u}_x + y\, \mathbf{u}_y = \rho \cos \phi\, \mathbf{u}_x + \rho \operatorname{sen} \phi\, \mathbf{u}_y,$$

segue-se

$$\begin{cases} \dfrac{\partial \mathbf{r}}{\partial \rho} = \cos \phi\, \mathbf{u}_x + \operatorname{sen} \phi\, \mathbf{u}_y \rightarrow h_1 = h_\rho = \sqrt{\cos^2 \phi + \operatorname{sen}^2 \phi} = 1 \\ \dfrac{\partial \mathbf{r}}{\partial \phi} = -\rho \cos \phi\, \mathbf{u}_x + \rho \operatorname{sen} \phi\, \mathbf{u}_y \rightarrow h_2 = h_\phi = \sqrt{\rho^2 \operatorname{sen}^2 \phi + \rho^2 \cos^2 \phi} = \rho \end{cases}$$

---

[10] Coordenadas cilíndricas no plano xy.

Pela expressão (11.45),

$$dl = \sqrt{(dl_1)^2 + (dl_2)^2 + (dl_3)^2} = \sqrt{(h_1\,du_1)^2 + (h_2\,du_2)^2 + (h_3\,du_3)^2}$$

$$= \sqrt{(h_\rho\,d\rho)^2 + (h_\phi\,d\phi)^2} = \sqrt{(d\rho)^2 + \rho^2(d\phi)^2}$$

Transformando a equação da cardióide para coordenadas polares,

$$\left[(\rho\cos\phi)^2 + (\rho\,\text{sen}\,\phi)^2 - a(\rho\cos\phi)\right]^2 - a^2\left[(\rho\cos\phi)^2 + (\rho\,\text{sen}\,\phi)^2\right] = 0,$$

ou seja,

$$(\rho^2 - a\rho\cos\phi)^2 - a^2\rho^2 = 0 \to \rho = a(1+\cos\phi) \to d\rho = -a\,\text{sen}\,\phi\,d\phi$$

Donde se conclui

$$dl = \sqrt{a^2\,\text{sen}^2\,\phi\,d\phi^2 + a^2(1+\cos\phi)^2\,d\phi^2} = \left(\sqrt{a^2\,\text{sen}^2\,\phi + a^2 + 2a^2\cos\phi + a^2\cos^2\phi}\right)d\phi =$$

$$= \pm 2a\cos\left(\frac{\phi}{2}\right)d\phi$$

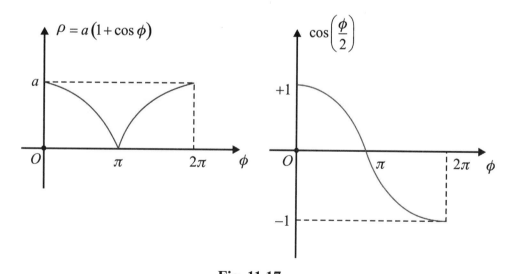

Fig. 11.17

Da figura 11.17, partes (a) e (b), advêm os limites para integração do arco diferencial, isto é,

$$l = 2a\int_{\phi=0}^{\phi=\pi}\cos\left(\frac{\phi}{2}\right)d\phi + 2a\int_{\phi=\pi}^{\phi=2\pi}\left[-\cos\left(\frac{\phi}{2}\right)d\phi\right] = 8a$$

502 **Cálculo e Análise Vetoriais com Aplicações Práticas**

11.11 - Transformações das Componentes de um Vetor em um Sistema Curvilíneo Ortogonal Qualquer para o Sistema Cartesiano Retangular

Sejam V_x, V_y, V_z, as componentes[11] de $\mathbf{V}$ no sistema cartesiano, e V_1, V_2, V_3 as componentes em um sistema curvilíneo ortogonal qualquer. Se a função vetorial é própria, temos

$$\mathbf{V} = V_x\,\mathbf{u}_x + V_y\,\mathbf{u}_y + V_z\,\mathbf{u}_z = V_1\,\mathbf{u}_1 + V_2\,\mathbf{u}_2 + V_3\,\mathbf{u}_3 \qquad \textbf{(i)}$$

Para um sistema ortogonal, temos também

$$\begin{cases} \mathbf{u}_1 = \mathbf{u}_1' = \dfrac{1}{h_1}\dfrac{\partial \mathbf{r}}{\partial u_1} = \dfrac{1}{h_1}\left(\dfrac{\partial x}{\partial u_1}\mathbf{u}_x + \dfrac{\partial y}{\partial u_1}\mathbf{u}_y + \dfrac{\partial z}{\partial u_1}\mathbf{u}_z\right) \\[2mm] \mathbf{u}_2 = \mathbf{u}_2' = \dfrac{1}{h_2}\dfrac{\partial \mathbf{r}}{\partial u_2} = \dfrac{1}{h_2}\left(\dfrac{\partial x}{\partial u_2}\mathbf{u}_x + \dfrac{\partial y}{\partial u_2}\mathbf{u}_y + \dfrac{\partial z}{\partial u_2}\mathbf{u}_z\right) \\[2mm] \mathbf{u}_3 = \mathbf{u}_3' = \dfrac{1}{h_3}\dfrac{\partial \mathbf{r}}{\partial u_3} = \dfrac{1}{h_3}\left(\dfrac{\partial x}{\partial u_3}\mathbf{u}_x + \dfrac{\partial y}{\partial u_3}\mathbf{u}_y + \dfrac{\partial z}{\partial u_3}\mathbf{u}_z\right) \end{cases} \qquad \textbf{(ii)}$$

Substituindo (ii) em (i), obtemos

$$V_x\,\mathbf{u}_x + V_y\,\mathbf{u}_y + V_z\,\mathbf{u}_z = \frac{V_1}{h_1}\left(\frac{\partial x}{\partial u_1}\mathbf{u}_x + \frac{\partial y}{\partial u_1}\mathbf{u}_y + \frac{\partial z}{\partial u_1}\mathbf{u}_z\right) +$$

$$+\frac{V_2}{h_2}\left(\frac{\partial x}{\partial u_2}\mathbf{u}_x + \frac{\partial y}{\partial u_2}\mathbf{u}_y + \frac{\partial z}{\partial u_2}\mathbf{u}_z\right) + \frac{V_3}{h_3}\left(\frac{\partial x}{\partial u_3}\mathbf{u}_x + \frac{\partial y}{\partial u_3}\mathbf{u}_y + \frac{\partial z}{\partial u_3}\mathbf{u}_z\right) \qquad \textbf{(iii)}$$

A fim de que a igualdade (iii) seja satisfeita, devemos ter

$$\begin{cases} V_x = \dfrac{V_1}{h_1}\dfrac{\partial x}{\partial u_1} + \dfrac{V_2}{h_2}\dfrac{\partial x}{\partial u_2} + \dfrac{V_3}{h_3}\dfrac{\partial x}{\partial u_3} \\[3mm] V_y = \dfrac{V_1}{h_1}\dfrac{\partial y}{\partial u_1} + \dfrac{V_2}{h_2}\dfrac{\partial y}{\partial u_2} + \dfrac{V_3}{h_3}\dfrac{\partial y}{\partial u_3} \\[3mm] V_z = \dfrac{V_1}{h_1}\dfrac{\partial z}{\partial u_1} + \dfrac{V_2}{h_2}\dfrac{\partial z}{\partial u_2} + \dfrac{V_3}{h_3}\dfrac{\partial z}{\partial u_3} \end{cases} \qquad \textbf{(11.93a)}$$

ou na forma matricial

---

[11] Devemos tomar cuidado ao representar um vetor, em função de suas componentes em um sistema de coordenadas curvilíneas ortogonais pois nem sempre temos todas as componentes presentes, mesmo em se tratando de um vetor genérico. Seja o vetor posição de um ponto $P(\rho, \phi, z)$ em coordenadas cilíndricas. Pela expressão (3.87), temos $\mathbf{r} = \rho\,\mathbf{u}_\rho + z\,\mathbf{u}_z$ e podemos ver que a componente ϕ não se faz presente.

$$
\begin{bmatrix} V_x \\ V_y \\ V_z \end{bmatrix} = \begin{bmatrix} \dfrac{1}{h_1}\dfrac{\partial x}{\partial u_1} & \dfrac{1}{h_2}\dfrac{\partial x}{\partial u_2} & \dfrac{1}{h_3}\dfrac{\partial x}{\partial u_3} \\[2mm] \dfrac{1}{h_1}\dfrac{\partial y}{\partial u_1} & \dfrac{1}{h_2}\dfrac{\partial y}{\partial u_2} & \dfrac{1}{h_3}\dfrac{\partial y}{\partial u_3} \\[2mm] \dfrac{1}{h_1}\dfrac{\partial z}{\partial u_1} & \dfrac{1}{h_2}\dfrac{\partial z}{\partial u_2} & \dfrac{1}{h_3}\dfrac{\partial z}{\partial u_3} \end{bmatrix} \begin{bmatrix} V_1 \\ V_2 \\ V_3 \end{bmatrix}
\qquad \textbf{(11.93b)}
$$

que pode também ser simplificada

$$
\begin{bmatrix} V_x \\ V_y \\ V_z \end{bmatrix} = \dfrac{1}{h_1\,h_2\,h_3} \begin{bmatrix} \dfrac{\partial x}{\partial u_1} & \dfrac{\partial x}{\partial u_2} & \dfrac{\partial x}{\partial u_3} \\[2mm] \dfrac{\partial y}{\partial u_1} & \dfrac{\partial y}{\partial u_2} & \dfrac{\partial y}{\partial u_3} \\[2mm] \dfrac{\partial z}{\partial u_1} & \dfrac{\partial z}{\partial u_2} & \dfrac{\partial z}{\partial u_3} \end{bmatrix} \begin{bmatrix} V_1 \\ V_2 \\ V_3 \end{bmatrix}
\qquad \textbf{(11.93c)}
$$

A fim de que a transformação seja possível, deve ser também admissível a operação inversa, ou seja,

$$
\begin{bmatrix} V_1 \\ V_2 \\ V_3 \end{bmatrix} = \begin{bmatrix} \dfrac{1}{h_1}\dfrac{\partial x}{\partial u_1} & \dfrac{1}{h_2}\dfrac{\partial x}{\partial u_2} & \dfrac{1}{h_3}\dfrac{\partial x}{\partial u_3} \\[2mm] \dfrac{1}{h_1}\dfrac{\partial y}{\partial u_1} & \dfrac{1}{h_2}\dfrac{\partial y}{\partial u_2} & \dfrac{1}{h_3}\dfrac{\partial y}{\partial u_3} \\[2mm] \dfrac{1}{h_1}\dfrac{\partial z}{\partial u_1} & \dfrac{1}{h_2}\dfrac{\partial z}{\partial u_2} & \dfrac{1}{h_3}\dfrac{\partial z}{\partial u_3} \end{bmatrix} \begin{bmatrix} V_x \\ V_y \\ V_z \end{bmatrix}
\qquad \textbf{(11.94a)}
$$

que pode ser simplificada

$$
\begin{bmatrix} V_1 \\ V_2 \\ V_3 \end{bmatrix} = h_1\,h_2\,h_3 \begin{bmatrix} \dfrac{\partial x}{\partial u_1} & \dfrac{\partial x}{\partial u_2} & \dfrac{\partial x}{\partial u_3} \\[2mm] \dfrac{\partial y}{\partial u_1} & \dfrac{\partial y}{\partial u_2} & \dfrac{\partial y}{\partial u_3} \\[2mm] \dfrac{\partial z}{\partial u_1} & \dfrac{\partial z}{\partial u_2} & \dfrac{\partial z}{\partial u_3} \end{bmatrix} \begin{bmatrix} V_x \\ V_y \\ V_z \end{bmatrix}
\qquad \textbf{(11.94b)}
$$

Pela teoria das matrizes, a fim de que possamos invertê-las o determinante associado deve ser não nulo. Neste caso, o determinante é o já conhecido jacobiano, e temos

$$J\left(\frac{x,y,z}{u_1,u_2,u_3}\right)=\begin{vmatrix}\dfrac{\partial x}{\partial u_1} & \dfrac{\partial x}{\partial u_2} & \dfrac{\partial x}{\partial u_3}\\[2ex]\dfrac{\partial y}{\partial u_1} & \dfrac{\partial y}{\partial u_2} & \dfrac{\partial y}{\partial u_3}\\[2ex]\dfrac{\partial z}{\partial u_1} & \dfrac{\partial z}{\partial u_2} & \dfrac{\partial z}{\partial u_3}\end{vmatrix}\neq 0$$

como condição de possibilidade, o que vem a corroborar o que já havia sido tratado na seção 11.5.

EXEMPLO 11.13

À luz desses novos conceitos, rededuzir as matrizes das transformações a seguir:

(a) cilíndricas → cartesianas;

(b) cartesianas → cilíndricas;

(c) esféricas → cartesianas;

(d) cartesianas → esféricas;

(e) cilíndricas → esféricas

SOLUÇÃO:

(a)

Temos

$$\begin{cases} x = \rho\cos\phi \\ y = \rho\,\text{sen}\phi \\ z = z \end{cases}$$

de modo que

$$\begin{cases} \dfrac{\partial x}{\partial u_1}=\dfrac{\partial x}{\partial\rho}=\cos\phi; & \dfrac{\partial x}{\partial u_2}=\dfrac{\partial x}{\partial\phi}=-\rho\,\text{sen}\,\phi; & \dfrac{\partial x}{\partial u_3}=\dfrac{\partial x}{\partial z}=0 \\[2ex] \dfrac{\partial y}{\partial u_1}=\dfrac{\partial y}{\partial\rho}=\text{sen}\,\phi; & \dfrac{\partial y}{\partial u_2}=\dfrac{\partial y}{\partial\phi}=\rho\cos\phi; & \dfrac{\partial y}{\partial u_3}=\dfrac{\partial y}{\partial z}=0 \\[2ex] \dfrac{\partial z}{\partial u_1}=\dfrac{\partial z}{\partial\rho}=0; & \dfrac{\partial z}{\partial u_2}=\dfrac{\partial z}{\partial\phi}=0; & \dfrac{\partial z}{\partial u_3}=\dfrac{\partial z}{\partial z}=1 \end{cases}$$

Entretanto, pelo grupo (11.58),

$$\begin{cases} h_1 = h_p = 1 \\ h_2 = h_\phi = \rho \\ h_3 = h_z = 1 \end{cases}$$

$$[T_{\text{cil}\to\text{cart}}] = \begin{bmatrix} \dfrac{1}{h_1}\dfrac{\partial x}{\partial u_1} & \dfrac{1}{h_2}\dfrac{\partial x}{\partial u_2} & \dfrac{1}{h_3}\dfrac{\partial x}{\partial u_3} \\[2ex] \dfrac{1}{h_1}\dfrac{\partial y}{\partial u_1} & \dfrac{1}{h_2}\dfrac{\partial y}{\partial u_2} & \dfrac{1}{h_3}\dfrac{\partial y}{\partial u_3} \\[2ex] \dfrac{1}{h_1}\dfrac{\partial z}{\partial u_1} & \dfrac{1}{h_2}\dfrac{\partial z}{\partial u_2} & \dfrac{1}{h_3}\dfrac{\partial z}{\partial u_3} \end{bmatrix} = \begin{bmatrix} \cos\phi & -\operatorname{sen}\phi & 0 \\ \operatorname{sen}\phi & \cos\phi & 0 \\ 0 & 0 & 1 \end{bmatrix}$$

(b)

Invertendo a matriz anterior e lançando mão do método de partição, obtemos

$$[T_{\text{cart}\to\text{cil}}] = \begin{bmatrix} \cos\phi & -\operatorname{sen}\phi & 0 \\ \operatorname{sen}\phi & \cos\phi & 0 \\ \hline 0 & 0 & 1 \end{bmatrix}^{-1} = \begin{bmatrix} \cos\phi & \operatorname{sen}\phi & 0 \\ -\operatorname{sen}\phi & \cos\phi & 0 \\ \hline 0 & 0 & 1 \end{bmatrix}$$

(c)

Temos

$$\begin{cases} x = r\operatorname{sen}\theta\cos\phi \\ y = r\operatorname{sen}\theta\operatorname{sen}\phi \\ z = r\cos\theta \end{cases}$$

de tal forma que

$$\begin{cases} \dfrac{\partial x}{\partial u_1} = \dfrac{\partial x}{\partial r} = \operatorname{sen}\theta\cos\phi; \ \dfrac{\partial x}{\partial u_2} = \dfrac{\partial x}{\partial\theta} = r\cos\theta\cos\phi; \ \dfrac{\partial x}{\partial u_3} = \dfrac{\partial x}{\partial\phi} = r\operatorname{sen}\theta\operatorname{sen}\phi \\[2ex] \dfrac{\partial y}{\partial u_1} = \dfrac{\partial y}{\partial r} = \operatorname{sen}\theta\operatorname{sen}\phi; \ \dfrac{\partial y}{\partial u_2} = \dfrac{\partial y}{\partial\theta} = r\cos\theta\operatorname{sen}\phi; \ \dfrac{\partial y}{\partial u_3} = \dfrac{\partial y}{\partial\phi} = r\operatorname{sen}\theta\cos\phi \\[2ex] \dfrac{\partial z}{\partial u_1} = \dfrac{\partial z}{\partial r} = \cos\theta; \ \dfrac{\partial z}{\partial u_2} = \dfrac{\partial z}{\partial\theta} = -r\operatorname{sen}\theta; \ \dfrac{\partial z}{\partial u_3} = \dfrac{\partial z}{\partial\phi} = 0 \end{cases}$$

No entanto, pelo grupo (11.60),

506 **Cálculo e Análise Vetoriais com Aplicações Práticas**

$$\begin{cases} h_1 = h_r = 1 \\ h_2 = h_\theta = r \\ h_3 = h_\phi = r\,\mathrm{sen}\,\theta \end{cases}$$

$$\left[T_{\text{esf}\to\text{cart}}\right] = \begin{bmatrix} \dfrac{1}{h_1}\dfrac{\partial x}{\partial u_1} & \dfrac{1}{h_2}\dfrac{\partial x}{\partial u_2} & \dfrac{1}{h_3}\dfrac{\partial x}{\partial u_3} \\[2mm] \dfrac{1}{h_1}\dfrac{\partial y}{\partial u_1} & \dfrac{1}{h_2}\dfrac{\partial y}{\partial u_2} & \dfrac{1}{h_3}\dfrac{\partial y}{\partial u_3} \\[2mm] \dfrac{1}{h_1}\dfrac{\partial z}{\partial u_1} & \dfrac{1}{h_2}\dfrac{\partial z}{\partial u_2} & \dfrac{1}{h_3}\dfrac{\partial z}{\partial u_3} \end{bmatrix} = \begin{bmatrix} \mathrm{sen}\,\theta\,\cos\phi & \cos\theta\cos\phi & -\mathrm{sen}\,\phi \\ \mathrm{sen}\,\theta\,\mathrm{sen}\,\phi & \cos\theta\,\mathrm{sen}\,\phi & \cos\phi \\ \cos\theta & -\mathrm{sen}\,\theta & 0 \end{bmatrix}$$

(d)

$$\left[T_{\text{cart}\to\text{esf}}\right] = \begin{bmatrix} \mathrm{sen}\,\theta\,\cos\phi & \cos\theta\cos\phi & -\mathrm{sen}\,\phi \\ \mathrm{sen}\,\theta\,\mathrm{sen}\,\phi & \cos\theta\,\mathrm{sen}\,\phi & \cos\phi \\ \cos\theta & -\mathrm{sen}\,\theta & 0 \end{bmatrix}^{-1} = \begin{bmatrix} \mathrm{sen}\,\theta\,\cos\phi & \mathrm{sen}\,\theta\,\mathrm{sen}\,\phi & \cos\theta \\ \cos\theta\cos\phi & \cos\theta\,\mathrm{sen}\,\phi & -\mathrm{sen}\,\theta \\ -\mathrm{sen}\,\phi & \cos\phi & 0 \end{bmatrix}$$

(e)

Podemos escrever a seguinte equação matricial:

$$\overbrace{\begin{bmatrix} \mathbf{u}_1' \\ \mathbf{u}_2' \\ \mathbf{u}_3' \end{bmatrix}}^{\text{esf}} = \underbrace{\left[T_{\text{cart}\to\text{esf}}\right]\left[T_{\text{cil}\to\text{cart}}\right]}_{\substack{\text{esf}}} \overbrace{\begin{bmatrix} \mathbf{u}_1' \\ \mathbf{u}_2' \\ \mathbf{u}_3' \end{bmatrix}}^{\text{cil}}$$

onde $\left[T_{\text{cart}\to\text{esf}}\right]\left[T_{\text{cil}\to\text{cart}}\right]$ tem a chave "cart".

o que acarreta

$$\left[T_{\text{cil}\to\text{esf}}\right] = \left[T_{\text{cart}\to\text{esf}}\right]\left[T_{\text{cil}\to\text{cart}}\right] = \begin{bmatrix} \mathrm{sen}\,\theta\cos\phi & \mathrm{sen}\,\theta\,\mathrm{sen}\,\phi & \cos\theta \\ \cos\theta\cos\phi & \cos\theta\,\mathrm{sen}\,\phi & -\mathrm{sen}\,\theta \\ -\mathrm{sen}\,\phi & \cos\phi & 0 \end{bmatrix}\begin{bmatrix} \cos\phi & -\mathrm{sen}\,\phi & 0 \\ \mathrm{sen}\,\phi & \cos\phi & 0 \\ 0 & 0 & 1 \end{bmatrix} =$$

$$= \begin{bmatrix} \mathrm{sen}\,\theta\cos^2\phi + \mathrm{sen}\,\theta\,\mathrm{sen}^2\phi & -\mathrm{sen}\,\theta\,\mathrm{sen}\,\phi\cos\phi + \mathrm{sen}\,\theta\,\mathrm{sen}\,\phi\cos\phi & \cos\theta \\ \cos\theta\cos^2\phi + \cos\theta\,\mathrm{sen}^2\phi & -\cos\theta\,\mathrm{sen}\,\phi\cos\phi + \cos\theta\,\mathrm{sen}\,\phi\cos\phi & -\mathrm{sen}\,\theta \\ -\mathrm{sen}\,\phi\cos\phi + \cos\phi\,\mathrm{sen}\,\phi & \mathrm{sen}^2\phi + \cos^2\phi & 0 \end{bmatrix} =$$

$$= \begin{bmatrix} \operatorname{sen} \theta & 0 & \cos \theta \\ \cos \theta & 0 & -\operatorname{sen} \theta \\ 0 & 1 & 0 \end{bmatrix}$$

11.12 - Mudanças de Variáveis nas Integrais

11.12.1 - Integrais de Superfície

Sejam as variáveis x e y relacionadas com duas outras variáveis u_1 e u_2, de um sistema curvilíneo, não necessariamente ortogonal, por meio das relações

$$u_1 = u_1(x, y), u_2 = u_2(x, y) \tag{11.95}$$

onde as funções são contínuas e possuem derivadas parciais de primeira ordem contínuas com relação a x e a y em uma certa região do plano xy. Além do mais, vamos assumir também que as equações do grupo (10.94) possam também ser explicitadas em termos de u_1 e u_2, de tal forma que

$$x = x(u_1, u_2), y = y(u_1, u_2) \tag{11.96}$$

Se u_1 e u_2 assumirem valores constantes, respectivamente u_{1_0} e u_{2_0}, as equações $u_{1_0} = u_1(x, y)$ e $u_{2_0} = u_2(x, y)$, determinam duas curvas que se interceptam em um ponto (x_0, y_0), de tal forma que $x_0 = x(u_{1_0}, u_{2_0})$ e $y_0 = y(u_{1_0}, u_{2_0})$. Assim sendo, o par ordenado (u_{1_0}, u_{2_0}) determina o ponto (x_0, y_0) no plano xy.

Se u_1 e u_2 assumirem um conjunto de valores constantes

$$(u_{1_1}, u_{2_1}), (u_{1_2}, u_{2_2}), ..., (u_{1_n}, u_{2_n}),$$

ficará determinada uma família de curvas que se interceptarão nos pontos

$$(u_1, y_1), (x_2, y_2), ..., (x_n, y_n)$$

Correspondendo a qualquer ponto cujas coordenadas cartesianas são (x, y), existe um par de curvas $u_1 = $ constante e $u_2 = $ constante, que se interceptam no ponto em questão. As curvas u_1 e u_2 são chamadas linhas coordenadas ou curvas coordenadas. É interessante comparar a presente análise bidimensional com a outra, tridimensional, que será levada a termo na seção 11.15.

Consideremos um elemento de superfície dS' no sistema curvilíneo (u_1, u_2), delimitado pelo quadrilátero $P_1 P_2 P_4 P_3$, cujos lados coincidem com as curvas

$$\begin{cases} u_1 = u_1(x, y); \ u_1 + du_1 = u_1(x, y) \\ u_2 = u_2(x, y); u_2 + du_2 = u_2(x, y) \end{cases}$$

As quantidades du_1 e du_2 são finitas, porém tão pequenas quanto se possa desejar.

As coordenadas cartesianas (x_1, y_1) do ponto P_1 podem ser calculadas a partir do conjunto (11.95). Assim,

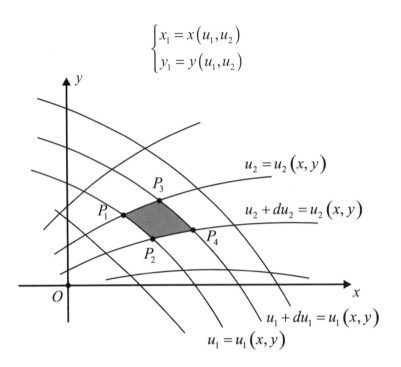

Fig. 11.18

Ao longo do lado P_1P_2 a coordenada u_1 não varia, de modo que as coordenadas (x_2, y_2) de P_2 são

$$\begin{cases} x_2 = x(u_1, u_2 + du_2) \\ y_2 = y(u_1, u_2 + du_2) \end{cases}$$

Similarmente, as coordenadas de P_3 e P_4 são

$$\begin{cases} x_3 = x(u_1 + du_1, u_2); \quad y_3 = y(u_1 + du_1, u_2) \\ x_4 = x(u_1 + du_1, u_2 + du_2); \quad y_4 = y(u_1 + du_1, u_2 + du_2) \end{cases}$$

Desprezando infinitésimos de ordens superiores a primeira, podemos expressar

$$\begin{cases} x_2 = x(u_1, u_2 + du_2) = x(u_1, u_2) + \dfrac{\partial x}{\partial u_2} du_2; \; y_2 = y(u_1, u_2 + du_2) = y(u_1, u_2) + \dfrac{\partial y}{\partial u_2} du_2 \\ x_3 = x(u_1 + du_1, u_2) = x(u_1, u_2) + \dfrac{\partial x}{\partial u_1} du_1; \; y_3 = y(u_1 + du_1, u_2) = y(u_1, u_2) + \dfrac{\partial y}{\partial u_1} du_1 \end{cases}$$

A área dS do quadrilátero curvilíneo $P_1P_2P_4P_3$ é, aproximadamente, igual a duas vezes a área do triângulo curvilíneo $P_1P_2P_3$, e a aproximação pode ser tão precisa quanto se queixa, considerando du_1 e du_2 suficientemente pequenos.

Da Geometria Analítica[12] temos a expressão da área do triângulo curvilíneo $P_1P_2P_3$ em função

---

[12] Vide referência bibliográfica nº 36, capítulo III, seção 15, páginas 34 e 35, ou referência bibliográfica nº 62, capítulo

das coordenadas cartesianas dos vértices, qual seja

$$\pm\frac{1}{2}\begin{vmatrix} x_1 & y_1 & 1 \\ x_2 & y_2 & 1 \\ x_3 & y_3 & 1 \end{vmatrix}$$

em que o sinal deve ser escolhido de modo que a área seja positiva.

Substituindo as coordenadas dos pontos $P_1 P_2 P_3$ no determinante, obtemos

$$\pm\frac{1}{2}\begin{vmatrix} x & y & 1 \\ x+\dfrac{\partial x}{\partial u_2}du_2 & y+\dfrac{\partial y}{\partial u_2}du_2 & 1 \\ x+\dfrac{\partial x}{\partial u_1}du_1 & y+\dfrac{\partial y}{\partial u_1}du_1 & 1 \end{vmatrix} = \pm\frac{1}{2}\begin{vmatrix} \dfrac{\partial x}{\partial u_1} & \dfrac{\partial x}{\partial u_2} \\ \dfrac{\partial y}{\partial u_1} & \dfrac{\partial y}{\partial u_2} \end{vmatrix}$$

Uma vez que a área do quadrilátero é aproximadamente igual a duas vezes a área do triângulo, temos

$$dS' = \pm J\left(\frac{x,y}{u_1,u_2}\right)du_1\,du_2 \tag{11.97}$$

em que

$$J\left(\frac{x,y}{u_1,u_2}\right) = \begin{vmatrix} \dfrac{\partial x}{\partial u_1} & \dfrac{\partial x}{\partial u_2} \\ \dfrac{\partial y}{\partial u_1} & \dfrac{\partial y}{\partial u_2} \end{vmatrix} \tag{11.98}$$

é o determinante funcional ou jacobiano em duas dimensões.

Seja, agora, a integral dupla

$$\iint_R f(x,y)\,dx\,dy$$

ao longo de uma região R, na qual $f(x,y)$ é contínua. Esta integral pode ser expressa em termos das coordenadas curvilíneas u_1 e u_2, substituindo x e y dados por (11.96) e fazendo uso de (11.97). Assim sendo, temos

$$\iint_R f(x,y)\,dx\,dy = \iint_{R'} F(u_1,u_2)\left|J\left(\frac{x,y}{u_1,u_2}\right)\right|du_1\,du_2 \tag{11.99}$$

IV, seção III, páginas 95 e 96.

510   **Cálculo e Análise Vetoriais com Aplicações Práticas**

em que

$$F(u_1, u_2) = f\left[x(u_1, u_2), y(u_1, u_2) \right] \tag{11.100}$$

No caso do sistema de coordenadas curvilíneas ser ortogonal, a expressão (11.99) pode ser simplificada. Para sistemas ortogonais,

$$\begin{cases} \dfrac{\partial \mathbf{r}}{\partial u_1} = h_1\, \mathbf{u}_1' = h_1\, \mathbf{u}_1 \\[2mm] \dfrac{\partial \mathbf{r}}{\partial u_2} = h_2\, \mathbf{u}_2' = h_2\, \mathbf{u}_2 \end{cases}$$

o que implica

$$\left| \dfrac{\partial \mathbf{r}}{\partial u_1} \times \dfrac{\partial \mathbf{r}}{\partial u_2} \right| = h_1\, h_2 \underbrace{\left| \mathbf{u}_1 \times \mathbf{u}_2 \right|}_{= \mathbf{u}_3} = h_1\, h_2 \tag{i}$$

Por outro lado, no plano

$$\mathbf{r} = x\, \mathbf{u}_x + y\, \mathbf{u}_y$$

de modo que

$$\begin{cases} \dfrac{\partial \mathbf{r}}{\partial u_1} = \dfrac{\partial x}{\partial u_1}\mathbf{u}_x + \dfrac{\partial y}{\partial u_1}\mathbf{u}_y \\[3mm] \dfrac{\partial \mathbf{r}}{\partial u_2} = \dfrac{\partial x}{\partial u_2}\mathbf{u}_x + \dfrac{\partial y}{\partial u_2}\mathbf{u}_y \end{cases}$$

Assim sendo,

$$\dfrac{\partial \mathbf{r}}{\partial u_1} \times \dfrac{\partial \mathbf{r}}{\partial u_2} = \begin{vmatrix} \mathbf{u}_x & \mathbf{u}_y & \mathbf{u}_z \\[2mm] \dfrac{\partial x}{\partial u_1} & \dfrac{\partial y}{\partial u_1} & 0 \\[3mm] \dfrac{\partial x}{\partial u_2} & \dfrac{\partial y}{\partial u_2} & 0 \end{vmatrix} = \begin{vmatrix} \dfrac{\partial x}{\partial u_1} & \dfrac{\partial y}{\partial u_1} \\[3mm] \dfrac{\partial x}{\partial u_2} & \dfrac{\partial y}{\partial u_2} \end{vmatrix} \mathbf{u}_z = \begin{vmatrix} \dfrac{\partial x}{\partial u_1} & \dfrac{\partial x}{\partial u_2} \\[3mm] \dfrac{\partial y}{\partial u_1} & \dfrac{\partial y}{\partial u_2} \end{vmatrix} \mathbf{u}_z$$

o que nos conduz a

$$\left| \frac{\partial \mathbf{r}}{\partial u_1} \times \frac{\partial \mathbf{r}}{\partial u_2} \right| = \left\| \begin{array}{cc} \dfrac{\partial x}{\partial u_1} & \dfrac{\partial x}{\partial u_2} \\[2mm] \dfrac{\partial y}{\partial u_1} & \dfrac{\partial y}{\partial u_2} \end{array} \right\| \mathbf{u}_z = \left\| \begin{array}{cc} \dfrac{\partial x}{\partial u_1} & \dfrac{\partial x}{\partial u_2} \\[2mm] \dfrac{\partial y}{\partial u_1} & \dfrac{\partial y}{\partial u_2} \end{array} \right\| = \left| J\left(\frac{x,y}{u_1,u_2} \right) \right| \qquad \textbf{(ii)}$$

De (i) e (ii), temos

$$\left| J\left(\frac{x,y}{u_1,u_2} \right) \right| = h_1\, h_2 \qquad \textbf{(iii)}$$

que substituída em (11.98) nos conduz a

$$\iint_R f(x,y)\, dx\, dy = \iint_{R'} F(u_1,u_2)\, h_1\, h_2\, du_1\, du_2 \qquad \textbf{(11.101)}$$

Fica assim corroborado o procedimento adotado, por exemplo, na mudança de variáveis de uma integral do exemplo 8.19, a saber

$$S = 4 \int_{y=0}^{y=a} \int_{x=0}^{x=+\sqrt{ay-y^2}} \frac{a\, dx\, dy}{\sqrt{a^2 - \left(x^2 + y^2 \right)}}$$

na qual

$$dS_{xy} = dx\, dy \quad \text{e} \quad f(x,y) = \frac{a}{\sqrt{a^2 - \left(\mathrm{x}^2 + \mathrm{y}^2 \right)}}$$

As relações entre coordenadas cilíndricas no plano xy e coordenadas cartesianas são

$$\begin{cases} x = \rho \cos\phi \\ y = \rho\, \mathrm{sen}\,\phi \end{cases}$$

Deste modo,

$$\left| J\left(\frac{x,y}{\rho,\phi} \right) \right| = \left\| \begin{array}{cc} \dfrac{\partial x}{\partial \rho} & \dfrac{\partial x}{\partial \phi} \\[2mm] \dfrac{\partial y}{\partial \rho} & \dfrac{\partial y}{\partial \phi} \end{array} \right\| = \left\| \begin{array}{cc} \cos\phi & -\rho\,\mathrm{sen}\,\phi \\ \mathrm{sen}\,\phi & \rho\cos\phi \end{array} \right\| = \left| \rho\cos^2\phi + \rho\, sen^2\phi \right| = |\rho| = \rho$$

ou de outra forma,

$$\left| J\left(\frac{x,y}{u_1,u_2} \right) \right| = h_1\, h_2 = (1)(\rho) = \rho$$

512 **Cálculo e Análise Vetoriais com Aplicações Práticas**

Temos também

$$F\left(u_1, u_2\right) = F(\rho, \phi) = \frac{a}{\sqrt{a^2 - \rho^2}}$$

de modo que, pelas expressões (11.99) e (11.101),

$$\iint_R f(x,y)\, dx\, dy = \iint_{R'} F(\rho, \phi)\left|J\left(\frac{x,y}{\rho,\phi}\right)\right| d\rho\, d\phi = \iint_R F(\rho, \phi) h_1\, h_2\, d\rho\, d\phi$$

o que acarreta

$$S = 4\int_{\phi=0}^{\phi=\frac{\pi}{2}}\int_{\rho=0}^{\rho=a\,\operatorname{sen}\phi}\frac{a\,\rho\,d\rho\,d\phi}{\sqrt{a^2-\rho^2}} = 4a\int_{\phi=0}^{\phi=\frac{\pi}{2}}\int_{\rho=0}^{\rho=a\,\operatorname{sen}\phi}\frac{\left(a^2-\rho^2\right)^{-\frac{1}{2}}\left(-2\rho\,d\rho\right)d\phi}{(-2)} =$$

$$= 4a\int_{\phi=0}^{\phi=\frac{\pi}{2}}\left[\frac{\left(a^2-\rho^2\right)^{\frac{1}{2}}}{(-2)\left(\frac{1}{2}\right)}\right]_{\rho=0}^{\rho=a\,\operatorname{sen}\phi} d\phi = 4a\int_{\phi=0}^{\phi=\frac{\pi}{2}}\left[-\sqrt{a^2-\rho^2}\right]_{\rho=0}^{\rho=a\,\operatorname{sen}\phi} d\phi =$$

$$= 4a\int_{\phi=0}^{\phi=\frac{\pi}{2}}\left[\sqrt{a^2-\rho^2}\right]_{\rho=a\,\operatorname{sen}\phi}^{\rho=0} d\phi = 4a\int_{\phi=0}^{\phi=\frac{\pi}{2}}\left(a-\sqrt{a^2-a^2\operatorname{sen}^2\phi}\right)d\phi =$$

$$= 4a\int_{\phi=0}^{\phi=\frac{\pi}{2}}\left(a-a\cos\phi\right)d\phi = 4a^2\left[\phi-\operatorname{sen}\phi\right]_{\phi=0}^{\phi=\frac{\pi}{2}} = 4a^2\left(\frac{\pi}{2}-1\right)\text{unidades de área}$$

EXEMPLO 11.14

Determine a integral de superfície

$$\iint_R (y-x)\ dx\, dy$$

em que R é região do plano xy delimitada pelas retas $y = x+1$, $y = x-3$, $y = -\dfrac{x}{3}+\dfrac{7}{9}$ e $y = -\dfrac{x}{3}+5$.

SOLUÇÃO:

O cálculo direto de tal integral seria difícil, porém, uma simples mudança de variáveis, permite reduzir a uma integral sobre um retângulo cujos lados sejam paralelos aos novos eixos coordenados. Façamos pois,

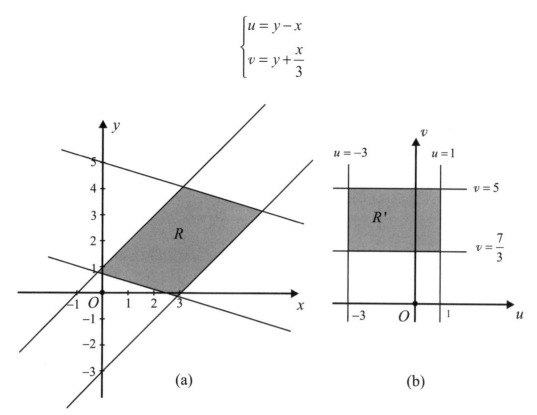

Fig. 11.19

Deste modo, as retas $y = x+1$ e $y = x-3$ serão transformadas, respectivamente, nas retas $u = 1$ e $u = -3$ do plano uv, e as retas $y = -\dfrac{x}{3}+\dfrac{7}{9}$ e $y = -\dfrac{x}{3}+5$ serão transformadas nas retas $v = \dfrac{7}{3}$ e $v = 5$.

Consequentemente, a região R do plano xy é transformada na região R' dp plano uv. Basta agora determinar o jacobiano da transformação, e para tanto devemos explicitar o sistema anterior para x e y, o que nos conduz a

$$\begin{cases} x = -\dfrac{3u}{4}+\dfrac{3v}{4} \\ y = \dfrac{u}{4}+\dfrac{3v}{4} \end{cases}$$

Assim sendo,

$$J\left(\dfrac{x,y}{u,v}\right) = \begin{vmatrix} \dfrac{\partial x}{\partial u} & \dfrac{\partial x}{\partial v} \\ \dfrac{\partial y}{\partial u} & \dfrac{\partial y}{\partial v} \end{vmatrix} = \begin{vmatrix} -\dfrac{3}{4} & \dfrac{3}{4} \\ \dfrac{1}{4} & \dfrac{3}{4} \end{vmatrix} = -\dfrac{9}{16}-\dfrac{3}{16} = -\dfrac{12}{16} = -\dfrac{3}{4}$$

e ficamos com

514   **Cálculo e Análise Vetoriais com Aplicações Práticas**

$$\left| J\left(\frac{x,y}{u,v}\right)\right| = \frac{3}{4}$$

Uma outra saída, sem ter que explicitar o sistema inicial para x e y, é calcular o jacobiano associado ao sistema inicial,

$$J\left(\frac{u,v}{x,y}\right) = \begin{vmatrix} \dfrac{\partial u}{\partial x} & \dfrac{\partial u}{\partial y} \\ \dfrac{\partial v}{\partial x} & \dfrac{\partial v}{\partial y} \end{vmatrix} = \begin{vmatrix} -1 & 1 \\ \dfrac{1}{3} & 1 \end{vmatrix} = -1 - \frac{1}{3} = -\frac{4}{3}$$

e de acordo com a expressão (11.35), reduzida para duas variáveis,

$$\left[J\left(\frac{x,y}{u,v}\right)\right]\left[J\left(\frac{u,v}{x,y}\right)\right] = 1$$

quer dizer,

$$J\left(\frac{x,y}{u,v}\right) = \frac{1}{J\left(\dfrac{u,v}{x,y}\right)} = \frac{1}{-\dfrac{4}{3}} = -\frac{3}{4}$$

sendo que a integral assume a forma

$$\iint_R (y-x)\,dx\,dy = \iint_{R'}\left[\left(\frac{u}{4}+\frac{3v}{4}\right)-\left(-\frac{3u}{4}+\frac{3v}{4}\right)\right]\frac{3}{4}\,du\,dv = \frac{3}{4}\int_{v=\frac{7}{3}}^{v=5}\int_{u=-3}^{u=1} u\,du\,dv = -18$$

EXEMPLO 11.15

Calcule a integral

$$\iint_R \frac{y+2x}{\sqrt{y-2x-1}}\,dy\,dx\,,$$

em que em que R é região do plano xy delimitada pelas retas $y-2x=2$, $y+2x=2$, $y-2x=1$ e $y+2x=1$.

SOLUÇÃO:

Façamos a mudança de variáveis,

Coordenadas Curvilíneas Generalizadas 515

$$\begin{cases} u = y - 2x \\ v = y + 2x \end{cases}$$

As retas anteriores serão, então, transformadas, respectivamente, em $u = 2$, $v = 2$, $u = 1$ e $v = 1$.

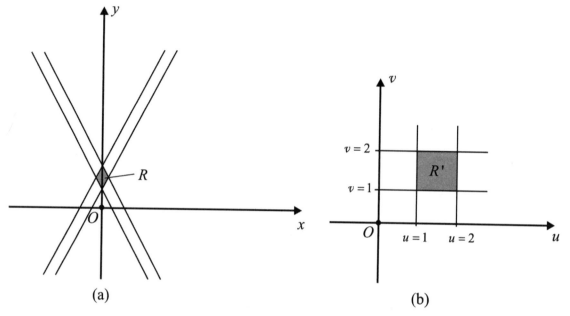

Fig. 11.20

Temos então,

$$J\left(\frac{u,v}{x,y}\right) = \begin{vmatrix} \dfrac{\partial u}{\partial x} & \dfrac{\partial u}{\partial y} \\ \dfrac{\partial v}{\partial x} & \dfrac{\partial v}{\partial y} \end{vmatrix} = \begin{vmatrix} -2 & 1 \\ 2 & 1 \end{vmatrix} = -2 - 2 = -4$$

o que implica

$$J\left(\frac{x,y}{u,v}\right) = \frac{1}{J\left(\dfrac{u,v}{x,y}\right)} = \frac{1}{-4} = -\frac{1}{4}$$

e

$$\left| J\left(\frac{x,y}{u,v}\right) \right| = \frac{1}{4}$$

Assim sendo,

$$\iint_R \frac{y+2x}{\sqrt{y-2x-1}}\,dy\,dx = \iint_{R'} \frac{v}{\sqrt{u-1}}\frac{1}{4}\,du\,dv = \frac{1}{4}\int_{v=1}^{v=2}\int_{u=1}^{u=2}\frac{v}{\sqrt{u-1}}\,du\,dv = \frac{3}{4}$$

EXEMPLO 11.16

Utilizando coordenadas cilíndricas, determine a área do cilindro de raio a, e eixo ao longo do eixo z, compreendida no primeiro octante entre os planos $z=0$ e $z=x$.

SOLUÇÃO:

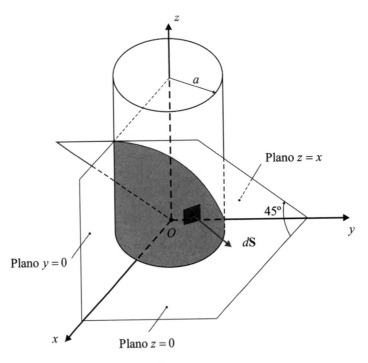

Fig. 11.21

Pelo grupo (3.78), temos as relações

$$\begin{cases} x = \rho\cos\phi \\ y = \rho\,\text{sen}\,\phi \\ z = z \end{cases}$$

e o elemento de área é

$$dS' = \left|\frac{\partial \mathbf{r}}{\partial \phi}\times\frac{\partial \mathbf{r}}{\partial z}\right|d\phi\,dz = h_2\,h_3\,d\phi\,dz = (\rho)(1)\,d\phi\,dz = \rho\,d\phi\,dz$$

na superfície lateral do cilindro, $\rho = a$, o que acarreta

$$dS' = a\,d\phi\,dz$$

Aliás, esta expressão pode também ser obtida diretamente do grupo (3.84), tendo em mente que $\rho = a$ neste caso, o que nos leva a

$$dS' = dS_\rho = \rho\, d\phi\, dz = a\, d\phi\, dz$$

$$S = \int_{\phi=0}^{\phi=\frac{\pi}{2}} \int_{z=0}^{z=x=a\cos\phi} a\, d\phi\, dz = \int_{\phi=0}^{\phi=\frac{\pi}{2}} a\,[z]_{z=0}^{z=a\cos\phi}\, d\phi = \int_{\phi=0}^{\phi=\frac{\pi}{2}} a^2\cos\phi\, d\phi = a^2\,[\operatorname{sen}\phi]_{\phi=0}^{\phi=\frac{\pi}{2}} = a^2$$

11.12.2 - Integrais de Volume

Sejam as coordenadas de um sistema curvilíneo generalizado u_1, u_2, u_3, relacionadas com as coordenadas cartesianas retangulares x, y, z, conforme já colocado anteriormente, por meio das relações funcionais do grupo (11.32),

$$u_1 = u_1(x, y, z);\ u_2 = u_2(x, y, z);\ u_3 = u_3(x, y, z)$$

Da mesma forma que na subseção precedente consideraremos que as funções bem bom suas derivadas parciais primeiras sejam contínuas, só que agora em curto volume v do espaço. Conforme também já posto anteriormente, quando as funções assumem valores constantes temos três superfícies coordenadas. Sejam, pois, os valores constantes

$$u_1(x, y, z) = u_{1_0},\ u_2(x, y, z) = u_{2_0},\ u_3(x, y, z) = u_{3_0}\,.$$

As três superfícies coordenadas determinam um ponto no espaço, de coordenadas $\left(u_{1_0}, u_{2_0}, u_{3_0}\right)$. Um elemento de volume é delimitado por três pares de superfícies coordenadas,

$$\begin{cases} u_1 = u_1(x, y, z),\ u_2 = u_2(x, y, z),\ u_3 = u_3(x, y, z) \\ u_1 + du_1 = u_1(x, y, z),\ u_2 + du_2 = u_2(x, y, z),\ u_3 + du_3 = u_3(x, y, z) \end{cases}$$

em que du_1, du_2 e du_3 são considerados constantes e positivos.

O procedimento visando o estabelecimento de uma fórmula correspondente à fórmula (11.99) é inteiramente análogo ao da subseção anterior, e o que precisamos fazer é determinar o volume de um paralelepípedo que é, aproximadamente, igual ao volume delimitado pelas superfícies coordenadas

$$\begin{cases} u_1 = (\text{cte})_1\,;\, u_1 + du_1 = (\text{cte})_2 \\ u_2 = (\text{cte})_3\,;\, u_2 + du_2 = (\text{cte})_4 \\ u_3 = (\text{cte})_5\,;\, u_3 + du_3 = (\text{cte})_6 \end{cases}$$

conforme representado na figura 11.22.

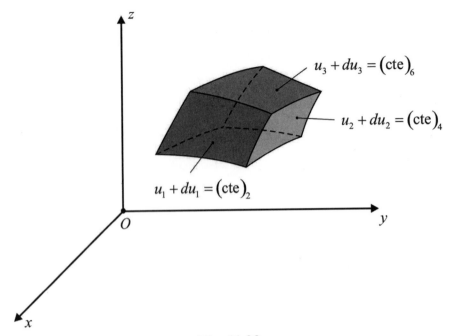

Fig. 11.22

De acordo com o grupo (11.31), temos

$$x = x(u_1, u_2, u_3); \quad y = y(u_1, u_2, u_3); \quad z = z(u_1, u_2, u_3)$$

e o elemento diferencial de volume é

$$dv' = \pm J\left(\frac{x, y, z}{u_1, u_2, u_3}\right) du_1 \, du_2 \, du_3 \tag{11.102}$$

em que

$$J\left(\frac{x, y, z}{u_1, u_2, u_3}\right) = \begin{vmatrix} \frac{\partial x}{\partial u_1} & \frac{\partial x}{\partial u_2} & \frac{\partial x}{\partial u_3} \\ \frac{\partial y}{\partial u_1} & \frac{\partial y}{\partial u_2} & \frac{\partial y}{\partial u_3} \\ \frac{\partial z}{\partial u_1} & \frac{\partial z}{\partial u_2} & \frac{\partial z}{\partial u_3} \end{vmatrix} \tag{11.103}$$

é o determinante funcional ou jacobiano em três dimensões. Seja, agora, a integral

$$\iiint_v f(x, y, z) \, dx \, dy \, dz$$

ao longo de um certo volume v. Esta integral pode ser expressa em termos das coordenadas u_1, u_2 e u_3, substituindo x, y e z dados por (11.31), e fazendo uso da expressão (11.102). Deste modo, temos

$$\iiint_v f(x,y,z)\,dx\,dy\,dz = \iiint_{v'} F(u_1,u_2,u_3)\left|J\left(\frac{x,y,z}{u_1,u_2,u_3}\right)\right|du_1\,du_2\,du_3 \qquad \textbf{(11.104)}$$

sendo

$$F(u_1,u_2,u_3) = f\left[x(u_1,u_2,u_3),y(u_1,u_2,u_3),z(u_1,u_2,u_3)\right] \qquad \textbf{(11.105)}$$

Também aqui a expressão pode ser simplificada no caso do sistema de coordenadas ser ortogonal (vide problema 11.14). Assim sendo, temos

$$\iiint_v f(x,y,z)\,dx\,dy\,dz = \iiint_{v'} F(u_1,u_2,u_3)\,h_1\,h_2\,h_3\,du_1\,du_2\,du_3 \qquad \textbf{(11.106)}$$

EXEMPLO 11.17

Transformar uma integral de volume do tipo $\iiint_v f(x,y,z)\,dx\,dy\,dz$, para coordenadas cilíndricas, utilizando:

(a) a expressão de um volume em coordenadas cilíndricas;

(b) a expressão (10.104);

(c) a expressão (10.106).

SOLUÇÃO:

(a)

Da expressão (3.83), temos o volume diferencial em coordenadas cilíndricas circulares

$$dv = \rho\,d\rho\,d\phi\,dz$$

o que acarreta

$$\iiint_v f(x,y,z)\,dx\,dy\,dz = \iiint_{v'} F(\rho,\phi,z)\,\rho\,d\rho\,d\phi\,dz \qquad \textbf{(11.107)}$$

(b)

As relações entre coordenadas cartesianas e coordenadas cilíndricas são

$$\begin{cases} x = \rho\cos\phi \\ y = \rho\,\mathrm{sen}\,\phi \\ z = z \end{cases}$$

Então segue-se

520   **Cálculo e Análise Vetoriais com Aplicações Práticas**

$$\begin{cases} \dfrac{\partial x}{\partial u_1} = \dfrac{\partial x}{\partial \rho} = \cos\phi; \quad \dfrac{\partial x}{\partial u_2} = \dfrac{\partial x}{\partial \phi} = -\rho\,sen\phi; \quad \dfrac{\partial x}{\partial u_3} = \dfrac{\partial x}{\partial z} = 0 \\[3mm] \dfrac{\partial y}{\partial u_1} = \dfrac{\partial y}{\partial \rho} = sen\,\phi; \quad \dfrac{\partial y}{\partial u_2} = \dfrac{\partial y}{\partial \phi} = -\rho\cos\phi; \quad \dfrac{\partial y}{\partial u_3} = \dfrac{\partial y}{\partial z} = 0 \\[3mm] \dfrac{\partial z}{\partial u_1} = \dfrac{\partial z}{\partial \rho} = 0; \quad \dfrac{\partial z}{\partial u_2} = \dfrac{\partial z}{\partial \phi} = 0; \quad \dfrac{\partial z}{\partial u_3} = \dfrac{\partial z}{\partial z} = 1 \end{cases}$$

e o jacobiano é dado por

$$J = \begin{vmatrix} \cos\phi & -\rho sen\phi & 0 \\ sen\phi & \rho\cos\phi & 0 \\ 0 & 0 & 1 \end{vmatrix} = \rho\cos^2\phi + \rho\,sen^2\phi = \rho$$

Pela expressão (11.104),

$$\iiint_v f(x,y,z)\,dx\,dy\,dz = \iiint_{v'} F(u_1,u_2,u_3)\left| J\left(\frac{x,y,z}{u_1,u_2,u_3}\right)\right| du_1\,du_2\,du_3 =$$

$$= \iiint_{v'} F(\rho,\phi,z)\left| J\left(\frac{x,y,z}{\rho,\phi,z}\right)\right| d\rho\,d\phi\,dz =$$

$$= \iiint_{v'} F(\rho,\phi,z)\,\rho\,d\rho\,d\phi\,dz$$

(c)

Os fatores de escala do sistema cilíndrico são

$$\begin{cases} h_1 = h_\rho = 1 \\ h_2 = h_\phi = \rho \\ h_3 = h_z = 1 \end{cases}$$

Pela expressão (10.106),

$$\iiint_v f(x,y,z)\,dx\,dy\,dz = \iiint_{v'} F(u_1,u_2,u_3)\,h_1\,h_2\,h_3\,du_1\,du_2\,du_3 =$$

$$= \iiint_{v'} F(\rho,\phi,z)\,h_\rho\,h_\phi\,h_z\,d\rho\,d\phi\,dz =$$

$$= \iiint_{v'} F(\rho,\phi,z)\,\rho\,d\rho\,d\phi\,dz$$

Coordenadas Curvilíneas Generalizadas 521

EXEMPLO 11.18

Transformar a integral $\iiint_v f(x,y,z)\,dx\,dy\,dz$ para coordenadas esféricas, utilizando os três procedimentos do exemplo anterior.

SOLUÇÃO:

(a)

O volume diferencial em coordenadas esféricas é dado pela expressão (3.106),

$$dv = r^2\,\operatorname{sen}\theta\,dr\,d\theta\,d\phi$$

Deste modo,

$$\iiint_v f(x,y,z)\,dx\,dy\,dz = \iiint_{v'} F(r,\theta,\phi)\,r^2\,\operatorname{sen}\theta\,dr\,d\theta\,d\phi \tag{11.108}$$

(b)

As relações entre coordenadas cartesianas e coordenadas esféricas são

$$\begin{cases} x = r\,\operatorname{sen}\theta\,\cos\phi \\ y = r\,\operatorname{sen}\theta\,\operatorname{sen}\phi \\ z = r\,\cos\theta \end{cases}$$

Logo temos

$$\begin{cases} \dfrac{\partial x}{\partial u_1} = \dfrac{\partial x}{\partial r} = \operatorname{sen}\theta\cos\phi;\ \dfrac{\partial x}{\partial u_2} = \dfrac{\partial x}{\partial\theta} = r\cos\theta\cos\phi;\ \dfrac{\partial x}{\partial u_3} = \dfrac{\partial x}{\partial\phi} = -r\,\operatorname{sen}\theta\,\operatorname{sen}\phi \\[2mm] \dfrac{\partial y}{\partial u_1} = \dfrac{\partial y}{\partial r} = \operatorname{sen}\theta\,\operatorname{sen}\phi;\ \dfrac{\partial y}{\partial u_2} = \dfrac{\partial y}{\partial\theta} = r\cos\theta\,\operatorname{sen}\phi;\ \dfrac{\partial y}{\partial u_3} = \dfrac{\partial y}{\partial\phi} = r\,\operatorname{sen}\theta\cos\phi \\[2mm] \dfrac{\partial z}{\partial u_1} = \dfrac{\partial z}{\partial r} = \cos\theta;\ \dfrac{\partial z}{\partial u_2} = \dfrac{\partial z}{\partial\theta} = -r\,\operatorname{sen}\theta;\ \dfrac{\partial z}{\partial u_3} = \dfrac{\partial z}{\partial\phi} = 0 \end{cases}$$

e o jacobiano é

$$J = \begin{vmatrix} \operatorname{sen}\theta\cos\phi & r\cos\theta\cos\phi & -r\,\operatorname{sen}\theta\,\operatorname{sen}\phi \\ \operatorname{sen}\theta\,\operatorname{sen}\phi & r\cos\theta\,\operatorname{sen}\phi & r\,\operatorname{sen}\theta\cos\phi \\ \cos\theta & -r\operatorname{sen}\theta & 0 \end{vmatrix} =$$

$$= \operatorname{sen}\theta\cos\phi\left(r^2\operatorname{sen}^2\theta\cos\phi\right) - r\cos\theta\cos\phi\left(-r\,\operatorname{sen}\theta\cos\theta\cos\phi\right) -$$

Cálculo e Análise Vetoriais com Aplicações Práticas

$$-r\,\text{sen}\,\theta\,\text{sen}\,\phi\underbrace{\left(-r\,\text{sen}^2\,\theta\,\text{sen}\,\phi-r\cos^2\theta\,\text{sen}\,\phi\right)}_{=-r\,\text{sen}\,\phi}=$$

$$=r^2\,\text{sen}\,\theta\,\text{sen}^2\,\theta\cos^2\phi+r^2\,\text{sen}\,\theta\cos^2\theta\cos^2\phi+r^2\,\text{sen}\,\theta\,\text{sen}^2\,\phi=$$

$$=r^2\,\text{sen}\,\theta\cos^2\phi+r^2\,\text{sen}\,\theta\,\text{sen}^2\,\phi=r^2\,\text{sen}\,\theta$$

Pela expressão (11.104),

$$\iiint_v f(x,y,z)\,dx\,dy\,dz=\iiint_{v'}F(u_1,u_2,u_3)\left|J\left(\frac{x,y,z}{u_1,u_2,u_3}\right)\right|du_1\,du_2\,du_3=$$

$$=\iiint_{v'}F(r,\theta,\phi)\left|J\left(\frac{x,y,z}{r,\theta,\phi}\right)\right|dr\,d\theta\,d\phi=$$

$$=\iiint_{v'}F(r,\theta,\phi)\,r^2\,\text{sen}\,\theta\,dr\,d\theta\,d\phi$$

(c)

Os fatores de escala do sistema esférico são

$$\begin{cases}h_1=h_r=1\\h_2=h_\theta=r\\h_3=h_\phi=r\,\text{sen}\,\theta\end{cases}$$

Pela expressão (11.106),

$$\iiint_v f(x,y,z)\,dx\,dy\,dz=\iiint_{v'}F(u_1,u_2,u_3)h_1\,h_2\,h_3\,du_1\,du_2\,du_3=$$

$$=\iiint_{v'}F(r,\theta,\phi)h_r\,h_\theta\,h_\phi\,dr\,d\theta\,d\phi=$$

$$=\iiint_{v'}F(r,\theta,\phi)\,r^2\,\text{sen}\,\theta\,dr\,d\theta\,d\phi$$

EXEMPLO 11.19 *

Determine o volume do sólido delimitado acima por $z=\sqrt{4-x^2-y^2}$ (semi-esfera $x^2+y^2+{}$ $+z^2=4,\ z\geq 0$) e abaixo por $z=\sqrt{x^2+y^2}$ (cone), utilizando

(a) coordendas cilíndricas;

(b) coordenadas esféricas.

SOLUÇÃO:

(a)

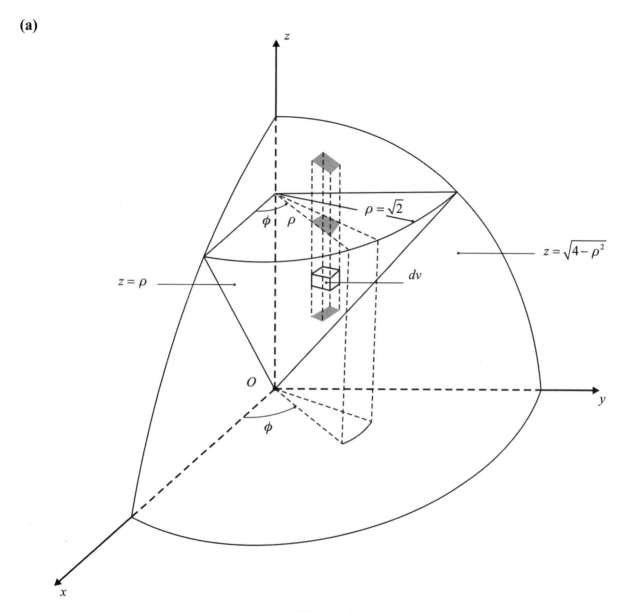

Fig. 11.23

Passando as equações das superfícies de coordenadas cartesianas retangulares para coordenadas cilíndricas circulares, temos

$$z = \sqrt{4-x^2-y^2} = \sqrt{4-\rho^2} \quad \text{(esfera)}$$

e

$$z = \sqrt{x^2+y^2} = \sqrt{\rho^2} = \rho \quad \text{(cone)}$$

Para determinar a interseção das mesmas, basta igualar as equações

524 Cálculo e Análise Vetoriais com Aplicações Práticas

$$\sqrt{4-\rho^2} = \rho \rightarrow 4-\rho^2 = \rho^2 \rightarrow 2\rho^2 = 4 \rightarrow \rho^2 = 2 \rightarrow \rho = \sqrt{2}$$

Para não carregar demais a ilustração, representamos as superfícies apenas no primeiro octante, e a situação está mostrada na figura11.23.

Pela expressão (11.107),

$$v = \iiint_{v'} dv' = \iiint_{v'} \rho\, d\rho\, d\phi\, dz = \int_{\phi=0}^{\phi=2\pi} \int_{\rho=0}^{\rho=\sqrt{2}} \int_{z=\rho}^{z=\sqrt{4-\rho^2}} dz\, \rho\, d\rho\, d\phi =$$

$$= \int_{\phi=0}^{\phi=2\pi} \int_{\rho=0}^{\rho=\sqrt{2}} [z]_{z=\rho}^{z=\sqrt{4-\rho^2}}\, \rho\, d\rho\, d\phi = \int_{\phi=0}^{\phi=2\pi} \int_{\rho=0}^{\rho=\sqrt{2}} \left(\sqrt{4-\rho^2}\,\rho - \rho^3\right) d\rho\, d\phi =$$

$$= \int_{\phi=0}^{\phi=2\pi} \left(\frac{1}{3}\right)\left[-\left(4-\rho^2\right)^{\frac{3}{2}} - \rho^3\right]_{\rho=0}^{\rho=\sqrt{2}} d\phi = \left(\frac{1}{3}\right)\left(8-4\sqrt{2}\right) \int_{\phi=0}^{\phi=2\pi} d\phi =$$

$$= \left(\frac{1}{3}\right)\left(8-4\sqrt{2}\right)[\phi]_{\phi=0}^{\phi=2\pi} = \left(\frac{1}{3}\right)\left(8-4\sqrt{2}\right)(2\pi) =$$

$$= \frac{8}{3}\left(2-\sqrt{2}\right)\pi \text{ unidades de volume}$$

(b)

Em coordenadas esféricas,

$$x^2 + y^2 + z^2 = 4 \rightarrow r^2 = 4 \rightarrow r = 2 \ \text{(esfera)}$$

Já vimos anteriormente que

$$z = \sqrt{x^2 + y^2} = \sqrt{\rho^2} = \rho$$

Entretanto,

$$\operatorname{tg}\theta = \frac{\rho}{z} = \frac{\rho}{\rho} = 1 \rightarrow \theta = 45°$$

Mais uma vez, representamos as superfícies apenas no primeiro octante, e a situação está esquematizada na figura11.24.

Pela expressão (11.108)

$$v = \iiint_{v'} dv' = \iiint_{v'} r^2\, \operatorname{sen}\theta\, dr\, d\theta\, d\phi = \int_{\phi=0}^{\phi=2\pi} \int_{\theta=0}^{\theta=\pi/4} \int_{r=0}^{r=2} r^2\, \operatorname{sen}\theta\, dr\, d\theta\, d\phi =$$

$$=\left[\frac{r^3}{3}\right]_{r=0}^{r=2}[-\cos\theta]_{\theta=0}^{\theta=\pi/4}[\phi]_{\phi=0}^{\phi=2\pi}=\frac{8}{3}\left(2-\sqrt{2}\right)\pi \text{ unidades de volume}$$

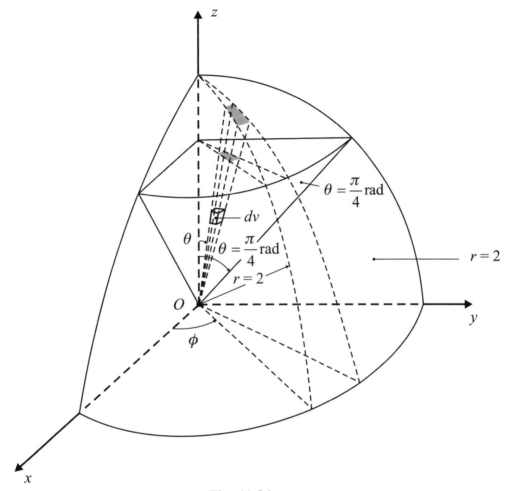

Fig. 11.24

EXEMPLO 11.20*

Determine o volume do sólido delimitado acima por $z=8$ (plano) e abaixo por $z=2\sqrt{x^2+y^2}$ (cone), utilizando

(a) coordendas cilíndricas;

(b) coordenadas esféricas.

SOLUÇÃO:

(a)

Passando a equações do cone para coordenadas cilíndricas, temos

$$z = 2\sqrt{x^2 + y^2} = 2\sqrt{\rho^2} = 2\rho$$

Para determinar a interseção das superfícies, basta igualar as equações

$$z = 2\rho = 8 \rightarrow \rho = 4$$

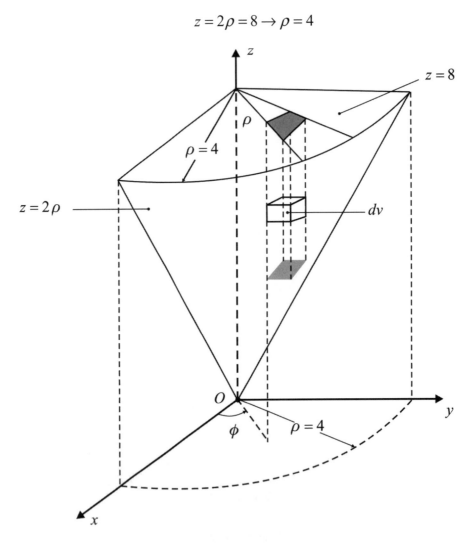

Fig. 11.25

A parte da figura no primeiro octante encontra-se representada em 11.25. Pela expressão (11.107),

$$v = \iiint_{v'} dv' = \iiint_{v} \rho \, d\rho \, d\phi \, dz = \int_{\phi=0}^{\phi=2\pi} \int_{\rho=0}^{\rho=4} \int_{z=2\rho}^{z=8} dz \, \rho \, d\rho \, d\phi =$$

$$= \int_{\phi=0}^{\phi=2\pi} \int_{\rho=0}^{\rho=\sqrt{2}} [z]_{z=2\rho}^{z=8} \rho \, d\rho \, d\phi = \int_{\phi=0}^{\phi=2\pi} \int_{\rho=0}^{\rho=\sqrt{2}} (8 - 2\rho) \, d\rho \, d\phi =$$

$$= \int_{\phi=0}^{\phi=2\pi} \left[4\rho^2 - \frac{2\rho^2}{3} \right]_{\rho=0}^{\rho=4} d\phi = \int_{\phi=0}^{\phi=2\pi} \left(64 - \frac{128}{3} \right) d\phi =$$

$$= \frac{64}{3} \int_{\phi=0}^{\phi=2\pi} d\phi = \frac{64}{3} [\phi]_{\phi=0}^{\phi=2\pi} = \frac{64}{3}(2\pi) = \frac{128\pi}{3} \text{ unidades de volume}$$

(b)

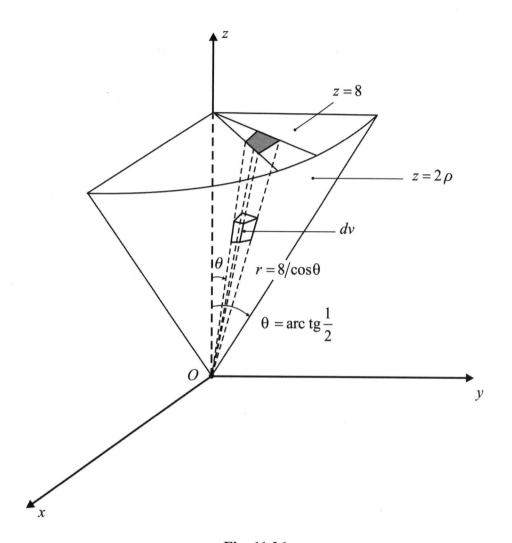

Fig. 11.26

Já vimos anteriormente que

$$z = 2\sqrt{x^2 + y^2} = 2\sqrt{\rho^2} = 2\rho$$

Entretanto,

$$\operatorname{tg}\theta = \frac{\rho}{z} = \frac{\rho}{2\rho} = \frac{1}{2} \rightarrow \theta = \operatorname{arc\,tg}\frac{1}{2}$$

Das relações entre coordenadas cartesianas e esféricas, vem

$$z = r\cos\theta$$

528 **Cálculo e Análise Vetoriais com Aplicações Práticas**

Fazendo $z = 8$, obtemos o limite superior de r, ou seja

$$8 = r\cos\theta \rightarrow r = \frac{8}{\cos\theta}$$

A parte da figura no primeiro octante encontra-se ilustrada em 11.26.

Pela expressão (11.108),

$$v = \iiint_{v'} dv' = \iiint_{v} r^2 \,\text{sen}\,\theta \, dr \, d\theta \, d\phi = \int_{\phi=0}^{\phi=2\pi} \int_{\theta=0}^{\theta=\text{arc tg}1/2} \int_{r=0}^{r=8/\cos\theta} r^2 dr \,\text{sen}\,\theta \, d\theta \, d\phi =$$

$$= \int_{\phi=0}^{\phi=2\pi} \int_{\theta=0}^{\theta=\text{arc tg}1/2} \left[\frac{r^3}{3}\right]_{r=0}^{r=8/\cos\theta} \,\text{sen}\,\theta \, d\theta \, d\phi = \int_{\phi=0}^{\phi=2\pi} \int_{\theta=0}^{\theta=\text{arc tg}1/2} \frac{512}{3\cos^3\theta} \,\text{sen}\,\theta \, d\theta \, d\phi =$$

$$= \frac{512}{3} \int_{\phi=0}^{\phi=2\pi} \int_{\theta=0}^{\theta=\text{arc tg}1/2} (-1)\cos^{-3}\theta (-\text{sen}\,\theta \, d\theta) \, d\phi =$$

$$= -\frac{512}{3} \int_{\phi=0}^{\phi=2\pi} \int_{\theta=0}^{\theta=\text{arc tg}1/2} \frac{\cos^{-2}\theta}{-2} \, d\phi = \frac{256}{3} \int_{\phi=0}^{\phi=2\pi} \underbrace{\left[\sec^2\theta\right]_{\theta=0}^{\theta=\text{arc tg}1/2}}_{\text{tg}\,\theta=\frac{1}{2}\rightarrow 1+\text{tg}^2\theta=\sec^2\theta\rightarrow\sec^2\theta=\frac{5}{4}} \, d\phi =$$

$$= \frac{256}{3} \int_{\phi=0}^{\phi=2\pi} \left[\frac{5}{4}-1\right] d\phi = \left(\frac{256}{3}\right)\left(\frac{1}{4}\right)\int_{\phi=0}^{\phi=2\pi} d\phi = \frac{64}{3}[d\phi]_{\phi=0}^{\phi=2\pi} =$$

$$= \left(\frac{64}{3}\right)(2\pi) = \frac{128\pi}{3} \text{ unidades de volume}$$

EXEMPLO 11.21

Determinar a coordenada x de centro de massa do sólido de massa específica (densidade absoluta) uniforme μ, situado no primeiro octante e delimitado pelos planos coordenados e pela superfície da esfera $x^2 + y^2 + z^2 = a^2$.

SOLUÇÃO:

Pela definição de centro de massa,

$$x_{\text{m}} = \frac{\int x \, dm}{\int dm} = \frac{\iiint_{v} x(\mu \, dv)}{\iiint_{v} \mu \, dv}$$

Sendo a massa específica uniforme, temos

$$x_m = \frac{\mu \iiint_v x\, dv}{\mu \iiint_v dv} = \frac{\iiint_v x\, dv}{\iiint_v dv}$$

A integral $\iiint_v dv$ é igual a $\frac{1}{8}$ do volume da esfera, quer dizer,

$$\frac{1}{8}\left(\frac{4}{3}\pi a^3\right) = \frac{\pi a^3}{6}$$

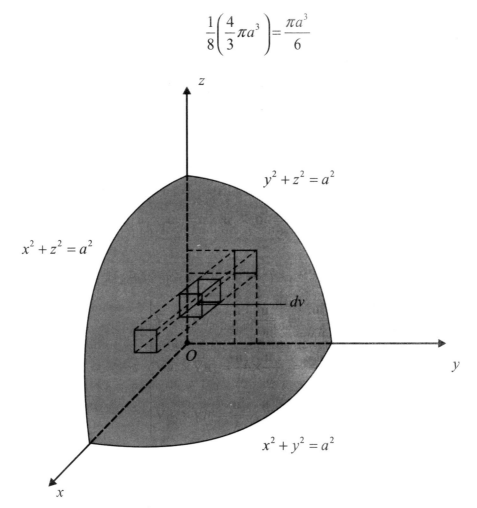

Fig. 11.27

Fica, então, faltando computar $\iiint_v x\, dv$. Temos, pois,

$$\iiint_v x\, dv = \int_{z=0}^{z=a} \int_{y=0}^{y=\sqrt{a^2-z^2}} \int_{x=0}^{x=\sqrt{a^2-y^2-z^2}} x\, dx\, dy\, dz$$

Transformando para coordenadas esféricas, vem

$$\iiint_{v'} x\, dv' = \int_{\phi=0}^{\phi=\frac{\pi}{2}} \int_{\theta=0}^{\theta=\frac{\pi}{2}} \int_{r=0}^{r=a} (r\operatorname{sen}\theta\cos\phi)(r^2\operatorname{sen}\theta\, dr\, d\theta\, d\phi) =$$

$$= \int_{\phi=0}^{\phi=\frac{\pi}{2}} \int_{\theta=0}^{\theta=\frac{\pi}{2}} \int_{r=0}^{r=a} r^3 \operatorname{sen}^2 \theta \cos \phi \, dr \, d\theta \, d\phi = \int_{\phi=0}^{\phi=\frac{\pi}{2}} \int_{\theta=0}^{\theta=\frac{\pi}{2}} \left[\frac{r^4}{4} \right]_{r=0}^{r=a} \operatorname{sen}^2 \theta \cos \phi \, d\theta \, d\phi =$$

$$= \frac{a^4}{4} \int_{\phi=0}^{\phi=\frac{\pi}{2}} \left[\frac{\theta}{2} - \frac{\operatorname{sen} 2\theta}{4} \right]_{\theta=0}^{\theta=\frac{\pi}{2}} \cos \phi \, d\phi = \frac{\pi a^4}{16} \left[\operatorname{sen} \phi \right]_{\phi=0}^{\phi=\frac{\pi}{2}} = \frac{\pi a^4}{16}$$

Finalmente,

$$x_{\mathrm{m}} = \frac{\mu \iiint_v x \, dv}{\mu \iiint_v dv} = \frac{\iiint_v x \, dv}{\iiint_v dv}$$

$$x_{\mathrm{m}} = \frac{\dfrac{\pi a^4}{16}}{\dfrac{\pi a^3}{6}} = \frac{3a}{8}$$

EXEMPLO 11.22 *

Determine a parte da massa do sólido, representada pela região delimitada por $x^2 + y^2 + z^2 \leq 16$ e por $x^2 + y^2 \leq 4x$, situada no primeiro octante, sabendo-se que o mesmo tem massa específica (densidade absoluta) uniforme μ.

SOLUÇÃO:

A região $x^2 + y^2 + z^2 \leq 16$ nada mais é do que o conjunto de pontos interiores à região hemisférica $x^2 + y^2 + z^2 = 16$, $z \geq 0$. Já a região $x^2 + y^2 \leq 4x$ é o conjunto de pontos interiores ao cilindro $x^2 + y^2 = 4x$. Para representarmos graficamente tal cilindro façamos

$$x^2 + y^2 - 4x = 0 \to \left(x^2 - 4x + 4 \right) - 4 + y^2 = 0 \to \left(x - 2 \right)^2 + y^2 = 4$$

que verificamos ser um cilindro de raio igual a 2, com eixo paralelo ao eixo z e passando pelo ponto $(2, 0, 0)$. As superfícies acham-se representadas na figura 11.28.

Para utilizarmos coordenadas cilíndricas, é necessário passar as equações das superfícies em questão para tal sistema, ou seja,

- hemisfera: $x^2 + y^2 + z^2 = 16$, $z \geq 0 \to z = \sqrt{16 - x^2 - y^2} = \sqrt{16 - \rho^2}$

- cilindro: $x^2 + y^2 = 4x \to \rho^2 = 4\rho \cos \phi \to \begin{cases} \rho = 0 \\ \rho = 4 \cos \phi \end{cases}$

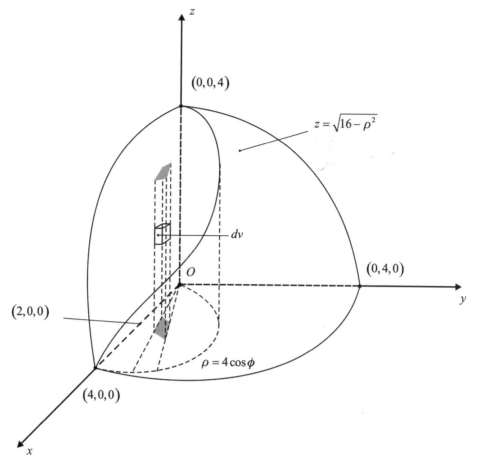

Fig. 11.28

Pela definição de massa específica

$$\mu = \frac{dm}{dv} \to dm = \mu\, dv \to m = \iiint_v \mu\, dv$$

Sendo a massa específica constante, temos

$$m = \iiint_v \mu\, dv = \mu \iiint_{v'} dv' = \mu \iiint_v \rho\, d\rho\, d\phi\, dz = \mu \int_{\phi=0}^{\phi=\pi/2} \int_{\rho=0}^{\rho=4\cos\phi} \int_{z=0}^{z=\sqrt{16-\rho^2}} dz\, \rho\, d\rho\, d\phi =$$

$$= \mu \int_{\phi=0}^{\phi=\pi/2} \int_{\rho=0}^{\rho=4\cos\phi} [z]_{z=0}^{z=\sqrt{16-\rho^2}} \rho\, d\rho\, d\phi = \mu \int_{\phi=0}^{\phi=\pi/2} \int_{\rho=0}^{\rho=4\cos\phi} \sqrt{16-\rho^2}\, \rho\, d\rho\, d\phi =$$

$$= -\frac{\mu}{3} \int_{\phi=0}^{\phi=\pi/2} \left[(16-\rho^2)^{\frac{3}{2}} \right]_{\rho=0}^{\rho=4\cos\phi} d\phi = -\frac{\mu}{3} \int_{\phi=0}^{\phi=\pi/2} \left[(16-16\cos^2\phi)^{\frac{3}{2}} - (16)^{\frac{3}{2}} \right] d\phi =$$

$$= -\frac{\mu}{3} \int_{\phi=0}^{\phi=\pi/2} \left[(16\,\text{sen}^2\phi)^{\frac{3}{2}} - (16)^{\frac{3}{2}} \right] d\phi = -\frac{\mu}{3} \int_{\phi=0}^{\phi=\pi/2} \left[64\,\text{sen}^3\phi - 64 \right] d\phi =$$

532 **Cálculo e Análise Vetoriais com Aplicações Práticas**

$$= -\frac{64\mu}{3} \int_{\phi=0}^{\phi=\pi/2} \mathrm{sen}^3 \phi \, d\phi + \frac{64\mu}{3} \int_{\phi=0}^{\phi=\pi/2} d\phi$$

A primeira integral pode ser resolvida pela fórmula (An. 9.24), do anexo no volme 3 deste livro

$$\int \mathrm{sen}^3 u \, du = -\cos u + \frac{\cos^3 u}{3} + C$$

isto é,

$$\int_{\phi=0}^{\phi=\pi/2} \mathrm{sen}^3 \phi \, d\phi = \left[-\cos\phi + \frac{\cos^3 \phi}{3} \right]_{\phi=0}^{\phi=\pi/2} = \frac{2}{3}$$

Assim sendo, temos

$$m = -\frac{64\mu}{3}\left(\frac{2}{3}\right) + \frac{64\mu}{3}(2\pi) = \frac{32\mu}{9}(3\pi - 4) \text{ unidades de massa}$$

EXEMPLO 11.23*

Determine o momento de inércia com relação ao eixo x do sólido delimitado pela superfície cilíndrica $x^2 + y^2 = a^2$ e pelos planos $z = 0$ e $z = b$, sabendo-se que mesmo tem massa específica (densidade absoluta) uniforme μ.

SOLUÇÃO:

Pela definição do momento de inércia, temos

$$I_x = \int R^2 dm$$

em que dm é uma massa diferencial e R é a distância desta massa até o eixo em questão.
A Geometria Analítica nos fornece

$$R^2 = y^2 + z^2$$

Pela definição de massa específica, segue-se

$$\mu = \frac{dm}{dv} \rightarrow dm = \mu \, dv$$

logo,

$$I_x = \iiint_v \left(y^2 + z^2 \right) \mu \, dv$$

Coordenadas Curvilíneas Generalizadas 533

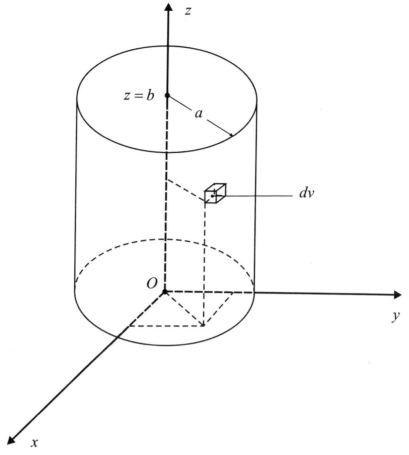

Fig. 11.29

Uma vez que a massa específica é uniforme, podemos colocar

$$I_x = \mu \iiint_v \left(y^2 + z^2\right) dv = \mu \int_{x=-a}^{x=a} \int_{y=-\sqrt{a^2-x^2}}^{y=+\sqrt{a^2-x^2}} \int_{z=0}^{z=b} \left(y^2 + z^2\right) dz\, dy\, dx$$

Devido à natureza das fronteiras, é conveniente passarmos para coordenadas cilíndricas. Pelo conjunto (11.57), temos

$$\begin{cases} x = \rho \cos\phi \\ y = \rho \sen\phi \\ z = z \end{cases}$$

o que implica

$$I_x = \mu \int_{\rho=0}^{\rho=a} \int_{\phi=0}^{\phi=2\pi} \int_{z=0}^{z=b} \left(\rho^2 \sen^2 \phi + z^2\right) dz\, d\phi\, \rho\, d\rho = \mu \int_{\rho=0}^{\rho=a} \int_{\phi=0}^{\phi=2\pi} \left[\rho^3 z \sen^2 \phi + \frac{\rho z^3}{3}\right]_{z=0}^{z=b} d\phi\, d\rho =$$

$$= \mu \int_{\rho=0}^{\rho=a} \int_{\phi=0}^{\phi=2\pi} \left(b\rho^3 \sen^2 \phi + \frac{b^3 \rho}{3}\right) d\phi\, d\rho = \mu \int_{\rho=0}^{\rho=a} \left[b\left(\frac{\rho^3 \phi}{2} - \frac{\rho^3 \sen 2\phi}{4}\right) + \frac{b^3 \rho \phi}{3}\right]_{\phi=0}^{\phi=2\pi} d\rho =$$

$$= \mu \int_{\rho=0}^{\rho=a} \left(\pi b \rho^3 + \frac{2\pi b^3}{3} \rho \right) d\rho = \mu \left[\frac{\rho^4}{4} + \frac{b^2 \rho^2}{3} \right]_{\rho=0}^{\rho=a}$$

Finalmente,

$$I_x = \frac{\mu a^2 b \pi}{12} \left(3a^2 + 4b^2 \right) \text{ unidades de momento de inèrcia}$$

EXEMPLO 11.24*

Calcule a integral $\iiint_v xyz \, dx \, dy \, dz$, sendo v o volume tal que $\frac{x^2}{a^2} + \frac{y^2}{b^2} + \frac{z^2}{c^2} \leq 1, x \geq 0, y \geq 0, z \geq 0$.

SOLUÇÃO:

Temos um volume delimitado pela superfície de um elipsóide no primeiro octante, conforme mostrado na figura 11.30.

Façamos uma primeira mudança de variáveis, de sorte que

$$\begin{cases} \dfrac{x}{a} = u \\ \dfrac{y}{b} = v \\ \dfrac{z}{c} = w \end{cases}$$

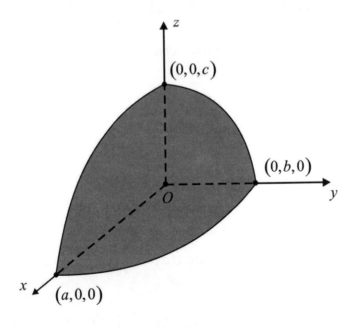

Fig. 11.30

Isto implica

$$u^2 + v^2 + w^2 \leq 1,$$

no volume em questão. Temos também

$$\begin{cases} x = au \\ y = bv \\ z = cw \end{cases}$$

Efetuando uma nova mudança de variáveis, tal que

$$\begin{cases} u = r\,\text{sen}\,\theta\,\cos\phi \\ v = r\,\text{sen}\,\theta\,\text{sen}\,\phi \\ z = r\,\cos\theta \end{cases}$$

sendo

$$\begin{cases} 0 \leq r \leq 1 \\ 0 \leq \theta \leq \pi/2 \\ 0 \leq \phi \leq \pi/2 \end{cases}$$

obtemos agora

$$\begin{cases} x = a\,r\,\text{sen}\,\theta\,\cos\phi \\ y = b\,r\,\text{sen}\,\theta\,\text{sen}\,\phi \\ z = c\,r\,\cos\theta \end{cases}$$

Pela expressão (11.104),

$$\iiint_v f(x,y,z)\,dx\,dy\,dz = \iiint_{v'} F(u_1,u_2,u_3)\left| J\left(\frac{x,y,z}{u_1,u_2,u_3} \right) \right| du_1\,du_2\,du_3 =$$

Neste exemplo, temos

$$\begin{cases} u_1 = r \\ u_2 = \theta \\ u_3 = \phi \end{cases}$$

o que acarreta

$$J\left(\frac{x,y,z}{r,\theta,\phi}\right)=\begin{vmatrix}\dfrac{\partial x}{\partial r} & \dfrac{\partial x}{\partial \theta} & \dfrac{\partial x}{\partial \phi}\\[2mm] \dfrac{\partial y}{\partial r} & \dfrac{\partial y}{\partial \theta} & \dfrac{\partial y}{\partial \phi}\\[2mm] \dfrac{\partial z}{\partial r} & \dfrac{\partial z}{\partial \theta} & \dfrac{\partial z}{\partial \phi}\end{vmatrix}=\begin{vmatrix} a\,\mathrm{sen}\,\theta\cos\phi & a\,r\,\cos\theta\cos\phi & -a\,r\,\mathrm{sen}\,\theta\,\mathrm{sen}\,\phi\\[2mm] b\,\mathrm{sen}\,\theta\,\mathrm{sen}\,\phi & b\,r\,\cos\theta\,\mathrm{sen}\,\phi & b\,r\,\mathrm{sen}\,\theta\cos\phi\\[2mm] c\cos\theta & -c\,r\,\mathrm{sen}\,\theta & 0\end{vmatrix}=$$

$$=a\,b\,c\,r^{2}\,\mathrm{sen}\,\theta$$

Finalmente,

$$\iiint_{v} xyz\;dx\,dy\,dz=$$

$$=\int_{r=0}^{r=1}\int_{\theta=0}^{\theta=\frac{\pi}{2}}\int_{\phi=0}^{\phi=\frac{\pi}{2}}\left(a\,r\,\mathrm{sen}\,\theta\,\cos\phi\right)\left(b\,r\,\mathrm{sen}\,\theta\,\mathrm{sen}\,\phi\right)\left(c\,r\,\cos\theta\right)\left(a\,b\,c\,r^{2}\,\mathrm{sen}\,\theta\right)dr\,d\theta\,d\phi=$$

$$=a^{2}b^{2}c^{2}\int_{r=0}^{r=1}\int_{\theta=0}^{\theta=\frac{\pi}{2}}\int_{\phi=0}^{\phi=\frac{\pi}{2}}r^{5}\,\mathrm{sen}^{3}\,\theta\cos\theta\,\mathrm{sen}\,\phi\cos\phi\,dr\,d\theta\,d\phi=\frac{a^{2}b^{2}c^{2}}{48}$$

11.13 - Gradiente, Divergência, Rotacional e Laplaciano em Coordenadas Curvilíneas Ortogonais

11.13.1 - Gradiente

Conforme já visto no capítulo 8, a componente do gradiente de uma função escalar Φ numa direção qualquer é dada pela derivada direcional da função Φ nesta direção.

Em relação as direções definidas pelas coordenadas u_1, u_2, u_3, temos

$$\begin{cases}(\nabla\Phi)_1=\dfrac{\partial\Phi}{\partial l_1}=\dfrac{1}{h_1}\dfrac{\partial\Phi}{\partial u_1}\\[3mm] (\nabla\Phi)_2=\dfrac{\partial\Phi}{\partial l_2}=\dfrac{1}{h_2}\dfrac{\partial\Phi}{\partial u_2}\\[3mm] (\nabla\Phi)_3=\dfrac{\partial\Phi}{\partial l_3}=\dfrac{1}{h_3}\dfrac{\partial\Phi}{\partial u_3}\end{cases}$$

O vetor gradiente, em função do terno fundamental $\mathbf{u}_1, \mathbf{u}_2, \mathbf{u}_3$, é

$$\nabla\Phi=\frac{1}{h_1}\frac{\partial\Phi}{\partial u_1}\mathbf{u}_1+\frac{1}{h_2}\frac{\partial\Phi}{\partial u_2}\mathbf{u}_2+\frac{1}{h_3}\frac{\partial\Phi}{\partial u_3}\mathbf{u}_3 \tag{11.109}$$

Desta expressão vem a do operador ∇, na forma diferencial, com relação a um sistema curvilíneo ortogonal, qual seja

$$\nabla = \frac{1}{h_1}\frac{\partial}{\partial u_1}\mathbf{u}_1 + \frac{1}{h_2}\frac{\partial}{\partial u_2}\mathbf{u}_2 + \frac{1}{h_3}\frac{\partial}{\partial u_3}\mathbf{u}_3 \qquad (11.110)$$

11.13.2 – Divergência

Da expressão (11.109), decorre

$$\begin{cases} \nabla u_1 = \dfrac{\mathbf{u}_1}{h_1} \\[2ex] \nabla u_2 = \dfrac{\mathbf{u}_2}{h_2} \\[2ex] \nabla u_3 = \dfrac{\mathbf{u}_3}{h_3} \end{cases} \qquad (i)$$

Do grupo (11.4), tiramos

$$\mathbf{u}_1 \times \mathbf{u}_2 = \mathbf{u}_3; \ \ \mathbf{u}_2 \times \mathbf{u}_3 = \mathbf{u}_1; \ \ \mathbf{u}_3 \times \mathbf{u}_1 = \mathbf{u}_2$$

o que acarreta

$$\begin{cases} \nabla u_1 \times \nabla u_2 = \dfrac{\mathbf{u}_1}{h_1} \times \dfrac{\mathbf{u}_2}{h_2} = \dfrac{\mathbf{u}_3}{h_1 h_2} \\[2ex] \nabla u_2 \times \nabla u_3 = \dfrac{\mathbf{u}_2}{h_2} \times \dfrac{\mathbf{u}_3}{h_3} = \dfrac{\mathbf{u}_1}{h_2 h_3} \\[2ex] \nabla u_3 \times \nabla u_1 = \dfrac{\mathbf{u}_3}{h_3} \times \dfrac{\mathbf{u}_1}{h_1} = \dfrac{\mathbf{u}_2}{h_3 h_1} \end{cases} \qquad (ii)$$

Entretanto, pela identidade vetorial (9.44),

$$\nabla \cdot (\mathbf{A} \times \mathbf{B}) = \mathbf{B} \cdot (\nabla \times \mathbf{A}) - \mathbf{A} \cdot (\nabla \times \mathbf{B})$$

o que nos permite expressar

$$\begin{cases} \nabla \cdot \left(\dfrac{\mathbf{u}_3}{h_1 h_2} \right) = \nabla \cdot (\nabla u_1 \times \nabla u_2) = \nabla u_2 \cdot \left[\underbrace{\nabla \times (\nabla u_1)}_{=0\,[\text{expressão (10.41)}]} \right] - \nabla u_1 \cdot \left[\underbrace{\nabla \times (\nabla u_2)}_{=0\,[\text{expressão (10.41)}]} \right] = 0 \\[3ex] \text{e de modo análogo,} \\[1ex] \nabla \cdot \left(\dfrac{\mathbf{u}_1}{h_2 h_3} \right) = \nabla \cdot \left(\dfrac{\mathbf{u}_2}{h_3 h_1} \right) = 0 \end{cases} \qquad (iii)$$

538   Cálculo e Análise Vetoriais com Aplicações Práticas

Os últimos resultados nos sugerem colocar a expressão (11.7),

$$\mathbf{V} = V_1\,\mathbf{u}_1 + V_2\,\mathbf{u}_2 + V_3\,\mathbf{u}_3$$

na forma

$$\mathbf{V} = \left(h_2 h_3 V_1\right)\frac{\mathbf{u}_1}{h_2 h_3} + \left(h_3 h_1 V_2\right)\frac{\mathbf{u}_2}{h_3 h_1} + \left(h_1 h_2 V_3\right)\frac{\mathbf{u}_3}{h_1 h_2}$$

A divergência da função vetorial é a soma das divergências das componentes, as quais podem ser desenvolvidas de acordo com a identidade vetorial (9.43),

$$\nabla \cdot \left(\Phi \mathbf{A}\right) = \Phi\left(\nabla \cdot \mathbf{A}\right) + \mathbf{A} \cdot \left(\nabla \Phi\right)$$

Assim sendo, temos

$$\begin{cases} \nabla \cdot \left[\left(h_2 h_3 V_1\right)\left(\dfrac{\mathbf{u}_1}{h_2 h_3}\right)\right] = \left(h_2 h_3 V_1\right)\nabla \cdot \left(\dfrac{\mathbf{u}_1}{h_2 h_3}\right) + \left(\dfrac{\mathbf{u}_1}{h_2 h_3}\right)\cdot \nabla\left(h_2 h_3 V_1\right) \\[3mm] \nabla \cdot \left[\left(h_3 h_1 V_2\right)\left(\dfrac{\mathbf{u}_2}{h_3 h_1}\right)\right] = \left(h_3 h_1 V_2\right)\nabla \cdot \left(\dfrac{\mathbf{u}_2}{h_3 h_1}\right) + \left(\dfrac{\mathbf{u}_2}{h_3 h_1}\right)\cdot \nabla\left(h_3 h_1 V_2\right) \\[3mm] \nabla \cdot \left[\left(h_1 h_2 V_3\right)\left(\dfrac{\mathbf{u}_3}{h_1 h_2}\right)\right] = \left(h_1 h_2 V_3\right)\nabla \cdot \left(\dfrac{\mathbf{u}_3}{h_1 h_2}\right) + \left(\dfrac{\mathbf{u}_3}{h_1 h_2}\right)\cdot \nabla\left(h_1 h_2 V_3\right) \end{cases} \qquad \textbf{(iv)}$$

Substituindo (iii) em (iv), a divergência de $\mathbf{V}$ pode ser expressa um função dos gradientes das componentes de $\mathbf{V}$, ou seja,

$$\nabla \cdot \mathbf{V} = \frac{\mathbf{u}_1}{h_2 h_3}\cdot \nabla\left(h_2 h_3 V_1\right) + \frac{\mathbf{u}_2}{h_3 h_1}\cdot \nabla\left(h_3 h_1 V_2\right) + \frac{\mathbf{u}_3}{h_1 h_2}\cdot \nabla\left(h_1 h_2 V_3\right)$$

Desenvolvendo, temos

$$\begin{aligned} \nabla \cdot \mathbf{V} = {} & \frac{\mathbf{u}_1}{h_2 h_3}\cdot \left[\frac{1}{h_1}\frac{\partial\left(h_2 h_3 V_1\right)}{\partial u_1}\mathbf{u}_1 + \frac{1}{h_2}\frac{\partial\left(h_2 h_3 V_1\right)}{\partial u_2}\mathbf{u}_2 + \frac{1}{h_3}\frac{\partial(h_2 h_3 V_1)}{\partial u_3}\mathbf{u}_3\right] + \\[2mm] & +\frac{\mathbf{u}_2}{h_3 h_1}\cdot \left[\frac{1}{h_1}\frac{\partial\left(h_3 h_1 V_2\right)}{\partial u_1}\mathbf{u}_1 + \frac{1}{h_2}\frac{\partial\left(h_3 h_1 V_2\right)}{\partial u_2}\mathbf{u}_2 + \frac{1}{h_3}\frac{\partial\left(h_3 h_1 V_2\right)}{\partial u_3}\mathbf{u}_3\right] + \\[2mm] & +\frac{\mathbf{u}_3}{h_1 h_2}\cdot \left[\frac{1}{h_1}\frac{\partial\left(h_2 h_3 V_1\right)}{\partial u_1}\mathbf{u}_1 + \frac{1}{h_2}\frac{\partial\left(h_2 h_3 V_1\right)}{\partial u_2}\mathbf{u}_2 + \frac{1}{h_3}\frac{\partial\left(h_2 h_3 V_1\right)}{\partial u_3}\mathbf{u}_3\right] \end{aligned}$$

Aplicando a propriedade distributiva do produto escalar e os resultados dos grupos (11.1) e (11.3), obtemos a expressão final

$$\nabla \cdot \mathbf{V} = \frac{1}{h_1 h_2 h_3}\left[\frac{\partial}{\partial u_1}(h_2 h_3 V_1) + \frac{\partial}{\partial u_2}(h_3 h_1 V_2) + \frac{\partial}{\partial u_3}(h_1 h_2 V_3)\right] \tag{11.111}$$

11.13.3 - Rotacional

Uma vez que $\nabla \times (\nabla \Phi) = 0$, temos, a partir do grupo (i) da subseção anterior,

$$\nabla \times \left(\frac{\mathbf{u}_1}{h_1}\right) = \nabla \times \left(\frac{\mathbf{u}_2}{h_2}\right) = \nabla \times \left(\frac{\mathbf{u}_3}{h_3}\right) = 0 \tag{v}$$

Assim, é conveniente colocar a função vetorial sob a forma

$$\mathbf{V} = (h_1 V_1)\left(\frac{\mathbf{u}_1}{h_1}\right) + (h_2 V_2)\left(\frac{\mathbf{u}_2}{h_2}\right) + (h_3 V_3)\left(\frac{\mathbf{u}_3}{h_3}\right)$$

O rotacional de $\mathbf{V}$ é soma dos rotacionais das componentes, que podem ser expressas de acordo com a identidade vetorial (9.47),

$$\nabla \times (\Phi \mathbf{A}) = \Phi(\nabla \times \mathbf{A}) + (\nabla \Phi) \times \mathbf{A}$$

Assim sendo, temos

$$\begin{cases} \nabla \times \left[(h_1 V_1)\left(\dfrac{\mathbf{u}_1}{h_1}\right)\right] = (h_1 V_1)\nabla \times \left(\dfrac{\mathbf{u}_1}{h_1}\right) + \nabla(h_1 V_1) \times \left(\dfrac{\mathbf{u}_1}{h_1}\right) \\[2mm] \nabla \times \left[(h_2 V_2)\left(\dfrac{\mathbf{u}_2}{h_2}\right)\right] = (h_2 V_2)\nabla \times \left(\dfrac{\mathbf{u}_2}{h_2}\right) + \nabla(h_2 V_2) \times \left(\dfrac{\mathbf{u}_2}{h_2}\right) \\[2mm] \nabla \times \left[(h_3 V_3)\left(\dfrac{\mathbf{u}_3}{h_3}\right)\right] = (h_3 V_3)\nabla \times \left(\dfrac{\mathbf{u}_3}{h_3}\right) + \nabla(h_3 V_3) \times \left(\dfrac{\mathbf{u}_3}{h_3}\right) \end{cases} \tag{vi}$$

Substituindo (v) em (vi) o rotacional de $\mathbf{V}$ pode ser expresso em função dos gradientes das componentes de $\mathbf{V}$, o que implica

$$\nabla \times \mathbf{V} = \nabla(h_1 V_1) \times \left(\frac{\mathbf{u}_1}{h_1}\right) + \nabla(h_2 V_2) \times \left(\frac{\mathbf{u}_2}{h_2}\right) + \nabla(h_3 V_3) \times \left(\frac{\mathbf{u}_3}{h_3}\right)$$

Desenvolvendo os gradientes, segue-se

540   **Cálculo e Análise Vetoriais com Aplicações Práticas**

$$\nabla \times \mathbf{V} = \left[\frac{1}{h_1} \frac{\partial (h_1 V_1)}{\partial u_1} \mathbf{u}_1 + \frac{1}{h_2} \frac{\partial (h_1 V_1)}{\partial u_2} \mathbf{u}_2 + \frac{1}{h_3} \frac{\partial (h_1 V_1)}{\partial u_3} \mathbf{u}_3 \right] \times \left(\frac{\mathbf{u}_1}{h_1} \right) +$$

$$+ \left[\frac{1}{h_1} \frac{\partial (h_2 V_2)}{\partial u_1} \mathbf{u}_1 + \frac{1}{h_2} \frac{\partial (h_2 V_2)}{\partial u_2} \mathbf{u}_2 + \frac{1}{h_3} \frac{\partial (h_2 V_2)}{\partial u_3} \mathbf{u}_3 \right] \times \left(\frac{\mathbf{u}_2}{h_2} \right) +$$

$$+ \left[\frac{1}{h_1} \frac{\partial (h_3 V_3)}{\partial u_1} \mathbf{u}_1 + \frac{1}{h_2} \frac{\partial (h_3 V_3)}{\partial u_2} \mathbf{u}_2 + \frac{1}{h_3} \frac{\partial (h_3 V_3)}{\partial u_3} \mathbf{u}_3 \right] \times \left(\frac{\mathbf{u}_3}{h_3} \right)$$

Finalmente, aplicando a propriedade distributiva do produto vetorial e os resultados dos grupos (11.2) e (11.4), obtemos

$$\nabla \times \mathbf{V} = \frac{1}{h_2 h_3} \left[\frac{\partial (h_3 V_3)}{\partial u_2} - \frac{\partial (h_2 V_2)}{\partial u_3} \right] \mathbf{u}_1 + \frac{1}{h_1 h_3} \left[\frac{\partial (h_1 V_1)}{\partial u_3} - \frac{\partial (h_3 V_3)}{\partial u_1} \right] \mathbf{u}_2 +$$

$$+ \frac{1}{h_1 h_2} \left[\frac{\partial (h_2 V_2)}{\partial u_1} - \frac{\partial (h_1 V_1)}{\partial u_2} \right] \mathbf{u}_3$$

$$\tag{11.112a}$$

ou sob forma de determinante,

$$\nabla \times \mathbf{V} = \frac{1}{h_1 h_2 h_3} \begin{vmatrix} h_1 \mathbf{u}_1 & h_2 \mathbf{u}_2 & h_3 \mathbf{u}_3 \\ \dfrac{\partial}{\partial u_1} & \dfrac{\partial}{\partial u_2} & \dfrac{\partial}{\partial u_3} \\ h_1 V_1 & h_2 V_2 & h_3 V_3 \end{vmatrix} \tag{11.112b}$$

EXEMPLO 11.25

Um fio muito longo conduz uma corrente i no sentido z negativo. Um outro fio, paralelo ao primeiro, conduz uma corrente i no sentido z positivo.

(a) Sabendo-se que um elemento diferencial de comprimento produz um potencial vetorial magnético

$$d\mathbf{A} = \frac{\mu_o}{4\pi} \frac{i \, d\mathbf{l}'}{R},$$

no qual R é a distância do ponto do elemento diferencial de comprimento, calcule $\mathbf{A}$ em um ponto qualquer no espaço.

(b) Sabendo-se que o campo magnético $\mathbf{B}$ se relaciona com o potencial vetorial magnético $\mathbf{A}$ por intermédio da relação $\mathbf{B} = \nabla \times \mathbf{A}$, determine o campo magnético.

SOLUÇÃO:

(a)

Devido a simetria do sistema é conveniente utilizar alguns resultados da subseção 11.10.10, onde se tratou das coordenadas bipolares ξ, η, z.

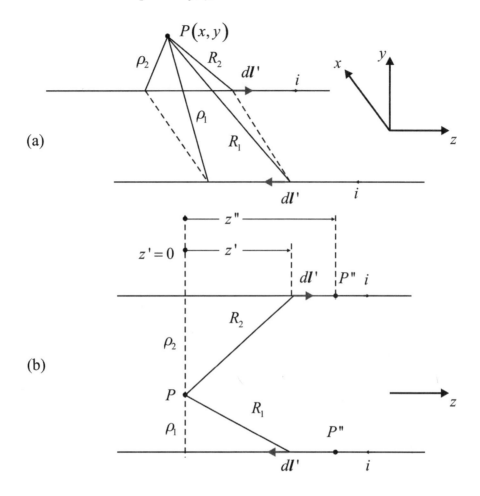

Fig. 11.31

Da equação

$$dA = \frac{\mu_o}{4\pi} \frac{i \, dl'}{R}$$

deduz-se que o vetor **A** possui apenas componente z, uma vez que $dl' = dz' \mathbf{u}_z$. Integrando ao longo de cada fio de $z' = 0$ até $z' = z''$ (ponto P'' genérico) e tomando o limite $P'' \to +\infty$, obtemos

$$A_z = \frac{\mu_o i}{4\pi} \lim_{z'' \to +\infty} \left[2\int_{z'=0}^{z'=z''} \frac{dz'}{\sqrt{\rho_2^2 + (z')^2}} - 2\int_{z'=0}^{z'=z''} \frac{dz'}{\sqrt{\rho_1^2 + (z')^2}} \right] =$$

$$= \frac{\mu_o i}{4\pi} \lim_{z'' \to +\infty} 2 \left\{ \left[\ln\left(z' + \sqrt{\rho_2^2 + (z')^2}\right) - \ln(z' + \sqrt{\rho_1^2 + (z')^2}) \right]_{z'=0}^{z'=z''} \right\} =$$

$$= \frac{\mu_o i}{2\pi} \left\{ \lim_{z'' \to +\infty} \left[\ln\left(\frac{z'' + \sqrt{\rho_2^2 + (z'')^2}}{z'' + \sqrt{\rho_1^2 + (z'')^2}} \right) - \ln\left(\frac{\rho_2}{\rho_1} \right) \right] \right\}$$

Isto se reduz a

$$A_z = -\frac{\mu_o i}{2\pi} \ln\left(\frac{\rho_2}{\rho_1} \right) = -\frac{\mu_o i}{2\pi} \eta$$

(b)

Uma vez que $\mathbf{B} = \nabla \times \mathbf{A}$, temos

$$\mathbf{B} = \nabla \times \mathbf{A} = \frac{1}{h_\xi h_\eta h_z} \begin{vmatrix} h_\xi \mathbf{u}_\xi & h_\eta \mathbf{u}_\eta & h_z \mathbf{u}_z \\ \dfrac{\partial}{\partial \xi} & \dfrac{\partial}{\partial \eta} & \dfrac{\partial}{\partial z} \\ 0 & 0 & h_z A_z \end{vmatrix}$$

Do grupo (11.75), vem

$$\begin{cases} h_1 = h_\xi = \dfrac{a}{\cosh\eta - \cos\xi} \\ h_2 = h_\eta = \dfrac{a}{\cosh\eta - \cos\xi} \\ h_3 = h_z = 1 \end{cases}$$

e do item (a), temos

$$A_z = -\frac{\mu_o i}{2\pi} \eta$$

Substituindo na expressão do rotacional, chegamos a

$$\mathbf{B} = -\frac{\mu_o i}{2\pi} \frac{(\cosh\eta - \cos\xi)}{a} \mathbf{u}_\xi \quad \mathbf{B} = -\frac{\mu_o i}{2\pi} \frac{(\cosh\eta - \cos\xi)}{a} \mathbf{u}_\xi$$

Observamos, então, que o campo magnético $\mathbf{B}$ possui apenas componente ξ. O estudante está desafiado a tentar obter $\mathbf{B}$ em outro sistema de coordenadas.

11.13.4 - Laplaciano

O laplaciano é a divergência de gradiente de uma função escalar. Assim sendo,

$$\nabla^2\Phi = \frac{1}{h_1 h_2 h_3}\left[\frac{\partial}{\partial u_1}\left(\frac{h_2 h_3}{h_1}\frac{\partial\Phi}{\partial u_1}\right)+\frac{\partial}{\partial u_2}\left(\frac{h_1 h_3}{h_2}\frac{\partial\Phi}{\partial u_2}\right)+\frac{\partial}{\partial u_3}\left(\frac{h_1 h_2}{h_3}\frac{\partial\Phi}{\partial u_3}\right)\right] \tag{11.113}$$

EXEMPLO 11.26

Determinar a expressão da divergência em coordenadas cilíndricas.

SOLUÇÃO:

Para o sistema em questão, pelo conjunto (11.58), temos

$$\begin{cases} h_1 = h_\rho = 1 \\ h_2 = h_\phi = \rho \\ h_3 = h_z = 1 \end{cases}$$

que substituido na expressão (11.111) conduz a

$$\nabla.\mathbf{V} = \frac{1}{\rho}\left[\frac{\partial}{\partial\rho}\left(\rho V_\rho\right)+\frac{\partial V_\phi}{\partial\phi}+\frac{\partial\left(\rho V_z\right)}{\partial z}\right] = \frac{1}{\rho}\frac{\partial}{\partial\rho}\left(\rho V_\rho\right)+\frac{1}{\rho}\frac{\partial V_\phi}{\partial\phi}+\frac{\partial V_z}{\partial z}$$

que é a própria expressão (9.19).

QUESTÕES

1- Há alguma justificativa para o fato de alguém sugerir que a figura 10.3 está com uma aparência "cartesiana-curvilínea"?

2- Dê uma outra justificativa para que o jacobiano seja diferente de zero a fim de permitir as transformações entre coordenadas cartesianas e curvilíneas ortogonais.

RESPOSTAS DAS QUESTÕES

1- Sim, pois para um sistema curvilíneo em geral as variáveis não possuem origem comum.

2- Se o jacobiano é nulo os vetores $\partial\mathbf{r}/\partial u_1, \partial\mathbf{r}/\partial u_2, \partial\mathbf{r}/\partial u_3$ são coplanares e a transformação das coordenadas curvilíneas cai por terra, ou seja, há uma relação entre x, y, e z da forma $F\left(x,y,z\right)$. Portanto, temos que impor a condição de que o jacobiano seja diferente de zero.

PROBLEMAS

11.1- Dadas as equações $u_1 = x^2$ e $u_2 = x^3 - y$, determine a região do plano xy para a qual x e y podem ser explicitadas como funções de u_1 e u_2.

544   **Cálculo e Análise Vetoriais com Aplicações Práticas**

11.2*- Dadas as equações $x = u^2 - v^2$ e $y = 2uv$, sendo $u^2 + v^2 \leq 1$, determine a região do plano xy para a qual u e v podem ser explicitadas em termos de x e y.

11.3- Dadas as equações $u = x + y, v = y + z$ e $w = x + z$, explicite x, y e z em função de u, v e w e mostre que

$$\left[J\left(\frac{x, y, z}{u, v, w} \right) \right]\left[J\left(\frac{u, v, w}{x, y, z} \right) \right] = 1$$

11.4- Obtenha as equações do grupo (11.87) a partir das equações de transformação das coordenadas do sistema elipsoidal para o sistema cartesiano.

Sugestão: referência bibliográfica nº 24, página 217.

11.5*- Utilizando a equação (11.49) e os fatores métricos adequados, deduza a expressão do volume diferencial em coordenadas

(a) esféricas;

(b) elipsoidais.

11.6- Determine o comprimento de arco completo da curva dada por $\rho = 4\,\mathrm{sen}^3\left(\dfrac{\phi}{3} \right)$, em que ρ e ϕ são as coordenadas polares.

11.7- Determinar o comprimento de arco da curva

$$y = x \, \mathrm{tg}\left| \frac{\sqrt{x^2 + y^2}}{a} \right|$$

entre os pontos $(0,0)$ e $(-\pi a, 0)$.

11.8- Conhecendo-se as relações entre as coordenadas cilíndricas parabólicas e as coordenadas cartesianas retangulares,

(a) deduza as expressões dos coeficientes métricos apresentados no grupo (11.68);

(b) determine a matriz de transformação de componentes vetoriais $\left[T_{\mathrm{cil\ par}\to\mathrm{cart}} \right]$;

(c) demonstre que o sistema de coordenadas cilíndricas parabólicas é um sistema ortogonal;

(d) encontre as coordenadas cilíndricas circulares do ponto $(\xi, \eta, z) = \left(\sqrt{2}, \sqrt{6}, 1 \right)$.

Coordenadas Curvilíneas Generalizadas 545

11.9-

(a) Mostre que as equações paramétricas de um parabolóide de revolução, do tipo $x^2 + y^2 = z^2$, são $x = \rho \cos\phi, y = \rho \,\mathrm{sen}\,\phi, z = \rho^2$.

(b) Determine um elemento diferencial de superfície a partir de $\partial \mathbf{r}/\partial \rho$ e $\partial \mathbf{r}/\partial \phi$.

(c) Calcule a área de sua superfície situada abaixo do plano $z = 16$.

11.10- Utilizando coordenadas esféricas, determine a área lateral de um cone cujo raio da base é a, o comprimento da geratriz é g, sendo que o seu vértice coincide com a origem e ele é coaxial com o eixo z.

11.11*- Determine o momento polar de inércia da região que é delimitada pelas curvas $x^2 - y^2 = 1$, $x^2 - y^2 = 9$, $xy = 2$ e $xy = 4$, assumindo que a mesma tenha massa específica (densidade absoluta) uniforme μ e espessura, também uniforme, igual a c.

11.12- Utilizando coordenadas cilíndricas, determine o volume da esfera $x^2 + y^2 + z^2 = a^2$ que é interior ao cilindro $x^2 + y^2 = ay$.

11.13*- Determine o volume do elipsóide cuja equação cartesiana é . $\dfrac{x^2}{a^2} + \dfrac{y^2}{b^2} + \dfrac{z^2}{c^2} = 1$

11.14*- Demonstre que para os sistemas de coordenadas curvilíneas ortogonais, a expressão (11.104) se reduz à expressão (11.106).

RESPOSTAS DOS PROBLEMAS

11.1- Todo o plano xy, exceto o eixo y.

11.2- $0 < x^2 + y^2 \leq 1$

11.3- $x = \dfrac{u - v + w}{2}, y = \dfrac{v - w + u}{2}, z = \dfrac{-u + v + w}{2}$

11.5-

(a) $dv = r^2 \,\mathrm{sen}\,\theta \, dr \, d\theta \, d\phi$

(b)

$$dv = \frac{1}{8} \frac{(\xi_2 - \xi_1)(\xi_3 - \xi_1)(\xi_3 - \xi_2) \, d\xi_1 \, d\xi_2 \, d\xi_3}{\sqrt{(a^2 - \xi_1)(b^2 - \xi_1)(c^2 - \xi_1)(a^2 - \xi_2)(b^2 - \xi_2)(\xi_2 - c^2)(a^2 - \xi_3)(\xi_3 - b^2)(\xi_3 - c^2)}}$$

11.6- 12π unidades de comprimento

11.7- $\dfrac{1}{2}a\left[\pi\sqrt{1+\pi^2}+\ln\left(\pi+\sqrt{1+\pi^2}\right)\right]$ unidades de comprimento

11.8-

(b) $\left[T_{\text{cil } par\to cart}\right]=\begin{bmatrix} \dfrac{\eta}{\sqrt{\xi^2+\eta^2}} & \dfrac{\xi}{\sqrt{\xi^2+\eta^2}} & 0 \\[2ex] -\dfrac{\xi}{\sqrt{\xi^2+\eta^2}} & \dfrac{\eta}{\sqrt{\xi^2+\eta^2}} & 0 \\[2ex] 0 & 0 & 1 \end{bmatrix}$

(d) $\left(\rho=4,\phi=30°,z=1\right)$

11.9-

(b) $\rho\sqrt{1+4\rho^2}\,d\rho\,d\phi$

(c) $\dfrac{\pi}{6}\left(65\sqrt{65}-1\right)$ unidades de área

11.10- πag unidades de área

11.11- $8\mu c$ unidades de momento de inércia

11.12- $\dfrac{2}{9}\left(3\pi-4\right)a^3$ unidades de volume

11.13- $\dfrac{4}{3}\pi\,abc$ unidades de volume

Cálculo e Análise Vetoriais com Aplicações Práticas - Volume I

Autor: PAULO CESAR PFALTZGRAFF FERREIRA
464 páginas
1ª edição - 2008
Formato: 21 x 28
ISBN: 9788539901852

É praticamente impossível conceber cursos na área de ciências exatas, como Engenharia, Automação Industrial, Física e Matemática, sem o suporte das matérias Cálculo Vetorial e Análise Vetorial, que empregam o formalismo vetorial. Apenas para que se possa melhor avaliar a importância desta "poderosa ferramenta matemática", vale dizer que o trabalho de James Clerk Maxwell, publicado inicialmente em 1873, já predizia, teoricamente, a possibilidade de se produzir ondas eletromagnéticas. Entretanto, isto só foi concretizado em laboratório em 1888, por Heinrich Hertz. Provavelmente, o trabalho de Maxwell teria sido melhor compreendido se os conceitos vetoriais houvessem estado presentes no mesmo. No entanto, o que havia naquela época eram duas teorias muito complicadas: "Quaternions Theory" (Teoria dos Quaternions), devida a William Rowan Hamilton, e "Die Lineale Ausdehnungslehre" (Teoria das Extensões Lineares), de Hermann Günther Grassmann. Tais ideias embrionárias originaram os modernos Cálculo e Análise Vetoriais, mas o primeiro trabalho a respeito só apareceu, de forma restrita, em 1881. Somente em 1901 é que uma obra desta natureza foi publicada. Conta-se até que, face à rejeição de seu trabalho por parte da comunidade científica da época, Maxwell montou um inventivo sistema de roldanas para explicar o que, hoje em dia, é facilmente entendido através do conceito de rotacional.

À venda nas melhores livrarias.

Cálculo com Aplicações

Atividades Computacionais e Projetos

Autor: Vera L. X. Figueiredo / Margarida P. Mello / Sandra A. Santos

384 páginas
3ª edição - 2011
Formato: 16 x 23
ISBN: 9788539900985

O desafio deste texto é fazer com que o leitor ativo conecte a era das tecnologias da informação e da comunicação com a era da invenção do Cálculo Diferencial e Integral. Nesta obra, conceitos básicos importantes como o Teorema do Valor Médio, por exemplo, convivem (e bem!) com a ferramenta computacional explorada em suas diversas potencialidades. Por meio desta ferramenta, as atividades de laboratório e os projetos procuram concretizar as propostas de "enxergar" conceitos, trabalhar com aplicações, em busca de novas possibilidades de aprendizagem. Em primeira instância, destina-se a alunos e professores dos Cálculos, mas não há por que excluir desse público os que, gostando do Cálculo, querem revê-lo com os olhos de um novo tempo.

Prof. Dr. João Frederico C. A. Meyer (Joni)

IMECC – Unicamp

No site da Editora Ciência Moderna, o leitor encontrará, disponíveis para download, arquivos do Mathematica© com as atividades resolvidas. Estes arquivos podem ser examinados com o Wolfram CDF-Player©, disponível gratuitamente em http://www.wolfram.com.

À venda nas melhores livrarias.

Impressão e acabamento
Gráfica da Editora Ciência Moderna Ltda.
Tel: (21) 2201 - 6662